Gottfried Schröder/Hanskarl Treiber

Technische Optik

Kamprath-Reihe

Professor Dipl.-Phys. Gottfried Schröder
Professor Dr. Hanskarl Treiber

Technische Optik

Grundlagen und Anwendungen

10., erweiterte Auflage

Vogel Buchverlag

PROF. DIPL.-PHYS. GOTTFRIED SCHRÖDER
Jahrgang 1928, absolvierte sein Physikstudium an
der Universität Frankfurt. Nach einer 5-jährigen
Industrietätigkeit übernahm er von 1960 bis 1991
die Lehrtätigkeit und Leitung des Laboratoriums
für Technische Optik an der Fachhochschule
Frankfurt, Fachbereich Feinwerktechnik.
Fachgebiete: Technische Optik, Lasertechnik,
Technische Fotografie.

PROF. DR. HANSKARL TREIBER
Jahrgang 1935, ist Professor für Technische Optik
und Optoelektronik an der Fachhochschule
Nürnberg. Nach dem Studium der Physik und der
Nachrichtentechnik an der Technischen Universität
München folgten experimentelle Arbeiten auf den
Gebieten Kristalloptik und optische Messtechnik.
Besonderes Anliegen ist für ihn der
Technologietransfer zwischen Hochschule und
Industrie, die Entwicklung von Messverfahren,
Prüfgeräten und Prototypen. Aus dieser praktischen
Tätigkeit entstand ein Konzept für die Vorlesung
Technische Optik. Ziel ist die Vermittlung
praxisrelevanter optischer Grundlagen ohne allzu
hohe Anforderungen an theoretische
Vorkenntnisse.

Weitere Informationen:
www.vogel-buchverlag.de

ISBN 978-3-8343-3086-4
10. Auflage. 2007

Vorwort

Die Technische Optik umfasst optische Grundlagen und die Anwendung von optischen Bauteilen, Geräten und Verfahren bei technischen Aufgabenstellungen. Einige Beispiele zeigen, wie vielgestaltig der Anwendungsbereich ist: Optik in elektronischen Systemen, in der Nachrichten- und Reproduktionstechnik, optische Verfahren bei Massenspeichern wie DVD, bei Justieraufgaben und bei der analytischen Untersuchung von Bewegungen, Farbeindrücken und Werkstoffen.

Das Buch bietet sichere Grundlagenkenntnisse der Technischen Optik für Ingenieure, Techniker und Studenten, sowohl für die Ausbildung als auch die tägliche Praxis. Es kann auch Ingenieuren und Wissenschaftlern anderer Fachgebiete bei der Lösung optischer Fragen helfen und ist als Nachschlagewerk sehr hilfreich. Besonders erleichtert es die Verknüpfung der Grundprinzipien mit technischen Anwendungen. Das Grundkonzept entspricht der Ingenieurausbildung an Fachhochschulen, der Stoffumfang geht, systematisch bedingt, darüber hinaus.

Einen Schwerpunkt nehmen optische Bauelemente ein, wobei auch Strahlungsquellen bis hin zum Laser, Empfänger und deren Messtechnik eingeschlossen sind. Für Geräte aus speziellen Anwendungsgebieten werden nur einige wichtige Beispiele erwähnt. So wurden u.a. Interferenzverfahren und Farbmessungen aufgenommen.

Die Stoffbegrenzung der Grundlagendarstellung beschränkt sich weitgehend auf die Optik des achsnahen Gebietes. Die Korrektur optischer Systeme, z.B. eines Fotoobjektivs, bleibt Aufgabe von Spezialisten. Mit dem vermittelten Wissen ist man aber zumindest in der Lage einen fundierten Anforderungskatalog aufzustellen.

Das didaktische Konzept baut auf einer sorgfältigen Definition der Größen und Grundbegriffe, einer durchgehend normgemäßen Bezeichnungsweise und der Verwendung des genormten, computergerechten Vorzeichensystems auf. Die Eigenschaften von Linsen, Spiegeln, Planflächen und Planplatten werden aus einer einzigen Gleichung abgeleitet: der Schnittweitengleichung für eine sphärische Fläche. Dies ermöglicht eine besonders übersichtliche, zeitsparende und computergerechte Berechnung optischer Bauelemente. Wichtige Zusammenhänge werden durch Übungsbeispiele und Lösungen erläutert.

Als Voraussetzungen beim Leser genügen mathematische Grundkenntnisse, nur in wenigen Bereichen sind Differential- und Integralrechnung unvermeidlich.

Lernziele sind: Kenntnisse über Funktion und Aufbau optischer Elemente, Befähigung zum Zusammenstellen optischer Anordnungen unter Berücksichtigung der Bündelbegrenzung, Übersicht über optische Instrumente und Verfahren.

Die jetzt schon 10. Auflage erforderte eine Reihe wesentlicher, auch formaler Änderungen. Die neue Fassung der DIN 1335 von 2003 kennt keine Querstriche über F und f mehr und sieht endlich eindeutige Formelzeichen für die Öffnungs- und Feldgrößen vor. Dank der Verfügbarkeit preiswerter Rechnerprogramme für das Design optischer Systeme ist eine manuelle außeraxiale Flächenberechnung nicht mehr notwendig. Neu aufgenommen wurden moderne Bauelemente wie diffraktive optische Elemente oder fotonische Kristalle. Die Digitalfotografie einschließlich der Beamer wurde auf Kosten der an Bedeutung verlierenden Analogtechnik in den Vordergrund gestellt.

Die Verfasser danken allen Fachkollegen, die Anregungen zur Weiterentwicklung des Inhaltes gaben. Eine Reihe von Wünschen konnte integriert werden, leider ist aber immer auf eine Begrenzung des Umfangs zu achten. Aus diesem Grund wurde auch das Wörterbuch der Fachbegriffe in Deutsch/Englisch – Englisch/Deutsch weggelassen. Es ist jedoch weiterhin mit dem kostenlosen Verlagsservice «InfoClick» verfügbar. Dieser Service bietet auch zusätzliche Informationen und Aktualisierungen zum Buch. Mit einer Codeeingabe, die Sie dem entsprechenden InfoClick-Hinweis am Inhaltsverzeichnis des Buches entnehmen können, wird der Service auf der Internetseite des Verlages aufgerufen.

Meinem Kollegen Dr. Poisel danke ich besonders für viele neue Ideen und das Korrekturlesen.

Ebenso dankbar bin ich für eine Resonanz zum Buch über meine E-Mail: hanskarl.treiber@fh-nuernberg.de.

Hanau   Gottfried Schröder
Nürnberg   Hanskarl Treiber

Inhaltsverzeichnis

Der Onlineservice InfoClick bietet unter
www.vogel-buchverlag.de nach Codeeingabe zusätzliche
Informationen und Aktualisierungen zu diesem Buch.

308631550010

Optische Größen und ihre Formelzeichen

Bezeichnungen in der Technischen Strahlenoptik nach DIN 1335

Objektseite: Alle objektseitigen (gegenstandsseitigen, dingseitigen) Größen werden nach der Neufassung der Norm ohne Querstrich im geschrieben; also f und F statt $\bar{f}$, $\bar{F}$.

Bildseite: Alle bildseitigen Größen werden mit Hochstrich geschrieben z.B. f', y', a', F', H'.

In der technischen Optik ist es üblich, Strecken wie a, f usw. in mm anzugeben. Die Einheit darf ähnlich wie in technischen Zeichnungen weggelassen werden.

A_i	Konstanten der Dispersionsformel	
a	Objektweite	Objektabstand zur Hauptebene H
a'	Bildweite	Bildabstand zur Hauptebene H'
a_s	Bezugssehweite	$a_s = -250$ mm
AL	Austrittsluke	Auch Durchmesser der Austrittsluke
AP	Austrittspupille	Auch Durchmesser der Austrittspupille
BE	Bildebene	
C	Krümmungsmittelpunkt	
C	Krümmung	$C = 1/r$
c	Lichtgeschwindigkeit	$c = 3 \cdot 10^8$ m/s
D	Brechwert	Kehrwert der Brennweite in m
D	optische Dichte	
d	Flächenabstand	Abstand von Flächenscheiteln (Linsendicke, Luftabstand)
d	Plattendicke	
E_e	Bestrahlungsstärke	Irradiance
E_v	Beleuchtungsstärke	Illuminance
E	Elektrische Feldstärke	
EL	Eintrittsluke	auch Durchmesser der Eintrittsluke
EP	Eintrittspupille	auch Durchmesser der Eintrittspupille
f	objektseitige Brennweite	Abstand Hauptpunkt H – Brennpunkt F: früher $\bar{f}$
f'	bildseitige Brennweite	Abstand Hauptpunkt H' – Brennpunkt F'
F	objektseitiger Brennpunkt	Strahlen, die von F ausgehen (Positivsystem) oder nach F zielen (Negativsystem), verlassen das System achsparallel: früher $\bar{F}$
F'	bildseitiger Brennpunkt	achsparallele Strahlen werden in den Punkt F' abgelenkt (Positivsystem) oder divergieren von F' (Negativsystem).
FB	Feldblende	auch Durchmesser der Feldblende
G	geometrischer Fluss	Etendue
g	Gitterkonstante	
H_v	Belichtung	light exposure
H	objektseitiger Hauptpunkt	Bezugspunkt für a und f
H'	Bildseitiger Hauptpunkt	Bezugspunkt für a' und f'

HS	Hauptstrahl	Strahl QP vom Objektpunkt zur Mitte der Eintrittspupille
h	Einfallshöhe, Durchstoßhöhe	Abstand eines Punktes von der optischen Achse
I, G	Einfallspunkt	außeraxialer Punkt auf einer Bauelementeoberfläche
I_e	Strahlstärke	radiant intensity
I_v	Lichtstärke	luminous intensity
i	Interstitium	Abstand HH′ = KK′
J	Intensität	allgemein für fotometrische und radiometrische Größen
k	Anzahl, Anzahl der Reflexionen	
k	Blendenzahl	Kenngröße für die Öffnung
K	fotometrisches Strahlungsäquivalent	
K	objektseitiger Knotenpunkt	K und K′ sind das Punktepaar, für das das Winkelverhältnis γ' = +1 ist
K'	Bildseitiger Knotenpunkt	
L_e	Strahldichte	radiance
L_v	Leuchtdichte	luminance
l_k	Kohärenzlänge	
l_n	Ausdehnung des Nahfeldes	
M	Modulation	Hell-Dunkel-Kontrast
N	Wellenanzahl	
N	Anzahl der Gitterlinien	
m	Ordnungszahl	Kennziffer für Beugungsordnung
n	Brechzahl, Brechungskoeffizient, Brechungsindex	
N	Wellenanzahl	
NA	numerische Apertur	Früher A
O, Q	Objektpunkte	O auf der optischen Achse; Q außerhalb der Achse (früher P)
O′, Q′	Bildpunkte	O′ auf der optischen Achse; Q′ außerhalb der Achse
ÖB	Öffnungsblende	auch Durchmesser der Öffnungsblende
OE	Objektebene	
P	Polarisationsgrad	
P, P′	Mitte der Pupillen	Achspunkt von Eintritts- und Austrittspupille
r	Krümmungsradius	Strecke SC
R	Ortsfrequenz	Anzahl der Linienpaare pro mm
R	Amplitudenreflexionsgrad	
RS	Randstrahl	Strahl von Lukenmitte zur Eintrittspupille
S	Scheitelpunkt	
S	Stokes-Vektoren	
$S(\lambda)$	Strahlungsfunktion	für die Farbmessung
s	Objektschnittweite	Abstand des Objektpunktes vom zugehörigen Linsenscheitel
s	Empfindlichkeit von Empfängern	
s'	Bildschnittweite	Abstand des Bildpunktes vom zugehörigen Linsenscheitel

S	Scheitel	Scheitel einer gekrümmten Fläche
T	Modulationsübertragungsfaktor	
T	thermodynamische Temperatur	absolute Temperatur
T_f	Farbtemperatur	
t	Zeit	
t	optische Tubuslänge	Abstand der Brennpunkte
u'	erlaubte Unschärfe	Durchmesser des Unschärfenkreises
V	Verzeichnung	
$V(\lambda)$	Spektraler Hellempfindlichkeits- grad des Auges	
υ	Parallelversatz	
X	Eingangsgröße	bei Empfängern
x, y, z	Normfarbwertanteile	
$\bar{x}, \bar{y}, \bar{z}$	Normspektralwerte	
Y	Ausgangsgröße	bei Empfängern
y	Objekthöhe	Abstand eines Objektpunktes von der optischen Achse
y'	Bildhöhe	Abstand eines Bildpunktes von der optischen Achse
Z	Dämmerungszahl	
z	Objektabstand	Abstand FO (Newton'sche Koordinaten)
z'	Bildabstand	Abstand F'O' (Newton'sche Koordinaten)
α	Prismenwinkel	brechender Winkel eines Prismas
α	Spiegelwinkel	Winkel zwischen 2 Spiegelflächen
α	Absorptionsgrad	
α_i	Reinabsorptionsgrad	
α'	Tiefenabbildungsmaßstab	
β	Beugungswinkel	
β'	Abbildungsmaßstab	lateraler Abbildungsmaßstab, Verhältnis von Strecken
$\beta(\lambda)$	Leuchtdichtefaktor	
Γ'	Vergrößerung	Bildwinkel mit/Bildwinkel ohne optisches Gerät
γ	Gammawert von Fotoempfängern	
γ'	Winkelverhältnis	Verhältnis von Bild- zu Objektwinkel
δ	Ablenkung, Ablenkwinkel	Winkel zwischen einfallendem und austretendem Strahl
δ	Gangunterschied	
ε	Einfallswinkel	Winkel relativ zum Lot auf die Fläche
ε'	Austrittswinkel	Winkel relativ zum Lot auf die Fläche
ε_g	Grenzwinkel der Totalreflexion	
ε_P	Brewster-Winkel	
η_e	Strahlungsausbeute	
η_v	Lichtausbeute	
ϑ	Drehwinkel	
κ	Zählgröße	$\kappa = 1; 2; 3\dots.$
λ	Wellenlänge	
λ_0	Wellenlänge im Vakuum	falls keine Verwechslung möglich, wird Index 0 weggelassen

v	Abbé'sche Zahl	Glaskenngröße
ν	Strahlungsfrequenz	in Physikbüchern oft f
ϱ	Reflexionsgrad	Leistungsreflexionsgrad im Gegensatz zu R
σ	Planck-Konstante	
σ	mechanische Spannung	
σ	objektseitiger Öffnungswinkel	Winkel der von O ausgehenden Strahlen gegen die optische Achse
σ_{max}	Betragsmäßig größter objektseitiger Öffnungswinkel	Winkel des von O ausgehenden Randstrahls RS gegen die optische Achse, verantwortlich für die Lichtstärke
σ'	bildseitiger Öffnungswinkel	Winkel der nach O' laufenden Strahlen gegen die optische Achse
σ'_{max}	Betragsmäßig größter bildseitiger Öffnungswinkel	Winkel des nach O' zielenden Randstrahls RS gegen die optische Achse
τ	Transmissionsgrad	
τ_i	Reintransmissionsgrad	
Φ_e	Strahlungsfluss	radiant flux
Φ_v	Lichtstrom	luminous flux
φ	Halbwertswinkel	Bei φ ist die Lichtstärke einer Quelle auf 50% gefallen
φ	Zentriwinkel der Normalen	Winkel zwischen der Flächennormalen und der optischen Achse
φ_0	Nullphasenwinkel	
$\varphi(\lambda)$	Farbreizfunktion	für die Farbmessung
$\Delta\varphi$	Phasenverschiebungswinkel	Phasenwinkeldifferenz von 2 Wellen
Ω	Raumwinkel	
Ω_0	Einheitsraumwinkel	
ω	Kreisfrequenz	Winkelgeschwindigkeit
ω_{max}	objektseitiger Feldwinkel	für die erlaubte Objektgröße verantwortlicher Winkel
ω'_{max}	Bildseitiger Feldwinkel	für die erlaubte Bildgröße verantwortlicher Winkel
$\sim$	Tilde	Die Tilde markiert Größen weit außerhalb der optischen Achse, meist verknüpft mit Abweichungen von der Gauß'schen Näherung.

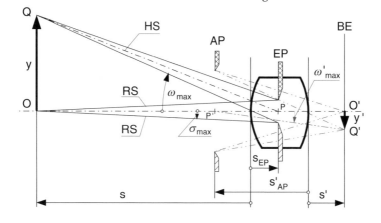

Vorzeichenfestlegung nach DIN 1335

Alle Längen werden auf markante Punkte wie Scheitel, Hauptpunkte oder Brennpunkte des jeweils betrachteten optischen Elements oder Systems bezogen. Bei den folgenden Angaben bedeuten (–) einen negativen und (+) einen positiven **Zahlenwert**. Strecken werden grundsätzlich in mm angegeben, die Einheit darf hier ausnahmsweise weggelassen werden. Hat z.B. die objektseitige Brennweite $f(–)$ einer Sammellinse den Zahlenwert 15 mm, so schreibt man $f = -15$

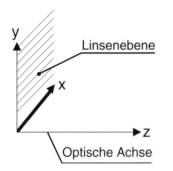

positive Lichtrichtung

Bei Reflexion gilt wegen der Strahlenumkehr $n' = -n$

Bei Spiegeln läuft das Licht **nach** der Reflexion in positive Lichtrichtung

Strecken   links des Bezugspunktes   (–)
rechts des Bezugspunktes (+)

      Bezug für s und s':   Scheitelpunkte S_1, S_2 …
      Bezug für a und a':   Hauptebenen H und H'
      Bezug für z und z':   Brennpunkte F und F'
      Bezug für r Scheitelpunkte S_1, S_2 …

Unter der Bezugsachse (–)
Über der Bezugsachse   (+)

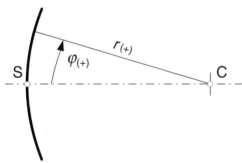
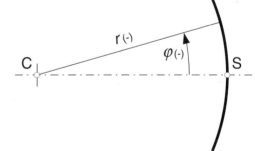

Winkel φ Vorzeichen abgeleitet aus $\tan \varphi = h/r$
             σ, σ' Vorzeichen abgeleitet aus $\tan \sigma = h/s$
             ω, ω' Vorzeichen abgeleitet aus $\tan \omega = y/z$
             ε, ε' Für ε und ε' existieren unterschiedliche Vorzeichendefinitionen. In jedem Fall haben beide das gleiche Vorzeichen, so dass man beim Brechungsgesetz immer die Beträge einsetzen kann.

Faustregel für die Vorzeichen
von Winkeln

(+)

(-)

δ Ablenkung gegen Uhrzeigersinn   (+)
   Ablenkung im Uhrzeigersinn   (–)

α Brechender Winkel oben   (+)
   Brechender Winkel unten   (–)

Vorzeichen im System

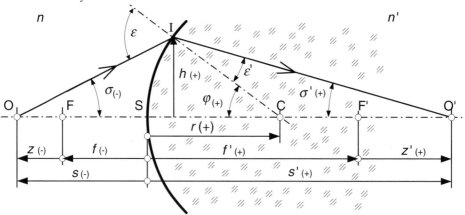

Die Vorzeichen in den Klammern geben die Vorzeichen der **Zahlenwerte** an.

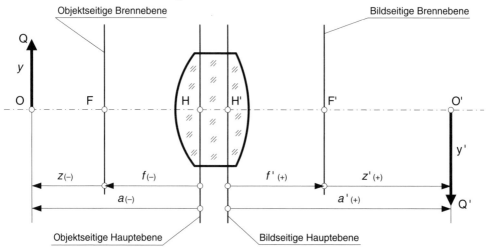

1 Licht, Lichtausbreitung und optische Abbildung

1.1 Eigenschaften des Lichtes

Licht ist eine der vielen Erscheinungsformen der Energie. Bestrahlte Flächen erwärmen sich, eine beleuchtete Solarzelle gibt elektrische Leistung ab, fotografische Emulsionen werden chemisch verändert. Die Frage allerdings, in welcher Form die Energie im Licht gespeichert ist, lässt sich nicht mehr elementar beantworten. Je tiefer die physikalische Forschung in atomare Bereiche vordringt, desto schwerer wird eine absolute und eindeutige Beschreibung der Naturphänomene. Einen Ausweg bietet eine anschauliche Beschreibung, ein Modell. Neue wissenschaftliche Erkenntnisse führen dann nur zu einer Modifikation des Modells.

Bei Beugungs- und Überlagerungserscheinungen hat sich das Wellenbild bewährt. Präzisionslängenmessung unter Verwendung der Lichtwellenlänge, Vergütung von Objektiven oder die Holographie gehören zu diesem Themenkreis. Atomare optoelektronische Phänomene dagegen widersprechen dem Wellenbild und lassen sich nur mit einem Teilchen- oder Quantenmodell veranschaulichen. Beispiele dafür sind die Abhängigkeit der Emissionswellenlänge einer Leuchtdiode vom Bandabstand des Halbleitermaterials oder die Elektronenablösung bei Bestrahlung.

Beim Licht gibt es demnach kein Modell, das alle experimentell festgestellten Eigenschaften gleichzeitig beschreibt. Und das ist nicht nur beim Licht so: Nach heutiger Auffassung ist **jedem** bewegten Teilchen, z.B. einem Elektron oder Neutron, eine Führungswelle zugeordnet. Umgekehrt gehört zu jeder Welle ein Elementarteilchen; Welle und Teilchen sind also miteinander verkoppelt und gleichberechtigt. Diese Erkenntnis nennt man **Welle-Teilchen-Dualismus**.

1.2 Wellenoptik

Das Wellenmodell ist von Vorteil, wenn viele Lichtquanten zusammenwirken, also bei hohen Intensitäten. Da der technische Einsatz des Lichtes im Normalfall hohe Intensitäten erfordert, wird meist mit dem Wellenmodell gearbeitet.

Die optische Strahlung lässt sich als elektromagnetische Welle, charakterisiert durch ihre **Vakuumwellenlänge** λ_0 beschreiben. Der sichtbare Bereich geht von $\lambda_0 = 380...780$ nm. Streng genommen darf nur diese Strahlung als Licht, kurz VIS oder v (englisch: visible), bezeichnet werden. Die zugeordneten Farben werden bei der spektralen Zerlegung des Tageslichtes sichtbar und heißen daher **Spektralfarben**. Die Grenzen der einzelnen Spektralfarben können nicht exakt definiert werden, da Farbbezeichnungen wie «gelbgrün» oder «rot» zu unscharf sind.

Monochromatische Strahlung ($\Delta\lambda \rightarrow 0$) wird als gesättigte Farbe empfunden. Als ungefähre Bereichsgrenzen werden folgende Werte angegeben:

violett	380...424 nm
blau	424...486 nm
blaugrün	486...517 nm
grün	517...527 nm
gelbgrün	527...575 nm
gelb	575...585 nm
orange	585...647 nm
rot	647...780 nm

An den sichtbaren Bereich (VIS) schließen sich die ultraviolette (UV) und die infrarote (IR) Strahlung an (Bild 1.2.1). Das UV-Gebiet wird nach DIN 5031 Teil 7 in die Abschnitte UV-A (315...380 nm), UV-B (280...315 nm) und UV-C (100...280 nm); das IR-Gebiet in IR-A (780 nm...1,4 µm), IR-B (1,4...3 µm) und IR-C (3 µm...1 mm) gegliedert. Der UVA-Bereich wird wegen der potentiellen Gefährdung der Augen heute meist bis 400 nm ausgedehnt; in einigen Publikationen wird jedoch nach wie vor 380 nm verwendet.

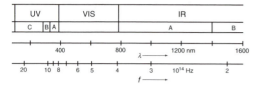

Bild 1.2.1 Wellenlängenbereiche in der Umgebung der sichtbaren Strahlung

> ! Die optische Strahlung umfasst die Bereiche UV – VIS – IR. Der sichtbare Bereich (VIS) erstreckt sich von $\lambda_0 = 380...\lambda_0 = 780$ nm.

Bild 1.2.2 zeigt den sichtbaren Spektralbereich. Regt man Gase oder Dämpfe durch elektrische Entladung zum Leuchten an, so werden oft sehr schmale Spektralbereiche, die **Spektrallinien**, emittiert. Einige der von den angegebenen Elementen emittierten Spektrallinien sind in Bild 1.2.2 zusammen mit der üblichen Linienbezeichnung eingetragen. Quecksilberdampf (Hg) z.B. sendet eine gelbgrüne Spektrallinie der Wellenlänge $\lambda_0 = 546,1$ nm aus, die man als «e-Linie» bezeichnet. Andere Lichtquellen, z.B. die Sonne, Weißlichtdioden oder Glühlampen, emittieren ein **kontinuierliches Spektrum**. Ist dabei kein Spektralbereich bevorzugt, so bewertet das Auge die Strahlung als **ungesättigte Farbe**, etwa als weißes, gelbliches oder bläuliches Licht.

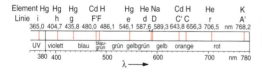

Bild 1.2.2 Spektralfarben und Spektrallinien

1.2.1 Kenngrößen der Wellen

Für alle Wellenarten gelten die gleichen, in den Lehrbüchern der Physik behandelten Grundgesetze [1.1]. Hier werden nur die für die Optik relevanten Ergebnisse zusammengefasst.

Eine periodische Störung in einem Raumpunkt, z.B. die Änderung der elektromagnetischen **Feldstärke** $\hat{E} = \hat{E} \cdot \cos(\omega t + \varphi_0)$, wird als Schwingung bezeichnet. Ihre Kenngrößen

sind die **Amplitude** $\hat{E}$, die **Kreisfrequenz** ω und der **Nullphasen-Winkel** φ_0. Kreisfrequenz ω und Frequenz ν sind durch die Beziehung $\omega = 2 \cdot \pi \cdot \nu$ verknüpft. Das Zeichen ν wird in der Optik für die Frequenz verwendet, um Verwechslungen mit der Brennweite f zu vermeiden. Die **Schwingungsdauer** $T = 1/\nu$ ist die Zeitdifferenz zwischen 2 gleichen, aufeinanderfolgenden Phasen.

Eine Störung breitet sich mit der Phasengeschwindigkeit c in alle verfügbaren Richtungen des Raumes aus. Dieses Phänomen wird als Welle bezeichnet.

> ! Eine Welle ist die zeitlich und räumlich veränderliche Ausbreitung einer Störung.

Die Phasengeschwindigkeit der Lichtwelle ist im Vakuum für alle Farben gleich. Sie wird **Vakuumlichtgeschwindigkeit** genannt und hat den Wert $c_0 = 2,99792458 \cdot 10^8$ m · s^{-1}, also rund $3 \cdot 10^8$ m · s^{-1}. Die Wellenlänge λ ist durch folgende Beziehung festgelegt:

$$\lambda = \frac{c}{\nu} \qquad \text{(Gl. 1.2.1)}$$

In durchsichtigen Medien ist die Phasengeschwindigkeit geringer als im Vakuum und sowohl vom Material als auch von der Wellenlänge abhängig. Diese Abhängigkeit wird als **Dispersion** bezeichnet.

$$c = \frac{c_0}{n} = \frac{\nu \lambda_0}{n}$$
$$\lambda = \frac{c}{\nu} = \frac{c_0}{n\nu} = \frac{\lambda_0}{n} \qquad \text{(Gl. 1.2.2)}$$

n ist eine Materialkenngröße, die **Brechzahl**. Optische Gläser haben je nach Sorte und Wellenlänge Brechzahlen zwischen 1,4...2, Infrarotmaterialien erreichen Werte über 4. Bei Literaturangaben achte man auf den Bezug: In der physikalischen Literatur wird meist auf Vakuum, in der Chemie auf Normluft bezogen. Die meisten Datenblätter etwa von Schott, Corning oder Hoya beziehen die Brechzahlen auf Vakuum. Dann hat die Brechzahl im Vakuum den Wert 1; in Normluft

(20 °C, 1 013 hPa) weicht er mit $n = 1,0003$ nur geringfügig davon ab.

> Die Brechzahl n eines Mediums ist der Quotient aus der Lichtgeschwindigkeit im Vakuum und der Lichtgeschwindigkeit im Medium.

Parallel mit der Phasengeschwindigkeit wird auch die Wellenlänge in Medien kleiner, die Lichtfrequenz dagegen bleibt konstant (Bild 1.2.3). Spricht man in der Praxis von Wellenlänge, ist üblicherweise immer die Vakuumwellenlänge gemeint; anstelle von λ_0 schreibt man λ ohne Index. Solange keine Verwechslungsgefahr besteht, wird auch in den folgenden Abschnitten so verfahren.

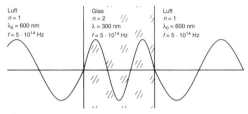

Bild 1.2.3 Abhängigkeit der Wellenlänge von der Brechzahl des Mediums

Die elektromagnetische Welle ist eine Transversalwelle, d.h., elektrische und magnetische Feldstärke stehen auf der Ausbreitungsrichtung (z-Richtung) senkrecht. Die von der Ausbreitungsrichtung und der elektrischen Feldstärke aufgespannte Ebene ($E - z$) wird als **Schwingungsebene** bezeichnet, die von der Ausbreitungsrichtung und der magnetischen Feldstärke aufgespannte Ebene ($H - z$) wird Polarisationsebene genannt. Prinzipiell gibt es beliebig viele mögliche Schwingungsebenen im Raum. Wird eine spezielle Ebene bevorzugt, spricht man von **Polarisation** (Abschnitt 1.2.9 und Kapitel 8).

1.2.2 Ausbreitung von Wellen, das Prinzip von HUYGENS

Für die Ausbreitung von Wellen gilt das Prinzip von HUYGENS:

> Jeder Punkt einer Wellenfläche stellt ein neues Wellenzentrum dar, von dem Kugelwellen ausgehen, die **Elementarwellen** genannt werden.

Bild 1.2.4 zeigt 2 Beispiele für den Einsatz des Prinzips von HUYGENS in einem beliebig ausgedehnten Raum.

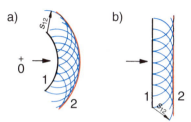

Bild 1.2.4 Ausbreitung einer Kugelwelle und einer ebenen Welle ohne Hindernisse

Die auf der Wellenfront 1 entstehenden Kugelwellen interferieren und bilden die neue Wellenfront 2. Die im Zeitintervall Δt zurückgelegte Wegstrecke beträgt $s_{12} = c \cdot \Delta t$; Wellenfront a) bleibt daher eine Kugelwelle, b) eine ebene Wellenfront. Dieser Erhalt der Wellenform gilt im ausgedehnten Raum und angenähert noch dann, wenn Hindernisse sehr viel größer als die Wellenlänge sind.

1.2.3 Interferenz

Treffen in einem Raumpunkt 2 oder mehrere Wellen mit gleicher Schwingungsebene und zumindest ähnlicher Frequenz zusammen, so überlagern sie sich zu einer resultierenden Welle; man spricht von Interferenz. Maßgebend für das Ergebnis der Überlagerung ist ihre gegenseitige Phasenlage, die zahlenmäßig als **Phasenverschiebungswinkel** $\Delta\varphi$ oder als **örtlicher Versatz** Δz angegeben wird. Einem Phasenverschiebungswinkel $\Delta\varphi = 2\pi$ entspricht der örtliche Versatz $\Delta z = \lambda$. Daraus folgt mit $\lambda = \lambda_0/n$:

$$\frac{\Delta\varphi}{\Delta z} = \frac{2\pi}{\lambda} = \frac{2\pi n}{\lambda_0}$$

Die den Phasenverschiebungswinkel $\Delta\varphi = 2\pi n \,\Delta z/\lambda_0$ bestimmende Größe $n \cdot \lambda z$ ist die

Differenz der «optischen Weglängen» $n \cdot z$. Denkt man sich die geometrische Weglänge z aus einzelnen Wellenlängen λ zusammengesetzt, so erhält man ihre Anzahl aus $N = z/\lambda = n \cdot z/\lambda_0$; es gilt demnach $z \cdot n = N \cdot \lambda_0$.

> Das Produkt aus geometrischer Weglänge und Brechzahl heißt **optische Weglänge**. In gleichen optischen Weglängen sind bei gleicher Frequenz gleich viele Wellenlängen enthalten.

Bei der Überlagerung optischer Wellenzüge treten nicht nur Phasenverschiebungen infolge der Wegdifferenzen auf, sondern bei Reflexion an einem Medium mit größerer Brechzahl eine zusätzliche Phasenverschiebung bis zu 180°. Dieser Phasensprung hängt vom Einfallswinkel, von der Einfallsebene und vom Material ab. Bei senkrechtem Auftreffen der Strahlung auf Nichtleiter beträgt der Phasensprung 180° = π; bei Metallen gelten die 180° bei allen Winkeln. In der Praxis treffen die Wellen häufig nahezu senkrecht auf; dieser Fall wird in den folgenden Abschnitten vorausgesetzt. Bezeichnet man die Anzahl von Reflexionen an Medien größerer Brechzahl mit k, so gilt bei senkrechtem Einfall und bei Metallen $\Delta\varphi = 2\pi n \, \Delta z/\lambda_0 + k\pi$ und nach Multiplikation mit $\lambda_0/(2\pi)$:

$$\frac{\lambda_0}{2\pi}\Delta\varphi = n\Delta z + k\frac{\lambda_0}{2} = \delta \qquad \text{(Gl. 1.2.3)}$$

Bei schiefem Einfall lässt sich der Phasensprung aus den Fresnel'schen Gleichungen berechnen, Gl. 1.2.3 ist dann entsprechend zu modifizieren.

Der durch Gl. 1.2.3 definierte Gangunterschied δ stellt die effektive optische Wegdifferenz von 2 Wellenzügen unter Berücksichtigung von Phasensprüngen dar und ist die für alle Interferenzerscheinungen maßgebliche Größe. Der allgemeinen optischen Praxis folgend wird, falls keine Verwechslungen möglich sind, in den nachstehenden Abschnitten die Vakuumwellenlänge mit λ anstelle von λ_0 bezeichnet.

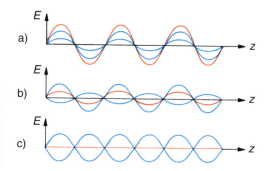

Bild 1.2.5 Konstruktive Interferenz (a) und destruktive Interferenz (b, c).

Praktisch wichtig ist der in Bild 1.2.5 gezeigte Fall der Interferenz von 2 Wellen gleicher Wellenlänge und Schwingungsebene. Sind beide Wellen wie in Bild 1.2.5a gleichphasig oder beträgt ihr Phasenverschiebungswinkel ein Vielfaches von 2π, also $\Delta\varphi = k \cdot 2\pi$ ($k = 0$; 1; 2…), so steigt die Amplitude der resultierenden Welle (**konstruktive Interferenz**). Sind beide Wellen wie in den Bildern 1.2.5b und c gegenphasig, ist also $\Delta\varphi = (2k + 1) \cdot \pi$, so wird die resultierende Amplitude kleiner, bei gleichen Amplituden der interferierenden Wellen sogar 0 (**destruktive Interferenz**). Mit Gl. 1.2.3 ergeben sich die Interferenzkriterien:

> Bedingung für Überlagerungsmaxima
> (**Konstruktive Interferenz**) $\delta = k\lambda$
>
> Bedingung für Überlagerungsminima
> (**Destruktive Interferenz**) $\delta = \frac{\lambda}{2} + k\lambda$

$$\text{(Gl. 1.2.4)}$$

Um einen definierten Gangunterschied zu realisieren, wird ein Bündel in 2 Komponenten zerlegt und nach Einfügen einer Wegdifferenz wieder vereinigt (Abschnitt 1.2.8). Eine zweite Möglichkeit, die man bei Phasenkontrastgittern einsetzt, ist die Erzeugung des Gangunterschiedes durch Materialien unterschiedlicher Dicke und/oder Brechzahl (Bild 1.2.5a).

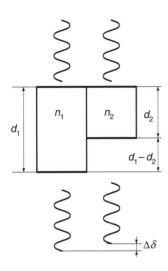

Bild 1.2.5a Phasenkontrast

Für das durchgehende Licht gilt $\delta = k \cdot \lambda$ und damit in einem Medium der Brechzahl n:

$$\Delta\delta = \left| d_2 \cdot n_2 + (d_1 - d_2) \cdot n - d_1 \cdot n_1 \right|$$
(Gl. 1.2.5)

Bei gleich dicken Platten ist $d_2 = d_1 = d$, folglich $\Delta\delta = \left| d \cdot (n_2 - n_1) \right|$; falls $n_1 = n_2$ und $n = 1$, unterschiedlich dicke Platten gleichen Materials in Luft, gilt $\Delta\delta = \left| (d_1 - d_2) \cdot (n_1 - 1) \right|$.

1.2.4 Beugung

Bild 1.2.6 zeigt qualitativ die Bildqualität eines Fotoobjektivs als Funktion der Blendenzahl. Da die geometrisch-optischen Abbildungsfehler bei voller Öffnung am größten sind (Abschnitt 2.6), steigt die Qualität zunächst erwartungsgemäß mit dem Abblenden. Von Blende 11 an nimmt sie jedoch wieder ab, obwohl der Einfluss der Abbildungsfehler weiterhin sinkt. Ursache für diesen Qualitätsverlust ist die Beugung, die nach Gl. 1.2.8 mit abnehmendem Durchmesser der beugenden Öffnung ansteigt. Die in der geometrischen Optik zunächst vernachlässigte Beugung spielt also in der Praxis eine wesentliche Rolle.

Ganz allgemein wird der Leistung optischer Geräte durch die Wellennatur des Lichtes, durch Interferenz und Beugung eine unüberwindbare Schranke gesetzt. Andererseits bilden wellenoptische Erscheinungen die Grundlage für das Beugungsgitter, für die Entspiegelung von Linsen und für viele hochgenaue Messmethoden. Die Begriffe Beugung und Interferenz sind eng miteinander verknüpft. Bei der Behandlung wellenoptischer Phänomene wird jedoch oft die eine oder andere Komponente besonders herausgestellt.

Sobald, wie z.B. in Bild 1.2.7, die Abmessung der Hindernisse in die Größenordnung der Wellenlänge kommt, wird die Ausbreitung der Welle stark vom Hindernis beeinflusst.

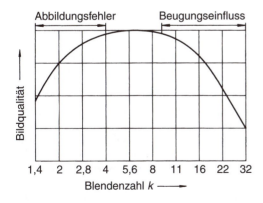

Bild 1.2.6 Abhängigkeit der Bildqualität von der Öffnung eines Objektivs

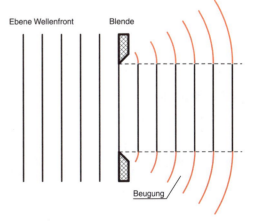

Bild 1.2.7 Ebene Wellenfront an einem Hindernis

Auch hier entstehen innerhalb der Blende Kugelwellen, die im zentralen Bereich wieder eine ebene Wellenfront ergeben. Am Rand der Öffnung haben die Elementarwellen jedoch keine kompensierenden Nachbarn und dringen in den **geometrisch-optischen Schattenraum** ein. Dieser Beugungseffekt ist umso größer, je kleiner der Blendendurchmesser wird. Er ist dafür verantwortlich, dass die Bilder von Kameras bei starkem Abblenden unscharf werden. Durch eine Blende mit dem Durchmesser weniger Wellenlängen wird eine ebene Welle in eine Kugelwelle umgeformt.

> Das Eindringen von Wellen in geometrisch-optische Schatträume, bedingt durch die Interferenz von Elementarwellen bei begrenzten Wellenflächen, bezeichnet man als **Beugung**.

> Sind die Abmessungen von Hindernissen sehr viel größer als die Wellenlänge, breitet sich das Licht im homogenen Medium geradlinig aus. Dies ist der Bereich der geometrischen Optik mit umkehrbaren Strahlengängen. Kommen die Abmessungen der Hindernisse dagegen in die Größenordnung der Wellenlänge, so wird das Licht von der ursprünglichen Richtung weggebeugt und tritt in den geometrisch-optischen Schattenraum ein.

Für die Technische Optik sind 2 Fälle von besonderer Bedeutung

❑ die Beugung am Gitter und
❑ die Beugung an einer Lochblende.

1.2.4.1 Beugung am Gitter

Optische Gitter sind alle örtlich periodischen Strukturen – meist parallele Linien in konstanten Abständen –, die auf Amplitude (**Amplitudengitter**) oder Phase (**Phasengitter**) der Lichtstrahlung einwirken. Der Abstand von 2 benachbarten gleichartigen Linien ist die **Gitterkonstante** g. Der Kehrwert $R = 1/g$ heißt Ortsfrequenz des Gitters: g wird in mm^{-1} («Linienpaare/mm») angegeben. An den Gitter-

strukturen wird die auftreffende Welle gebeugt. Die an den zahlreichen gleichen Gitterlinien abgelenkten Wellen überlagern sich (Vielstrahlinterferenz) und geben dadurch in bestimmten Richtungen Intensitätsmaxima. Bild 1.2.8 zeigt in vereinfachter Weise am Beispiel eines Amplitudengitters, in welchen Richtungen Beugungsmaxima auftreten.

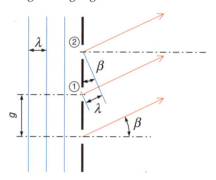

Bild 1.2.8 Beugung am Gitter bei senkrechtem Auftreffen einer ebenen Welle

Fällt eine parallele Wellenfront senkrecht auf die engen Spalte, so bilden sich in den Spaltöffnungen Kugelwellen aus. Ist Welle 1 gerade um eine Wellenlänge weiter gelaufen wenn Welle 2 angeregt wird, so ist der Phasenverschiebungswinkel $\varphi = 2\pi$, die beiden Wellen überlagern sich konstruktiv. In allen anderen Richtungen ist der Phasenverschiebungswinkel ungleich 2π, so dass in Richtung β maximale Intensität herrscht. Ähnliches gilt für $\varphi = 4\pi$, allgemein für $\varphi = m \cdot 2\pi$ mit $m = 0, \pm 1, \pm 2, \pm 3 \ldots$ Dann gilt allgemein für die Winkel unter denen Intensitätsmaxima auftreten:

$$\sin \beta_{\max} = \frac{m \cdot \lambda}{g} \qquad \text{(Gl. 1.2.6)}$$

In Bild 1.2.9 sind für Transmissions- und Reflexionsgitter zu der jetzt schief unter dem Winkel ε einfallenden Welle (blau) die Richtungen der Beugungsmaxima für $m = 0, \pm 1$ und ± 2 (rot) dargestellt. Die Wellen treten jeweils aus der gesamten Gitterfläche aus. Die **Ordnungszahl** m kennzeichnet die **Beugungsordnung**; $m = 0$ steht für die ungebeugte Welle. Für die zugehörigen gegenüber der

Gitternormalen gemessenen Beugungswinkel β gilt die Gl. 1.2.6 entsprechende **Gittergleichung**

$$\sin \beta_{\max} = \frac{m \cdot \lambda}{g} + \sin \varepsilon \qquad \text{(Gl. 1.2.7)}$$

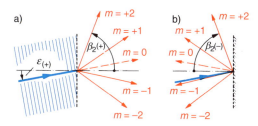

Bild 1.2.9 Beugung am Gitter bei schiefem Auftreffen einer ebenen Welle in Transmission (a) und Reflexion (b)

Beispiel
Ein HeNe-Laser ($\lambda = 632,8$ nm) mit aufgeweitetem Parallelbündel strahlt unter $\varepsilon = +10°$ auf ein Gitter mit 600 Linienpaaren/mm. In der 1. und 2. Beugungsordnung erhält man folgende Beugungswinkel (Bild 1.2.9):
Transmissionsgitter:
$m = +1 \Rightarrow \beta_1 = 33,60°$; $m = +2 \Rightarrow \beta_2 = 68,95°$;
$m = -1 \Rightarrow \beta_{-1} = -11,90°$; $m = -2 \Rightarrow \beta_{-2} = -35,87°$
Reflexionsgitter:
gleiche Werte mit umgekehrtem Vorzeichen.

Aus der Gittergleichung folgt die lineare Zunahme von $\sin \beta$ mit λ, (Dispersion): Jede Beugungsordnung außer $m = 0$ enthält ein **Spektrum**, das bei Beleuchtung des Gitters mit einem Weißlicht-Parallelbündel in der Brennebene eines Objektivs aufgefangen werden kann und dessen Breite mit m zunimmt. Die Spektren können sich teilweise überlappen, da es für $\sin \beta$ nur auf das Produkt $m \cdot \lambda$ ankommt. Anstelle der in den Bildern 1.2.8 und 1.2.9 gezeigten Amplitudengitter werden oft Phasengitter (Abschnitt 1.2.3) und geblazte Reflexionsgitter (Abschnitt 7.6.1) eingesetzt, da sie weniger Verluste aufweisen.

1.2.4.2 Beugung an einer Lochblende

In Bild 1.2.10 trifft eine ebene Welle auf eine Lochblende vom Durchmesser d. Das durchtretende Licht wird auf einem Bildschirm aufgefangen, auf dem die Intensität als Funktion der Ortskoordinate y dargestellt ist. Ohne Beugung hätte die Intensität am Bildschirm den rot gezeichneten rechteckigen Verlauf. Bedingt durch die Interferenz der in der Kreisöffnung angeregten Elementarwellen, die Randwellen sind rot und blau markiert, entsteht ein Beugungsbild, das **Beugungs-** oder **Airy-Scheibchen**. Es besteht aus konzentrischen hellen und dunklen Beugungsringen, deren Durchmesser ansteigt, wenn d kleiner gewählt wird.

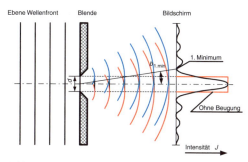

Bild 1.2.10 Beugung an einer Kreisblende

Bei Beugungsfiguren unterscheidet man das **Fernfeld** und das **Nahfeld** (Bild 1.2.11).

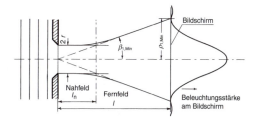

Bild 1.2.11 Trennung von Nah- und Fernfeld

Nach Bild 1.2.11 ist $\tan \beta_{1.\min} = r/l_n$ und nach Gl. 1.2.8 $\sin \beta_{1.\min} = 1,22 \cdot \lambda/(2r)$. Damit wird die Ausdehnung l_n des Nahfeldes für kleine Winkel

$$l_n \approx 1,64 \cdot \frac{r^2}{\lambda}$$

Tabelle 1.2.1 Helligkeitsverteilung im Beugungsscheibchen

	0. Maximum (Mitte)	1. Minimum (1. dunkler Ring)	1. Maximum (1. heller Ring)	2. Minimum (2. dunkler Ring)	2. Maximum (2. heller Ring)
Relative Intensität	100%	0	1,75%	0	0,42%
Leistungsanteile	im zentralen Kreis 83,8%		im 1. Ring 7,2%		im 2. Ring 2,8%

Während die Ermittlung der Strukturen im Nahfeld hohen mathematischen Aufwand erfordern, lässt sich das Fernfeld ähnlich wie die Beugung am Gitter berechnen. Die Auswertung ist in Tabelle 1.2.1 aufgelistet.

Die in Tabelle 1.2.1 angegebene Intensitätsverteilung mit 83,8% der optischen Leistung im zentralen Maximum rechtfertigt es, den Radius des ersten dunklen Rings als **Radius des Beugungsscheibchens** zu definieren. Dieser Radius steigt mit dem Abstand Blende–Bildschirm und dem Winkel $\beta_{1.min}$. Für diesen Winkel, unter dem das erste Beugungsminimum entworfen wird, gilt:

$$\sin \beta_{1.min} = 1{,}22 \frac{\lambda}{d} \qquad \text{(Gl. 1.2.8)}$$

1.2.5 Brechung

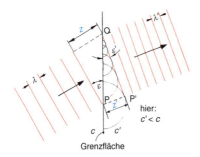

Bild 1.2.12 Brechung an der Grenzfläche zweier Medien

In Bild 1.2.12 trennt eine senkrecht zur Zeichenebene verlaufende **Grenzfläche** 2 Medien mit unterschiedlicher Phasengeschwindigkeit c und c'.

Trifft eine Welle unter dem Winkel ε auf diese Grenzfläche, so wird ein Teil der Wel-

lenenergie reflektiert; der Rest dringt in das Medium mit c' ein, wobei im allgemeinen **Brechung** erfolgt: die Ausbreitungsrichtung der Welle ändert sich. In Bild 1.2.12 hat ein Stück einer ebenen Wellenfläche die Grenzfläche bei P erreicht. Hier beginnt die Ausbreitung einer Elementarwelle nach rechts mit der Geschwindigkeit c'. Hat nun die Wellenfläche in der Zeit $t = z/c$ die Grenzfläche bei Q erreicht, so hat sich die Elementarwelle wegen $t' = t$ bei P um den Radius $z' = c' \cdot t' = c' \cdot z/c$ ausgebreitet. Aus allen Elementarwellen von P bis Q folgt nach dem Huygens-Prinzip die neue Wellenfläche P' Q. Mit den Winkelfunktionen $\sin \varepsilon = z/PQ$ und $\sin \varepsilon' = z'/PQ$ ergibt sich das **Brechungsgesetz**

$$\frac{\sin \varepsilon}{\sin \varepsilon'} = \frac{z}{z'} = \frac{t \cdot c}{t' \cdot c'} = \frac{c}{c'}$$

Mit Gleichung Gl. 1.2.2, $c = c_0/n$ folgt:

$$\frac{\sin \varepsilon}{\sin \varepsilon'} = \frac{n'}{n} \quad oder \quad n \cdot \sin \varepsilon = n' \cdot \sin \varepsilon' \qquad \text{(Gl. 1.2.9)}$$

! Die Größe $n \cdot \sin \varepsilon$ bleibt beim Übergang in anderes Medium konstant (**Invariante der Brechung**).

Die Größe ε wird als **Einfallswinkel**; ε' als **Austrittswinkel** oder **Brechungswinkel** bezeichnet. Sie sind als Winkel zwischen Wellenfont und Grenzfläche oder mit gleichem Ergebnis zwischen Ausbreitungsrichtung und Lot zur Grenzfläche (**Einfallslot**) definiert.

> **!** Einfallswinkel ε und Brechungswinkel ε' werden gegenüber dem Einfallslot gemessen.

Bei kleinen Winkeln darf man die Näherung $n \cdot \varepsilon \approx n' \cdot \varepsilon'$ verwenden. Dabei wird der Fehler bei $n = 1$; $n' = 1,5$ und $\varepsilon = 20°$ kleiner 1,2%.

Bei isotropen Medien läuft der gebrochene Strahl in der gleichen Ebene weiter wie der einfallende Strahl. Diese Ebene wird auch als **Einfallsebene** bezeichnet und vom Lot auf die Grenzfläche und dem einfallenden Strahl aufgespannt. In anisotropen Medien kann sich die Schwingungsebene des gebrochenen Strahls von der des einfallenden unterscheiden.

1.2.5.1 Übergang in ein «optisch dichteres» Medium n' > n

Als «optisch dichteres» Medium wird aus historischen Gründen ein Medium mit höherer Brechzahl bezeichnet. Ist das Medium homogen, so breitet sich eine ebene Lichtwelle geradlinig aus. Aus Gründen der Übersichtlichkeit wird der reflektierte Anteil in den Bildern 1.2.13 und 1.2.14 weggelassen. Aus Gl. 1.2.9 folgt:

$$\sin\varepsilon' = \frac{n}{n'}\sin\varepsilon \qquad \text{und mit } n' > n \quad \varepsilon' \leq \varepsilon$$

Beim Übergang in ein optisch dichteres Medium sind folgende Fälle möglich:

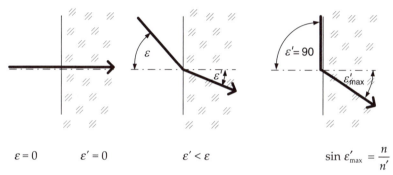

$\varepsilon = 0 \qquad \varepsilon' = 0 \qquad\qquad \varepsilon' < \varepsilon \qquad\qquad\qquad \sin\varepsilon'_{\text{max}} = \dfrac{n}{n'}$

Bild 1.2.13 Übergang einer Lichtwelle in ein optisch dichteres Medium

Ein Brechungswinkel $\varepsilon' > \varepsilon'_{\text{max}}$ ist nicht möglich.

1.2.5.2 Übergang in ein «optisch dünneres» Medium n' < n

Das «optisch dünnere» Medium ist ein Medium mit geringerer Brechzahl. Wie beim optisch dichteren Medium gilt:

$$\sin\varepsilon' = \frac{n}{n'}\sin\varepsilon \qquad \text{und mit } n' < n \quad \varepsilon' \geq \varepsilon$$

Beim Übergang in ein optisch dünneres Medium sind folgende Fälle möglich:

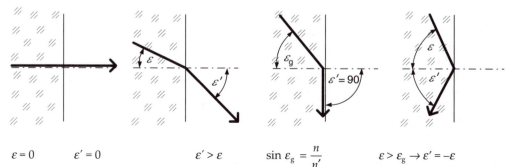

$\varepsilon = 0 \qquad \varepsilon' = 0 \qquad\qquad\qquad \varepsilon' > \varepsilon \qquad\qquad \sin\varepsilon_{\text{g}} = \dfrac{n}{n'} \qquad\qquad \varepsilon > \varepsilon_{\text{g}} \rightarrow \varepsilon' = -\varepsilon$

Bild 1.2.14 Übergang einer Lichtwelle in ein optisch dünneres Medium

> ⚠ Geht ein Lichtstrahl vom optisch dichteren in ein optisch dünneres Medium über, so wird er vom Einfallslot weg gebrochen.

Da ε' immer größer ist als ε, gibt es einen Winkel ε_g, bei dem $\varepsilon' = 90°$ wird. Versucht man, das Brechungsgesetz für Winkel $>\varepsilon_g$ anzuwenden, so wird der $\arcsin \varepsilon' > 1$, was nicht definiert ist. Die Welle kann also nicht ins optisch dünnere Medium gelangen. Da aber im transparenten Material keine Leistung verloren gehen kann, wird die Welle vollständig, also zu 100%, reflektiert. Der Vorgang wird daher **Totalreflexion** genannt und es gilt $\varepsilon' = -\varepsilon$.

Zur Ermittlung von ε_g setzt man $\varepsilon' = 90°$ und erhält den **Grenzwinkel der Totalreflexion** aus $n \cdot \sin \varepsilon_g = n' \cdot \sin 90°$:

$$\sin \varepsilon_g = \frac{n'}{n} \qquad \varepsilon_g = \arcsin \frac{n'}{n} \qquad \text{(Gl. 1.2.10)}$$

Beispiel
Für $n = 1{,}52$ und $n' = 1$ (Glas/Luft) ergibt sich $\varepsilon_g = 41{,}1°$; ein z.B. unter $\varepsilon = 45°$ einfallender Strahl wird total reflektiert.

> ⚠ Im Allgemeinen treten an einer Grenzfläche Reflexion und Brechung gemeinsam auf, die einfallende Energie wird abhängig von der Materialpaarung aufgeteilt. Totalreflexion erfordert Lichteinfall vom optisch dichteren Medium her und Überschreiten des Grenzwinkels ε_g.

Untersucht man den Vorgang genauer, erhebt sich die Frage, woher das Licht weiß, dass sich jenseits der Grenzfläche ein entsprechend niederbrechendes Material befindet. Tatsächlich dringt das Licht geringfügig ins optisch dünnere Medium ein, klingt dort aber nach einer Exponentialfunktion auf einer Wegstrecke von wenigen Wellenlängen ab. Diese **evaneszente Welle** hat in der optischen Nachrichtenübertragung und der Sensorik große Bedeutung.

1.2.6   Reflexion

Eine Fläche reflektiert entsprechend ihrem Reflexionsgrad (Abschnitt 1.2.6.1) einen Teil der auftreffenden Strahlung. Raue Oberflächen reflektieren diffus nach allen Seiten (Bild 1.2.15). Im Idealfall, der von seidenmatten Flächen gut realisiert wird, entspricht die Winkelverteilung der reflektierten Strahlung dem Lambert'schen Kosinusgesetz (Abschnitt 4.2.3.2).

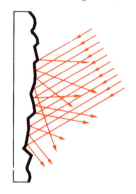

Bild 1.2.15
Diffuse Reflexion

Bei glatten Oberflächen liegen einfallender Strahl, reflektierter Strahl und Einfallslot in einer Ebene. Der Winkel ε', unter dem der Strahl relativ zum Einfallslot zurückgeworfen wird, gehorcht dem Reflexionsgesetz (Bild 1.2.16):

$$\varepsilon' = -\varepsilon \qquad \text{(Gl. 1.2.11)}$$

Das Reflexionsgesetz ist unabhängig von der Wellenlänge. Die Winkel werden grundsätzlich relativ zum Lot auf die betrachtete Fläche angegeben. Die Strahlenrichtung ist positiv **nach** der Reflexion.

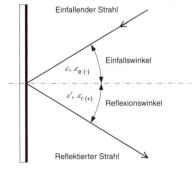

Bild 1.2.16 Reflexion an ebenen Flächen

Hier sieht man wie wichtig die oft ungeliebten Vorzeichenregeln sind. Beim Reflexionsgesetz, geschrieben in der klassischen Form $\varepsilon' = \varepsilon$, würde jedes optische Rechenprogramm die Strahlung unverändert weiterschicken. Ein weiterer Vorteil liegt darin, dass optische Designprogramme keinen eigenen Formelsatz für die Reflexion benötigen. Setzt man im Brechungsgesetz $n \cdot \sin \varepsilon = n' \cdot \sin \varepsilon'$ die Beziehung $n' = -n$ ein, so folgt $\sin \varepsilon = -\sin \varepsilon'$, also das Brechungsgesetz $\varepsilon' = -\varepsilon$. Vor und nach der Reflexion läuft die Welle im gleichen Medium, das negative Vorzeichen von n' folgt logisch aus der Umkehr der Strahlenrichtung.

1.2.6.1 Kenngrößen der Reflexion

Die Stärke der Reflexion wird durch den **Reflexionsgrad** ρ festgelegt.

$$\varrho = \frac{\Phi_r}{\Phi_0} \qquad \text{(Gl. 1.2.12)}$$

mit:
Φ_r reflektierter Lichtstrom
Φ_0 auftreffender Lichtstrom

Da Lichtströme durch ihre Leistung charakterisiert werden, ist ρ der Leistungsreflexionsgrad; der teilweise angegebene **Amplitudenreflexionsgrad** R ist definiert mit $R = E_r/E_0$.

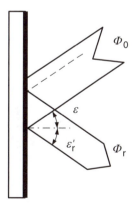

Bild 1.2.17
Reflexion an einer ebenen Fläche

Der Reflexionsgrad hängt vom reflektierenden Werkstoff, von der Wellenlänge, dem Einfallswinkel, dem Polarisationsgrad und bei dünnen Schichten von der Schichtdicke ab.

1.2.6.2 Reflexion an transparenten Medien

Tritt Strahlung von einem Medium mit der Brechzahl n in ein anderes Medium mit der Brechzahl n' über, so wird ein Teil des Lichtstroms gebrochen, ein anderer von Brechzahlunterschied und Polarisation abhängiger Anteil reflektiert. Der Reflexionsgrad wird durch die **Fresnel'schen Gleichungen** angegeben. Linear polarisiertes Licht mit der Schwingungsebene (E-z) parallel zur Einfallsebene (z-Lot auf Trennfläche) wird mit dem Index p, π, oder $\parallel$ charakterisiert, steht die Schwingungsebene senkrecht zur Einfallsebene, lautet der Index s, σ oder $\perp$. Die Fresnel'schen Formeln Gl. 1.2.13 und Gl. 1.2.14 werden der Übersicht wegen mit den Variablen ε und ε' geschrieben. Man kann, weit komplizierter, auch $\rho(n, n')$ angeben, da sich ε und ε' mit Hilfe des Brechungsgesetzes Gl. 1.2.9 in n und n' überführen lassen.

$$\varrho_{\parallel} = \left(\frac{\tan(\varepsilon - \varepsilon')}{\tan(\varepsilon + \varepsilon')} \right)^2 \qquad \text{(Gl. 1.2.13)}$$

$$\varrho_{\perp} = \left(\frac{\sin(\varepsilon - \varepsilon')}{\sin(\varepsilon + \varepsilon')} \right)^2 \qquad \text{(Gl. 1.2.14)}$$

Bild 1.2.18 zeigt die Reflexionsgrade in beiden Schwingungsebenen für den Fall $n = 1$ und $n' = 2$ als Funktion von ε. Während die Intensität der senkrecht zur Einfallsebene schwingenden Komponente mit steigendem ε sofort größer wird, nimmt der Reflexionsgrad der parallel zur Einfallsebene schwingenden Komponente zunächst ab, wird beim **Brewster-Winkel** ε_P genau 0 und steigt danach steil an. Nach Gl. 1.2.13 wird ε dann 0, wenn $\tan(\varepsilon + \varepsilon') \to \infty$ geht, wenn also $\varepsilon + \varepsilon' = 90°$ ist. Bei $\varepsilon = \varepsilon_P$ stehen der reflektierte und der gebrochene Strahl senkrecht aufeinander. Aus dem Brechungsgesetz $n \cdot \sin \varepsilon = n' \cdot \sin \varepsilon'$ folgt für $\varepsilon_P' = 90° - \varepsilon_P$ die Beziehung $\sin \varepsilon/\sin \varepsilon' = \sin \varepsilon_P/\sin(90° - \varepsilon_P) = \sin \varepsilon_P/\cos \varepsilon_P = \tan \varepsilon_P$ und somit das Brewster'sche Gesetz:

$$\tan \varepsilon_P = \frac{n'}{n} \qquad \text{(Gl. 1.2.15)}$$

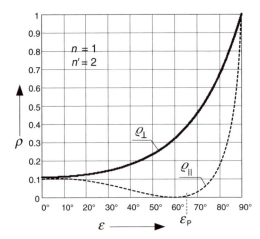

Bild 1.2.18 Reflexionsgrad als Funktion des Einfallwinkels bei linear polarisiertem Licht

Beim Übergang in ein optisch dünneres Medium läuft ε nur bis zum Grenzwinkel der Totalreflexion.

Der Reflexionsgrad von unpolarisiertem Licht, bei dem alle Ebenen senkrecht zur Ausbreitungsrichtung gleich häufig vorkommen, beträgt:

$$\varrho = \frac{1}{2}\left(\frac{\sin^2\left(\varepsilon - \varepsilon'\right)}{\sin^2\left(\varepsilon + \varepsilon'\right)} + \frac{\tan^2\left(\varepsilon - \varepsilon'\right)}{\tan^2\left(\varepsilon + \varepsilon'\right)} \right)$$

(Gl. 1.2.16)

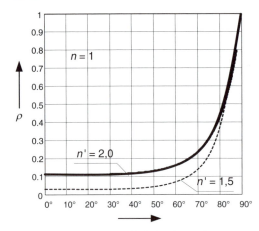

Bild 1.2.19 Reflexionsgrad als Funktion des Einfallwinkels bei unpolarisiertem Licht

Wie man aus Bild 1.2.19 sieht, ist der Reflexionsgrad bis zu ca. 30° weitgehend unabhängig vom Einfallswinkel. Setzt man in Gl. 1.2.16 die für kleine Winkel erlaubte Näherung $\sin \varepsilon \approx \varepsilon$ und $\tan \varepsilon \approx \varepsilon$ sowie $n \cdot \varepsilon \approx n' \cdot \varepsilon'$ ein, so folgt die Näherung:

$$\varrho \approx \left(\frac{n' - n}{n' + n} \right)^2$$

(Gl. 1.2.17)

Für die meisten Anwendungen ist der für kleine Einfallswinkel berechnete Reflexionsgrad ausreichend genau. Bei $n = 1$, $n' = 1{,}5$ und $\varepsilon = 20°$ beträgt die Abweichung gegenüber dem senkrechten Einfall nur 0,7%. Ohne Kenntnis der Glasbrechzahl kann man bei Glas-Luft-Flächen im Mittel mit einem Reflexionsgrad von 4…6% rechnen.

1.2.6.3 Folge von Grenzflächen

Bei einer Folge von Grenzflächen wird Licht an jeder Grenzfläche reflektiert. Auch das reflektierte Licht wird wieder zurückgeworfen (rote Pfeile in Bild 1.2.20) und man spricht von Mehrfachreflexion. Betrachtet man k gleiche Übergänge, so kann man den Lichtverlust ohne Mehrfachreflexion wie folgt bestimmen:

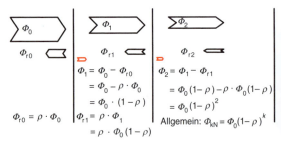

Bild 1.2.20 Reflexion an k-gleichen Flächen: Rote Pfeile deuten Mehrfachreflexion an

Vom auftreffenden Lichtstrom Φ_0 tritt nach k-gleichen Brechzahlübergängen der Nutzlichtanteil Φ_{kN} aus dem optischen System aus.

$$\Phi_{kN} = \Phi_0 (1 - \varrho)^k \qquad \text{(Gl. 1.2.18)}$$

Berücksichtigt man auch Mehrfachreflexionen, so beträgt der Gesamtlichtstrom Φ_{kG}

$$\Phi_{kG} = \Phi_0 \frac{1 - \varrho}{1 + \rho \cdot (k - 1)} \qquad \text{(Gl. 1.2.19)}$$

Der Streulichtanteil beträgt $\Phi_{Streu} = \Phi_{kG} - \Phi_{kN}$

Bei 4 unverkitteten, unvergüteten Linsen oder Platten mit $\rho = 0{,}05$ beträgt der austretende Nutzlichtanteil $\Phi_{kN}/\Phi_0 = (1 - 0{,}05)^8 = 66{,}3\%$. Der Streulichtanteil beträgt $(\Phi_{kG} - \Phi_{kN})/\Phi_0 = 4\%$.

1.2.7 Strahlungsdurchgang durch Materie

Auf dem Weg von einer Quelle zum Empfänger geht die Strahlung meist durch Medien. Ein einfaches Beispiel ist eine in Luft stehende Glasplatte mit den Flächen 1 und 2 (Bild 1.2.21). Es könnte aber ebenso gut eine Linse, ein Prisma oder ein anderes Bauteil sein, weil es hier nicht um die Richtungsänderung der Strahlen, sondern nur um die Aufteilung der optischen Leistung, des Licht- bzw. Strahlstroms also, geht. Die durch Materie tretende Strahlung wird we-

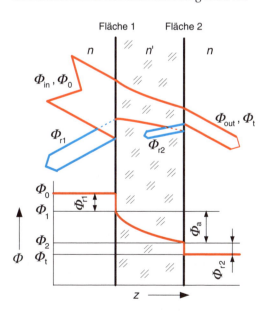

Bild 1.2.21 Strahlungsfluss durch eine Glasplatte

gen der Reflexion an den Grenzflächen und durch Absorption im Glas geschwächt. Da diese Effekte von der Wellenlänge abhängig sind, werden sie durch **spektrale Stoffkennzahlen** beschrieben. Man schreibt z.B. $\tau(\lambda)$ und bringt damit zum Ausdruck, dass der dimensionslose Transmissionsgrad τ eine Funktion der Wellenlänge λ ist. Um Brüche zu vermeiden sieht die Norm die Schreibweise $dX/d\lambda = X_\lambda$ vor. Anstelle von Φ_0 und Φ_t wird auch Φ_{in} und Φ_{out} geschrieben.

An Fläche 1 vermindert sich der auftreffende Strahlungsfluss Φ_0 um den reflektierten Anteil Φ_{r1} auf den in die Schicht eindringenden Fluss Φ_1. Dieser nimmt durch Absorption in der Platte exponentiell ab; an der Fläche 2 ist noch der Strahlungsfluss Φ_2 übrig geblieben. Von ihm wird ein Anteil Φ_{r2} reflektiert, so dass hinter der Glasplatte nur noch der durchgelassene Strahlungsfluss Φ_t vorhanden ist. Die genannten Strahlungsflüsse werden zur Definition der folgenden spektralen Stoffkennzahlen benutzt. Es werden die radiometrischen Größen verwendet, an deren Stelle können ohne Änderung der Beziehungen auch die fotometrischen Größen treten.

Spektraler Transmissionsgrad $\tau(\lambda)$

$$\tau(\lambda) = \frac{d\Phi_t}{d\Phi_0} = \frac{d\Phi_t/d\lambda}{d\Phi_0/d\lambda} = \frac{(\Phi_\lambda)_t}{(\Phi_\lambda)_0} \quad \text{(Gl. 1.2.20)}$$

Mit $\tau(\lambda)$ wird die Durchlässigkeit eines Bauteils für Strahlung beschrieben. $\tau(500 \text{ nm}) = 0{,}7$ bedeutet, dass Strahlung mit der Wellenlänge 500 nm beim Durchtritt durch die Platte 30% Verluste in Form von Absorption und Reflexion erleidet.

Spektraler Gesamtreflexionsgrad $\rho(\lambda)$

$$\varrho(\lambda) = \frac{(\Phi_\lambda)_r}{(\Phi_\lambda)_0} \qquad \text{(Gl. 1.2.21)}$$

Dabei ist $(\Phi_\lambda)_r$ der gesamte am Bauteil reflektierte spektrale Strahlungsfluss. Er kann wie beim Spiegel an einer Fläche auftreten oder an mehreren Flächen entstehen. In Bild 1.2.21 gilt $(\Phi_\lambda)_r = (\Phi_\lambda)_{r1} + (\Phi_\lambda)_{r2}$.

Spektraler Absorptionsgrad $\alpha(\lambda)$

$$\alpha(\lambda) = \frac{(\Phi_\lambda)_a}{(\Phi_\lambda)_0} \qquad \text{(Gl. 1.2.22)}$$

$(\Phi_\lambda)_a$ ist der gesamte im Körper absorbierte spektrale Strahlungsfluss, in Bild 1.2.21 also $(\Phi_\lambda)_a = (\Phi_\lambda)_1 - (\Phi_\lambda)_2$.

Nach dem Energiesatz muss die Summe aus durchgelassenem, reflektiertem und absorbiertem Strahlungsfluss gleich dem auffallenden Strahlungsfluss $(\Phi_\lambda)_0$ sein. Dividiert man $(\Phi_\lambda)_0 = (\Phi_\lambda)_t + (\Phi_\lambda)_r + (\Phi_\lambda)_a$ durch $(\Phi_\lambda)_0$, so folgt

$$\tau(\lambda) + \varrho(\lambda) + \alpha(\lambda) = 1 \qquad \text{(Gl. 1.2.23)}$$

Spektraler Reintransmissionsgrad und spektraler Reinabsorptionsgrad

Bei der Transmission wird in den Glaskatalogen zwischen dem normalen spektralen Transmissionsgrad $\tau(\lambda) = (\Phi_\lambda)_t/(\Phi_\lambda)_0$ unter Einschluss der Reflexion und dem spektralen Reintransmissionsgrad $\tau_i(\lambda) = (\Phi_\lambda)_2/(\Phi_\lambda)_1$ ohne Berücksichtigung der Reflexionen unterschieden. Analog ist die Definition von normalem spektralen Absorptionsgrad $\alpha(\lambda) = (\Phi_\lambda)_a/(\Phi_\lambda)_0$ und spektralem Reinabsorptionsgrad $\alpha_i(\lambda) = (\Phi_\lambda)_a/(\Phi_\lambda)_1 = [(\Phi_\lambda)_1 - (\Phi_\lambda)_2]/(\Phi_\lambda)_1$. Durch Addition von $\tau_i(\lambda)$ und $\alpha_i(\lambda)$ erhält man die Beziehung $\tau_i(\lambda) + \alpha_i(\lambda) = 1$.

> **Beispiel**
> Bei einer Platte nach Bild 1.2.21 wurden bei 500 nm folgende Werte gemessen:
> $(\Phi_\lambda)_0 = 5$ W/nm, $(\Phi_\lambda)_1 = 4{,}75$ W/nm, $(\Phi_\lambda)_2 = 4{,}74$ W/nm und $(\Phi_\lambda)_t = 4{,}50$ W/nm. Daraus ergeben sich folgende Stoffkennzahlen:
> $\tau(500) = 0{,}9$; $\rho(500) = 0{,}098$; $\alpha(500) = 0{,}002$; $\tau_i(500) = 0{,}9979$ und $\alpha_i(500) = 0{,}0021$.

Der spektrale Transmissionsgrad ist ein Maß für die Strahlungsdurchlässigkeit einer Schicht. Will man dagegen die Behinderung der Strahlung, die Strahlungsundurchlässig-keit, unmittelbar ausdrücken, so hat sich hierfür eine logarithmische Stoffkennzahl, die spektrale optische Dichte $D(\lambda)$ als zweckmäßig erwiesen:

Spektrale optische Dichte $D(\lambda)$

$$D(\lambda) = \lg \frac{1}{\tau(\lambda)} \qquad \text{(Gl. 1.2.24)}$$

> Für die als Beispiel betrachtete Platte ergibt sich $D(500) = 0{,}046$; d.h., die Platte hat bei 500 nm eine geringe optische Dichte. Bei völlig undurchlässigem Material geht $D \to \infty$.

Eine ganz andere Bedeutung hat die Bezeichnung «optisch dichteres Medium» in Abschnitt 1.2.5.1.

Hier wurden nur die wichtigsten Stoffkennzahlen angegeben. Weitere Definitionen sind in DIN 1349 Blatt 1 und DIN 5036 Blatt 1 aufgeführt.

In der Praxis werden die Stoffkennzahlen oft mit einem Spektralgerät gemessen, es werden also die spektralen Größen ermittelt. Häufig interessieren jedoch die Kennzahlen in einem definierten Wellenlängenbereich $\lambda_1 \ldots \lambda_2$, etwa im Sichtbaren oder im UV-Bereich. Größen, die auf einen ausgedehnten Spektralbereich bezogen sind, nennt man **strahlungsphysikalische Größen**. Man erhält sie durch Integration:

$$\Phi = \int_{\lambda_1}^{\lambda_2} \frac{d\Phi}{d\lambda}\, d\lambda = \int_{\lambda_1}^{\lambda_2} \Phi_\lambda\, d\lambda \qquad \text{(Gl. 1.2.25)}$$

Als Beispiel werden hier der durchgelassenen Strahlungsfluss Φ_τ und der strahlungsphysikalische Transmissionsgrad τ bei bekannter spektraler Verteilung des ankommenden Strahlungsflusses $d\Phi_0/d\lambda = (\Phi_\lambda)_0$ und bekanntem spektralen Transmissionsgrad errechnet.

Die gesuchten Größen erhält man durch Integration über den gewünschten Wellenlängenbereich; der strahlungsphysikalische Transmissionsgrad ist als Quotient von Φ_t und Φ_0 definiert.

$$\Phi_t = \int_{\lambda_1}^{\lambda_2} \frac{d\Phi_0}{d\lambda} \cdot \tau(\lambda) \cdot d\lambda = \int_{\lambda_1}^{\lambda_2} (\Phi_\lambda)_0 \cdot \tau(\lambda) \cdot d\lambda$$

Weitere strahlungsphysikalische Größen sind in Tabelle 1.2.2 zusammengestellt, bei der die Bereichsgrenzen weggelassen wurden.

$$\tau = \frac{\Phi_t}{\Phi_0} = \frac{\displaystyle\int_{\lambda_1}^{\lambda_2} (\Phi_\lambda)_0 \cdot \tau(\lambda) \cdot d\lambda}{\displaystyle\int_{\lambda_1}^{\lambda_2} (\Phi_\lambda)_0 \cdot d\lambda} \qquad \text{(Gl. 1.2.26)}$$

Tabelle 1.2.2 Strahlungsphysikalische Größen

	Transmission	Reflexion	Absorption
spektrale Stoffzahlen	$\tau(\lambda) = \dfrac{(\Phi_\lambda)_t}{(\Phi_\lambda)_0}$	$\rho(\lambda) = \dfrac{(\Phi_\lambda)_r}{(\Phi_\lambda)_0}$	$\alpha(\lambda) = \dfrac{(\Phi_\lambda)_a}{(\Phi_\lambda)_0}$
strahlungsphysikalische Stoffzahlen	$\tau = \dfrac{\Phi_t}{\Phi_0} = $ $= \dfrac{\int (\Phi_\lambda)_0 \cdot \tau(\lambda) \cdot d\lambda}{\int (\Phi_\lambda)_0 \cdot d\lambda}$	$\tau = \dfrac{\Phi_r}{\Phi_0} = $ $= \dfrac{\int (\Phi_\lambda)_0 \cdot \varrho(\lambda) \cdot d\lambda}{\int (\Phi_\lambda)_0 \cdot d\lambda}$	$\tau = \dfrac{\Phi_a}{\Phi_0} = $ $= \dfrac{\int (\Phi_\lambda)_0 \cdot \alpha(\lambda) \cdot d\lambda}{\int (\Phi_\lambda)_0 \cdot d\lambda}$

Die optische Leistung nimmt exponentiell mit der in Materie zurückgelegten Wegstrecke d ab, denn gleich dicke Scheibchen dz eines absorbierenden Mediums absorbieren den gleichen Anteil der jeweils eintretenden Strahlung, also $-d\Phi = $ konst. $\cdot \Phi \cdot dz$. Durch Integration folgt das **Gesetz von Lambert**:

$$\Phi_2 = \Phi_1 \cdot e^{-a_n(\lambda)\cdot d} \qquad \text{(Gl. 1.2.27)}$$

Der **natürliche Absorptionskoeffizient** $a_n(\lambda)$ ist eine Stoffkonstante, die die spezifische Absorption des Materials charakterisiert. Bei homogenen und isotropen Festkörpern und Flüssigkeiten ist $a_n(\lambda)$ nur von der Wellenlänge abhängig. Dividiert man Gl. 1.2.27 durch Φ_1, so erhält man die Abhängigkeit des spektralen Reintransmissionsgrades $\tau_i(\lambda) = e^{-a_n(\lambda) \cdot d}$ von der durchlaufenen Wegstrecke.

1.2.8 Kohärenz

Versucht man die Überlagerung gleichfrequenter Wellen mit 2 Lasern des gleichen Typs zu verwirklichen, so gelingt das Experiment nicht, denn selbst die beiden Laserwellen sind nicht völlig synchron und damit nicht interferenzfähig. Teilt man dagegen das Licht

eines **Lasers** mit einem halbdurchlässigen Spiegel in 2 Komponenten und führt diese Komponenten wieder zusammen (Bild 1.2.22), so sind, wenn bestimmte Bedingungen eingehalten werden, kontrastreiche Interferenzerscheinungen sichtbar.

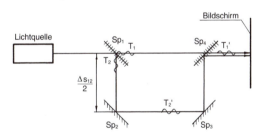

Bild 1.2.22 Teilung eines Laserbündels zur Erzeugung von 2 interferenzfähigen Wellen

Die für die Interferenzfähigkeit von Wellen verantwortliche Eigenschaft wird **Kohärenz** genannt. Um diesen Begriff zu klären, soll die Strahlung einer konventionellen Lichtquelle mit der eines Sendedipols für Ultrakurzwellen verglichen werden.

Der Dipol wird vom Sender mit hochfrequentem Wechselstrom gespeist. Die abgestrahlte elektromagnetische Welle ist starr mit der Senderfrequenz gekoppelt. Steuert man mit einem Sender 2 Dipole an, so sind die beiden Wellenzüge vollständig synchronisiert und damit interferenzfähig. Man nennt sie **kohärent**.

Völlig andere Verhältnisse liegen bei einer Glühlampe vor. Hier stellt jedes der unzähligen Atome einen elementaren Dipol dar, jeder strahlt nahezu unabhängig vom Nachbarn, eine Synchronisation fehlt. Die Temperaturstrahlung ist demnach **Inkohärenz**.

Zwischen der vollständigen Synchronisation von 2 UKW-Dipolen und dem totalen Chaos bei der Wärmestrahlung gibt es alle Formen mehr oder weniger guter Synchronisation. Das Maß für die Qualität der Synchronisation ist der **Kohärenzgrad**. Bei Lichtquellen werden die Verhältnisse zusätzlich dadurch kompliziert, dass nicht nur die Synchronisation von 2 Dipolen zu untersuchen ist, sondern das zeitliche Verhalten sehr vieler Elementarstrahler an unterschiedlichen Orten der ausgedehnten Lichtquelle. Da atomare Dipole nicht durch einen Oszillator angesteuert und zwangssynchronisiert werden können, hat jeder Dipol die Möglichkeit mit einer anderen Phasenlage zu schwingen.

Man muss daher den Kohärenzgrad in 2 einzelne Komponenten zerlegen: Der **räumliche Kohärenzgrad** gibt die Antwort auf die Frage: «Wie gut sind die Dipole an verschiedenen Punkten der Lichtquelle synchronisiert?», der **zeitliche Kohärenzgrad** dagegen beantwortet die Frage: «Wie gut stimmen die Frequenzen der verschiedenen Wellenzüge überein?». Zeitlicher und räumlicher Kohärenzgrad sind allerdings eng verknüpft. Strahlt nämlich jeder Dipol mit einer anderen Frequenz, ist die Strahlung also zeitlich inkohärent, so ist auch keine räumliche Synchronisation denkbar. Da sich Sender unterschiedlicher Frequenz nicht gleichschalten lassen, ist in diesem Fall der räumliche Kohärenzgrad 0.

> **!** Kohärenz ist die zeitliche und räumliche Synchronisation der von den Einzelelementen eines Senders abgestrahlten elektromagnetischen Wellenzüge.

Das Wesen der Kohärenz wird hier mit einem Experiment verdeutlicht:

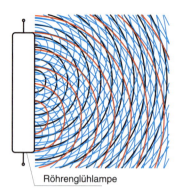

Bild 1.2.23 Eine röhrenförmige Glühlampe strahlt inkohärentes Licht aus.
Die Wellenlängen der einzelnen Wellenzüge sind unterschiedlich groß, eine feste Phasenbeziehung ist nicht gegeben.

Bild 1.2.23 zeigt das Licht einer Röhrenglühlampe. Wellen mit unterschiedlichen Wellenlängen von 300 nm bis über 3000 nm werden regellos von den verschiedenen Punkten der Lampe abgestrahlt. Die Wellen sind zeitlich und räumlich inkohärent.

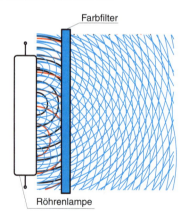

Bild 1.2.24 Ein schmalbandiges Farbfilter lässt nur Wellenzüge gleicher Wellenlänge passieren; das gefilterte Licht ist weitgehend monochromatisch, d.h. **zeitlich kohärent**.
Die von verschiedenen Orten ausgehenden Wellenzüge sind jedoch nicht synchronisiert, d.h. nicht räumlich kohärent.

In Bild 1.2.24 wurde vor der Glühlampe ein schmalbandiges Farbfilter angebracht. Das Licht ist zeitlich nahezu kohärent. Da aber nach wie vor nicht synchronisierte Wellen von verschiedenen Punkten kommen, fehlt die räumliche Kohärenz.

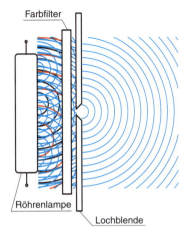

Bild 1.2.25 Durch Farbfilter **und** Lochblende wird eine kleinflächige **zeitlich und räumlich kohärente** Lichtquelle geringer Strahlstärke geschaffen.

Bringt man zusätzlich eine Lochblende in den Strahlengang (Bild 1.2.25), kommen die Wellen von einem örtlich eng begrenzten Bereich der Quelle, und das Licht ist auch räumlich weitgehend kohärent.

Sowohl die zeitliche als auch die räumliche Filterung einer konventionellen Lichtquelle ist mit Intensitätsverlusten verbunden. Je schmalbandiger das Filter, je enger die Blende, desto mehr Wellen werden ausgeschaltet. Den Kohärenzgrad 1 erkauft man mit einem gegen 0 gehenden Wirkungsgrad.

Neben dem zeitlichen und dem räumlichen Kohärenzgrad kann man auch die Kohärenzlänge zur Charakterisierung des Kohärenzgrades heranziehen.

Jede Lichtquelle sendet Wellenzüge endlicher Länge aus, **Kohärenzlänge** l_k genannt. Der Messung von l_k dienen verschiedene Typen von Interferometern; Bild 1.2.22 zeigt ein Beispiel. Ein von der Lichtquelle emittierter Wellenzug wird mit einem halbdurchlässigen Spiegel Sp_1 in 2 gleich lange, gleich intensive Teilwellenzüge T_1 und T_2 aufgeteilt. Nach 2-facher Reflexion an den Spiegeln Sp_2

und Sp_3 werden die Teilwellen durch den halbdurchlässigen Spiegel Sp_4 wieder vereinigt. Da der Wellenzug T_2' gegenüber T_1' einen um s_{12} längeren Weg zurücklegen muss, kann es vorkommen, dass T_1' bereits den Bildschirm erreicht hat, während T_2' noch nicht einmal bei Sp_3 angekommen ist. Die beiden Teilwellen können sich in diesem Fall nicht gegenseitig beeinflussen, der Bildschirm ist gleichmäßig hell. Reduziert man s_{12} durch gleichzeitiges Verschieben der Spiegel Sp_2 und Sp_3 nach oben so lange, bis sich T_1' und T_2' gerade treffen, machen sich am Bildschirm zunächst wenig kontrastreiche Interferenzerscheinungen bemerkbar. Bei weiterem langsamen Verringern von s_{12} erscheinen am Bildschirm abwechselnd helle und dunkle Zonen mit steigendem Kontrast. Die Ursache für diesen Effekt ist in der Überlagerung der beiden Teilwellen zu suchen. Treffen sich die Teilwellen so, dass ein Maximum von T_1' auf ein Maximum von T_2' fällt, ist die Helligkeit groß (konstruktive Interferenz). Fällt dagegen das Maximum von T_1' auf ein Minimum von T_2', so heben sich die Ausschläge gegenseitig auf, und der Bildschirm ist dunkel (destruktive Interferenz). Erhöht man s_{12} ausgehend vom Wert 0 so lange bis die Hell-Dunkel-Übergänge gerade verschwinden, so ist der gefundene Wert von s_{12} gleich der Kohärenzlänge l_k. Arbeitet man nicht in Luft, sondern in einem Medium der Brechzahl n, so tritt an die Stelle der geometrischen Weglänge s_{12} die optische Weglänge $n \cdot s_{12}$. Die Anzahl der Wellenlängen innerhalb der Kohärenzlänge ergibt sich aus $N = l_k / \lambda$.

Das für die Anschauung recht brauchbare Interferometer Bild 1.2.22 wird praktisch kaum eingesetzt, da die mechanische Kopplung der Spiegelverschiebung problematisch ist. Statt dessen werden Systeme nach Michelson-Interferometer oder Mach-Zehnder-Interferometer verwendet. Messungen bei Spektrallampen ergeben Kohärenzlängen im Bereich von cm; Laser dagegen bringen es je nach Typ auf einige mm bis hin zu km. Die großen Unterschiede in der Kohärenzlänge verschiedener Strahler zeigt Tabelle 1.2.3.

Tabelle 1.2.3 Kohärenzvergleich verschiedener Strahlungsquellen

	$\Delta \nu$	l_k	$N = l_k / \lambda$
weißes Licht	$\approx 2 \cdot 10^{14}$ Hz	$\approx 1{,}5 \ \mu$m	≈ 3
schmale Spektrallinie, Kr 86, $\lambda = 606$ nm	$3{,}57 \cdot 10^8$ Hz	84 cm	$1{,}39 \cdot 10^6$
HeNe-Laser, frequenzstabilisiert, $\lambda = 632{,}8$ nm	$\approx 5 \cdot 10^6$ Hz	≈ 60 m	$\approx 10^8$

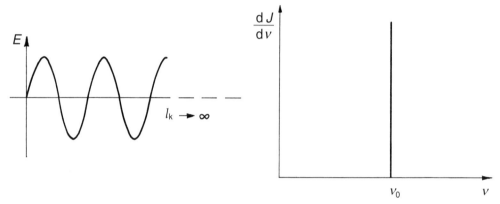

Bild 1.2.26 Ein unendlich langer sinusförmiger Wellenzug besitzt nur die Frequenz ν_0. Im rechten Teil des Bildes ist der auf einen sehr schmalen Frequenzbereich dν fallende Anteil dJ der Intensität als Funktion der Frequenz aufgetragen. Da die Linienbreite gegen 0 geht, müsste dJ/dν theoretisch gegen ∞ gehen.

Zwischen Kohärenzlänge und zeitlicher Kohärenz besteht ein enger Zusammenhang. Ein idealer, beliebig langer Wellenzug hat nur eine Frequenz ν_0. Sein Frequenzspektrum besteht aus nur 1 Linie (Bild 1.2.26).

Jeder reale Wellenzug ist endlich, besteht also aus einer bestimmten Anzahl von Wellenlängen. Die Fourier-Analyse zeigt, dass zu einem endlichen Wellenzug ein Frequenzspektrum endlicher Breite gehört. Ein endlicher Wellenzug kann also gar nicht streng monochromatisch sein (Bild 1.2.27).

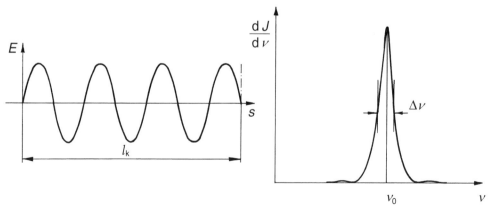

Bild 1.2.27 Ein endlicher Wellenzug enthält neben ν_0 auch größere und kleinere Frequenzen. Die 50%-Bandbreite ist $\Delta \nu$

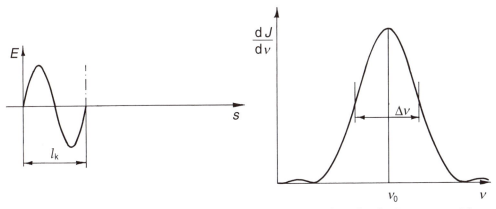

Bild 1.2.28 Mit abnehmender Länge des Wellenzugs treten die von v_0 abweichenden Frequenzen stärker in Erscheinung.

Mit abnehmender Länge des Wellenzugs wird die Bandbreite der Strahlung größer; die zeitliche Kohärenz geringer (Bild 1.2.28).

Die mathematische Auswertung der Bilder ergibt den folgenden Zusammenhang zwischen Kohärenzlänge l_k und Frequenzbandbreite Δv:

$$l_k \approx \frac{c}{\Delta v} \qquad \text{(Gl. 1.2.28)}$$

1.2.9 Polarisation

Da Lichtwellen Querwellen (Transversalwellen) sind, können sie sich in einer bevorzugten Schwingungsebene ausbreiten. Man spricht in diesem Fall von polarisiertem Licht. Die elektromagnetische Welle ist durch die in Bild 1.2.29 gezeigten Vektoren E (elektrischer Feldvektor), H (magnetischer Feldvektor) und S (Ausbreitungsrichtung, Energiestrom) festgelegt. Die E-S-Ebene wird als Schwingungsebene bezeichnet, die H-S-Ebene als Polarisationsebene. Im Folgenden sind die wesentlichen Polarisationsmöglichkeiten aufgelistet. Nähere Einzelheiten erläutert Kapitel 8.

Unpolarisierte Strahlung

Die Schwingungsebene ändert sich statistisch, jede Lage kommt im Mittel gleich häufig vor. Nahezu alle Quellen strahlen weitgehend unpolarisiert (s. Bild 1.2.30).

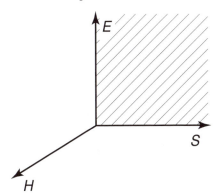

Bild 1.2.29 Definition der Schwingungsebene

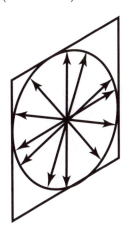

Bild 1.2.30 Unpolarisierte Strahlung

Linear polarisierte Strahlung
Die elektromagnetische Welle schwingt in einer raumfesten Ebene. Einige Lasertypen strahlen linear polarisiert.

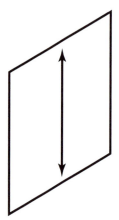

Bild 1.2.31 Linear polarisierte Strahlung

Zwischen unpolarisierter und völlig linear polarisierter Strahlung ist der Übergang fließend. Als Polarisationsgrad bezeichnet man das Verhältnis:

$$P = \frac{|J_0 - J_{90}|}{J_0 + J_{90}} \qquad \text{(Gl. 1.2.29)}$$

mit:
J_0 Intensität in der Schwingungsebene
J_{90} Intensität in der Ebene senkrecht dazu

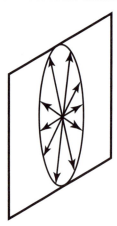

Bild 1.2.32 Teilpolarisierte Strahlung

Anstelle der Intensität J kann eine beliebige fotometrische oder radiometrische Größe stehen. Mit der Definition von Gl. 1.2.29 wird erreicht, dass unpolarisiertes Licht den Polarisationsgrad $P = 0$ und vollständig polarisiertes Licht $P = 1$ erhält.

Zirkular polarisierte Strahlung
Die Schwingungsebene dreht sich 1-mal pro Periode um 360°, die Amplitude bleibt konstant.

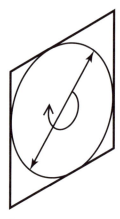

Bild 1.2.33 Zirkular polarisierte Strahlung

Elliptisch polarisierte Strahlung
Die Schwingungsebene dreht sich wie bei der zirkularen Polarisation, zusätzlich ändert sich die Amplitude zwischen 2 Grenzwerten.

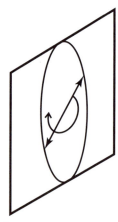

Bild 1.2.34 Elliptisch polarisierte Strahlung

1.3 Quantenoptik

Bei sehr kleinen Intensitäten und atomaren Prozessen verwendet man mit Vorteil das Teilchenmodell. Hier wird die Strahlung als ein Strom winziger Geschosse großer Geschwindigkeit, der Lichtquanten oder Photonen, beschrieben. Die Energie dieser Quanten hängt eng mit der Farbe der Strahlung, im Wellenmodell also mit der Lichtfrequenz und der Wellenlänge, zusammen. Mit dem Planck'schen Wirkungsquantum $h = 6{,}6260755 \cdot 10^{-34}$ J s gilt für die Energie eines Lichtquants:

$$E = h\nu = h\,\frac{c}{\lambda} \qquad \text{(Gl. 1.3.1)}$$

Kurzwellige, «blaue» Lichtquanten besitzen eine weit größere Energie als langwellige «rote» Exemplare. Sie sind in der Lage, Elektronen aus Oberflächen zu schlagen, was Infrarotquanten bei noch so hoher Leistung nicht gelingt.

Wegen der geringen Energie der Lichtquanten wird meist statt der Einheit J = W s die Einheit Elektronenvolt, kurz eV verwendet. Es gilt 1 eV = $1{,}60218 \cdot 10^{-19}$ J.

> **Beispiel**
> Der Abstand zwischen Valenzband und Leitungsband im Silizium beträgt 1,1 eV. Welche Wellenlänge darf nicht unterschritten werden, wenn Leitfähigkeit durch Strahlung erzeugt werden soll? Aus Gl. 1.3.1 folgt:
>
> $\lambda = h \cdot c / E = 6{,}626 \cdot 10^{-34}$ J s $\cdot\, 3 \cdot 10^{8}$ m s^{-1}
> $/(1{,}1 \cdot 1{,}602 \cdot 10^{-19}$ J$) = 1{,}13$ µm.
>
> Siliziumsensoren sind nur bis ca. 1,1 µm empfindlich.

1.4 Optische Abbildung

Da die Beugung mit abnehmendem Durchmesser zunimmt, werden Lichtbündel umso divergenter, je schlanker sie sind. Ein **Lichtstrahl** ist daher physikalisch nicht realisierbar. Wenn man diese Einschränkung berücksichtigt, kann man jedoch in der Praxis Lichtstrahlen für viele Konstruktionsprobleme vorteilhaft einsetzen. Ein Lichtstrahl gibt die Ausbreitungsrichtung des Lichts an. In einem homogenen Medium sind die Lichtstrahlen Geraden, während sich in einem inhomogenen Medium gekrümmte Lichtstrahlen ergeben können.

Die Gesamtheit der unendlich vielen Lichtstrahlen in einem Raumbereich bezeichnet man als Lichtbündel. Alle Strahlen, die einen gemeinsamen Schnittpunkt haben, bilden ein **homozentrisches Bündel.** Durch ein homozentrisches Bündel kann man beliebig viele ebene Schnitte legen, die den Schnittpunkt der Bündelstrahlen enthalten. Die Gesamtheit aller Strahlen in einem solchen ebenen Schnitt bezeichnet man als Strahlenbüschel. Ähnlich wie Lichtstrahlen sind auch Büschel wegen der Ausdehnung 0 in einer Ebene praktisch nicht realisierbar.

Zur Abbildung werden Lichtbündel eingesetzt, die nach der Norm zunächst immer von links nach rechts laufen. Bei Spiegeln wird die Lichtrichtung umgekehrt. Um dieses Problem zu umgehen, wird meist die Zeichenebene am Ort des Spiegels um 180° umgeklappt, aufgefaltet, so dass das Licht trotz der Reflexion weiter in der gewohnten Richtung läuft. Man unterscheidet folgende Bündeltypen:

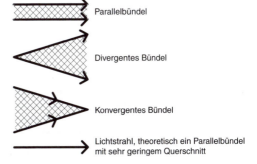

Bild 1.4.1 Bündeltypen

Bei direktem Sehen ohne Einschaltung optischer Elemente fällt Licht von einem Gegenstand (Objekt) unmittelbar ins Auge. Das Objekt kann eine Lichtquelle («**Selbstleuchter**») oder auch eine beleuchtete, das Licht reflektierende Fläche («**Nichtselbstleuchter**») sein. Man kann sich das Objekt aus Licht aussendenden Punkten zusammengesetzt denken. Damit wird die Betrachtung der optischen Abbildung wesentlich vereinfacht. Es genügt, aus der unendlich großen Zahl von Objektpunkten einige charakteristische, etwa Fußpunkt und Spitze eines Pfeils, auszuwählen und ihre Abbildung zu untersuchen. Bei der **optischen Abbildung** treten zwischen Objekt und Auge **optische Bauelemente** (Spiegel, Planplatten, Prismen, Linsen), die den Bündelverlauf durch Reflexion, Brechung oder Beugung ändern. Dadurch kann das von einem **Objektpunkt** ausgehende Strahlenbündel so verändert werden, dass sich die Strahlen in einem anderen Punkt schneiden oder von einem anderen Punkt herzukommen scheinen: Das divergente Bündel des Objektpunktes wurde also in ein neues Bündel umgewandelt, dessen Taille der **Bildpunkt** ist. Für das Auge kommen die Strahlen damit vom Bildpunkt her. Das **Bild** des Objektes wird als Zusammensetzung aller Bildpunkte gesehen. Die optische Abbildung erfolgt im Allgemeinen nicht fehlerfrei (Abschnitt 2.6).

> Die optische Abbildung eines Punktes ist die Umwandlung eines vom Objektpunkt ausgehenden homozentrischen Bündels in ein anderes homozentrisches Bündel, dessen Taille Bildpunkt genannt wird.

In den folgenden Abschnitten wird als wesentliche Vereinfachung die **Strahlenoptik** oder **geometrische Optik** eingesetzt. Man stellt die Wellenausbreitung nicht mehr durch die Wellenflächen (Bild 1.2.4) dar, sondern benutzt die Normalen der Wellenflächen und nennt sie

Lichtstrahlen. Ohne Rückgriff auf die Wellenvorstellung kann man dann die Lichtstrahlen als selbständige Bahnen des Lichts betrachten. Sie beeinflussen sich gegenseitig nicht, sich kreuzende Lichtstrahlen verlaufen unabhängig voneinander, und der Lichtweg ist umkehrbar. Die Strahlenoptik berücksichtigt nur die aus den geometrischen Verhältnissen bei Reflexion und Brechung folgende Lichtausbreitung, nicht aber die Beugung. Bei kleinen Öffnungen und langwelliger Strahlung wäre folglich, bei rein geometrisch optischer Betrachtung der Abbildung, die Schärfe des Bildes einer Digitalkamera unabhängig von der Öffnung. Daher ist eine getrennte Betrachtung der Beugungsverhältnisse notwendig. Tatsächlich mindert die Beugung, wie Bild 1.2.6 zeigt, bereits bei Blende 11 die Abbildungsqualität, und die Hersteller sehen daher meist keine kleineren Öffnungen vor.

Bei gleichen Abmessungen der Öffnungen macht sich die Beugung umso weniger bemerkbar, je kleiner die Wellenlänge ist. Bei $\lambda = 0$ würde theoretisch keine Beugung mehr auftreten. Bilder lassen sich aber auch allein mit Hilfe der Beugung erzeugen. Dazu werden mikrostrukturierte Oberflächen, die DOEs (engl.: diffraktive optical elements), eingesetzt, die oft in Kombination mit brechenden Elementen völlig neue Problemlösungen ermöglichen (Abschnitt 2.7.6).

1.4.1 Anforderungen an Bilder

Aufgabe der klassischen Optik ist die Erzeugung eines Bildes von einem vorgegebenen Objekt. An die dazu eingesetzten optischen Systeme werden die Anforderungen von Tabelle 1.4.1 gestellt.

Tabelle 1.4.1 Anforderungen an ein optisches System

Objekt	Bild	Forderung	Abweichung vom Ideal
Objektpunkt	Bildpunkt	scharf	Unschärfe
Objektgerade	Bildgerade	verzeichnungsfrei	tonnen- und kissenförmige Verzeichnung
Objektebene	Bildebene	wölbungsfrei	Bildfeldwölbung
Objektfarbe	Bildfarbe	farbtreu	schlechte Farbwiedergabe
Objektdynamik	Bilddynamik	gleich groß	flaue Bilder

Die Wölbungsfreiheit des Bildes wird gefordert, da nahezu alle technisch verfügbaren Empfänger wie Chips oder Analogfilme eben sind. Nur das Auge setzt in genialer Weise eine gewölbte Empfängerfläche ein und schaltet mit diesem Trick viele Abbildungsfehler aus. Dynamik ist der Intensitätsunterschied zwischen dem hellsten und dem dunkelsten Objektdetail. Während das Auge mühelos eine Helligkeitsdifferenz von 1 : 100 000, also 5 Zehnerpotenzen erfasst, schafft der Analogfilm nur 3 und der Chip einer Digitalkamera knapp 3 Zehnerpotenzen.

1.4.2 Bildarten

Man unterscheidet die Bildarten von Tabelle 1.4.2.

Tabelle 1.4.2 Bildarten

aufrecht	Bildlage = Objektlage
umgekehrt	rechts ⇒ links; oben ⇒ unten
höhenverkehrt	rechts ⇒ rechts; oben ⇒ unten
seitenverkehrt	rechts ⇒ links; oben ⇒ oben
reell	Die Lichtstrahlen vereinigen sich tatsächlich im Bild.
virtuell	Die Lichtstrahlen scheinen vom Bild zu kommen.

1.4.2.1 Reelle Bilder

Bei folgenden Beispielen wird als Objekt ein nach allen Seiten strahlender **leuchtender Punkt** verwendet, näherungsweise realisiert durch den Wendel einer Miniaturglühlampe (**Kugelstrahler**). Bei reellen Bildern vereinigen sich die vom Objektpunkt O kommenden Lichtstrahlen tatsächlich im Bildpunkt O'. Das Bild kann auf einer Mattscheibe sichtbar gemacht und am Bildort kann Leistung nachgewiesen werden. Bild 1.4.2 zeigt ein Beispiel für einen reellen Bildpunkt.

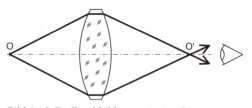

Bild 1.4.2 Reelle Abbildung mit einer Linse

1.4.2.2 Virtuelle Bilder

Bei einem virtuellen Bild des Objekts O scheinen die Strahlen von O' auszugehen, tatsächlich aber erreicht kein abbildender Strahl O'. Das virtuelle Bild kann nicht auf einer Mattscheibe aufgefangen werden, am Ort O' ist keine Leistung nachzuweisen. Bild 1.4.3 und Bild 1.4.4 zeigen Beispiele für virtuelle Bilder.

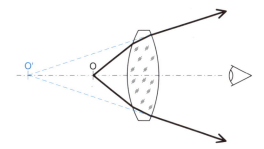

Bild 1.4.3 Virtuelle Abbildung mit einer Linse

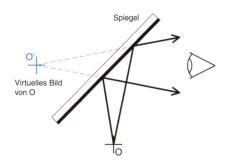

Bild 1.4.4 Virtuelle Abbildung mit einem Spiegel

Für reelle und virtuelle Bilder gilt der Grundsatz:

> **!** Auge oder Kamera sehen ein Objekt stets an der Stelle, von der die Strahlen divergieren. Man nennt diesen Ort, falls er nicht mit dem Objekt identisch ist, das Bild des Objekts.

Bei mehrstufigen Abbildungen können reelle und virtuelle Bilder auftreten. So kann das Auge die bei Bild 1.4.3 und 1.4.4 erzeugten virtuellen Bilder nur erkennen, weil sie von Hornhaut und Augenlinse in ein reelles Bild auf der Netzhaut umgeformt werden. Beide Bildarten finden sich auch gleichzeitig bei komplexen optischen Systemen. Bild 1.4.5 zeigt dafür ein Beispiel.

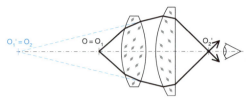

Bild 1.4.5 2-stufige Abbildung mit virtuellem Zwischenbild

Vom Objekt $O = O_1$ wird zunächst mit der 1. Linse ein virtuelles Bild O_1' erzeugt. Dieses Zwischenbild O_1' ist das Objekt O_2 für die 2. Linse. Sie entwirft ein reelles Bild O_2', das mit dem Auge betrachtet wird.

> ! Das von einem optischen Element entworfene Bild ist Objekt für die Abbildung mit dem nachfolgenden Element: unabhängig davon, ob es reell oder virtuell ist.

Sieht man ein Lichtbündel, obwohl es nicht direkt auf das Auge gerichtet ist, handelt es sich um Streuung, Beugung oder Reflexion z.B. an Staub oder Rauch (Bild 1.4.6).

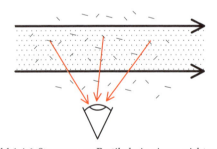

Bild 1.4.6 Streuung an Partikeln in einem nicht auf das Auge zielenden Parallelbündel

1.4.3 Gauß'sche Optik, Paraxialgebiet

Wie am Beispiel der Abbildung mit Planflächen (s. Abschnitt 2.2.2) und Kugelflächen (s. Abschnitt 2.4.1) gezeigt wird, sind Bildlage und Größe im Normalfall nur dann vom Öffnungswinkel σ unabhängig, wenn kleine Winkel vorausgesetzt werden. Auch Einfalls-, Brechungs- und Reflexionswinkel nehmen dann kleine Werte an.

Die optische Abbildung unter Verwendung kleiner Winkel wird **Gauß'sche Optik** genannt. Oft ist in diesem Zusammenhang auch von achsennahen oder paraxialen Strahlen die Rede. Das ist aber irreführend. Bei einem Mikroskopobjektiv z.B. ist der Abstand der Strahlen von der optischen Achse oft weniger als 1 mm: Es treten aber große Winkel und entsprechend große Abweichungen von der Gauß'schen Optik auf. Die meisten elementaren optischen Abhandlungen befassen sich mit dem Bereich kleiner Winkel. Wird eine auf der Grundlage der Gauß'schen Annahme berechnete Optik bei großen Winkeln eingesetzt, wird das Bild infolge der **Abbildungsfehler** (s. Abschnitt 2.6) unscharf.

Das Problem bei großen Öffnungswinkeln ist die Tatsache, dass im Brechungsgesetz die *Sinuswerte* der Winkel vorkommen, bei der geometrischen Abbildung aber die *Tangenswerte*. Nur bei kleinen Winkeln gilt $\sin\sigma \approx \tan\sigma \approx \sigma$, wobei σ in rad (Bogenmaß) einzusetzen ist. Das erkennt man an der Reihenentwicklung der Winkelfunktionen:

$$\sin\varepsilon = \varepsilon - \frac{\varepsilon^3}{3!} + \frac{\varepsilon^5}{5!} - \cdots$$

$$\cos\varepsilon = 1 - \frac{\varepsilon^2}{2!} + \frac{\varepsilon^4}{4!} - \cdots$$

Bei der Gauß'schen Optik wird die 1. Näherung, also $\sin\varepsilon \approx \varepsilon$, $\cos\varepsilon \approx 1$ und $\tan\varepsilon = \sin\varepsilon / \cos\varepsilon \approx \varepsilon$ verwendet, und das Brechungsgesetz (s. Gl. 1.2.9) nimmt die Form von Gl. 1.4.1 an.

$$n \cdot \varepsilon = n' \cdot \varepsilon' \qquad \text{(Gl. 1.4.1)}$$

In Tabelle 1.4.3 wird die Abhängigkeit des bei der Näherung akzeptierten Fehlers vom Winkel angegeben.

Tabelle 1.4.3 Unterschiede zwischen exakt und paraxial berechneten Brechungswinkeln für $n = 1$, $n' = 1,5$

ε in Grad	ε' (exakt) in Grad	ε' (Gauß) in Grad	Fehler in %
2	1,3332	1,3333	0,011
4	2,6655	2,6667	0,045
8	5,3237	5,3333	0,181
16	10,5887	10,6667	0,736

Die **Seidel'sche Bildfehlertheorie** verwendet eine Näherung bis zur 3. Potenz. Mit ihr wird mit hohem mathematischen Aufwand eine bessere Annäherung an die Wirklichkeit erreicht.

Eine scharfe Abgrenzung des Gauß'schen Bereichs kann man prinzipiell nicht angeben, die Grenze hängt von der geforderten Genauigkeit ab. Zeichnet man optische Strahlengänge mit den originalen kleinen Winkeln, so ergeben sich unübersichtliche, flache Bilder und schleifende Schnitte. Es ist daher üblich, auf Kosten der Winkeltreue den Maßstab der y-Achse größer als den der z-Achse zu wählen. Man kann sich aber auch ideal korrigierte Systeme vorstellen und sie angenähert verwirklichen, bei denen sich weit außerhalb der Gauß-Optik verlaufende Strahlen mit den Paraxialstrahlen in einem Schnittpunkt vereinigen.

Die Gauß-Gleichungen haben grundlegende Bedeutung für die Funktionsbeschreibung und die Konstruktion optischer Instrumente. Alle optischen Designprogramme, die Strahlengänge exakt gemäß dem Brechungsgesetz durchrechnen, arbeiten im ersten Ansatz immer mit Gauß. Aufgabe des Optikrechners ist es dann, die abbildenden Systeme so zu korrigieren, dass die durch nicht paraxiale Strahlen verursachten Abbildungsfehler reduziert werden. Der dazu notwendige Aufwand – viele Linsen, teuere Gläser, asphärische Flächen – steigt mit den Anforderungen.

Gleichungen und Aussagen in diesem Buch beruhen, soweit sie nicht besonders gekennzeichnet sind, auf der Gauß'schen Optik.

1.4.4 Kenngrößen optischer Systeme

Optische Systeme können aus beliebig vielen brechenden oder reflektierenden Flächen bestehen, z.B. aus Linsen, Spiegeln und Teilsystemen mit mehreren Linsen. Es werden **zentrierte optische Systeme** vorausgesetzt, bei denen die Krümmungsmittelpunkte aller Flächen auf einer Geraden, der **optischen Achse**, liegen. In der Praxis lässt sich diese Vorgabe nicht ideal einhalten: Reale Systeme haben Zentrierfehler, die die Qualität der Abbildung beeinträchtigen.

Ein optisches System ist im Gauß-Bereich durch 4 Kenngrößen, 2 Brennpunkte und 2 Hauptpunkte eindeutig definiert, ist also in Analogie zum elektrischen Vierpol ein «**optischer Vierpol**». Beim elektrischen Vierpol lassen sich wichtige Eigenschaften wie Verstärkung, Eingangswiderstand oder Ausgangswiderstand aus den 4 h-, y- oder s-Parametern berechnen. Ähnlich gestatten die optischen Parameter F, F', H und H' die Ermittlung von Bildlage, Bildgröße und Abbildungsmaßstab. Genauso wenig allerdings, wie die elektrischen Vierpol-Parameter die Qualität der Übertragung, also Frequenz- und Phasengang angeben, kann man aus den optischen Vierpol-Parametern Informationen über die Bildqualität ableiten. Ein optischer Vierpol könnte nur dann der Realität entsprechen, wenn Beugung und Dispersion vernachlässigt werden und im gesamten System ausschließlich kleine Winkel vorkommen. Diese Bedingungen werden jedoch in der Praxis bestenfalls angenähert erfüllt.

Die früher übliche Unterscheidung zwischen konjugierten und nicht konjugierten optischen Größen wurde in der Ausgabe 12/03 der DIN 1335 gestrichen; $\bar{F}$ und $\bar{f}$ in älteren Büchern sind durch F und f zu ersetzen.

In der optischen Praxis ist häufig vor und nach dem System das gleiche Medium, meist Luft. In diesem Fall reichen 3 Parameter, da $f = -f'$ gilt. Zunächst sollen jedoch, wie z.B. bei der Unterwasserfotografie, unterschiedliche Medien angenommen werden. Das Medium vor dem System habe die Brechzahl n, das hinter dem System die Brechzahl n'.

Beim Einsatz optischer Vierpole ist zu beachten, dass der tatsächliche Strahlengang nur außerhalb des Systems mit dem gezeichneten übereinstimmt. Der Strahlengang im Inneren ist allein durch die eingesetzten Bauelemente vorgegeben; die in Bild 1.4.7 und Bild 1.4.8 gestrichelt gezeichneten Strahlen sind lediglich Konstruktionsstrahlen.

Bei den in den folgenden Abschnitten abgeleiteten Formeln gibt es 2 Kategorien: Formeln, die nur für eine Fläche gelten und andere, die auch in einem optischen System gültig sind. Sobald Größen in einer Formel enthalten sind, die sich von Fläche zu Fläche ändern wie z.B. s' oder r, gelten die Beziehungen nur für eine Fläche. Anders, wenn **nur** n und n' vorkommen, denn in diesem Fall ist n' der 1. Fläche gleich n der 2. usw.

1.4.4.1 Objektseitige Kenngrößen F und f

Man verschiebt einen leuchtenden Punkt auf der optischen Achse und sucht die Position F, bei der die bei Positivsystemen vom Punkt divergierenden (Bild 1.4.7 a) oder bei Negativsystemen zum Punkt konvergierenden (Bild 1.4.7 b) Bündel in Parallelbündel umgeformt werden. F wird dann der **objektseitige Brennpunkt** genannt, kurz Objektbrennpunkt. Die Schnittebene des divergierenden/konvergierenden Bündels mit dem aus dem System austretenden Parallelbündel definiert die **objektseitige Hauptebene**: Der Schnittpunkt dieser Ebene mit der optischen Achse ist der **objektseitige Hauptpunkt** H. Der Abstand Objekthauptpunkt–Objektbrennpunkt ist die **objektseitige Brennweite** f. Außerhalb der Gauß'schen Optik können gekrümmte Flächen die Funktion der Hauptebenen übernehmen. Die in den Brennpunkten senkrecht zur optischen Achse aufgespannten Ebenen sind die **objektseitige Brennebene** und die **bildseitige Brennebene**. Die **Brechkraft** ist gemäß Gl. 1.4.2 definiert.

a) Positivsystem, sammelndes System

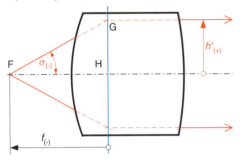

b) Negativsystem, zerstreuendes System

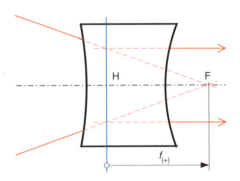

mit:
F   objektseitiger Brennpunkt, Objektbrennpunkt
H   objektseitige Hauptebene, Objekthauptebene
f = HF   objektseitige Brennweite, Objektbrennweite
σ objektseitiger Öffnungswinkel

Bild 1.4.7 Definition von objektseitiger Brennweite, objektseitiger Hauptebene und objektseitigem Brennpunkt

$$\text{Brechkraft } D = -\frac{n}{f} \qquad \text{(Gl. 1.4.2)}$$

$$[D] = \text{m}^{-1} = \text{Dioptrie} = \text{dpt}$$

$$\tan \sigma = \frac{h'}{f} \approx \sigma \qquad \text{(Gl. 1.4.3)}$$

Die Näherungen gelten für kleine Winkel. Auch Gl. 1.4.3 kann man zur Definition der Brennweite heranziehen. Die in der Praxis eingesetzt Definition für weit geöffnete Bündel findet man in Abschnitt 6.4.3.

Bezugsebene ist die Objekthauptebene; der Zahlenwert von f ist daher beim Positivsystem negativ, beim Negativsystem positiv.

1.4.4.2 Bildseitige Kenngrößen F' und f'

Um die bildseitigen Kenngrößen zu ermitteln, schickt man ein achsparalleles Bündel auf das System. Positivsysteme sammeln das Parallelbündel in den **bildseitigen Brennpunkt** F' (s. Bild 1.4.8 a). Bei Negativsystemen scheinen die Strahlen vom bildseitigen Brennpunkt F' (s. Bild 1.4.8 b) zu kommen. Die weiteren Definitionen entsprechen der Objektseite.

a) Positivsystem, sammelndes System

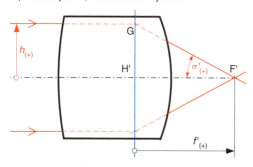

b) Negativsystem, zerstreuendes System

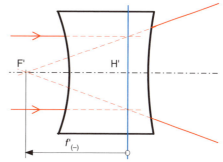

mit:
F'   bildseitiger Brennpunkt, Bildbrennpunkt
H'   bildseitige Hauptebene, Bildhauptebene
f' = H'F' bildseitige Brennweite, Bildbrennweite
σ'   bildseitiger Öffnungswinkel

Bild 1.4.8 Definition von bildseitiger Brennweite, bildseitiger Hauptebene und bildseitigem Brennpunkt

$$\text{Brechkraft } D' = -\frac{n'}{f'} \qquad \text{(Gl. 1.4.4)}$$

$$[D'] = \text{m}^{-1} = \text{Dioptrie} = \text{dpt}$$

$$\tan\sigma' = \frac{h}{f'} \approx \sigma' \qquad \text{(Gl. 1.4.5)}$$

Bezugsebene ist die Bildhauptebene, der Zahlenwert von f' ist daher beim Positivsystem positiv, beim Negativsystem negativ.

> ⚠ Der Objektbrennpunkt F ist der auf der Achse liegende Objektpunkt, der einen Bildpunkt im Unendlichen entwirft. Der Bildbrennpunkt F' ist der Bildpunkt zu einem im Unendlichen auf der Achse liegenden Objektpunkt.

1.4.4.3 Abbildungsmaßstab

Eine wesentliche Systemgröße ist das Verhältnis von Bildgröße y' zu Objektgröße y, der **Abbildungsmaßstab** β'.

$$\beta' = \frac{y'}{y} \qquad \text{(Gl. 1.4.6)}$$

1.4.4.4 Vergrößerung

Viele optische Geräte, Lupen, Ferngläser und Mikroskope, dienen der Vergrößerung des Sehwinkels. Diese Vergrößerung ist definiert als

$$\Gamma' = \frac{\tan\omega'}{\tan\omega} \qquad \text{(Gl. 1.4.7)}$$

mit:
ω' Sehwinkel mit optischem Instrument
ω Sehwinkel ohne optisches Instrument

Abbildungsmaßstab und Vergrößerung sind völlig unterschiedliche Begriffe, auch wenn sie im täglichen Leben oft ähnlich eingesetzt werden. Den Unterschied erkennt man an folgendem Beispiel: Ein Papierbild 7 cm × 10 cm füllt aus der Bezugssehweite 250 mm betrachtet nahezu das Bildfeld des Menschen. Fertigt man ein Poster 70 cm × 100 cm, also $|\beta'| = 10$, und stellt es in sehr großer Entfernung auf, 50 m oder mehr, so wirkt es weit kleiner, denn der Sehwinkel und damit Γ' ist kleiner geworden.

1.4.4.5 Winkelverhältnis

Tritt ein Strahl unter dem objektseitigen Öffnungswinkel σ in ein optisches System ein und verlässt es unter dem bildseitigen Öffnungswinkel σ', so ist das Winkelverhältnis γ':

$$\gamma' = \frac{\sigma'}{\sigma} \qquad \text{(Gl. 1.4.8)}$$

1.4.4.6 Tiefenabbildungsmaßstab

Verschiebt man das Objekt um die Strecke Δs, so ändert sich die Bildlage um $\Delta s'$ (Bild 1.4.9).

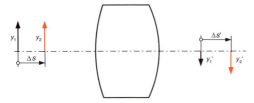

Bild 1.4.9 Zur Definition des Tiefenabbildungsmaßstabs

Da das Verhältnis $\Delta s'/\Delta s$ sehr stark vom Wert Δs abhängt, wird der Tiefenmaßstab α' differentiell definiert:

$$\alpha' = \frac{\mathrm{d}s'}{\mathrm{d}s} \qquad \text{(Gl. 1.4.9)}$$

Die Näherung $\alpha' \approx \Delta s'/\Delta s$ darf daher nur für kleine Werte von Δs und nicht in der Nähe von F eingesetzt werden. Wie in Abschnitt 2.4.1.5 gezeigt wird, gilt dann $\alpha' = \beta'/\gamma'$.

1.4.5 Abbildung mit optischen Systemen

1.4.5.1 Darstellung von optischen Systemen

Verwendet man in paraxialen Zeichnungen der Anschaulichkeit halber normale Linsenschnitte, so muss man die Einschränkungen bei der paraxialen Beschreibung des optischen Systems beachten. Man bestimmt den Strahlenverlauf durch Haupt- und Brennpunkte, nicht aber durch die Anwendung des Brechungsgesetzes an den einzelnen Linsenflächen. Im Folgenden wird die einfachste Darstellung, die Angabe der beiden Brennpunkte und Hauptpunkte, bevorzugt.

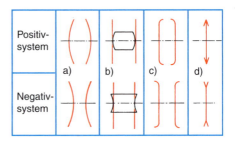

Bild 1.4.10 Möglichkeiten zur Darstellung abbildender Flächen

Weitere in der Literatur eingesetzte Darstellungsformen zeigt Bild 1.4.10 wobei d) nur in Systemen mit vernachlässigbarem Hauptebenenabstand eingesetzt wird.

1.4.5.2 Verschiedene Medien vor und nach dem System

In Bild 1.4.11, einem kompletten optischen Vierpol, sind die Ergebnisse von Abschnitt 1.4.4.1 und 1.4.4.2 in einem Bild zusammengefasst. Damit lässt sich die häufigste Aufgabe der technischen Optik, nämlich die Konstruktion eines Bildes bei gegebenem Objekt, einfach lösen.

Objekt sei der auf der optischen Achse senkrecht stehende, leuchtende Pfeil OQ mit der Länge y. Um sein Bild y' zu erhalten, genügt es, das Bild von dem nicht auf der Achse liegenden Punkt Q zu konstruieren. Von den unendlich vielen von Q ausgehenden Strahlen wählt man diejenigen als **Konstruktionsstrahlen** aus, deren weiterer Verlauf bekannt ist. Der von Q ausgehende achsparallele Strahl (**Parallelstrahl**) wird entsprechend Bild 1.4.11 nach Erreichen der Bildhauptebene bei G' zum Bildbrennpunkt F' abgelenkt. Der von Q zum Objektbrennpunkt F zielende Strahl (**Brennstrahl**) wird nach Erreichen der Objekthauptebene bei I zum achsparallelen Strahl. Da bei scharfer Abbildung alle von Q ausgehenden Strahlen zum Bildpunkt Q' laufen müssen, ist Q' der Bildpunkt von Q. Den Abstand HO nennt man Objektabstand zur Hauptebene H, kurz **Objektweite** a, den Abstand H'O' den Bildabstand zur Hauptebene H', kurz **Bildweite** a'.

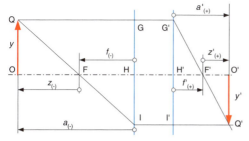

a Objektweite
z brennpunktbezogene Objektweite
a' Bildweite
z' brennpunktbezogene Bildweite

Bild 1.4.11 Konstruktion des Bildes mit den Kenngrößen F, F',H und H'

Aus Bild 1.4.11 liest man die Beziehungen $a = f + z$ und $a' = f' + z'$ und folgende wesentliche Eigenschaften ab:

> Zwischen den Hauptebenen verlaufen die Konstruktionsstrahlen achsenparallel, der Abbildungsmaßstab von H auf H' ist also 1 : 1. Der Brennstrahl wird immer an der zugehörigen Hauptebene abgeknickt: F und H sowie F' und H' gehören zusammen. Die Hauptebenen können außerhalb des körperlichen Systems liegen; der Abstand HH' kann auch negative Zahlenwerte annehmen.

Falls nur O gegeben ist, wählt man zur Konstruktion einen beliebigen weiteren Punkt Q. Die körperliche Optik ist in Bild 1.4.11. bewusst weggelassen; die Konstruktionsstrahlen müssen nicht durch das System gehen.

Aus Bild 1.4.11 leitet man eine Beziehung zwischen a, a', f und f', die paraxiale **Abbildungsgleichung** ab. Die Dreiecke OQF und HIF sowie O'Q'F' und H'G'F' sind ähnlich. Daraus folgt:

> Objektseite: $\dfrac{-y'}{y} = \dfrac{-f}{-(a - f)} = -\beta'$
> (Gl. 1.4.10)

> Bildseite: $\dfrac{-y'}{y} = \dfrac{a' - f'}{f'} = -\beta'$ (Gl. 1.4.11)

Setzt man die beiden rechten Seiten gleich, so folgen die auch für Systeme geltenden Abbildungsgleichungen nach einfacher algebraischer Umformung.

> Allgemeine paraxiale Abbildungsgleichung
> $$\frac{f}{a} + \frac{f'}{a'} = 1$$
> (Gl. 1.4.12)
> Newton'sche Abbildungsgleichung
> $$z \cdot z' = f \cdot f'$$

Die Beträge der Brennweiten f und f' haben wegen der unterschiedlichen Brechzahlen n und n' vor und nach dem System verschiedene Werte. In Abschnitt 2.4.1.1 wird der folgende Zusammenhang abgeleitet:

> $$\frac{f}{f'} = -\frac{n}{n'}$$
> (Gl. 1.4.13)

Löst man Gl. 1.4.10 und Gl. 1.4.11 nach a und a' auf, so folgt:

> $$a = f\left(1 - \frac{1}{\beta'}\right) \quad a' = f'(1 - \beta')$$ (Gl. 1.4.14)

und mit $a = f + z$ sowie $a' = f' + z'$:

> $$z = -\frac{f}{\beta'} \quad z' = -f' \cdot \beta'$$
> (Gl. 1.4.15)

Um den Abbildungsmaßstab als Funktion von Objekt- und Bildweiten zu berechnen, dividiert man in Gl. 1.4.14 a' durch a und in Gl. 1.4.15 z' durch z und erhält β':

> $$\beta' = \frac{a'}{a} \cdot \frac{n}{n'} \quad \beta' = \sqrt{-\frac{z'}{z} \cdot \frac{n}{n'}}$$ (Gl. 1.4.16)

Sind vor und nach dem System unterschiedliche Medien, so sind die Strahlen QH und H'Q', wie in Bild 1.4.11 zu sehen, nicht parallel. Es gibt aber in jedem System 2 Punkte K und K', **Knotenpunkte** genannt, für die QK∥K'Q' ist.

> Ein einfallender, die Achse im Knotenpunkt K schneidender Strahl, verlässt das System vom Knotenpunkt K' kommend ohne Richtungsänderung.

1.4.5.3 Gleiche Medien vor und nach dem System

Bei den meisten technischen Anwendungen ist vor und nach dem System das gleiche Medium, also $n' = n$. In diesem Fall zeigt der Vergleich der Bilder 1.4.7 und 1.4.8, dass $f = -f'$ wird. Dadurch gewinnt man bei der Bildkonstruktion einen weiteren Konstruktionsstrahl: Es ist, wie Bild 1.4.12 zeigt, $QH \parallel H'Q'$.

> ! Bei gleichem Medium vor und nach dem System fallen Hauptpunkte und Knotenpunkte zusammen: $H = K$ und $H' = K'$.

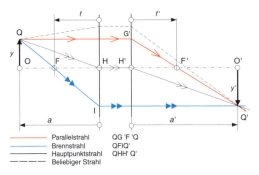

—— Parallelstrahl	QG 'F 'Q
—— Brennstrahl	QFIQ'
—— Hauptpunktstrahl	QHH' Q'
---- Beliebiger Strahl	

Bild 1.4.12 Konstruktion des Bildes mit 3 Bestimmungsstrahlen

Weitere Bildkonstruktionen für alle in der Praxis vorkommenden Fälle sind in Abschnitt 10 der Formelsammlung zusammengestellt.

Mit $f = -f'$ vereinfacht sich Gl. 1.4.12:

$$-\frac{1}{a} + \frac{1}{a'} = \frac{1}{f'} \qquad z \cdot z' = -f'^2 \qquad \text{(Gl. 1.4.17)}$$

und Gl. 1.4.16:

$$\beta' = \frac{a'}{a} \qquad \beta' = \sqrt{-\frac{z'}{z}} \qquad \text{(Gl. 1.4.18)}$$

Gl. 1.4.14 und Gl. 1.4.15 gelten natürlich auch für $n' = n$. Weitere nützliche Umstellungen der Basisformeln finden sich in der Formelsammlung Abschnitt 2.3 und 2.4.

Beispiel
Bei der Installation eines Beamers sind die Bildweite $a' = 5$ m und der Abbildungsmaßstab $\beta' = -30$ gegeben. Die notwendige Brennweite der Projektionsoptik beträgt nach Gl. 1.4.14: $f' = a'/(1 - \beta') = 5\,\text{m}/(1 + 30) = 161$ mm. Man beachte das Vorzeichen von β' bei reeller Abbildung!

Löst man Gl. 1.4.17 nach $a' = a \cdot f'/(a + f')$ auf und differenziert nach a, so folgt: $\mathrm{d}a'/\mathrm{d}a = f'^2/(a + f')^2$. Ermittelt man aus Gl. 1.4.14 $a = -f' + f'/\beta'$ und setzt ein, so folgt:

$$\frac{\mathrm{d}a'}{\mathrm{d}a} = \alpha' = \beta'^2 \qquad \text{(Gl. 1.4.19)}$$

Der vergleich mit Gl. 2.4.16 zeigt, dass für $n' = n$ die Beziehung $\gamma' = 1/\beta'$ gilt.

> ! Eine kleine Objektverschiebung in Achsrichtung um $\mathrm{d}a$ führt zu einer mit dem Faktor β'^2 multiplizierten Bildverschiebung $\mathrm{d}a'$. Bedingt durch das Quadrieren ist der Faktor unabhängig vom Vorzeichen des Abbildungsmaßstabs immer positiv. Das führt zu dem wichtigen Grundsatz der **rechtsläufigen Abbildung für reelle Bilder**: Verschiebt man ein Objekt nach rechts, wandert das Bild in jedem Fall auch nach rechts. Bei Spiegeln ist die Richtungsumkehr zu beachten.

Mit einem optischen System lässt sich nur eine begrenzte Anzahl von Abbildungsaufgaben lösen. So ist es mit einer 1-stufigen Abbildung nicht möglich, aufrechte reelle Bilder zu erzeugen, die reellen Bilder von Sammelsystemen sind umgekehrt. Durch Einsatz eines 2. Sammelsystems kann aber auch diese Aufgabe durch 2-malige Bildumkehr gelöst werden. Im Folgenden wird untersucht, welche Abbildungen mit Positiv- und Negativsystemen möglich sind. Tabelle 1.4.4 und Tabelle 1.4.5 wurden durch Einsetzen von a in Gl. 1.4.14 und Gl. 1.4.17 erstellt.

Tabelle 1.4.4 Abbildungsmöglichkeiten mit einem Positivsystem

Markierung in Bild 1.4.13	a	a'	β'	Bildart
1	$-\infty$	f'	0	reell
2	$-2f'$	$2f'$	-1	reell
4 und 5	$-f'$	$\pm\infty$	$\mp\infty$	Reel/virtuell
7	0	0	1	virtuell

Tabelle 1.4.5 Abbildungsmöglichkeiten mit einem Negativsystem

Markierung in Bild 1.4.13	a	a'	β'	Bildart
7	0	0	1	virtuell
9	$-\infty$	f'	0	virtuell

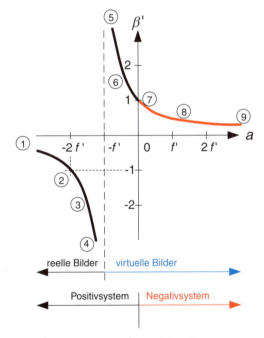

Bild 1.4.13 Abbildung mit optischen Systemen

Der in Bild 1.4.13 mit 1 markierte Punkt zeigt die Abbildung weit entfernter Gegenstände mit einem Positivsystem. Das Bild ist reell, umgekehrt, klein und liegt nahe der bildseitigen Brennebene. Nimmt a den Wert $-2f'$ an

(Marke 2), so wird der Betrag von a' ebenso groß. Nähert sich a dem Wert $-f'$, so geht die Bildgröße gegen ∞, um bei der Polstelle $-f'$ (Marken 4 und 5) von $-\infty$ nach $+\infty$ zu springen. Bei weiter abnehmendem Betrag von a (Marke 6) nimmt der Abbildungsmaßstab wieder ab, um bei $a = 0$ (Marke 7) den Wert 1 zu erreichen. Den gleichen Wert liefert das Negativsystem an dieser Stelle. Mit zunehmendem Betrag von a wird der Abbildungsmaßstab der virtuellen Bilder kleiner (Marke 8) und wird bei $a \to -\infty$ (Marke 9) gleich 0.

Mit Positivsystemen lassen sich umgekehrte reelle Bilder mit $0 > \beta' > -\infty$ sowie aufrechte virtuelle Bilder mit $\beta' \geq 1$ entwerfen; Negativsysteme dagegen liefern nur aufrechte virtuelle Bilder mit β' zwischen 1 und 0. Besonders wichtig ist der Fall $a = 0$, bei dem eine Abbildung im Maßstab 1 : 1 erfolgt. Bringt man eine Linse am Ort eines Zwischenbildes an, so hat sie wegen des Abbildungsmaßstabs 1 keinen Einfluss auf Lage und Größe des Bildes. Sie ist aber als «**Feldlinse**» durchaus in der Lage, die Größe des Bildfeldes zu beeinflussen.

Bild 1.4.14 zeigt zur Veranschaulichung perspektivisch die Bilder des Objekts «L» in einigen der in Bild 1.4.13 angegebenen Positionen.

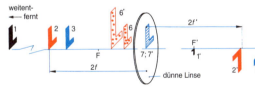

Bild 1.4.14 Abbildung eines Objekts mit einer dünnen Linse bei unterschiedlicher Objektweite

Beispiele
1. Ein 10 mm hohes Objekt liegt 80 mm links der Hauptebene H eines optischen Positivsystems in Luft mit der Brennweite 120 mm.
Wie viel mm von H' entfernt liegt das Bild, und wie groß und von welcher Art ist es?
Mit $a = -80$ (Vorzeichen!), $y = 10$, $f' = 120$ folgt aus Gl. 1.4.17 und Gl. 1.4.18:
$a' = -240$ und $y' = 30$.

Das Bild ist virtuell (negativer Zahlenwert von a') und aufrecht (positiver Zahlenwert von y').

2. Das Projektionsobjektiv eines Beamers mit $f' = 125$ mm bildet ein Flüssigkristall-Display 30 mm × 40 mm 50-mal größer ab. Die Bildwand wird jetzt um 60 cm näher an den Projektor gestellt.

a) Um welche Strecke und in welcher Richtung muss das Objektiv zur Nachstellung auf größte Schärfe verschoben werden?

b) Wie groß sind Abbildungsmaßstab und Bildgröße in der neuen Lage der Bildwand?

Lösung

a) Mit $\beta' = -50$ folgen aus Gl. 1.4.14 und Gl. 1.4.17:

$a' = 6375$ mm und $a = -127,5$ mm.

Mit $\Delta a' = -600$ folgt $a'_{neu} = 5775$ mm, $a_{neu} = -127,77$ mm $\Rightarrow \Delta a = -0,27$ mm; Verschiebung des Objektivs vom Display weg! Unter Benutzung von Gl. 1.4.19 hätte man mit $\beta' = -50$ $\Delta a \approx -0,24$ mm erhalten, also wegen der großen Verschiebung nur einen Näherungswert.

b) Es wird $\beta' = -45,25$ und die Bildgröße 1,36 m × 1,81 m.

Bei reeller Abbildung definiert man die **optische Länge** l als Abstand zwischen Objekt und Bild. Aus Bild 1.4.12 liest man folgende Beziehung ab:

$$l = -a + HH' + a' \qquad \text{(Gl. 1.4.20)}$$

Mit Gl. 1.4.14 folgt daraus:

$$l = f'\left(2 - \beta' - \frac{1}{\beta'}\right) + HH' \qquad \text{(Gl. 1.4.21)}$$

Baulängen sollen meist so klein wie möglich sein. Das ist nach Gl. 1.4.21 bei kleiner Brennweite der Fall, aber auch beim optimalen Abbildungsmaßstab. Um diesen Wert β'_{opt} zu er-

mitteln, differenziert man Gl. 1.4.21 nach β' und setzt das Ergebnis gleich 0, also $dl/d\beta' = f'(-1 + \beta'^{-2}) = 0$ mit den Lösungen $\beta' = \pm 1$. $\beta' = -1$ führt zur gewünschten reellen Abbildung mit $l_{min} = 4f' + HH'$, wobei HH' auch negative Werte annehmen kann. $\beta' = +1$ führt zu keiner reellen Abbildung, markiert aber den Ort für den Einsatz einer Feldlinse.

Ein wichtiger Sonderfall ist die **Abbildung ferner Objekte**, wobei «fern» je nach Anforderung bei $|a| = 100\,|f'|$ bis $500\,|f'|$ festgelegt wird. Bei der Abbildung der Sonne mit einem Teleskop ist diese Bedingung erfüllt. Um Größe und Lage des Bildes zu bestimmen, betrachtet man die beiden vom oberen und vom unteren Sonnenrand kommenden Parallelbündel. Wegen der Objektweite ∞ wird das Objekt in der bildseitigen Brennebene des Systems abgebildet. Die Bildgröße ergibt sich aus Bild 1.4.15.

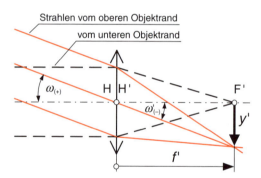

Bild 1.4.15 Abbildung eines weit entfernten Objekts

$$a' = f' \qquad y' = -f' \cdot \tan\omega \qquad \text{(Gl. 1.4.22)}$$

Da der Feldwinkel ω bei einem terrestrischen Fernrohr vorgegeben ist, führt der einzige Weg zu großen Bildern über eine lange Brennweite. Satellitenteleskope dagegen haben den Vorteil, dass ω bei geringem Abstand zur Sonne große Werte annimmt.

2 Abbildende Bauelemente

2.1 Werkstoffe

Optische Bauelemente werden meist aus reflektierenden oder transparenten homogenen, isotropen Medien, z.B. aus fehlerfreiem optischem Glas, gefertigt. **Homogen** ist ein Medium, wenn die Brechzahl n an allen Stellen den gleichen Wert hat. **Isotrop** ist es, wenn n für alle Richtungen der Lichtausbreitung gleich ist. Bei guten Gläsern liegt die Brechzahlkonstanz in einem Glasblock innerhalb $\pm 5 \cdot 10^{-5}$. Luftschichten mit unterschiedlicher Temperatur sind ein Beispiel für **inhomogene Medien**; hier tritt ein örtliches Brechzahlgefälle auf. Auch in Glasblöcken können Stellen mit abweichender Brechzahl, Schlieren, Blasen und Einschlüssen (Abschnitt 2.1.1) vorkommen. Kristalle mit hexagonaler, tetragonaler und trigonaler Struktur sind **anisotrope Medien**. Befindet sich eine Punktförmige Lichtquelle in einem anisotropen Kristall, so entstehen 2 Wellenfronten. Die **ordentlichen Strahlen** laufen wie im isotropen Material mit konstanter Geschwindigkeit in alle Richtungen (Kugelwelle). Die Geschwindigkeit der **außerordentlichen Strahlen** hängt dagegen von der Richtung relativ zur Kristallachse ab.

2.1.1 Anorganische Gläser

Anorganisches Glas entsteht durch Zusammenschmelzen verschiedener Komponenten wie Siliziumdioxid (SiO_2), Bortrioxid (B_2O_3), Phosphorpentoxid (P_2O_5 bzw. P_4O_{10}), Natriumoxid (Na_2O) oder Kaliumoxid (K_2O). Es ist eine unterkühlte Schmelze, nicht kristallin und weitgehend homogen. Begriffe und technische Lieferbedingungen sind in DIN 58 925 und DIN 58 927 festgelegt. Gläser und die übrigen optischen Werkstoffe zeigen **Dispersion** (Farbzerlegung): Die Brechzahl n hängt von der Wellenlänge λ ab.

> **!** Mit zunehmender Wellenlänge λ nimmt die Brechzahl n vom violetten zum roten Ende des Spektrums ab. Die Funktion $n(\lambda)$ ist kennzeichnend für die Glasart.

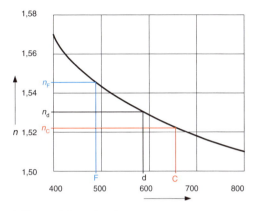

Bild 2.1.1 Dispersionskurve

Die Funktion $n(\lambda)$ ist angenähert eine Hyperbel und heißt Dispersionskurve. Die Brechzahlen werden in den Glaskatalogen [2.13] für messtechnisch leicht darstellbare Wellenlängen (Spektrallinien nach Bild 1.2.2) bis auf 6 Dezimalstellen genau angegeben. Für eine beliebige andere Wellenlänge λ im sichtbaren und im nahen UV/IR-Bereich kann die Brechzahl n durch eine Dispersionsformel erhalten werden. Meist wird die Potenzreihe

$$n^2 = A_0 + A_1\lambda^2 + A_2\lambda^{-2} + A_3\lambda^{-4} + A_4\lambda^{-6} + A_5\lambda^{-8} \qquad \text{(Gl. 2.1.1)}$$

verwendet. Für jede Glassorte werden in den Glaskatalogen die Konstanten $A_0 \ldots A_5$ angegeben. Mit ihnen kann man die Brechzahl n mit einer Genauigkeit von einigen Einheiten der 6. Dezimalstelle berechnen. Um einen schnellen Überblick über die wesentlichen Glaseigenschaften Brechung und Dispersion zu bekommen, werden als Kennzahl für die Brechung die Hauptbrechzahl n_d bzw. n_e und als Kennzahl für die Dispersion die Abbe'sche Zahl ν_d bzw. ν_e angegeben. Die Kenngrößen der beiden parallel verwendeten Systeme sind in Tabelle 2.1.1 aufgelistet.

Tabelle 2.1.1 Kennzahlen von transparenten Materialien

	d-System	e-System
gelbe Spektralfarbe	$\lambda_d = 587,6$ nm	$\lambda_e = 546,1$ nm
blaue Spektralfarbe	$\lambda_F = 486,1$ nm	$\lambda_{F'} = 480,0$ nm
rote Spektralfarbe	$\lambda_C = 656,3$ nm	$\lambda_{C'} = 643,8$ nm
Hauptbrechzahl	n_d	n_e
Grunddispersion, Hauptdispersion	$n_F - n_C$	$n_{F'} - n_{C'}$
Abbe'sche Zahl	$v_d = \dfrac{n_d - 1}{n_F - n_C}$	$v_e = \dfrac{n_e - 1}{n_{F'} - n_{C'}}$

Brechzahldifferenzen zwischen anderen als den in Tabelle 2.1.1 angegebenen Spektrallinien werden als Teildispersionen bezeichnet.

> Zur kurzen Kennzeichnung der optischen Eigenschaften werden die Hauptbrechzahl n, und die Abbe'sche Zahl v, angegeben. Eine hohe Abbe'sche Zahl bedeutet niedrige Dispersion!

Zwei Gläser mit gleicher Hauptbrechzahl können, wie Bild 2.1.2 zeigt, völlig unterschiedliche Eigenschaften haben.

Eine gute Übersicht über die verfügbaren Gläser ermöglicht eine Grafik mit den Koordinaten n und v, in der jedes Glas durch einen Punkt dargestellt ist. Bild 2.1.3 zeigt einige Beispiele.

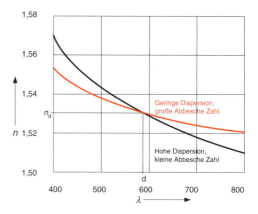

Bild 2.1.2 Unterschiedliche Gläser mit gleicher Hauptbrechzahl

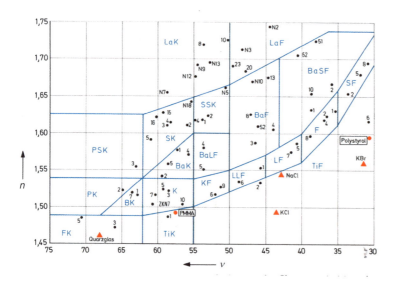

Bild 2.1.3
Koordinaten häufig eingesetzter Gläser und Kristalle im n-v-Diagramm

Tabelle 2.1.2 Daten von einigen optischen Gläsern

Glastyp	Schott-Code	n_d	v_d	n_e	v_e
FK3	465 658	1,464500	65,77	1,466186	65,57
BK7	517 642	1,516800	64,17	1,518722	63,96
K 5	522 595	1,522489	59,48	1,524583	59,22
ZK N 7	508 612	1,508469	61,19	1,510452	60,98
BaK 4	569 561	1,568830	56,13	1,571245	55,85
SK 15	623 581	1,622990	58,06	1,625548	57,79
F 2	620 364	1,620040	36,37	1,624081	36,11
SF 2	648 339	1,647689	33,85	1,65222	33,60
SF 6	805 254	1,805182	25,53	1,812652	25,24
SF 59	953 204	1,952497	20,36	1,963498	20,21

Die Gläser werden in Gruppen eingeteilt, die mit einem Code erkennbar sind. Es bedeuten beispielsweise BK = Bor-Kron und BaLF = Baritleichtflint. Krongläser sind alle Glasarten mit $v_d > 55$, Flintgläser sind alle Glasarten mit $v_d < 50$. Dazwischen liegen einige Übergangsgruppen. Mit ca. 250 Glasarten stehen dem optischen Rechner sehr unterschiedliche Gläser auch mit extremen Daten zur Verfügung. Die Preise liegen in der Größenordnung von 30...1000 €/kg. Tabelle 2.1.2 gibt die Daten von einigen besonders häufig eingesetzten Glasarten an. Um den Einsatz bleihaltiger Gläser zu reduzieren, werden neue Gläser entwickelt (Kennbuchstabe n am Glasnamen) und alte aus den Programmen genommen.

Der 6-stellige Code ist eine gerundete Angabe von n_d und v_d. Der Code 517 642 von BK 7 ist zusammengesetzt aus $517 \stackrel{\triangle}{=} n_d = 1,516800$ und $642 \stackrel{\triangle}{=} v_d = 64,17$. Die Toleranz von n_d beträgt bei Qualitätsgläsern $\pm 1 \cdot 10^{-4}$ bis $\pm 5 \cdot 10^{-4}$, die von v_d ca. $\pm 2 \cdot 10^{-3}$.

Auch bei optischen Gläsern können leichte **Inhomogenitäten** auftreten: **Schlieren** sind bänder-, knoten- oder fadenförmige Stellen im Glas mit abweichender Brechzahl. Sie machen die Verwendung des Glases für Bauteile im Abbildungsstrahlengang (Linsen, Prismen, Planplatten) meist unmöglich. Kleine **Gasblasen** können aus besonders zähflüssigen Glasschmelzen nicht vollständig entweichen. Einige Glasarten mit wertvollen Eigenschaften sind hier besonders anfällig. Sofern derartige Gläser nicht an Orten von Zwischenbildern eingesetzt werden, stören die Blasen nur we-

nig; sie vermindern lediglich geringfügig die Transmission. So beträgt bei höchstem Blasengehalt der gesamte Blasenquerschnitt nur 1‰ der Linsenfläche. DIN ISO 10110 – 2 bis 4 enthalten weitere Einzelheiten zur Bewertung von Blasen und Schlieren.

Die **Lichtdurchlässigkeit** eines Glases wird durch den **Reintransmissionsgrad** $\tau_i(\lambda)$ beschrieben (Abschnitt 1.2.7). Der etwas geringere Reintransmissionsgrad im Grenzbereich zum UV-Gebiet kann eine Eigenfärbung des Glases in Form eines Gelb- oder Gelbgrünfarbstichs verursachen. Ein Beispiel für ein solches Glas ist SF 11. Bei der Schichtdicke 25 mm und $\lambda > 440$ nm ist $\tau_i > 0,9$; bei 400 nm dagegen nur noch ca. 0,2.

Hochwertige optische Systeme erfordern Gläser mit geringer Spannungsdoppelbrechung (Abschnitt 8.4.1). Dies erreicht man durch sehr langsame Kühlung der Glasblöcke. Beim Einsatz der Gläser sind weiterhin die ebenfalls im Glaskatalog angegebenen chemischen Eigenschaften (Klima-, Flecken-, Alkali- und Säureresistenz) Härte und Wärmeausdehnung zu berücksichtigen. Glaskeramik, wie Zerodur von Schott, hat einen erheblich niedrigeren thermischen Ausdehnungskoeffizienten als Glas oder Quarzglas. Die Herstellung erfolgt durch Wärmebehandlung von Spezialgläsern, die zur Ausscheidung von Mikrokristallen in der Glasmasse führt. Aus Glaskeramik hergestellte Spiegel haben auch bei starken Temperaturschwankungen konstante optische Eigenschaften.

2.1.2 Organische Gläser

Die Qualität organischer Gläser und moderne Fertigungsverfahren erlauben es, selbst in hochwertigen Kameraobjektiven Kunststofflinsen einzusetzen. Teilweise kommt die Fertigungstoleranz mit wenigen µm auf einer Fläche mit 15 mm Ø der Qualität geschliffener Glaslinsen nahe. Nachbearbeitung der Flächen durch Schleifen und Polieren sind unnötig, Härtung und Entspiegelung steigern die Oberflächenqualität. Besonders bei Linsenarrays und mikromechanischen Bauteilen, bei Fresnel-Linsen, asphärischen Flächen und integrierten Bauteilen spielt die kostengünstige Spritzgussfertigung ihre Vorteile aus. Häufig lassen sich in einem Arbeitsgang Optik und mechanische Halterung fertigen. Das geringe Gewicht ist von Vorteil bei Sehhilfen, Kameraobjektiven und Optiken im Kfz-Bereich wie Leuchtenabdeckungen und Prismenplatten für Rückstrahler.

Der Einsatz von organischen Gläsern erfordert allerdings völlig neue Optikrechnungen, da Kunststoffe im n-v-Diagramm (Bild 2.1.3) unterhalb der anorganischen Gläser angesiedelt sind. Oft ist eine Kombination mit Linsen aus anorganischen Gläsern sinnvoll. Problematisch sind oft die geringe Härte und der hohe Wärmeausdehnungskoeffizient.

Tabelle 2.1.3 zeigt die Daten häufig eingesetzter organischer Gläser. Die Werte können von Charge zu Charge stark schwanken. Polystyrol

Tabelle 2.1.3 Daten organischer Gläser

Polymer	Kurzbezeichnung	Handelsname®	n_d	v_d
Polymethylmethacrylat	PMMA	Plexiglas, Lucite, Resarit, Degalan	1,492	57,2
Polystyren	PS	Styron	1,590	31
Polycarbonat	PC	Makrolon, Lexan, Apec	1,586	30
Styrol-, Acrylnitrilcopolymere	SAN	Luran, Lacsan	1,571	37
Cyclic olefin copolymer	COC	Topas, Zeonex	1,533	58
Allyl diglycol carbonat	ADC	CR 39, Sinter	1,50	59

Tabelle 2.1.4 Daten kristalloptischer Werkstoffe [2.31]

Kristallart		Arbeitsbereich in µm	Brechzahlen bei einigen Wellenlängen						Eigenschaften
			λ[µm]	n	λ[µm]	n	λ[µm]	n	
Lithiumfluorid	LiF	0,11...8	0,2	1,45	1,0	1,40	5,0	1,33	geringe Dispersion, wenig löslich
Flussspat (polykristallin)	CaF$_2$	0,12...12	0,2	1,47	5,0	1,40	10,6	1,28	geringe Dispersion, wenig löslich
Steinsalz	NaCl	0,21...20	3,0	1,52	10,6	1,49	20,0	1,37	hohe Dispersion, stark löslich
Kaliumbromid	KBr	0,28...37	0,588	1,56	10,6	1,53	30	1,44	hohe Dispersion, stark löslich
Saphir	Al$_2$O$_3$	0,17...5,5	1,0	1,76	3,0	1,71	5,0	1,63	sehr hart, temperaturwechselbeständig
Caesiumiodid	CsI	0,26...60	5,0	1,74	30	1,71	50	1,64	hohe IR-Transmission, stark löslich
Zinksulfid (polykristallin)	ZnS	0,4...14	1,0	2,29	5,0	2,25	10,6	2,19	hart und bruchfest
Galliumarsenid	GaAs	1,5...15	3,0	3,32	10,6	3,28	15	2,7	hart und bruchfest, gute Wärmeleitfähigkeit
Zinkselenid (polykristallin)	ZnSe	0,5...20	1,0	2,48	10,6	2,40	20	2,3	Brechzahl wenig temperaturabhängig
Cadmiumtellurid	CdTe	0,9...25	5,0	2,69	10,6	2,67	20	2,63	geringe Härte, schlechte Wärmeleitfähigkeit
Silicium	Si	1,2...15	1,36	3,50	3,0	3,43	10,6	3,42	Langpassfilter mit steiler Kante
Germanium	Ge	1,8...23	3,0	4,05	10,6	4,00	15	4,00	sehr hart und fest, thermisch günstig
Quarzglas		0,2...4,5	0,2	1,55	0,5	1,46	3,0	1,42	wichtig für UV, doppelbrechend

verhält sich ähnlich wie Flint-, PMMA wie Kronglas. CR 39 ist ein harter, zur Fertigung von Brillengläsern geeigneter Duroplast. Polycarbonat ist temperaturfester als Polystyrol.

2.1.3   Kristalle

Bauelemente aus durchsichtigen Kristallen werden hauptsächlich im UV und IR eingesetzt, in denen optische Gläser bei den notwendigen Schichtdicken keine ausreichende Lichtdurchlässigkeit mehr besitzen. Meist werden synthetische, aus dem Schmelzfluss gezüchtete Kristalle benutzt. Der praktische Anwendungsbereich ist häufig kleiner als der Durchlässigkeitsbereich, weil auch Dispersion, mechanische und hygroskopische Eigenschaften und der Preis berücksichtigt werden müssen. Einige Daten zeigt Tabelle 2.1.4. Doppelbrechende Kristalle wie Kalkspat, Quarz, oder Gips werden in der Polarisationsoptik verwendet (Kapitel 8). Eine ausführliche Zusammenstellung der Eigenschaften optischer UV- und IR-Materialien geben [2.16.] und [2.18.]. Kalziumfluorid CaF_2 wird wegen der extrem geringen Dispersion ($v_d = 95,15$) auch im Sichtbaren eingesetzt.

Neuerdings wurden mit Techniken der Nanostrukturierung photonische Kristalle mit negativer Brechzahl hergestellt, die aber noch nicht im Einsatz sind.

2.1.4   Phototrope Gläser

Phototrope Gläser ändern ihren Transmissionsgrad im Sichtbaren unter der Einwirkung von kurzwelligem Licht, vor allem im Wellenlängenbereich 300...400 nm, reversibel. Sie dunkeln rasch bis zu einem Sättigungswert, der so lange erhalten bleibt, wie die Intensität der Anregungsstrahlung konstant bleibt. Nach Ende der Strahlungseinwirkung nimmt das Glas langsam wieder seinen Ausgangszustand hoher Transmission an. Der Grad der Eindunklung und die Geschwindigkeit der Wiederaufhellung sind von der Intensität, der Wellenlänge der Anregungsstrahlung und von der Temperatur abhängig. Langwellige Strahlung und hohe Temperatur steigern die Aufhellgeschwindigkeit.

Um Phototropie zu erreichen, werden einem anorganischen oder organischen Grundglas Silberhalogenide (AgCl, AgBr, AgJ) und Sensibilisatoren zugesetzt. Im Glasgefüge bilden sich dann zahlreiche Bereiche von 5...30 nm Durchmesser mit erhöhter Silberhalogenidkonzentration. Bei Einstrahlung von Lichtquanten wird ähnlich wie beim fotografischen Elementarprozess kolloidales Silber ausgeschieden, das dunkel gefärbt ist und damit Strahlungsabsorption bewirkt.

$$Ag^+Cl^- \underset{}{\overset{h \cdot v}{\rightleftharpoons}} Ag^0 + Cl^0$$

$h \cdot v$ Energie eines Photons

Nach Aufhören der Einstrahlung geht das Silber wieder in den gebundenen Zustand über. Der Vorgang ist weitgehend ermüdungsfrei; Schwärzung und Regeneration sind oft wiederholbar. Die zur Anregung erforderliche kurzwellige Strahlung ist z.B. im Sonnenlicht enthalten, nicht aber im Glühlampenlicht. Die Schwärzung erfolgt bei hohem Strahlungsfluss, z.B. einem Blitzlichtimpuls hoher Leistung in kurzer Zeit (>1 µs), während bei normalen Beleuchtungsstärken nach 1 bis einigen min Belichtungsdauer der minimale Transmissionsgrad asymptotisch erreicht wird. Es herrscht Gleichgewicht, die Neubildung von Schwärzungszentren wird durch die Regeneration ausgeglichen. Als Richtwert kann man annehmen, dass die Transmission von 80...90% im unbelichteten Zustand auf 20...40% bei Belichtung zurückgeht.

Phototrope Gläser werden vor allem für Sonnenschutzbrillen eingesetzt. In geringem Umfang werden sie auch als löschbare optische Speicher in der Datenverarbeitung verwendet.

2.1.5   Reflektierende Werkstoffe

Die Kenngröße für reflektierende Werkstoffe ist der Reflexionsgrad $\varrho = \Phi_r/\Phi_0$ (Abschnitt 1.2.6.1). Der Reflexionsgrad hängt in den meisten Fällen von Wellenlänge (Farbe), Einfallswinkel, Polarisation und bei dünnen Schichten auch von der Schichtdicke ab.

Als Substrat (Unterlage) eignen sich Metalle, Kunststoffe, Glas oder bei besonderen Anforderungen an die thermische Stabilität Glaskeramik mit dem beachtenswert geringen Ausdehnungskoeffizienten von $(0 \pm 0,15) \times 10^{-6}$ K^{-1}. Der Auftrag erfolgt durch Aufdampfen im Hochvakuum, durch chemischen Niederschlag oder Sputtern.

Für Spiegel im Sichtbaren eignen sich besonders Silber und Aluminium, im Infrarotgebiet wird Gold eingesetzt. Reflexionsgrade über 98% sind nur mit Interferenzspiegeln erreichbar (Abschnitt 5.3.2). Im Außenbereich bewährt sich Rhodium wegen seiner besonders hohen chemischen Beständigkeit. Für Lichtteiler werden Aluminium, Rhodium und Platin sowie Interferenzschichten verwendet.

Für die Qualitätsabbildung sind nur Oberflächenspiegel geeignet, da bei den im Wohnbereich üblichen Spiegelschichten hinter Glas eine 2. Reflexion an der Oberfläche unvermeidlich ist. Oberflächenspiegel werden durch Schichten aus aufgedampftem SiO, das sich mit Sauerstoff zu SiO_2 und Si_2O_3 verbindet, geschützt. Trotzdem sollten diese Spiegel sehr pfleglich behandelt werden.

Tabelle 2.1.5 zeigt einige Werte des Reflexionsgrades bei dicken Schichten und senkrechter Bestrahlung. Die Polarisation spielt erst bei schiefem Einfall eine Rolle. Die Werte gelten für frisch hergestellte Schichten. Durch Oxidation können sie sich merklich verschlechtern. Für Interferenzspiegel lassen sich keine festen Werte angeben, da sowohl der Reflexionsgrad als auch der Reflexionsbereich (Bandbreite) von Dicke und Anzahl der Interferenzschichten abhängen. Allgemein gilt die Aussage, dass der Reflexionsgrad bei schmalbandigen Spiegeln ($\Delta\lambda < 10$ nm) sehr hoch ($\varrho > 99{,}99\%$) werden kann, mit steigender Bandbreite jedoch abnimmt.

Tabelle 2.1.5 Reflexionsgrad in % für technisch eingesetzte Oberflächen

	450 nm	550 nm	800 nm	1000 nm
Silber poliert	97,1	98,3	99,2	99,4
Silber (Chemischer Niederschlag)	91	92	96	95
Aluminium poliert	92,2	91,5	86,7	94,0
Aluminium (Standard)	89	89	85	93
Gold	38,7	81,7	98,0	98,6
Rhodium	76,0	78,2	83,1	84,2
Silizium	72	80		
Standardglas ($n = 1{,}52$)	4,35	4,24	4,13	4,09

2.2 Planflächen, Planplatten, Reflexionsprismen und Strahlteiler

Ebene reflektierende Einzelflächen sind als Oberflächenspiegel ein technisch wichtiges Bauelement. Eine einzige brechende Planfläche kommt praktisch nur an Wasseroberflächen vor. Zwei brechende Planflächen bilden Planparallelplatten, die als Filter, Abschlussfenster, Rückflächenspiegel usw. eingesetzt werden. Planplatten können die Abbildung erheblich beeinflussen und müssen bei der Optikrechnung berücksichtigt werden. Systeme aus mehreren Planspiegeln oder entsprechende Reflexionsprismen ändern die Richtung von Strahlenbündeln und die räumliche Orientierung des Bildes, sie können die Baugröße von Systemen wesentlich verringern.

Setzt man $r \to \infty$, so kann man die Gleichungen für sphärische Flächen auf Planflächen anwenden. Um die Voraussetzung für das Gauß-Gebiet und die allgemeine Gültigkeit der Abbildungsgleichungen Abschnitt 2.4.1 zu demonstrieren, werden jedoch einige Gesetzmäßigkeiten speziell für ebene Flächen abgeleitet.

2.2.1 Eine reflektierende Planfläche

Bild 2.2.1 zeigt den Verlauf der vom Objektpunkt Q ausgehenden Strahlen bei einer reflektierenden Planfläche.

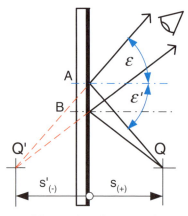

Bild 2.2.1 Bildkonstruktion bei einer reflektierenden Planfläche
s   Objektschnittweite
s'   Bildschnittweite

Die Abstände zur Fläche oder bei gekrümmten Flächen zum Scheitel werden **Schnittweiten** genannt.

Die Dreiecke ABQ und ABQ′ sind spiegelbildlich kongruent, da sie die gleiche Seite AB und wegen $\varepsilon' = -\varepsilon$ gleiche Winkel haben. Führt man die Bildkonstruktion mit einem 2. im Abstand y senkrecht über Q liegenden Punkt durch, liegt sein Bild senkrecht über Q′und es gilt $y' = y$. Damit gelten folgende Abbildungsgesetze:

$$s' = -s \qquad \beta' = \frac{y'}{y} = +1 \qquad \text{(Gl. 2.2.1)}$$

Das von einer reflektierenden Planfläche entworfene Bild liegt so weit hinter dieser Fläche, wie sich das Objekt vor der Fläche befindet. Das Bild ist virtuell, die Abbildung hat den Maßstab 1 : 1. Ebene Spiegel liefern als einziges optisches Bauelement fehlerfreie Bilder.

Bei der Abbildung mit mehreren Spiegeln ist das mit dem 1. Spiegel entworfene Bild Objekt für den 2. Spiegel usw. (Bild 2.2.2).

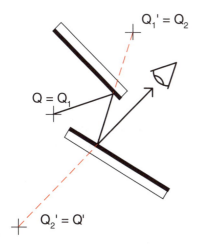

Bild 2.2.2 Abbildung mit 2 Planspiegeln. Der Beobachter sieht das Objekt Q am Ort Q′

2.2.2 Brechende Planfläche

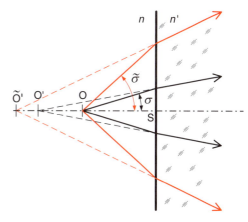

Bild 2.2.3 Die Bildlage O′ hängt vom Öffnungswinkel σ ab

Ein im Medium n' (Bild 2.2.3) befindlicher Beobachter sieht das Bild des leuchtenden Punktes O an unterschiedlichen Orten, bei kleinen Öffnungswinkeln σ bei O′; bei großen Winkeln $\tilde{\sigma}$ bei Õ′. Die Tilde steht für Abbildung mit großen Öffnungswinkeln. Wegen der kontinuierlichen Winkelverteilung zwischen $\sigma = 0$ und $\sigma = \sigma_{max}$ wird das Bild von O ein Strich zwischen O′ und Õ′.

Mit Bild 2.2.4 lässt sich die Abhängigkeit $s' = s'(\sigma)$ ableiten.

$$\tan\sigma = \frac{h}{s}$$

$$\tan\varepsilon' = \frac{h}{s'}$$

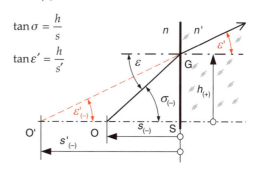

Bild 2.2.4 Winkel bei der Brechung an einer Fläche

Mit $\sigma = \varepsilon$ folgt:

$$h = s \cdot \tan\varepsilon = s' \cdot \tan\varepsilon' \qquad s' = s \cdot \frac{\tan\varepsilon}{\tan\varepsilon'}$$

$$\text{(Gl. 2.2.2)}$$

Aus dem Brechungsgesetz $n \cdot \sin \varepsilon = n' \cdot \sin \varepsilon'$ ergibt sich jedoch:

$$\frac{\sin \varepsilon}{\sin \varepsilon'} = \frac{n'}{n} = \text{konst.} \qquad \text{(Gl. 2.2.3)}$$

Diese Konstanz gilt allerdings wegen $n = n \,(\lambda)$ nur für eine bestimmte Wellenlänge. Da nach dem Brechungsgesetz $\sin \varepsilon / \sin \varepsilon'$ konstant ist, kann nicht gleichzeitig, wie von der Geometrie (Gl. 2.2.2) gefordert, $\tan \varepsilon / \tan \varepsilon'$ konstant sein: Die Schnittweite s' hängt somit vom Öffnungswinkel σ ab. Nur für kleine Winkel ist $\sin \varepsilon \approx \tan \varepsilon$, nur für sie sind Bildlage und Bildgröße vom Öffnungswinkel unabhängig. Setzt man Gl. 2.2.3 in Gl. 2.2.2 ein, so folgt für kleine Winkel

$$s' = s \cdot \frac{n'}{n} \qquad \text{(Gl. 2.2.4)}$$

> ! Brechende Flächen entwerfen nur für kleine Öffnungswinkel, also innerhalb der Gauß'schen Optik, und monochromatische Strahlung scharfe Bildpunkte. Ohne aufwendige Korrekturmaßnahmen wird das mit weit geöffneten Bündeln entworfene Bild unscharf.

Beispiel
Mit einer 2 m über einer ruhigen Wasserfläche angebrachten Kamera soll ein in 4 m Wassertiefe liegender Gegenstand fotografiert werden. Auf welche Entfernung muss man die Kamera einstellen? Beim Übergang Wasser/Luft ist $n = 1,33$; $n' = 1$; $s = -4$ m. Es folgt $s' = -3$ m. Das virtuelle Bild, auf das die Kamera einzustellen ist, liegt also in 3 m Wassertiefe $\Rightarrow$ Einstellentfernung: 5 m.

2.2.3 Planparallele Platte

Zwei ebene, parallele Flächen 1 und 2 im Abstand d bilden eine Planparallelplatte (Bild 2.2.5).

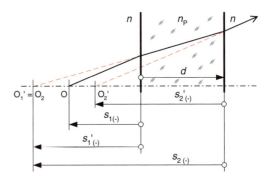

Bild 2.2.5 Abbildung mit einer Planplatte

Zur Durchrechnung dient Gl. 2.2.4 und die Tatsache, dass das Bild der 1. Fläche Objekt für die 2. Fläche ist. $s_1' = s_1 \cdot (n_1'/n_1)$; $s_2 = s_1' - d$; $s_2' = s_2 \cdot (n_2'/n_2)$. Befindet sich die Platte mit der Brechzahl n_P in einem Medium der Brechzahl n, so ist $n_1 = n$; $n_1' = n_P = n_2$. Die algebraische Umrechnung liefert:

$$s_2' = s_1 - d \cdot \frac{n}{n_P} \qquad \beta' = \frac{y'}{y} = +1 \qquad \text{(Gl. 2.2.5)}$$

Planparallelplatten verursachen einen axialen Bildversatz OO_2', also eine scheinbare Objektverschiebung. Nach Bild 2.2.5 ist $OO_2' = s_2' + d - s_1$. Da O_2' das Endbild O' ist, gilt nach Einsetzen der Schnittweiten:

$$OO' = d \cdot \frac{n_P - n}{n_P} \qquad \text{(Gl. 2.2.6)}$$

Bei einer Planplatte der Brechzahl 1,5 in Luft ist $OO' = d/3$. Sind mehrere Planplatten hintereinander in einem Strahlengang angeordnet, so addieren sich die einzelnen nach Gl. 2.2.6 berechneten Werte des axialen Bildversatzes. Das gilt auch dann, wenn sich, wie bei verkitteten Bauelementen, zwischen den Platten keine Luft befindet.

Beispiel
Ein Mikroskop ist auf eine feingeteilte Skala scharf eingestellt. Legt man zwischen Skala und Objektiv eine Planplatte mit $d = 3,00$ mm, so muss man zur erneuten Scharfeinstellung den Objekttisch um 1,16 mm

verschieben. Wie groß ist die Brechzahl n_P der Planplatte bei Gauß'scher Näherung?
Lösung:
Nach Gl. 2.2.6 ist
$n_\mathrm{P} = n/(1 - OO'/d) = 1/(1 - 1,16/3) = 1,63$

Lösung:
Wegen des kleinen Winkels ist $\sin\varepsilon \approx \varepsilon$ und $\cos\varepsilon' = 1$, damit $v \approx d \cdot \varepsilon \cdot (n_\mathrm{P} - n)/n_\mathrm{P} = 0,6$ mm. Das Ergebnis stimmt auf 3 Stellen mit dem exakten Ergebnis nach Gl. 2.2.7 überein.

Lichtbündel treffen, z.B. bei Strahlteilern, oft unter großen Winkeln auf Planplatten. Dabei werden die Bündel, wie Bild 2.2.6 zeigt, um den Betrag v parallel versetzt.

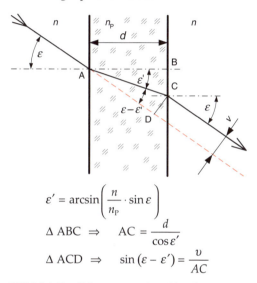

$$\varepsilon' = \arcsin\left(\frac{n}{n_\mathrm{P}} \cdot \sin\varepsilon\right)$$

$$\Delta\,ABC \;\Rightarrow\; AC = \frac{d}{\cos\varepsilon'}$$

$$\Delta\,ACD \;\Rightarrow\; \sin(\varepsilon - \varepsilon') = \frac{v}{AC}$$

Bild 2.2.6 Parallelversatz an einer Planplatte

$$v = d \cdot \frac{\sin(\varepsilon - \varepsilon')}{\cos\varepsilon'} \qquad\text{(Gl. 2.2.7)}$$

Dieser Zusammenhang wird im «**Planplatten-Mikrometer**» zur Umsetzung einer kleinen Plattendrehung um $\Delta\varepsilon$ in eine Parallelverschiebung Δv ausgenutzt: Anwendung u.a. bei Fluchtfernrohren (Abschnitt 6.6.4) und zur Bildnachführung bei Videokameras.

Beispiel
Ein Bündel paralleler Strahlen fällt senkrecht auf eine 20 mm dicke Planplatte ($n_\mathrm{P} = 1,52$), die dann um 5° gedreht wird. Welcher Parallelversatz ergibt sich durch diese Drehung?

Beispiel
Durch eine Linse mit $f' = 35$ wird ein Objekt bei $a = -70$ abgebildet. Für das Bild folgen $a' = 70$ und $\beta' = -1$. Nun wird zwischen Objekt und Linse eine dicke Planplatte mit $d = 60$, $n_\mathrm{P} = 1,5$ eingeschoben, die den Bildversatz $OO' = 20$ mm bewirkt. Für die Linse kommen die Strahlen von dem durch die Platte erzeugten virtuellen Bild O' her, es ist also $a_\mathrm{neu} = -50$. Damit erhält man für das Bild $a'_\mathrm{neu} = 116,7$ und $\beta'_\mathrm{neu} = -2,33$. Bildlage und Bildgröße wurden also völlig verändert. Eine andere Wirkung ergibt sich, wenn die gleiche Planplatte zwischen Linse und Bild angebracht wird. Nun hat sie keinen Einfluss auf a, und die Linse bildet mit $\beta' = -1$ ab. Das Bild wird nur um $OO' = 20$ mm nach rechts verschoben und ändert seine Größe dabei nicht, weil die Platte ja mit $\beta' = -1$ abbildet.

Um Qualitätsverluste und Änderungen der Brennweite klein zu halten sollte die Dicke eines vor einem Objektiv eingesetzten Filters höchstens $^1/_{10}$ der Brennweite betragen.

2.2.4 Planspiegelsysteme und Reflexionsprismen

Ein Planspiegelsystem besteht aus 2 oder mehreren unter festen Winkeln zusammengebauten Spiegeln. Es hat zwei Wirkungen: Änderung der Richtung eines auftreffenden Bündels und Änderung der Bildorientierung beim Einfügen in einen Abbildungsstrahlengang, d.h., die Ausrichtung des Bildes gegenüber dem Gegenstand wird beeinflusst. Anstelle eines Systemaufbaus aus einzelnen Spiegeln können die Spiegelflächen auch an einen Glasblock angeschliffen werden. Damit erhält man Reflexionsprismen. In vielen Fällen nutzt man die Totalreflexion aus und kann dann auf eine Verspiegelung verzichten. Andererseits stellen Reflexionsprismen, wie man durch Auffalten der Spiegelflächen erkennt, für den Lichtdurchgang eine dicke Planparallelplatte dar. Dies bedeutet, dass Reflexionsprismen die Abbildungsfehler einer Planplatte haben und der axiale Bildversatz OO' zu berücksichtigen ist. Bezüglich der Änderungen der Bildorientierung und der Bündelrichtung verhalten sich Spiegelsysteme und Reflexionsprismen aber gleichartig, weshalb die folgenden Abschnitte für beide Systemarten gelten. Prismen werden dank ihrer kompakten Bauweise häufiger verwendet. Sie besitzen unveränderliche Flächenwinkel; damit werden Justierhalterungen wie bei Einzelspiegeln überflüssig. Soweit im Folgenden nichts anderes vermerkt ist, sollen alle Spiegel eines Systems **komplanar** sein, d.h., sie haben eine gemeinsame Einfallsebene. Für die Abbildungen bedeutet dies, dass alle Spiegel senkrecht zur Zeichenebene stehen. Die Aufgabe von Spiegelsystemen ist eine definierte Änderung des Strahlenverlaufs, eine Ablenkung um den Winkel δ.

> Der Ablenkwinkel δ ist definiert als der Winkel, um den man den einfallenden Strahl **auf dem kürzesten** Weg in den austretenden Strahl dreht.

δ hat einen positiven Zahlenwert bei Ablenkung gegen den Uhrzeigersinn, einen negativen bei Ablenkung im Uhrzeigersinn. Oft ist hier aber das Rechnen mit Beträgen sinnvoll, da weniger umständlich.

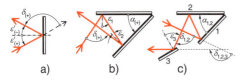

| a) | b) | c) |

Bild 2.2.7 Richtungsänderung durch Spiegelsysteme

Zur **Änderung der Bündelrichtung** zeigt Bild 2.2.7 a) die Ablenkung eines Lichtstrahls an einer einzelnen Spiegelfläche. Der Ablenkwinkel beträgt:

$$\delta = 180° - 2\varepsilon \qquad \text{(Gl. 2.2.8)}$$

Dreht man einen Planspiegel gegenüber dem einfallenden Strahl um $\Delta\varepsilon$, so schwenkt der austretende Strahl um den doppelten Winkel $\Delta\delta = -2\,\Delta\varepsilon$. Dies wird bei Spiegelscannern, Galvanometern und anderen Lichtzeigeranordnungen ausgenutzt.

Beim **Winkelspiegel** Bild 2.2.7 b) erfolgt die Reflexion an 2 unter dem festen Winkel α zueinander angeordneten Spiegelflächen. Aus der Geometrie der Dreiecke in diesem Bild ergibt sich:

$$\delta = 2\alpha \qquad \text{(Gl. 2.2.9)}$$

Dreht man einen Winkelspiegel bei beliebigem Einfallswinkel ε_1 um eine zur Zeichenebene senkrechte Achse, so ändert sich δ nicht. Bei $\alpha = 45°$ beträgt der Ablenkwinkel unabhängig von der Spiegelorientierung 90°.

Bei Bild 2.2.7 c) wurde eine 3. Spiegelfläche zugefügt. Dreht man alle 3 Spiegel gemeinsam, so behält der Strahl hinter der 2. Fläche seine Richtung bei, denn $\delta_{1,2}$ ist nur von $\alpha_{1,2}$ abhängig. Gegenüber diesem Strahl dreht sich aber die Fläche 3, sodass sich der Gesamtablenkungswinkel $\delta_{1,2,3}$ mit der Drehung des Systems ändert! Das führt allgemein zu dem Ergebnis:

> Bei gerader Anzahl komplanarer Spiegelungen ist die Gesamtablenkung des Bündels unabhängig von einer Drehung des in sich starren Spiegelsystems um eine senkrecht zur Einfallsebene stehende Achse. Bei einer ungeraden Spiegelanzahl ändert sich die Ablenkung.

In den folgenden Zeichnungen weist die perspektivisch dargestellte x-Richtung des Gegenstandes (kurzer L-Balken) immer senkrecht zur Zeichenebene nach hinten. Die Lichtrichtung fällt mit der positiven z-Richtung zusammen; Blickrichtung ist entgegen der Strahlrichtung z. Die gezeichneten L-Winkel sind Orientierungssymbole für die Ausrichtung vor und nach den Spiegelungen. Sie bedeuten nicht, dass Objekt und Bild an diesen Stellen liegen!

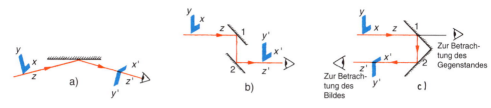

Bild 2.2.8 Änderung der Bildorientierung durch Spiegelsysteme

Eine Spiegelung nach Bild 2.2.8 a) ergibt für y eine einseitige Bildumkehrung. 2 Spiegelungen ergeben ein aufrechtes (Bild 2.2.8 b) oder ein vollständig umgekehrtes Bild (Bild 2.2.8 c). Bei 3 Spiegelungen folgt wieder ein einseitig umgekehrtes Bild. Dies führt allgemein zu dem Ergebnis:

> Bei gerader Anzahl komplanarer Spiegelungen ergibt sich keine Bildumkehr. Bei ungerader Spiegelzahl wird nur 1 Koordinate umgekehrt.

Bild 2.2.9 a) bis c) zeigt 3 Beispiele einfacher Reflexionsprismen. Schon für Glas mit $n = 1,5$ führt der Einfallswinkel 45° zur Totalreflexion. Die 90°-Ablenkung bei dem **Halbwürfelprisma** a) ist empfindlich gegen Prismendrehung, bei dem **Pentagonprisma** b) nicht. Bei b) ist wegen zu kleinen Einfallswinkels keine Totalreflexion möglich. Bei c) wird eine Ablenkung um 180° erreicht, die gegen Prismendrehung invariant ist. Die Bildorientierung findet man in Bild 2.2.8 c).

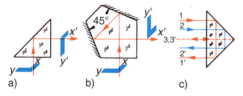

Bild 2.2.9 Beispiele für Reflexionsprismen

In Bild 2.2.10 a) ist ein **nicht komplanares Spiegelsystem** in 2 Ansichten dargestellt: 2 Spiegel lenken das Bündel jeweils um 90° ab; ihre Einfallsebenen stehen aber senkrecht zueinander. Man erreicht dadurch eine Bilddrehung um 90°.

Bei den Bildern 2.2.8 und 2.2.9 fällt auf, dass die Spiegelungen stets nur die in der Zeichen-

ebene (Einfallsebene) liegende y-Koordinate beeinflussen; die senkrecht zur Einfallsebene verlaufende x-Koordinate behält ihre Richtung bei. Man kann sie getrennt umkehren, indem man eine Spiegelfläche durch ein **Dachflächenpaar** ersetzt. Dies sind 2 unter 90° zueinander stehende Spiegelflächen, die in der **Dachkante** D zusammenstoßen (Bild 2.2.10 b, c). Ein Dachflächenpaar wirkt wie das Prisma in Bild 2.2.9 c). Die Dachkante D liegt in der Zeichenebene; die beiden Dachflächen schließen einen Winkel von + 45° mit der Zeichenebene ein. Sie sind also nicht komplanar zu den übrigen Prismenflächen. Der rot eingezeichnete Hauptstrahl Bild 2.2.10 a) trifft genau auf die Dachkante D. Alle seitlich liegenden Strahlen werden Wie in Bild 2.2.9 c) an beiden Dachflächen reflektiert.

> Die Verwendung eines Dachflächenpaars anstelle einer Spiegelfläche ermöglicht eine zusätzliche einseitige Bildumkehr.

Ersetzt man eine verspiegelte Prismenfläche durch ein Dachflächenpaar, so spart man die Verspiegelung ein, denn der ursprüngliche Einfallswinkel $\varepsilon < \varepsilon_g$ an der Prismenfläche wird auf ε_D an der Dachfläche vergrößert: $\cos \varepsilon_D = 0{,}7071 \cdot \cos \varepsilon$. Damit ist $\varepsilon_D \geqq 45°$. Es tritt Totalreflexion ein.

Bild 2.2.10 d) zeigt den als Rückstrahlsystem wichtigen **Tripelspiegel**: 3 unter 90° zueinander stehende Spiegelflächen (Würfelecke). Ein in die Spiegelecke einfallender Strahl kehrt nach 3-facher Reflexion um 180° abgelenkt zurück. Diese Richtungsumkehr ist invariant gegen eine Drehung des Systems um beliebige Achsen, während das Prisma in Bild 2.2.9 c) nur um die zur Zeichenebene senkrechte Achse gedreht werden darf.

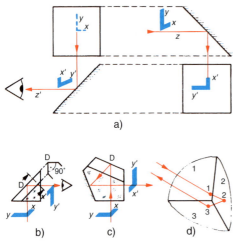

Bild 2.2.10 a) Bilddrehung durch ein nicht komplanares Spiegelsystem, b), c) Prismen mit Dachkante, d) Tripelspiegel

Die Bilder 2.2.11 a), b) geben zwei andere Verwendungen der Grundform des Halbwürfelprismas nach Bild 2.2.9 a) wieder: Bei Bild 2.2.11 a) erfolgt drehungsstabile Ablenkung um 90° (**Winkelprisma nach Bauernfeind**), bei Bild 2.2.11 b) einseitige Bildumkehr ohne Richtungsänderung (**Dove-Prisma**). Die Bilder 2.2.11 c) bis f) zeigen **Prismensysteme zur vollständigen Bildumkehr**. Das Umkehrsystem «**Porro 1. Art**» (Bild 2.2.11 c) wird in Ferngläsern viel verwendet. Denn bei einer reellen Zwischenabbildung im Fernrohr entsteht ein vollständig umgekehrtes Bild, das durch ein Prismensystem wieder aufgerichtet werden muss. Bei dem System «Porro 1. Art» werden Höhen- und Seitenumkehrung nacheinander vorgenommen (man überlege sich dies auch nach dem Dachkantenprinzip), während bei dem System «**Porro 2. Art**» (Bild 2.2.11 d) zwei Bilddrehungen um 90° nach Bild 2.2.10 a) erfolgen.

Das **Schmidt-Pechan-** (Bild 2.2.11 e) und das **Uppendahl-Prismensystem** (Bild 2.2.11 f) sind 2 u.a. in modernen Ferngläsern verwendete kompakte Umkehrsysteme, die im Gegensatz zu den Porro-Systemen geradsichtig sind, d.h., eintretender und austretender Hauptstrahl haben keine seitliche Versetzung zueinander.

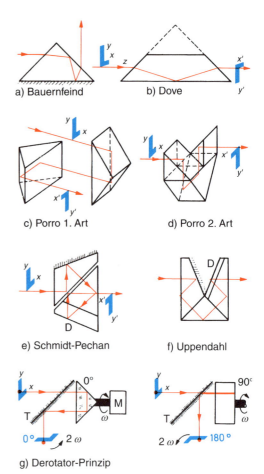

a) Bauernfeind   b) Dove

c) Porro 1. Art   d) Porro 2. Art

e) Schmidt-Pechan   f) Uppendahl

g) Derotator-Prinzip

2.2.11 Prismen und Prismensysteme

Es gibt noch eine sehr große Zahl spezieller Prismen und Prismensysteme für bestimmte Richtungsänderungen und zusätzliche Anforderungen. Sie lassen sich jedoch in ihrer Wirkung auf Bündelrichtung und Bildorientierung mit den angegebenen Regeln gut übersehen. Deshalb ist es nützlich, bei den vorliegenden Beispielen (Bilder 2.2.9 bis 2.2.11) die Bildorientierung und die Unempfindlichkeit der Ablenkung gegen Prismendrehung aus der Zahl der Spiegelungen zu bestimmen.

> ! Bei der Zählung komplanarer Spiegelungen gilt das Dachflächenpaar nur als eine Fläche!

Bei dem Pentaprisma mit Dachkante in Bild 2.2.10 c) erfolgen also 2 komplanare Spiegelungen und damit drehungsinvariante Ablenkung und y-Aufrichtung; zusätzlich x-Umkehrung.

Die Bildorientierung ist aber auch direkt bestimmbar, wenn man einen Bleistift oder Kugelschreiber, dessen Spitze in y-Richtung zeigt, von der Objektseite her dem Hauptstrahl entlang führt und an jeder Spiegelfläche umklappt. Dann erhält man zum Schluss die Richtung der Bildkoordinate y'. Die x-Koordinate untersucht man getrennt (Übungsbeispiel: Bild 2.2.10 a!).

Die Bilder 2.2.11 a), e), f) zeigen noch, dass die gleiche Fläche sowohl zum Strahldurchgang wie zur Totalreflexion benutzt werden kann, wenn nur der Einfallswinkel entsprechend gewählt wird. Einseitig umkehrende Prismen (Bild 2.2.11 b) ergeben bei Rotation mit der Winkelgeschwindigkeit ω eine Bilddrehung mit $2 \cdot \omega$. Bild 2.2.11 g) zeigt dies für ein Porro-Prisma mit Spiegel in den Lagen 0° und 90°. Umgekehrt liefert das Prisma als «**Derotator**» ein stehendes Bild von einem rotierenden Objekt, mit dem es in Untersetzung 1 : 2 gekoppelt ist [9.22]!

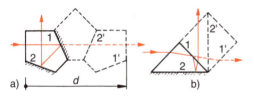

a)   d   b)

Bild 2.2.12 Auffaltung von Prismen zur Planparalelplatte

Wenn man eine **Auffaltung des Prismas** an seinen Reflexionsflächen vornimmt, erkennt man, dass es die Eigenschaften einer sehr dicken Planparallelplatte hat. Bild 2.2.12 zeigt als Beispiel die Auffaltung der Prismen Bild 2.2.9 b) und 2.2.11 a). Ein- und Austrittsflächen der Prismen liegen meist senkrecht zur Bündelrichtung. Ausnahmen zeigen die Bilder 2.2.11 a), b). Da jedoch die Ablenkungen durch Brechung an den beiden Flächen einer Planparallelplatte entgegengesetzt gleich sind, wirkt sich die Brechung schräg einfallender Strahlen

nicht auf den Ablenkungswinkel aus. Die zur Berechnung der axialen Bildversetzung OO' (Gl. 2.2.6) benötigte Glasdicke d zeigt das zur Planplatte aufgefaltete Prisma. Man erhält sie aber auch einfach als Glasweg eines Bündelhauptstrahls (Symmetrieachse eines einfallenden Bündels). Dies ist in den Bildern 2.2.9 bis 2.2.11 die Summe der innerhalb des Glases liegenden Abschnitte der rot gezeichneten Strahlen. Bei Dachflächenpaaren nimmt man den genau auf die Dachkante treffenden Strahl (u.a. Bild 2.2.10 b, c).

Gehen in einem Abbildungsstrahlengang konvergente oder divergente Bündel durch die Prismen, so fallen die Bündelstrahlen mit unterschiedlichen Winkeln ε auf die totalreflektierenden Flächen. Für den Randstrahl mit kleinstem Einfallswinkel ist dann zu prüfen, ob der Grenzwinkel der Totalreflexion ε_g nicht überschritten wird. Falls $\varepsilon > \varepsilon_g$ wird müssen ein Glas höherer Brechzahl oder eine Verspiegelung gewählt werden.

2.2.5   Strahlenteiler

Häufig ist die Teilung eines Lichtstroms in zwei (gleiche oder ungleiche) Teilströme notwendig. **Geometrische Strahlenteilung** bedeutet die Aufteilung eines Bündelquerschnitts («Aperturteilung») durch Spiegel oder Prismen (Bild 2.2.13 a bis c). Wird dabei der Bündelquerschnitt durch spiegelnde Flecken oder Streifen (wie bei Bild 2.2.13 a und c) zu fein aufgeteilt, so stört die an diesen Strukturen auftretende Beugung. Die **physikalische Strahlenteilung** lässt dagegen den Bündelquerschnitt ungeändert. Die Aufteilung erfolgt gleichmäßig über den gesamten Querschnitt durch eine teildurchlässige Spiegelfläche entsprechend ihrem Reflexions- und Transmissionsgrad (Bild 2.2.13 e). Die Absorption soll möglichst gering sein. Der einfachste physikalische Strahlenteiler ist eine schräg gestellte dünne Planparallelplatte (Bild 2.2.13 d), die an beiden Flächen zusammen etwa 10% des Lichts reflektiert, während 90% durchgehen. Die wellenlängenabhängige physikalische Teilung ist in Abschnitt 5.3.2 erläutert.

Die **periodische Teilung** gibt eine weitere Möglichkeit zum Aufbau eines Strahlenteilers: Durch eine rotierende (Bild 2.2.13 f) oder schwingende, verspiegelte Blende wird der Lichtstrom abwechselnd abgelenkt und durchgelassen. Ein Beispiel ist die Ausspiegelung des Sucherbildes in den Belichtungspausen bei Filmkameras.

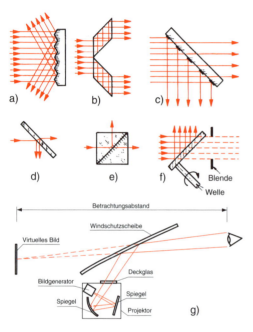

Bild 2.2.13 Strahlteiler g) Head-up-Display mit Windschutzscheibe als Teilerplatte

Bild 2.2.13 g zeigt das Head-up-Display eines Kraftfahrzeugs. Ein Bildgenerator mit LCD- oder Mikrospiegel-Display projiziert wichtige Daten wie Geschwindigkeit, Drehzahl und Benzinstand auf die Windschutzscheibe. Dort wird ein Teil der Strahlung in Richtung Fahrer reflektiert. Dieser sieht das virtuelle Bild in großer Entfernung gleichzeitig mit dem Verkehrsfluss, so dass der störende Blickwechsel Straße–Armaturenbrett entfällt. Die Spiegel im Projektor dienen der Faltung des Strahlengangs, um die Baulänge zu reduzieren. Dieses Beispiel demonstriert die wichtige Funktion der Austrittspupille (Abschnitt 3.2.2). Stimmt die Sitzhöhe des Fahrers nicht mit der Lage der Austrittspupille überein, gerät die Anzeige aus dem Blickfeld.

2.3 Prismen mit Bündelablenkung durch Brechung

Bei den hier behandelten Prismen wird ein Parallelbündel nicht durch Reflexion, sondern durch Brechung an 2 nicht parallelen Flächen abgelenkt. Wegen der Dispersion $n = n\,(\lambda)$ des Glases (Abschnitt 2.1.1) ist mit der Bündelablenkung eine **Winkeldispersion** verbunden, denn die Richtung des austretenden Parallelbündels hängt von der Wellenlänge ab. Setzt man nicht monochromatisches Licht ein, erzeugt das jetzt **Dispersionsprisma** genannte Bauelement ein Spektrum und wird zur Zerlegung einer unbekannten Strahlung in ihre spektralen Bestandteile eingesetzt. Im Handel sind mehrere Typen. Normale Dispersionsprismen nach Bild 2.3.1 ändern bei der Dispersion die Richtung der optischen Achse, **Geradsichtprismen** dagegen behalten sie für eine mittlere Wellenlänge bei. **Achromatische Prismen** bieten eine Bündelablenkung bei weitgehend beseitigter Dispersion, liefern also nur eine geringe Spreizung des Spektrums. Prismenkeile haben nur einen kleinen Winkel zwischen den optisch wirksamen Flächen und sind besonders einfach berechenbar.

2.3.1 Bündelablenkung

Es wird ein Prisma der Brechzahl n_P in einem Medium der Brechzahl n betrachtet. Es lenkt ein durchlaufendes Parallelbündels in Richtung Basis ab. Der Ablenkwinkel $\delta = \delta(\lambda)$ hängt außer von der Wellenlänge vom Ein-

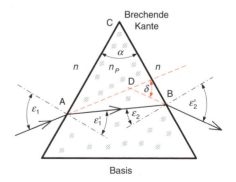

Bild 2.3.1 Strahlendurchgang durch ein Prisma

fallswinkel ε_1, den Brechzahlen n und n_P und dem **Prismenwinkel** oder **brechenden Winkel** α ab. Mit Bild 2.3.1 soll die Funktion $\delta = \delta(\varepsilon_1, n, n_P, \alpha)$ abgeleitet werden. Gerechnet wird mit den Beträgen der Winkel.

Der auftreffende Strahl wird beim Eintritt in das Prisma um den Winkel $\delta_1 = \varepsilon_1 - \varepsilon_1'$ und beim Austritt um den Winkel $\delta_2 = \varepsilon_2' - \varepsilon_2$ abgelenkt. $\triangle ABC \Rightarrow (90° - \varepsilon_1') + (90° - \varepsilon_2) + \alpha = 180°$, also $\varepsilon_1' + \varepsilon_2 = \alpha$. $\triangle ABD \Rightarrow (\varepsilon_1 - \varepsilon_1') + (\varepsilon_2' - \varepsilon_2) + (180° - \delta) = 180°$, also $\delta = (\varepsilon_1 + \varepsilon_2') - (\varepsilon_1' + \varepsilon_2) = \varepsilon_1 + \varepsilon_2' - \alpha$. Die gesamte Bündelablenkung im Prisma beträgt:

$$\delta = \varepsilon_1 + \varepsilon_2' - \alpha \qquad \text{(Gl. 2.3.1)}$$

Zur Ermittlung des Winkels ε_2' geht man am besten schrittweise nach folgendem Rechenschema vor:

Eingabe	Formel	berechnete Größe
ε_1, n, n_P	$n \cdot \sin\varepsilon_1 = n_P \cdot \sin\varepsilon_1'$	$\varepsilon_1' = \arcsin(n \cdot \sin\varepsilon_1/n_P)$
ε_1', α		$\varepsilon_2 = \alpha - \varepsilon_1'$
ε_2, n_P, n	$n_P \cdot \sin\varepsilon_2 = n \cdot \sin\varepsilon_2'$	$\varepsilon_2' = \arcsin(n_P \cdot \sin\varepsilon_2/n)$
ε_1, ε_2', α		$\delta = \varepsilon_1 + \varepsilon_2' - \alpha$

Symmetrischer Strahlengang

Für ein Prisma gelten bei symmetrischem Strahlengang, also $\varepsilon_1 = \varepsilon_2'$ und $\varepsilon_1' = \varepsilon_2$ folgende Beziehungen:

$$\varepsilon_1' + \varepsilon_2 = \alpha = 2\varepsilon_1' \Rightarrow \varepsilon_1' = \frac{\alpha}{2} \qquad \text{(Gl. 2.3.2)}$$

$$\delta = \varepsilon_1 + \varepsilon_2' - \alpha = 2\varepsilon_1 - \alpha \Rightarrow \varepsilon_1 = \frac{\delta + \alpha}{2}$$
$$\text{(Gl. 2.3.3)}$$

Aus Experimenten geht hervor, dass die Gesamtablenkung δ bei symmetrischem Strahlengang ein Minimum wird. Das lässt sich beweisen, wenn man Gl. 2.3.1, $\delta = \delta(\varepsilon_1)$ nach ε_1 differenziert und den Differentialquotienten 0 setzt.

$$\frac{d\delta}{d\varepsilon_1} = 0 \qquad \text{(Gl. 2.3.4)}$$

Einsetzen von Gl. 2.3.1 in Gl. 2.3.4 ergibt:

$$0 = \frac{d\delta}{d\varepsilon_1} = \frac{d(\varepsilon_1 + \varepsilon_2' - \alpha)}{d\varepsilon_1} = 1 + \frac{d\varepsilon_2'}{d\varepsilon_1}$$
$$\text{(Gl. 2.3.5)}$$

Um implizit differenzieren zu können, erweitert man Gl. 2.3.5 wie nachstehend gezeigt wird:

$$\frac{d\delta}{d\varepsilon_1} = 1 + \frac{d\varepsilon_2'}{d\varepsilon_1} = 1 + \frac{d\varepsilon_2'}{d\varepsilon_2} \cdot \frac{d\varepsilon_2}{d\varepsilon_1'} \cdot \frac{d\varepsilon_1'}{d\varepsilon_1} = 0$$
$$\text{(Gl. 2.3.6)}$$

Die einzelnen Differentialquotienten erfordern lediglich die Ableitung des Sinus. Das Brechungsgesetz $n_P \cdot \sin\varepsilon_2 = n \cdot \sin\varepsilon_2'$ differenziert nach ε_2 liefert die Gleichung $n_P \cdot \cos\varepsilon_2 = n \cdot \cos\varepsilon_2' \cdot (d\varepsilon_2'/d\varepsilon_2)$ und damit den ersten gesuchten Differentialquotienten $d\varepsilon_2'/d\varepsilon_2$. Ähnlich werden die weiteren Differentialkoeffizienten bestimmt und in Gl. 2.3.6 eingesetzt. Das Ergebnis lautet:

$$\frac{\cos\varepsilon_1 \cdot \cos\varepsilon_2}{\cos\varepsilon_1' \cdot \cos\varepsilon_2'} = 1 \qquad \text{(Gl. 2.3.7)}$$

Diese Beziehung ist nur dann nicht trivial lösbar, wenn $\cos\varepsilon_1 = \cos\varepsilon_2'$ und $\cos\varepsilon_1' = \cos\varepsilon_2$, also für symmetrischen Strahlengang.

Der für symmetrischen Strahlengang notwendige Einfallswinkel ε_{1sym} ergibt sich aus dem Brechungsgesetz und Gl. 2.3.2 zu:

$$\sin\varepsilon_{1sym} = \frac{n_P}{n} \cdot \sin\frac{\alpha}{2} \qquad \text{(Gl. 2.3.8)}$$

Die minimale Ablenkung wird nach Gl. 2.3.3:

$$\delta_{min} = 2\varepsilon_{1sym} - \alpha \qquad \text{(Gl. 2.3.9)}$$

Der symmetrische Strahlengang erlaubt die Präzisionsmessung der Brechzahl durch Messung des Prismenwinkels α und des Ablenkwinkels δ_{min} bei streng symmetrischem Strahlengang. Setzt man Gl. 2.3.2 und Gl. 2.3.3 in das Brechungsgesetz $n \cdot \sin\varepsilon_1 = n_P \cdot \sin\varepsilon_1'$ ein, so folgt:

$$n_P = n \cdot \frac{\sin \dfrac{\delta_{min} + \alpha}{2}}{\sin \dfrac{\alpha}{2}} \qquad \text{(Gl. 2.3.10)}$$

2.3.2 Winkeldispersion

Da die Ablenkung δ von n_P und damit von λ abhängt, wird ein einfallendes nicht monochromatisches Parallelbündel in einen bestimmten Winkelbereich aufgefächert und damit spektral zerlegt. Die **Winkeldispersion** $d\delta/d\lambda$ ist ein Maß für die Auffächerung des kleinen Bereiches $d\lambda$. Die Winkeldispersion steigt mit der Dispersion $dn_P/d\lambda$; den Zusammenhang beim besonders interessanten symmetrischen Strahlengang liefert die folgende Ableitung:

$$\frac{d\delta}{d\lambda} = \frac{d\delta}{dn_P} \cdot \frac{dn_P}{d\lambda} \qquad \text{(Gl. 2.3.11)}$$

Differenziert man Gl. 2.3.10 nach n_P, so gilt $d\delta_{min}/dn_P = 2 \sin(\alpha/2)/\{n \cdot \cos[(\delta_{min} + \alpha)/2]\}$. Die Umformung mit $\cos x = \sqrt{1 - \sin^2 x}$ sowie Gl. 2.3.8 und Gl. 2.3.9 ergibt:

$$\frac{d\delta_{min}}{d\lambda} = \frac{2 \cdot \sin \dfrac{\alpha}{2}}{\sqrt{n^2 - n_P^2 \cdot \sin^2 \dfrac{\alpha}{2}}} \cdot \frac{dn_P}{d\lambda} \quad \text{(Gl. 2.3.12)}$$

Für den symmetrischen Strahlengang in Luft ($n = 1$) kann man Gl. 2.3.12 vereinfachen. Aus Bild 2.3.2 ergibt sich $\cos \varepsilon_{1sym} = h/l$. Mit $\cos x = \sqrt{1 - \sin^2 x}$ wird die Winkeldispersion:

$$\frac{d\delta_{min}}{d\lambda} = \frac{b}{h} \cdot \frac{dn_P}{d\lambda}$$

Die Größe $dn_P/d\lambda$ ist durch den Verlauf der Dispersionskurve $n(\lambda)$ der jeweiligen Glasart bestimmt. Als Näherung kann man aus dem Glaskatalog $\Delta n/\Delta\lambda$ erhalten, etwa aus der Brechzahldifferenz für benachbarte Fraunhofer-Linien mit dem Abstand $\Delta\lambda$.

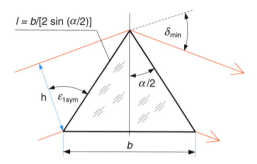

$l = b/[2 \sin (\alpha/2)]$

Bild 2.3.2 Geometrie bei der Winkeldispersion

Beispiel
Wie groß sind Einfalls- und Ablenkwinkel bei minimaler Ablenkung der d-Linie in einem gleichseitigen Prisma aus Glas SF 6 in Luft (Tabelle 2.1.2)? Welche mittlere Winkeldispersion ergibt sich für den Wellenlängenbereich um 587,6 nm?
Lösung
$n_d = 1,805$; $\varepsilon_{1sym} = 64,489$; $\delta_{min} = 68,977°$. Die mittlere Glasdispersion ergibt sich aus den Katalogwerten $n_F = 1,82775$; $n_C = 1,79609$ und $\lambda_F - \lambda_C = -170,2$ nm zu $\Delta n/\Delta\lambda = -1,86 \cdot 10^{-4}$ nm^{-1}. Die mittlere Winkeldispersion $\Delta\delta_{min}/\Delta\lambda$ ist nach Gl. 2.3.12 gleich $2,322 \cdot (-1,86 \cdot 10^{-4})$ nm^{-1} $= -4,32 \cdot 10^{-4}$ nm^{-1}. Damit beträgt die Ablenkdifferenz $\Delta\delta$ für die zur F- und C-Linie gehörenden Strahlen $-4,32 \cdot 10^{-4}$ nm$^{-1} \cdot 170,2$ nm $= -0,0735$ rad $= -4,21°$.

2.3.3 Prismenkeile

Da bei Prismenkeilen Ablenkungen in verschiedenen Richtungen möglich sind, empfiehlt es sich beim Einsatz mehrerer Prismen, Ablenkwinkel δ und brechenden Winkel α mit den im Abschnitt Vorzeichenfestlegung angegebenen Vorzeichen zu versehen.

Bei kleinem brechendem Winkel α und kleinem Einfallswinkel ε_1 gilt $\sin\varepsilon \approx \varepsilon$ und $\sin (\alpha/2) \approx \alpha/2$. Damit wird Gl. 2.3.8 zu $\varepsilon_{1sym} \approx n_P \cdot \alpha/(2\,n)$; eingesetzt in Gl. 2.3.3 wird die Ablenkung bei Prismenkeilen:

$$\delta = \alpha \cdot \left(\frac{n_P}{n} - 1 \right) \qquad \text{(Gl. 2.3.13)}$$

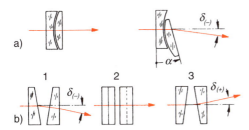

Bild 2.3.3 Veränderbare Strahlablenkung: a) Zylinderlinsenpaar, b) Drehkeilpaar

Mit Prismenkeilen erreicht man kleine Bündelablenkungen. **Veränderliche Prismenkeile** ermöglichen eine kontinuierliche Änderung des Ablenkwinkels δ. Eine Möglichkeit dafür ist ein Zylinderlinsenpaar nach Bild 2.3.3 a). Bild 2.3.3 b) zeigt eine weitere Lösung, ein Drehkeilpaar in 3 Stellungen. Damit das Bündel nur in einer Ebene, hier in der Zeichenebene, abgelenkt wird, müssen die Keile gegenläufig je um den Winkel ϑ gedreht werden. Stellung $1 \Rightarrow \vartheta = 0°; \delta = \delta_{max}$; Stellung $2 \Rightarrow \vartheta = 90°; \delta = 0$; Stellung $3 \Rightarrow \vartheta = 180°; \delta = -\delta_{max}$. Die Strahlablenkung erfolgt analog Gl. 2.3.13:

$$\delta = -2|\alpha| \cdot \left(\frac{n_P}{n} - 1 \right) \cdot \cos\vartheta \qquad \text{(Gl. 2.3.14)}$$

2.4 Sphärische Flächen, Linsen, mehrstufige Systeme im Gauß-Gebiet

Abschnitt 2.4 zeigt den Zusammenhang der paraxialen optischen Daten (Brennweiten, Hauptpunktlagen) mit den Konstruktionsdaten optischer Systeme (Radien, Brechzahlen, Dicken). Grundelement ist dabei die brechende Kugelfläche (sphärische Fläche). Die Geset-

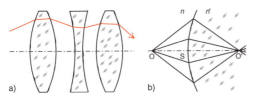

Bild 2.4.1 Reduzieren der Abbildung mit Systemen auf eine Fläche

ze für sphärische Flächen gelten mit $r \to \infty$ auch für Planflächen, mit $n' = -n$ für reflektierende Flächen und im Gaus-Gebiet auch für asphärische, z.B. parabolische Flächen.

Auch ein System mit sehr vielen Flächen wie in Bild 2.4.1 a) kann schrittweise durchgerechnet werden, indem man von einer Fläche zur nächsten übergeht. Es genügt also, ähnlich wie bei mathematischen Unterprogrammen, entsprechend Bild 2.4.1 b) die Abbildung von O an einer Fläche zu studieren.

Eine Durchrechnung mit 2 Flächen führt zu den Linsengleichungen. Kennt man die optischen Daten für Linsen oder komplette Objektive, die miteinander kombiniert werden, so kann man daraus die Parameter des Gesamtsystems ermitteln.

2.4.1 Sphärische Fläche

2.4.1.1 Abbe'sche Invariante der Brechung

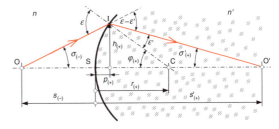

Bild 2.4.2 Strahlenverlauf der Objektschnittweite s und Bildschnittweite s' bei einer brechenden Fläche mit dem Krümmungsradius r

Es werden **Konvexflächen** (Wölbflächen) und **Konkavflächen** (Hohlflächen) unterschieden. Bild 2.4.2 zeigt am Beispiel einer Konvexfläche den vom Objektpunkt O über den Flächenpunkt I zum Bildpunkt O' verlaufenden Strahl. Im Paraxialgebiet liegt I nahe bei S, die Pfeilhöhe h geht gegen 0, und es gilt $\sin\sigma \approx \tan\sigma \approx \sigma$. Nach dem Sinussatz ist das Verhältnis des Sinus eines Winkels zur gegenüberliegenden Strecke konstant. Unter Berücksichtigung der Winkel- und Streckenvorzeichen angewandt auf das Dreieck OCI folgt:

$$\frac{\sin(180° - \varepsilon)}{OC} = \frac{\sin\varphi}{OI} \qquad \text{(Gl. 2.4.1)}$$

und mit der Näherung für kleine Winkel sowie $\sin(180° - \varepsilon) = \sin \varepsilon \approx \varepsilon$

$$\frac{\varepsilon}{-s + r} \approx \frac{\varphi}{-s} \quad \Rightarrow \quad \varepsilon \approx \frac{s - r}{s} \cdot \varphi \qquad \text{(Gl. 2.4.2)}$$

Analog ergibt das Dreieck O'CI:

$$\frac{\varepsilon'}{s' - r} \approx \frac{\varphi}{s'} \quad \Rightarrow \quad \varepsilon' \approx \frac{s' - r}{s'} \cdot \varphi \qquad \text{(Gl. 2.4.3)}$$

Setzt man Gl. 2.4.2 und Gl. 2.4.3 in das Brechungsgesetzt für kleine Winkel, $n \cdot \varepsilon \approx n' \cdot \varepsilon'$, so folgt:

$$n \cdot \frac{s - r}{s} \cdot \varphi \approx n' \cdot \frac{s' - r}{s'} \cdot \varphi \qquad \text{(Gl. 2.4.4)}$$

Das Kürzen von φ zeigt, dass die Bildschnittweite s' (allerdings nur bei Gauß'scher Näherung) unabhängig vom Öffnungswinkel ist. Da die Gauß'sche Optik, wenn nicht anders vermerkt, normalerweise angewandt wird, schreibt man meist das Gleichheitszeichen anstelle des Zeichens für Angenähert. Die Ableitung zeigt aber, dass alle Folgerungen aus Gl. 2.4.4, also auch die Gleichungen für dicke Linsen und optische Systeme, **nur für kleine Winkel** gelten. Stellt man Gl. 2.4.4 um, so erhält man die **Abbe'sche Invariante der Brechung**:

$$n \cdot \left(\frac{1}{r} - \frac{1}{s} \right) = n' \cdot \left(\frac{1}{r} - \frac{1}{s'} \right) \qquad \text{(Gl. 2.4.5)}$$

Meist ist s gegeben und s' gesucht, daher stellt man Gl. 2.4.5 um:

$$s' = \frac{n'}{\dfrac{n' - n}{r} + \dfrac{n}{s}} \qquad \text{(Gl. 2.4.6)}$$

Beispiel 1
Bei einer brechenden Fläche wie in Bild 2.4.2 ist gegeben:
$n = 1$; $n' = 1{,}52$; $r = +75$ und $s = -600 \Rightarrow$
$s' = 288{,}6$: Das reelle Bild liegt rechts von S.
Beispiel 2
Die Objektschnittweite wird auf $s = -85$ geändert: $\Rightarrow s' = -314{,}6$. Das Bild ist virtuell.

Beispiel 3
Bei einer Planfläche ist $n = 1$; $n' = 1{,}52$ und $s = -600$. Mit $r \rightarrow \infty \Rightarrow s' = -912$.
Zum gleichen Ergebnis kommt man mit Gl. 2.2.4.

Besteht ein abbildendes System nur aus einer Fläche, so erfolgt die paraxiale Strahlenknickung an der Scheitelebene. Der Vergleich mit den Bildern 1.4.7 und 1.4.8 zeigt, dass dann die Hauptpunkte H und H' mit dem Scheitel S zusammenfallen. Damit ist aber auch $a = s$ sowie $a' = s'$ und die Abbildungsgleichungen Gl. 1.4.12 bis Gl. 1.4.16 können auf eine Fläche angewandt werden. Die Brennweiten der Fläche ergeben sich aus Gl. 2.4.6, wenn man mit einem Parallelbündel ($s \rightarrow -\infty$) beleuchtet oder ein austretendes Parallelbündel fordert ($s' \rightarrow \infty$, Nenner in Gl. 2.4.6 wird 0). Es folgt für die Brennweiten einer sphärischen Einzelfläche:

$$f' = r \cdot \frac{n'}{n' - n} \qquad f = -r \cdot \frac{n}{n' - n} \quad \text{(Gl. 2.4.7)}$$

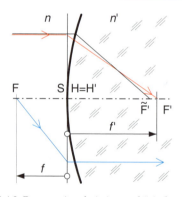

Bild 2.4.3 Brennweiten bei einer sphärischen Einzelfläche

In Bild 2.4.3 ist zur Veranschaulichung der Näherung neben den Gauß-Strahlen noch ein exakt berechneter Strahl (schwarz) eingezeichnet. Teilt man in Gl. 2.4.7 f durch f', so folgt entsprechend Gl. 1.4.13:

$$\frac{f'}{f} = -\frac{n'}{n} \qquad \text{(Gl. 2.4.8)}$$

Die Brennweiten f und f' einer brechenden sphärischen Fläche unterscheiden sich in Vorzeichen und Betrag. Die Hauptpunkte H und H' fallen mit dem Scheitel S zusammen. Die Knotenpunkte K und K' fallen mit dem Krümmungsmittelpunkt C zusammen.

2.4.1.2 Abbildung mit einem Kugelspiegel

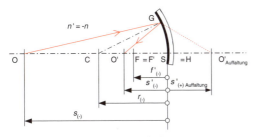

Bild 2.4.4 Abbildung und Auffaltung mit Kugelspiegel

Bild 2.4.4 (Paraxialgebiet, G liegt dicht bei S) zeigt eine Hohlspiegelfläche. Betrachtet man sie als brechende Fläche mit $n' = -n$ (Abschnitt 1.2.6), so gelten Gl. 2.4.5 bis Gl. 2.4.8 unverändert. Damit ergeben sich die Brennweiten und die Schnittweitengleichung einer Spiegelfläche

$$f' = f = \frac{r}{2} \qquad \frac{1}{s} + \frac{1}{s'} = \frac{2}{r} \qquad \text{(Gl. 2.4.9)}$$

Ein Hohlspiegel (Konkavspiegel) wie in Bild 2.4.4 hat also eine negative Brennweite f', obwohl er wie eine Positivlinse (Konvexlinse) wirkt. Dies ist eine Folge der Lichtrichtungsumkehrung, die bei der Durchrechnung optischer Systeme mit Spiegeln stört. Man beseitigt sie durch Auffaltung des Strahlenganges an der Scheitelebene der Spiegelfläche (Bild 2.4.4) und kommt so zum Bildpunkt $O'_{\text{Auffaltung}}$. Dies bedeutet nichts weiter als eine Vorzeichenumkehr für s'. Dazu setzt man in der Schnittweitengleichung Gl. 2.4.5 außer $n' = -n$ noch $-s'$ anstelle von s' ein und erhält die **Schnittweitengleichung der aufgefalteten Spiegelfläche.**

$$\frac{1}{s} - \frac{1}{s'} = \frac{2}{r} \qquad \text{(Gl. 2.4.10)}$$

Für die Brennweiten der aufgefalteten Spiegelfläche folgt daraus

$$f = \frac{r}{2} \qquad f' = -\frac{r}{2} \qquad \text{(Gl. 2.4.11)}$$

! Die Brennweiten f' und f einer spiegelnden sphärischen Fläche sind gleich. Für Haupt- und Knotenpunkte gilt das Gleiche wie für die brechende Fläche. Faltet man aber die Spiegelfläche auf, so sind f' und f entgegengesetzt gleich. Damit wirkt die aufgefaltete Spiegelfläche wie eine dünne Linse. K und K' liegen dann auch im Scheitel.

Beispiel
Bei einem Hohlspiegel nach Bild 2.4.4 sind $r = -80$ (C **links** von S) und $s = -200$ (Objekt **links** von S). Ohne Auffaltung folgt $s' = -50$ und $f = f' = -40$; mit Auffaltung $s' = 50$, $f' = 40$ und $f = -40$.

2.4.1.3 Abbildungsmaßstab einer sphärischen Fläche

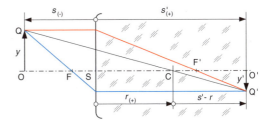

Bild 2.4.5 Ermittlung des Abbildungsmaßstabs

Aus den ähnlichen Dreiecken ΔOCQ und $\Delta O'CQ'$ folgt $y'/-y = (s' - r)/(r - s)$ und

$$\beta' = \frac{s' - r}{s - r} \qquad \text{(Gl. 2.4.12)}$$

Setzt man Gl. 2.4.5 ein, erhält man

$$\beta' = \frac{n \cdot s'}{n' \cdot s} \qquad \frac{s}{s'} = \frac{y'}{y} \cdot \frac{n'}{n} \qquad \text{(Gl. 2.4.13)}$$

Anhand von Gl. 2.4.12 und Gl. 2.4.13 soll der wesentliche Unterschied zwischen Formeln, die nur für eine Fläche gelten und solchen, die auch in einem optischen System gültig sind, gezeigt werden. Sobald Größen in einer Formel enthalten sind, die sich von Fläche zu Fläche ändern, wie etwa s' oder r, gelten die Beziehungen nur für eine Fläche. Anders, wenn **nur** n und n', y und y' oder σ und σ' vorkommen, denn diese Werte sind nach der 1. Fläche und vor der 2. Fläche gleich usw. Gl. 2.4.12 und Gl. 2.4.13 dürfen daher im Gegensatz zu Gl. 2.4.15 nur für eine Fläche angewandt werden.

2.4.1.4 Winkelverhältnis einer sphärischen Fläche

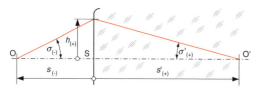

Bild 2.4.6 Ermittlung des Winkelverhältnisses

In Bild 2.4.6 gilt in Gauß'scher Näherung $\sigma = h/s$ und $\sigma' = h/s'$. Nach der Definition des Winkelverhältnisses (Abschnitt 1.4.4.5) und mit Gl. 2.4.13 folgt:

$$\gamma' = \frac{\sigma'}{\sigma} = \frac{s}{s'} = \frac{n \cdot y}{n' \cdot y'} = \frac{n}{n'} \cdot \frac{1}{\beta'} \qquad \text{(Gl. 2.4.14)}$$

Aus Gl. 2.4.14 folgt die **Helmholtz-Lagrange-Invariante**, die auch für Systeme gilt:

$$y \cdot \sigma \cdot n = y' \cdot \sigma' \cdot n' \qquad \text{(Gl. 2.4.15)}$$

Falls $n' = n$, ist das Produkt von Objekt/Bildgröße und dem jeweils zugehörigen Öffnungswinkel konstant. Diese Tatsache bildet eine enorme Einschränkung bei der Auslegung von Kondensoren, Kopplern und ähnlichen Optiken. Möchte man z.B. das von einer Leuchtdiode mit großem Öffnungswinkel ausgesandte Licht in einen Lichtleiter mit einem kleinen Durchmesser einkoppeln, so muss y' klein sein. Wegen der Konstanz von $\sigma \cdot y$ wird dann aber σ' groß, größer meist als der Akzeptanzwinkel des Lichtleiters. Macht man aber σ' entsprechend klein, muss man, wegen des nun größeren y', einen dickeren Lichtleiter wählen. Das erklärt den Einsatz teurer Dio-

denlaser, bei denen die abstrahlende Fläche im Bereich µm weit geringer ist als die von Leuchtdioden. Auch beim Laserschneiden zeigt Gl. 2.4.15 die Grenzen auf. Der Anwender möchte ein schlankes Bündel (kleines σ') um Spielraum für die Positionierung des Werkstücks zu haben. Gleichzeitig ist er aber wegen der dann besonders hohen Stahldichte auch an einem geringen Bündeldurchmesser $2\,y'$ im Fokus interessiert. Auch hier ist ein Kompromiss notwendig, denn das Produkt $\sigma' \cdot y'$ ist durch das $\sigma \cdot y$ des Lasers festgelegt.

> **!** Bei der optischen Abbildung bleibt das Produkt von kleinstem Bündeldurchmesser und Öffnungswinkel konstant.

2.4.1.5 Tiefenabbildungsmaßstab einer sphärischen Fläche

Den Tiefenabbildungsmaßstab erhält man gemäß der Definition durch Differenzieren von s' nach s. Differenziert man demnach Gl. 2.4.6 nach s, so folgt unter Verwendung von Gl. 2.4.13 und Gl. 2.4.14

$$\alpha' = \frac{ds'}{ds} = \frac{n \cdot s'^2}{n' \cdot s^2} = \frac{n \cdot s'}{n' \cdot s} \cdot \frac{s'}{s} = \frac{\beta'}{\gamma'}$$
$$\text{(Gl. 2.4.16)}$$

Die Beziehung $\alpha' = \beta'/\gamma'$ gilt auch für Systeme.

2.4.2 Abbildung mit einer Flächenfolge

Flächenfolgen werden schrittweise berechnet. Das von der 1. Fläche entworfene Bild wird ohne Rücksicht auf die folgenden ermittelt. Dieses Bild wird Objekt für die 2. Fläche usw. Um die Daten für die 2. Fläche aus denen der 1. zu ermitteln, werden Übergangsgleichungen abgeleitet.

Ist eine der Flächen eine Spiegelfläche, so wird der Strahlengang entsprechend Gl. 2.4.10 und Gl. 2.4.11 aufgefaltet. Häufig wird die Angabe der Flächenradien durch die **Krümmung** $C = 1/r$ ersetzt.

2.4.2.1 Übergangsgleichungen

Zur Ableitung der Übergangsgleichungen wird ein nur 2-flächiges System ($k = 2$) eingesetzt. Die Ergebnisse lassen sich mit dem Schluss von k auf $k+1$ auf beliebig ausgedehnte Systeme übertragen.

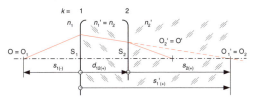

Bild 2.4.7 Schrittweise Abbildung

Aus Bild 2.4.7 entnimmt man folgende Beziehungen: $O_1' = O_2 \Rightarrow y_1' = y_2$; $n_1' = n_2$; $s_2 = s_1' - d_{12}$. Allgemein gilt für k Flächen ($k = 1; 2; \dots \kappa; \dots k$):

$$
\begin{aligned}
y_{\kappa+1} &= y_\kappa' \\
n_{\kappa+1} &= n_\kappa' \\
s_{\kappa+1} &= s_\kappa' - d_{\kappa, \kappa+1}
\end{aligned}
\qquad \text{(Gl. 2.4.17)}
$$

2.4.2.2 Abbildungsmaßstab

Den Abbildungsmaßstab für k Flächen kann man aus dem für eine Fläche ableiten. Das soll an einem Beispiel für 3 Flächen gezeigt werden. Durch Erweitern der Definitionsgleichung folgt:

$$
\beta' = \frac{y_3'}{y_1} = \frac{y_2}{y_1} \cdot \frac{y_3}{y_2} \cdot \frac{y_3'}{y_3} = \frac{y_1'}{y_1} \cdot \frac{y_2'}{y_2} \cdot \frac{y_3'}{y_3}
$$

$$
= \beta_1' \cdot \beta_2' \cdot \beta_3'
$$

Allgemein gilt:

$$
\begin{aligned}
\beta' &= \beta_1' \cdot \beta_2' \cdot \beta_3' \cdot \dots \cdot \beta_k' \\
&= \frac{s_1' \cdot s_2' \cdot \dots \cdot s_k'}{s_1 \cdot s_2 \cdot \dots \cdot s_k} \cdot \frac{n_1}{n_k'}
\end{aligned}
\qquad \text{(Gl. 2.4.18)}
$$

2.4.2.3 Winkelverhältnis

Durch Erweitern erhält man ähnlich wie bei Abschnitt 2.4.2.2

$$
\begin{aligned}
\gamma' &= \gamma_1' \cdot \gamma_2' \cdot \dots \cdot \gamma_k' = \\
&= \frac{s_1 \cdot s_2 \cdot \dots \cdot s_k}{s_1' \cdot s_2' \cdot \dots \cdot s_k'} = \frac{1}{\beta'} \cdot \frac{n_1}{n_k'}
\end{aligned}
\qquad \text{(Gl. 2.4.19)}
$$

2.4.2.4 Brennweite

Allgemein gilt für eine Flächenfolge nach Bild 2.4.8 und Gl. 2.4.19

$$
\gamma' = \frac{\sigma_k'}{\sigma_1} = \frac{h_k / s_k'}{h_1 / s_1} = \frac{s_1 \cdot s_2 \cdot \dots \cdot s_k}{s_1' \cdot s_2' \cdot \dots \cdot s_k'}
\qquad \text{(Gl. 2.4.20)}
$$

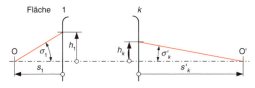

Bild 2.4.8 Zur Ableitung der Brennweitenformel

Für $s_1 \to -\infty$ wird Bild 2.4.8 zu Bild 2.4.9

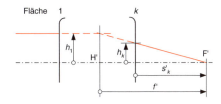

Bild 2.4.9 Zur Ableitung der Brennweitenformel

Aus Bild 2.4.9 entnimmt man die Beziehung $h_k / s_k' = h_1 / f'$; eingesetzt in Gl. 2.4.20 folgt

$$
f' = s_1' \cdot \frac{s_2' \cdot s_3' \cdot \dots \cdot s_k'}{s_2 \cdot s_3 \cdot \dots \cdot s_k} \quad \text{falls } s_1 \to -\infty!
$$
$$
\text{(Gl. 2.4.21)}
$$

Um f zu berechnen dreht man das komplette System um 180° und rechnet wie oben. Man beachte, dass auch bei endlicher Objektweite entsprechende Bildschnittweiten zu errechnen sind. Diese dürfen aber auf keinen Fall in Gl. 2.4.21 zwecks Ermittlung der Brennweite eingesetzt werden.

Beispiel Fernrohrachromat
Der Fernrohrachromat aus Bild 2.4.10 besteht aus einer Sammellinse aus Schwerkron SK16 mit hoher Brechkraft und geringer Dispersion in Kombination mit einer Zerstreuungslinse aus Flint F2 mit geringer Brechkraft und hoher Dispersion. Bei richtiger Dimensionierung (Abschnitt 2.6.6) wird der Farbfehler für 2 Wellenlängen korrigiert.

Die Linsenkombination hat folgende Daten:

$n_1 = 1$ $r_1 = 90$

$\qquad\qquad\qquad d_{12} = 8$

$n_2 = 1{,}63$ $r_2 = -33$

$\qquad\qquad\qquad d_{23} = 4$

$n_3 = 1{,}61$ $r_3 = -190$

$n_4 = 1$

$n_1 \qquad n_1' = n_2 \quad n_2' = n_3 \quad n_3' = n_4$

Bild 2.4.10 Achromat

Für ein im Unendlichen liegendes Objekts sind die Lage des Bildes, die Brennweite des Systems und die Lage der System-hauptebenen zu bestimmen. Für jede Flä-che werden zunächst jeweils die Werte von s, n, r und n' eingegeben und daraus mit Gl. 2.4.6 s' berechnet. Den Übergang zur nächsten Fläche ermöglicht der Scheitelab-stand d mit $s_{\kappa+1} = s_\kappa' - d_{\kappa, \kappa+1}$. Zweckmäßiger-weise wird das Schema von Tabelle 2.4.1 eingesetzt, in dem der Achromat Bild 2.4.10 durchgerechnet ist.

Tabelle 2.4.1 Schema

Fläche	1	2	3
s_κ	$-\infty$	224,86	200,96
n_κ	1	1,63	1,61
r_κ	90	−33	−190
n_κ'	1,63	1,61	1
s_κ'	232,86	204,96	89,11
$d_{\kappa, \kappa+1}$	8	4	
$s_{\kappa+1}$	224,86	200,96	

Der letzte berechnete Wert $s_3' = 89{,}11$ ist be-reits der gesuchte Abstand S_3O' des Bildes vom letzten Scheitel. Da das Objekt im Un-endlichen liegt, ist dieses Bild der Brenn-punkt F' des Systems. Die Brennweite wird mit der Beziehung von Gl. 2.4.21 berechnet:

$$f' = s_1' \frac{s_2' \cdot s_3'}{s_2 \cdot s_3} = 232{,}86 \frac{204{,}96 \cdot 89{,}11}{224{,}86 \cdot 200{,}96} = 94{,}12$$

Die bildseitige Hauptebene liegt um den Betrag der Brennweite links vom bildseitigen Brennpunkt, also $S_3H' = S_3F' - F'H = s_3' - f'$ $= 89{,}11 - 94{,}12 = -5{,}01$

Der objektseitige Brennpunkt und die zu-gehörige Hauptebene werden aus dem um 180° gedrehten System mit dem gleichen Schema berechnet. Bei dieser Spiegelung werden die Indizes und die Vorzeichen der Radien vertauscht, also $1 \rightarrow 3$, $2 \rightarrow 2$, $3 \rightarrow 1$ und $r_1 = +190$, $r_2 = +33$, $r_3 = -90$. Mit diesen Werten erhält man $S_1H = 2{,}51$, die Brennwei-te muss $f = -94{,}12 = -f'$ sein, ein Ergebnis, das zur Kontrolle der Rechnung geeignet ist.

Bei dieser Rechnung ist zu beachten, dass sie nur für paraxiale Abbildung gilt. Die exakte Durchrechnung mit einem Optik-Design-Pro-gramm zeigt für das im Unendlichen liegende Objekt folgendes Bild:

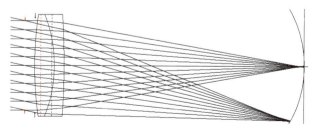

Bild 2.4.11
Mit dem Design-Programm ermitteltes Bild eines weit entfernten Objekts

Der axiale Bildpunkt liegt sehr nahe am paraxial berechneten (senkrechter Strich rechts). Öffnungsfehler (Abschnitt 2.6.1) und Farbfehler (Abschnitt 2.6.6) sind kaum zu erkennen. Dieses positive Bild wird allerdings getrübt, wenn man außeraxiale Objektpunkte betrachtet, hier ein unter 10° einfallendes Parallelbündel. Der zugehörige Bildpunkt liegt nicht mehr in der Bildebene, sondern auf einer stark gekrümmten Bildschale (Abschnitt 2.6.3).

2.5 Einzellinsen und Systeme in Luft

Wendet man die Flächendurchrechnung nach Abschnitt 2.4.2 auf 2 Flächen an, so erhält man den Formelsatz für die optischen Daten einer Linse. Für den bei weitem wichtigsten Fall, bei dem die Linsen aus Glas oder anderen Werkstoffen beiderseits von Luft umgeben sind, wird diese Berechnung hier allgemein durchgeführt.

2.5.1 Dicke Linsen

Eine dicke Linse mit der Brechzahl n_L, den Radien r_1 und r_2 und der Dicke d befindet sich in Luft (Brechzahl $n = 1$). Es sollen die Brennweite und die Lage der Hauptebenen ermittelt werden.

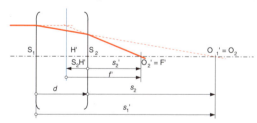

Bild 2.5.1 Schnittweiten eines 2-flächigen Systems

Um die Brennweite zu bestimmen, muss das abbildende Bündel achsparallel einfallen, es gilt also $s_1 \rightarrow -\infty$. Dieses Bündel wird von den beiden Flächen in den Brennpunkt gebrochen. Die Lage des Brennpunkts ergibt sich also aus der Durchrechnung des Strahlenverlaufs. Zunächst wird, wie immer bei mehrstufigen Abbildungen, nur die Fläche 1 betrachtet. Für sie gilt $s_1 \rightarrow -\infty$, $n_1 = 1$, $r = r_1$ und $n_1' = n_L$. Gl. 2.4.6 liefert für $s_1 \rightarrow -\infty$ die Beziehung:

$$s_1' = \frac{n_L}{(n_L - 1)/r_1} = \frac{n_L \cdot r_1}{n_L - 1} \qquad \text{(Gl. 2.5.1)}$$

Das Bild entworfen mit Fläche 1 ist jetzt Objekt für Fläche 2, also $s_2 = s_1' - d$. Unter Verwendung von Gl. 2.5.1 folgt:

$$s_2 = s_1' - d = \frac{n_L \cdot r_1}{n_L - 1} - d = \frac{n_L \cdot r_1 - d \cdot (n_L - 1)}{n_L - 1}$$

$$= \frac{n_L \cdot r_1 - n_L \cdot d + d}{n_L - 1} \qquad \text{(Gl. 2.5.2)}$$

Die Lage des Brennpunktes wird jetzt durch die Bildschnittweite s_2', berechnet mit Gl. 2.4.6 unter Verwendung von $n_2 = n_L$, $r = r_2$ und $n_2' = 1$ bestimmt:

$$s_2' = \frac{1}{\dfrac{1 - n_L}{r_2} + \dfrac{n_L}{s_2}} = \frac{1}{\dfrac{1 - n_L}{r_2} + \dfrac{n_L \cdot (n_L - 1)}{n_L \cdot r_1 - n_L \cdot d + d}}$$

$$= \frac{1}{\dfrac{(1 - n_L) \cdot (n_L \cdot r_1 - n_L \cdot d + d) + n_L \cdot r_2 \cdot (n_L - 1)}{r_2 \cdot (n_L \cdot r_1 - n_L \cdot d + d)}}$$

$$\boxed{s_2' = \frac{r_2 \cdot (n_L \cdot r_1 - n_L \cdot d + d)}{(n_L - 1) \cdot \left[n_L \cdot (r_2 - r_1) + d \cdot (n_L - 1) \right]}}$$
$$\text{(Gl. 2.5.3)}$$

Da in den folgenden Beziehungen im Nenner immer der gleiche Ausdruck vorkommt, ist es sinnvoll, die Größe $[n_L(r_2 - r_1) + d(n_L - 1)]$ als eigene Variable N einzuführen. Zur Berechnung der Brennweite verwendet man Gl. 2.4.21, die in diesem einfachen Fall nur 3 Glieder hat: $f' = s_1' \cdot s_2'/s_2$. Setzt man Gl. 2.5.1, Gl. 2.5.2 und Gl. 2.5.3 in diese Beziehung ein, so folgt:

$$f' = s_1' \cdot s_2' \cdot \frac{1}{s_2}$$

$$= \frac{n_L \cdot r_1}{n_L - 1} \cdot \frac{r_2 \cdot (n_L \cdot r_1 - n_L \cdot d + d)}{(n_L - 1) \cdot \left[n_L \cdot (r_2 - r_1) + d \cdot (n_L - 1) \right]} \cdot$$

$$\cdot \frac{(n_L - 1)}{n_L \cdot r_1 - n_L \cdot d + d}$$

$$\boxed{\begin{aligned} f' &= \frac{n_L \cdot r_1 \cdot r_2}{(n_L - 1) \cdot \left[n_L \cdot (r_2 - r_1) + d \cdot (n_L - 1) \right]} \\ &= \frac{n_L \cdot r_1 \cdot r_2}{(n_L - 1) \cdot N} \end{aligned}}$$
$$\text{(Gl. 2.5.4)}$$

Der Abstand des Hauptpunktes H' vom Scheitel S_2 beträgt, wie man aus Bild 2.5.1 direkt ablesen kann, $S_2H' = s_2' - f'$. Setzt man Gl. 2.5.3 und Gl. 2.5.4 ein, folgt

$$S_2H' = \frac{-d \cdot r_2}{n_L \cdot (r_2 - r_1) + d \cdot (n_L - 1)} = \frac{-d \cdot r_2}{N}$$
(Gl. 2.5.5)

Um den Abstand S_1H zu ermitteln, dreht man das System um 180° und rechnet wie oben. Aus Symmetriegründen gilt:

$$S_1H = \frac{-d \cdot r_1}{n_L \cdot (r_2 - r_1) + d \cdot (n_L - 1)} = \frac{-d \cdot r_1}{N}$$
(Gl. 2.5.6)

Der Hauptebenenabstand HH' ergibt sich zu $HH' = d - S_1H + S_2H'$. Mit Gl. 2.5.5 und Gl. 2.5.6 folgt:

$$HH' = d \cdot \left[1 - \frac{r_2 - r_1}{n_L \cdot (r_2 - r_1) + d \cdot (n_L - 1)} \right]$$
$$= d \cdot \left(1 - \frac{r_2 - r_1}{N} \right)$$
(Gl. 2.5.7)

Bei Linsen werden 2 Wirkungstypen unterschieden: **Positivlinsen (Sammellinsen)** beeinflussen ein eintretendes Bündel so, dass das austretende Bündel stärker konvergent oder weniger divergent wird als das eintretende Bündel. Nach ihrer Form bezeichnet man sie auch als **Konvexlinsen**. **Negativlinsen (Zerstreuungslinsen, Konkavlinsen)** wirken entgegengesetzt wie Positivlinsen. Die Wirkung von Positiv- und Negativlinsen ist auch an den Prismenmodellen Bild 2.5.2 erkennbar.

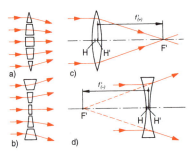

Bild 2.5.2 Linsen und ihre Prismenmodelle: Der Strahlenverlauf bei c) und d) gilt für das Paraxialgebiet.

> **!** Positivlinsen sind in der Mitte stets dicker als am Rand. Sie haben reelle Brennpunkte und der Zahlenwert der Bildbrennweite f' ist positiv (Bild 2.5.2 c). Negativlinsen sind in der Mitte stets dünner als am Rand. Sie haben virtuelle Brennpunkte und der Zahlenwert der Bildbrennweite f' ist negativ (Bild 2.5.2 d).

Um die Art einer Linse zu ermitteln, hält man sie dicht über ein kariertes Papier. Entfernt man sie von der Fläche auf das Auge zu, so wird bei der Positivlinse das Bild größer, bei der Negativlinse kleiner. Bewegt man die Linse seitlich, so bewegt sich das Bild gegenläufig bei der Positiv- und gleichläufig bei der Negativlinse.

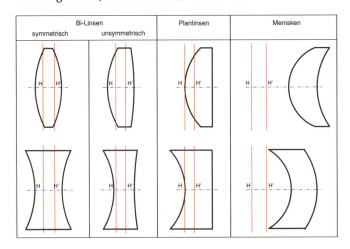

	Bi-Linsen		Planlinsen	Menisken
	symmetrisch	unsymmetrisch		

Bild 2.5.3
Mögliche Linsenformen;
Anordnung auch 180°
gedreht

Eine Linse mit der geforderten Brennweite f' kann man in sehr unterschiedlichen Formen verwirklichen, da f' von n_L, d, r_1 und r_2 abhängt. Man kann daher noch zusätzliche Anforderungen, wie die Korrektur von Abbildungsfehlern, durch Wahl einer passenden Linsenform erfüllen. Selbst wenn man n_L und d konstant hält, ist bei gleicher Brennweite eine unterschiedliche **Durchbiegung** der Linse durch die Wahl der Radien möglich. Bild 2.5.3 gibt hierzu einen Überblick.

> **!** Ändert man, ausgehend von der symmetrischen Bi-Linse, die Durchbiegung bei konstanten Werten von f', n und d, so verschieben sich beide Hauptpunkte nach der Seite der Fläche mit kleinerem Betrag des Krümmungsradius. Bei Linsen in Luft ist stets $f = -f'$! Dreht man die Linse um 180° oder kehrt die Lichtrichtung um, bleibt ihre paraxiale Wirkung unverändert, nur werden F mit F', H mit H' vertauscht.

Die Eigenschaften verschiedener Linsenformen ergeben sich aus den Gleichungen Gl. 2.5.4 bis Gl. 2.5.7. Zur Erleichterung der Übersicht kann man $n = 1,5$ als Näherungswert für Kronglas setzen. Die Auswertung für alle Linsenformen findet sich in Abschnitt 9 der Formelsammlung.

2.5.1.1 Sonderfall Plankonvex- und Plankonkavlinsen

Bei Linsen mit einer Planfläche ist für die betreffende Fläche jeweils $r \rightarrow \infty$, bei Einsatz eines Rechners ist eine sehr große Zahl zu wählen. Die bei der Dimensionierung nützliche Beziehung zwischen dem Linsendurchmesser $2h$ und der Linsendicke d ergibt sich aus Bild 2.5.4 unter Verwendung des Höhensatzes $h^2 = p \cdot q$:

$$h^2 = d\,(2\,r - d)$$
$$d^2 - 2\,r\,d + h^2 = 0$$
$$d = r - \sqrt{r^2 - h^2}$$

Das positive Vorzeichen der Wurzel gilt für eine Kugellinse mit kleinem Abschnitt und ist hier nicht sinnvoll.

Einsetzen von $r_2 \rightarrow \infty$ in Gl. 2.5.4 ergibt nach Division durch r_2:

$$f' = \frac{r_1}{n_L - 1} \qquad \text{(Gl. 2.5.8)}$$

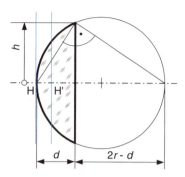

Bild 2.5.4 Plankonvexlinse

In Gl. 2.5.8 ist d nicht mehr enthalten, die Brennweite von Plankonvex- und Plankonkavlinsen ist **unabhängig** von d! Weitere Größen dieses Linsentyps sind in Abschnitt 2.4 der Formelsammlung aufgelistet.

2.5.1.2 Sonderfall Kugellinse

Kugellinsen (Ball Lenses) werden häufig zum Einkoppeln in Lichtleiter eingesetzt.

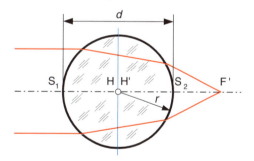

Bild 2.5.5 Strahlengang in der Kugellinse

Setzt man $r_1 = r$, $r_2 = -r$ und $d = 2r$ in Gl. 2.5.4 bis Gl. 2.5.6 ein, folgt:

$$f' = \frac{n_L}{n_L - 1} \cdot \frac{r}{2} \qquad S_1H = r \qquad S_2H' = -r$$
$$\text{(Gl. 2.5.9)}$$

2.5.1.3 Weitere Sonderfälle

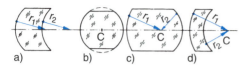

Bild 2.5.6 Linsen mit konzentrischen Flächen oder gleichen Radien

❑ **Symmetrische Bi-Linsen**
Die Hauptpunkte liegen symmetrisch zu den Scheiteln.

❑ **Meniskenlinsen mit gleichen Krümmungsradien**
(Hoegh'scher Meniskus, Bild 2.5.6 a). Da $r_2 = r_1$, wird $r_2 - r_1 = 0$. Für $n = 1{,}5$ wird $f' = 6 \cdot r_1^2/d$ (stets positiv) und $S_1H = S_2H' = -2 r_1$.

❑ **Linsen mit konzentrischen Flächen**
(Bild 2.5.6 b bis d): Die Krümmungsmittelpunkte beider Flächen fallen zusammen, also ist $d = r_1 - r_2$ (d stets positiv!). Beide Hauptpunkte fallen mit dem gemeinsamen Krümmungsmittelpunkt C zusammen: HH' = 0. In dieser Hinsicht wirken solche Linsen also wie eine Linse mit der Dicke 0. Für $n = 1{,}5$ wird $f' = 3 r_1 \cdot r_2/(r_2 - r_1)$.

❑ **Linsen mit der Brennweite unendlich (afokale Linsen)**
Für $f \to \infty$ muss der Nenner in Gl. 2.5.4 Null werden. Für $n = 1{,}5$ ergibt dies die Bedingung $d = 3 (r_1 - r_2)$.

2.5.2 Dünne Linsen

Der Begriff «dünne Linsen» ist zwar allgemein eingeführt, aber irreführend. Eine Mikroskoplinse mit 1 mm Dicke darf trotz dieser geringen Abmaße normalerweise nicht als «dünne Linse» behandelt werden. Richtiger ist die Angabe, wie aus der folgenden Rechnung hervorgeht, dass die Dicke im Vergleich zu den Radien klein ist.

In der Brennweitenformel von Gl. 2.5.4 darf die Dicke nur dann vernachlässigt werden, wenn der dickenabhängige Ausdruck $d \cdot (n_L - 1)$ gegenüber dem additiven Glied $n_L \cdot (r_2 - r_1)$ klein ist. Da dieses Glied auch negative Werte annehmen kann, ist der Betrag zu wählen. Die Bedingung für die Näherung der «dünnen Linse»

lautet demnach $d (n_L - 1) \ll n_L |r_2 - r_1|$ und umgestellt:

$$d \ll \frac{n_L}{n_L - 1} \cdot |r_2 - r_1| \qquad \text{(Gl. 2.5.10)}$$

Als Näherung für übliche Gläser kann man $n_L = 1{,}5$ setzen und erhält $d \ll 3|r_2 - r_1|$. Ist die Bedingung von Gl. 2.5.10 erfüllt, vereinfacht sich Gl. 2.5.4:

$$f' = \frac{r_1 \cdot r_2}{(n_L - 1)(r_2 - r_1)}$$
$$\text{oder} \qquad \text{(Gl. 2.5.11)}$$
$$\frac{1}{f'} = (n_L - 1)\left(\frac{1}{r_1} - \frac{1}{r_2}\right)$$

Für die Hauptebenenlage liefern Gl. 2.5.5 bis Gl. 2.5.7:

$$S_1H = -\frac{d \cdot r_1}{n_L (r_2 - r_1)}$$
$$S_2H' = -\frac{d \cdot r_2}{n_L (r_2 - r_1)} \qquad \text{(Gl. 2.5.12)}$$
$$HH' = d \frac{n_L - 1}{n_L}$$

Bei symmetrischen Bi-Linsen mit $n_L = 1{,}5$ wird nach Gl. 2.5.11 $f' = r_1$; Menisken mit gleichen Krümmungsradien sind nicht möglich, da hier $r_2 - r_1 = 0$ ist.

Eine weitere Vereinfachung ist eine Linse mit der Scheiteldicke $d \approx 0$. Eine solche Linse ist zwar nicht herstellbar, bei der grundsätzlichen Betrachtung von Systemen mit mehreren Linsen aber sinnvoll, wenn zunächst die Dicken der Einzellinse unwesentlich sind. Für $d = 0$ ändert sich an der Brennweite nach Gl. 2.5.11 nichts. Scheitel und Hauptpunkte fallen jedoch nach Gl. 2.5.12 zusammen: Man darf die «**unendlich dünne Linse**» durch eine achsensenkrechte Ebene ersetzen.

Beispiele zu Linsenberechnungen
1. Wie groß ist die Brennweite f' einer Glaskugel mit 40 mm Durchmesser und

$n_L = 1,5$? Wo liegt der Brennpunkt F'? $r_1 = -r_2 = 20$; nach Gl. 2.5.9 ist $f' = 30$ und F' 10 mm rechts von S_2.

2. Für eine Bikonvexlinse mit $f' = 150$; $r_2 = -6\,r_1$; $d = 10$ und $n_L = 1,519$ sind die Radien r_1 und r_2 zu berechnen. Die quadratische Gleichung nach Gl. 2.5.4 hat die sinnvolle Lösung $r_1 = 90,33$; daraus $r_2 = -542,0$.

3. Vier Linsen sollen die gleichen Werte $f' = 500$; $d = 10$ und $n_L = 1,5$ aber verschiedene «Durchbiegung» (Linsenform) haben. Gefordert wird:

	(1)	(2)	(3)	(4)
$r_1 =$	498	350	250	50

Wie groß sind jeweils die Werte für r_2, S_1H und S_2H'?

	(1)	(2)	(3)	(4)
$r_2 =$	−498,7	−866,7	∞	58,33
$S_1H =$	3,34	1,92	0	−28,58
$S_2H' =$	−3,35	−4,76	−6,67	−33,34

Linsentypen und Hauptpunktlagen entsprechen – nicht maßstäblich – Bild 2.5.3 obere Reihe.

4. Von einer dünnen Linse sind folgende Daten bekannt: $r_1 = 45,4$; $r_2 = -272,5$; $n_L = 1,519$ (BK 7). Eine Linse aus dem gleichen Glas, aber mit der Dicke $d = 10$ soll die gleiche Brennweite wie die dünne Linse haben. Wie groß müssen ihre Radien sein?
Lösung:
Mit den angegebenen Werten für r_1 und r_2 erhält man aus Gl. 2.5.11 für die dünne Linse $f_0' = 74,98$; aus Gl. 2.5.4 für die dicke Linse $f' = 75,80$. Also müssen die Radien mit dem Korrekturfaktor $f_0'/f' = 0,989$ multipliziert werden. Damit erhält man für die dicke Linse: $r_1 = 44,9$ und $r_2 = -269,5$.

5. Für die Linse nach Beispiel 2 wurde Glas mit der Ist-Brechzahl $n = 1,520$ geliefert. Wie dick muss die Linse jetzt werden, wenn sich Brennweite und Radien nicht ändern sollen? Lösung: Aus Gl. (Gl. 2.5.4) erhält man $d = 13,61$ gegenüber $d = 10$ für $n_L = 1,519$. Geringe Dickenänderungen ergeben Feinkorrekturen der Brennweite.

6. An einer Linse werden folgende Daten gemessen: $r_1 = r_2 = 19,0$; $d = 6,00$; $f' = 300$. Wie groß ist die Brechzahl des Linsenglases? $n_L = 1,559$

2.5.3 Mehrstufige Systeme

Durch Herstellerangaben, Berechnung mit Einzelflächen entsprechend Abschnitt 2.4.2 oder Messung kann man die optischen Daten (f', S_1H und S_kH') eines Systems in Luft, z.B. eines mehrlinsigen Objektivs, erhalten. Man kann ein mehrstufiges System aber auch aus den in ihrer optischen Wirkung bekannten Einzelsystemen zusammensetzen. Man erhält so wieder einen optischen Vierpol, auch «**Äquivalentlinse**» genannt. Die Rechnungen für eine Folge von Einzelsystemen sind weitgehend analog zur Durchrechnung von Einzelflächen. Als Bezugspunkte treten anstelle der Flächenscheitel die Hauptpunkte der Systeme. Für die besonders wichtigen 2-stufigen Systeme können einfache Gleichungen abgeleitet werden. Die k Einzelsysteme werden mit System 1, 2, … κ … k durchnummeriert. Bild 2.5.7 zeigt die Verhältnisse bei einem 2-stufigen System.

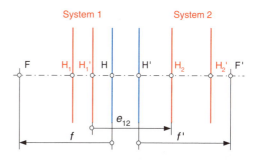

Bild 2.5.7 2-stufiges optisches System

Der Abstand der Einzelsysteme ist definiert als Abstand $e_{\kappa,\kappa+1}$ vom Bildhauptpunkt H'_κ eines Systems bis zum Objekthauptpunkt $H_{\kappa+1}$ des folgenden Systems. In speziellen Fällen, wie z.B. beim Mikroskop, wird auch die «**optische Tubuslänge**», der Abstand t zwischen den entsprechenden Brennpunkten, angegeben.

2.5.3.1 Systemkennwerte der Kombination von 2 Teilsystemen

Um eine übersichtliche Ableitung zu ermöglichen, wird mit 2 dünnen Linsen gearbeitet. Gegeben sind die beiden Brennweiten f_1' und f_2' sowie der Hauptebenenabstand $H_1'H_2 = e_{12} = e$; gesucht sind die Lage von H und H' sowie f' der Äquivalentlinse.

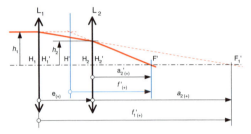

Bild 2.5.8 Zwei Teilsysteme in Luft

Aus Bild 2.5.8 folgt $a_2 = f_1' - e$; eingesetzt in Gl. 1.4.17 ergibt sich:

$$a_2' = \frac{a_2 \cdot f_2'}{a_2 + f_2'} = \frac{(f_1' - e) \cdot f_2'}{f_1' - e + f_2'} \qquad \text{(Gl. 2.5.13)}$$

Die ähnlichen Dreiecke in Bild 2.5.8 ergeben $h_1/h_2 = f_1'/a_2 = f'/a_2'$; eingesetzt in Gl. 2.5.13 folgt:

$$f' = f_1' \cdot \frac{a_2'}{a_2} = \frac{f_1' \cdot f_2'}{f_1' + f_2' - e} \qquad \text{(Gl. 2.5.14)}$$

Bei realen Systemen mit nicht zusammenfallenden Hauptpunkten erhält man die angegebene Festlegung von e aus $e = f_1' - a_2$. Die Ablenkung des Parallelstrahls erfolgt nach Bild 1.4.8 bei der bildseitigen Hauptebene (H_1'). Die Bildweite a_2 zählt ab H_2, so dass e der Abstand $H_1'H_2$ ist.

Die Lage der Hauptebenen erhält man mit der aus Bild 2.5.8 folgenden Beziehung $H_2'H' = a_2' - f'$ und nach Einsetzen von Gl. 2.5.13 und Gl. 2.5.14:

$$H_2'H' = \frac{-f_2' \cdot e}{f_1' + f_2' - e} \qquad \text{(Gl. 2.5.15)}$$

Um H_1H zu ermitteln, kann man das System um 180° drehen und neu durchrechnen. Viel

einfacher geht es mit folgender Überlegung: Beim Drehen des Systems werden die Komponenten L_1 und L_2 getauscht und zusätzlich die Richtung, also das Vorzeichen geändert:

$$H_1H = \frac{+f_1' \cdot e}{f_1' + f_2' - e} \qquad \text{(Gl. 2.5.16)}$$

Der Hauptebenenabstand wird nach Bild 2.5.7 $HH' = e - H_1'H + H_2'H'$.

Gl. 2.5.14 vereinfacht sich bei zwei dünnen Linsen in direktem Kontakt zu

$$f' = \frac{f_1' \cdot f_2'}{f_1' + f_2'} \qquad \frac{1}{f'} = \frac{1}{f_1'} + \frac{1}{f_2'} \qquad D = D_1 + D_2$$
$$\text{(Gl. 2.5.17)}$$

> ❗ Bei hintereinander angeordneten Systemen mit vernachlässigbaren Hauptpunktabständen addieren sich die Brechkräfte. Das gilt auch für mehr als 2 Systeme.

Die Beziehung von Gl. 2.5.17 spart in der Brillenoptik eine Vielzahl verschiedener Probegläser. Das Sortiment des Optikers umfasst ganze Dioptrienwerte sowie ¼ dpt, ½ dpt und ¾ dpt; Zwischenwerte werden durch Aufeinanderlegen der Probegläser erreicht, wobei sich wegen der geringen Dicke die Dioptrienwerte addieren.

2.5.3.2 Systemkennwerte der Kombination beliebig vieler Teilsysteme

Bei mehreren Teilsystemen kann man die ersten zwei, L_1 und L_2, zum System L_{12} zusammenfassen und dieses dann mit dem 3. zu L_{123} kombinieren. Dieser Weg ist aber aufwendig und falls kein Programm eingesetzt wird fehlerträchtig. Einfacher ist ein schrittweises Vorgehen analog der Durchrechnung von Einzelflächen in Abschnitt 2.4.2.

Auch hier ist das vom 1. System entworfene Bild das – häufig virtuelle – Objekt für das 2. System usw. Die Gl. 2.4.17 entsprechenden Übergangsgleichungen lauten:

$$\begin{aligned}
y_{\kappa+1} &= y_\kappa' \\
e_{\kappa,\kappa+1} &= H_\kappa' H_{\kappa+1} \\
a_{\kappa+1} &= a_\kappa' - e_{\kappa,\kappa+1}
\end{aligned} \qquad \text{(Gl. 2.5.18)}$$

Auch negative Werte von $e_{\kappa,\kappa+1}$ sind möglich.

Die Ableitung analog Abschnitt 2.4.2 führt wegen $n_k' = n_1$ zu den Beziehungen

$$\beta' = \beta_1' \cdot \beta_2' \cdot \ldots \cdot \beta_k'$$
$$= \frac{a_1' \cdot a_2' \cdot \ldots \cdot a_k'}{a_1 \cdot a_2 \cdot \ldots \cdot a_k} \qquad \text{(Gl. 2.5.19)}$$

Nach Durchrechnung des letzten Systems kennt man die Bildlage a_k' und die Bildgröße $y_k' = \beta' \cdot y_1$. Beginnt man die Rechnung mit $a_1 \to -\infty$, so folgt mit $a_k' = H_k' F'$ der Abstand des Brennpunkts des Gesamtsystems vom Bildhauptpunkt des letzten Teilsystems. Aus der Analogie zu Abschnitt 2.4.2.4 folgt für die Systembrennweite:

$$f' = f_1' \frac{a_2' \cdot a_3' \cdot \ldots \cdot a_k'}{a_2 \cdot a_3 \cdot \ldots \cdot a_k} \quad \text{für} \quad a_1 \to -\infty$$
$$\text{(Gl. 2.5.20)}$$

Beispiele

1. 2 dünne Linsen mit den Brennweiten 100 und 50 werden in die Abstände $e = 200$; 150; 100; 50; und 0 gebracht. Wie groß sind jeweils die Brennweiten und die Hauptpunktabstände des 2-linsigen Systems?

$e =$	200	150	100	50	0
f'	−100	∞	100	50	33,33
H_1H	−400	∞	200	50	0
$H_2'H$	200	∞	−100	−25	0

2. Eine Kamera mit dem Objektiv L_2 kann auf Entfernungen im Bereich $a_2 \to -\infty$ bis $-1,5$ m scharf eingestellt werden. Durch die dünne Vorsatzlinse L_1 mit $f_1' = 1000$ wird sie auch für Nahaufnahmen brauchbar. L_1 sitzt im Abstand $e = 20$ vor dem Objektivhauptpunkt H_2 und hat die Aufgabe, das Objekt virtuell in die Einstellebene des Objektivs abzubilden. Auf welchen Entfernungsbereich kann die Kamera mit Vorsatzlinse scharf eingestellt werden?
An den beiden Einstellungsgrenzen ist $a_1' = \infty$ bzw. $-1,48$ m. Mit der Abbildungsgleichung folgt $a_1 = -1$ m bzw. $-0,597$ m. Die Kamera ist also – von H_2 aus gerech-

net – auf den Bereich $-1,02\ldots-0,617$ m scharf einstellbar.

3. Für ein System aus 2 dünnen Linsen (f_1', f_2', e) ist der Abbildungsmaßstab β' für eine in der Brennebene F_1 liegende Skalenplatte zu bestimmen. Es ist also $a_1 = -f_1'$. Lösung: Aus Gl. 2.5.14 und Gl. 2.5.15 erhält man Brennweiten und Hauptpunktlagen des Gesamtsystems. Dann wird die Objektweite a gegenüber dem Hauptpunkt H des Gesamtsystems $a = a_1 - H_1H$. Als Ergebnis findet man $a = -(f_1'^2 + f_1' \cdot f_2')/(f_1' + f_2' - e)$. Aus Gl. 1.4.14 erhält man mit $f = -f'$ die Beziehung $1/\beta' = a/f' + 1$. Durch Einsetzen von a und f' nach Gl. 2.5.14 ergibt sich $\beta' = -f_2'/f_1'$. Der Abbildungsmaßstab ist also nicht vom Abstand e abhängig, da die Strahlen zwischen den Linsen parallel verlaufen (Zwischenabbildung nach ∞). Die Bildebene liegt dann in F_2'.

2.5.3.3 Afokale Systeme

Afokal nennt man ein System mit der Brennweite ∞. Eine Planplatte beispielsweise ist afokal. Besonders interessant sind jedoch 2-gliedrige afokale Systeme, da sie z.B. in Ferngläsern eingesetzt werden. Bei diesen Systemen tritt ein Parallelbündel wieder parallel aus dem System aus; geändert wird aber der Bündelquerschnitt und der Feldwinkel ω. Um ein 2-gliedriges System afokal zu machen, muss der Nenner in Gl. 2.5.14 zu 0 werden. Damit gilt die Bedingung:

$$e = f_1' + f_2' \qquad \text{(Gl. 2.5.21)}$$

Bild 2.5.9 zeigt die möglichen Lösungen.

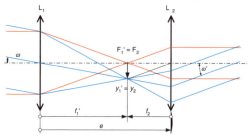

Bild 2.5.9a Keppler-System

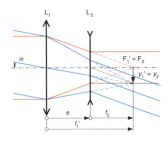

Bild 2.5.9b Galilei-System

2.5.3.4   Verminderung der Baulänge

Die Baulänge eines optischen Systems mit reellem Bild hängt nach Gl. 1.4.21 vom Hauptebenenabstand HH' ab. Bei Einzellinsen ist dieser Abstand sehr klein und positiv; durch Kombination von 2 Systemen kann man den Abstand jedoch groß und negativ machen, was die Baulänge wesentlich verringert. Bild 2.5.10 zeigt ein Beispiel. Weitere Beispiele finden sich in Abschnitt 2.4 der Formelsammlung.

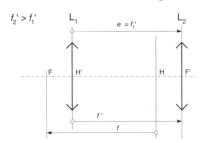

Bild 2.5.10 System aus 2 Komponenten zur Reduzierung der Baulänge

System L_1 mit der Brennweite f_1' soll so mit einem 2. System L_2 der Brennweite f_2' kombiniert werden, dass die Gesamtbrennweite f' gleich f_1' wird. Mit Gl. 2.5.14 folgt daher:

$$f' = \frac{f_1' \cdot f_2'}{f_1' + f_2' - e} = f_1'$$

Daraus ergibt sich:

$$f_1' = e \qquad HH' = -\frac{f_1'^2}{f_2'}$$
$$H_2'H' = -f_1' \qquad H_1H = \frac{f_1'^2}{f_2'} \qquad \text{(Gl. 2.5.22)}$$

Die Gesamtbrennweite wird unabhängig von L_2 gleich f_1', $H_1' = H'$ und $F_1' = F'$. Wählt man f_2' klein, ergeben sich große negative Werte des Systemhauptebenenabstands; allerdings wird die Korrektur eines solchen Systems sehr schwierig.

2.6   Abbildungsfehler

Bisher wurde angenommen, dass optische Systeme eine ideale Abbildung liefern: Ein Objektpunkt wird wieder punktförmig abgebildet, eine achsensenkrechte Objektebene wird mit konstantem Abbildungsmaßstab in eine achsensenkrechte Bildebene übergeführt. Um dies zu erreichen, erfolgte die Beschränkung auf das Paraxialgebiet (Abschnitt 1.4.3). Hier konnte u.a. $\sin \sigma \approx \tan \sigma \approx \sigma$ gesetzt werden, d.h., die Reihenentwicklung von $\sin$ und $\cos$ wurde nach dem 1. Glied abgebrochen. Außerhalb dieses Paraxialgebietes treten **geometrische Abbildungsfehler** auf, die man übersichtlich und analysierbar darstellen kann, wenn man entsprechend der **Seidel'schen Fehlertheorie** die **Bildfehler 3. Ordnung** erfasst, d.h. nur das 2. Glied der Reihenentwicklung als maßgebend für die Abweichungen betrachtet. Auf diese Rechnungen kann hier nicht weiter eingegangen werden. Aber auch aus qualitativen Betrachtungen der Bildfehler erhält man wichtige Ergebnisse für die Anwendung optischer Elemente.

Alle **Farbfehler** sind durch die Dispersion bedingt, d.h. durch die Brechzahländerung mit der Wellenlänge. Farbfehler sind völlig vermeidbar, wenn man zur Abbildung Oberflächenspiegel (kein Lichtdurchgang durch Glas) verwendet oder nur mit streng monochromatischem Licht arbeitet. Das ist aber meist nicht möglich. Also werden alle Gleichungen, die die Brechzahl enthalten, für die verschiedenen Wellenlängen eines Strahlungsgemisches (z.B. «weißes Licht») zu unterschiedlichen Ergebnissen führen: Farbfehler überlagern sich allen anderen Fehlern. Sie treten aber auch im Paraxialgebiet auf, da z.B. das Ergebnis der Schnittweitenrechnung Gl. 2.4.6 abhängig von der Brechzahl ist.

Die strenge Beseitigung aller Abbildungsfehler bei einem optischen System ist nicht möglich, zumal sich die Korrekturanforderungen für die Einzelfehler widersprechen können. Jede Fehlerkorrektur führt also zu einem Kompromiss, der aber in Anpassung an die Anwendungsbedingungen des Systems verschieden gewählt werden kann. Ganz allgemein erfordert die gleichzeitige Korrektur vieler Fehler bei der Konstruktion viele freie Wahlmöglichkeiten («Freiheitsgrade») für die Systemdaten, also komplizierte Systeme mit vielen Einzelflächen und/oder die Ausnutzung zusätzlicher Möglichkeiten (z.B. asphärische Flächen oder Materialien mit extremen Werten für n und die Abbe'sche Zahl v).

Im Folgenden werden geometrische Abbildungsfehler und Farbfehler betrachtet. Der Einfluss der Beugung bleibt unberücksichtigt (Abschnitt 1.2.4). Weiterhin geht es hier nicht um Fertigungsfehler, d.h. die Abweichung der Flächen, Winkel usw. von den berechneten Werten. In den Zeichnungen sind die Abbildungsfehler übertrieben groß dargestellt.

Eine einfache Einteilung ermöglicht eine Übersicht über die Abbildungsfehler:

A. Fehler bei monochromatischem Licht

1. Bildschärfefehler verhindern eine punktförmige Vereinigung der von einem Objektpunkt ausgehenden Strahlen. Bild 2.6.1 gibt eine Übersicht der wichtigsten Fehler bei den verschiedenen Abbildungsbedingungen.

2. Bildmaßstabsfehler (Verzeichnungsfehler) bewirken, dass das ebene Objekt und sein Bild nicht geometrisch ähnlich sind: Der Abbildungsmaßstab ist über das Bildfeld nicht konstant.

B. Zusätzliche Fehler bei nicht monochromatischem Licht

3. Farbfehler.

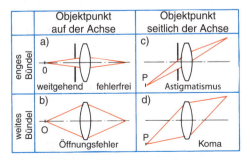

Bild 2.6.1 Bildschärfefehler

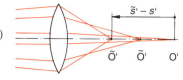

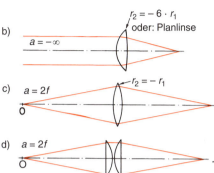

Bild 2.6.2 Öffnungsfehler und Wahl der günstigsten Linsenform

2.6.1 Öffnungsfehler

Wird nach Bild 2.6.2a) ein Objektpunkt auf der Achse durch ein weit geöffnetes Bündel abgebildet, so fallen die durch die äußeren kreisringförmigen Linsenzonen entstehenden Bildpunkte $\tilde{O}'$ nicht mit dem paraxialen Bildpunkt O' zusammen. Jede Linsenzone mit dem Radius h (Einfallshöhe des Strahls) liefert also einen anderen Bildpunkt $\tilde{O}'$, sodass man den Öffnungsfehler durch die Schnittweitendifferenz $\tilde{s}' - s'$ als Funktion von h beschreiben und darstellen kann (Bild 2.6.6 a). Ist $\tilde{s}' - s' > 0$, so liegt **sphärische Überkorrektur** vor (bei Zerstreuungslinsen und Planparallelplatten), bei $\tilde{s}' - s' < 0$ **sphärische Unterkorrektur** (bei Sammellinsen).

Im letzteren Fall liegen also die Bildpunkte $\tilde{O}'$ in Lichtrichtung vor dem Bildpunkt O' der Paraxialstrahlen. Auf einer achsensenkrechten Auffangebene (z.B. Chip) im Bereich der Bildpunkte entstehen durch die einzelnen Linsenzonen Zerstreuungskreise mit unterschiedlichem Radius ϱ, da die Strahlen hinter den Bildpunkten wieder auseinander laufen. Die günstigste Aufstellung der Bildebene liegt dann an dem Ort der engsten Einschnürung des gesamten Bündels. Er liegt nicht beim paraxialen Bildpunkt, sondern näher bei $\tilde{O}'$ der Randstrahlen wegen der dort stärkeren Strahlneigung.

Für das gleiche optische System hängt der Öffnungsfehler erheblich von den Abbildungsbedingungen ab, d.h. von der Objektweite a. Eine genaue Strahlendurchrechnung liefert das Ergebnis, dass zur Verminderung des Öffnungsfehlers die Strahlen an den einzelnen Flächen möglichst kleine Einfallswinkel haben sollen: die gleichmäßige Verteilung der Brechung auf mehrere Flächen ist günstig.

Der **Öffnungsfehler einer Einzellinse** kann nur bei ganz bestimmten Abbildungsbedingungen verschwinden; im Allgemeinen ist nur ein Minimum erreichbar.

Die Längsabweichung $\tilde{s}' - s'$ nimmt mit h^2, der Zerstreuungskreisradius ϱ mit h^3 zu: durch Abblenden auf kleinere Öffnung vermindert sich der Öffnungsfehler also erheblich! Bei gegebener Brennweite f', Brechzahl n und Strahl-Einfallshöhe h kann man nun noch eine **Linse günstigster Form** finden, bei der die Brechung auf beide Flächen gleichmäßig verteilt ist. Bild 2.6.2 b) bis d) zeigt drei Beispiele. Für $a \to -\infty$ ergibt die Strahldurchrechnung als günstigste Form einer dünnen Linse $r_2 = -6 \cdot r_1$ bei $n = 1{,}5$; $r_2 \to \infty$ bei $n = 1{,}686$. Auch ohne genaue Einhaltung dieser Bedingungen kommt man mit einer stark unsymmetrischen Bikonvexlinse oder einer Planlinse zum Ziel. Für $a = f$ und damit $a' \to \infty$ wird die Linse umgekehrt.

> ❗ Zur Verminderung des Öffnungsfehlers ist eine Einzellinse so anzuordnen, dass die Fläche mit kleinerem Krümmungsradius zur Seite mit der größeren Schnittweite weist!

Bei $a = 2f$ und damit $\beta' = -1$ (Bild 2.6.2 c) muss die Bikonvexlinse zur gleichmäßigen Verteilung der Gesamtablenkung symmetrisch sein ($r_2 = -r_1$). Noch wesentlich geringer wird aber der Öffnungsfehler, wenn man die symmetrische Bi-Linse nach Bild 2.6.2 d) in 2 Planlinsen aufteilt und damit geringe Einzelablenkungen an 4 Flächen erhält. Diese einfache Anordnung wird bei Kondensoren zur Abbildung einer Lampenwendel viel benutzt – z.B. in Diaprojektoren und Beamern.

Die Regel, dass die Brechung gleichmäßig auf die Flächen verteilt werden sollte, gilt allerdings nicht ohne Ausnahme. Bei extremer Blendenlage, wie in Bild 2.6.3, weist das vom Rechner ermittelte Optimum der Fläche 2 eine

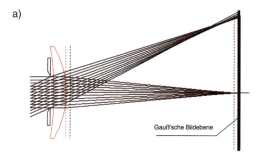

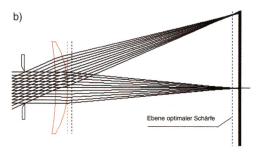

Bild 2.6.3 Abhängigkeit der Abbildungsfehler von der Blendenlage a) starker Öffnungsfehler bei üblicher Blendenlage b) geringer Öffnungsfehler bei Blende weit vor der Linse

weit größere Bündelablenkung zu als der Fläche 1. Trotzdem ist das Bild schärfer und das Bildfeld hat viel weniger Unebenheiten, als das bei einer Linse mit gleichmäßiger Brechungsverteilung möglich wäre.

Der Grund für die hohe Abbildungsqualität ist die rechneroptimierte Lage der Blende. Im Gegensatz zu einer üblichen Linse, bei denen die Linsenränder als Blende wirken und Bündel aller Neigung die gleiche Linsenfläche durchstrahlen, werden schiefe Bündel dank Vorderblende von einem ganz anderen Bereich der Linse abgebildet als achsparallele Bündel. Derart extreme Vorderblenden werden in preiswerten Massensystemen eingesetzt und dann, wenn wie bei Optiken für CO_2-Laser die Linsenmaterialien so teuer sind, dass mehrgliedrige Systeme nicht infrage kommen.

Auch bei einer Planparallelplatte schneiden sich vom Objektpunkt O ausgehende Strahlen mit verschiedener Neigung $\tilde{\sigma}$ nicht wieder in einem Punkt: Der **Öffnungsfehler einer Planparallelplatte** in Luft ergibt sich mit guter Näherung zu

$$\tilde{s}' - s' = d \cdot \frac{n^2 - 1}{2n^3} \sin^2 \tilde{\sigma} \qquad \text{(Gl. 2.6.1)}$$

Zur **Korrektur des Öffnungsfehlers** kombiniert man eine Sammel- und eine Zerstreuungslinse verschiedener Brennweite (damit noch eine positive Gesamtbrechkraft übrigbleibt), gibt ihnen aber eine so unterschiedliche Durchbiegung, dass die Öffnungsfehler entgegengesetzt gleich sind. Das gelingt nur für eine bestimmte Einfallshöhe, für die also $\tilde{O}' = O'$ ist. Für die übrigen Linsenzonen bleiben Restfehler **(Zonenfehler)** übrig. Bild 2.6.7 a) zeigt unkorrigierten, b) korrigierten Öffnungsfehler bei einem positiven System. Der Öffnungsfehler von Planplatten im Abbildungsstrahlengang (z.B. Prismen des Fernglases) muss in die Gesamtkorrektur einbezogen werden.

Im Gegensatz zu dieser nur für eine Linsenzone exakt gültigen Korrektur wird bei der Abbildung eines Objektpunktes O der Öffnungsfehler in folgenden Fällen für alle Linsenzonen Null:

❑ Planspiegel für beliebige Lagen von O,
❑ Planparallelplatte für O in ∞,
❑ sphärische Spiegel sowie brechende Flächen und Linsen mit konzentrischen Flächen für O = C,
❑ aplanatische Abbildung,
❑ asphärische Flächen unter bestimmten Bedingungen (Abschnitt 2.7.1).

Bei der **aplanatischen Abbildung** durch eine sphärische Fläche mit den Daten n, n', r wird ein Objektpunkt O in einem Bildpunkt O' frei von Öffnungsfehler abgebildet, wenn für die beiden Punkte folgende Schnittweiten gelten:

$$s = r \cdot \frac{n + n'}{n} \qquad s' = r \cdot \frac{n + n'}{n'} \qquad \text{(Gl. 2.6.2)}$$

Schnittweiten der aplanatischen Punkte

Es ist also $s \cdot n = s' \cdot r$. Die Gleichungen zeigen, dass s und s' stets gleiches Vorzeichen haben.

Reelle Objektpunkte werden also virtuell abgebildet. Man kann die aplanatische Abbildung mit positiv oder negativ wirkenden Menisken verwirklichen, die von 2 aplanatisch abbildenden Flächen begrenzt sind (dann muss der aplanatische Bildpunkt der 1. Fläche aplanatischer

Objektpunkt für die 2. Fläche sein). Eine Fläche kann aber auch konzentrisch zum zugehörigen Objektpunkt liegen, der damit in sich selbst abgebildet wird und aplanatischer Objektpunkt für die 2. Fläche ist. Ein positiver aplanatischer Meniskus kann in einem mehrgliedrigen System einen Teil der Strahlablenkung frei von Öffnungsfehler übernehmen. So kann man den Öffnungswinkel eines Kondensors nach Bild 2.6.2 d) vergrößern, wenn man ihm einen aplanatischen Meniskus als 1. Linse vorschaltet. Aber auch Menisken mit geringerer Durchbiegung haben hier bereits eine günstige Wirkung.

2.6.2   Sinusbedingung

Bei korrigiertem Öffnungsfehler wird ein Objektpunkt O auf der Achse auch durch ein weit geöffnetes Bündel punktförmig abgebildet. In Wirklichkeit muss aber zumindest eine kleine achsennahe Objektfläche abgebildet werden, d.h. auch außerhalb der Achse liegende Punkte Q. Die einzelnen Linsenzonen müssen also von einer kleinen achsensenkrechten Objektstrecke OQ = y zunächst Bilder $\tilde{O}'\tilde{Q}' = \tilde{y}'$ mit möglichst gleichen Schnittweiten $\tilde{s}' = s'$ liefern (Korrektur des Öffnungsfehlers). Das reicht aber nicht aus: die Bildstrecken $\tilde{y}'$ müssen auch gleich groß sein, weil sie sonst bei ihrer Überlagerung nicht deckungsgleich sind und damit zu Unschärfe führen! Die Linsenzonen müssen also gleichen Abbildungsmaßstab $\tilde{\beta}' = \beta = $ konst. ergeben. Mit $\tilde{\beta}' = (\tilde{a}' \cdot n_1)/(\tilde{a} \cdot n_k')$ analog zu Gl. 1.4.16 erhält man also die Bedingung $(\tilde{a}' \cdot n_1)/(\tilde{a} \cdot n_k') = \beta'$. Das kann man nach Bild 2.6.4 mit $\sin \tilde{\sigma}_1 = h/\tilde{a}$, $\sin \tilde{\sigma}_k' = h/\tilde{a}'$ auch in Form der von ABBE eingeführten **Sinusbedingung** angeben:

$$\frac{n_1 \cdot \sin \tilde{\sigma}_1}{n_k' \cdot \sin \tilde{\sigma}_k'} = \beta' \qquad \text{(Gl. 2.6.3)}$$

Abbe'sche Sinusbedingung

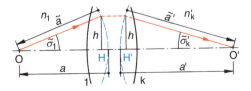

Bild 2.6.4 Zur Erfüllung der Sinusbedingung

Mit $\beta' = y'/y$ erkennt man, dass die Sinusbedingung auch in Form einer **Helmholtz-Lagrange-Invariante (**Gl. 2.4.15) **für nicht paraxiale Bündel** geschrieben werden kann

$$y \cdot n \cdot \sin \tilde{\sigma} = y' \cdot n' \cdot \sin \tilde{\sigma}' \qquad \text{(Gl. 2.6.4)}$$

Die Erfüllung der Sinusbedingung bedeutet, dass man für die durch H und H′ gehenden, bei Strahlenkonstruktionen benutzten **Hauptflächen** nicht Ebenen wie im Paraxialgebiet, sondern Kugelflächen mit den Mittelpunkten O und O′ ansetzen muss. Nur für $a \to -\infty$ ist dann die Hauptfläche durch H eine Ebene, die durch H′ eine Kugelfläche mit $r = f'$. Die einzelnen Linsenzonen ergeben also gleiche Brennweite:$\tilde{f}' = f' = $konst. Die Brennweite für weit geöffnete Bündel ist damit ($n'_k = 1$) durch

$$\tilde{f}' = \frac{\tilde{h}_1}{\sin \tilde{\sigma}'_k} \qquad \text{(Gl. 2.6.5)}$$

definiert, woraus sich wieder als Spezialfall für das Paraxialgebiet Gl. 1.4.5 ergibt.

Bei aplanatischen Menisken ist neben dem Verschwinden des Öffnungsfehlers (immer nur für die aplanatischen Punkte!) auch die Sinusbedingung streng erfüllt. **Aplanate** sind bezüglich Öffnungsfehler und Sinusbedingung korrigierte Systeme. Bei Systemen, die kleine Flächen mit weit geöffneten Bündeln abbilden (Mikroskopobjektive) ist es sehr wichtig, die Sinusbedingung in die Optikrechnung mit einzubeziehen (Abschnitt 6.8.2).

2.6.3 Astigmatismus und Bildfeldwölbung

Der Öffnungsfehler ergab sich bei einem weitgeöffneten, aber symmetrisch zur Achse verlaufenden Bündel. Nach Bild 2.6.1 c) wird das Paraxialgebiet aber auch verlassen, wenn von einem seitlich der Achse gelegenen Punkt nur ein enges Bündel ausgeht, das nun aber unsymmetrisch auf die Linse trifft. Dies zeigt der Strahlenverlauf in 2 senkrecht zueinander stehenden ebenen Bündelschnitten: Der **Meridianschnitt** (Zeichenebene bei Bild 2.6.1 c) und Bild 2.6.5 a) enthält die optische Achse und den Bündelhauptstrahl (Strahl vom außeraxialen Objektpunkt Q zur Mitte P der Öffnungsblende). Der **Sagittalschnitt** enthält den Bündelhauptstrahl und steht senkrecht zum Meridianschnitt. Die optische Achse verläuft schräg zum Sagittalschnitt. Der unsymmetrische Bündelverlauf bewirkt abweichende Strahlenvereinigung und damit unterschiedliche Schnittweiten s'_{mer} und s'_{sag} in den beiden Schnitten: Es tritt **Astigmatismus** auf, d.h., das gesamte Bündel liefert zum Objektpunkt Q keinen einheitlichen Bildpunkt Q′! Vielmehr entstehen an 2 getrennten Bildorten die **Bildlinien** Q'_{mer} und Q'_{sag} anstelle von Bildpunkten. Denn wo die Meridianstrahlen zusammenlaufen, hat das sagittale Strahlenbüschel noch eine bestimmte Breite, und umgekehrt. Die **astigmatische Differenz** $s'_{sag} - s'_{mer}$ wächst mit zunehmendem Abstand des Punktes Q von der Achse, d.h. mit zunehmender Bündelneigung. Also wird eine achsensenkrechte Objektstrecke $OQ_1Q_2Q_3$ (Bild 2.6.5 c) in Form von 2 gekrümmten Bildstrecken abgebildet.

Eine Rotation dieser Skizze um die optische Achse ergibt dann die Abbildung einer Objektebene auf 2 gekrümmten **Bildschalen**, weshalb der Astigmatismus schiefer Bündel auch als **2-Schalen-Fehler** bezeichnet wird.

Die astigmatische Differenz hängt nicht nur von der Bündelneigung ab, sondern auch von der Lage der Blende, die das Bündel begrenzt, weil dadurch der Auftreffpunkt des Bündelhauptstrahls auf die Linse festgelegt wird. Durch Änderung der Linsendurchbiegung, Verändern der Blendenlage und Kombination mehrerer Linsen kann man die Bildschalen in günstigem Sinne verbiegen. So kann man erreichen, dass beide Schalen zusammenfallen – oder sich doch zumindest bei einer bestimmten Bündelneigung durchschneiden. Diese durch Zusammenfallen der meridionalen und sagittalen Bildschale entstandene astigmatismusfreie Bildschale nennt man **Petzval-Schale.** Damit bleibt aber noch **Bildfeldwölbung** übrig, denn die Petzval-Schale ist i.Allg. nicht eben. Ihr Radius r_p hängt nur von Brennweiten und Brechzahlen der k dünnen Einzellinsen ab:

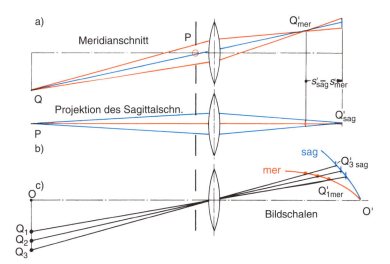

Bild 2.6.5
Astigmatismus

$$\frac{1}{r_\mathrm{p}} = \sum_{\varkappa=1}^{k} \frac{1}{n_\varkappa \cdot f'_\varkappa} \qquad \text{(Gl. 2.6.6)}$$

Petzval-Summe

Ein geebnetes Bildfeld erreicht man also, wenn die Petzval-Summe 0 oder möglichst klein ist.

Ein **Anastigmat** ist ein Objektiv, bei dem Astigmatismus und Bildfeldwölbung für ein größeres Feld beseitigt werden konnten. Für eine Einzellinse ist die Ebnung des Bildfeldes nicht möglich. Bild 2.6.7 c) bis e) zeigt verschiedene Korrekturzustände.

Astigmatismus bei Prismen ergibt sich, wenn ein Prisma nach Abschnitt 2.3 in konvergentem oder divergentem Strahlenbündel angeordnet ist.

2.6.4 Koma

Die ungünstigsten Abbildungsbedingungen liegen für einen Objektpunkt vor, wenn das Bündel nach Bild 2.6.1 d) geneigt zur Achse verläuft und gleichzeitig weit geöffnet ist. Dann genügt die Korrektur des Astigmatismus nicht, weil unsymmetrische Öffnungsfehler – **Koma** – auftreten: Anstelle eines kreisförmigen Bildscheibchens zeigen sich sehr störende Zerstreuungsfiguren, die nur zur Meridionalebene symmetrisch sind. Im einfachsten Falle der me-

ridionalen Koma (Koma im engeren Sinne) ergibt sich eine tropfen- oder kometenartige Zerstreuungsfigur mit ungleichmäßiger Lichtverteilung, die man sich als Überlagerung verschieden großer, aber nicht konzentrischer Zerstreuungskreise entstanden denken kann.

Durch die Stellung der Blende wird die Koma sehr stark beeinflusst, denn bei einer bestimmten Blendenlage («natürliche Blende») werden gerade die Strahlen durchgelassen, die eine symmetrische Strahlenvereinigung ergeben. Dann verschwindet die Koma. Weiterhin ist es bei Verwendung einer Mittelblende günstig, das System möglichst symmetrisch zu dieser Blende aufzubauen. Für kleine Feldwinkel wird die Koma mit Erfüllung der Sinusbedingung beseitigt. Beseitigung des Öffnungsfehlers allein genügt nicht.

2.6.5 Verzeichnung

Wenn sich der Abbildungsmaßstab im Bildfeld mit zunehmendem Abstand von der optischen Achse (also rotationssymmetrisch) ändert, wird **Verzeichnung** beobachtet. Denn sofern geneigte Bündel insgesamt fehlerhaft abgelenkt werden, treffen sie die Bildebene nicht in dem durch den paraxialen Abbildungsmaßstab β' bestimmten Bildpunkt. Die Verzeichnung ist durch den Öffnungsfehler zusammen mit der Anordnung der Blende bedingt:

Wenn der Öffnungsfehler auch für den großen Abstand des abzubildenden Objekts beseitigt ist, so ist er für ein nahes Objekt – die Blende – noch vorhanden: Sie wird durch innere und äußere Linsenzonen in verschiedenen Entfernungen abgebildet. Müsste ein Bildpunkt Q' entsprechend dem paraxialen Abbildungsmaßstab den Abstand y' von der Achse haben, liegt er aber im Abstand $\tilde{y}'$, so kann man die Verzeichnung (für eine bestimmte Bündelneigung $\tilde{\sigma}$!) durch

$$V = \frac{\tilde{y}' - y'}{y'} \cdot 100\% \qquad \text{(Gl. 2.6.7)}$$

$$\text{Verzeichnung}$$

angeben.

Als **tonnenförmige Verzeichnung** (Bild 2.6.6 a) bezeichnet man eine Abnahme des Abbildungsmaßstabes für größere Felder. Dann ist $V < 0$. Man kann sie beobachten, wenn eine Blende vor dem abbildenden System steht. Bei der **kissenformigen Verzeichnung** (Bild 2.6.6 b) ist $V > 0$; sie kann sich bei einer hinter dem System angeordneten Blende ergeben. Objektive aus 2 zu einer Mittelblende symmetrisch angeordneten Teilen sind bei $\beta' = -1$ verzeichnungsfrei; bei anderen Abbildungsbedingungen haben sie nur geringe Verzeichnung. Objektive für Messzwecke sollen Bilder liefern, an denen man bei bekanntem β' zuverlässige Längenmessungen bezüglich des Objekts ausführen kann. Sie müssen also besonders geringe Verzeichnung ($V \ll 1\%$) haben.

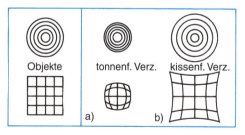

Objekte | tonnenf. Verz. | kissenf. Verz.
a) b)

Bild 2.6.6 Bildmaßstabsfehler

2.6.6 Farbfehler, chromatische Aberration

Farbfehler treten auch im Paraxialgebiet auf, denn sie sind «Bildfehler erster Ordnung», die sich wegen der Abhängigkeit der Brechzahl von der Wellenlänge auch bei der Vereinfachung $\sin \sigma \approx \sigma$ bemerkbar machen. Diese paraxialen Farbfehler sollen im folgenden genauer betrachtet werden. In Analogie zum Öffnungsfehler (Bildort) und Sinusbedingung (Bildgröße) bei der Abbildung durch verschiedene Linsenzonen kann man bei der paraxialen Abbildung mit Licht verschiedener Wellenlängen (Farben) folgende Fehler unterscheiden:

a) **Farblängsfehler**
(«chromatische Schnittweitendifferenz»): Die Bilder liegen für die verschiedenen Farben nicht an der gleichen Stelle der Achse.

b) **Farbvergrößerungsfehler**
(«chromatische Brennweitendifferenz»): Für die verschiedenen Farben entstehen Bilder unterschiedlicher Größe.

Für die Untersuchung und Korrektur der Farbfehler verwendet man bevorzugt die Wellenlängen $\lambda_F = 486{,}1$ nm im blauen und $\lambda_C = 656{,}3$ nm im roten Spektralbereich (Abschnitt 2.1.1). Sie umschließen den Bereich der größten Augenempfindlichkeit. Als mittlere Wellenlänge wählt man $\lambda_d = 587{,}6$ nm in der Nähe des Augenempfindlichkeitsmaximums. Auch die Wellenlängen F', e, C' sind gebräuchlich; für Fotoobjektive kann man anstelle der Korrekturwellenlängen F, C günstiger g, d wählen, d.h. den Bereich zum kurzwelligen Ende des Spektrums verschieben (Bild 1.2.2).

Die Wellenlängenabhängigkeit macht sich nun auch bei allen Fehlern bemerkbar, die schon bei monochromatischem Licht auftreten. So kann beispielsweise der Öffnungsfehler für die Wellenlängen F', e, C' unterschiedliche Werte annehmen. Hierauf kann im Rahmen dieses Buches nicht näher eingegangen werden.

Die Brennweitendifferenz $f'_F - f'_C$ für blaues und rotes Licht wird als **Farbvergrößerungsfehler** bezeichnet.

Differenzieren der Brennweite einer dünnen Linse nach n (Gl. 2.5.11) ergibt

$$\frac{df'}{dn} = -\frac{1}{(n-1)^2} \cdot \frac{r_1 \cdot r_2}{r_2 - r_1}, \text{ und mit}$$

$$\frac{r_1 \cdot r_2}{r_2 - r_1} = f'(n-1) \quad \text{folgt} \quad df' = -\frac{dn}{n-1} \cdot f'$$

Ersetzt man df' durch $\Delta f' = f_F' - f_C'$, und dn durch $\Delta n = n_F - n_C$, so erhält man mit der Definition der Abbe'schen Zahl γ_d nach Abschnitt 2.1.1

$$f_F' - f_C' = -\frac{f_d'}{v_d} \qquad \text{(Gl. 2.6.8)}$$
Farbvergrößerungsfehler einer Linse

Anstelle von F, C und d kann auch F', C' und e treten. Die Abbe'sche Zahl gibt also den Farbvergrößerungsfehler als Bruchteil der mittleren Brennweite an.

Beispiel
Für eine Sammellinse mit $f' = 150$ mm aus Glas SF 6 mit $v_e = 25{,}24$ ergibt sich $f_F' - f_C' = -5{,}94$ mm. Dagegen ist für eine Zerstreuungslinse der Farbvergrößerungsfehler positiv!

Die Brennweite f' eines 2-stufigen Systems ergibt sich aus Gl. 2.5.14. Sie ist wegen der Farbfehler der Einzelbrennweiten f_1' und f_2' ebenfalls abhängig von λ (auch der Abstand e ändert sich mit λ wegen geringer Verlagerung der Hauptpunkte. Dies kann aber vernachlässigt werden).

Logarithmiert man Gl. 2.5.14 und differenziert dann nach λ, so ergibt sich nach einigen Umformungen

$$df' = \frac{f'^2}{f_1' \cdot f_2'} \cdot \left[\frac{df_1'}{f_1'}(f_2' - e) + \frac{df_2'}{f_2'}(f_1' - e) \right]$$
$$\text{(Gl. 2.6.9)}$$

df, df_1' und df_2' sind die mit der Wellenlängenänderung $d\lambda$ eintretenden Brennweitenänderungen.

Setzt man für df' $\Delta f_1' = f_F' - f_C'$ und für die Linsen 1 und 2 die entsprechenden Differenzen, so zeigt Gl. 2.6.9 wie der Farbvergrößerungsfehler $\Delta f'$ des Gesamtsystems von den Farbfehlern $\Delta f_1'$ und $\Delta f_2'$ der Einzellinsen abhängt. Eine Korrektur dieses Farbfehlers, also $\Delta f' = 0$, ist nur dadurch zu erreichen, dass der Klammerausdruck von Gl. 2.6.9 null wird. Setzt man noch nach Gl. 2.6.8.

$$\Delta f_1' = -\frac{f_{d1}'}{v_{d1}} \quad \text{und entsprechendes für Linse 2,}$$

so folgt

$$\frac{f_2' - e}{f_1' - e} = -\frac{v_1}{v_2} \qquad \text{(Gl. 2.6.10)}$$
Bedingung für die Korrektur des Farbvergrößerungsfehlers

Bei Erfüllung dieser Bedingung hat das System also für die Wellenlängen F und C die gleiche Brennweite.

Aus der Korrekturbedingung ergeben sich zwei wichtige Folgerungen:

a) Für $e \approx 0$ (dünne Linsen unmittelbar hintereinander oder verkittet) wird $f_2'/f_1' = -v_1/v_2$. Da beide Abbe-Zahlen positiv sind, muss eine Linse Zerstreuungslinse sein ($f' < 0$).
b) Verwendet man für beide Linsen das gleiche Glas ($v_1 = v_2$), so muss

$$e = \frac{f_1' + f_2'}{2} \qquad \text{(Gl. 2.6.11)}$$

werden. Über die Anwendung bei Okularen siehe Abschnitt 6.5.2.

Die Bildweitendifferenz $a_F' - a_C'$ für blaues und rotes Licht wird als **Farblängsfehler** bezeichnet. Nach der Abbildungsgleichung 1.4.17 ergibt sich a' aus f' und a, wobei a fest ist, während f' von λ abhängt. Differenzieren der Abbildungsgleichung nach λ ergibt $da' = a'^2 \cdot df'/f'^2$. Setzt man den Farbfehler der Brennweite wieder nach Gl. 2.6.8 ein (der Index d wird künftig weggelassen), so folgt

$$da' = -\frac{a'^2}{f' \cdot v} \qquad \text{(Gl. 2.6.12)}$$

Wenn man noch mit $a' = f'(1 - \beta')$ nach Gl. 1.4.14 den Abbildungsmaßstab einführt, wird der Farblängsfehler $\Delta a' = a_F' - a_C'$:

$$a_F' - a_C' = -\frac{f'}{v} \cdot (1 - \beta')^2 \qquad \text{(Gl. 2.6.13)}$$
Farblängsfehler einer Linse

Für positive Bildbrennweiten (Sammellinsen) ist also der Farblängsfehler negativ («**chromatische Unterkorrektion**», während bei Negativlinsen «**chromatische Überkorrektion**» vorliegt). Mit $\beta' = 0$ ($a \to \infty$, $a' = f'$) geht Gl. 2.6.13 in Gl. 2.6.8 über.

Beispiel

Eine Linse mit $f' = 150$ mm, $v_d = 25{,}24$ soll ein Objekt mit $\beta' = -9$ abbilden. Dann erreicht der Farblängsfehler den erheblichen Betrag von $a'_F - a'_C = -3{,}96 \cdot f'$, also -594mm! Um $\approx 0{,}6$m liegt der Bildort für Blau näher an der Linse als der Bildort für Rot.

Bei einem 2-stufigen System ist die Abbildung durch die 1 Linse bereits mit dem Farblängsfehler da'_1 entsprechend Gl. 2.6.12 behaftet. Damit ist für die 2. Linse auch die Objektweite $a_2 = a'_1 - e$ von λ abhängig: $da_2 = da'_1$. Der Farblängsfehler da'_2 des gesamten Systems hängt also von da_2 und df'_2 ab. Nach Differenzieren der Abbildungsgleichung für die 2. Linse und Einsetzen von $da_2 = da'_1$ aus Gl. 2.6.12 und df'_2 aus Gl. 2.6.8 erhält man

$$\mathrm{d}a'_2 = -a'^2_2 \cdot \left[\frac{1}{f'_1 \cdot v_1} \cdot \frac{a'^2_1}{a^2_2} + \frac{1}{f'_2 \cdot v_2} \right]$$

(Gl. 2.6.14)

Aus dem Klammerinhalt dieser Gleichung erhält man die Bedingung für die Korrektur des Farblängsfehlers, d.h. $da'_2 = 0$:

$$\frac{f'_2}{f'_1} = -\frac{v_1}{v_2} \cdot \left(1 - \frac{e}{a'_1} \right)^2 \qquad \text{(Gl. 2.6.15)}$$

Achromasie-Bedingung
(Korrektur des Farblängsfehlers)

Der besonders wichtige Fall ist hier wieder $e \approx 0$

$$\frac{f'_2}{f'_1} = -\frac{v_1}{v_2} \qquad \text{(Gl. 2.6.16)}$$

Achromasie-Bedingung bei $e = 0$

Damit fallen für $e = 0$ die Korrekturbedingungen für Farblängsfehler und Farbvergrößerungsfehler Gl. 2.6.10 zusammen.

Der **Farblängsfehler einer Planparallelplatte** folgt aus Gl. 2.2.5, wenn man s'_2 nach n differenziert und $\mathrm{d}s'_2$ durch $\Delta s'_2 = s'_F - s'_C$ sowie dn durch $\Delta n = n_F - n_C$ ersetzt. Es ergibt sich

$$s'_F - s'_C = d \cdot \frac{n_F - n_C}{n_e^2} \qquad \text{(Gl. 2.6.17)}$$

Die Planparallelplatte ergibt chromatische Überkorrektion wie eine Negativlinse, d.h., der Bildpunkt O'_F (blau) liegt in Lichtrichtung hinter O'_C (rot). Der Abbildungsmaßstab ist für alle Wellenlängen stets $\beta' = +1$ (kein Farbvergrößerungsfehler).

2.6.7   Achromate und ähnliche Bauelemente

Ein Linsensystem, bei dem die Achromatisierung entsprechend Gl. 2.6.16 für 2 Wellenlängen erreicht ist (Bild 2.6.7 g), bezeichnet man als **Achromat**. Es besteht aus je einer Positiv- und Negativlinse, die meist dicht hintereinander angeordnet und häufig auch verkittet sind. Soll der Achromat eine Brennweite f' haben, so sind die Brennweiten der Einzellinsen aus dem Gleichungssystem Gl. 2.5.14 und Gl. 2.5.16 für $e = 0$ bestimmbar, wenn 2 Glasarten und damit v_1 und v_2 ausgewählt wurden.

Da die Linsenform auf die Achromatisierung ohne Einfluss ist, kann man durch passende Wahl der Durchbiegung noch weitere Abbildungsfehler beheben. So ist bei den meisten Achromaten der Öffnungsfehler für eine mittlere Wellenlänge korrigiert und die Sinusbedingung weitgehend erfüllt. Durch Wahl spezieller Glasorten mit hoher Brechzahl und niedriger Farbzerstreuung (v groß) ist die Berechnung von «Neuachromaten» möglich, die anastigmatische Bildfeldebnung anstelle der Korrektion des Öffnungsfehlers ergeben.

Beispiel

Aus den beiden Vorzugsgläsern (Massengläser) (1) BK 7 und (2) SF 2 soll ein verkitteter Achromat mit $f' = 250$ mm hergestellt werden. Glasdaten siehe Tabelle 2.1.2.

Um eine günstige Korrektur der übrigen Fehler zu erreichen, wählt man nach Vorrechnungen von H. Harting: $r_1 = 0,612 \cdot f'$, $d_1 = 0,024 \cdot f'$, $d_2 = 0,5 \cdot d_1$. Es ist $e \approx 0$. Anzugeben sind: f_1', f_2', r_1, r_2, r_3, d_1, d_2.

Ergebnisse:

$f_1' = 118,67$; $f_2' = -225,89$; $r_1 = 153,00$; $r_2 = -101,61$; $r_3 = -331,25$; $d_1 = 6,00$; $d_2 = 3,00$.

Die Korrektionskurve des Achromaten in Bild 2.6.7 g) zeigt, dass die Bildorte anderer Wellenlängen von dem Bildort für F' und C' abweichen: Es bleibt ein Restfarbfehler, ein **sekundäres Spektrum** übrig. Seine Vermeidung ist durch Kombination von 3 Linsen mit spezieller Glaswahl möglich. (Bei nur 2 Linsen muss anstelle einer Glaslinse eine Flussspatlinse mit besonders geringer Farbzerstreuung verwendet werden.) Auf diese Weise erhält man ein als **Apochromat** bezeichnetes System. Bei einem Apochromaten fällt der Bildort für 3 Wellenlängen zusammen (Bild 2.6.7 h), der Öffnungsfehler ist für 2 Wellenlängen gut korrigiert und die Sinusbedingung erfüllt.

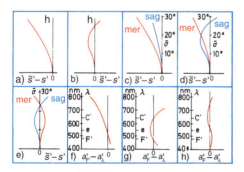

Bild 2.6.7 Darstellung von Abbildungsfehlern, a) Öffnungsfehler einer Einzellinse, b) Öffnungsfehler korrigiert, c) Astigmatismus, d) Astigmatismus korrigiert, e) Astigmatismus und Bildfeldwölbung korrigiert, f) Farblängsfehler, g) Achromat, h) Apochromat. Üblicher Maßstab bei $f' = 100$ mm: 4 : 1 für h; 20 : 1 für $\Delta s'$

Dem Aufbau der Linsenachromate entsprechend können auch **achromatische Prismenkeile** durch Verkitten von 2 Keilen hergestellt

werden. Bild 2.6.8 zeigt deshalb den Vergleich eines schmalen Keils mit einer dünnen Linse. Da der Linsenbrennweite f' die Schnittweite s' des Keils entspricht, geht die Achromasie-Bedingung Gl. 2.6.16 über in

$$\frac{s_2'}{s_1'} = -\frac{v_1}{v_2} \qquad \text{(Gl. 2.6.18)}$$

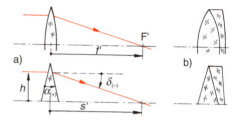

Bild 2.6.8 a) Vergleich von Linse und Prismenkeil, b) Linsenachromat und Prismenachromat

Nach Bild 2.6.8 gilt $\tan \sigma' = -\tan \delta = h/s'$ und für kleine Winkel $s' \approx -h/\delta$. Damit und mit Gl. 2.3.13 folgt die **Achromasie-Bedingung für Prismenkeile in Luft**:

$$\frac{\alpha_1}{\alpha_2} = -\frac{v_1}{v_2} \cdot \frac{n_{P2} - 1}{n_{P1} - 1} \qquad \text{(Gl. 2.6.19)}$$

Aus Gl. 2.6.19 folgen verschiedene Vorzeichen für α_1 und α_2, also entgegengesetzt liegende brechende Kanten wie in Bild 2.6.8 b).

Da man vom achromatisierten Prismenkeil eine bestimmte Gesamtablenkung δ verlangt, ergibt sich aus $\delta = \delta_1 + \delta_2$ die 2. Bedingung zur Festlegung der beiden brechenden Winkel:

$$\delta = -\alpha_1 \cdot (n_{P1} - 1) - \alpha_2 \cdot (n_{P2} - 1) \quad \text{(Gl. 2.6.20)}$$

Aus Gl. 2.6.19 und Gl. 2.6.20 folgen die brechenden Winkel eines achromatischen Keils zu:

$$\alpha_1 = \frac{\delta}{(n_{P1} - 1) \cdot \left(\dfrac{v_2}{v_1} - 1 \right)}$$

$$\alpha_2 = \frac{\delta}{(n_{P2} - 1) \cdot \left(\dfrac{v_1}{v_2} - 1 \right)} \qquad \text{(Gl. 2.6.21)}$$

Beispiel
Für die Kombination der preisgünstigen Massengläser (1) BK 7 und (2) SF 10 nach Tabelle 2.1.2 ergibt sich $\alpha_1 = -\delta \cdot 3{,}45$ und $\alpha_2 = \delta \cdot 1{,}07$.

Für achromatische Prismen mit großen brechenden Winkeln ist eine genauere Durchrechnung erforderlich.

Geradsichtige Prismenkeile sollen spektrale Zerlegung ohne Ablenkung ergeben: Für eine mittlere Wellenlänge soll $\delta = 0$ sein, und damit $\delta_1 = -\delta_2$. Mit Gl. 2.3.13 ergibt sich die Geradsicht-Bedingung

$$\frac{\alpha_1}{\alpha_2} = -\frac{n_{P2}-1}{n_{P1}-1} \qquad \text{(Gl. 2.6.22)}$$

Weil man von dem geradsichtigen Prismenkeil eine bestimmte Winkel-Hauptdispersion $\delta_F - \delta_C$ verlangt, ergibt sich als 2. Bedingung zur Festlegung der beiden brechenden Winkel

$$\delta_F - \delta_C = -\left[\frac{\alpha_1(n_{P1}-1)}{v_1} + \frac{\alpha_2(n_{P2}-1)}{v_2} \right]$$
$$\text{(Gl. 2.6.23)}$$

Damit erhält man aus Gl. 2.6.22 und Gl. 2.6.23 die brechenden Winkel zu

$$\alpha_1 = \frac{\delta_F - \delta_C}{n_{P1}-1} \cdot \frac{v_1 \cdot v_2}{v_2 - v_1}$$
$$\alpha_2 = \frac{\delta_F - \delta_C}{n_{P2}-1} \cdot \frac{v_1 \cdot v_2}{v_2 - v_1}$$
$$\text{(Gl. 2.6.24)}$$

Brechende Winkel eines Geradsichtkeils

Für Geradsichtprismen mit großen brechenden Winkeln ist eine genauere Durchrechnung erforderlich. Man kann dann auch das Geradsichtprisma in 3 oder 5 Einzelprismen aufteilen und so eine hohe Winkeldispersion ohne zu große Einzelwinkel α erreichen. Dem Geradsichtprisma analog ist ein verkittetes Linsensystem mit der Brennweite ∞, dessen beabsichtigter Farbfehler zur Kompensation von Farbfehlern anderer Systemteile benutzt werden kann.

2.7   Linsensonderformen

Neben den Standardlinsen mit Kugeloberflächen gibt es eine Reihe von Sonderformen mit teilweise hervorragenden Eigenschaften. Die Herstellung genauer asphärischer und mikrostrukturierter Flächen ist aufwendig, wird aber inzwischen auch in der Serienfertigung eingesetzt. Gefertigt wird im Wesentlichen nach vier Verfahren.

Eine ausgereifte Technik ist das **Schleifen** mit rotierendem, von einem Handhabungsautomaten geführten Werkzeug. Besonders hochwertige Oberflächen und enge Toleranzen bietet die magnetorheologische Bearbeitung, bei der zwischen Schleifwerkzeug und Werkstück eine spezielle Flüssigkeit gebracht wird, deren Viskosität sich magnetisch beeinflussen lässt. Die **Bearbeitung mit rechnergesteuerten Diamantwerkzeugen** wird für rotationssymmetrische und mikrostrukturierte Flächen (DOEs, Abschnitt 2.7.6) bei kleinen Stückzahlen oder bei der Herstellung eines Masters für die Abdrucktechnik eingesetzt. Durch **Blankpressen**, der Warmverformung von optischen Gläsern mit Presswerkzeugen, lassen sich beliebige Flächen herstellen, allerdings ist die Auswahl an Gläsern beschränkt. Die Fertigungstoleranz ist hoch, globale Abweichungen unter 1 µm bei 50 mm Durchmesser sind machbar. Für preiswerte Massenprodukte, aber in steigendem Maße auch für Präzisionsoptiken, werden **Spritzgusslinsen aus Kunststoff** verwendet. Probleme beim Spritzen vermeidet die Hybridtechnik. Dabei bedeckt man eine sphärische Linse mit einer dünnen, aushärtbaren Lackschicht, der eine Matrize die gewünschte Form aufprägt. Solche Asphären erreichen Formgenauigkeiten im nm-Bereich.

2.7.1   Asphären

Asphärische Flächen sind alle von der Kugelform abweichenden Flächen. Im engeren Sinne wendet man die Bezeichnung auf Flächen an, die bezüglich der Achse rotationssymmetrisch sind. Sie werden vor allem benutzt, um Abbildungsfehler so weit zu korrigieren, wie es mit sphärischen Flächen nicht oder nur mit größerer Flächenanzahl möglich ist.

Jede **rotationssymmetrische asphärische Fläche** geht im Paraxialgebiet in die Scheitelkugel (Radius r, Krümmung $C = 1/r$) über. Für einen die Achse enthaltenden Meridianschnitt ergibt sich aber außerhalb des Paraxialgebiets eine vom Kreis abweichende Schnittkurve, die für die Strahldurchrechnung durch die Pfeilhöhe z des Bogens als Funktion des Abstandes h (Bild 2.7.1) von der Achse nach Gl. 2.7.1 dargestellt werden kann.

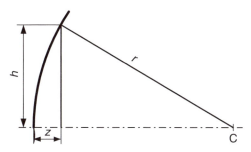

Bild 2.7.1 Parameter der Asphärengleichung

$$z = \frac{C \cdot h^2}{1 + \sqrt{1 - (K + 1) \cdot C^2 \cdot h^2}} + K_4 \cdot h^4 +$$
$$K_6 \cdot h^6 + K_8 \cdot h^8 + ... \qquad \text{(Gl. 2.7.1)}$$

Das 1. Glied ist ein Kegelschnitt. Verglichen mit der klassischen Kegelschnittgleichung $y^2 = 2px - (1 - \varepsilon^2) \cdot x^2$ gilt $y \to h$, $x \to z$, $p \to r$, $\varepsilon^2 \to -K$; die Konstante K, Conic Constant genannt, bestimmt dabei den Typ:

Tabelle 2.7.1 Kegelschnitte

	Kugel	Ellipsoid	Paraboloid	Hyperboloid
K	0	$0 > K > -1$	$K = -1$	$K < -1$

Jeder Kegelschnitt kann durch die Deformationskonstanten K_4, K_6 ... zusätzlich deformiert werden. Wie man an den hohen Potenzen von h erkennt, wirken sie bevorzugt auf die achsfernen Flächenzonen. Spiegelflächen können axiale Objektpunkte entsprechend den Eigenschaften der Kegelschnitte mit beliebig großer Öffnung frei von Öffnungsfehlern abbilden. Sobald das Objekt jedoch außerhalb der Achse liegt, treten teilweise große Fehler auf. Bild

2.7.2 a) bis c) gibt eine Übersicht über verschiedene Spiegelanordnungen, der Lichtweg ist jeweils umkehrbar. Diese Spiegel werden u.a. in Beleuchtungsanordnungen und Spiegelfernrohren verwendet.

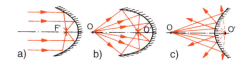

Bild 2.7.2 Rotationssymmetrische asphärische Flächen: a) Paraboloid, b) Ellipsoid, c) Hyperboloid

Brechende asphärische Flächen können den Öffnungsfehler für axiale Objektpunkte ebenfalls völlig beseitigen. Z.B. lassen sich beim Doppelkondensor nach Bild 2.6.2 d) die sphärischen Flächen durch asphärische Flächen ersetzen. Man erhält so Kondensoren mit besonders großer nutzbarer Öffnung und nur wenigen Bauelementen. Dabei ist immer zu berücksichtigen, dass die Fehlerbeseitigung nur für ein kleines Feld gilt, also z.B. für eine wenig ausgedehnte Glühwendel. Auch für andere als Öffnungsfehlerkorrekturen werden asphärische Flächen zur Verbesserung der Koma-Korrektion und Erfüllung der Sinusbedingung herangezogen.

2.7.2 Korrektionsplatten

Bei Korrektionsplatten kann die Meridianlinie Wendepunkte aufweisen. Als Beispiel werden Blendenanordnung und Korrektionsplatte nach B. Schmidt betrachtet, die zu einem großen Fortschritt im Bau von Spiegelfernrohren für ausgedehnte Felder führten.

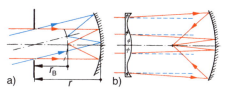

Bild 2.7.3 a) Schmidt-Blende, b) Schmidt-Korrektionsplatte

Allein durch die Blende in der Ebene des Krümmungsmittelpunktes eines Kugelspiegels (Bild 2.7.3. a) werden Astigmatismus und Koma völlig vermieden, denn jeder Hauptstrahl eines geneigt einfallenden Bündels ist optische Achse eines entsprechenden Teilspiegels. Jedes Bündel hat also seinen eigenen Spiegelbereich, zu dem es symmetrisch einfällt. Der erhebliche Öffnungsfehler des Kugelspiegels wird nun durch eine Korrektionsplatte nach Bild 2.7.3 b) in der Blendenebene kompensiert, die in der Mitte als schwache Sammellinse, am Rande als schwache Zerstreuungslinse wirkt. Bei dieser Anordnung liegen die Maximalabweichungen in der Größenordnung von 0,1...0,01 mm. Die Bildfläche ist kugelförmig mit $r_B = f' = r/2$. Diese Bildfeldwölbung wird mit einem zusätzlichen Korrektionssystem beseitigt.

2.7.3 Torische Flächen, Zylinderlinsen

Nicht rotationssymmetrische Flächen haben in 2 senkrecht zueinander stehenden Achsenschnitten verschiedene Abbildungswirkung, sind also astigmatisch. Sie können u.a. benutzt werden, um in x- und y-Richtung unterschiedliche Abbildungsmaßstäbe und damit eine verzerrte Abbildung zu erreichen.

Bei torischen Flächen muss man 2 Hauptschnitte, den Meridianschnitt (m) und den dazu senkrechten Sagittalschnitt (s) unterscheiden. In beiden Schnitten sind die Schnittlinien kreisförmig, aber mit $r_m \neq r_s$.

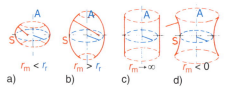

Bild 2.7.4 a) Nicht rotationssymmetrische asphärische Flächen, b) torische Flächen, c) Zylinderfläche, d) Sattelfläche

Bild 2.7.4 zeigt die Entstehung verschiedener torischer Flächen. In jedem Fall rotiert ein durch r_m festgelegter Kreisbogen um eine in der Meridianebene liegende achsensenkrechte Gerade A, wobei der Scheitel S einen Kreisbogen mit r_s beschreibt. Für $r_m \to \infty$ ergibt sich eine Zylinderfläche mit A als Zylinderachse.

Ungleiche Vorzeichen von r_m und r_s ergeben eine Sattelfläche, die in einem Hauptschnitt streuend, im anderen sammelnd wirkt; bei $r_m = r_s$ ist die Fläche wieder sphärisch.

Während Kugelflächen nur bei schräg einfallenden Bündeln Astigmatismus ergeben, wird bei torischen Flächen auch ein Achsenpunkt O astigmatisch abgebildet. Alle Gleichungen für sphärische Flächen sind auch hier gültig, jedoch getrennt auf die beiden Hauptschnitte anzuwenden. Torische Flächen können bei Linsen und Spiegeln u.a. benutzt werden, um störenden Astigmatismus zu kompensieren.

Unter den torischen Flächen wird der Sonderfall der Zylinderflächen besonders häufig angewendet. **Zylinderlinsen,** die 2. Fläche ist meist eine Planfläche, sind relativ einfach herzustellen. Mit ihnen ist eine **anamorphotische Abbildung** möglich, bei der die unterschiedlichen Abbildungsmaßstäbe β'_x und β'_y in den beiden Koordinatenrichtungen das Bild verzerren. Die Bildorte O'_x und O'_y müssen jedoch, um eine scharfe Abbildung zu gewährleisten, gleich sein. Dazu werden 2 gekreuzte Zylinderlinsen verwendet (Bild 2.7.5).

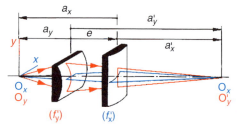

Bild 2.7.5 Anamorphotische Abbildung durch gekreuzte Zylinderlinsen

Die 1. Linse mit der Brennweite f'_x wirkt im y-z-Schnitt (Zeichenebene) abbildend, die 2. Linse mit f'_y im x-z-Schnitt. Im jeweils anderen Schnitt geht $f' \to \infty$. Ist ein System aus 2 dünnen Zylinderlinsen durch f'_x, f'_y und e gegeben, so liefert Gl. 1.4.17 getrennt auf x und y angewandt mit $a_y = a_x + e$ und $a'_y = a'_x + e$ (Bild 2.7.5) die Objektweite a_y:

$$\frac{1}{a_y} = \frac{1}{e} - \frac{1}{2f'_y} \pm \frac{1}{2f'_y} \cdot \sqrt{1 + \frac{4 \cdot f'_x \cdot f'_y}{e^2}}$$

(Gl. 2.7.2)

In der Entfernung a_y von der 1. Linse muss eine Objektebene liegen, wenn sie punktförmig (stigmatisch: $O_y' = O_x'$) aber anamorphotisch abgebildet werden soll. Bei anderen Objektentfernungen ist die Abbildung astigmatisch! Nur eine Lösung, die negatives a_y und damit auch negatives a_x ergibt, führt zur anamorphotischen Abbildung eines reellen Objektes. Die beiden Abbildungsmaßstäbe β_x' und β_y' erhält man aus Gl. 1.4.18.

Dünne gekreuzte Zylinderlinsen mit $f_x' = f_y'$ und $e = 0$ wirken wie eine sphärische Linse. Bei parallelen Zylinderachsen gilt für die Gesamtbrennweite wieder Gl. 2.5.14 wie bei sphärischen Linsen, im 2. Schnitt geht jedoch $f' \to \infty$.

Die anamorphotische Abbildung wird u.a. bei **Breitwand-Filmverfahren** benutzt. Durch einen anamorphotischen Kameravorsatz wird die große Breitenausdehnung der Objektszene bei der Aufnahme auf das Standardformat des Filmbilds komprimiert ($|\beta_x'| < |\beta_y'|$); bei der Projektion erfolgt dann wieder die Entzerrung ($|\beta_x'| > |\beta_y'|$). Bei Beleuchtungseinrichtungen kann durch Verwendung von Zylinderlinsen auch ohne exakte anamorphotische Abbildung die Form einer Leuchtfläche, etwa einer quadratischen Glühwendel, an die auszuleuchtende Fläche, z.B. einen rechteckigen Spalt, angepasst werden. Anamorphotische Abbildungssysteme können sehr unterschiedlich aufgebaut sein, auch mit Prismen und durch Kombination von sphärischen Linsen mit Zylinderlinsenkomponenten. Sie lassen sich in ihrer Grundwirkung immer durch zwei gekreuzte Zylinderlinsen ersetzen.

Beispiel
Bei einer Lichtschranke soll die 3 mm × 3 mm große Wendelfläche der Lampe durch 2 dünne Planzylinderlinsen auf eine Blende mit der Öffnung 9 mm Breite × 21 mm Höhe scharf abgebildet werden, so dass das Wendelbild die Blendenöffnung gerade ausfüllt. Die Blende steht 200 mm von der Lampenwendel entfernt. Die Brennweiten und Lagen der beiden Linsen sind zu berechnen, weiterhin die Krümmungsradien bei Verwendung von Glas BK 7.

Lösung
Bei Vernachlässigung der Linsendicke ist
$$a_y' - a_y = 200; \quad a_y'/a_y = \beta_y' = -7$$
ebenso
$$a_x' - a_x = 200; \quad a_x'/a_x = \beta_x' = -3$$
Damit erhält man $a_y = -25$; $a_y' = 175$; $a_x = -50$; $a_x' = 150$.
Mit Gl. 1.4.17 folgen $f_y' = 21{,}88$; $f_x' = 37{,}5$ und mit Gl. 2.5.11 für $r \to \infty$ die Radien der zweiten Flächen der Planlinsen: $r_{2y} = -11{,}35$; $r_{2x} = 19{,}45$. Von der Lampenwendel sind die beiden Linsen also 25 mm bzw. 50 mm entfernt. Die Anordnung entspricht Bild 2.7.5.

2.7.4 Fresnel-Linsen

Fresnel-Linsen sind meist aus Kunststoff gespritzte dünne Platten, bei denen die brechende Fläche zur Verringerung der Dicke aus Stufen besteht. In Bild 2.7.6 ist die Volllinse gleicher Brechkraft gestrichelt eingezeichnet. Im Gegensatz zur Fresnel'schen Zonenlinse (Abschnitt 2.7.6) beruht die Wirkung der Fresnel'schen Stufenlinse allein auf Brechung.

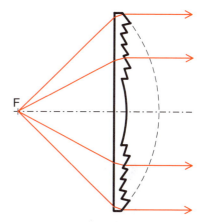

Bild 2.7.6 Schnitt durch die Fresnel-Linse

Die wirksamen Zonenflächen führt man bei geringer Breite der Kreisrillen oft kegelförmig aus; sie wirken dann wie das Prismenmodell von Bild 2.5.2. Die Flächenneigungen werden auf gute Strahlenvereinigung optimiert, die Fresnel-Linse verhält sich daher wie eine asphärische Linse, weist jedoch Restfehler auf. Sie ist bei geringem Volumen und Gewicht für einfache Abbildungsaufgaben (z.B. Lupen, Abbildung von Lichtquellen) brauchbar. Fresnel-Linsen werden als großflächige, oft auch quadratische Linsen relativ kleiner Brennweite in Arbeitsprojektoren (Overhead-Projektoren) verwendet. Wegen der störenden Ringstrukturen durch die Kreiszonen macht man die Stufen möglichst schmal.

2.7.5 Gradientenoptik

Die Gradientenoptik befasst sich mit der Abbildung durch optische Elemente mit räumlich kontinuierlich veränderlicher Brechzahl. Das gewünschte Brechzahlprofil wird durch einen Ionenaustauschprozess hergestellt. Linsen auf Basis der Gradientenoptik werden Gradientenlinsen, GRINs (Gradient Index) oder, ein Herstellername, SELFOC- Linsen genannt. Man unterscheidet axiale und radiale Indexprofile.

Bei der **axialen Gradientenoptik** variiert die Brechzahl in Richtung der optischen Achse. Mit diesem Profil lässt sich eine sphärische Linse so korrigieren, dass sie wie eine Asphäre wirkt. In Abschnitt 2.6.1 wurde gezeigt, dass die außeraxialen Strahlen bei einer Positivlinse stärker gebrochen werden als die achsennahen. Wählt man nun, wie in Bild 2.7.7, ein Material, das im linken Bereich eine höhere Brechzahl besitzt als im rechten, so laufen die Randstrahlen in einem Bereich mit geringerer Brechzahl als die achsennahen, werden

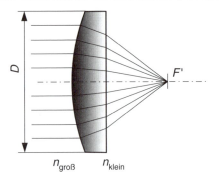

Bild 2.7.7 Asphärische Gradientenlinse mit axialem Gradientenprofil

also weniger stark gebrochen. Bei exakter Einhaltung des errechneten Gradienten wird der Öffnungsfehler bei einem axialen Objektpunkt vollständig korrigiert.

Beim **radialen Gradienten** ändert sich die Brechzahl ähnlich wie bei der Gradientenfaser Abschnitt 5.1 rotationssymmetrisch senkrecht zur optischen Achse. Für Abbildungszwecke eignet sich ein parabolisches Brechzahlprofil (ϱ = Abstand von der optischen Achse, $\Delta n = n_{\text{Achse}} - n_{\text{D/2}}$):

$$n(\varrho) = n_{\text{Achse}} - \Delta n \cdot \left(\frac{2\varrho}{D}\right)^2 \qquad \text{(Gl. 2.7.3)}$$

Das ideale Brechzahlprofil weicht nur geringfügig vom parabolischen ab. In einem Lichtleiter mit Profil nach Gl. 2.7.3 läuft ein Lichtstrahl auf einer sinusförmigen Kurve mit der Periode p, Pitch genannt.

$$p = \frac{\pi \cdot D}{\sqrt{2\Delta n / n_{\text{Achse}}}} \qquad \text{(Gl. 2.7.4)}$$

Bild 2.7.8 zeigt den Strahlenverlauf bei einem parabolischen Brechzahlprofil.

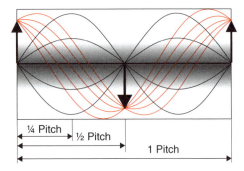

Bild 2.7.8 Strahlenverlauf in einer GRIN-Linse unterschiedlicher Länge

Die Eigenschaften der Linse hängen von der Länge der Linse ab. Mit ¼ Pitch oder ¾ Pitch formt man aus dem divergenten Bündel eines Diodenlasers ein Parallelbündel; Pitch ½ oder 1 bilden umgekehrt oder aufrecht ab. Dieser Möglichkeit der reellen Abbildung verdankt das Bauelement auch den Namen **selbstfokussierende Linse.**

2.7.6   Diffraktive optische Elemente

Eine Bündelablenkung lässt sich nicht nur durch Brechung, sondern auch mit Hilfe der Beugung realisieren. Schon Fresnel entwarf um 1800 die in ihrer Wirkung einer Linse entsprechende **Fresnel'sche Zonenplatte**. Heute sind diffraktive optische Elemente unter dem Namen DOE, Computer Generated Holographic Elements CGHE oder holographisch-optische Elemente HOE weit verbreitet.

Das Prinzip soll anhand eines wie eine Zylinderlinse wirkenden DOEs erklärt werden. In Abschnitt 1.2.4.1 wird gezeigt, dass bei einem Gitter der Beugungswinkel entsprechend $\beta_{max} = k \cdot \lambda/g$ zunimmt, wenn die Gitterkonstante g kleiner wird. Fertigt man ein Gitter, bei dem von der optischen Achse ausgehend die Gitterkonstante mit dem Abstand y abnimmt (Bild 2.7.9), so werden die Parallelstrahlen mit großer Einfallshöhe stärker gebeugt als die mit geringer Höhe. Bei richtiger Wahl der Abstände werden alle gebeugten Strahlen wie bei der Asphäre in einem Punkt gesammelt, der dann Brennpunkt ist. Rotationssymmetrische, ähnlich aufgebaute Strukturen wirken wie eine Asphäre und werden Fresnel'sche Zonenplatte genannt.

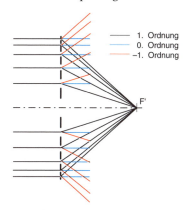

Bild 2.7.9 Diffraktive Zylinderlinse ohne Blaze

Beugende Strukturen lassen sich durch Absorption (Amplitudenstrukturen) oder besser, da ohne Absorption, durch definierte Verschiebung der Phase (Phasenstrukturen) realisieren (Abschnitt 1.2.3).

Das Problem beim Einsatz der Beugung sind die vielen Beugungsordnungen, die Zylinderlinse Bild 2.7.9 wirkt ja ohne weitere Maßnahmen sowohl wie eine Positiv- als auch wie eine Negativlinse. Verwendet man ein Gitter, bei dem Transmission oder Phasenverschiebung der Gitterstrukturen nach einer Sinusfunktion moduliert werden, so erhält man nur die Ordnungen 1, 0 und +1. Durch eine geeignete Formgebung ähnlich dem «Blazen» von Gittern (Abschnitt 7.6.1) kann man erreichen, dass nahezu die gesamte Leistung in eine Ordnung gebeugt wird. Mit dreidimensionalen beugenden Strukturen kann man die Form des einfallenden Bündels nahezu beliebig festlegen. Wie von den Laserpointern bekannt, lässt sich das emittierte Bündel mit einem DOE in eine Linie, ein Kreuz oder einen leuchtenden Kreisring umformen. Der Vorteil dabei ist, dass die gesamte auftreffende Energie in die gewünschte Form gebeugt wird. Bei der klassischen Methode dagegen beleuchtet man z.B. eine absorbierende Schablone mit transparentem Kreuz und bildet dieses ab. Dabei wird ein Großteil der Leistung von der Schablone ausgeblendet. Nachteil der diffraktiven Methode ist die nach Abschnitt 1.2.4.1 extrem große Wellenlängenabhängigkeit. DOEs finden sich daher häufig in Laseroptiken oder zum Kompensieren des Farbfehlers refraktiver Linsen. Weitere Anwendungen sind unter anderem optische Filter, gleichmäßige Beleuchtung, Lichtablenkung, Sicherheitscodierung und Sehhilfen für Sehbehinderte.

Möglich wurde die Realisierung von DOEs einmal durch leistungsfähige Computer, die die für komplexe Abbildungsaufgaben notwendige Strukturierung mit Hilfe von Maxwell-Gleichungen mit umfangreichen Randwertbedingungen berechnen. Zweite Bedingung war die Herstellung von definierten Nanostrukturen in Lichtwellenlängendimensionen. Älteste Methode ist die klassische Herstellung eines Hologramms sowie die Strukturierung mit Lasern oder Elektronenstrahlen. Heute wird meist auf die für die Mikroelektronik entwickelte Fertigungstechnologie zurückgegriffen. Dabei wird die Struktur auf eine transparente Unterlage geplottet, verkleinert und auf das mit Fotoresist beschichtete Material projiziert. Diese Methode erlaubt allerdings keine kontinuierliche Höhenmodellierung, sondern nur diskrete Höhenstufen. Man kann jedoch durch Vielfachbelichtung mit immer feineren Gittern die Stufen so klein machen, dass sich ein quasikontinuierlicher Übergang ergibt. Neuere Verfahren erlauben sogar kontinuierliche Graustufen. Dimensionen im μm-Bereich können mit Diamantwerkzeugen auch auf nicht ebene Oberflächen aufgebracht werden. Für die Serienfertigung werden durch mehrstufige Abformung Matrizen aus Metall gefertigt, die dann mit niedrig schmelzenden organischen oder anorganischen Gläsern abgeformt werden. Damit lassen sich diffraktive Strukturen auf refraktive Linsen aufbringen und so eine Reihe von Abbildungsfehlern wie Farbfehler, sphärische Aberration und Koma in einem Bauelement kompensieren.

2.7.7 Flüssigkeitslinsen

Flüssigkeitstropfen haben dank der Oberflächenspannung eine gekrümmte Oberfläche und wirken wie Linsen. Ist die Flüssigkeit leitfähig oder polarisierbar, lässt sich die Krümmung durch ein elektrisches Feld (Bild 2.7.10) beeinflussen [2.32].

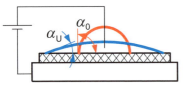

Bild 2.7.10 Flüssigkeitslinse variabler Brennweite

Zwischen der Flüssigkeit und dem leitfähigen Substrat liegt eine dünne isolierende Schicht; das System bildet einen Kondensator. Das Feld ändert den Winkel α und damit die Brennweite der Flüssigkeitslinse. Die Krümmung ist unabhängig von der Polung und hängt quadratisch von der angelegten Spannung ab. Flüssigkeitslinsen werden in steigendem Maß in Fotohandys eingesetzt. Die technische Ausführung unterscheidet sich natürlich von der Prinzipskizze. Die aktive Flüssigkeit wird mit einem Deckglas geschützt, das auch als Gegenelektrode wirkt.

2.8 Strahlenverlauf im nicht paraxialen Gebiet

Mit der paraxialen Durchrechnung wurden die grundlegenden Abbildungseigenschaften eines optischen Systems erfasst. Nicht paraxiale Strahlen ergeben vor allem «Bildschärfefehler», d.h. nicht punktförmige Strahlenvereinigung (Abschnitt 2.6) Will man diese Abbildungsfehler quantitativ erfassen, so muss man zumindest den Verlauf einiger nicht paraxialer Strahlen exakt nach dem Brechungsgesetz (Gl. 1.2.9) von Fläche zu Fläche durchrechnen.

2.8.1 Strahldurchrechnung

Die folgende Darstellung der Durchrechnungsgrundlagen beschränkt sich auf zentrierte Flächenfolgen und berücksichtigt nur Meridionalstrahlen (Strahl und optische Achse liegen in einer Ebene, d.h., der Strahl oder seine Verlängerung schneidet die optische Achse). Die Rechengrößen sind in Bild 2.4.2 enthalten, wobei sie jetzt mit einer Tilde (~) gekennzeichnet werden, wenn sie zu nicht paraxialen Strahlen gehören.

Von der Fläche k sind die Daten r, n, n' bekannt. Als Koordinaten des einfallenden Strahls werden meist $\tilde{s}$ und $\tilde{\sigma}$ benutzt. Ist anstelle von $\tilde{\sigma}$ die Durchstoßhöhe $\tilde{h}$ an der Fläche gegeben, so erhält man den Strahlwinkel $\tilde{\sigma}$ gegenüber der Achse aus

$$\tilde{\sigma} = \arctan \dfrac{\tilde{h}}{\underbrace{\tilde{s} - r\left[1 - \cos\left(\arcsin\dfrac{\tilde{h}}{r}\right)\right]}_{\text{Pfeilhöhe } p}}$$

(Gl. 2.8.1)

Aus den Eingangskoordinaten $\tilde{s}$ und $\tilde{\sigma}$ erhält man dann die Koordinaten des gebrochenen Strahls:

$$\tilde{\sigma}' = \underbrace{\arcsin\left(\frac{\tilde{s}-r}{r}\sin\tilde{\sigma}\right)}_{\tilde{\varepsilon}} -$$

$$\underbrace{\arcsin\left(\frac{n}{n'}\cdot\frac{\tilde{s}-r}{r}\sin\tilde{\sigma}\right)}_{\tilde{\varepsilon}'} + \tilde{\sigma} \qquad \text{(Gl. 2.8.2)}$$

$$\tilde{s}' = r + (\tilde{s}-r)\cdot\frac{n\cdot\sin\tilde{\sigma}}{n'\cdot\sin\tilde{\sigma}'} \qquad \text{(Gl. 2.8.3)}$$

Setzt man in Gl. 2.8.2 $\sin\sigma = \sigma$ (Paraxialgebiet), so folgt aus Gl. 2.8.3 nach entsprechender Umformung wieder die Schnittweitengleichung 2.4.6 als Spezialfall.

Für eine achsensenkrechte Planfläche ($r \to \infty$) vereinfachen sich die Gl. 2.8.1 bis Gl. 2.8.3 zu

$$\tilde{\sigma} = \arctan\frac{\tilde{h}}{\tilde{s}} \qquad \text{(Gl. 2.8.4)}$$

$$\tilde{\sigma}' = \arcsin\left(\frac{n}{n'}\cdot\sin\tilde{\sigma}\right) \qquad \text{(Gl. 2.8.5)}$$

$$\tilde{s}' = \tilde{s}\cdot\frac{\tan\tilde{\sigma}}{\tan\tilde{\sigma}'} \qquad \text{(Gl. 2.8.6)}$$

Bei einem **achsenparallel einfallenden Strahl** ($\tilde{s} \to \infty$, $\tilde{\sigma} \to 0$) muß $\tilde{h}$ gegeben sein. Da nun $\sin\tilde{\varepsilon} = \tilde{h}/r$ wird, erhält man als Koordinaten des gebrochenen Strahls

$$\tilde{\sigma}' = \arcsin\frac{\tilde{h}}{r} - \arcsin\frac{n\cdot\tilde{h}}{n'\cdot r} \qquad \text{(Gl. 2.8.7)}$$

$$\tilde{s}' = r + \frac{n\cdot\tilde{h}}{n'\cdot\sin\tilde{\sigma}'} \qquad \text{(Gl. 2.8.8)}$$

Von diesen Spezialfällen abgesehen, erfolgt die Strahldurchrechnung durch eine Fläche κ nach Gl. 2.8.2 und Gl. 2.8.3. Für den Übergang zur nächsten Fläche $\kappa + 1$ müssen nun die **Übergangsgleichungen**

$$\tilde{\sigma}_{\kappa+1} = \tilde{\sigma}_{\kappa}' \; ; \; n_{\kappa+1} = n_{\kappa}' \; ; \; \tilde{s}_{\kappa+1} = \tilde{s}_{\kappa}' - d_{\kappa}' \qquad \text{(Gl. 2.8.9)}$$

angewendet werden.

Interessiert man sich auch für die Durchstoßhöhe $\tilde{h}_{\kappa+1}$ an der neuen Fläche $\kappa + 1$, so erhält man (Index $\kappa + 1$ weglassen):

$$\tilde{h} = r\cdot\sin\left[\tilde{\sigma} + \arcsin\left(\frac{\tilde{s}-r}{r}\sin\tilde{\sigma}\right)\right] \qquad \text{(Gl. 2.8.10)}$$

Für eine **Planparallelplatte in Luft** ergibt ein nicht paraxialer, unter dem Winkel $\tilde{\varepsilon} = \tilde{\sigma}$ einfallender Strahl die axiale **Bildversetzung**

$$O\tilde{O}' = d\cdot\left[1 - \frac{\cos\tilde{\varepsilon}}{\sqrt{n^2 - \sin^2\tilde{\varepsilon}}}\right] \qquad \text{(Gl. 2.8.11)}$$

die paraxial ($\cos\varepsilon \approx 1$; $\sin\varepsilon \approx \varepsilon \ll n$) in Gl. 2.2.6 übergeht. Für die **Parallelversetzung** eines Strahls erhält man dann

$$v = O\tilde{O}'\cdot\sin\tilde{\varepsilon} \qquad \text{(Gl. 2.8.12)}$$

woraus paraxial wieder Gl. 2.2.7 folgt.

Beispiel
Gegeben sind $r = 80$, $n = 1$ und $n' = 1,5$.
Vom Objektpunkt O mit $s = -200$ soll ein paraxialer Strahl und ein Strahl unter dem Winkel $\tilde{\sigma} = -6°$ wie in Bild 2.4.2 auf die brechende Fläche treffen. Wie groß ist die Schnittweite der beiden Strahlen? Paraxial nach Gl. 2.4.6 $s' = 1200$; und nicht paraxial nach Gl. 2.8.2. $\tilde{\varepsilon} = 21,459879°$, $\tilde{\varepsilon}' = 14,116822°$, und damit die Koordinaten des austretenden Strahls $\tilde{\sigma}' = 1,343057°$, $\tilde{s}' = 912,471$.
Obgleich der Strahlwinkel gegenüber der Achse mit $-6°$ relativ klein erscheint, erreichen $\tilde{\varepsilon}$ und $\tilde{\varepsilon}'$ Werte, die zu erheblichen Abweichungen gegenüber der Paraxialrechnung führen. Für $\tilde{\sigma} = 0,5°$ erhält man jedoch $\tilde{\sigma}' = 0,083517°$ und $s' = 1197,517$, was dem paraxialen Wert sehr nahe kommt.

Die zeitaufwendigen Rechnungen nach Gl. 2.8.1 bis Gl. 2.8.12 werden heute von **Optikprogrammen** (Optic Design) durchgeführt. Gute Analysensysteme sind als Freeware aus dem Internet zu laden [2.30]. Mit etwas Einarbeitungszeit lassen sich damit komplexe Systeme schnell in allen Schnittebenen durchrechnen. Allerdings hat nahezu jedes kommerzielle Programm seine eigenen Formelzeichen und teilweise abenteuerliche Definitionen, wie z.b. die Eingabe von $r = 0$ für eine Planfläche. Das Ergebnis wird graphisch dargestellt, sodass sich eine Strahldurchzeichnung per Hand erübrigt. Gute Plottools gibt es allerdings nur bei kommerziellen Programmen, man kann sich aber wie in Bild 2.4.11 mit einem Screenshot behelfen.

2.8.2   Optical Design

Die in Abschnitt 2.8.1 gezeigte manuelle Durchrechnung eines optischen Systems ist zeitaufwendig und berücksichtigt noch keine Sagittalschnitte. Selbst mit hohem zeitlichen Aufwand sind nur einfache Systeme zu berechnen, ein Grund dafür, dass Zoomobjektive erst ab 1960 dank Einsatz leistungsfähiger Rechner auf den Markt kamen. Ein typisches Zoom hat 12 Linsen in 9 Gruppen, 21 verschiedene Radien, 8 Abstände und 12 Glassorten mit je 2 Parametern n und v, insgesamt also 53 Variable, die unabhängig voneinander verändert werden können. Hauptproblem beim Entwerfen von Optiken, dem **Optical Design**, ist die unangenehme Tatsache, dass die Optimierung, die schrittweise Verbesserung eines optischen Systems durch Änderung der Parameter der Komponenten, nicht konvergent ist. Hat man z.B. einen Radius gefunden, mit dem der Öffnungsfehler gut korrigiert wird und variiert zur weiteren Verbesserung die Linsendicke, so ist der früher gefunden Radius nicht mehr optimal, d.h., dass man alle Parameter unabhängig voneinander variieren sollte, um ein optimales System zu entwerfen. Sieht man nur 20 unterschiedliche Werte pro Parameter vor, und das ist in Anbetracht von etwa 250 Glassorten wenig, so gibt es $20^{53} = 9 \cdot 10^{68}$ verschiedene Möglichkeiten. Selbst schnelle Computer mit 10^7 Flächendurchrechnungen/s sind damit überfordert, denn $9 \cdot 10^{68}$ Kombinationen bedeuten im Beispiel mit 21 Flächen $1{,}9 \cdot 10^{70}$ Rechnungen: Die Rechenzeit dafür beträgt $6 \cdot 10^{55}$ Jahre. Es wurden daher mehrere schnellere Optimierungsalgorithmen entwickelt. Am häufigsten wird die Methode der «**Damped Least Squares**» eingesetzt, bei der eine «**Merit Function**»

minimiert wird. In dieser Funktion sind die transversalen Strahlenaberrationen, Differenzen in den optischen Weglängen, Astigmatismus und die Verzeichnung eingearbeitet. Eine Reihe weiterer Vorgaben sind möglich, so die gewünschte Brennweite, Abbildungsmaßstab, Schnittweiten und die Gesamtlänge. Dem Programm können preiswerte Standardgläser vorgeschrieben werden, erlaubte Radien entsprechend der Verfügbarkeit in der Fertigung, minimale Randstärken und Mittendicken. Je mehr Vorgaben jedoch gemacht werden, desto schlechter wird normalerweise das Ergebnis der Optimierung. Auch die Merit-Funktion kann den Wünschen angepasst werden: optimale Schärfe, minimale Verzeichnung oder gleichmäßige Leistung über den ganzen Brennweitenbereich. Allerdings muss man sich im Klaren darüber sein, dass jedes Design ein Kompromiss ist. Es ist nicht sinnvoll, alle Schalter auf Maximum zu stellen, denn die optimale Schärfe lässt sich eben nur dann erreichen, wenn man Abstriche bei der Verzeichnung in Kauf nimmt. Im schlimmsten Fall kann es passieren, dass das Programm nicht ein globales Optimum findet, sondern ein Nebenmaximum minderer Qualität. Es ist daher sinnvoll, ein bewährtes Design als Startvorgabe zu nehmen und den Erfordernissen anzupassen. Neuere Programme versprechen eine globale Optimierung: Ohne ausreichende Erfahrung ist der Entwurf eines neuen Systems aber nicht zu schaffen!

Die in Abschnitt 2.8.1 gezeigte Methode der Durchrechnung folgt konsequent der Abfolge der Flächen, geht also immer vom Objekt zu Fläche 1, dann zu Fläche 2 usw. Man nennt sie sequentielle Strahlverfolgung oder meist «**Sequential Raytracing**». Ziel ist die Bestimmung der Qualität des Bildes. Um Streulicht zu ermitteln muss man jedoch den tatsächlichen Weg eines Strahls verfolgen, und der kann bei Mehrfachreflexion von Fläche 2 wieder zurück zu 1 und dann wieder in die ursprüngliche Richtung oder auch auf den Tubus laufen. Diese erst in den letzten Jahren zur Reife entwickelte Form des «Optical Designs» nennt man, da die Flächenfolge von Brechung, Streuung, Reflexion und Beugung, nicht jedoch sequentiell, also von Fläche 1 nach 2 nach 3 usw. bestimmt wird, «**Nonsequential Raytracing**». Neben der Ermittlung des Streulichts wird diese Methode immer dann eingesetzt, wenn eine bestimmte Helligkeitsverteilung gewünscht wird. Die gleichmäßige Leuchtdichte eines LCD-Bildschirms, die optimale Ausleuchtung schiefer Flächen oder die Geisterbilder bei IR-Optiken werden mit dieser Methode errechnet.

Während beim «Sequential Raytracing» für einen Objektpunkt etwa 10…20 verschiedene Strahlen mit unterschiedlichen Winkeln und räumlichen Ausrichtungen für ein gutes Ergebnis ausreichen, müssen beim «Nonsequential Raytracing» mehrere 10 000 Strahlen durchgerechnet werden, was zu langen Rechenzeiten führt.

Die vielen angebotenen Sequential-Raytracing-Programme unterscheiden sich nur wenig in der Optimierungsqualität, stark jedoch in Komfort, erlaubter Flächenanzahl, der Integration von Gradientenoptiken und DOEs und der Möglichkeit, Zoomsysteme zu optimieren. Nonsequential-Raytracing-Programme sollten gut mit dem eingesetzten CAD-Programm zusammenarbeiten, da hier ja auch Tuben, Blenden und Fassungen eine Rolle spielen. Alle Reflexionseigenschaften von Linsen und Fassungen müssen einzugeben und die Modellierung von Körpern einfach sein. Gute Programme kosten bis zu mehreren 10 000 €.

2.9   Reflexminderung

Die Reflexion an transparenten Flächen führt bereits bei einer Planplatte oder Einzellinse in Luft zu einer Reduzierung des Transmissionsgrades um ca. 10% (Abschnitt 1.2.6.3). Ein Kameraobjektiv mit 6 freistehenden Linsen ($k = 12$) mittlerer Brechzahl ($n = 1,5$) hat nach Gl. 1.2.18 einen Transmissionsgrad von nur noch 67%; ein Zoomobjektiv mit 16 Linsen erreicht nur mehr 43%.

Noch störender als die Verringerung des Transmissionsgrades durch Reflexion ist die durch Mehrfachreflexionen innerhalb eines Linsensystems auftretende Kontrastminderung, das reflektierte Licht kommt an Bildstellen, die eigentlich dunkel sein sollten. Deshalb

ist insbesondere bei vielflächigen Systemen eine Verminderung der Reflexionsverluste notwendig. Die Absorption kann dagegen meist vernachlässigt werden.

2.9.1   Kittflächen

Die älteste Methode zur Reduzierung der Reflexion ist das Verkitten von Linsen mit einem Material, dessen Brechzahl der Linsenbrechzahl möglichst nahe kommt. In diesem Fall ist der Zähler in Gl. 1.2.17 nahezu 0 und damit $\varrho \approx 0$. Als Kitt werden meist UV-härtende Kunststoffe eingesetzt. Diese haben eine lange Offenzeit zum Zentrieren der Linsen und härten dann bei Bestrahlung mit Ultraviolett-Licht schnell aus. Da jedoch die Radien der Kittflächen gut übereinstimmen müssen, verliert man einen Freiheitsgrad beim Linsendesign; von Vorteil ist der geringere Montageaufwand. Verkittete Linsen werden häufig als farbfehlerkorrigierte Bauelement (Achromate, Abschnitt 2.6.6) eingesetzt.

2.9.2   Vergütung

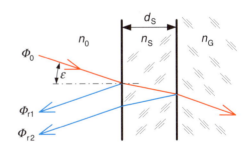

Bild 2.9.1 Destruktive Interferenz in reflektierten Bündeln

Die gängige Methode zur Reflexminderung ist der Einsatz von dünnen Schichten, man spricht dann von **Vergütung** oder **Entspiegelung** (Bild 2.9.1). Bei der Vergütung wird die **destruktive Interferenz** (Abschnitt 1.2.3) eingesetzt. Zwischen Luft (n_0) und Glas (n_G) wird eine dünne Zwischenschicht (n_S) angebracht. Die an der Vorder- und Rückseite der Schicht reflektierten Wellenzüge Φ_{r1} und Φ_{r2} löschen sich gegenseitig aus, wenn sie gegenphasig sind und gleiche Amplitude besitzen. Da nach dem ersten Hauptsatz der Wärmelehre keine Energie verloren gehen kann und die dünnen Schichten nicht absorbieren, kommt die nicht reflektierte Leistung voll dem durchgelassenen Lichtstrom zugute. Dabei erhebt sich natürlich die Frage, wie sich Φ_{r1} mit dem ja später eintreffenden Φ_{r2} überlagern kann. Tatsächlich kann man dieses Problem mit einem räumlich-zeitlichen Überlagerungsansatz lösen. Die Rechnung zeigt, dass sich nach der unmerklich kurzen Einschwingzeit von etwa 10^{-15} s der aus der einfachen Überlegung folgende Gleichgewichtszustand einstellt.

Die für die destruktive Interferenz notwendige Phasenbedingung ist bei **senkrechtem Lichteinfall** ($\varepsilon = 0$) erfüllt, wenn der **Gangunterschied**, die Differenz der optischen Weglängen $n_S \cdot \Delta z$ ein ungeradzahliges Vielfaches von $\lambda/2$ ist (Gl. 1.2.4). Da $n_S > n_L$ und $n_G > n_S$ sind, erleiden beide Strahlen den gleichen Phasensprung bei der Reflexion am optisch dichteren Medium. Somit ist die Bedingung für die dünnst mögliche ($m = 0$) Vergütungsschicht $n_S \cdot \Delta z = n_S \cdot 2d_S = \lambda/2$ und damit

$$d_S = \frac{\lambda}{4n_S} \qquad \text{(Gl. 2.9.1)}$$

Die für eine 100%ige Auslöschung notwendige Amplitudenbedingung $J_{r1} = J_{r2}$ wird erfüllt, wenn die Reflexionsgrade ϱ_{0S} und ϱ_{SG} etwa gleich sind. Eingesetzt in Gl. 1.2.17 folgt:

$$\left(\frac{n_S - n_0}{n_S + n_0}\right)^2 = \left(\frac{n_G - n_S}{n_G + n_S}\right)^2$$

Nach Ausmultiplizieren und Kürzen ergibt sich die Forderung für die optimale Brechzahl der Schicht:

$$n_S = \sqrt{n_0 \cdot n_G} \qquad \text{(Gl. 2.9.2)}$$

Eine vollständige Entspiegelung ist mit einer Einfachschicht nach Gl. 2.9.1 nur für **eine** Wellenlänge und **einen** Einfallswinkel möglich. Zudem kann man die Amplitudenbedingung selbst für einen festen Einfallswinkel nicht streng erfüllen, weil Zwischenschichten mit geeigneten Brechzahlen fehlen. Trotzdem ist die Einfachvergütung sinnvoll, da sie den Reflexi-

onsgrad im gesamten sichtbaren Spektralbereich und für Winkel bis 40° ca. um den Faktor 3 reduziert. Viele übereinander liegende Schichten mit unterschiedlicher Brechzahl und Dicke (**Multicoating**) ergeben Reflexionsgrade unter 0,3% für Einfallswinkel bis 50° im gesamten sichtbaren Spektralbereich (Bild 2.9.2). Untersuchungen unter Berücksichtigung der Mehrfachreflexionen finden sich in [1.3.und 2.20.].

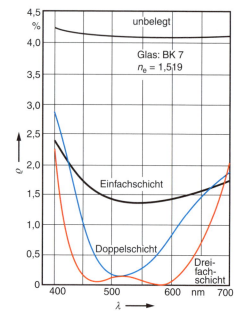

Bild 2.9.2 Erreichbare Reflexminderung bei einer Luft-Glas-Fläche

Durch die Vergütung steigt nicht nur der durchgelassene Lichtstrom, es werden auch kontrastmindernde Mehrfachreflexionen vermieden. Zur Herstellung reflexmindernder Schichten werden dielektrische Materialien wie ZrO_2, SiO_2, Al_2O_3, TiO_2 und besonders häufig MgF_2 eingesetzt. Magnesiumfluorid MgF_2 mit $n_S = 1{,}38$ erfüllt die Amplitudenbedingung Gl. 2.9.2 streng nur für Gläser mit $n_G = 1{,}91$.

Den Einfluss des Eintrittswinkels ε zeigt Bild 2.9.3 bei mehrschichtvergütetem Quarzglas. Das System wurde für $\varepsilon = 0$ optimiert. Wegen des längeren Weges in der Schicht ist die Bedingung Gl. 2.9.1 bei $\varepsilon = 45°$ nicht mehr erfüllt, der Reflexionsgrad steigt.

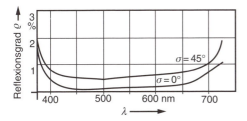

Bild 2.9.3 Abhängigkeit des Reflexionsgrades vom Eintrittswinkel

Hochwertige Vergütungsschichten werden im Hochvakuum aufgedampft; für große Flächen und den Massenmarkt etwa zur Entspiegelung von Bildschirmen werden Folgen von hoch- und niedrigbrechenden Schichten ohne Vakuum im Sol-Gel-Verfahren aufgebracht.

2.9.3 Mikrostrukturierung

Reflexverminderung ist auch durch Mikrostrukturierung der Oberfläche mit Kegeln oder Pyramiden möglich. Die Strukturen haben die Größenordnung einige Nanometer, sind also so fein, dass sie vom Auge nicht wahrgenommen werden. Sie werden nach dem Vorbild der Natur **Mottenaugenstrukturen** genannt. Die Beugungsgleichung, Gl. 1.2.6, $\sin\beta_{max} = m \cdot \lambda/g$ hat für $\lambda > g$ nur noch für $m = 0$ eine reelle Lösung, das Licht wird also nicht mehr gebeugt und breitet sich geradlinig aus. Ist der Strukturabstand also kleiner als die Lichtwellenlänge, gibt es kei-

ne Brechung oder Beugung an Strukturflächen, vielmehr wirkt die Struktur wie ein weicher, kontinuierlicher Brechzahlübergang von $n = 1$ zu $n = n_G$. Dadurch wird der für die Reflexion verantwortliche harte Brechzahlsprung Luft-Glas vermieden; die Folge ist eine breitbandige Reflexverminderung. Ein weiterer Vorteil der Mikrostrukturierung ist der **Lotoseffekt**; Flüssigkeit und Schmutz perlen an der Oberfläche ab.

Bild 2.9.4 zeigt die Wirkung einer praktisch eingesetzten Mikrostruktur. Der Anstieg der Reflexion bei sehr kleinen Wellenlängen ist darauf zurückzuführen, dass hier die Bedingung Strukturgröße < Wellenlänge nicht mehr erfüllt ist.

Zur Herstellung von Mikrostrukturen gibt es 3 Verfahren. Das älteste, es wurde bereits von FRAUNHOFER eingesetzt, ist das Anätzen der Glasoberfläche. Für organische Gläser eignet sich das Prägeverfahren. Dabei wird ein Hologramm mit der gewünschten Struktur auf Fotoresist, eine spezielle Art chemischer Fotoschicht, aufbelichtet. Wie in der Chiptechnik üblich, wird der Fotoresist entwickelt, und es entsteht ein Negativbild der Struktur. Anschließend wird die Oberfläche mit Nickel beschichtet und man erhält so einen Prägestempel für die Bearbeitung der Oberflächen. Beim dritten, für große Flächen geeigneten Verfahren, beschichtet man die Oberfläche mit einer Suspension, die feinste Partikel enthält.

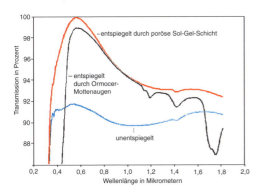

Bild 2.9.4 Reflexverminderung durch Mikrostrukturen [2.33]

3 Bündelbegrenzung

3.1 Auswirkung der Bündelbegrenzung

Bei der rechnerischen und zeichnerischen Konstruktion von Bildern wird auf den tatsächlichen Strahlenverlauf keine Rücksicht genommen; Konstruktionsstrahlen können auch außerhalb der körperlichen Optik verlaufen.

Der tatsächliche Strahlenverlauf durch die Optik, die Bildhelligkeit und die erlaubte Größe von Objekt und Bild werden durch folgende konstruktive Elemente festgelegt:

❑ **Lichtquelle**
(Ausdehnung, Helligkeitsverteilung, Richtcharakteristik)
❑ **Abbildendes System**
(Linsenfassungen, Lochblenden, Irisblenden, Tuben)
❑ **Empfänger**
(Größe und Akzeptanzwinkel, Durchmesser der Augenpupille)

Bild 3.1.1 zeigt am Beispiel einer vereinfachten Digitalkamera die Einschränkungen durch Linsenfassung und Chipabmessungen. Mit dem schwarz gezeichneten Konstruktionsstrahl wird nach Abschnitt 1.4.5 Objektgröße und Lage ermittelt.

Der Punkt R_1 wird aber nicht durch diese Konstruktionsstrahlen abgebildet, sondern durch das von der Linsenfassung begrenzte rot gekennzeichnete Bündel. Die Linsenfas-

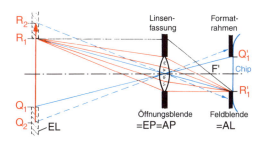

Bild 3.1.1 Wirkung von Öffnungs- und Feldblende

sung schränkt also den **Öffnungswinkel** des Bündels ein und heißt **Öffnungs-**, **Haupt-** oder **Aperturblende** ÖB.

Bild 3.1.1 zeigt noch eine weitere Begrenzung. Die Punkte R_2 und Q_2 werden zwar auch durch die Linse in die Bildebene projiziert; die Bilder werden aber bedingt durch das gewählte Chipformat beschnitten. Der Formatrahmen legt damit die Ausdehnung des abgebildeten Feldes fest und heißt **Feldblende** FB. Die Feldblende begrenzt die von den verschiedenen Objektpunkten herkommenden Strahlen auf das blau markierte Bündel. Die Bezeichnungen EP, AP, EL und AL werden in den Abschnitten 3.2 und 3.3 näher erklärt.

Die Beachtung der Bündelbegrenzungen ist wichtig, weil sie Bildhelligkeit, erlaubte Objekt- und Bildgröße, Abbildungsfehler, Auflösungsvermögen und Schärfentiefe der Abbildung beeinflussen.

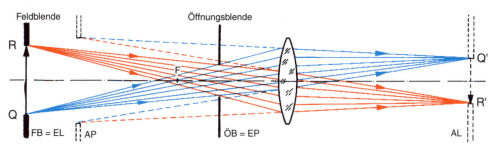

Bild 3.1.2 Luken und Pupillen als Blendenbilder

In Bild 3.1.2 wirkt nicht die Linsenfassung als Aperturbegrenzung, sondern eine vor der Linse angebrachte Öffnungsblende ÖB. Man sieht, dass Öffnungs- und Feldstrahlengänge völlig unabhängig voneinander sind.

3.2 Begrenzung des Öffnungswinkels

3.2.1 Öffnungsblende

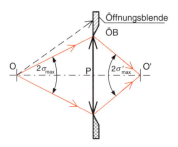

Bild 3.2.1 Die Öffnungsblende begrenzt den Öffnungswinkel $2\sigma_{max}$

Die **Öffnungsblende** begrenzt den Öffnungswinkel $2\sigma_{max}$ und damit den Raumwinkel Ω_1 der für die Abbildung verfügbaren Strahlung

(Bild 3.2.1). Die ÖB ist für die Bildhelligkeit (Lichtstärke) und das durch die Wellennatur des Lichtes bedingte Auflösungsvermögen eines optischen Systems verantwortlich. Definition:

> Die Öffnungsblende ÖB ist diejenige Blende eines optischen Systems, die oder deren Bild vom axialen Objektpunkt O aus gesehen unter dem größtmöglichen Winkel $2\sigma_{max}$ erscheint.

Die Öffnungsblende ist ein räumlich definiertes Systemelement. Die folgenden Bilder zeigen verschiedene Möglichkeiten der Lage der Öffnungsblende. Die Begrenzung durch die Quelle zeigt Bild 3.2.2, die Begrenzung durch das abbildende System Bild 3.2.3 und 3.2.4.

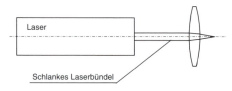

Bild 3.2.2 Der Durchmesser des Laserbündels wirkt als Öffnungsblende

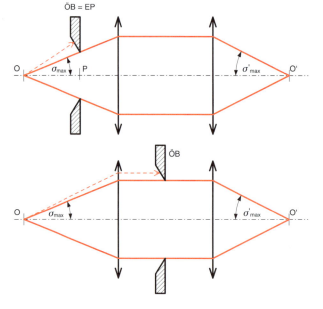

Bild 3.2.3
Vorderblende

Bild 3.2.4
Zwischenblende

Die Öffnungsblende des abbildenden Systems wird vom Optikdesigner festgelegt. Sie kann eine Vorderblende (Bild 3.2.3), eine Zwischenblende (Bild 3.2.4) oder eine Hinterblende sein. Die Begrenzung durch den Empfänger zeigt Bild 3.2.5.

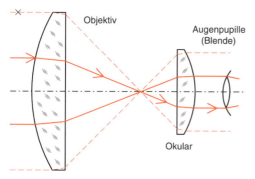

Bild 3.2.5 Nachtfernglas bei Nutzung am Tag: Begrenzung durch die Augenpupille

3.2.2 Pupillen

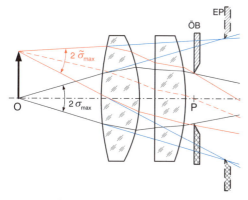

Bild 3.2.6 Begrenzung des Öffnungswinkels durch die Eintrittspupille

Bild 3.2.6 zeigt den Strahlengang durch ein System aus 2 Linsen. Um herauszufinden, welche von O ausgehenden Strahlen gerade noch durch die körperliche Öffnungsblende ÖB laufen, könnte man den Öffnungswinkel 2σ langsam steigern bis der Strahl von der Öffnungsblende abgeschattet wird. Dieses Try-and-Error-Verfahren ist aber mühsam und in diesem Fall nicht notwendig. Einfacher

ist die Konstruktion von Eintrittspupille EP und Austrittspupille AP. Beide Pupillen sind Bilder der Öffnungsblende; damit muss jeder Strahl, der z.B. nach der EP zielt auch durch die ÖB gehen.

Die **Blendenbilder** oder **Pupillen** sind durch Definitionen festgelegte Kenngrößen, die mit der Öffnungsblende durch Abbildungen verknüpft sind. Für die optische Wirkung eines Systems sind die Pupillen meist aussagekräftiger als die Öffnungsblende. So begrenzt in Bild 3.2.6 die Eintrittspupille den von einem Objektpunkt ausgehenden Strahlungskegel auf $2\sigma_{max}$. Die Pupillen sind nicht körperlich, sie können reell oder virtuell sein. Auch ihre Lage ist systemabhängig. Sie können vor, in, oder auch hinter dem körperlichen Objektiv liegen.

Um die **Eintrittspupille** EP zu konstruieren, muss man die Öffnungsblende nach links abbilden. Es ist demnach das Bild, die Öffnungsblende, gegeben und das Objekt, die Eintrittspupille, gesucht. Draus resultiert folgende Definition:

> ! Die Öffnungsblende ist das Bild der **Eintrittspupille**, entworfen mit dem **vor** der Öffnungsblende liegenden Systemteil (**Vorderglied**). Die Eintrittspupille ist der gemeinsame Querschnitt aller kegelförmigen Bündel, deren Spitzen im axialen Objektpunkt O liegen.

Der Achspunkt P der EP ist eine wesentliche Kenngröße, da der Feldwinkel auf P bezogen wird. Eine Vorderblende ist gleichzeitig Eintrittspupille (s. Bild 3.2.3). Die EP begrenzt den von einem Objektpunkt ausgehenden Strahlungskegel auf den Öffnungswinkel $2\sigma_{max}$. Bei den in Fotografie und der Videotechnik eingesetzten Objektiven wird die Eintrittspupille auch als **wirksame Öffnung** bezeichnet.

> ! Die **Austrittspupille** AP ist das Bild der Öffnungsblende, entworfen mit dem **hinter** der Öffnungsblende liegenden Systemteil (**Hinterglied**). Sie ist der gemeinsame Querschnitt aller kegelförmigen Bündel, die zum axialen Bildpunkt O' zielen.

Eine Hinterblende ist gleichzeitig Austrittspupille. Die Austrittspupille begrenzt den aus dem System austretenden Strahlungskegel auf $2\sigma'_{max}$. Alle aus dem System austretenden, zu den Bildpunkten (R', Q' in Bild 3.1.2) laufenden Bündel werden durch die Austrittspupille begrenzt. Bei einer virtuellen AP kommen zwar die Bündel nicht direkt aus der Austrittspupille, aber die rückwärtigen Verlängerungen der Strahlen. Die Pupillen eines Strahlenganges sind zueinander konjugiert, d.h., sie verhalten sich zueinander wie Objekt und Bild und können ineinander abgebildet werden.

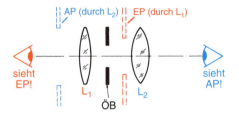

Bild 3.2.7 Öffnungsblende zwischen 2 Teilsystemen

In vielen Fällen, z.B. bei Fotoobjektiven, ist die Öffnungsblende zwischen Vorderglied L_1 und Hinterglied L_2 angebracht, wobei beide Teilsysteme aus mehreren Linsen bestehen können (Bild 3.2.7). In diesem Fall ist die Öffnungsblende selbst weder Eintritts- noch Austrittspupille, sondern die beiden durch die Systemteile L_1 und L_2 von der Blende entworfenen Bilder. Die virtuelle EP sieht man beim Blick von Links durch die Frontlinse von L_1; die ebenfalls virtuelle AP beim Blick von rechts in L_2.

Solange man im Gültigkeitsbereich der Gaußoptik bleibt, hat die Lage der Öffnungsblende keinen Einfluss auf die Abbildungsqualität. Tatsächlich kann die Bildqualität jedoch entscheidend von der Lage der ÖB abhängen. Das wird in Bild 2.6.3 anhand eines 1-linsigen Kameraobjektivs anschaulich gezeigt.

3.2.3 Messgrößen der Öffnung

Die Öffnung eines Bündels, das einen Objektpunkt O abbildet, wird durch Lage und Größe der Eintrittspupille bestimmt. Ein weit geöffnetes Bündel ergibt hohe Beleuchtungsstärke in der Bildebene, geringere Beugungsunschärfe, aber größere Abbildungsfehler als ein enges Bündel. Deshalb wird die **Bündelöffnung** durch eine der Verwendung des Systems angepasste Kenngröße beschrieben.

Bei endlicher, weitgehend konstanter Objektweite, also bei Mikroskopen, Beleuchtungseinrichtungen und Fasern, wird der größtmögliche objektseitige Öffnungswinkel $2\sigma_{max}$ oder, davon abgeleitet, die **numerische Apertur** NA angegeben.

$$NA = n \cdot \sin\sigma_{max} \qquad \text{(Gl. 3.2.1)}$$

In Gl. 3.2.1 ist n die Brechzahl im Raum zwischen Objekt und System. Wie Bild 3.2.8 zeigt, ist die numerische Apertur ein Maß für den Öffnungswinkel in Luft, denn es gilt $n \cdot \sin\sigma = 1 \cdot \sin\sigma_{max}$.

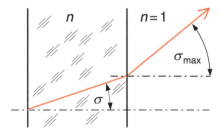

Bild 3.2.8 Definition der numerischen Apertur

Bei großer Objektweite ($a \to -\infty$), bei Fernoptik und Kameraobjektiven, gibt man die **relative Öffnung** $1/k$ oder die **Blendenzahl** k nach DIN 4521 und 4522-1 an.

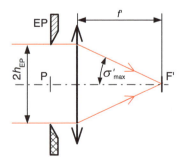

Bild 3.2.9 Definition der Blendenzahl

Bildseitig gilt $\tan \sigma_{max} = h_{EP}/f'$, was in grober Näherung dem Winkel σ'_{max} entspricht. Die Definition der relativen Öffnung und ihrem Kehrwert, der Blendenzahl, lautet daher:

$$\frac{1}{k} = \frac{2h_{EP}}{f'} \qquad \text{(Gl. 3.2.2)}$$

$$k = \frac{f'}{2h_{EP}} \qquad \text{(Gl. 3.2.3)}$$

Die Blendenzahl nimmt also mit abnehmender Bündelöffnung zu. Dabei ist $D_{EP} = 2h_{EP}$ der Durchmesser der Eintrittspupille (Bild 3.2.9). Ist die EP nicht kreisförmig, so muss man die Fläche der EP ermitteln. D_{EP} ist dann der Durchmesser eines flächengleichen Kreises.

Bei variablen Öffnungsblenden stuft man die Blendenzahlen so ab, dass sich beim Übergang zur nächsten Zahl die Fläche der EP und damit die Beleuchtungsstärke in der Bildebene um den Faktor 2 ändert. Aus

$$\frac{A_2}{A_1} = \frac{4h_{EP2}^2}{4h_{EP1}^2} = \left(\frac{h_{EP2}}{h_{EP1}}\right)^2 = 2 \quad \text{folgt}$$

$$h_2 = h_1 \cdot \sqrt{2} \qquad \text{(Gl. 3.2.4)}$$

Genormt sind $k = 0{,}7$; 1; 1,4; 2; 2,8; 4; 5,6; 8; 11; 16; 22; 32

Bei einer Blendenzahl von z.B. $k = 2{,}8$, wird die relative Öffnung in der Form 1 : 2,8 angegeben. Im englischen Sprachraum steht dafür die f-number = f/# = f/2,8.

Bei Fernrohren wird einfach der **Durchmesser der EP** genannt (DIN 58 386). Bei einem Fernglas bedeutet beispielsweise die Angabe 8 × 30 eine 8-fache Vergrößerung bei $D_{EP} = 30$ mm.

Beispiel
Ein Objektiv in Luft hat die Brennweite $f' = 70$ und die Blendenzahl $k = 2{,}8$. Es soll ein Objekt nach Unendlich abbilden. Wie groß ist seine numerische Apertur?
Lösung
$h = 12{,}5$; $\sigma' = 10{,}12°$, $NA = 0{,}176$.
Erfüllt das Objektiv die Sinusbedingung, gilt: $NA = 1/(2k) = 0{,}179$.

3.3 Begrenzung des Feldwinkels

3.3.1 Feldblende

Die Bildgröße wird bei der Digitalkamera durch den Chip begrenzt, beim Fernglas durch den Durchmesser der Feldlinse und beim Projektor durch den Rand von Dia, Mikrospiegelarray oder Flüssigkristall-Display. Die dafür verantwortlichen Blenden werden **Feldblenden** genannt.

> Die Feldblende FB begrenzt den Feldwinkel auf den Wert $2\omega_{max}$ und damit die maximal mögliche Objektgröße (Objektfeld) und Bildgröße (Bildfeld). Der objektseitige Feldwinkel wird auf den Mittelpunkt P der EP bezogen; der bildseitige Feldwinkel auf P' der AP.

Zur **Feldbegrenzung** ist in Bild 3.1.2 die Feldblende in der Objektebene angebracht. Ist das Objekt beispielsweise ein Diapositiv, so wäre die Dia-Maske die Feldblende, denn sie legt den projizierten Ausschnitt fest. In Bild 3.1.1 liegt die FB in der Bildebene.

Bild 3.3.1 zeigt die Verhältnisse bei einer Feldblende, die nicht mit Objekt oder Bild zusammenfällt. Nachteil dieser Anordnung ist eine unscharfe Feldbegrenzung. Man beachte, dass zwar definitionsgemäß die EP das axiale Objektbündel begrenzt, dass das von Q ausgehende Bündel aber von der Feldblende beschnitten wird. Dieser Effekt wird als **Vignettierung** (Abschnitt 3.5) bezeichnet. Die Vignettierung führt dazu, dass das Bild von Q dunkler ist als das von P.

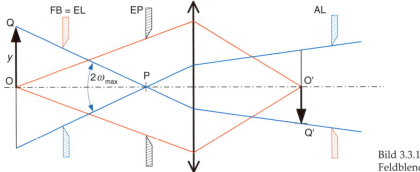

Bild 3.3.1
Feldblende und Luken

Wie bei der ÖB kann auch die FB vor dem System (Projektor), zwischen Vorder- und Hinterglied (Mikroskopokular), und hinter dem System (Kamera) liegen. Die Bilder der Feldblende sind die **Luken.**

3.3.2   Luken

Eintrittsluke EL und **Austrittsluke** AL werden analog Eintrittspupille und Austrittspupille konstruiert.

> Die Feldblende ist das Bild der **Eintrittsluke**, entworfen mit dem vor der Feldblende liegenden Systemteil. Liegt die FB vor dem System, ist sie gleichzeitig EL. Die EL ist der gemeinsame Querschnitt aller kegelförmigen Bündel, deren Spitzen im Mittelpunkt P der EP liegen.

> Die **Austrittsluke** ist das Bild der Feldblende entworfen mit dem hinter der Feldblende liegenden Systemteil. Liegt die FB hinter dem System, ist sie gleichzeitig AL. Die AL ist der gemeinsame Querschnitt aller kegelförmigen Bündel, deren Spitzen im Mittelpunkt P′ der AP liegen.

Die Feldblende wirkt in Bild 3.1.2 als Eintrittsluke, weil alle in das System eintretenden Strahlen von ihrer Öffnung herkommen. Die EL wird in diesem Beispiel genau so abgebildet wie das Objekt; ihr Bild ist die AL. Auf der Bildwand erkennt man den Bildrand als Formatbegrenzung.

In Bild 3.1.1 liegt die FB in der Bildebene. Dann wirkt sie selbst als AL, und ihr – bei umgekehrter Lichtrichtung – in der Objektebene entstehendes Bild ist die EL.

Die Luken eines Strahlenganges sind zueinander konjugiert; die AL das Bild der EL und umgekehrt.

3.3.3   Messgrößen des Feldes

Wenn das Bildfeld scharf begrenzt erscheinen soll, wird die Feldblende am Ort des Objekts, eines Zwischenbildes oder des Bildes festgelegt. Sie wird so gewählt, dass alle Objektdetails innerhalb des Feldes ohne störende Abbildungsfehler wiedergegeben werden. Die Ausdehnung des Feldes kann man durch 3 unterschiedliche Kenngrößen beschreiben:

Bei nahen Objekten, bei Mikroskopen, Lupen und in der Makrofotografie wird die **Feldzahl** in mm angegeben. Sie nennt die maximal erlaubte Größe, den Durchmesser oder bei rechteckigem Feld die Diagonale, von Objekt oder Bild. Bei fernen Objekten wird der Feldwinkel $2\omega_{max}$ oder die Objektfeldgröße angegeben. Der **Feldwinkel** ist der Winkel in Grad, unter dem die EL (Objektfeldwinkel) oder die AL (Bildfeldwinkel) vom Achspunkt P der EP bzw. vom Achspunkt P′ der AP aus gesehen wird. Die **Objektfeldgröße** wird bevorzugt bei Ferngläsern angegeben. Sie ist die Gesamtausdehnung des Objektfeldes in 1 km Entfernung.

Beispiel

Ein Fernglas trägt die Angabe «Objektfeld 120 m in 1 km Abstand». Wie groß ist der gesamte Feldwinkel?

Lösung

$\tan\omega = 60/1000$; $2\omega_{max} = 6,9°$.

3.4 Eigenschaften von Pupillen und Luken

Durch Pupillen und Luken wird der **Strahlenraum** eines Systems festgelegt, also der gesamte Bereich, der von der Objektstrahlung erreicht wird. Bild 3.4.1 zeigt das im praktisch wichtigsten Fall, bei dem die Feldblende oder ihre Bilder am Ort des Objektes liegen. Diese Anordnung wird nach Möglichkeit angestrebt, da dann das Bildfeld scharf berandet ist. Oft, z.B. beim Galilei-System, ist das jedoch optisch nicht möglich.

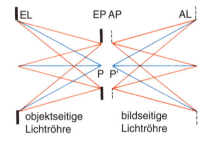

Bild 3.4.1 Strahlenraum eines optischen Systems

> **Hauptstrahl** ist derjenige Strahl eines Bündels, der objektseitig durch die Mitte der EP und daher bildseitig durch die Mitte der AP verläuft. Hauptstrahlen, die durch die Ränder der EL bzw. der AL verlaufen, schließen den Feldwinkel $2\omega_{max}$ ein.

In jedem optischen System, auch wenn es aus mehreren Stufen besteht, ist nur eine Blende als Öffnungsblende und eine Blende als Feldblende wirksam.

Zum Auffinden der Öffnungs- und Feldblende verfährt man wie folgt: Kommen mehrere körperliche Blenden in Frage, so ist die tatsächliche Öffnungsblende diejenige, die den vom Objekt ausgehenden Strahlenkegel am stärksten beschneidet. Da dies in der Praxis oft nicht direkt ersichtlich ist, müssen von allen infrage kommenden Blenden die Eintrittspupillen ermittelt werden. Mit ihrer Hilfe lässt sich die tatsächliche Öffnungsblende gemäß der Definition als die Blende bestimmen, die vom Objektpunkt aus den Öffnungswinkel am stärksten beschneidet. Ist die Objektlage variabel, können für unterschiedliche Objektlagen auch unterschiedliche körperliche Blenden als Öffnungsblende wirken (Bild 3.4.2). Für O_1 ist ÖB(O_1) zuständig, für O_2 dagegen der Linsenrand ÖB(O_2).

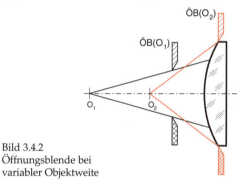

Bild 3.4.2
Öffnungsblende bei variabler Objektweite

Entsprechendes gilt für die Feldbegrenzung. Sind in einem System mehrere Blenden angeordnet, so wirkt diejenige als Feldblende, die das Feld am stärksten einschränkt. Die anderen Blenden sind dann größer als die Bilder (Luken) der Feldblende.

Aus den Strahlenkegeln der Bilder 3.1.2, 3.2.6 und 3.4.1 wird ersichtlich, dass Eintrittspupille, Öffnungsblende und Austrittspupille diejenigen Blenden eines optischen Systems sind, die von **allen** von einem Objektpunkt ausgehenden Strahlen **gleichmäßig** durchsetzt werden. Alle anderen Querschnitte im Strahlengang werden abhängig von der Objekthöhe nur von einem Teilbündel durchlaufen. Das hat zur Folge, dass eine ungleichmäßige Änderung der Helligkeit in Blenden- oder Pupillenebene eine gleichmäßige Änderung in der Lukenebene bewirkt. Besonders gut erkennt man den Zusammenhang im einfachen Fall von Bild 3.4.1. Hier ist jeder Punkt der Eintrittsluke mit jedem Punkt der Eintrittspupille durch einen Strahl verbunden. Entsprechendes gilt auch für AP und AL.

Blendet man z.B. bei reeller Abbildung mit einer Linse die eine Hälfte der Linsenfläche (Pupille) ab, so wird das Bild nicht halb so groß, sondern halb so hell. Das ermöglicht nahezu beliebige Formen der Blende in einer Kamera, bei Einfachmodellen sind sie sogar quadratisch. Der Durchmesser der Eintrittspupille, nicht der Durchmesser der Frontlinse, ist für die Lichtstärke eines optischen Systems verantwortlich. Hieraus folgt auch, dass sich kleine Partikel, die eine Teilabdeckung der Pupillenebene bewirken **(Amplitudenobjekte),** in der Bildebene nicht störend bemerkbar machen. Kleine Kratzer, Blasen und Staub an Linsenflächen in der Nähe der Pupillen sind im Bildfeld nicht sichtbar. Sie vermindern die Bildhelligkeit meist unwesentlich, erhöhen allerdings den Streulichtanteil durch Beugung. Diese Fehler dürfen aber nicht in der Nähe von Luken auftreten, weil sie dann zusammen mit dem Bild sichtbar werden.

Umgekehrt haben durchsichtige **Phasenobjekte** (Abschnitt 1.2.3), also Unebenheiten der optisch wirksamen Flächen oder örtliche Brechzahländerungen in Form von Schlieren, in der Nähe von Luken nur geringen Einfluss, während sie in der Nähe von Pupillen die Abbildung erheblich verschlechtern.

In Bild 3.4.3 wird ein Objekt QR abgebildet, z.B. ein LCD, das nicht selbst leuchtet oder auffallen-

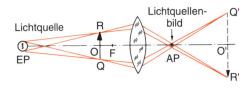

Bild 3.4.3 Leuchtfläche als wirksame Pupille

de Strahlung diffus reflektiert oder streut. Jeder Objektpunkt, z.B. R, empfängt Lichtstrahlen von jedem Punkt der Leuchtfläche der Quelle; die Strahlen ändern bei R ihre Richtung nicht. Dann legen die Abmessungen der Leuchtfläche und ihr Abstand vom Objekt die Öffnung des in das System eintretenden Bündels fest.

Damit wirkt die Leuchtfläche als Eintrittspupille EP und das vom System entworfene

Leuchtflächenbild ist die AP. Die AP ist die engste Einschnürung des bildseitigen Strahlenraumes. Alle von der Leuchtfläche ausgehenden und überhaupt vom System erfassten Strahlen gehen auch durch dieses Leuchtflächenbild.

Erste Aufgabe bei der Untersuchung der optischen Abbildung ist die, Bildlage und Bildgröße zu finden. Dies ist bei einem beliebigen abbildenden System möglich, wenn die Lage seiner Brenn- und Hauptpunkte bekannt ist. Rechnung oder Bildkonstruktion sagen aber nichts über den tatsächlichen Strahlenverlauf aus. Den **Verlauf der zur Abbildung beitragenden Strahlen** außerhalb – nicht aber innerhalb! – eines Systems findet man, wenn Lage und Größe seiner Eintritts- und Austrittspupille bekannt sind. Als Beispiel kann wieder die Anordnung nach Bild 3.1.2 herangezogen werden. Weil die Öffnungsblende vor dem System liegt, ist sie Eintrittspupille. Ihr Bild, die Austrittspupille, findet man mit der Abbildungsgleichung (Gl. 1.4.17) oder mit Hilfe von Konstruktionsstrahlen für einen Punkt des Blendenrandes. Damit sind Lage und Öffnung der AP bekannt und man kann den wirklichen Strahlenverlauf hinter dem System verfolgen. Man braucht nur die Randpunkte der AP mit den Randpunkten des Bildfeldes (AL) zu verbinden (gestrichelte Strahlen). Bei dieser Verbindung ist darauf zu achten, dass die Randpunkte der AP bei virtueller Abbildung die gleiche Orientierung haben wie die ÖB; bei reeller Abbildung sind sie jedoch umgekehrt. Man markiert sie möglichst wie in den Bildern 3.2.1, 3.2.6 und 3.3.1 farbig oder durch Schraffur.

Beispiele
1. Ein Gegenstand wird durch eine dünne Linse mit $\beta' = -0{,}5$ abgebildet, wobei das Bild 150 mm hinter der Objektebene liegt. Für die folgenden Blenden sind ihre Entfernungen l von der Objektebene und ihre Durchmesser D angegeben:

Blende 1:	$l_1 =$	0	$D_1 = 80$
Blende 2:	$l_2 =$	90	$D_2 = 10$
Blende 3:	$l_3 =$	100	$D_3 = 25$
Blende 4:	$l_4 =$	120	$D_4 = 30$
Blende 5:	$l_5 =$	150	$D_5 = 30$

a) Wo liegt die Linse und welche Brennweite hat sie?

b) Man zeichne die Blendenanordnung mit einer Linse im Maßstab 1 : 1.

c) Welche Blenden wirken als Feld- bzw. Öffnungsblende?

d) Wo liegen die Pupillen und Luken?

e) Welche Blenden sind für die Strahlenbegrenzung wirkungslos?

Lösungen

a) Die Abbildungsgleichungen ergeben, dass die Linse in der Ebene der Blende 3 liegt und die Brennweite $f' = 33.3$ hat. Blende 3 begrenzt die Linsenöffnung.

b) Zeichnung

c) Blende 5 ist FB = AL; Blende 2 ist ÖB = EP.

d) EP = Blende 2; $a_{Blende\,2} = -10 \rightarrow a'_{Blende\,2} = -14,3$; die AP liegt 14,3 mm links der Linse und hat den Durchmesser 14,3 mm. AL = Blende 5; EL = Blende 1 mit $D_{EL} = 60$ = maximal mögliche Objektgröße.
AL und EP siehe c). EL ist das reelle Bild von Blende 5 in der Ebene 1 (bei umgekehrter Lichtrichtung). AP ist das virtuelle Bild von Blende 2. Daraus folgt: D von AP : 14.3.

e) Blende 1 und Blende 4.

2. In 30 mm Abstand hinter dem Hauptpunkt H' eines Objektivs ($f' = 100$, HH' = 10) ist eine Öffnungsblende mit $D = 20$ mm angebracht.

a) Wirkt die Blende als Eintritts- oder Austrittspupille?

b) Man berechne Lage und Durchmesser der 2. Pupille.

Lösungen

a) Die Blende wirkt als AP.

b) Auf das System einfallende Strahlen zielen auf die EP, wobei für die Rückwärtsrechnung die ÖB als Bild dieser unbekannten EP dient. Damit ist $a'_{EP} = 30$ und $a_{EP} = 42,86$; die EP liegt 42,86 mm rechts von H und ist, wie das Vorzeichen von a zeigt, virtuell. Mit $\beta' = a'_{EP}/a_{EP}$ ergibt sich $D_{EP} = 28,57$.

3.5 Abschattblenden, Vignettierung

Bild 3.4.1 zeigt für den Fall EL = Objektebene, AL = Bildebene, ein Schema, mit den Ebenen EL, EP, AP, AL. Die Hauptstrahlen (blau) jedes, einen Punkt abbildenden, Bündels zielen auf die Mittelpunkte der EP bzw. AP. Der von Strahlen erfüllte Raum zwischen den zusammengehörigen Luken und Pupillen heißt **Strahlenraum** mit einer objektseitigen **Lichtröhre** zwischen EL und EP und einer bildseitige zwischen AP und AL.

Für die Gerätekonstruktion und die Zusammenstellung optischer Bauelemente muss man die Begrenzung der Lichtröhren entsprechend dem Verlauf der Randstrahlen kennen. Wenn in den reellen Strahlenverlauf der Lichtröhren andere Bauelemente, Blenden, Halterungen usw. hineinragen, werden sie unscharf abgebildet, sie ändern die Helligkeitsverteilung in der Bildebene und schränken das Bildfeld ohne scharfe Übergänge ein. Diese unerwünschte Randabschattung von Strahlenbündeln durch **Abschattblenden** wird als **Vignettierung** bezeichnet. Innerhalb der Lichtröhre liegende Bauelemente, z.B. Spiegel oder Prismen, müssen demnach so ausreichend dimensioniert sein, dass die Lichtröhre auch am Rand nicht beschnitten wird. Andererseits kann man bei Kenntnis der Lichtröhrenbegrenzung Zusatzblenden so anordnen, dass sie gerade nur die Lichtröhre freigeben, aber störendes Streulicht fernhalten.

Eine in der Fotografie eingesetzte, für Teleobjektive gedachte Gegenlichtblende wirkt

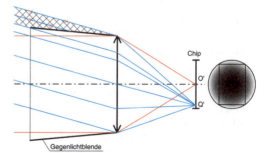

Bild 3.5.1 Abschattung durch falsche Gegenlichtblende

vignettierend, wenn sie an einem Weitwinkelobjektiv verwendet wird (Bild 3.5.1). Das achsparallele Bündel (rot) gelangt ohne Verluste zum Bildpunkt O'; das schiefe zum Bildpunkt Q' zielende Bündel wird dagegen im oberen Bereich durch die Gegenlichtblende abgeschattet; Q' ist dunkler als O'.

3.6   Telezentrische Systeme

Ist ein Objekt in der Tiefe gestaffelt, so gilt das auch für sein Bild. Da der Fotoempfänger oder ein Bildschirm in einer festen Bildweite angebracht ist, werden alle Objektdetails vor und nach der eingestellten Objektweite unscharf und unterschiedlich groß. Vor allem die verschiedene Größe macht die Bilder für die messtechnische Bildverarbeitung unbrauchbar. Abhilfe schaffen telezentrische Objektive.

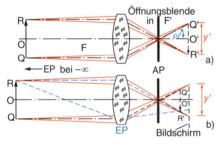

Bild 3.6.1 Strahlengang in einem telezentrischen Objektiv

In Bild 3.6.1 a) ist die Öffnungsblende ÖB in der bildseitigen Brennebene eines Objektivs angeordnet, liegt also hinter dem System (P' = F'). Sie ist damit die Austrittspupille AP. Ihr Bild, die Eintrittspupille EP, liegt bei $-\infty$. Daher werden die Objektpunkte O, R, Q durch schlanke Bündel abgebildet, deren Hauptstrahlen achsenparallel verlaufen, denn sie gehen durch den Mittelpunkt P' = F' der AP. Auf einem Bildschirm in der Bildebene entstehen scharfe Bilder O', R', Q'. Wird das Objekt ein wenig in Achsenrichtung verschoben (Bild 3.6.1 b), so verlagert sich der Bildort entsprechend der Abbildungsgleichung und die Bildpunkte auf dem Schirm werden unscharf. Wesentlich ist aber, dass sich der Feldwinkel ω' der Rand

bündel-Hauptstrahlen nicht ändert. Die Höhen der Bildpunkte von Q und R am Ort des Bildschirms bleiben unabhängig von der Objektlage konstant. Sie sind umso schärfer, je weiter die ÖB geschlossen wird. Im Grenzfall $D_{\ddot{O}B} \to 0$ wären sie, von Beugung abgesehen, völlig scharf, die Intensität jedoch geht gegen 0.

Die lageunabhängige Bildgröße macht diese **telezentrische Abbildung** für die Messtechnik interessant, z.B. für Profilprojektoren, mit denen durch Längenmessungen am Bild zuverlässige Messwerte für ein Werkstück ermittelt werden sollen. Man kann bei telezentrischen Objektiven mit einem festen Abbildungsmaßstab β' auch dann rechnen, wenn das Objekt axial etwas verschoben ist und das Bild damit eine geringe Unschärfe aufweist. Bei der hier dargestellten Anordnung liegt **objektseitig telezentrischer Strahlengang** vor. Die EP als Perspektivitätszentrum liegt im Unendlichen; es wird mit **Parallelprojektion** des Objektes gearbeitet. Auf der Bildseite müssen die Abstände Objektiv–Öffnungsblende–Schirm fest sein. Im Gegensatz hierzu zeigen die blauen Strahlen in Bild 3.6.1 b) die **Zentralprojektion** mit der in endlicher Entfernung liegende EP als Perspektivitätszentrum. Bei der Zentralprojektion ändert sich die Bildgröße bei Verschieben des Objekts und fester Lage des Bildschirms. Wegen des objektseitig parallelen Strahlengangs muss nach Bild 3.6.1 a) der freie Durchmesser des Systems größer als der Durchmesser des Objektfelds sein. Objektseitig telezentrische Objektive haben daher oft sehr große Durchmesser der Frontlinse.

Bringt man die Öffnungsblende in der objektseitigen Brennebene an, so ist ÖB = EP und AP liegt im Unendlichen. Man erhält **bildseitig telezentrischen Strahlengang.** Bei fester Objektlage darf dann der Bildschirm etwas verschoben werden, ohne Gefahr einer Änderung von β'. Der bildseitig telezentrische Strahlengang wird in großem Umfang bei Digitalkameras eingesetzt. Da die lichtempfindliche Fläche der Pixel unter der Chipoberfläche liegt (Bild 6.9.2 a) und von relativ steilen Seitenwänden umgeben ist, würden große Feldwinkel zu starker Vignettierung führen.

3.7   Feldlinsen und Kondensoren

Abschnitt 2.5.3 zeigte die Abbildung mit einem mehrstufigen System und die Berechnung der Systemdaten. Dabei war es nicht notwendig, den Verlauf der zur Bildentstehung beitragenden Bündel zu betrachten.

Bildet man nun nach Bild 3.7.1 eine senkrechte Fläche mit den Objektpunkten Q, R, O, U, V ab, so entsteht hinter L_1 das frei in der Luft entworfene Zwischenbild. Die Bildpunkte Q_1', R_1', O_1', U_1', V_1' sind die Schnittpunkt der von den Objektpunkten emittierten Strahlen. Da die Bündel hinter den Bildpunkten ohne Richtungsänderung divergent verlaufen, kann L_2 die Randpunkte $Q_1' = Q_2$, $V_1' = V_2$ nicht abbilden, weil sie von diesen Punkten kein Licht erhält. Punkte des Zwischenbildes, die durch L_2 abgebildet werden sollen, müssen also direkt auf diese Linse fallende Strahlen auf-

weisen. Im Beispiel ist der Durchmesser von L_2 so klein dimensioniert, dass nur das von O kommende Bündel **unbehindert** durch das System läuft. Bereits die von U und R ausgehenden Bündel treffen nur zur Hälfte auf L_2. Ihre Bildpunkte R_2' und U_2' haben nur ca. die Hälfte der Intensität von O_2'. Die Fassung von L_2 wirkt damit als Feldblende und als Abschattblende.

Eine Abbildung des gesamten Feldes wird möglich, wenn man nach Bild 3.7.2 an den Ort des Zwischenbildes eine Mattscheibe bringt. Diese streut die auftreffenden Strahlen diffus. Die Mattscheibe wirkt damit als Selbstleuchter. Die Strahlen von allen Punkten $Q_2...V_2$ werden in den gesamten Raum, also auch auf L_2 gerichtet. Jetzt wird zwar das gesamte Objektfeld abgebildet, die Bildhelligkeit ist aber gering, denn alle Leistung außerhalb des bildseitigen Feldwinkels geht verloren.

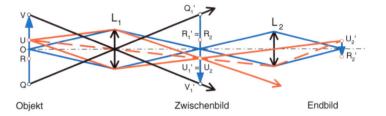

Bild 3.7.1
2-stufige Abbildung
mit Vignettierung

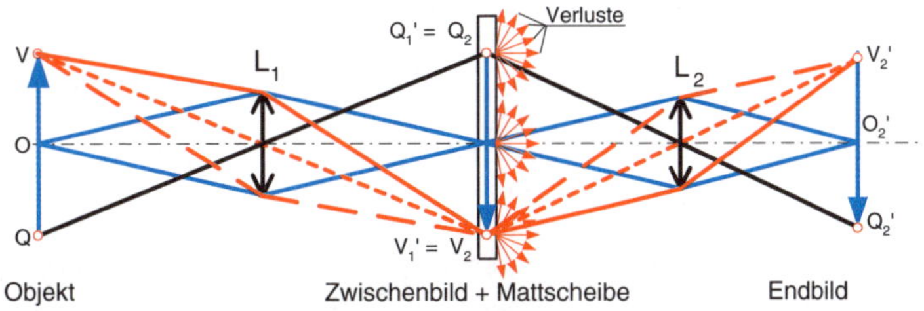

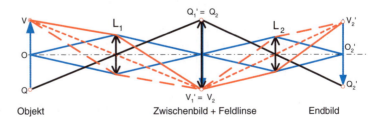

Bild 3.7.2
Eine Streuscheibe vermeidet
Vignettierung, bringt aber
Intensitätsverluste

Bild 3.7.3
Eine Feldlinse erhöht das
Bildfeld

Ein großes Bildfeld mit voller Helligkeit erhält man, wenn man nach Bild 3.7.3 am Ort des Zwischenbildes oder in dessen Nähe eine Feldlinse anbringt. Sie ändert die Richtung der Bündel so, dass sie durch L_2 gehen. Um das komplette Bündel zu erfassen, muss die Feldlinse die Linse L_1 in die Linse L_2 abbilden. Dann gehen alle aus L_1 austretenden Strahlen auch durch das Bild dieser Linse und damit durch L_2.

Da die Komponenten L_1 und L_2 auch aus mehreren Elementen zusammengesetzt sein können, ergibt sich allgemein, dass eine Feldlinse die Austrittspupille der vorhergehenden Stufe in die Eintrittspupille der nachfolgenden Stufe abbilden muss.

> ! Abbildende Systeme bilden Luken ineinander ab. Die Feldlinsen werden am Ort der Luken angeordnet und bilden ihrerseits die Pupillen ineinander ab.

Zwischen den einzelnen Stufen einer zusammengesetzten optischen Anordnung müssen Feldlinsen die bildseitige Lichtröhre einer Stufe in die objektseitige Lichtröhre der nachfolgenden Stufe umformen.

Liegt das Zwischenbild in der Hauptebene H der Feldlinse, so wird es nach H' mit $\beta' = +1$ abgebildet. In diesem Fall beeinflusst die Feldlinse die Abbildung nur durch eine kleine Bildverschiebung; Nachteil ist jedoch, dass Schmutz auf der Feldlinse gleichzeitig mit dem Objekt scharf gesehen wird. Steht die Feldlinse aber nicht genau am Ort des Zwischenbildes, so verändert sie den Abbildungsmaßstab des durch Feldlinse und Stufe 2 entworfenen Bildes.

Die Feldlinsen stehen bei Fernrohren und Mikroskopen zwischen dem Objektiv L_1 und der Augenlinse L_2. Feldlinse und Augenlinse zusammen bilden das als Okular bezeichnete Bauteil. Soll das Bildfeld bei Fehlen einer Feldlinse einigermaßen groß sein müsste die Augenlinse, wie aus Bild 3.7.1 erkennbar, einen sehr großen Durchmesser haben. Da die Augenlinsen aber, um starke Vergrößerung zu erreichen, kleine Brennweite haben müssen, ist ihr Durchmesser eng begrenzt.

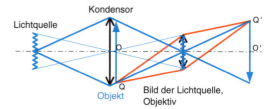

Bild 3.7.4 Kondensor zur vollständigen Ausleuchtung des Objekts: Blau = Beleuchtungsstrahlengang; Rot = Abbildungsstrahlengang

Selbstleuchter und diffus reflektierende Flächen bereiten bei 1-stufiger Abbildung keine Probleme; bei anderen Objekten dagegen wird das Bildfeld durch den Bündelverlauf eingeschränkt. Nach Abschnitt 3.2 wirkt hier die Leuchtfläche als Eintrittspupille. Um z.B. bei der Projektion eines Diapositivs ein ausgedehntes Bildfeld zu erreichen, muss man durch eine dicht beim Dia stehende Feldlinse die Leuchtfläche in das Objektiv abbilden (Bild 3.7.4). Diese «Feldlinse für die Beleuchtung» heißt **Kondensor** und besteht häufig aus mehreren Linsen. Alle vom Kondensor aufgenommenen Strahlen gehen dann durch das Bild der Leuchtfläche und damit, falls der Durchmesser des Objektivs mit der Größe des Lampenbildes übereinstimmt, auch durch das Objektiv.

Bei der Abbildung eines beleuchteten Gegenstandes müssen die Lichtröhren von Beleuchtungs- und Abbildungsstrahlengang aneinander angepasst werden: Die Leuchtfläche, d.h., die EL des Beleuchtungsstrahlenganges (in Bild 3.7.4 blau), wird durch den Kondensor in der EP des Abbildungsstrahlenganges (in Bild 3.7.4 rot) entworfen. Es entsteht ein «**verflochtener Strahlengang**».

> ! Beim verflochtenen Strahlengang liegen die Luken des Beleuchtungsstrahlenganges in den Pupillen des Abbildungsstrahlenganges.

Auf diese Weise erreicht man trotz der ungleichmäßig hellen Leuchtfläche von Glühwendel oder Entladungslampe eine gleichmäßige Ausleuchtung des Objektfeldes. Dia und Glühwendel werden auf der Bildwand nicht zusammen scharf abgebildet.

Beispiele

1. Durch eine dünne Linse L_1 ($f_1' = 600$, $k = 10$) als Objektiv wird ein weit entfernter Gegenstand abgebildet. Dieses Zwischenbild wird durch eine weitere dünne Linse L_2 ($f_2' = 100$), die Augenlinse, nach ∞ abgebildet.

a) Welchen Abstand haben L_1 und L_2?

b) Welche Brennweite muss eine in der Zwischenbildebene stehende dünne Feldlinse FL haben, wenn sie L_1 auf L_2 abbilden soll?

c) Welchen freien Durchmesser muss L_2 mindestens haben?

Lösungen

a) $H_1'H_2 = 700$

b) $D_{EP} = 60$; $a_{FL} = -600$; $a_{FL}' = 100$; $\beta = -1/6$. Mit (1.4.14.) folgt $f_{FL}' = 85{,}7$

c) Das Bild von L_1 hat 10 mm $\varnothing$. Soll die Pupillenöffnung nicht beschnitten werden, darf der freie Durchmesser von L_2 nicht kleiner sein.

2. Eine Quecksilber-Höchstdrucklampe mit der nahezu punktförmigen Leuchtfläche von 0,25 mm $\varnothing$ beleuchtet eine Skalenplatte, die durch ein Objektiv ($f' = 100$, $D_{EP} = 30$, dünne Linse) mit $\beta' = -100$ abgebildet wird. Abstand zwischen Leuchtfläche und Objektiv 150 mm.

a) Welcher Durchmesser des Bildfeldes wird ohne Kondensor auf der Bildwand abgebildet?

b) Welche Brennweite müßte ein dünner, 10 mm vor der Skalenplatte, also zwischen Lampe und Platte, stehender Kondensor haben? Wird dann die Objektivöffnung voll ausgenutzt?

Lösungen

a) Bei $\beta' = -100$ steht das Objekt nahezu in der Brennebene F des Objektivs. Die den Rand der Objektivpupille mit der Punkt-Lichtquelle verbindenden Strahlen schneiden in der Objektebene einen Kreis von 10 mm $\varnothing$ aus.

b) Die Brennweite des Kondensors, der die Leuchtfläche in das Objektiv abbildet, muss nach Bild 3.7.4. 29 mm betragen. Das Leuchtflächenbild ist wesentlich kleiner als die Objektivöffnung.

4 Strahlung, Licht, Quellen und Empfänger

4.1 Bewertung der Strahlung durch Empfänger

Aufgabe der Fotoempfänger ist die Umwandlung eines optischen in ein elektrisches Signal. Dafür stehen eine Reihe von Effekten zur Verfügung wie äußerer und innerer Fotoeffekt, Piezoelektrizität, thermische und fotochemische Effekte. Kenngröße der Qualität dieser Umwandlung ist die **Empfindlichkeit**. Für die Definition der Empfindlichkeit (DIN 5031-2) gibt es eine Reihe von Kriterien, von der Anzahl der pro Lichtquant ausgelösten Elektronen bis hin zur Widerstandsänderung bei Beleuchtung.

Wird ein Empfänger von einem beliebigen optischen Signal, der **Eingangsgröße** X, getroffen, so reagiert er mit einer **Ausgangsgröße** Y. Unterschiedliche Empfängertypen reagieren auf das gleiche Eingangssignal mit unterschiedlichen Ausgangssignalen, ihre spektrale und absolute Empfindlichkeit ist verschieden. Das Auge z.B. ist absolut sehr empfindlich, reagiert aber nicht auf Infrarot- und Ultraviolettstrahlung. Diese Strahlung wird jedoch von einigen Fotoempfängern sehr gut verarbeitet.

Bei nahezu allen Fotoempfängern hängt die Empfindlichkeit von der Wellenlänge der Strahlung ab, und auch die Eingangsgröße besitzt meist eine komplexe spektrale Zusammensetzung. Diese Abhängigkeit wird bei der **absoluten spektralen Empfindlichkeit** $s(\lambda)$ berücksichtigt. Zur Abkürzung schreibt man nach DIN $X_\lambda = dX/d\lambda$ und $Y_\lambda = dY/d\lambda$.

$$s(\lambda) = \frac{dY(\lambda)}{dX(\lambda)} = \frac{dY(\lambda)/d\lambda}{dX(\lambda)/d\lambda} = \frac{Y_\lambda}{X_\lambda}$$

(Gl. 4.1.1)

! Die Wirkung der Strahlung, das Ausgangssignal Y, ist nicht nur vom Eingangssignal X, sondern auch von der absoluten spektralen Empfindlichkeit $s(\lambda)$ des Empfängers abhängig.

Typische Eingangsgrößen sind Lichtstrom, Lichtstärke, Beleuchtungsstärke oder ein Strahlungsimpuls. Ausgangsgrößen können Kurzschlussstrom, Leerlaufspannung, Ladung, Widerstandsänderung oder Temperaturerhöhung sein.

Da Absolutwerte von $s(\lambda)$ selbst bei Bauelementen der gleichen Charge oft stark streuen, bevorzugen die Hersteller die auf eine bestimmte Wellenlänge λ_0, meist den Maximalwert λ_P, normierten Angaben der spektralen Empfindlichkeit, **relative spektrale Empfindlichkeit** $s(\lambda)_{rel}$ genannt. Zusätzlich ist dann aber noch die Angabe des Bezugswertes λ_0 und des Maximalwertes $s(\lambda_0)$ erforderlich. Diese Darstellung (Bild 4.1.1) ist besonders vorteilhaft, wenn bei einer Bauelementeserie das gleiche Material, also gleiches $s(\lambda)_{rel}$, mit unterschiedlicher Fläche, also unterschiedlichem $s(\lambda_0)$ verwendet wird.

$$s(\lambda)_{rel} = \frac{s(\lambda)}{s(\lambda_0)}$$

(Gl. 4.1.2)

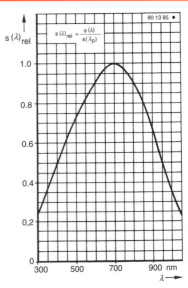

Bild 4.1.1 Relative spektrale Empfindlichkeit der Si-Fotodiode BPW 20 mit $\lambda_p = 700\ nm$

$s(\lambda)_{rel}$ hängt von dem zur Energieumwandlung eingesetzten Effekt und vom Material ab. Bei großflächigen Fotoempfängern kann, vor allem bei den preiswerten Typen, $s(\lambda)_{rel}$ sehr stark von den Empfängerkoordinaten abhängen.

Wird der Empfänger von Strahlung aus einem Wellenlängenbereich von λ_1 bis λ_2 getroffen, so erhält man die Eingangsgröße X und die Ausgangsgröße Y durch Integration von $X_\lambda = dX/d\lambda$ und $Y_\lambda = dY/d\lambda$:

$$X = \int_{\lambda_1}^{\lambda_2} X_\lambda \, d\lambda \quad Y = \int_{\lambda_1}^{\lambda_2} Y_\lambda \, d\lambda \qquad \text{(Gl. 4.1.3)}$$

Die gesamte Ausgangsgröße Y, z.B. der Empfängerstrom, erhält man nach Gl. 4.1.1 durch Integration von $dY(\lambda) = X_\lambda \cdot s(\lambda) \cdot d\lambda$:

$$Y = \int_{\lambda_1}^{\lambda_2} X_\lambda \cdot s(\lambda) \cdot d\lambda \qquad \text{(Gl. 4.1.4)}$$

Sezt man die relative spektrale Empfindlichkeit nach Gl. 4.1.2 ein, so folgt:

$$Y = s(\lambda_0) \cdot \int_{\lambda_1}^{\lambda_2} X_\lambda \cdot s(\lambda)_{rel} \cdot d\lambda \qquad \text{(Gl. 4.1.5)}$$

Y ist die gesamte Ausgangsgröße bei der gesamten Eingangsgröße X im Wellenlängenbereich von λ_1 bis λ_2.

Eine integrale Aussage über die Empfindlichkeit liefert die **absolute Empfindlichkeit** s.

$$s = \frac{Y}{X} \qquad \text{(Gl. 4.1.6)}$$

Als Beispiel soll die Empfindlichkeit eines Silizium-Fotoelements bei Bestrahlung mit Normlicht A dienen. Durch die Angabe der Lichtart ist die spektrale Zusammensetzung der in Lux messbaren Eingangsgröße festgelegt. Die absolute Empfindlichkeit des Fotoelements im Kurzschlussbetrieb ist dann z.B. 86 μA/lx. Man beachte aber, dass dieser Wert nur bei der vorgegebenen spektralen Zusammensetzung der Eingangsgröße gilt.

Häufig ist die absolute Empfindlichkeit von weiteren Parametern wie der Temperatur, dem Abstrahlwinkel oder der angelegten Hilfsspannung abhängig. In diesem Fall wird die **relative Empfindlichkeit** s_{rel} und der Bezugswert s_0 angegeben.

$$s_{rel} = \frac{s}{s_0} \qquad \text{(Gl. 4.1.7)}$$

Bezugswerte sind unter anderem die Temperatur (Index z.B. 25°) oder der Winkel (Index z.B. 0°). Bei einem Multiplier z.B., bei dem die Empfindlichkeit mit der Betriebsspannung ansteigt, findet man die Angabe $s_{rel} = 3 \times 10^5$ μA/(kV · μW).

Bisher wurde angenommen, dass die Ausgangsgröße Y proportional mit der Eingangsgröße X wächst. Bild 4.1.2 zeigt ein Beispiel, bei dem das nicht der Fall ist.

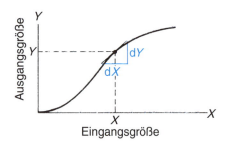

Bild 4.1.2 Definition der Empfindlichkeit bei nicht linearer Kennlinie

$$s_d = \frac{dY}{dX} \qquad \text{(Gl. 4.1.8)}$$

Die differentielle Empfindlichkeit s_d aus Gl. 4.1.8 gibt an, mit welcher Änderung dY der Ausgangsgröße der Empfänger auf eine Änderung dX der Eingangsgröße reagiert. Aus Bild 4.1.2 ist zu entnehmen, dass bei einer nicht linearen Kennlinie sowohl $s = Y/X$ als auch $s_d = dY/dX$ vom Arbeitspunkt auf der Kennlinie, also vom Wert der Eingangsgröße X abhängen. Für eine lineare Kennlinie, $Y = \text{konst} \cdot X$, ist $s = s_d$ konstant.

4.2 Strahlung und Licht

4.2.1 Ausbreitung und Empfang optischer Strahlung

Strahlungs- und Lichtquellen geben Energie ab; daher kann die Energie als Maß für die Strahlungsmenge dienen. Die «Stärke» der Strahlung wird dann zweckmäßig durch die Strahlungsleistung Energie/Zeit, angegeben. Neben der absoluten Stärke der Strahlung interessieren aber auch die verschiedenen Möglichkeiten der räumlichen Verteilung. Bei einem Display wird die Strahlung von einer großen Fläche emittiert, beim Diodenlaser von einer extrem kleinen Fläche. Die Strahlungsleistung lässt sich im Ausbreitungsraum unterschiedlich konzentrieren. Sie wird bei einer Glühlampe nach allen Seiten in den vollen Raumwinkel emittiert, beim Laser dagegen ist sie auf ein enges Bündel konzentriert. Weiter ist die spektrale Verteilung der Strahlung, ihre anteilige Zusammensetzung aus Komponenten verschiedener Wellenlängen, zu beachten. Es kann wie beim Laser ein sehr enger Wellenlängenbereich, also nahezu monochromatische Strahlung abgestrahlt werden oder wie beim Sonnenlicht ein breitbandiges Strahlungsgemisch.

Um die Strahlung praktisch zu nutzen, muss man sie einem Empfänger zuführen. Eingangssignal ist beim Auge das auf die Sehzellen treffende Licht, Ausgangssignal die elektrische Information, die zu einem Helligkeits- bzw. Farbeindruck führt. Bei einem lichtelektrischen Empfänger ist Y der Ausgangsstrom oder die Ladung auf dem Bildchip und bei der Fotoschicht die chemische Veränderung die schließlich zu einem sichtbaren Bild führt.

Um die Strahlung absolut zu messen, sollte s unabhängig von der Wellenlänge konstant sein. Lichttechnischen Größen dagegen sind unter Berücksichtigung der Augeneigenschaften definiert. Sie sollen die Strahlung so beschreiben, wie sie für den Helligkeitseindruck und damit für die Beleuchtungstechnik wirksam ist. Das Auge besitzt 2 verschiedene Sensortypen mit unterschiedlicher spektraler

Empfindlichkeit. Am Tag gilt $s(\lambda) = V(\lambda)$, genannt **spektraler Hellempfindlichkeitsgrad für Tagessehen.** Bei Nacht ist statt $V(\lambda)$ der **spektrale Hellempfindlichkeitsgrad für Nachtsehen** $V'(\lambda)$ zu setzen. Normalerweise wird immer $V(\lambda)$ (Bild 4.2.4) verwendet. Die Werte von $V(\lambda)$ sind in DIN 5031-3 für einen «Normalbeobachter» in Schritten von 1 nm tabelliert. Beim Maximum $\lambda_P = 555$ nm ist $V(\lambda) = $ l; bei $\lambda = 380$ nm und 780 nm, den Grenzen des sichtbaren Bereichs, ist $V(\lambda) \approx 10^{-5}$, also vernachlässigbar.

Auf dem Wege von der Quelle zum Empfänger kann die Strahlung absolute und spektrale Veränderungen erfahren. So wird durch ein Neutralgraufilter die Strahlung aller Wellenlängen weitgehend gleichmäßig geschwächt, während ein Farbfilter die Strahlung in einem bestimmten Wellenlängenbereich bevorzugt absorbiert. Die Einwirkung eines Mediums auf die Strahlung wird durch strahlungsphysikalische bzw. lichttechnische Stoffkennzahlen (Abschnitt 1.2.7) beschrieben. Optische Systeme zwischen Quelle und Empfänger können die geometrische Verteilung der Strahlung ändern, z.B. eine hohe Strahlungsleistung auf eine kleine Empfängerfläche konzentrieren, um hohe Beleuchtungsstärken zu erreichen.

4.2.2 Raumwinkel

Um die in Abschnitt 4.2.1 beschriebene Richtungsabhängigkeit zu berücksichtigen, ist die Festlegung des Strahlungskegels nach Richtung und Größe notwendig.

Der Raumwinkel Ω_1 ist definiert als das Verhältnis der von einem beliebigen Bündel auf einer Kugeloberfläche ausgeschnittenen Fläche A_2 zum Quadrat des Kugelradius.

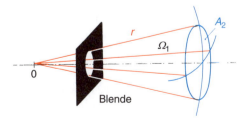

Bild 4.2.1 Perspektivische Darstellung zur Definition des Raumwinkels

$$\Omega_1 = \frac{A_2}{r^2} \cdot \Omega_0 \qquad\qquad \text{(Gl. 4.2.1)}$$

Der Raumwinkel hat die Einheit $\Omega_0 = 1\ \text{m}^2/\text{m}^2 = 1$ Steradiant $= 1$ sr; Ω_0 ist der **Einheits- Raumwinkel**. In der Mathematik wird die Einheit 1 sr oft weggelassen; in der Licht- und Strahlungstechnik kann diese Vereinfachung jedoch zu gravierenden Fehlern führen. Der gesamte von einer Punktquelle erfasste Raum hat nach Gl. 4.2.1 den Raumwinkel $\Omega_1 = A_2 \cdot \Omega_0 / r_2 = 4r^2\pi\ \text{sr}/r^2 = 4\pi$ sr. Der Index 1 bezeichnet immer die Sendergrößen, der Index 2 die des Empfängers.

Prinzipiell ist die Form des Bündels beliebig, A_2 muss also keine Kreisform haben. In der Praxis kommen auch Bündel mit rechteckigem Querschnitt vor. Bei rotationssymmetrischen Anordnungen ist es möglich, aus dem gegebenen Öffnungswinkel σ_1 den Raumwinkel Ω_1 zu berechnen.

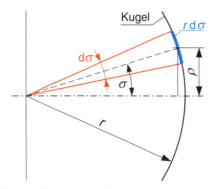

Bild 4.2.2 Kugelgeometrie

Die sehr schmale Kugelzone mit der Höhe $\varrho = r \cdot \sin\sigma$ und der Breite $r \cdot d\sigma$ hat die Fläche $dA_2 = 2r\pi \cdot rd\sigma = 2r^2\pi \cdot \sin\sigma\,d\sigma$. Aus Gl. 4.2.1 folgt $d\Omega_1 = dA_2 \cdot \Omega_0 / r^2$ und damit:

$$d\Omega_1 = 2\pi \cdot \sin\sigma\,d\sigma \cdot \Omega_0 \qquad \text{(Gl. 4.2.2)}$$

Die Integration von Gl. 4.2.2 mit den Grenzen 0 und σ_1 liefert den gesuchten Raumwinkel

$$\Omega_1 = 2\pi \cdot (1 - \cos\sigma_1) \qquad \text{(Gl. 4.2.3)}$$

Da Licht- und Strahlungsmessgeräte verglichen mit elektrischen prinzipbedingt große Fehler aufweisen, verwendet man oft relativ grobe Näherungen. Meist setzt man, wenn die Bedingung $\varrho \le r/10$ erfüllt ist, die Näherung $\cos\sigma \approx 1 - \sigma^2/2$, dann gilt:

$$\Omega_1 \approx \pi \cdot \sigma_1^2 \cdot \Omega_0 \qquad \text{(Gl. 4.2.4)}$$

In der Praxis ist eine beleuchtete ebene Fläche weit häufiger als eine Kugelkalotte. Die für ein kleines ebenes Flächenelement dA_2 gültige Beziehung $d\Omega_1 = dA_2 \cdot \Omega_0 / r^2$ darf man bei einem **diffusen Strahler** mit maximal 2% Fehler auch für größere ebene Flächen einsetzen, wenn das «**Ten Times Law**» gilt:

> Ist der Abstand Sender–Empfänger größer als der 10-fache Betrag der Diagonale von Sender- oder Empfängerfläche (**fotometrische Grenzentfernung**), der größere Wert ist entscheidend, so darf man die Flächen als eben annehmen.

Steht die leuchtende oder beleuchtete Fläche nicht senkrecht zur optischen Achse, so setzt man nach Bild 4.2.3 für A die Projektion $A \cdot \cos\sigma$ ein.

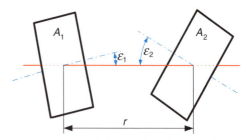

Bild 4.2.3 Geometrie bei schräger Sender- oder Empfängerfläche

4.2.3 Größen und Einheiten der Strahlungs- und Lichttechnik

Die Normen für die Strahlungs- und Lichttechnik finden sich in DIN 5031. Wesentlich ist der in Bild 4.2.4 gezeigte Unterschied zwischen Strahlungsmessung (**Radiometrie**, Index e) und Lichtmessung (**Fotometrie**,

Index v) wobei e für energetisch und v für visuell steht.

Absolutbewertung (Radiometrie) Index e

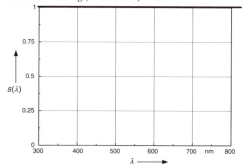

Bewertung mit dem Auge (Fotometrie) Index v

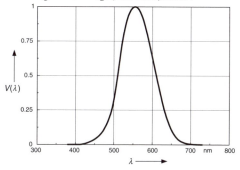

Bild 4.2.4 Radiometrische und fotometrische Bewertung der Strahlung

Die fotometrischen und radiometrischen Größen unterscheiden sich lediglich in der Bewertung der Strahlung, absolut oder mit dem spektralen Hellempfindlichkeitsgrad des Auges, nicht aber in der Definition; sie werden daher gemeinsam behandelt.

4.2.3.1 Strahlungsfluss und Lichtstrom

Die von einer Quelle ausgehende Strahlungsleistung wird auch als **Strahlungsfluss** Φ_e bezeichnet und in W gemessen. Der visuell bewertete Strahlungsfluss heißt Lichtstrom Φ_v und hat die Einheit Lumen = lm. Strahlungsfluss und Lichtstrom geben Antwort auf die Frage «Wie groß ist die gesamte von der Quelle abgegebene Leistung?» Bewertet man den Strahlungsfluss mit der Augenempfindlichkeit $V(\lambda)$ wird der ebenfalls wellenlängenab-

hängige Umrechnungsfaktor $K(\lambda)$ zwischen Strahlungsfluss und Lichtstrom, das **Fotometrische Strahlungsäquivalent** gemessen in lm/W, eingesetzt.

$$\Phi_v(\lambda) = K(\lambda) \cdot \Phi_e(\lambda) \qquad \text{(Gl. 4.2.5)}$$

Bei 555 nm hat das fotometrische Strahlungsäquivalent seinen Höchstwert K_m. Dieser Wert ist im internationalen Einheitensystem SI auf $K_m = 683$ lm/W festgesetzt. Damit ist die alte, auf der Strahlung eines hoch erhitzten Körpers basierende Festlegung, die zu den unterschiedlichsten teilweise heute noch in Normen zu findenden Umrechnungsfaktoren führte, überholt. Der willkürlich erscheinende Wert wurde gewählt, um die historisch überkommene Einheit, die auf der Hefnerkerze basierte, nicht ändern zu müssen.

Allgemein gilt bei **monochromatischer Strahlung** der Wellenlänge λ

$$\Phi_v = K_m \cdot V(\lambda) \cdot \Phi_e \qquad \text{(Gl. 4.2.6)}$$

Dem Strahlungsfluss von 1 W entspricht demnach ein Lichtstrom $\Phi_v \leq 683$ lm. Der 1 W äquivalente Lichtstrom wird umso kleiner, je weiter sich die Wellenlänge von 555 nm entfernt. Bei Wellenlängen < 380 nm und > 780 nm ist der Lichtstrom unabhängig von der Höhe des Strahlungsflusses immer 0.

Ist die umzurechnende Strahlung aus verschiedenen **diskreten Wellenlängen** zusammengesetzt, so ist jeder Anteil $\Delta\Phi(\lambda)$ mit dem zugehörigen Wert $V(\lambda)$ zu multiplizieren. Anschließend werden die Produkte aufsummiert. Bei einem Wellenlängenkontinuum, einer **polychromatischen Strahlung**, wird aufintegriert. Differenziert man Gl. 4.2.6 nach λ, folgt:

$$\frac{d\Phi_v}{d\lambda} = K_m \cdot V(\lambda) \cdot \frac{d\Phi_e}{d\lambda}$$

und nach Integration in Analogie zu Gl. 4.1.5:

$$\Phi_v = \int_{\lambda_1}^{\lambda_2} d\Phi_v = K_m \cdot \int_{\lambda_1}^{\lambda_2} \frac{d\Phi_e}{d\lambda} \cdot V(\lambda) \cdot d\lambda$$
$$\text{(Gl. 4.2.7)}$$

Der spektrale Strahlungsfluss $d\Phi_e/d\lambda = \Phi_{e\lambda}$ muss entweder bekannt sein oder mit einem Spektralgerät gemessen werden. Die Integration erfolgt bevorzugt numerisch, wobei $V(\lambda)$ im Speicher abgelegt wird. Bei geringeren Anforderungen genügt die grafische Integration.

Typische Werte: Eine Infrarotdiode (IRED) mit $I_F = 100$ mA emittiert ca. 30 mW, eine 60 W Halogenlampe 2000 lm.

4.2.3.2 Strahlstärke und Lichtstärke

Wird der Strahlungsfluss/Lichtstrom Φ nicht gleichmäßig in den Raum abgestrahlt, sondern in ein enges Bündel konzentriert, so steigt die Blendwirkung. Die Größe, mit der die Konzentration der Leistung in einen bestimmten Strahlungskegel beschrieben wird, ist radiometrisch die **Strahlstärke** und fotometrisch die **Lichtstärke**. Strahlstärke und

Lichtstärke geben Antwort auf die Frage «wie hoch ist die Leistung innerhalb eines vorgegebenen Strahlungskegels».

Strahlstärke I_e	Lichtstärke I_v	
$I_e = \dfrac{d\Phi_e}{d\Omega_1}$	$I_v = \dfrac{d\Phi_v}{d\Omega_1}$	(Gl. 4.2.8)
$[I_e] = \dfrac{W}{sr}$	$[I_v] = \dfrac{lm}{sr} = $ Candela = cd	

Die räumliche Strahl- und Lichtstärkeverteilung (radiation pattern) wird durch den Grafen $I = I(\varphi)$ charakterisiert. Bezogen wird auf das Intensitätsmaximum oder auf den Abstrahlwinkel 0°. Zur Darstellung der Funktion $I = I(\varphi)$ werden Polarkoordinaten und kartesische Koordinaten verwendet (Bild 4.2.5). Datenblätter bevorzugen die Polarkoordinaten.

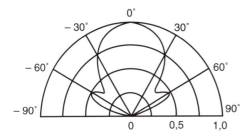 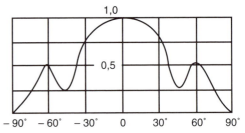

Bild 4.2.5 Räumliche Strahl- oder Lichtstärkeverteilung einer LED

Spezielle Abstrahlcharakteristiken sind Kugelstrahler, Lambert-Strahler und Keule. Der **Kugelstrahler** wird durch eine an dünnen Drähten hängende Glühlampe angenähert. **Lambert- oder Kosinusstrahler** ist nahezu jede matte Oberfläche. **Keulen** mit unterschiedlichem Öffnungswinkel findet man bei Leuchtdioden oder Glühlampen mit vorgeschalteten Optiken. Bei Keulen wird der Abstrahlwinkel 2α angegeben; er ist der Wert, bei dem die Strahl- oder Lichtstärke die Hälfte des Maximalwertes angenommen hat. Besonders schlanke Abstrahlkeulen findet man bei Lasern mit Abstrahlwinkeln im Bereich von Bogenminuten.

Matte Flächen sind meist nahezu perfekte Lambert-Strahler. Luxmeter sollen sich dieser Tatsache anpassen und eine räumliche Empfindlichkeit entsprechend dem Kosinusgesetz anstreben (Kosinuskorrektur). Glänzende Oberflächen weichen vom Lambert-Strahler ab, sie zeigen spezielle **Glanzwinkel**.

Das Maximum der Intensität liegt nicht in jedem Fall auf der optischen Achse. Bedingt durch Fertigungs- und Einbautoleranzen sind Abweichungen von mehreren Grad möglich. Dieser **Schielwinkel** stört besonders bei schlanken Abstrahlkeulen.

Anzeigen sollten auch bei schräger Betrachtung gut ablesbar sein. Bei schlanker Abstrahl-

Kugelstrahler	Kosinusstrahler, Lambert-Strahler	Keule
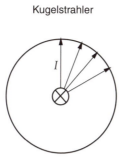	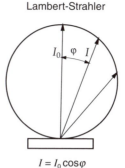	
I = konst	$I = I_0 \cos\varphi$	$I = I(\varphi)$

Bild 4.2.6
Typische Abstrahlcharak-
teristiken von Strahlern

keule, wie sie manche LCD-Anzeigen besitzen, ist die Anzeige jedoch nur innerhalb eines eng begrenzten Winkelbereiches zu sehen. Das kann bei Warnfunktionen gefährlich sein.

Ist I räumlich konstant (Kugelstrahler), so gilt $I = \Phi/\Omega_1$. Bei nicht gleichmäßiger Ausstrahlung im Raumwinkel ist dies die mittlere Strahlstärke/Lichtstärke. Ist die beleuchtete Fläche A_2 um ε_2 gegenüber der optischen Achse geneigt, so gilt nach Bild 4.2.3 $d\Omega_1 = dA_2 \cdot \cos \varepsilon_2 \cdot \Omega_0/r^2$. Da r für jedes Flächenelement dA_2 einen anderen Wert besitzt muss integriert werden. Ist jedoch das «Ten Times Law» erfüllt, gilt $\Omega_1 \approx A_2 \cdot \cos \varepsilon_2/r^2$ mit einem mittleren Wert von r.

Typische Werte: IRED bei $I_F = 100$ mA und einem Öffnungswinkel von $40°$: 20 mW/sr; 60 W Halogenlampe: 160 cd.

4.2.3.3 Strahldichte und Leuchtdichte

Ändert man bei einer Quelle mit konstanter Strahlstärke/Lichtstärke I die Abstrahlfläche A_1, so erscheint sie umso intensiver, je kleiner die strahlende Fläche ist. Die Größe, mit der dieser Effekt beschrieben wird, ist radiometrisch die **Strahldichte**, fotometrisch die **Leuchtdichte**. Strahldichte und Leuchtdichte

geben Antwort auf die Frage «Wie hell strahlt eine Quelle?»

Steht A_1 nicht senkrecht zur Beobachtungsrichtung, so ist nach Bild 4.2.3 die Projektion $A_1 \cdot \cos \varepsilon_1$ wirksam. Bei gleichmäßig strahlender Fläche gilt $L = I/(A_1 \cdot \cos \varepsilon_1)$. Bei ungleichmäßiger Ausstrahlung ist L ein Mittelwert. Betrachtet man einen Lambert-Strahler unter dem Winkel φ, so gilt $L = dI/(dA_1 \cos\varphi) = dI_0 \cdot \cos\varphi/(dA_1 \cdot \cos\varphi) = dI_0/dA_1 = \text{const.}$; die Leuchtdichte ändert sich nicht mit dem Betrachtungswinkel.

Typische Werte: Laserdiode bei $I_F = 400$ mA: 1 MW/(sr cm²); Mittagssonne: 150 kcd/cm²; Projektionslampe: 2 kcd/cm².

4.2.3.4 Bestrahlungsstärke und Beleuchtungsstärke

Trifft der Strahlungsfluß/Lichtstrom Φ auf die Fläche A_2, so erwärmt sich die Fläche umso stärker, je größer der Quotient Φ/A_2 ist. Die Größe, die für diesen Effekt verantwortlich ist, heißt radiometrisch **Bestrahlungsstärke** und fotometrisch **Beleuchtungsstärke**. Bestrahlungsstärke und Beleuchtungsstärke geben Antwort auf die Frage «Wie stark wird eine Fläche bestrahlt?»

Strahldichte L_e	Leuchtdichte L_v	
$L_e = \dfrac{dI_e}{dA_1}$	$L_v = \dfrac{dI_v}{dA_1}$	(Gl. 4.2.9)
$[L_e] = \dfrac{W}{\text{sr m}^2}$	$[L_v] = \dfrac{\text{lm}}{\text{sr m}^2} = \dfrac{\text{cd}}{\text{m}^2}$	

Bestrahlungsstärke E_e	Beleuchtungsstärke E_v	
$E_e = \dfrac{d\Phi_e}{dA_2}$	$E_v = \dfrac{d\Phi_v}{dA_2}$	(Gl. 4.2.10)
$[E_e] = \dfrac{W}{\text{m}^2}$	$[E_v] = \dfrac{\text{lm}}{\text{m}^2} = \text{Lux} = \text{lx}$	

Bei gleichmäßig bestrahlter Fläche und Gültigkeit des «Ten Times Law» ist $E = \Phi/(A_2 \cdot \cos\varepsilon_2) = I \cdot \cos\varepsilon_2 \cdot \Omega_0/r^2$. Bei ungleichmäßiger Bestrahlung der Fläche A_2 ist E ein Mittelwert.

Typische Werte: IRED bei $I_F = 100$ mA in 10 cm Entfernung: 3 W/m²; Nennwert für Hörsäle: 500 lx.

4.2.3.5 Abstandsquadratgesetz

Falls das «Ten Times Law» (Abschnitt 4.2.2) erfüllt ist, gelten für einen diffusen Strahler folgende Gestzmäßigkeiten: $\Phi = I \cdot \Omega = I \cdot A_2 \cdot \Omega_0/r^2$ (Gl. 4.2.1, Gl. 4.2.8) und $E = \Phi/A_2$ (Gl. 4.2.10). Durch Einsetzen folgt das **Abstandsquadratgesetz**, auch **quadratisches Abstandsgesetz** und, obwohl es ebenso für die Radiometrie gilt, **fotometrisches Entfernungsgesetz** genannt.

$$E = \frac{I}{r^2} \cdot \Omega_0 \qquad \text{(Gl. 4.2.11)}$$

Dieses Gesetz wird in der optischen Praxis gerne eingesetzt, es sind aber die Randbedingungen genau zu beachten. Zum einen darf weder Sender- noch Empfängerdiagonale größer als $^1/_{10}$ der Entfernung Sender–Empfänger sein. Hat man z.B. eine Mattscheibe mit der Diagonale D_S als Sender und einen punktförmigen Empfänger mit dem Empfangswinkel 2ω, so zeigt die Grafik $E = E(r)$ einen Verlauf nach Bild 4.2.7. Die Bestrahlungsstärke/Beleuchtungsstärke ist zunächst unabhängig vom Abstand. Nach wie vor gilt natürlich für einen Einzelpunkt des Senders $E = I \cdot \Omega_0/r^2$; je weiter sich jedoch der Sender vom Empfänger entfernt, desto mehr Objektpunkte werden empfangen, so dass E konstant bleibt. Der Abfall beginnt etwa bei $r_l = D_S/(2 \cdot \tan\omega)$; bei dieser Entfernung verlässt der Empfangskegel des Empfängers gerade die durch D_S gegebene Senderfläche.

Weiter darf der Sender keine ausgeprägte Richtcharakteristik haben. Bei einem beugungsbegrenzt parallel strahlenden Laser z.B. hängt $E = E(r)$ allein vom Durchmesser des Bündels ab; je größer das Bündel, desto geringer die Beugung, desto langsamer nimmt E mit r ab.

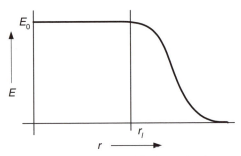

Bild 4.2.7 $E(r)$ für einen großflächigen Sender

4.2.3.6 Spektrale fotometrische und radiometrische Größen

Die radiometrischen und fotometrischen Größen sagen nichts über die Zusammensetzung der Strahlung aus Anteilen verschiedener Wellenlängen aus. Enthält die Strahlung Wellenlängen aus einem größeren Spektralbereich, so unterteilt man den Bereich wie in Abschnitt 4.1 gezeigt, in kleine Intervalle der Breite $d\lambda$ und gibt z.B. wie in Gl. 4.2.7 an, welcher Strahlungsfluß $d\Phi_e$ jeweils auf ein Intervall $d\lambda$ entfällt. Damit ist die **spektrale Dichte der Strahlungsleistung** oder kurz der **spektrale Strahlungsfluss** $\Phi_{e\lambda}$ definiert:

$$\Phi_{e\lambda} = \frac{d\Phi_e}{d\lambda} \qquad \text{(Gl. 4.2.12)}$$

$\Phi_{e\lambda}$ als Funktion von λ beschreibt die spektrale Verteilung der Strahlung. Der gesamte Strahlungsfluss Φ_e ergibt sich dann durch Integration über den betrachteten Wellenlängenbereich mit den Grenzen λ_1 und λ_2 nach Gl. 4.1.3:

$$\Phi_e = \int_{\lambda_1}^{\lambda_2} \Phi_{e\lambda} \cdot d\lambda \qquad \text{(Gl. 4.2.13)}$$

Ganz entsprechend kann auch die spektrale Dichte der übrigen Größen angegeben werden: $\Phi_{v\lambda}, I_{e\lambda}, I_{v\lambda}, L_{v\lambda}, L_{e\lambda}, E_{e\lambda}, E_{v\lambda}$.

Bisher wurden nur die wichtigsten radiometrischen und fotometrischen Größen aufgeführt. Sie und weitere gebräuchliche Größen sind in Tabelle 4.2.1 zusammengefasst.

Beispiel

Eine kleine Lichtquelle mit räumlich gleichmäßiger Ausstrahlung (punktförmiger Kugelstrahler) beleuchtet in 8 m Abstand eine Bildwand mit 100 lx.

a) Wie hoch ist die Lichtstärke der Lampe?

b) Wie hoch ist der gesamte von ihr ausgehende Lichtstrom?

Lösungen

a) Mit $E = I \cdot \Omega_0/r^2$ (Abschnitt 4.2.3.4) folgt $I = E \cdot r^2/\Omega_0$ = 6400 lm/sr = 6400 cd. Würde man den Einheitsraumwinkel weglassen, ergäbe sich die falsche Einheit lm.

b) Da die Lichtstärke in alle Richtungen konstant ist, folgt mit $\Omega_1 = 4\,\pi$ der Lichtstrom
$\Phi = I \cdot \Omega_1$ = 80,4 klm.

Tabelle 4.2.1 Radiometrische und fotometrische Größen und Einheiten

	Radiometrie *Radiometry* Strahlungsphysikalische Größen, Index e			**Fotometrie** *Photometry* Lichttechnische Größen, Index v		
Sendergrößen **Source**		Symbol *Symbol*	Einheit *Unit*		Symbol *Symbol*	Einheit *Unit*
Leistung *Power*	Strahlungsfluss *Radiant flux* *Radiant power* (Strahlungsleistung)	Φ_e	W	Lichtstrom *Luminous flux* *Luminous power* (Lichtleistung)	Φ_v	lm
Ausgangsleistung je Raumwinkeleinheit *Output Power per unit solid angle*	Strahlstärke *Radiant intensity* (Strahlintensität)	I_e	$\dfrac{W}{sr}$	Lichtstärke *Luminous intensity*	I_v	cd = $\dfrac{lm}{sr}$
Ausgangsleistung je Raumwinkeleinheit und strahlende Fläche *Power output per unit solid angle and unit emitting area*	Strahldichte *Radiance*	L_e	$\dfrac{W}{m^2\,sr}$	Leuchtdichte *Luminance*	L_v	$\dfrac{cd}{m^2}$
Ausgangsleistung je Flächeneinheit *Power output per unit area*	Spezifische Ausstrahlung *Radiant emittance* *Radiant exitance*	M_e	$\dfrac{W}{m^2}$	Spezifische Lichtausstrahlung *Luminous emittance* *Luminous excitance*	M_v	$\dfrac{lm}{m^2}$
Strahlungsenergie *Radiant energy*	Strahlungsmenge *Radiant energy* (Strahlungsenergie)	Q_e	W s	Lichtmenge *Luminous energy* *Quantity of light* (Lichtarbeit)	Q_v	lm s
Empfängergrößen **Drain**		Symbol *Symbol*	Einheit *Unit*		Symbol *Symbol*	Einheit *Unit*
Eingangsleistung je Flächeneinheit *Power input per unit area*	Bestrahlungsstärke *Irradiance*	E_e	$\dfrac{W}{m^2}$	Beleuchtungsstärke *Illuminance* *Illumination*	E_v	lx = $\dfrac{lm}{m^2}$
Strahlungsenergie je Flächeneinheit, Dosis *Energy per unit area*	Bestrahlung *Radiant exposure*	H_e	$\dfrac{W\,s}{m^2}$	Belichtung *Light exposure* *Illumination*	H_v	$\dfrac{lm\,s}{m^2}$

Tabelle 4.2.1 Fortsetzung

Umrechnung von US-Einheiten

Leuchtdichte			
	cd/m²	asb	fL
1 cd/m²	1	π	0,2919
1 asb = 1 Apostilb	1/π	1	0,0929
1 fL = 1 footlambert = 1 cd ft^{-2} π^{-1}	3,426	10,764	1

Beleuchtungsstärke			
	lx	lm/cm²	fc
1 lx	1	10^{-4}	0,0929
1 lm cm^{-2} = 1 Phot	10^4	1	929
1 fc = 1 footcandle	10,764	0,0010764	1

4.3 Radiometrische und fotometrische Größen bei der Abbildung

In diesem Abschnitt werden fotometrische Größen verwendet. Alle Gleichungen gelten aber ganz entsprechend auch für radiometrische Größen oder für Größen, die sich auf einen anderen Empfänger als das Auge beziehen.

Im einfachsten Falle der direkten Beleuchtung eines Empfängers ist zwischen Lichtquelle und Empfänger kein abbildendes Element eingeschaltet. Durch optische Abbildung, z.B. mit einer Linse, wird die Lichtstromverteilung in der Empfängerebene verändert, so dass sich z.B. innerhalb einer kleinen Fläche eine hohe Beleuchtungsstärke ergibt. Das durch eine Abbildungsstufe erzeugte Bild kann durch weitere Stufen erneut abgebildet werden. Wird das Licht in der Bildebene durch eine Mattscheibe oder Bildwand diffus gestreut so wirkt die Bildebene wie eine Lichtquelle.

Die Untersuchung der optischen Abbildung soll auf Systeme in Luft und kreisförmige Blenden beschränkt bleiben, wobei alle wirksamen Flächen wie Objektebene, Bildebene und Blenden, wenn nicht anders angegeben, senkrecht zur optischen Achse stehen. Die Pupillen sollen dicht bei den Hauptebenen angeordnet sein, so dass die von EP bzw. AP aus gemessenen Objekt- bzw. Bildweiten gleich a bzw. a' sind. Im einfachsten Fall wird eine dünne Linse mit Bündelbegrenzung durch die Linsenfassung verwendet. Im Übrigen wird auf Abschnitt 3 verwiesen.

4.3.1 Direkte Bestrahlung einer Empfängerfläche

Die Beleuchtungsstärke E in der Bildebene hängt von der räumlichen Strahlungscharakteristik $I(\omega)$ des Senders, dem Feldwinkel ω und der Lage der Bildebene A_2 relativ zur optischen Achse ab. Bei der folgenden Überlegung soll das «Ten Times Law» erfüllt sein.

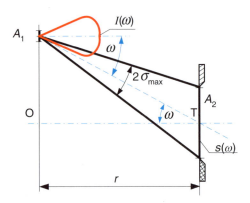

Bild 4.3.1 Parameter für die Beleuchtungsstärke in der Bildebene

In Bild 4.3.1 strahlt eine kleine Quelle A_1 in Richtung T mit der Lichtstärke $I = I_0 \cdot I_{rel}(\omega)$. Der Abstand A_1T hat den Wert $r/\cos\omega$, die effektive Empfängerfläche beträgt $A_2 \cdot \cos\omega$. Mit $E = I(\omega) \cdot \cos\omega \cdot \Omega_0 / \overline{A_1T}^2$ folgt:

$$E = \frac{I_0}{r^2} \cdot I_{rel}(\omega) \cdot \cos^3\omega \cdot \Omega_0 \qquad \text{(Gl. 4.3.1)}$$

Ist der Sender ein Kugelstrahler, gilt $E = I_0 \cdot \cos^3\omega \cdot \Omega_0/r^2$, für einen Lambert-Strahler $I = I_0 \cdot \cos\omega$ ist $E = I_0 \cdot \cos^4\omega \cdot \Omega_0/r^2$. Falls die Flächen geneigt sind, ist lediglich der entsprechende Winkel einzusetzen. Wird die Ausgangsgröße Y eines Empfängers gesucht, so ist anstelle von $A_2 \cos\omega$ die Winkelabhängigkeit $s(\omega)$ des Empfängers zu berücksichtigen, und es gilt:

$$Y = I_0 \cdot I_{rel}(\omega) \cdot \cos^2\omega \cdot s_0 \cdot s_{rel}(\omega) \cdot X$$
$$= Y_0 \cdot I_{rel}(\omega) \cdot \cos^2\omega \cdot s_{rel}(\omega) \qquad \text{(Gl. 4.3.2)}$$

Dabei ist $Y_0 = I_0 \cdot s_0 \cdot X$ die Ausgangsgröße bei axialer Anordnung, also A_1 am Ort O.

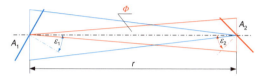

Bild 4.3.2 Sender- und Empfängergeometrie zur Ableitung des Grundgesetzes der Fotometrie

Sucht man den auf A_2 treffenden Lichtstrom als Funktion von der Leuchtdichte L von A_1 und der Geometrie Bild 4.3.2, so sind die Beziehungen von Gl. 4.2.1 $\Omega_1 = A_2 \cdot \cos\varepsilon_2 \cdot \Omega_0/r^2$, Gl. 4.2.9 $L = I/(A_1 \cdot \cos\varepsilon_1)$ und Gl. 4.2.8 $I = \Phi/\Omega_1$ ineinander einzusetzen und man erhält:

$$\Phi = L \cdot \Omega_1 \cdot A_1 \cos\varepsilon_1$$
$$= \frac{L}{r^2} \cdot A_1 \cos\varepsilon_1 \cdot A_2 \cos\varepsilon_2 \cdot \Omega_0 \qquad \text{(Gl. 4.3.3)}$$

Gl. 4.3.3 zeigt, dass eine kleine Empfängerfläche A_2 in großem Abstand r nur einen sehr kleinen Teil des von der Leuchtfläche A_1 ausgehenden Lichtstroms auffangen kann. Wegen der Symmetrie der beiden Strahlengänge, in Bild 4.3.2 rot und blau markiert, gilt Gl. 4.3.3 auch in entgegengesetzter Richtung. Wird die fotometrische Grenzentfernung nicht erreicht, so muss man Gl. 4.3.3 differentiell schreiben. Diese Form wird **Grundgesetz der Fotometrie** oder **fotometrisches Grundgesetz** genannt.

Beispiel
Eine Glühlampe mit der Wendelfläche $A_1 = 4$ mm^2 und der Leuchtdichte 720 cd/cm^2

beleuchtet eine in 30 cm Entfernung stehende Empfängerfläche $A_2 = 1,5$ cm^2, wobei nach Bild 4.3.2 die Flächennormalen unter den Winkeln $\varepsilon_1 = 45°$ und $\varepsilon_2 = 60°$ liegen. Wie groß sind der von A_2 aufgefangene Lichtstrom und die Beleuchtungsstärke?
Lösung
Mit Gl. 4.3.3 erhält man den von A_2 aufgefangene Lichtstrom $\Phi = 0,0170$ cd $\cdot$ sr $= 0,0170$ lm und die Beleuchtungsstärke $E = 1131$ lm/m$^2 = 1131$ lx.

4.3.2 Lichtstrom und Beleuchtungsstärke bei 1-stufiger Abbildung

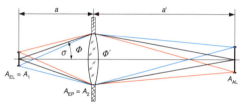

Bild 4.3.3 Lichtstrom bei 1-stufiger Abbildung

In Bild 4.3.3 wird die kleine, auf der Achse liegende Leuchtfläche A_1 als Eintrittsluke EL durch eine Linse abgebildet. Das Bild ist die Austrittsluke AL. Im Vergleich zu Bild 4.3.2 ist zu sehen, dass nun durch die große Fläche der Linse, genauer durch die Fläche der Eintrittspupille EP, ein erheblich höherer Lichtstrom Φ aufgefangen und zur Bildfläche geleitet werden kann. Bedingt durch Absorption tritt auf der Bildseite ein etwas geringerer Lichtstrom Φ' aus. Hat die Linse den Transmissionsgrad τ, so ist $\Phi' = \tau \cdot \Phi$.

Als direkt beleuchtete Fläche A_2 tritt nun die Pupillenfläche A_{EP} auf. Nach Abschnitt 4.2.3.3 gilt mit $\varepsilon_1 = \sigma$ und $A_1 = A_{EL}$ für eine kleine leuchtende Fläche $L = I/(A_{EL} \cdot \cos\sigma)$ und nach Gl. 4.2.8 $d\Phi = I \cdot d\Omega_1$, also $d\Phi = L \cdot A_{EL} \cdot \cos\sigma \cdot d\Omega_1$. Den Winkel $d\Omega_1$ erhält man aus Gl. 4.2.2. Zusammengefasst folgt:

$$d\Phi = L \cdot A_{EL} \cdot \cos\sigma \cdot 2\pi \cdot \sin\sigma \cdot d\sigma \cdot \Omega_0$$
$$\text{(Gl. 4.3.4)}$$

Den gesamten Lichtstrom Φ erhält man durch Integration über die Pupillenfläche A_{EP}, also von $\sigma = 0$ bis $\sigma = \sigma_{max}$:

$$\Phi = \int_0^{\sigma_{max}} L \cdot A_{EL} \cdot \cos\sigma \cdot 2\pi \cdot \sin\sigma \cdot d\sigma \cdot \Omega_0$$

$$\Phi = L \cdot A_{EL} \cdot \pi \cdot \sin^2\sigma_{max} \cdot \Omega_0 \qquad \text{(Gl. 4.3.5)}$$

! Der Lichtstrom ist proportional dem Quadrat der objektseitigen numerischen Apertur.

Die mittlere Beleuchtungsstärke E in der kleinen Bildfläche A_{AL} wird dann

$$E = \frac{\tau \cdot \Phi}{A_{AL}} \qquad \text{(Gl. 4.3.6)}$$

Mit Gl. 4.3.5, Gl. 4.3.6 und $A_{EL}/A_{AL} = 1/\beta'^2$ erhält man:

$$E = L \cdot \tau \cdot \pi \cdot \frac{\sin^2\sigma_{max}}{\beta'^2} \cdot \Omega_0 \qquad \text{(Gl. 4.3.7)}$$

Bei Erfüllung der Sinusbedingung von Gl. 2.6.3 für weit geöffnete Bündel geht Gl. 4.3.7 in Gl. 4.3.8 über.

$$E = L \cdot \tau \cdot \pi \cdot \sin^2\sigma'_{max} \cdot \Omega_0 \qquad \text{(Gl. 4.3.8)}$$

! Die Beleuchtungsstärke ist proportional dem Quadrat der bildseitigen numerischen Apertur.

Beispiel
Wie hoch sind Lichtstrom Φ und Beleuchtungsstärke E, wenn die kleine Lampenfläche $A_{EL} = 1,53\ mm^2$ mit der Leuchtdichte $L = 550\ cd/cm^2$ durch ein Objektiv ($f' = 200$; $k = 2,8$; $\tau = 0,9$) mit dem Abbildungsmaßstab $\beta' = -0,2$ abgebildet wird?
Lösung
Aus β' und f' folgt mit Gl. 1.4.14 $a = -1200$. Aus der Blendenzahl k und f' ergibt sich $D_{EP} = 71,43$ und $|\sin\sigma_{max}| = 0,02975$. Damit wird $\Phi = 0,0234\ lm$ und $E = 3,441 \cdot 10^5\ lx$.

4.3.3 Beleuchtungsstärkeabfall zum Feldrand

Die Beleuchtungsstärke im Bildfeld nimmt von der Mitte zum Rand hin ab. Bild 4.3.1 zeigt die Geometrie bei schiefer Beleuchtung, wobei im Falle der Abbildung mit einem optischen System A_2 die Eintrittspupille EP des Systems ist. Da die meisten Objekte diffus abstrahlen, wird als Quelle normalerweise ein Lambert-Strahler $I = I_0 \cdot \cos\omega$ angenommen. Dann ist die Beleuchtungsstärke in der EP nach Gl. 4.3.1 $E = I_0 \cdot \cos^4\omega \cdot \Omega_0/r^2$. Die Größe $E = I_0 \cdot \Omega_0/r^2$ ist die Beleuchtungsstärke auf der optischen Achse, also für $\omega = 0$. Damit wird die **natürliche Helligkeitsabnahme zum Bildrand**, auch **natürlicher Helligkeitsabfall** oder **natürliche Vignettierung** genannt [1.16, 1.22]:

$$E(\omega) = E_0 \cdot \cos^4\omega \qquad \text{(Gl. 4.3.9)}$$

Diese natürliche Vignettierung wird auch hinter dem System in der Bildebene wirksam, zusätzlich kommt noch die **Vignettierung** durch Fassungsteile des Objektivs. Sie ist allgemein durch die Baulänge mehrgliedriger Systeme, durch unterdimensionierte Prismen in Ferngläsern oder durch Umlenkspiegel bedingt. Die Vignettierung erkennt man gut an der linsenlosen Lochkamera Bild 4.3.4 a).

Mit zunehmendem Feldwinkel wird die Eintrittsfläche zu einem immer kleiner werdenden Kreis-2-Eck verformt. Bei einer Öffnung mit konisch erweitertem Loch tritt dagegen keine Vignettierung, sondern nur die natürliche Helligkeitsabnahme ein. Bild 4.3.4 b) zeigt im Vergleich dazu die Vignettierung bei einem Objektiv. Durch die engere Blende in Bild 4.3.4 c) wird die Vignettierung verringert, d.h., sie beginnt erst bei einem größeren Feldwinkel, dem Grenzwinkel ω_{gr}.

Die durch Vignettierung bedingte Abnahme der Beleuchtungsstärke kann man durch den Quotienten $A_{EP}(\omega)/A_{EP}(0)$ beschreiben, wobei $A_{EP}(\omega)$ die bei dem Feldwinkel ω wirksame Pupillenfläche, $A_{EP}(0)$ die bei $\omega = 0$ ist. Damit ergibt sich unter Einbeziehung

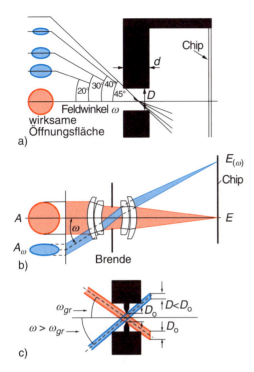

Bild 4.3.4 Verringerung der Eintrittspupille durch Vignettierung: a) bei einer Lochkamera mit zylindrischer Öffnung, b) bei einem Objektiv, c) Wirkung einer Blende

von Gl. 4.3.9 insgesamt für die Beleuchtungsstärke:

$$E(\omega) = E_0 \cdot \frac{A_{EP}(\omega)}{A_{EP}(0)} \cdot \cos^4 \omega \qquad \text{(Gl. 4.3.10)}$$

4.3.4 Bildleuchtdichte und geometrischer Fluss

Entsteht das Bild auf einer diffus reflektierenden Fläche, z.B. auf einem matten, weißen Bildschirm, so wird damit der gerichtete Strahlengang unterbrochen. Der auf eine Bildstelle treffende Lichtstrom Φ wird in den Halbraum verteilt. Für eine weitere Abbildungsstufe, z.B. das Auge, wirkt dann die Bildfläche als Lichtquelle, ihre Leuchtdichte wird hier als **diffuse Leuchtdichte** L_{diff} bezeichnet. Wendet man Gl. 4.3.5 auf den Licht-

strom Φ' an, der von der Bildfläche A_{AL} diffus reflektiert wird, so ist

$$\Phi' = L_{\text{diff}} \cdot A_{\text{AL}} \cdot \pi \cdot \sin^2 \sigma'_{\text{max}} \cdot \Omega_0 \qquad \text{(Gl. 4.3.11)}$$

Der üblicherweise angenommene Lambert-Strahler hat keinen Anteil gerichteter Reflexion, keinen «Glanz». Da Φ' in den gesamten Halbraum abgestrahlt wird, ist $\sigma'_{\text{max}} = 90°$. Weiter ist $\Phi' = \varrho \cdot \Phi$ mit dem Reflexionsgrad ϱ des Bildschirms (s. Tabelle 2.1.5), denn der auffallende Lichtstrom Φ wird nach einem Verlust ($\varrho < 1$) als Φ' reflektiert. $\Phi' = \varrho \cdot \Phi$ und $E = \Phi/A_{\text{AL}}$ in Gl. 4.3.11 eingesetzt ergibt die Leuchtdichte einer ideal diffus reflektierenden Fläche zu:

$$L_{\text{diff}} = \frac{E \cdot \varrho}{\pi} \cdot \frac{1}{\Omega_0} \qquad \text{(Gl. 4.3.12)}$$

Bei einer beleuchteten Mattscheibe setzt man den Transmissionsgrad τ statt ϱ.

> **Beispiel**
> Eine mattweiße Papierfläche mit $\varrho = 0{,}7$ wird mit $E = 100$ lx beleuchtet.
> *Lösung*
> Sie leuchtet mit $L_{\text{diff}} = 22{,}3$ lx/sr = 22,3 cd/m².

Entsteht das Bild nicht auf einer diffus reflektierenden Fläche oder einer Mattscheibe, sondern frei in der Luft, so interessiert für die Abbildung durch eine weitere Stufe die Leuchtdichte L des «Luftbildes». Der Lichtstrom Φ fällt aus dem Raumwinkel Ω auf A_{AL} und tritt im Gegensatz zu einer streuenden Bildfläche in einen Raumwinkel gleicher Größe wieder aus. Nach der Helmholtz-Lagrange-Invariante (s. Gl. 2.4.15) gilt für ein System in Luft bei kleinen Winkeln $y \cdot \sigma = y' \cdot \sigma'$. Quadriert man diese Gleichung und setzt die Näherung von Gl. 4.2.4 für den Raumwinkel und $y^2 = A$ ein, so folgt $A \cdot \Omega = A' \cdot \Omega' = konst.$ Berücksichtigt man die Absorption der Optik mit $\Phi' = \tau \cdot \Phi$, so gilt:

$$\frac{L'}{L} = \frac{\Phi'}{A' \cdot \Omega'} \cdot \frac{A \cdot \Omega}{\Phi} = \frac{\Phi'}{\Phi} = \tau \qquad \text{(Gl. 4.3.13)}$$

Aus dem Grundgesetz der Fotometrie lässt sich ableiten, dass diese Beziehung allgemein, also auch für große Winkel, gilt. Die Leuchtdichte des Luftbildes ist dann:

$$L' = \tau \cdot L \qquad \text{(Gl. 4.3.14)}$$

> Die Bildleuchtdichte L' ist bei verlustloser Abbildung ($\tau = 1$) gleich der Objektleuchtdichte: L' kann niemals größer als L werden. Dagegen sind Beleuchtungsstärke E und damit L_{diff} durch die Abbildungsbedingungen beeinflussbar.

Dies soll noch mit dem Vergleich der Bilder 4.3.5 a) und b) verdeutlicht werden:

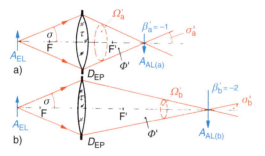

Bild 4.3.5 Auswirkung des Abbildungsmaßstabs auf Beleuchtungsstärke und Leuchtdichte

Zwei gleiche Objektflächen A_{EL} werden durch Linsen mit gleichen Werten von D_{EP}, τ, und σ_{max} abgebildet, daher tritt auf der Bildseite der gleiche Lichtstrom Φ' aus. Durch unterschiedliche Brennweiten der beiden Linsen ergeben sich aber z.B. die Abbildungsmaßstäbe $\beta'_a = -1$ und $\beta'_b = -2$. Dann folgt für die Bildflächen $A_{\text{ALb}} = 4\,A_{\text{ALa}}$, aber für die Raumwinkel $\Omega'_b = 0{,}25\,\Omega'_a$. Mit $E = \Phi'/A_{\text{AL}}$, $I' = \Phi'/\Omega'$ (Lichtstärke der Luftbildfläche) und $L' = I'/A_{\text{AL}}$ findet man für dieses Beispiel $E_b = 0{,}25 \cdot E_a$; $I'_b = 4 \cdot I'_a$; $L'_b = L'_a$.

> Bei gleichem Lichtstrom Φ' nimmt bei zunehmendem Abbildungsmaßstab β' die Beleuchtungsstärke mit β'^2 ab, die Lichtstärke mit β'^2 zu, während die Leuchtdichte des Luftbildes konstant bleibt.

In Gl. 4.3.5 kann man alle geometrischen Faktoren zusammenfassen und so den **Lichtleitwert** G definieren:

$$G = A_{\text{EL}} \cdot \pi \cdot \sin\sigma^2_{\text{max}} \cdot \Omega_0 \qquad \text{(Gl. 4.3.15)}$$

Damit ergibt sich für den Lichtstrom

$$\Phi = L \cdot G \qquad \text{(Gl. 4.3.16)}$$

Der Lichtleitwert wird auch **geometrischer Fluss**, **optischer Fluss** und im angelsächsischen Raum «**Ètendue**» oder «**Optical Extend**» genannt. Gl. 4.3.16 gilt ganz allgemein. In Gl. 4.3.3 z.B. kann man den mit L multiplizierten Ausdruck $A_1\cos\varepsilon_1 \cdot A_2\cos\varepsilon_2 \cdot \Omega_0/r^2$ als geometrischen Fluss G bezeichnen. Sind die Durchmesser der Pupillen und Luken klein gegenüber ihrem Abstand, ist also die fotometrische Grenzentfernung überschritten, so wird $\sin\sigma_{\text{max}} \approx \tan\sigma_{\text{max}} = D_{\text{EP}}/(2\,a)$ und $\pi \cdot \sin^2\sigma_{\text{max}} = \pi \cdot D^2_{\text{EP}}/(4a^2)$, also $\pi \cdot \sin^2\sigma_{\text{max}} = A_{\text{EP}}/a^2$. Damit wird der geometrische Fluss in der Form

$$G = \frac{A_{\text{EL}} \cdot A_{\text{EP}}}{a^2} \cdot \Omega_0 \qquad \text{(Gl. 4.3.17)}$$
$$\text{bzw.} \quad G' = \frac{A_{\text{AL}} \cdot A_{\text{AP}}}{a'^2} \cdot \Omega_0$$

darstellbar, d.h. durch die Abmessungen einer Lichtröhre.

Mit dem geometrischen Fluss G kann man die Brauchbarkeit eines optischen Systems zur Weiterleitung von Lichtleistung quantitativ beschreiben; daher auch der Name Lichtleitwert.

Werden bei mehrstufiger Abbildung die Lichtröhren durch Feldlinsen so aneinander angeschlossen, dass keine Lichtenergie durch geometrische Beschneidung verlorengeht (Abschnitt 3.5), so nehmen in jeder Stufe sowohl der Lichtstrom Φ als auch die Leuchtdichte L

> Bei mehrstufiger Abbildung bzw. verflochtenem Abbildungs-/Beleuchtungs-Strahlengang ist bei richtiger Anpassung der geometrische Fluss in den Lichtröhren aller Stufen konstant.

um den Transmissionsgrad τ dieser Stufe ab. Nach Gl. 4.3.16 muss dann $G = \Phi/L$ konstant bleiben, also auch bei Gl. 4.3.17 $G' = G$ sein.

Beispiel

Eine Zeichnung im Abstand $a = -1,5$ m wird durch eine Digitalkamera mit Vollformatchip 24 mm × 36 mm, Objektiv $f' = 50$, $k = 8$ aufgenommen. Der geometrische Fluss G ist nach Gl. 4.3.15 und Gl. 4.3.17 zu berechnen; die Ergebnisse sind zu vergleichen.

Lösung

Wegen $\beta' = -0,0344828$ aus Gl. 1.4.14 hat der auf dem Chip festgehaltene Zeichnungsausschnitt die Fläche $A_{EL} = 0,726624$ m². Die Blendenzahl k liefert $D_{EP} = 6,25$ mm; es folgt $|\sin\sigma_{max}| = 2,08333 \cdot 10^{-3}$. Nach Gl. 4.3.15 ist $G = 0,990776 \cdot 10^{-5}$ m² · sr und nach Gl. 4.3.17 $G = 0,990780 \cdot 10^{-5}$ m² · sr. Die Abweichung vom paraxialen geometrischen Fluss ist also in diesem Falle bedeutungslos. Die hohe Rechengenauigkeit wurde nur gewählt, um die Abweichung sichtbar zu machen.

4.4   Licht- und Strahlungsquellen

4.4.1   Allgemeine Eigenschaften

Lichtquellen formen zugeführte Energie zum Teil in Strahlungsenergie um. Temperaturstrahler wie die Glühlampen wandeln die zugeführte Energie zunächst in Wärmeenergie. Durch die thermische Anregung schwingen die Atome und senden ähnlich wie eine Antenne Strahlung aus. Leuchtstoffröhren, Gasentladungslampen und Leuchtdioden, speichern demgegenüber die zugeführte Energie unmittelbar als potentielle Energie der Elektronen und geben sie als Strahlung wieder ab. Sie ermöglichen damit eine Strahlungsemission trotz relativ niedriger Temperatur. Lichtquellen können, wie Glühlampen, im Dauerbetrieb (cw) oder, wie Blitzlampen, im Impulsbetrieb benutzt werden. Die folgenden Abschnitte zeigen die wesentlichen, für den Einsatz in einer technischen Anwendung entscheidenden charakteristischen Merkmale von Energiequellen.

4.4.1.1   Spektrale Verteilung

Charakteristisch für das Spektrum von Strahlern ist die «Intensität» dJ pro Wellenlängenintervall dλ als Funktion der Wellenlänge λ. In den DIN-Normen und Datenblättern wird die Größe dJ/dλ auf den Maximalwert bezogen und heißt dann $J(\lambda)_{rel}$. An Stelle der «Intensität» J kann je nach Einsatz eine beliebige fotometrische oder radiometrische Größe wie Φ_e, Φ_v, I_e, I_v, L_e, L_v, E_e oder E_v stehen.

$$J(\lambda)_{rel} = \frac{dJ/d\lambda}{(dJ/d\lambda)_{max}} = \frac{J_\lambda}{J_{\lambda\,max}} \qquad \text{(Gl. 4.4.1)}$$

Mit dieser Definition hat die relative spektrale Intensität $J(\lambda)_{rel}$ immer den Maximalwert 1. Bild 4.4.1 zeigt $J(\lambda)_{rel}$ als Funktion von λ für 3 typische Strahlungsquellen.

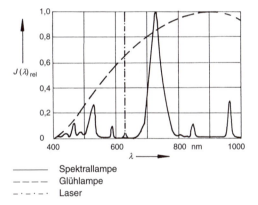

———— Spektrallampe
– – – – Glühlampe
– · – · – Laser

Bild 4.4.1 Spektrale Intensitätsverteilung verschiedener Quellen

Erstreckt sich die Strahlung lückenlos über ein größeres Wellenlängengebiet, so spricht man von einem Kontinuumstrahler. Demgegenüber geben Linienstrahler ihre Energie nur in eng begrenzten Bereichen ab. Ist die Strahlungsenergie auf einen kleinen Wellenlängenbereich konzentriert, spricht man von einer **Spektrallinie** und definiert als deren **Halbwertsbreite**, wie in Bild 4.4.2 gezeigt, den Wellenlängenbereich bei der relativen spektralen Intensität 50%. Die Wellenlänge λ_P liegt im Allgemeinen nicht in der Mitte von $\Delta\lambda$.

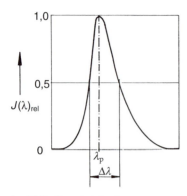

λ_P Wellenlänge, bei der die spektrale
Intensität ihren Maximalwert besitzt
$\Delta\lambda$ Halbwertsbreite

Bild 4.4.2 Kenngrößen einer Spektrallinie

Der ideale Kontinuumstrahler ist der **Planck'sche** oder **Schwarze Strahler**, auch **Schwarzer Körper** SK genannt. Er kann durch einen beheizter Hohlraum mit kleiner, die Strahlung aussendender Öffnung realisiert werden. Das Planck'sche Strahlungsgesetz (Gl. 4.4.2) mit den Konstanten $C_1 = 3{,}741832 \cdot 10^{-16}$ W m^2 und $C_2 = 1{,}438786 \cdot 10^{-2}$ K m beschreibt seine spektrale Verteilung als Funktion der Temperatur. Das Ergebnis für verschiedene absolute Temperaturen T zeigt Bild 4.4.3.

$$\frac{d\Phi_e}{A_1 \cdot d\lambda} = \frac{\Phi_{e\lambda}}{A_1} = \frac{d M_e}{d\lambda} \cdot \frac{C_1}{\lambda^5 \cdot \left(e^{C_2/(\lambda \cdot T)} - 1\right)}$$

(Gl. 4.4.2)

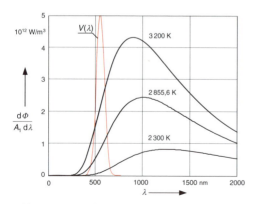

Bild 4.4.3 Spektrale Verteilung der Planck'schen Strahlung

Den gesamten Strahlungsfluss pro abstrahlende Fläche erhält man aus dem Integral $\Phi_{e\lambda} \cdot d\lambda / A_1$; er entspricht der Fäche unter den Kurven in Bild 4.4.3. Man sieht, dass der Strahlungsfluss mit zunehmender absoluter Temperatur stark ansteigt. Der Zusammenhang ist Inhalt des **Stefan-Boltzmann-Gesetzes**.

$$M_e = \sigma \cdot \varepsilon \cdot T^4 \qquad \text{(Gl. 4.4.3)}$$

Darin ist $M_e = \Phi/A_1$ die **spezifische Ausstrahlung**, $\sigma = 5{,}67032 \cdot 10^8$ W/(m^2 K^4) die der **Stefan-Boltzmann-Konstante** und ε der Emissionsgrad der strahlenden Fläche A_1. Beim Schwarzen Strahler ist $\varepsilon = 1$. Mit zunehmender absoluter Temperatur verschiebt sich das Maximum der Ausstrahlung nach dem **Wien'schen Verschiebungsgesetz** (Gl. 4.4.4) zu kürzeren Wellenlängen hin.

$$\lambda_{max} \cdot T = 0{,}2896 \text{ cm K} \qquad \text{(Gl. 4.4.4)}$$

Andere Temperaturstrahler erreichen bei gleicher Temperatur nicht die hohe Emission des Schwarzen Strahlers. Ein **Grauer Strahler** gibt, da $\varepsilon < 1$ ist, weniger Strahlung ab; seine relative spektrale Verteilung stimmt aber mit der des Schwarzen Strahlers überein. Bei Selektivstrahlern weicht die Verteilung von der des Schwarzen Strahlers gleicher Temperatur ab.

Ein Schwarzer Strahler ergibt als Funktion seiner Temperatur einen ganz bestimmten Farbeindruck, der durch einen Punkt, den **Farbort** in der Normfarbtafel (Abschnitt 7.5.4) dargestellt wird. Die Farborte des Schwarzen Strahlers durchlaufen als Funktion der Temperatur den **Planck'schen Kurvenzug**. Liegt der Farbort einer beliebigen Lichtquelle, sie könnte auch ein Linienstrahler sein, auf diesem Kurvenzug bei der Planck'schen Temperatur T, so heißt diese Temperatur nach DIN 5031-5 **Farbtemperatur** T_f; für Graue Strahler ist $T_f = T$. Zwei Strahler gleicher Farbtemperatur lösen beim Menschen auch bei völlig unterschiedlicher spektraler Zusammensetzung den gleichen Farbeindruck aus.

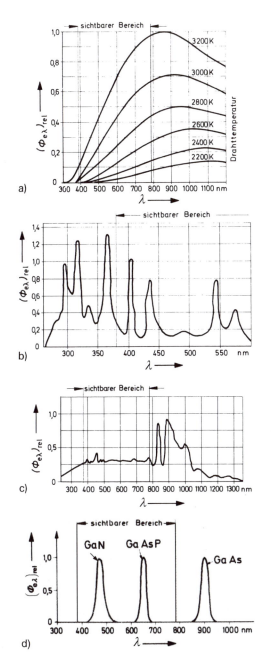

a)

b)

c)

d)

Bild 4.4.4 Spektrale Strahlungsverteilung von Lichtquellen:
a) Glühlampen bei verschiedener Wendeltemperatur,
b) Quecksilber-Höchstdrucklampe,
c) Xenon-Hochdrucklampe,
d) Leuchtdioden

> **!** Eine Lichtquelle mit der Farbtemperatur T_f erzeugt den gleichen Farbeindruck, hat die gleiche Farbart, wie ein Schwarzer Strahler der gleichen Temperatur.

Strahlern, deren Farbort in der Nähe des Planck'schen Kurvenzugs liegt, wird eine «**ähnlichste Farbtemperatur**» T_n nach DIN 5033-8 zugeordnet. Diese Charakterisierung ist zwar praktisch, eine vollständige Information liefert aber nur die spektrale Verteilung der Strahlung durch Diagramme oder Tabellen. Für die Messtechnik legt DIN 5033-7 folgende Strahler fest: Normlichtart A ($T = 2855{,}6$ K), Normlichtart C (Künstliches Tageslicht, $T_n = 6744$ K) Normlichtart D65 (natürliches Tageslicht, $T_n = 6504$ K)

In Bild 4.4.4 sind die relativen Strahlungsverteilungen von Lichtquellen zusammengestellt, die in optischen Geräten häufig benutzt werden.

4.4.1.2 Wirkungsgrad, Lichtausbeute

Der Wirkungsgrad η ist allgemein festgelegt als das Verhältnis des gewünschten Effektes zu der auslösenden Ursache. Demnach sieht die Definition bei einem Infrarotsender (η_e) ganz anders aus, als bei einer Lichtquelle (η_v). Die Einheit des Wirkungsgrades hängt ebenfalls von der Definition ab. Häufig wird der Leistungswirkungsgrad η_P = Ausgangsleistung / Eingangsleistung angegeben.

In der Optik wird zunächst die zugeführte Leistung, meist eine elektrische Leistung, aber auch thermische oder chemische Leistung, in Strahlung umgewandelt. Bei Bewertung der Strahlung mit dem Auge kommt ein zusätzlicher Faktor, der die Umwandlung von Strahlung in Licht berücksichtigt, dazu.

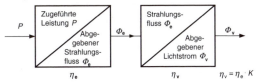

Bild 4.4.5 Umwandlung von zugeführter Leistung in Licht

Der für die Umwandlung der zugeführten Leistung P in einen Strahlungsfluss Φ_e zuständige Wirkungsgrad heißt **Strahlungsausbeute** η_e.

Die Strahlungsausbeute ist bei Ultraviolett- oder Infrarotstrahlung die einzig sinnvolle Angabe des Wirkungsgrades.

$$\eta_e = \frac{\Phi_e}{P} \qquad \text{(Gl. 4.4.5)}$$

Um Φ_e zu ermitteln, ist in der Praxis eine Integration, meist von $\lambda_1 = 0$ bis $\lambda_2 \to \infty$ notwendig. η_e ist ein Leistungswirkungsgrad, seine Einheit ist daher 1 und sein Wert immer $\eta_e \leq 1$.

$$\eta_e = \frac{\int_{\lambda_1}^{\lambda_2} \frac{d\Phi_e}{d\lambda} \, d\lambda}{P} \qquad \text{(Gl. 4.4.6)}$$

Da das Auge die empfangene Strahlung entsprechend $V(\lambda)$ bewertet, ist der Lichtreiz nicht nur von der Strahlungsleistung (Strahlungsfluss) Φ_e, sondern auch von der Wellenlänge λ abhängig.

Das in Abschnitt 4.2.3.1 eingeführte **fotometrische Strahlungsäquivalent der Gesamtstrahlung** (Luminous Efficiency, Radiation luminous efficacy) K für das Tagessehen charakterisiert den vom Strahlungsfluss ausgelösten Seheindruck. Seine Einheit ist lm/W.

$$K = \frac{\Phi_v}{\Phi_e} \qquad \text{(Gl. 4.4.7)}$$

K hat bei monochromatischer Strahlung der Wellenlänge 555 nm den Maximalwert $K_m = 683$ lm/W. Bei allen anderen Wellenlängen oder Wellenlängengemischen ist K kleiner als K_m. Anstelle von Φ_v und Φ_e können auch die entsprechenden Werte von I_v und I_e, L_v und L_e oder E_v und E_e verwendet werden. Um einen vernünftigen Farbeindruck zu bekommen, muss die Lichtquelle immer den gesamten sichtbaren Spektralbereich abstrahlen, K ist dann weit kleiner als 683 lm/W. Tabelle 4.4.1 zeigt einige typische Werte von K.

Tabelle 4.4.1 Fotometrisches Strahlungsäquivalent typischer Quellen

Farbe	LED Grün	LED Gelb	LED Orange	LED Rot (high eff)	Laser bei 555 nm	Schwarzer Strahler bei 6000 K
K in lm/W	595	480	370	145	683	95

Die **Lichtausbeute** (Luminous efficacy, Lighting system luminous efficacy) η_v gibt an, welcher Anteil der einer Lichtquelle zugeführten Leistung P in Licht umgesetzt wird (DIN 5031-4). Die Einheit ist wie beim fotometrischen Strahlungsäquivalent der Gesamtstrahlung lm/W, der Zahlenwert ist aber immer weit kleiner als K, da zusätzlich die Verluste bei der Umwandlung der zugeführten Leistung in Strahlung berücksichtigt werden.

$$\eta_v = \frac{\Phi_v}{P} = \frac{\Phi_v}{\Phi_e} \cdot \frac{\Phi_e}{P} = K \cdot \eta_e \qquad \text{(Gl. 4.4.8)}$$

Bei Strahlern, die nicht mit dem Auge bewertet werden, ist allein die Strahlungsausbeute η_e maßgebend. Lichtquellen dagegen müssen erst die zugeführte Leistung in Strahlung umformen, die dann gemäß $V(\lambda)$ mit dem Auge bewertet wird. Je weiter die Wellenlänge vom Maximum der Augenempfindlichkeit bei 555 nm entfernt ist, desto geringer wird die Lichtausbeute η_v. So können 2 Strahler gleicher Strahlstärke völlig unterschiedliche Lichtstärken besitzen. Werden Strahlungs- und Lichtquellen nicht direkt an die Versorgungsspannung angeschlossen, reduziert sich der Wirkungsgrad zusätzlich durch die notwendige Beschaltung. Dieser Gesamtwirkungsgrad wird «Wall Plug Efficiency» genannt. Einige typische Werte von η_v zeigt Tabelle 4.4.2

Tabelle 4.4.2 Typische η-Werte

	Gebrauchsglühlampe	Halogenglühlampe	Leuchtstoffröhre	Hochdruck-Hochspannungsröhre
η_v in lm/W	12 ÷ 19	25 ÷ 30	60 ÷ 180	30 ÷ 96

Wird ein lichtelektrischer Empfänger eingesetzt, so tritt nach Abschnitt 4.1 dessen spektrale Empfindlichkeit $s(\lambda)$ an die Stelle von $V(\lambda)$. Ein Fotoelement z.B. hat die absolute Empfindlichkeit $s(\lambda) = s(\lambda_0) \cdot s(\lambda)_{rel}$ in A/W. Bei ihm steigt der Kurzschlussstrom I_F proportional zum einfallenden Strahlstrom Φ_e. Damit gilt $X = \Phi_e$; die Ausgangsgröße $Y = I_F$ wird entsprechend Gl. 4.1.5:

$$I_F = s(\lambda)_0 \cdot \int_{\lambda_1}^{\lambda_2} \Phi_{e\lambda} \cdot s(\lambda)_{rel} \cdot d\lambda \qquad \text{(Gl. 4.4.9)}$$

4.4.1.3 Strahlende Fläche, Leucht- und Strahldichte

Neben der Lichtstärke hat auch die Größe der leuchtenden Fläche einen maßgebenden Einfluss auf die visuelle Erkennbarkeit von Lichtquellen. Man unterscheidet Punktlichtquellen mit hoher Strahldichte/Leuchtdichte und großer Blendwirkung und Flächenstrahler mit geringer Strahldichte/Leuchtdichte und entsprechend geringer Blendwirkung. Für eine gleichmäßige Raumbeleuchtung sind Flächenstrahler (Leuchtstoffröhren, Mattgläser) besser geeignet als Punktstrahler (Halogenspots).

4.4.1.4 Lebensdauer

Die Lebensdauer von Strahlungsquellen reicht von Millisekunden (Blitzwürfel) bis zu mehreren Jahren (Leuchtdiode). Es sind 2 Definitionen üblich. Die **Brenndauer** bis zum Totalausfall wird bevorzugt bei klassischen Lichtquellen verwendet. Sie ist die statistisch wahrscheinliche Lebensdauer; der tatsächliche Wert kann stark um diesen Mittelwert streuen. Die **Halbwertszeit** gibt an, innerhalb welcher Zeitspanne die Intensität auf die Hälfte des Ausgangswertes gesunken ist; sie wird bei Leuchtdioden angegeben. Auch diese Angabe ist ein Mittelwert.

4.4.1.5 Polarisationsgrad

Die Empfindlichkeit vieler Fotoempfänger ist von der Polarisation (Abschnitt 1.2.9) abhängig. Vor allem bei schiefer Einstrahlung kann die Ausgangsgröße bei gleichem Betrag der Eingangsgröße stark mit deren Polarisationsgrad schwanken.

4.4.1.6 Kohärenz

Der Kohärenzgrad (Abschnitt 1.2.8) ist für alle Interferenzerscheinungen die maßgebliche Größe. Während Glühlampen nahezu inkohärent strahlen, ist die Strahlung von Lasern weitgehend kohärent.

4.4.1.7 Frequenzverhalten

Die Modulierbarkeit von Strahlungsquellen spielt vor allem bei der Informationsübertragung eine große Rolle. Während thermische Quellen so träge sind, dass sie selbst bei Versorgung mit 50 Hz Wechselstrom nahezu Gleichlicht liefern, lassen sich aktuelle Laserdioden bis über 10 GHz modulieren. Das Frequenzverhalten wird durch die Grenzfrequenz f_g oder die Schaltzeiten charakterisiert. Die Ansteuerung mit hoher elektrischer Leistung (Großsignalverhalten) liefert durchwegs schlechtere Werte als die Ansteuerung mit geringer Amplitude (Kleinsignalverhalten).

Die **Grenzfrequenz** ist die Frequenz, bei der die Amplitude des Signals von 100% auf 70,7% und die Leistung auf 50% gesunken ist (Bild 4.4.6). Dieser Wert entspricht einem Abfall um 3 dB (Faktor $\sqrt{2}$) bzw. 6 dB (Faktor 2).

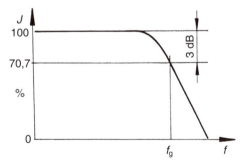

Bild 4.4.6 Definition der Grenzfrequenz

Die Definition der **Schaltzeiten** zeigt Bild 4.4.7.

t_d Verzögerungszeit (delay time) Zeit zum Erreichen der 10%-Marke

t_r Anstiegszeit (rise time) Zeit für den Anstieg von 10% auf 90% des Ausgangssignals

t_s Speicherzeit (storage time) Zeit für den Abfall von 100% auf 90% des Ausgangssignals

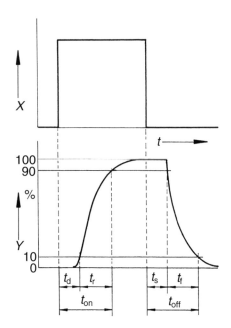

Bild 4.4.7 Definition der Schaltzeiten

t_f Abfallzeit (fall time)
Zeit zum Abfallen von 90% auf
10% des Endwertes
t_{on} Einschaltzeit (turn on time)
$t_{on} = t_d + t_r$
t_{off} Ausschaltzeit (turn off time)
$t_{off} = t_s + t_f$
Angenähert gilt:
$f_g \approx (3t_r)^{-1}$

4.4.2 Glühlampen

Wegen ihres einfachen Betriebs und ihrer Typenvielfalt sind Glühlampen nach wie vor wichtige Lichtquellen für Raumbeleuchtung und optische Geräte. Der Glühdraht aus Wolfram schmilzt bei 3653 K und wird auf etwa 2600…3400 K geheizt. Das Aufwickeln des Glühdrahtes zu einer engen Wendel oder einer Doppelwendel vermindert die Wärmeverluste; die Temperatur und damit die Lichtausbeute steigen. Durch abdampfendes Wolfram wird der Kolben geschwärzt und der Lichtstrom vermindert. Deshalb setzt man die Verdampfungsgeschwindigkeit durch Edelgasfüllung (N_2, Ar, Kr, Xe) herab. Um den Strom

bei hoher Spannung zu begrenzen, muss der Wendelwiderstand hoch sein. Das führt bei **Hochvoltlampen** zu sehr dünnen, langen und damit stoßempfindlichen Wendeln. Bei Niederspannung, typisch sind 12 V oder 24 V, werden die Wendel dicker und damit robuster und vertragen höhere Temperaturen. Weiterer Vorteil ist die geringere Abhängigkeit der Lebensdauer von der Toleranz des Glühdrahtes. Diese **Niedervoltlampen** setzt man bei optischen Geräten ein, wenn eine hohe Leuchtdichte, also hoher Lichtstrom bei kleiner Leuchtfläche gefordert wird. Eine noch bessere Lichtausbeute erreicht man mit **Halogenlampen** [3.12] durch Zusatz von Halogenen (meist Brom) zum Füllgas. Die abgedampften Metallionen verbinden sich mit dem Halogen zu gasförmigem Wolframhalogenid. Die wesentliche Eigenschaft dieser Verbindungen ist, dass sie bei niederen Temperaturen stabil sind; das Metall schlägt sich somit nicht am Glaskolben nieder. Bei hohen Temperaturen dagegen dissoziiert das Wolframhalogenid. An der dünnsten und damit heißesten Stelle des Wendels wird Metall abgeschieden und das Halogen in den Kreislauf zurückgeführt. Dieser Effekt erlaubt die hohe Wendeltemperatur von 3100…3400 K und damit einen besseren Wirkungsgrad. Da normales Glas diese Temperatur nicht verkraftet und da der geschilderte Kreislauf nur bei relativ kleinen Wegstrecken wirksam ist, werden Quarzglaskolben kleiner Abmessungen verwendet. Der kleine Kolben ermöglicht den Aufbau kompakter Beleuchtungsanordnungen mit großer Apertur. Die Kondensorlinsen können in geringem Abstand von der Glühwendel angeordnet werden. Nachteilig ist der gute Transmissionsgrad von Quarz für Ultraviolettstrahlung. Halogenlampen für Beleuchtungszwecke sollten daher mit einem UV-Filter versehen werden. Bei schlecht dimensionierten Netzgeräten kann der hohe Strom, der wegen des mit der Temperatur steigenden Widerstands beim Einschalten auftritt, zur Überschreitung des Wolfram-Schmelzpunktes führen. Der Vergleich der Glühlampen in Tabelle 4.4.3 zeigt die Überlegenheit der Niedervolt-Halogenlampen.

Tabelle 4.4.3 Datenvergleich gängiger Lichtquellen. Es handelt sich um typische Werte, die in weiten Bereichen variieren können.

Lampentyp	Lichtausbeute η_v in lm/W	Lebensdauer in h
Haushaltsglühlampe 220 V	14	1 500
Niedervoltlampe 12 V	19	2 500
Halogenlampe 12 V	27	4 000
Projektionshalogenlampe	40	50
Röhrenleuchtstofflampe	bis zu 93	7 500
Kompaktleuchtstofflampe	65	6 000
Natriumdampflampe	180	7 500
Halogen-Metalldampflampe	105	1 000
Xenonlampe	55	6 000
Leuchtdiode (weiß)	25	50 000

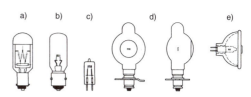

Bild 4.4.8 Bauformenvergleich von Glühlampen mit gleicher Leistung 100 W. a) 220 V, b) 12 V, c) Halogen 12 V, d) Ellipsoidspiegellampe 12 V, e) Halogen-Ellipsoidspiegellampe 12 V

Bild 4.4.8 gibt Beispiele zu Glühlampen-Bauformen für optische Geräte. Durch einen Mattglas- oder Trübglaskolben kann die Leuchtdichte und damit die Blendwirkung erheblich herabgesetzt werden.

Die **Betriebsdaten einer Glühlampe** hängen von ihrem Aufbau und von der Temperatur des Glühdrahtes ab. Allgemein sinkt die Lebensdauer, wenn eine besonders kleine abstrahlende Fläche gefordert wird. So hat die normale 100 W-Halogenlampe die typische Wendeldimension $5 \times 5\ mm^2$ und 4000 h Brenndauer, die Lampe gleicher Leistung für Projektionszwecke dagegen $1{,}5 \times 3\ mm^2$ und nur 50 h (Tabelle 4.4.3). Die Lampendaten hängen von der Betriebsspannung ab; die **Betriebsgesetze** nach [3.11] sind in Tabelle 4.4.4 zusammengestellt. Sie sollen als Mittelwerte für verschieden aufgebaute Lampentypen eine Abschätzung des Verhaltens der Lampen bei Spannungsänderung ermöglichen.

Glühlampen sind im Sichtbaren weitgehend Graue Strahler, die Form der Emissionskurven in Bild 4.4.3 und Bild 4.4.4 a) decken sich daher. Vergleicht man in Bild 4.4.3 den spektralen Hellempfindlichkeitsgrad $V(\lambda)$ des Auges für Tagessehen, der ja nur von 380…780 nm reicht, mit der Emission einer Glühlampe bei $T_f = 3200$ K, so wird die geringe Lichtausbeute verständlich. Glühlampen geben weit mehr Infrarotstrahlung als sichtbares Licht ab. Sollte das Maximum der Emission eines Schwarzen Strahlers bei 555 nm liegen, müsste die Wendeltemperatur 5218 K betragen, ein Wert bei dem alle Metalle schmelzen. Bedingt durch die niedere Wendeltemperatur ist Lichtausbeute daher η_v weit unter dem maximal möglichen Wert von 683 lm W^{-1}.

Bei Speziallampen können optische Bauelemente zur Erreichung höherer Lichtstärken unmittelbar mit der Lampe vereinigt sein (Linsenlampen, Ellipsoid-Spiegellampen usw.).

Die Auswertung der Tabellenangaben liefert für Lichtstrom und Lebensdauer die Näherung:

$$\Phi_v = \Phi_{vN} \cdot \left(\frac{U}{U_N}\right)^{3,6} \; ; \; Z = Z_N \cdot \left(\frac{U}{U_N}\right)^{-14}$$

(Gl. 4.4.10)

Tabelle 4.4.4 Betriebsgesetze für Glühlampen

		Vakuumlampe	gasgefüllte Lampe	Halogenlampe
Stromstärke	I	$I \sim U^{0,6}$	$I \sim U^{0,5}$	$I \sim U^{0,6}$
Leistung	P	$P \sim U^{1,6}$	$P \sim U^{1,5}$	$P \sim U^{1,6}$
Lichtstrom	Φ (I, L, E)	$\Phi \sim U^{3,6}$	$\Phi \sim U^{3,8}$	$\Phi \sim U^{3,0}$
Lichtausbeute	η_v	$\eta_v \sim U^{2,0}$	$\eta_v \sim U^{2,3}$	$\eta_v \sim U^{1,4}$
Temperatur	T	$T \sim U^{0,34}$	$T \sim U^{0,4}$	$T \sim U^{0,34}$
Lebensdauer	Z	$Z \sim U^{-14}$	$Z \sim U^{-14}$	$Z \sim U^{-14}$ bei $U > U_N$ $Z \sim U^{-14}$ bis $Z \sim U^{-10}$ bei $U < U_N$

Φ_{vN} und Z_N sind die vom Hersteller für die Nennspannung U_N angegebenen Nennwerte der Betriebsdaten. Entsprechendes gilt für die übrigen Größen. Für die aus dem Lichtstrom abgeleiteten lichttechnischen Größen I_v, L_v und E_v gilt die gleiche Spannungsabhängigkeit wie für den Lichtstrom. Die 2 Diagramme von Bild 4.4.9 zeigen den Einfluss von Unter- oder Überspannung auf die Betriebsdaten.

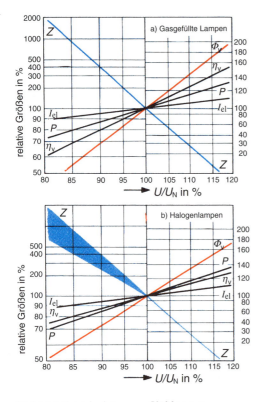

Bild 4.4.9 Betriebsdaten von Glühlampen.
U Spannung, U_N Nennspannung, Φ_v Lichtstrom, Z Lebensdauer, I_{el} Stromstärke, P Leistung, η_v Lichtausbeute

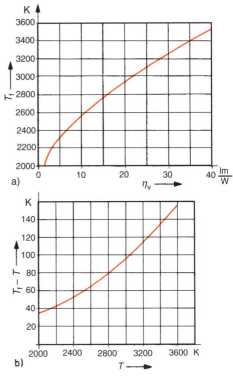

Bild 4.4.10 Farbtemperatur bei Glühlampen: a) Farbtemperatur T_f als Funktion der Lichtausbeute η_v, b) Differenz zwischen Farbtemperatur T_f und Drahttemperatur T als Funktion der Drahttemperatur

Die Bilder 4.4.10 a) und b) zeigen den Einfluss der Betriebsdaten auf die Farbtemperatur.

Beispiel
Für eine Glühlampe werden folgende Nennwerte angegeben: 6 V; 5 A; 350 lm; 600 h. Daraus ergeben sich als weitere Nennwerte: P_N = 30 W; η_{vN} = 11,67 lm/W. Aus Bild 4.4.10 a) liest man die Farbtemperatur $T_{fN} \approx 2600$ K ab, die Glühdrahttemperatur beträgt nach Bild 4.4.10 b) $T_N \approx 2540$ K. Es wird gefordert, dass die Lampe einen möglichst hohen Lichtstrom abgeben soll, wobei man mit der mittleren Lebensdauer $Z = 50$ h zufrieden ist.
Mit welcher Spannung muss die Lampe betrieben werden? Wie ändern sich die Lampendaten?

Lösung
Aus Gl. 4.4.10 errechnet sich die Betriebsspannung $U = 7{,}16$ V, also etwa 19% Überspannung. Der Lichtstrom steigt auf $\Phi_v = 661$ lm, die Leistungsaufnahme auf $P = 39{,}8$ W und die Lichtausbeute auf $\eta_v = 16{,}6$ lm/W. Die Glühdrahttemperatur steigt nach Bild 4.4.10 auf $T \approx 2700$ K und die Farbtemperatur auf $T_f \approx 2770$ K. Diese Rechnungen sind eine brauchbare Abschätzung, keine exakten Ergebnisse für eine spezielle Lampe.

4.4.3 Entladungslampen

Entladungslampen sind Lumineszenzstrahler. Ein Glas- oder Quarzrohr mit Elektroden an den Enden ist mit einem Gas oder Metalldampf gefüllt. Legt man eine ausreichend hohe Spannung an die Elektroden, so bewegen sich freie Elektronen zur Anode und regen durch Stöße Atome an oder ionisieren sie. Dabei wird Energie im Atom gespeichert (Abschnitt 1.3). Bei der Rückkehr vom angeregten Zustand auf niedrigere Energiestufen wird ein Teil der Energie in Form von Strahlungsenergie wieder frei, das Plasma leuchtet (Elektrolumineszenz). Beim Zünden nimmt der elektrische Widerstand infolge der Ladungsträgergeneration stark ab; Entladungslampen haben eine fallende Kennlinie. Der Strom muss durch einen Vorwiderstand, eine Drossel oder durch eine entsprechende Elektronik begrenzt werden. Da die Lichtemission nicht mehr wie bei den Glühlampen an einen Festkörper gebunden ist, können Farbtemperaturen über 6000 K erzeugt werden. Bei niedrigem Druck gibt es keine gegenseitige Störung der Atome und die Entladungslampen senden Linienspektren aus. Mit zunehmendem Druck werden die Linien breiter und schließlich wird ein Kontinuum emittiert. Nähere Einzelheiten in [3.23, 3.25].

4.4.3.1 Glimmlampen

Glimmlampen sind Entladungslampen kleiner Leistung. Ihre Farbe hängt vom verwendeten Füllgas ab. Zur Strombegrenzung genügt meist ein Vorwiderstand, der häufig schon integriert ist. Die Versorgungsspannung kann von 50 V bis zu 100 kV betragen, die Grenzfrequenz liegt bei einigen 100 kHz. Eingesetzt werden Glimmlampen als Signallampen, bevorzugt für Hochspannung, und als Spektrallampen.

4.4.3.2 Leuchtstofflampen

Leuchtstofflampen, auch Niederdruck-Niederspannungslampen genannt, sind weit verbreitete Lichtquellen mit hoher Lichtausbeute. Sie erzeugen das Licht in einem 2-stufigen Verfahren. Zwischen 2 Elektroden brennt in einem mit Quecksilberdampf und Edelgas gefüllten Rohr eine Gasentladung. Entsprechend den Elektronenniveaus von Quecksilber wird bevorzugt UV und Blau emittiert. Diese Strahlung regt einen Leuchtstoff zur Szintillation an: Die energiereiche Entladungsstrahlung hebt Elektronen aus dem Grundniveau des Leuchtstoffs in ein hoch angeregtes Niveau. Von hier fällt das Elektron unter Aussendung eines niederenergetischeren und damit längerwelligen Lichtquants in ein Zwischenniveau und schließlich strahlungslos ins Grundniveau (Bild 4.4.11). Da sich verschiedene Leuchtstoffe mit unterschiedlichen Niveaus mischen lassen, ist es möglich, jede beliebige gewünschte Farbe einschließlich Weiß zu erzeugen.

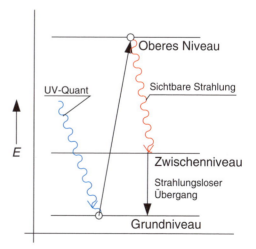

Bild 4.4.11 Anregung des Leuchtstoffs im Energieniveauschema

Um eine Leuchtstofflampe zu zünden wird die Schaltung nach Bild 4.4.12 eingesetzt.

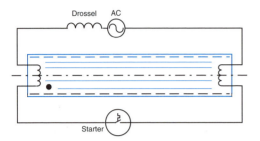

Bild 4.4.12 Schaltschema für eine Leuchtstofflampe

Da bei Raumtemperatur nicht genug freie Ladungsträger vorhanden sind, werden zunächst beide Elektroden vorgeheizt. Nach kurzer Zeit unterbricht der Starter den Stromkreis, die hohe Induktionsspannung der Spule zündet die Gasentladung und sorgt gleichzeitig für die Strombegrenzung.

Da nahezu keine Infrarotstrahlung erzeugt wird, ist die Lichtausbeute, abhängig von der Leuchtstoffzusammensetzung, mit 50...100 lm/W sehr hoch. Die Nennlebensdauer liegt in der Größenordnung 8000 h.

4.4.3.3 Niederdruck-Hochspannungslampen

Diese Röhren arbeiten ohne Leuchtstoffschicht, die Lichtausbeute ist daher mit etwa 20 lm/W gering. Bedingt durch die hohe Versorgungsspannung sind große Rohrlängen und auch Krümmungen erlaubt. Mit einer reichen Palette von Füllgasen und Metalldämpfen (Hg, He, Ne, Ar, O_2 H_2, N_2, Na, K, Rb, Cs) lassen sich nahezu alle Farben erzeugen. Die Nennlebensdauer liegt bei ca. 5000 h. Eingesetzt werden Niederdruck-Hochspannungslampen in der Werbetechnik und zur Erzeugung definierter Spektrallinien.

Quecksilberdampflampen emittieren bevorzugt bei der UV-Wellenlänge 254 nm und eignen sich daher zur Anregung bei der Fluoreszanalyse. Ist bei optischen Geräten (Interferenzgeräte, Brechzahlbestimmung usw.) monochromatische Strahlung notwendig, so kann man sie mit Hilfe eines Monochromators (Abschnitt 7.4.3) aus einem kontinuierlichen Spektrum aussondern, erhält sie aber wesentlich einfacher und mit hoher Strahldichte aus **Spektrallampen**. Sie sind als Entladungslampen mit Glühelektroden ausgerüstet und senden die Linienspektren der Füllgase oder Metalldämpfe aus. Über eine Vorschaltdrossel können sie unmittelbar mit Netzwechselspannung betrieben werden. **Metalldampflampen** benötigen bis zum Erreichen des richtigen Dampfdrucks und damit der vollen Strahlungsleistung einige Minuten Anlaufzeit. Aus den Linienspektren wird eine einzelne Linie oder eine Gruppe dicht beieinander liegender Linien durch eine Kombination aus Absorptionsfiltern (Abschnitt 5.3.1) oder mit geringeren Verlusten durch Interferenzfilter ausgesondert (Abschnitt 5.3.2). Eine besonders universelle Spektrallampe ist die HgCd-Lampe, die eine Mischung von Quecksilber- und Cadmiumdampf enthält und damit die Linien beider Metalle aussendet, die über den sichtbaren Bereich und den UV-Bereich recht günstig verteilt sind (Bild 1.2.2).

4.4.3.4 Hochdruck-Hochspannungslampen

Mit Hochdruck-Hochspannungslampen lassen sich sehr hohe Lichtströme (2×10^6 lm) eine sehr gute Lichtausbeute (60...180 lm/W), kleine leuchtende Flächen ($0,2 \times 0,2$ mm^2 bei 2 klm oder 2×2 mm^2 bei 20 klm) und hohe Leuchtdichten (bis 10^9 cd/m^2) erreichen. Im Betrieb sind die Hoch- und Höchstdrucklampen anspruchsvoll; der Quarzkolben wird 900 °C heiß, und das Gehäuse muss einer möglichen Explosion des Lampenkolbens widerstehen. Beim Lampenwechsel ist unbedingt Schutzkleidung zu verwenden. Die Lampen benötigen meist Gleichspannung mit sehr geringem Wechselspannungsanteil, Stromstabilisierung und ein Zündgerät für Hochspannungs-Hochfrequenzzündung. Die Lebensdauer wird durch die Schalthäufigkeit beeinflusst.

Die Füllgase Xenon und Quecksilberdampf liefern tageslichtähnliches Licht; Natrium rein gelbes Licht, allerdings bei bestmöglicher Lichtausbeute. Hochdruck-Hochspannungslampen werden bei der Kinoprojektion, bei Beamern, der Stadionbeleuchtung und in Scheinwerfern eingesetzt. Ein interessanter Vertreter ist das D-Licht für die Kfz-Beleuchtung. Die D-Lampe liefert bei 35 W elektrischer Leistung doppelt so viel Licht wie eine konventionelle H1-Halogenlampe mit 63 W. Der Lichtbogen hat die Leuchtdichte $6 \cdot 10^7$ cd/m², die Farbtemperatur liegt bei 4500 K. Für optische Geräte ist vor allem die Hg-Höchstdrucklampe von Interesse. Die Spektrallinien (blau 435 nm, grün 546 nm gelb 578 nm ohne rot) sind von einem kontinuierlichen Spektrum überlagert (Bild 4.4.4 b), sodass die Lampe bei Ergänzung ihrer Ausstrahlung im Rot-Gebiet günstig für die Beleuchtung farbiger Flächen ist. Die Hg-Höchstdrucklampe HBO mit 100 W elektrischer Nennleistung z.B. hat eine Leuchtfläche von 0,25 mm × 0,25 mm, realisiert also fast die ideale «punktförmige» Lichtquelle. Die Leuchtdichte dieser kleinen Lampe beträgt $1,7 \cdot 10^9$ cd/m². Xenon-Hochdrucklampen mit einem Betriebsdruck bis 30 bar weisen ähnliche Daten wie die Hg-Höchstdrucklampen bei anderer spektraler Strahlungsverteilung auf. Die Strahlung reicht mit guter Ausbeute vom UV bis zum IR, hat einen sehr hohen Anteil im nahen Infrarot (Bild 4.4.4 c) und eine nahezu gleichmäßige Verteilung im sichtbaren Bereich. Mit einer Farbtemperatur von 5000…6000 K ist das Xenonlicht dem Sonnenlicht ähnlich. Das ist für die Farbwiedergabe besonders günstig. Xenonlampen werden deshalb für die Projektion und als Beleuchtung beim Vergleich von Farbmustern eingesetzt. Die Xenonlampe XBO 75 W/2 erreicht $4 \cdot 10^8$ cd/m². Bild 4.4.13 zeigt einige Typen von Entladungslampen.

4.4.4 Lumineszenzdioden

Leuchtdioden (LED), Infrarotdioden (IRED) organische Leuchtdioden (OLED) und UV-Dioden haben als aktives Element Halbleiter-PN-Übergänge. Der Bandabstand des Halbleitermaterials bestimmt die Wellenlänge entsprechend $\Delta E = h \cdot v = h \cdot c/\lambda$ (Abschnitt 1.3). Blau strahlende Dioden benötigen dem-

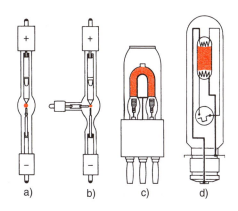

Bild 4.4.13 Beispiele für Entladungslampen. a) und b) Xenon-Hochdrucklampen ohne und mit Zündelektrode ähnlich einer Hg-Höchstdrucklampe; c) Xenon-Impulsentladungslampe 15 W, z.B. für Stroboskope und Blitzgeräte; d) Spektrallampe (z.B. Na-Dampf) mit Glimmzünder-Schaltung ähnlich Bild 4.4.12

nach Bandabstände von ca. 3 eV, IRED dagegen nur 1,5 eV. Die Halbwertsbreite der emittierten Strahlung steigt mit der Breite der Bänder im Energieniveauschema. Standarddioden werden in Vorwärtsrichtung mit Strömen von 1…100 mA, Leistungsdioden und Arrays mit mehreren Ampere betrieben. Die Datenblattangaben beziehen sich meist auf I_F = 20 mA. Wird eine Vorwärtsspannung U_F angelegt, so verringert sich die Potentialschwelle zwischen p- und n-dotiertem Halbleiter und ermöglicht so den Ladungsträgern ein Überwechseln vom Valenzband ins Leitungsband. Bei der Rekombination sind neben den strahlungslosen auch strahlende Übergänge möglich: Elektrolumineszenz. Der Unterschied zwischen einer normalen Diode und einer LED oder IRED ist lediglich in der Wahl des Halbleitermaterials und der Diffusionslänge (0,01…1 mm) zu suchen. Der Halbleiter sollte für die emittierte Strahlung durchlässig sein, damit der Quantenwirkungsgrad hoch wird.

$$\text{Quantenwirkungsgrad} = \frac{\text{Anzahl der emittierten Lichtquanten}}{\text{Anzahl der Rekombinationen}} \qquad \text{(Gl. 4.4.11)}$$

Am Markt sind eine große Anzahl unterschiedlicher Bauformen und Technologien. Die Entwicklung verläuft wegen des enormen Marktpotentials in der Beleuchtungstechnik mit hoher Geschwindigkeit. Basismaterialien sind in erster Linie Aluminium-Gallium-Indium-Phosphid AlGaInP und -Nitrit AlGaInN. Das früher für Blau eingesetzte wenig effektive Siliziumcarbid wurde durch GaN ersetzt. Die notwendigen Vorwärtsspannungen U_F reichen von 1,5 V bei IR-Dioden bis über 5 V bei den UV-Typen.

Der Chip ist aus mehreren dünnen Schichten aufgebaut, wesentlich ist eine Folge von P, P^+ und N-Halbleitern, üblich ist der Flächenemitter. Es werden aber auch ähnlich wie Laser (Abschnitt 4.4.5) aufgebaute Kantenemitter mit besonders kleiner emittierender Fläche angeboten. Organische Leuchtdioden besitzen eine metallische Katode und eine transparente Anode aus Indium-Zinn-Oxid (ITO). Dazwischen befinden sich Schichten aus halbleitenden organischen Kristallen. Weißlicht-LED verwenden einen blau oder UV strahlenden Chip, der ähnlich wie bei der Leuchtstofflampe (Abschnitt 4.4.3.2) von Leuchtstoff umgeben ist.

Zwei typische Bauformen zeigt Bild 4.4.14. Bei der klassischen Bauform sitzt der Chip in einem reflektierenden Trichter und wird von einer sphärischen oder asphärischen Linse überspritzt. Die monolithische Mikrooptik arbeitet mit einem direkt umspritzten Chip und einem Diffraktiven optischen Element und ist kleiner und einfacher zu fertigen. Durch entsprechende Optiken lassen sich nahezu beliebige Abstrahlcharakteristiken vom Lambert-Strahler bis zu schlanken Keulen realisieren.

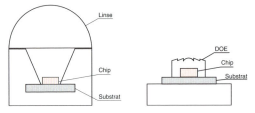

Bild 4.4.14 Zwei Bauformen von LED

Im Gegensatz zur Glühwendel sind Dioden unempfindlich gegen mechanische Stöße. Einschaltstromspitzen wie beim Glühwendel (Kaltleiter) treten nicht auf. Die Lebensdauer ist meist höher als die des Geräts in dem sie eingebaut sind. Bei konstantem Durchlassstrom nimmt der Strahlungsfluss jedoch mit der Betriebszeit ab. Die Größe der Leuchtfläche kann bei entsprechend geringer Leistung bis auf 30 µm × 30 µm reduziert werden. Praktisch hat man damit eine «punktförmige» Strahlungsquelle.

Lumineszenzdioden haben die typische U_F-I_F-Kennlinie einer normalen Diode. Da sowohl die Schleusenspannung als auch der differentielle Widerstand, also die Steigung der Kennlinie starken Schwankungen unterworfen sind, darf die Diode nur mit Konstantstrom betrieben werden. Einfachste Lösung ist ein Vorwiderstand, der jedoch den Wirkungsgrad reduziert.

4.4.4.1 Leuchtdioden und UV-Dioden

Leuchtdioden sind in den Farben Weiß, Blau, Grün, Gelb, Orange (Amber) und Rot sowie im nahen UV verfügbar. Ihre Lichtströme liegen in der Größenordnung von 10 Lumen, Diodenarrays können aber auch 1000 lm abgeben.

Tabelle 4.4.5 zeigt Halbleitermaterial und Wellenlängen einiger typischer Vertreter.

Tabelle 4.4.5 Daten typischer LED

Material	Farbe	Wellenlänge in nm
GaAsP	Rot	660
AlInGaN	UV	380
	Violett	450
	Grün	540
AlInGaP	Echtgrün	555
	Gelbgrün	570
	Gelborange	580
	Amber	592
	Orange	605
	Rot	660
GaN	Blau	480
GaN mit Phosphor Peak bei 460 nm	Weiß	400…800
InGaN	UV	260…380

LED werden mit klaren oder eingefärbten Kunststoffgehäusen, oft mit Linsen, zum Bündeln der Strahlung versehen. Gefärbte Gehäuse wirken wie schmalbandige Filter, die das emittierte Licht durchlassen, alle anderen Farben aber gut absorbieren. Durch diese Maßnahme wird die Erkennbarkeit von Signallichtern in heller Umgebung wesentlich besser: Das bei nicht eingefärbten Dioden vom Bauelement reflektierte Umgebungslicht wird vom Filter ausgeschaltet. Ohne Einfärbung werden Hochleistungsdioden für Beleuchtungszwecke geliefert.

Die Lebensdauer normaler LED ist mit einer Halbwertszeit von 1...100 Jahren enorm hoch. Leistungsdioden und OLED haben teilweise Halbwertszeiten unter 10^3 h. Die Totalausfälle sind halbleitertypisch bei etwa 10^{-8} h^{-1}. Die Halbwertsbreite steigt mit der Wellenlänge und liegt typisch bei $\Delta\lambda = 30...60$ nm. Die Lichtausbeute ist bei gut transparenten Materialien wie GaAlAs mit 15 lm/W oder AlInGaP mit 50 lm/W bei 615 nm hoch, bei schlecht transparenten Materialien wie GaAsP mit nur 1 lm/W gering. Labormuster sollen bereits 100 lm/W erreicht haben. Typische Weißlicht-LED haben eine Lichtausbeute von 25 lm/W, emittieren 120 lm und leuchten 5000 h. Die Angaben der Datenblätter beziehen sich auf 25 °C. Mit steigender Temperatur nimmt die Lichtausbeute trotz konstanter Stromstärke erheblich ab. Das Verhältnis Φ_v / I_F ist hohen Fertigungsschwankungen bis zu 1 : 5 unterworfen. Zu beachten ist, dass sich alle Herstellerangaben auf die unbeschaltete Diode also ohne Strombegrenzung beziehen. Viele Hersteller geben statt des Lichtstroms Φ_v in lm die wesentlich weniger aussagekräftige Lichtstärke I_v in cd auf der optischen Achse an. Aus der Beziehung $I_v = d\Phi_v / d\Omega$ sieht man, dass sich bei gleichem Lichtstrom aber schmaler Abstrahlkeule (kleines Ω) hohe Werte der Lichtstärke ergeben. Die Vorwärtsspannung beträgt abhängig von der Farbe 2...5 V; die Rückwärtsspannung darf meist 5 V nicht überschreiten. Abhängig von Leistung und Bauart können LED bis zu einigen MHz moduliert werden. Schnelle Typen kleiner Leistung erreichen 1 GHz.

Bild 4.4.15 zeigt den Lichtstrom als Funktion der elektrischen Stromstärke. Nach einem kurzen Anlaufgebiet steigen der Lichtstrom und alle damit verknüpften Größen wie Lichtstärke oder Beleuchtungsstärke linear mit dem Vorwärtsstrom. Bei hohen Leistungen erwärmt sich die Diode und die Lichtausbeute sinkt. Daher wird die $\Phi_v(I_F)$-Kurve wieder flacher, ein Effekt, der sich bei GaP deutlicher zeigt als bei AlInGaN.

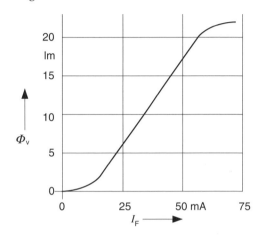

Bild 4.4.15 Stromabhängigkeit des Lichtstroms

Als Beispiel werden die Daten der 5-mm-Diode LT D433-VBW betrachtet: Sie emittiert grünes Licht bei 528 nm und liefert 1 lm bei $I_F = 20$ mA. Die Lichtstärke beträgt beim Öffnungswinkel $2\varphi = 40°$ ca. 1,5 cd. Während der Dauerdurchlassstrom nur 30 mA betragen darf, kann man mit einem Stoßstrom bis 1 A kurzzeitig (<10 µs) einen Lichtblitz hoher Intensität erzeugen

4.4.4.2 Infrarotdioden

Der Wellenlängenbereich von Infrarotdioden erstreckt sich von 780 nm bis über 20 µm.

Tabelle 4.4.6 Daten typischer IRED

Material	Wellenlängenbereich in nm	Kommentar
GaAs	780... 1 100	Leistungen von mW bis W
InGaAs	1 100... 1 600	
Bleisalze	1 600...20 000	geringe Leistung, Kühlung nötig

Lebensdauer, Rückwärtsspannung, die Stromabhängigkeit der Emission und das Frequenzverhalten entsprechen mit Ausnahme der Bleisalzdioden weitgehend den Werten bei LED. Die Strahlungsausbeute beträgt bis zu η_e = 25%. Die Strahlung kann wegen der geringen Halbwertsbreite von ca. 20 nm in vielen Fällen als monochromatisch angenommen werden. Dioden im Wellenlängenbereich von 800…950 nm sind spektral gut an die üblichen Siliziumempfänger angepasst und werden in der Messtechnik und bei Lichtschranken eingesetzt.

4.4.5 Laser

4.4.5.1 Grundlagen

Der Laser (Light amplification by stimulated emission of radiation) ist eine für Technik und Wissenschaft hochinteressante Strahlungsquelle. Er liefert kohärente, monochromatische und bei einigen Systemen auch polarisierte Strahlung, kann extrem kurze Impulse aussenden und enorm hohe Energiedichten bereitstellen. Das abgestrahlte Bündel ist bei Gas- und Festkörper-Lasern oft beugungsbegrenzt parallel, bei Dioden-Lasern ist die Quelle nahezu punktförmig, lässt sich also mit einem Kollimator ebenfalls parallelisieren. Diese Eigenschaften sind der stimulierten Emission und dem Laserresonator zu verdanken.

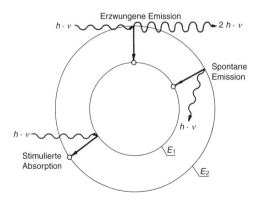

Bild 4.4.16 Vereinfachtes Energieniveauschema mit nur 2 Niveaus

Die **stimulierte Emission** kann mit Hilfe des bereits in Abschnitt 4.4.3.2 eingesetzten Energieniveauschemas anschaulich dargestellt werden. Bild 4.4.16 zeigt davon nur 2 Energieniveaus E_1 und E_2. Die Elektronen befinden sich normalerweise im Grundniveau E_1 und müssen zunächst durch von außen zugeführte Energie in das angeregte Niveau E_2 gehoben werden. Diese Anregung, sie kann optisch, elektrisch und chemisch, nicht aber thermisch erfolgen, wird als **Pumpen** des Lasers bezeichnet. Ein **angeregtes Elektron** im Niveau E_2 fällt meist nach sehr kurzer, aber **statistisch variierender** Zeit, typisch sind 10^{-7} s bis 10^{-9} s, in den Grundzustand E_1 zurück. Die Energiedifferenz $\Delta E = E_1 - E_2$ erwärmt das Gitter oder wird als Lichtquant abgegeben, das man sich als kurzen Wellenzug vorstellen kann. Diese **spontane Emission** eines Lichtquants ist die übliche, z.B. bei Glühlampen vorliegende Form der Emission. Trifft umgekehrt ein Quant mit der passenden Frequenz entsprechend $v = \Delta E / h$ auf ein Elektron, so sind 2 Effekte möglich. Ein Elektron im Grundzustand kann durch Absorption des Quants in den angeregten Zustand E_2 gehoben werden. Dieser Vorgang ist die **stimulierte Absorption**. Die 2. Möglichkeit ist die Absorption des Quants durch ein bereits angeregtes Elektron. In diesem für den Laser maßgebenden Fall der **erzwungenen, induzierten**, oder **stimulierten Emission** bleibt der Zeitpunkt des Übergangs in ein tieferes Niveau nicht mehr dem Zufall überlassen; vielmehr erzwingt ein ankommendes Lichtquant diesen Sprung. Die stimulierte Emission ist somit die Umkehrung der stimulierten Absorption. Sie lässt sich klassisch, quantenphysikalisch zwar nicht ganz exakt, aber dafür anschaulich, wie folgt darstellen: Trifft eine Lichtwelle auf ein angeregtes Elektron, so übt der elektrische Feldvektor E des Lichtes die Kraft $F = e \cdot E$ auf das mit der Elementarladung e geladene Teilchen aus. Das Elektron versucht, der Schwingung der Welle zu folgen, was ihm aber nur dann gelingt, wenn seine Schwingungseigenfrequenz mit der Anregungsfrequenz übereinstimmt, wenn beide in **Resonanz** sind. Das schwingende Elektron verhält sich wie ein Sendedipol, es strahlt seine Energie in Form von Licht ab. Die Schwingungsrichtung des Elektrons stimmt mit dem E-Vektor der ankommenden Welle überein, beide Wellen haben also nicht nur die gleiche Frequenz, sondern auch gleiche Schwingungsebene und Phase. In Vorwärtsrichtung überlagern sich beide Wellenzüge zu einer Welle höherer Amplitude; in Rückwärtsrichtung löschen sie sich durch Interferenz aus.

Von außen gesehen ist der Vorgang also der, dass ein ankommender Wellenzug, der die gleiche Frequenz besitzt, wie sie dem Übergang eines angeregten Elektrons entspricht, eine größere Amplitude erhält und somit phasenrichtig, kohärent, verstärkt wird, während das Elektron in das tiefer liegende Energieniveau übergeht. In einem Medium mit großer Atomanzahl – einem Festkörper, einer Flüssigkeit oder einem Gas – wird nun einer der 3 konkurrierenden Prozesse: Absorption, spontane Emission oder stimulierte Emission, überwiegen. Maßgebend ist die Anzahl der angeregten Atome/m^3, Besetzungsdichte N genannt, die gleich ist der Anzahl der Elektronen im Niveau E_2. Gibt es mehr Elektronen im Zustand E_2 als im Zustand E_1, ist also $N_2 > N_1$, so überwiegt die stimulierte Emission, bei $N_2 < N_1$ die Absorption. Die Voraussetzung für den Laserbetrieb ist demnach $N_2 > N_1$, **Inversion** genannt. Da Atome normalerweise im Grundzustand sind, ist die Inversion und damit der Laserbetrieb nur durch Energiezufuhr von Außen, Pumpen genannt, erreichbar. Mit den bisher verwendeten 2 Energieniveaus ist der Laserbetrieb aber nicht realisierbar, die Elektronen fallen so schnell spontan in den Grundzustand zurück, dass eine Inversion nur mit enormen Pumpleistungen zu erreichen wäre. Ein Ausweg sind **metastabile Niveaus**. Die quantenmechanischen Auswahlregeln lassen nur Elektronenübergänge zwischen ganz bestimmten Niveaus zu. Energieniveaus, von denen aus der Übergang ins Grundniveau verboten ist, metastabile Niveaus, sind daher ideale Energiespeicher. Allerdings lassen sich diese Niveaus auch nicht direkt vom Grundniveau aus füllen, man benötigt daher für den Lasereffekt mindestens 3

Niveaus. Bei allen technisch genutzten Lasern mit Ausnahme des Rubin-Lasers werden sogar 4 Niveaus eingesetzt. Da nämlich die Besetzungsdichte des Grundniveaus immer hoch ist, bereitet der Übergang vom metastabilen Niveau in das Grundniveau Probleme. Ein 4. Niveau, sehr nahe am Grundniveau, schafft hier Abhilfe. Es wird laufend durch strahlungslose Übergänge geleert und ermöglicht so den ungehinderten Laserübergang von E_2 nach E_1. Bild 4.4.17 zeigt das Niveauschema des Vier-Niveau-Lasers. Beim Pumpen werden die Elektronen vom Grundniveau E_1 in das obere Niveau E_3 gehoben. Dort geht ein Teil durch spontane Emission entsprechend der Lebensdauer τ_{30} verloren, die Mehrzahl gelangt strahlungslos von E_3 in das metastabile obere Laserniveau E_2. Nach dem Laserübergang von E_2 nach E_1 wird das untere Niveau strahlungslos ins Grundniveau entleert.

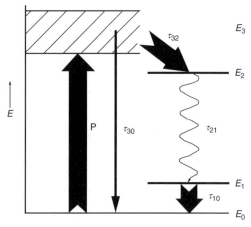

Bild 4.4.17 Vier-Niveau-Laser: P Pumpen $E_0 - E_3$; Strahlungsloser Übergang $E_3 - E_2$; Laserübergang $E_2 - E_1$; Entleeren $E_1 - E_0$

4.4.5.2 Resonator und Lasermoden

Das laseraktive Material muss 3 oder 4 passende Niveaus aufweisen, von denen das obere Laserniveau metastabil ist. Es legt den Rahmen für die möglichen Emissionsfrequenzen fest und wird, wie in Bild 4.4.18 gezeigt, in einen **optischen Resonator** eingebaut.

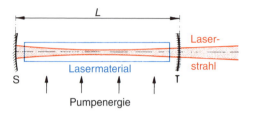

Bild 4.4.18 Schema eines Lasers.
L   Resonatorlänge;
S   hochreflektierender Spiegel;
T   teildurchlässiger Spiegel

Der Resonator besteht aus 2 Spiegeln, einem möglichst 100% reflektierenden und einem teilreflektierenden zum Auskoppeln der Strahlung. Der Resonator hat 2 Aufgaben: die Erhöhung der Verstärkung und die Auswahl der Laserfrequenz.

Die Verstärkung im laseraktiven Material wächst exponentiell mit dem Laufweg, denn die erzeugten Quanten lösen in einer Kettenreaktion weitere Quanten aus. Durch die Mehrfachreflexion im Resonator wird der Weg verlängert, die Welle durchläuft das Lasermaterial mehrfach (**optische Rückkopplung**). Der teildurchlässige Spiegel gibt die nach Kompensation aller Verluste verbleibende Leistung, das **Laserbündel** (auch **Laserstrahl** genannt) nach außen ab.

Die Energieniveaus E_1 und E_2 des laseraktiven Materials sind relativ breit, daher würde ein Laser, ähnlich wie die LED eine Strahlung mit relativ hoher Halbwertsbreite abgeben. Für die tatsächlich sehr gute monochromatische Strahlung ist ebenfalls der Resonator zuständig. Ein einfaches Analogon zum optischen Resonator ist die aus dem Physikunterricht bekannte Schwingung eines Seils. Ist ein Seil mit der Länge L an beiden Seiten fest eingespannt, ist die Amplitude an den Einspannstellen unabhängig von der Zeit immer 0. Man nennt solche durch die Art des Resonators bedingten Festlegungen **Randbedingungen**. Das Seil kann wegen der Randbedingungen nur mehr mit ganz bestimmten Wellenlängen schwingen: Diese möglichen Schwingungsformen werden **longitudinale** oder **axiale Moden** genannt.

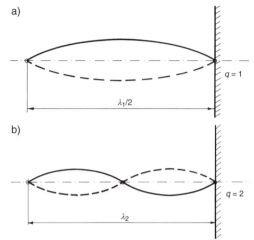

Bild 4.4.19 2 mögliche longitudinale Moden einer Seilschwingung

Für die Grundschwingung liest man aus Bild 4.4.19 a) die Bedingung $L = \lambda_1/2$ ab, für die 1. Oberschwingung aus 4.4.19 b) $L = \lambda_2$. Allgemein gilt $\lambda_q = 2\,L/q$ mit $q = 1; 2; 3 \ldots$. Beim Laser gilt mit $\lambda = \lambda_0/n$

$$\lambda_q = \frac{1}{q} \cdot 2\,n \cdot L \qquad v_q = q \cdot \frac{c}{2\,n \cdot L} \qquad \text{(Gl. 4.4.12)}$$

Der Abstand von 2 longitudinalen Moden errechnet sich aus Gl. 4.4.12 zu $\Delta v = v_{q+1} - v_q = c/(2n \cdot L)$. Je länger der Resonator, desto dichter liegen die longitudinalen Moden nebeneinander. Ohne besondere Maßnahmen würde der Laser, was selten erwünscht ist, gleichzeitig in mehreren dieser Moden schwingen. Im Monomodebetrieb arbeiten nur sehr kurze Resonatoren. Meist sorgt man dafür, dass der Wellenlängenbereich der Verstärkung des laseraktiven Materials in der Größenordnung des Modenabstands ist, dann schwingt nur 1 Mode an.

Da das Laserbündel einen endlichen Durchmesser hat, sind im Gegensatz zum Seil auch **transversale Moden** möglich. Das anschauliche Analogon dafür ist die Trommel. Schlägt man die Trommel in der Mitte an, so ist die Schwingung des Trommelfells radialsymmetrisch. In der Mitte ist die Amplitude groß, am Rand ist sie wegen der Einspannung

(Randbedingung) 0. Dieser Modus wird TEM$_{00}$ genannt (TEM = **T**ransverse **E**lectro-**m**agnetic **M**ode). Es sind aber auch radial-symmetrische Oberschwingungen mit mehreren Maxima TEM$_{10}$, TEM$_{20}$ allgemein TEM$_{r0}$, möglich. Schlägt man links etwa bei $^1/_4$ Durchmesser auf das Trommelfell, so bewegt sich die linke Seite zunächst nach unten, die rechte entgegengesetzt nach oben. Diese Schwingung wird TEM$_{01}$ genannt, Oberschwingungen TEM$_{0\varphi}$. In der Praxis ist eine Vielzahl von Kombinationen von longitudinalen und transversalen Moden TEM$_{qr\varphi}$ möglich; gewünscht wird aber in vielen Fällen der reine TEM$_{00}$-Modus, da er die optimale Parallelität und Bündelung gewährleistet. Bild 4.4.20 zeigt den Grundmodus und einige weitere Moden.

Bild 4.4.20 Beispiel für transversale Moden: maximale Amplituden rot, Knotenlinien weiß

Zur Modenselektion sind verschiedene Resonatortypen im Einsatz, die sich in den Spiegel-Krümmungsradien und deren Verhältnis zur Resonatorlänge L unterscheiden. Der Resonator bevorzugt jeweils die Eigenschwingung mit den niedrigsten Verlusten. Besonders stabil und leicht justierbar ist der konfokale Resonator nach Bild 4.4.18 mit den Spiegelradien $r = L$, also zusammenfallenden Spiegel-Brennpunkten bei $L/2$.

4.4.5.3 Eigenschaften des Lasers

Im einfachsten Fall TEM$_{00}$ hat das Bündel eine einheitliche Schwingungsphase, und die Intensität J als Funktion des Abstands r von der Bündelachse hat ein **Gauß-Profil** nach Bild 4.4.21.

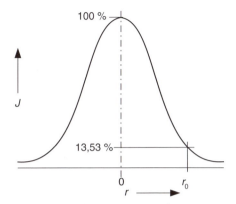

Bild 4.4.21 Radiale Intensitätsverteilung im Grundmodus

$$J = J_0 \cdot e^{-r^2/r_0^2} \qquad \text{(Gl. 4.4.13)}$$

Da das Bündel wegen des Gauß'schen Intensitätsabfalls (Gl. 4.4.13) nicht scharf begrenzt ist, wird der Strahldurchmesser $2\,r_0$ meist so festgelegt, dass die Intensität dort nur noch $1/e^2 = 13{,}53\%$ der Intensität in der Strahlachse beträgt.

Besonders einfache Verhältnisse findet man beim konfokalen Resonator. Bei ihm sind der Durchmesser D_0 der Strahltaille und der Durchmesser D_S beim Verlassen des Lasers gegeben durch:

$$D_0 = \sqrt{\frac{2\,L \cdot \lambda}{\pi}} \qquad D_S = \sqrt{\frac{4\,L \cdot \lambda}{\pi}} \quad \text{(Gl. 4.4.14)}$$

Mit zunehmendem Abstand von der Taille nimmt der Strahldurchmesser zu, der Strahl ist beugungsbedingt geringfügig divergent. Der Divergenzwinkel 2β hängt ähnlich wie bei der Beugung an einer Kreisblende (Gl. 1.2.8) von der Wellenlänge und dem Bündeldurchmesser ab (β im Bogenmaß!):

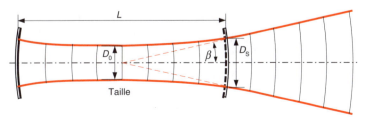

Bild 4.4.22
Strahlprofil im
konfokalen Resonator

$$2\beta \approx \frac{4}{\pi} \cdot \frac{\lambda}{D_0} \qquad \text{(Gl. 4.4.15)}$$

Erhöht man den Bündeldurchmesser, so verringert sich die Divergenz: man kann daher 2β durch Strahlaufweitung mit einem afokalen System (Abschnitt 2.5.3.3, umgekehrtes Fernglas) verringern. Die Divergenz ist beim aufgeweiteten Bündel:

$$2\beta \approx \frac{4}{\pi} \cdot \frac{\lambda}{D_0} \cdot \frac{f_2'}{f_1'} \qquad \text{(Gl. 4.4.16)}$$

Zu beachten ist aber, dass nach Abschnitt 4.3.4 der geometrische Fluss konstant bleibt, dass also das Produkt $D_0 \cdot \beta$ invariant ist.

> ! Ein Laser kann entweder ein schlankes Bündel großer Divergenz oder ein breites Bündel geringer Divergenz emittieren.

DIN definiert als Angabe für die Strahlqualität das **Strahlparameterprodukt** q oder seinen Kehrwert, die **Strahlqualität** $1/q$.

$$q = D_0 \cdot \beta / 2 \qquad \text{(Gl. 4.4.17)}$$

Im Idealfall TEM_{00} ist $q_{00} = \lambda/\pi$ ein Wert, der von realen Lasern nur selten erreicht wird. Thermische Linsenbildung, Gasturbulenzen, nicht

ideale optische Bauelemente und Schwingung in höheren Moden verschlechtern die Strahlqualität oft drastisch. Diese Einflüsse berücksichtigt der Modenfaktor (propagation factor) M^2, der im Idealfall TEM_{00} gleich 1 wird.

$$M^2 = q \cdot \frac{\pi}{\lambda} \qquad \text{(Gl. 4.4.18)}$$

Gute in TEM_{00} schwingende Laser geringer Leistung erreichen M^2-Werte nahe 1, Festkörper-Laser oft Werte um 5 und höher.

Mit seiner geringen Strahldivergenz wirkt der Laser wie eine nahezu perfekt kollimierte Quelle. Eine Linse mit der Brennweite f' fokussiert deshalb die Laserstrahlung auf einen sehr kleinen Brennfleck mit dem Radius $y' = f' \cdot \beta$. Als Folge erzielen Laser im Brennfleck eine extrem hohe Bestrahlungsstärke E, auch Energiestromdichte und Leistungsflussdichte genannt, die insbesondere für die Materialbearbeitung interessant ist.

$$E_e = \frac{\Phi_e}{A_2} = \frac{\Phi_e}{\pi \cdot \beta^2 \cdot f'^2} \qquad \text{(Gl. 4.4.19)}$$

4.4.5.4 Lasertypen

Nach dem Lasermaterial werden Festkörper-Laser, Flüssigkeits-Laser, Gas-Laser und Halbleiter-Laser unterschieden. In Tabelle 4.4.7 sind einige vielverwendete Laser aufgeführt. Bild 4.4.23 gibt Hinweise zum Aufbau.

Tabelle 4.4.7 Daten verschiedener Lasersysteme

Laserart	Anregung	Lasermaterial	wichtige Wellenlängen in nm	typische Leistung bzw. Energie	Anwendungsbeispiel
Helium-Neon-Laser	Gasentladung	Ne	632,8	cw: 0,1…100 mW	Messtechnik
Argon-Ionenlaser	Gasentladung	Ar^+	488,0; 514,5	cw: 5…100 W	Holografie, Spektroskopie, Lithografie
Excimer-Laser	Elektronenstrahl, Gasentladung	Xe^{++}, KrF^+, $XeCl^+$	172,2; 248; 308	Puls: 0,1…400 J, 10 TW	Halbleiterlithografie, nicht lineare Optik
Kohlendioxid-Laser	Gasentladung, Hochfrequenz	CO_2	9400…10 800	cw: bis 20 kW	Materialbearbeitung
Neodym-YAG-Laser	Entladungslampe, Laserdioden	Nd^{+++}	1064	cw: 2 kW Puls: 10^{10} W	Materialbearbeitung
Rubin-Laser	Entladungslampe, Laserdioden	Cr^{+++}	694,3	cw: 2 W Puls: 10^{11} W	Lidar, Medizintechnik
Titan-Saphir	Laser	Ti^{+++}	700…900	Puls 5 J	durchstimmbarer Laser, Durchstimmbereich 180 nm

Tabelle 4.4.7 Fortsetzung

Laserart	Anregung	Lasermaterial	wichtige Wellenlängen in nm	typische Leistung bzw. Energie	Anwendungsbeispiel
chemische Laser	chemische Reaktion	SF_6, C_2H_2	1300…26 000	Puls 50 kJ	Militärtechnik
Farbstoff-Laser	Laser, Entladungslampe	Fabstoffe wie Rhodamin, Cyanin	217…1100	cw: 5 W Puls: 2 MW	durchstimmbarer Laser für Fluoreszenz- und Ramanspektroskopie, Schadstoffüberwachung
Halbleiter-Laser	elektrisch, im fernen IR auch optisch	dotierte Halbleiter der AIIIBV-Gruppe wie GaAs, InP, InAs, GaN, Bleisalze wie PbS, PbTe	260…30 000	cw: mW…5 W Puls: 10 kW	Nachrichtentechnik, Pump-Laser, Materialbearbeitung, Datenspeicher (CD, DVD), für IR-Spektroskopie in engen Grenzen durchstimmbar
Faser-Laser	Laser, Blitzlampen	Nd, Er, Th und andere	250…1800	cw: 1 W…5 kW	Materialbearbeitung, nicht lineare Optik

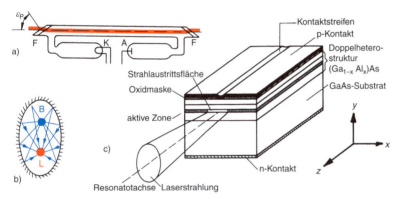

Bild 4.4.23 Beispiele für den Aufbau von Lasern: a) Plasmarohr eines He-Ne-Lasers. F Brewster-Fenster, K Katode, A Anode. b) Querschnitt durch einen blitzlampengepumpten Festkörper-Laser. B Blitzlampe, L Laserstab. c) Halbleiter-Laser

Gas-Laser sind von mW bis über 20 kW verfügbar. Sie werden über Gasentladung im Lasergas oder durch Hochfrequenzeinkopplung gepumpt. Beim Helium-Neon-Laser wird zunächst das Helium von der Gasentladung angeregt und gibt anschließend seine Energie durch Stoßübertragung an das laseraktive Neon ab. Das Plasmarohr (Bild 4.4.23 a) ist durch Brewster-Fenster abgeschlossen. Die Neigung um den Brewster-Winkel ε_P (Abschnitt 1.2.6.2) macht die Reflexionsverluste für eine Schwingungsebene zu 0. Das Licht dieser Laser ist deshalb linear polarisiert. Kohlendioxid-Laser sind die Arbeitspferde der Lasertechnik. Ihre relativ langwellige Strahlung resultiert aus den geringen Energiedifferenzen des angeregten CO_2-Moleküls. Ionenlaser dagegen können sehr kurzwellig emittieren, erreichen hohe Leistungen und werden in der Spektroskopie und in der Drucktechnik eingesetzt. Excimer-Laser emittieren im UV und sind immer noch die Laser der Wahl für die Mikrolithografie bei der Herstellung von Chips, sollen aber in Zukunft durch eine neue Quelle bei 13 nm ersetzt werden. Excimer-Laser können nur gepulst betrieben werden, sind teuer und haben eine begrenzte Lebensdauer.

Festkörper-Laser werden bis zu einigen kW gebaut und können nur optisch gepumpt werden. Bei Festkörperstäben werden kontinuierliche und gepulste Entladungslampen eingesetzt. Die Strahlung der Lampe B wird, wie in Bild

4.4.23 b) gezeigt, durch einen Zylinderspiegel mit elliptischem Querschnitt auf den Laserstab L konzentriert. Zylindrische Anordnungen haben Probleme mit der Wärmeabfuhr. Sie werden innen wärmer als außen und bilden so **thermische Linsen,** was zu schlechter Strahlqualität führt. Günstiger sind Platten (**Slabs**) und Scheiben (**Scheiben-Laser, Disc-Laser**), die meist mit Dioden-Lasern gepumpt werden. Titan-Saphir- und Alexandrit-Laser sind über mehr als 100 nm durchstimmbar und so ideale Quellen für Spektroskopie und Messtechnik. Faser-Laser sind im Prinzip Lichtleiter aus dotiertem Glas und ermöglichen eine sehr effektive Einkopplung der Pumpleistung. Sie werden in einem breiten Leistungsbereich von mW…kW gebaut. Besonders interessant sind sie als schnelle Verstärker in der Telekommunikation.

Flüssigkeits-Laser, normalerweise **Farbstoff-Laser,** werden ebenfalls nur optisch gepumpt, meist mit Lasern. Mit einer Palette von mehr als 50 verschiedenen Farbstoffen wird der Bereich von 217…1100 nm abgedeckt. Farbstoff-Laser sind ebenfalls durchstimmbar; die Farbstoffe sind meist preiswert, haben aber eine begrenzte Lebensdauer.

Chemische Laser nutzen die bei einer chemischen Reaktion freiwerdende Energie als Pumpquelle. Sie können sehr hohe Pulsenergien abgeben und werden wegen der aggressiven Verbrennungsprodukte fast ausschließlich im Militärbereich zur Raketenabwehr eingesetzt.

Halbleiter-Laser oder **Laserdioden** haben das größte Marktvolumen und werden aus den unterschiedlichsten Halbleitern in vielen Bauformen von mW bis zu einigen 100 W und von cw bis GHz hergestellt. Im Unterschied zu allen anderen Lasertypen strahlen Halbleiter-Laser nicht parallel, sondern sind nahezu Punktstrahler; die Abstrahlflächen haben ungleiche Seitenlängen im Bereich μm. Klassische Bauform ist der Kanten-Laser nach Bild 4.4.23 c) und der Streifen-Laser, bei dem der kurze Resonator einen Lichtleiter bildet. Resonatorspiegel sind die Endflächen; wegen der hohen Brechzahl der Halbleitermaterialien und dem daraus resultierenden hohen Reflexionsgrad sind Verspiegelungen nicht unbedingt notwendig. Bei Bedarf können spezielle Resonatorstrukturen (DFB = distributed feedback oder DBR, distributed Bragg-reflector) eingesetzt werden, die sehr schmale Linien ermöglichen. Nachteil ist die ohne DFB oder DBR relativ hohe Linienbreite, die Abhängigkeit der Wellenlänge von der Temperatur und eine Abstrahlcharakteristik, die bedingt durch die rechteckige Abstrahlfläche und die damit unterschiedlich starke Beugung in den 2 zueinander senkrecht stehenden Ebenen x-z und y-z (Bild 4.4.23 c) unterschiedliche Divergenzen aufweist. Beim VCSEL (Vertical Cavity Surface Emitting Laser) wird die Halbleiterstruktur einschließlich der hier notwendigen Spiegel rotationssymmetrisch in Planartechnik aufgebaut. VCSELs strahlen einen Kreiskegel ab und können dank der Fertigungstechnologie in großer Anzahl auf einem Chip gefertigt werden.

Da die Leistung der einzelnen Laserchips begrenzt ist, werden die für das optische Pumpen notwendigen hohen Leistungen durch Aneinanderreihen vieler Dioden-Laser, Diodenarrays genannt, erzeugt. Diese Arrays strahlen inkohärent und lassen sich nur schwer kollimieren. Für den mittleren IR-Bereich stehen Bleisalz-Dioden-Laser zur Verfügung, die gekühlt werden müssen.

4.4.6 Anzeigen, Displays

Anzeigen oder Displays dienen der sichtbaren Darstellung von Ziffern, Texten und Bildern. Sie sollen hell, unabhängig von der Umfeldbeleuchtung, energiesparend und aus einem großen Winkel zu erkennen sein. Zusätzlich wird ein hoher Kontrast (Dynamik) und bei farbigen Anzeigen ein möglichst großer Farbraum gefordert. Nicht jede Technologie erfüllt alle Anforderungen. Es ist daher für jeden Einsatzbereich das optimale Display zu suchen.

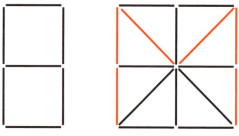

Bild 4.4.24 7- und 16-Segment-Anzeige

Der Mensch ist in der Lage, innerhalb seines Blickfeldes über 30 Mio. Bildpunkte und ca. 10 000 unterschiedliche Farben zu erkennen. Das ist weit mehr, als auch gute Displays darstellen können. Zur Informationsvermittelung reicht aber oft ein wesentlich geringerer Umfang. Um Ziffern darzustellen, genügt die in Bild 4.4.24 gezeigte **7-Segment-Anzeige**. Eine eindeutige Darstellung von Buchstaben und Zahlen ist mit einer **16-Segment-Anzeige** möglich.

Um **Bilder** darzustellen, ist eine ausreichende Anzahl von Bildpunkten (Pixel) und eine hohe Dynamik gefordert. Eine Grenze setzt das Auflösungsvermögen des menschlichen Auges. Das Auge trennt in der deutlichen Sehweite von 250 mm 10…20 Punkte / mm, entsprechend dem Pixelabstand 0,07 mm oder 500 Pixel / Inch. Bei dem vom Arbeitsschutz empfohlenen **Mindestabstand** Auge-Bildschirm von 50 cm sind die heute meist eingesetzten Masken mit 0,26 mm Raster ausreichend. Die Pixel werden in Zeilen und Spalten angeordnet. Als untere Grenze für ein akzeptables Bild kann man die VHS- und die Video-8-Norm heranziehen, bei der eine Horizontalauflösung von nur 200…260 Pixel / Zeile festgelegt ist. Die Fernsehnorm (PAL) sieht bereits 625×833 Pixel vor, wobei von den 625 nur 576 für das Bild genutzt werden. Bildschirme für CAD-Einsatz können 1536×2048 Pixel (QXGA) darstellen.

Bei Farbdisplays sind für jedes Pixel 3 Punkte mit den Grundfarben Rot, Grün, Blau (RGB) notwendig. Um Grau- und verschiedene Farbtöne wiedergeben zu können, muss die Amplitude jedes Pixels variabel sein. Für 256 Stufen sind 8 Bit notwendig ($2^8 = 256$). Da man jede der Grundfarben mit den entsprechenden anderen kombinieren kann, entspricht das bei einem Farbdisplay $256^3 = 16{,}7$ Mio. Farben. Der Informationsgehalt und damit der notwendige Speicherplatz nur eines einzigen Bildes ist enorm. Bereits bei der Fernsehnorm besteht das Farbbild aus $625 \times 833 \times 3 \times 128$ Bit = $2 \cdot 10^8$ Bit = 1,6 Mio. Byte (MB). Beim hochauflösenden Fernsehen HDTV mit 1080×1920 Pixeln sind es 8 MB. Um diese enorme Datenflut zu reduzieren, gibt es eine Reihe von Algorithmen, mit deren Hilfe man die Datenmenge komprimieren kann. Kompressionsfaktoren von 5 : 1 ohne nennenswerten Informations-

verlust sind möglich. Der Trick dabei ist, dass man identische Pixel zusammenfasst und bei Folgebildern nur die Änderung zum vorhergehenden Bild speichert. Um flimmerfreie Bilder zu gewährleisten, sollte die Bildwiederholfrequenz wenigstens 80 Bilder / s betragen. Displays können selbstleuchtend (aktiv) oder nicht selbstleuchtend (passiv) sein. Bei selbstleuchtenden Anzeigen wie bei Katodenstrahlröhren oder LED-Anzeigen stört eine zu hohe Umgebungsbeleuchtung; passive Anzeigen benötigen für optimale Sehschärfe 100 bis 160 cd/m².

4.4.6.1 LED-Anzeigen

LED werden in erster Linie in Form der 7- und 16-Segment-Anzeige bei rein numerischen Problemen in Taschenrechnern oder Messgeräten eingesetzt. Sie sind preiswert, leicht anzusteuern, schnell und selbstleuchtend. Displays aus organischen LED (OLED-Displays) haben noch geringere Lebensdauer als klassische LED; Sie sind aber preiswert und können auch auf flexible Unterlagen gedruckt werden. Ein Einsatz besteht bevorzugt bei Handys.

4.4.6.2 Katodenstrahlröhren

Katodenstrahlröhren (CRT) werden nur mehr im Billigpreissegment eingesetzt. Ein Elektronenstrahl wird mit Elektronenlinsen auf den Leuchtschirm fokussiert und erzeugt dort einen Bildpunkt. Durch horizontale und vertikale Ablenkung mit einem elektrischen oder magnetischen Feld wird das Bild Zeile für Zeile auf den Bildschirm geschrieben. Für Farbdisplays werden Loch- oder Streifenmasken mit den Grundfarben «R G B» eingesetzt. Farbe und Nachleuchtdauer der Bildpunkte hängt von der Zusammensetzung der Leuchtschicht (Phosphor) ab. Helligkeit, Bildqualität, Farbsättigung und Winkelunabhängigkeit der Abstrahlung sind sehr gut.

4.4.6.3 Flüssigkristall-Anzeigen

Flüssigkristalle sind fadenförmig, passen sich in ihrer Lage an Oberflächenstrukturen an und werden vom elektrischen Feld beeinflusst. Bild 4.4.25 zeigt am Beispiel eines Rechnerdisplays, wie sich diese Eigenschaften für eine Anzeige einsetzen lassen.

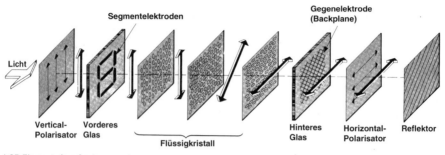

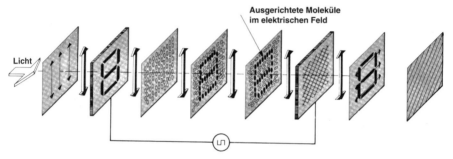

Bild 4.4.25 Reflektierendes, passives LCD ohne und mit angelegter Wechselspannung

Das auftreffende Licht wird senkrecht linear polarisiert und passiert dann die Scheibe mit 7 transparenten Elektroden. Die Rückseite der Scheibe weist feinste Kanäle auf, entlang derer sich die Flüssigkristalle ausrichten. Die Gegenelektrode hat die gleichen, aber um 90° gedrehten Kanäle, so dass sich die Ausrichtung der Kristalle und mit ihr die Polarisationsebene des Lichtes entlang der Schicht um 90° ändert. Der 2., horizontal durchlässige Polarisator lässt daher das Licht ungehindert passieren. Nach der Reflexion läuft das Licht in gleicher Weise zurück. Wird eine Wechselspannung angelegt, folgen die Kristalle dem Feld und werden statistisch ausgerichtet. Daher drehen sie die Polarisationsebene nicht mehr, und der 2. Polarisator sperrt die Strahlung. Die Segmente werden nun entsprechend der anzuzeigenden Ziffer angesteuert; Segmente an denen Wechselspannung liegt sind nicht zu erkennen, Segmente ohne Spannung dagegen leuchten. Flüssigkristallanzeigen (LCD: liquid crystal display) sind vom Prinzip her nicht selbstleuchtend. Mit Hilfe einer Hintergrundbeleuchtung und von 3 Farbfiltern werden große Bild-

schirme mit teilweise hoher Leuchtdichte über 400 cd/m^2 gebaut, die immer mehr auch im Fernsehbereich an Boden gewinnen.

4.4.6.4 Plasmadisplays

Plasmadisplays sind vom Prinzip her ein Raster (Array) von miniaturisierten CRT. Zwischen einer großflächige Katode und einer ebensogroßen Anode befinden sich als x- und y-Steuereinheiten Drähte, deren Potential eine lokale Gasentladung steuert. Plasmadisplays sind mit wenigen cm Dicke relativ flach und sowohl einfarbig, meist bernsteinfarben, als auch farbig lieferbar. Sie sind allerdings schwer und haben eine höhere Verlustleistung als LCD.

4.5   Das Auge

4.5.1   Das Auge als abbildendes System

Bild 4.5.1 zeigt einen Querschnitt durch das Auge. Zwischen vorderer Hornhautfläche und Netzhaut (Empfängerfläche) sind Hornhaut, Kammerwasser, Linse und Glaskörper als abbildende Elemente eingeschaltet. Der Brechzahlvergleich zeigt, dass nur an der Grenzfläche Luft/Hornhaut mit 1,00/1,34 ein großer Brechzahlsprung auftritt. Diese Grenzfläche liefert demnach den wesentlichen Beitrag zur Gesamtbrechkraft und ist weitgehend für die Abbildung verantwortlich. Deshalb liegen auch die Hauptpunkte H und H' nur ca. 1,3 mm bzw. 1,6 mm hinter dem Hornhautscheitel S.

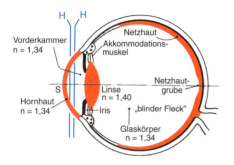

Bild 4.5.1 Querschnitt durch das Auge (rechtes Auge, von oben gesehen)

Die Brennweiten des Auges sind wegen der unterschiedlichen Medien zu beiden Seiten des abbildenden Systems nicht betragsgleich: $f = -17$ mm; $f' = 23$ mm. Alle Daten sind gerundet und gelten für das entspannte Auge. Die aus einzelnen Schichten mit nach innen zunehmender Brechzahl ähnlich der Gradientenlinse Bild 2.7.7 aufgebaute **Augenlinse** ist in Medien wenig abweichender Brechzahl eingebettet. Sie hat daher einen geringen Einfluss auf das Gesamtsystem und ist nur für die «automatische» Einstellung auf die jeweilige Objektentfernung, die **Akkommodation**, zuständig. Ihr Brechwert wird durch den Augenmuskel verändert; er stellt je nach Objektweite den Krümmungsradius zwischen etwa 70 mm und 40 mm ein. Die Gesamtbrennweite kann dadurch bei 25-jährigen von $f' \approx 23$ mm bis auf $f' \approx 19{,}5$ mm sinken. Bei entspanntem Augenmuskel wird auf Unendlich eingestellt; optische Geräte sollen daher immer ein Bild im Unendlichen liefern.

Als **Aperturblende** (Pupille) wirkt die Öffnung der vor der Linse liegenden Regenbogenhaut (Iris). Sie verändert ihren Durchmesser abhängig von der Umgebungshelligkeit von 2…8 mm.

Die Akkommodationsfähigkeit wird durch die möglichen Grenzentfernungen der Scharfeinstellung, genannt Fernpunktweite a_R und Nahpunktweite a_P beschrieben. Man gibt sie auch durch die Akkommodationsbreite $1/a_R - 1/a_P$, in $m^{-1} =$ dpt (Dioptrien) an. Tabelle 4.5.1 gibt eine Übersicht der Altersabhängigkeit. Es handelt sich dabei nur um Mittelwerte, die für den Einzelfall als grobe Richtwerte zu betrachten sind. Für die Entfernungen wurde im Gegensatz zur Brillenoptik das in diesem Buch stets benutzte Vorzeichensystem nach DIN verwendet.

Tabelle 4.5.1 Verringerung der Akkommodationsfähigkeit mit zunehmendem Alter

Alter in Jahren	10	20	30	40	50	60	70	80
a_P in cm	-8	-9	-12	-19	-50	-90	-100	-100
a_R	∞	∞	∞	∞	∞	∞	∞	∞
$\dfrac{1}{a_R} - \dfrac{1}{a_P}$ in dpt	12,5	11,1	8,3	5,3	2,0	1,1	1,0	1,0

Auch beim jüngeren Menschen kann die Fernpunktweite a_R bei entspanntem Augenmuskel von ∞ abweichen. Ist $a_R > 0$, so liegt **Übersichtigkeit** vor; bei $a_R < 0$ **Kurzsichtigkeit**. Ein zur Korrektur benutztes Brillenglas muss dann den unendlich fernen Objektpunkt in den Fernpunkt des Auges abbilden. Dazu wird bei Übersichtigkeit eine Positivlinse, bei Kurzsichtigkeit eine Negativlinse benötigt (Bild 4.5.2). Eine zu geringe Akkommodationsbreite wird durch das Brillenglas nicht erweitert. Für nahe und weite Entfernungen sind in diesem Fall Brillen unterschiedlicher Brechkraft oder Gleitsichtgläser notwendig. Gleitsichtgläser haben eine entlang der vertikalen Achse variable Brechkraft, oben für die Ferne und unten für die Nähe.

Bei Rechnungen über das Zusammenwirken von optischen Instrumenten mit dem Auge, z.B. Vergrößerungsangaben, muss man sich auf eine bestimmte Nahsehweite als Vergleichsbasis festlegen. DIN 58 387 hat die Nahsehweite eines Menschen mittleren Alters auf

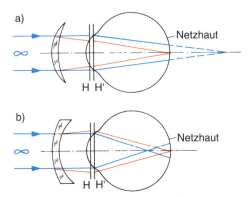

Bild 4.5.2 Augenkorrektur durch Brillen:
a) Korrektur der Übersichtigkeit, b) Korrektur der
Kurzsichtigkeit. Blau ohne, rot mit Brille.

250 mm festgelegt. In der vorzeichenrichtigen
Schreibweise ist daher die Bezugssehweite:

$$a_s = -250 \text{ mm}$$

4.5.2 Das Auge als Strahlungsempfänger

Die Netzhaut ist mit 2 Empfängerarten, Stäbchen und Zapfen, besetzt. Das Dämmerungssehen besorgen ca. $1,3 \cdot 10^8$ **Stäbchen** mit ca.
2 µm ∅. Sie sind sehr lichtempfindlich, empfangen aber nur Schwarzweiß. Für das Tagessehen sind ca. $7 \cdot 10^6$ farbemepfindliche **Zapfen** mit ca.4 µm ∅ zuständig. Tabelle 4.5.2
zeigt ihre unterschiedlichen Eigenschaften
und Aufgaben.

Tabelle 4.5.2 Vergleich der Eigenschaften und
Aufgaben von Stäbchen und Zapfen

Stäbchen	Zapfen
zuständig für Dämme-rungssehen	zuständig für Tagessehen
keine Farbunterscheidung	Farbensehen möglich
größere Dichte außerhalb der Netzhautgrube	vor allem in der Netzhautgrube
großes Gesichtsfeld mit ge-ringerer Sehschärfe	kleines Gesichtsfeld mit großer Sehschärfe
größere Helligkeitsempfindlichkeit: $K'_m = 1699$ lm/W	geringere Helligkeitsempfindlichkeit: $K_m = 683$ lm/W
spektrale Verteilung $V'(\lambda)$ mit: $\lambda_{max} = 507$ nm	nm spektrale Verteilung $V(\lambda)$ mit $\lambda_{max} = 555$ nm

Die beiden Empfängerarten sind über die
Netzhautfläche ungleichmäßig verteilt. Die
Netzhautgrube (fovea) in der Mitte enthält
dicht gepackt fast nur Zapfen. Mit zunehmendem Abstand von der Netzhautgrube nimmt
die Zapfendichte ab und die Stäbchendichte
zu. Mehrere Stäbchen können auf einen Sehnerv wirken. Durch die absorbierte Strahlungsleistung werden in den Sehfarbstoffen
der Empfänger chemische Reaktionen einge-
leitet, die zu Strömen in den Sehnerven führen. Sie ergeben im Gehirn die Helligkeits-
empfindung [3.24].

Nur die kleine Netzhautgrube mit einem
Feldwinkel $2\omega = 4°$ erreicht hohe Sehschärfe
beim Tagessehen. Hier wird das unmittelbar
beobachtete Objekt mit geringen Bildfehlern
abgebildet; durch die Blickbewegung des
Augapfels tastet man schnell nacheinander
ein größeres Feld ab. Das höchste Auflösungsvermögen von 0,5…1 Bogenminute, wird aber
nur in einem zentralen Feld mit 1° Winkel-
durchmesser erreicht.

Die **Adaptation**, die automatische Hellig-
keitsanpassung, wird von der Objektleuchtdichte gesteuert. Dabei kann ein sehr weiter
Leuchtdichtebereich von über 1 : 10^9 erfasst
werden. Die Adaptation erfolgt auf 2 Wegen,
die schnelle Adaptation mit engem Bereich,
maximal 1 : 16, durch Änderung des Pupillen-
durchmessers und die langsame Adaptation.
Letztere wird durch 3 Mechanismen realisiert:

❑ Umschalten der Empfänger auf der Netzhaut. Bei L < 10^{-3} cd/m² wirken nur Stäbchen als Empfänger (Dämmerungssehen);
bei L > 10 cd/m² wirken nur die Zapfen
(Tagessehen), dazwischen liegt ein Übergangsbereich,

❑ Zusammenschaltung mehrerer Stäbchen
auf einen Sehnerv, dadurch höhere Empfindlichkeit bei geringerer Auflösung,

❑ Empfindlichkeitsänderung der Empfän-
gerelemente selbst durch Änderung der
Konzentration des Sehfarbstoffs.

Die Helladaptation erfolgt in Sekundenbruch-
teilen, die Dunkeladaptation kann über
30 min dauern. Ist die Objektleuchtdichte höher als sie bei dem vorliegenden Adaptations-

zustand verarbeitet werden kann, so tritt **Blendung** ein, die Sehleistung des Auges wird herabgesetzt, die Netzhaut im schlimmsten Fall geschädigt (Schneeblindheit, Laserunfälle, Beobachtung der Sonne ohne Filter).

Die relative spektrale Empfindlichkeit ist für Zapfen und Stäbchen unterschiedlich. In Bild 4.5.3 sind der **spektrale Hellempfindlichkeitsgrad für das Tagessehen** $V(\lambda)$ und der **spektrale Hellempfindlichkeitsgrad für das Nachtsehen** $V'(\lambda)$ dargestellt.

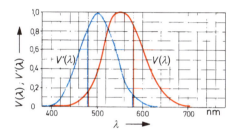

Bild 4.5.3 Spektrale Verteilung der Augenempfindlichkeit $V(\lambda)$ für Tagessehen und $V'(\lambda)$ für Nachtsehen (DIN 5031); dabei Umkehrung des Helligkeitseindrucks für Blau und Gelb oder Rot

Die Verschiebung des Empfindlichkeitsmaximums nach kurzen Wellen beim Nachtsehen führt zum Purkinje-Effekt. Sind die Strahldichten für eine blaue und eine gelbe Strahlung etwa gleich, so erscheint beim Nachtsehen Blau heller, beim Tagessehen aber Gelb (Bild 4.5.3).

Das Auge ist ein sehr empfindlicher Empfänger. Bei Feldwinkeln über 10° werden noch Objekte mit einer Leuchtdichte in der Größenordnung 10^{-5} cd/m², bei einem Umgebungs-

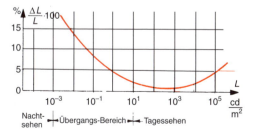

Bild 4.5.4 Erkennbarkeit von Leuchtdichteunterschieden bei verschiedenen Leuchtdichten

feld der Leuchtdichte 0 wahrgenommen (absolute Empfindungsschwelle). Bild 4.5.4 zeigt die relative Unterschiedsschwelle $\Delta L/L$ als Funktion der Leuchtdichte L. Die absolute Strahlungsempfindlichkeit wird in Abschnitt 4.2.3 behandelt.

4.5.3 Auflösungsvermögen

Das Auge kann durch den Aufbau der Netzhaut aus einzelnen Empfängerelementen viele Informationen über ein Objekt gleichzeitig parallel vermitteln. Die Gesamtinformation wird umso größer, je kleiner die Details sind, die noch getrennt wahrgenommen, also aufgelöst werden. Da die absolute Größe der noch aufgelösten Objektdetails vom Betrachtungsabstand abhängt, gibt man anstelle der aufgelösten Strecke den minimalen Sehwinkel ω_{min} an, unter dem 2 leuchtende Punkte, 2 Kanten, Linien usw. noch getrennt erkannt werden. Es ergeben sich dabei in etwa die Winkelwerte nach Bild 4.5.5. Das Auflösungsvermögen wächst mit abnehmendem Winkel ω_{min}. Es hängt aber auch von der Form der Objekte, dem Kontrast und der Beleuchtungsstärke ab. Die höchste Auflösung erreicht das Auge bei 100…160 cd/cm².

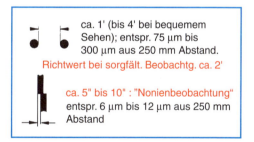

Bild 4.5.5 Zum Auflösungsvermögen des Auges

4.6 Fotoempfänger

4.6.1 Allgemeine Eigenschaften

Fotoempfänger wandeln die die Strahlungsenergie in eine messbare, meist elektrische Größe um. Lichtelektrische Empfänger arbeiten nach folgenden Prinzipien:

Der **äußere Fotoeffekt** wird bei Fotozellen und Sekundärelektronenvervielfachern genutzt. Die Strahlungsquanten lösen Elektronen aus einer Katodenfläche aus, die dann von der Anode aufgefangen werden.

Der **innere Fotoeffekt** wird bei Halbleiterempfängern angewendet. Die Quantenenergie hebt ein Elektron vom Valenzband in das energetisch höhere Leitungsband. Dadurch wird der Widerstand reduziert oder bei PN-Übergängen ein Strom generiert.

Bei **thermischen Empfängern** wird die Strahlungsenergie in Wärme umgesetzt, die entweder direkt gemessen wird (Thermosäule, Kalorimeter) oder über die Wärmedehnung eine Piezospannung generiert (pyroelektrische Sensoren).

Die relative spektrale Empfindlichkeit (Abschnitt 4.1) der Fotoempfänger verläuft sehr unterschiedlich. Sie sind deshalb gut an verschiedene Lichtquellen anpassbar. Bild 4.6.1 zeigt eine Auswahl. Die Kurven gelten nicht exakt für alle Empfängertypen des gleichen Halbleiter-Grundmaterials, weil auch Dotierung und Herstellungsverfahren die spektrale Verteilung beeinflussen.

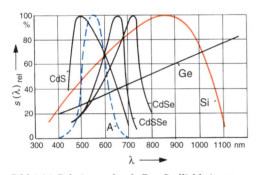

Bild 4.6.1 Relative spektrale Empfindlichkeit von Halbleiterempfängern. CdS Cadmiumsulfid, CdSSe Cadmiumsulfoselenid, CdSe Cadmiumselenid, Si Silizium, Ge Germanium, A Auge $V(\lambda)$

Die **absolute Empfindlichkeit** wird häufig durch die Quotienten $s = I_{el}/E_v$ in µA/lx oder $s = I_{el}/E_e$ in µA/(W/m^2) angegeben. Wegen der wellenlängenabhängigen Empfindlichkeit muss die spektrale Verteilung der Strahlung bekannt sein. Typische Messquellen sind die Normlichtarten A, C und D65 (Abschnitt 4.4.1.1).

In vielen Anordnungen tritt kein Gleichlicht auf, der Lichtstrom ist moduliert oder mit einem Chopper in eine Impulsfolge zerhackt. Damit diese Wechselsignale möglichst verzerrungsfrei in elektrische Signale umgewandelt werden, muss die Grenzfrequenz des Empfängers entsprechend hoch sein, denn die differentielle Empfindlichkeit s_d (Gl. 4.1.8) nimmt mit der Frequenz ab. **Grenzfrequenz** und **Schaltzeiten** sind genauso definiert wie bei den Quellen (Abschnitt 4.4.1.7). In Datenblättern wird auch die **Einstellzeit**, die Zeit zum Erreichen von 99% des Endwertes und die **Ansprechzeit** für 65% des Endwertes angegeben. Die Fotoempfänger unterscheiden sich sehr stark in ihrer Grenzfrequenz. Sie kann zwischen einigen Hz und dem GHz-Bereich liegen. Ursachen für die Ansprechverzögerung sind prozessbhängig die thermische Trägheit, die Zeit für das Freisetzen und die Rekombination und die Laufzeit der Ladungsträger.

Das Nachweisvermögen eines Empfängers wird nach oben durch die Sättigung, nach unten durch das **Rauschen** begrenzt. Wesentlich sind 2 Komponenten: das mit der Temperatur ansteigende «**weiße Rauschen**» durch die thermische Elektronenbewegung im Festkörper (Johnson noise) und das bei Halbleitersensoren durch die Stromverteilung bedingte «**Schrotrauschen (Shot noise)**». Beide Komponenten steigen mit der Übertragungsbandbreite; wenn möglich misst man daher schmalbandig, z.B. mit einem Lock-in-Verstärker. Kenngröße für die untere Empfindlichkeitsgrenze eines Fotoempfängers ist das **Nachweisvermögen** D^* in m $\cdot \sqrt{\text{Hz}}$/W mit dem Signalstrom I_S, dem Rauschstrom I_R, der Bandbreite Δf, der Bestrahlungsstärke E_e und der Empfängerfläche A:

$$D^* = \frac{I_S \cdot \sqrt{\Delta f}}{E_e \cdot I_R \cdot \sqrt{A}} \qquad \text{(Gl. 4.6.1)}$$

Voraussetzung für ein hohes, rauscharmes Signal ist eine gute **spektrale Anpassung** von Sender und Empfänger. Die Wellenlängen von Sendermaximum und Empfängermaximum sollten möglichst gut übereinstimmen.

Das Signal eines Fotoempfängers ist bei konstanter Bestrahlung **vom Einstrahlwinkel abhängig**. Ebene Fotoempfänger, wie ungehäuste Fotoelemente oder Multiplier, haben in guter Näherung Lambertempfindlichkeit $s = s_0 \cdot \cos\varphi$. Bei Fotoempfängern mit integrierten Linsen hängt die Empfindlichkeit nach einer meist grafisch gegebenen Funktion (Bild 4.6.2) vom Einstrahlwinkel ab. Empfänger mit schlanker Richtcharakteristik nach Bild 4.6.2 c) schalten störendes Streulicht weitgehend aus.

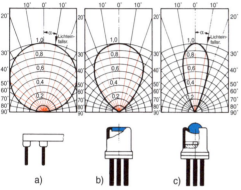

Bild 4.6.2 Räumliche Verteilung der Empfänger-empfindlichkeit:
a) Empfängerfläche ohne Gehäuse,
b) Gehäuse mit Planfenster,
c) Gehäuse mit Linse

4.6.2   Empfängerarten

Bei **thermischen Empfängern** wird die Strahlung zunächst vom Sensor absorbiert und führt zu einer Temperaturerhöhung. Diese Temperaturänderung wird ermittelt und ist, je nach Ausführung, ein Maß für die absorbierte Strahlungsmenge oder Strahlstärke. Um einen hohen Wirkungsgrad zu erzielen, sollte die absorbierende Oberfläche über einen weiten Wellenlängenbereich optisch schwarz sein. Kommerzielle Oberflächen, meist auf Rußbasis, erfüllen diese Forderung vom UV-Bereich bis über 40 µm. **Thermosäulen** bestehen aus einer Serienschaltung von bis zu 50 Thermoelementen, jedes Element besitzt 2 Lötstellen. Jeweils eine Lötstelle ist geschwärzt und liegt im Strahlengang, die andere ist abgeschattet und von den bestrahlten

Lötstellen thermisch isoliert. Thermoelemente wie Pt-PtRh und Halbleiterkombinationen geben eine mit E steigende Spannung ab. **Pyroelektrische Empfänger** nutzen den piezoelektrischen Effekt. Sie setzen die temperaturbedingten Längenänderungen in Spannungen um und sind nur für Wechselsignale geeignet. Bei hohen Leistungen, wie sie z.B. CO_2-Laser liefern, werden **Kalorimeter** (großvolumige Absorber) eingesetzt.

Fotowiderstände sind Halbleiter, deren Bandabstand mit der Wellenlänge der zu empfangenden Strahlung korrespondieren muss. Die zu detektierenden Lichtquanten lösen Elektronen aus dem Valenzband. Falls die Quantenenergie $E = h \cdot v$ größer ist als der Bandabstand ΔW_B, wird das Elektron ins Leitungsband gehoben und ist dort unter dem Einfluss einer angelegten Betriebsspannung beweglich. Der Widerstand nimmt mit der Bestrahlungsstärke ab. Allerdings ist wegen der Rekombination der Strom nicht proportional zur Bestrahlungsstärke. Für den Widerstand R_H bei Beleuchtung mit E_v, dem bei 1 lx gemessenen Widerstand R_1 und dem zwischen 0,7 und 1 liegenden Exponenten γ gilt:

$$R_H \sim R_1 \cdot E^{-\gamma} \qquad \text{(Gl. 4.6.2)}$$

Gut geeignet sind Bleisulfid (PbS), Bleiselenid (PbSe), Cadmiumsulfid (CdS), Cadmiumselenid (CdSe) und deren Mischkristalle (CdSSe) (Bild 4.6.1). CdS ist schon ohne den Einsatz von Filtern gut an $V(\lambda)$ angepasst und wird daher für preiswerte Luxmeter, Belichtungsmesser und Dämmerungsschalter eingesetzt. In Zukunft soll allerdings Cadmium aus Umweltgründen vermieden werden. Eine oft störende Eigenschaft von Fotowiderständen ist der **Memory-Effekt**. Die mittlere Lebensdauer der Elektronen im Leitungsband ist relativ hoch. Wechselt die Bestrahlung von einem hohen auf einen niederen Wert, so dauert es ziemlich lange, bis der hohe Dunkelwiderstand erreicht ist. Fotowiderstände sind daher nicht als Sensoren für Kameras geeignet, mit denen ein Blitzgerät gesteuert werden soll.

Fotoelement und **Fotodiode** sind lichtempfindliche PN-Übergänge; der Unterschied ergibt sich erst durch die Beschaltung. So findet man im Datenblatt häufig für das gleiche Bauelement Angaben für den Element- und den Diodenbetrieb. Wird der PN-Übergang großflächig und mit geringer Sperrspannung ausgelegt, dominiert die Anwendung als Fotoelement. Kleinflächige PN-Übergänge, die hohe Sperrspannungen vertragen, sind dagegen bevorzugt als Fotodioden im Einsatz. Ein absorbiertes Lichtquant erzeugt im PN-Übergang ein Elektronen-Loch-Paar, das im Kurzschlussbetrieb zu einem der Bestrahlung proportionalen Strom $I_K \sim E$ führt. Im Leerlaufbetrieb steigt die Spannung $U_L \sim \lg E$. Fotoelemente erzeugen ihr Signal ohne äußere Spannung, bei Fotodioden wird eine Sperrspannung angelegt. Die Sättigungsspannung bei starker Bestrahlung ist eine Materialeigenschaft und unabhängig von der Empfängerfläche; bei Si hat sie Werte um 500 mV. Typische Halbleitermaterialien sind Si, Ge, GaAs, InGaAs und Bleiverbindungen. Silizium ist an die Strahlungsverteilung von Glühlampen und IR-Dioden gut angepasst; die Temperaturabhängigkeit seiner Daten ist gering und die Grenzfrequenz kann sehr hohe Werte erreichen. Germanium hat sein Empfindlichkeitsmaximum bei 1,5 μm, InGaAs ist bis zu 2,7 μm empfindlich; beide werden in der Spektroskopie verwendet. Schnelle InGaAs-Fotodioden mit dem Empfindlichkeitsmaximum im Dämpfungsminimum 1,3 μm und 1,5 μm der Lichtleiter sind bei der Nachrichtenübetragung im Einsatz. Die Bleiverbindungen arbeiten bis ins ferne IR. Großflächige Si-Fotoelemente werden als Solarzellen zur direkten Umwandlung von Strahlungsenergie in elektrische Energie benutzt. Standardtypen haben einen Wirkungsgrad von 8…11%; die in der Raumfahrt eingesetzten mehrschichtigen Hochleistungstypen erreichen über 25%.

Fototransistoren sind Fotoempfänger mit zwei pn-Grenzschichten. Durch die Transistorwirkung kommt gegenüber der Fotodiode noch eine Stromverstärkung hinzu. Damit haben Fototransistoren eine höhere Empfindlichkeit, aber eine niedrigere Grenzfrequenz als vergleichbare Fotodioden.

Bei **Differentialfotodioden** sind 2 Flächendioden nebeneinander in geringem Abstand integriert; bei **Quadrantenfotodioden** sind es 4. Sie werden beim Positionieren und Zentrieren eingesetzt.

Diodenarrays sind Zeilen- und Matrixsensoren mit bis zu 8182 × 8 Einzeldioden, integriert auf einem Chip. Sie werden als hochgenaue Positionssensoren, zur Längen- und Dickenmessung und als parallel arbeitende Empfänger in Spektralgeräten eingesetzt.

Lateraleffekt-Fotodioden oder **positionsempfindliche Dioden** (PSD) sind Halbleiterdioden, deren Ausgangssignal von der Position des auftreffenden Lichtbündels abhängt.

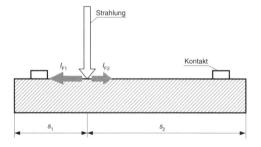

Bild 4.6.3 Aufbau der Lateraleffekt-Fotodiode

Die PSD nach Bild 4.6.3 ist ein pn-Übergang mit 2 Kontakten. Da der Bahnwiderstand im Chip proportional zum Weg s ist, wird der von der Strahlung generierte Strom entsprechend dem Widerstandsverhältnis auf die beiden Anschlüsse aufgeteilt. Es gilt: $I_{F1}/I_{F2} = s_2/s_1$. Aus dem Stromquotienten kann man unabhängig von der Strahlungsleistung die Position des Auftreffpunktes ermitteln. Zweidimensionale PSD liefern x- und y-Position des Bündelschwerpunkts. Stapelt man 2 PSD aufeinander, so kann man nicht nur die Position, sondern auch die Richtung des Bündels ermitteln.

Bei **Wellenlängensensitiven Fotoempfängern** erreicht man durch einen 4-Schicht-Aufbau des Halbleiters 2 übereinander liegende Fotodioden unterschiedlicher spektraler Empfindlichkeit. Es fließen 2 Fotoströme, aus deren Verhältnis man Informationen über die Farbe erhält.

Avalanche- oder **Lawinenfotodioden** haben eine sehr hohe Verstärkung. Während bei den normalen Dioden im günstigsten Fall jedes Lichtquant ein Elektron auslöst, wird hier der Elektronenstrom durch innere Verstärkung erhöht. Avalanche-Dioden werden nahe der Durchbruchspannung betrieben. Die hohe Sperrspannung erzeugt von jedem Fotoelektron durch Stoßionisation eine Elektronenlawine und damit Stromverstärkung um den Faktor 10 bei GaAs, bis etwa 400 bei Si.

Optokoppler sind eine Kombination aus IRED und Fototransistor. Koppler werden zur galvanischen Trennung zwischen Eingang und Ausgang eingesetzt; die zulässige Spannungsdifferenz kann über 10 kV betragen.

Fotozellen sind evakuierte oder mit Edelgas gefüllte Röhren mit 2 Elektroden. Falls die Quantenenergie größer als die Austrittsarbeit ist, schlägt das auftreffende Lichtquant Elektronen aus der Fotokatode. Die Elektronen werden durch eine Spannung zur Anode beschleunigt und bilden so den zu E proportionalen Fotostrom.

Fotomultiplier oder **Sekundär-Elektronen-Vervielfacher** (SEV) sind Fotozellen mit bis zu 15 nachgeschalteten Verstärkerelektroden, in diesem Fall Dynoden genannt. Die Fotoelektronen der 1. Stufe werden beschleunigt, lösen aus der 2. Stufe weitere Elektronen heraus, die wieder beschleunigt werden, ein typischer Lawineneffekt. Multiplier sind die empfindlichsten, oft in Spektralgeräten eingesetzten Fotodetektoren mit einer Stromverstärkung bis zu 10^8 und der absoluten Empfindlichkeit 10^{11} µA/W.

Kanalverstärker sind die Mikroversion des Multipliers. Eine Isolatorröhre mit typischen 30 µm Ø wird innen mit einer Widerstandsschicht belegt und an eine hohe Spannung angeschlossen. Die Fotoelektronen treffen auf die Widerstandsschicht, schlagen dort Elektronen aus und laufen durch die Spannung beschleunigt auf einem Zickzackweg mit zunehmender Anzahl durch den Kanal. Wegen der kleinen Dimensionen ist es möglich, mehrere 1000 Kanalverstärker zu Mikrokanalplatten (MCP) zu integrieren. Diese Bauelemente werden als Verstärker in Bildwandlern eingesetzt. Da sie nur bei ange-

legter Spannung arbeiten, können sie durch einen elektrischen Impuls für eine bestimmte, meist extrem kurze Zeitspanne aktiviert werden. So lässt sich z.B. der zeitliche Verlauf des Emissionsspektrums eines Fotoblitzes verfolgen.

4.6.3 Abbildung der Leuchtfläche auf die Empfängerfläche

Fotozellen, Fotoelemente und Multiplier haben bis zu einigen cm^2 große Empfängerflächen, während bei Fotodioden und Fototransistoren kleine lichtempfindliche Flächen vorherrschen. Bauelemente mit kleiner Fläche würden bei normaler Beleuchtung nur einen kleinen Lichtstrom auffangen. Die wirksame Fläche kann jedoch durch eine Abschlusslinse am Empfängergehäuse vergrößert werden (Bild 4.6.2). Der aufgefangene Lichtstrom wird von der Linse auf die Empfängerfläche fokussiert. Empfängertypen in Gehäusen ohne oder mit planem Glasfenster verwendet man, wenn ein getrenntes optisches System die Lichtquelle auf die empfindliche Fläche des Empfängers abbilden soll. Dabei passt man die Ausdehnung des Lichtquellenbildes an die Empfängerfläche an. Glühwendel ändern in Funktion durch Ausdehnung ihre Lage. Bei scharfer Abbildung auf die lichtempfindliche Fläche kann dann der Empfängerstrom infolge der ortsabhängigen Lichtempfindlichkeit der Empfängerfläche schwanken. Abhilfe bringt eine unscharfe Abbildung. Eine weit gleichmäßigere Ausleuchtung der Empfängerfläche schafft eine Feldlinse nach Bild 4.6.4. Ihre Brennweite kann so gewählt werden, dass jedes von einem beliebigen Punkt auf L ausgehende Bündel die gesamte Fläche von E beleuchtet.

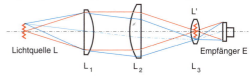

Bild 4.6.4 Gleichmäßige Ausleuchtung einer Empfängerfläche, L Lampenwendel, L' Wendelbild, E Empfänger, L_3 Feldlinse

4.7 Bildempfänger

Alle Bildempfänger bestehen aus einer Vielzahl von lichtempfindlichen Elementen. Einfach sind die Verhältnisse bei der Schwarzweißverarbeitung. Hier entspricht die Anzahl der Empfänger auch der Anzahl der Bildpunkte. Für das Erfassen farbiger Objekte sind, ähnlich wie beim Auge, mindestens 3 unterschiedliche Fotoempfänger notwendig, üblicherweise rot-, grün-, und blauempfindliche Sensoren (**RGB-System**). Aus diesen 3 additiven Grundfarben lassen sich sehr viele Farbtöne zusammenmischen; alle vom Menschen wahrgenommenen Farben finden sich im Farbdreieck in Abschnitt 7.5.4. Technische Medien können daraus aber nur einen Teil wiedergeben, der z.B. von der Anzahl der beim Drucken eingesetzten Farben oder dem verwendeten Display abhängt. Genormt sind 3 Farbräume, die schlechteste Farbqualität hat der sRGB-Farbraum, besser ist der Adobe-RGB-Farbraum, Spitzenreiter der ECI-RGB-Farbraum. Die Farbempfänger können, wie beim Auge und den meisten Halbleiterbildempfängern, nebeneinander liegen oder, wie beim Film und bestimmten Chiptypen, hintereinander. Während die 3 Empfängergrundtypen die Farbqualität bestimmen, ist ihre Anzahl für die Auflösung und damit für die Schärfe der Bilder verantwortlich.

Das Auge kann Objekte noch bei Beleuchtung mit 0,1 lx erkennen; wird aber selbst bei 10 000 lx noch nicht geblendet. Dieser auflösbare Helligkeitsunterschied wird als **Dynamik** bezeichnet. In Bild 4.7.1 sind **Übertra-**gungskennlinien, Ausgangsgröße Y als Funktion der Eingangsgröße X (Abschnitt 4.1) gezeigt. Je nach Empfängertyp steht X z.B. für Beleuchtungsstärke oder Lichtmenge (Belichtung, Bestrahlung); Y ist das Ausgangssignal, beim Film die Schwärzung, beim Chip eine Spannung. Bislang erreicht kein technisches Medium die Fähigkeit des Auges.

Während das Auge auf die Strahlungsleistung anspricht, wirkt auf die Bildempfänger die Strahlungsenergie (Strahlungsmenge), also das Produkt aus Leistung und Zeit. Damit wird die Wirkung schwacher Strahlungsquellen, z.B. astronomischer Objekte, durch lange Belichtungszeit summiert. Andererseits reichen bei hoher Bestrahlungsstärke sehr kurze Belichtungszeiten aus.

4.7.1 Fotoschichten

Die Fotoschicht hat ein sehr hohes räumliches Auflösungsvermögen, ein Bild im Format 24×36 mm^2 kann gut 3 Mio. Bildpunkte speichern. Die klassische Analogfotografie wurde jedoch weitgehend von der digitalen Konkurrenz verdrängt.

4.7.1.1 Allgemeine Eigenschaften

Silberhalogenide, AgBr, AgCl und AgJ sind die lichtempfindlichen Substanzen der Fotoschichten. Die Energie der einfallenden Lichtquanten zerlegt die Verbindung, so dass ein «latentes Bild» aus wenigen Silberatomen, den Keimen, entsteht. Beim Entwickeln lagern sich weitere Silberatome an die Keime, sodass ein sichtbares negatives Bild entsteht, das noch fixiert werden muss [7.3].

4.7.1.2 Empfindlichkeit und Schwärzungskurve

Bild 4.7.2 a) zeigt, dass AgBr-Schichten an sich nur für kurzwelliges Licht mit einer Wellenlänge bis 490 nm empfindlich sind. Man bezeichnet diese Schichten als «unsensibilisiert». Durch Zusatz von Sensibilisatoren, Schwefel, Edelmetalle und Farbstoffverbindungen, kann man die ewünschte spektrale Empfindlichkeit, z.B. orthochromatisch oder panchromatisch, erreichen.

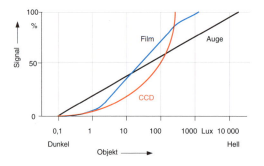

Bild 4.7.1 Dynamik verschiedener Empfänger

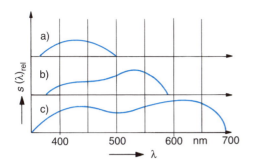

Bild 4.7.2 Relative spektrale Empfindlichkeit von Fotoschichten: a) unsensibilisiert, b) orthochromatisch, (c) panchromatisch

Beim fotografischen Prozess ist die **Belichtung** $H_v = X$ in Luxsekunden = lx s die Eingangsgröße; in Grafiken wird meist lg H verwendet.

$$H_v = E_v \cdot t \qquad\qquad\qquad (Gl.\ 4.7.1)$$

Ausgangsgröße Y ist die **Schwärzung** des Films, die man durch die **optische Dichte** $D = \lg(1/\tau)$ (Gl. 1.2.24) beschreibt.

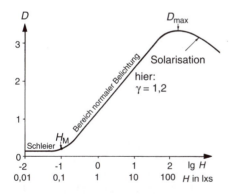

Bild 4.7.3 Schwärzungskurve H_M Minimalbelichtung

Der Zusammenhang zwischen Schwärzung D und lg H_v wird als **Schwärzungskurve** bezeichnet (Bild 4.7.3). Der Verlauf dieser nicht linearen Kennlinie des Empfängers hängt nicht nur von der verwendeten Fotoschicht ab, sondern auch von den Entwicklungsbe-

dingungen, vor allem von Entwicklungstemperatur und Entwicklungszeit. Auch ohne Belichtung ($H_v = 0$) ergibt sich eine **Grundschwärzung**, die durch Absorption im Trägermaterial, Reflexionsverluste und die Entwicklung unbelichteter Körner (Schleierschwärzung) hervorgerufen wird. Nach einem Übergangsbereich schließt sich meist ein geradliniger Teil der Schwärzungskurve an. Der Arbeitspunkt soll in diesem linearen Bereich liegen. Wenn nach starker Belichtung alle AgBr-Körner zu Silber reduziert wurden, ist die Schwärzung maximal (**Sättigung**). Bei noch stärkerer Belichtung kann die Schwärzung wieder abnehmen (**Solarisation**). Die Steilheit der Schwärzungskurve im linearen Bereich wird durch den **Gamma-Wert** $\gamma = \Delta D / \Delta(\lg h)$ angegeben.

Die **absolute Empfindlichkeit** einer Fotoschicht ist umso höher, je niedriger die zum Erreichen einer bestimmten Schwärzung notwendige Belichtung ist. Nach DIN 4512-1 ist die **Minimalbelichtung** H_M in lx s bei dem Dichtwert festgelegt, der $\Delta D = 0,1$ über der Grundschwärzung, dem Schleier, liegt. Die **Empfindlichkeit** wird durch die **DIN-Zahl** S_{DIN} oder die **ASA-Zahl** S_{ASA} angegeben:

$$S_{DIN} = 10 \cdot \frac{1,0\,\text{lx s}}{H_M} \qquad S_{ASA} = \frac{0,8\,\text{lx s}}{H_M}$$
$$(Gl.\ 4.7.2)$$

Im Gegensatz zum logarithmischen DIN-System sind die ASA-Werte der Empfindlichkeit direkt proportional.

DIN-Zahlen:	12	15	18	21	24	27	30	DIN
ASA-Zahlen:	12	25	50	100	200	400	800	ASA

Mit der Bezeichnung ISO werden beide Werte angegeben, z.B. ISO 100/21

4.7.1.3 Auflösungsvermögen

Das Auflösungsvermögen einer Fotoschicht wird durch die noch aufgelöste Liniendichte, (Linienpaare/mm) angegeben. Eine exakte Beschreibung liefert die Modulationsübertragungsfunktion in Abschnitt 9.5.

Hohes Auflösungsvermögen haben feinkörnige, dünne Schichten. Kleine Körner ergeben aber niedrigere Empfindlichkeit der Schicht. Weiterhin vermindert die Lichtstreuung innerhalb der Fotoschicht, der **Diffusionslichthof**, das Auflösungsvermögen.

> Eine Schicht mit hohem Auflösungsvermögen ist feinkörnig, hat geringe Empfindlichkeit und hohe γ-Werte, arbeitet also hart. Eine Schicht mit hoher Empfindlichkeit ist dagegen grobkörniger, hat geringeres Auflösungsvermögen und arbeitet weich, also mit niedrigem γ-Wert.

Bei einem Farbfilm sind 3 Schichten **übereinander** angeordnet. Farbnegativfilme haben rot-, grün- und blausensibilisierte Schichten; Farbpositivfilme verwenden dagegen gelb-, magenta- (Purpurton) und cyansensibilisierte (blaugrün). Durch gleichzeitiges Betrachten der 3 Schichten erscheint je nach Entwicklungsprozess ein farbiges positives oder negatives Bild.

4.7.2 Halbleiterbildempfänger

4.7.2.1 Chipstruktur

Nahezu alle Chips haben die Farbsensoren ähnlich wie das Auge nebeneinander angeordnet. Es gibt allerdings auch Neuentwicklungen mit hintereinander liegenden Sensoren. Aus fertigungstechnischen Gründen werden, wie Bild 4.7.4 zeigt, für eine Farbinformation nicht 3, sondern 4 Sensoren eingesetzt; meist sind 2 Pixel grün. Wegen dieser Anordnung muss die vom Hersteller angegebene Pixelanzahl durch 4 geteilt werden, um auf die echte Anzahl von Farbelementen zu kommen. Die Pixeldimensionen liegen im μm-Bereich bis herab zu $2 \times 2\ \mu m^2$. Bei derart

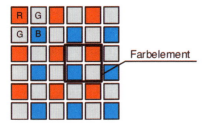

Farbelement

Bild 4.7.4 Aufbau eines Bildchips

kleinen Pixeln ist aber das Signal-Rausch-Verhältnis unbefriedigend.

Mittels Software werden meist aus einem Farbelement 4 Farbpunkte interpoliert. Das ist aber nur bei unkritischen Motiven erfolgreich. Typische Digitalkameras haben 4…8 Megapixel, interpoliert 4…8 · 10^6 Farbpunkte aber nur 1…2 · 10^6 echte Farbpunkte. Das ist weniger, als beim Analogfilm; bei nicht allzu starker Vergrößerung machen aber auch Digitalkameras scharfe Bilder.

4.7.2.2 Chiptechnologie

Bildchips werden in der CCD- und der CMOS-Technologie gefertigt. In beiden Fällen lädt das Licht pixelgroße Kondensatoren auf; viel Licht bedeutet große Ladung. Diese Ladung wird elektronisch in eine proportionale Spannung umgesetzt, die dann ein Maß für die Helligkeit ist. Bei der CCD-Technik werden die in den einzelnen Pixeln gespeicherten Helligkeitswerte zeilen- und spaltenweise ausgelesen. Wegen dieser sequentiell genannten Auslesetechnik benötigt man nur einen Wandler von Ladung in Spannung und nur einen Verstärker. Diese Bauelemente können daher ausgefeilt und teuer sein. Ganz anders bei der CMOS-Technik. Hier sitzen Wandler und Verstärker hinter jedem Pixel, was auf Kosten der Qualität geht, denn bei 8 Mio. Verstärkern sind viele fertigungsbedingt defekt. CMOS-Chips lassen sich preiswerter herstellen als CCD, brauchen nur eine Versorgungsspannung, sind oft schneller und können wegen des parallelen Auslesens auch definierte Teile der Bildinformation zur Verfügung stellen (Binning). Diese Möglichkeit der schnellen Teilbearbeitung ist in der technischen Bildverarbeitung gefragt. Praktisch eingesetzt werden CMOS-Chips im Massenmarkt der Foto-Handys und teilweise auch bei den großen Chips für digitale Spiegelreflexkameras.

Die üblichen Chipabmessungen gehen von ¼'' bis zum «Vollformat» 24 mm × 36 mm. Die Zollangaben stammen noch aus der Zeit der Bildaufnahmeröhren (Vidikons), bei denen nur ein Teil des angegebenen Röhrendurchmessers aktive Aufnahmefläche war. Die in den Datenblättern genannten Werte müssen daher mit ca. 0,65 multipliziert werden, um die Chip-Diagonale zu erhalten. Die Auflösung üblicher Chips mit Mosaikfilter in Linien/mm beträgt Anzahl der Pixel pro Zeile/(4 · Chip-Breite).

Bedingt durch die Fertigungstechnologie ist der lichtempfindliche Halbleiterübergang in relativ großer Tiefe angeordnet. Das hat wesentliche Auswirkungen auf das Design des Objektivs. Wie man aus Bild 4.7.5 sieht, schatten die seitlichen Wälle das schräg einfallende Licht ab. Vignettierung lässt sich daher nur durch den Einsatz bildseitig telezentrischer Objektive (s. Abschnitt 3.6) mit ihrem weitgehend achsparallelen Strahlengang vermeiden.

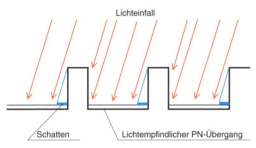

Bild 4.7.5 Abschattung bei schrägem Lichteinfall

4.7.2.3 Möglichkeiten der digitalen Fotografie

Während bei der Analogfotografie die Bildqualität weitgehend bereits bei der Aufnahme festgelegt wird, lässt sich ein Digitalbild in vielfältiger Weise manipulieren. Helligkeit, Kontrast, Farbsättigung und Farbart lassen sich mit Reglern dem individuellen Empfinden anpassen. Die interessanteste Möglichkeit liegt darin, dass man die Übertragungslinie manipulieren kann. Hat das Digitalbild interessante Motivdetails im Schatten, aber gleichzeitig sehr helle Partien, so kann ein Analogfoto wegen der starren Übertragung nach Bild 4.7.3 entweder die Schatten zeichnen, die Lichter sind dann wegen der begrenzten Dynamik überstrahlt, oder die Schatten sind zu dunkel, die Lichter dagegen gut gezeichnet. Beim Digitalfoto steht auch keine höhere Dynamik zur Verfügung, man kann aber durch das in Bild 4.7.6 rot gezeichnete Verbiegen der Kennlinie die Amplitudenstufen auf die interessanten Bildelemente konzentrieren.

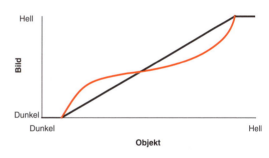

Bild 4.7.6 Manipulation der Übertragungskennlinie

5 Faseroptik und weitere Bauelemente

5.1 Faseroptik

Einen Körper, in dem Licht durch Vielfachreflexionen an den Begrenzungsflächen weitergeleitet wird, bezeichnet man als **Lichtleiter.** Der einfachste Lichtleiter ist ein Glas- oder Kunststoffstab mit ebenen Endflächen, bei dem Totalreflexion an der Mantelfläche, der Grenzfläche zur Luft, erfolgt. Ein wesentlicher Vorteil des Lichtleiters ist, dass der Stab auch gekrümmt sein darf. Andererseits kann ein einzelner Lichtleiter nicht abbilden: Weist die Eintrittsfläche Stellen unterschiedlicher Leuchtdichte auf, d.h., hat sie eine Objektstruktur, so ist die Austrittsfläche nahezu strukturlos, d.h. mehr oder weniger gleichmäßig ausgeleuchtet.

Macht man nun die Lichtleiter sehr dünn, so ergeben sich 2 Vorteile: Man erhält **biegsame Fasern** aus Glas oder Kunststoff, und es können Bilder rasterförmig übertragen werden, indem jedem Objektelement eine eigene Faser zugeordnet wird. Bei solchen **Faserbündeln** muss dafür gesorgt werden, dass bei gegenseitiger Berührung der Fasern die Totalreflexion nicht gestört wird: Jede einzelne Faser muss durch einen Mantel «optisch isoliert» werden.

> **!** Faseroptische Bauelemente bestehen aus Bündeln von optisch isolierten Fasern mit ca. 5…200 µm Faserdurchmesser (bei Kunststoffen auch mehr). Ungeordnete Faserbündel benutzt man zur **Lichtleitung** (bei Beleuchtungsanordnungen), geordnete Faserbündel dienen der **Bildübertragung.**

Literatur zur Faseroptik: u.a. [4.1 bis 4.4]. In [4.3] wird die Anwendung interessanter Eigenschaften faseroptischer Bauteile mit eingehender Begründung geschildert.

5.1.1 Eigenschaften der Einzelfaser

Bild 5.1.1 a zeigt die Totalreflexion in einer zylindrischen geraden Faser. Zur optischen Isolati-

on ist das Kernglas n_K von einem Mantelglas mit der niedrigeren Brechzahl n_M umgeben. Der größte objektseitige Öffnungswinkel $\sigma_{max} = \varepsilon_{0max}$,

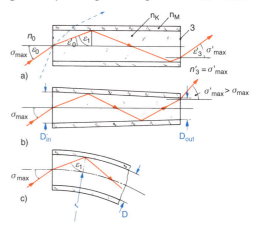

Bild 5.1.1 Strahlenweg in Lichtleitfasern
a) zylindrische gerade Faser,
b) konische gerade Faser,
c) zylindrische gekrümmte Faser

d.h., der maximal benutzbare Einfallswinkel an der Stirnfläche, ergibt sich aus der Bedingung $\varepsilon_1 \geqq \varepsilon_g$: An der Mantelfläche muss der Grenzwinkel der Totalreflexion überschritten werden. Bei gegebenen Werten von n_0, n_K und n_M wird der Betrag des größtmöglichen Öffnungswinkels σ_{max} berechnet. Der Grenzwinkel der Totalreflexion ist nach Gl. 1.2.10 $\sin \varepsilon_g = n_M/n_K$. Daraus berechnet man $\varepsilon_0' = 90° - \varepsilon_g$ und folglich:

$$\sin \varepsilon_0' = \sin(90° - \varepsilon_g) = \cos \varepsilon_g = \sqrt{1 - \sin^2 \varepsilon_g}.$$

Mit dem Brechungsgesetz beim Übergang in den Kern und dem vorstehenden Ergebnis für $\sin \varepsilon_0'$ ergibt sich

$$n_0 \cdot \sin \sigma_{max} = n_K \cdot \sin \varepsilon_0' = n_K \cdot \sqrt{1 - n_M^2/n_K^2}$$
$$= \sqrt{n_K^2 - n_M^2}$$

Damit ist die numerische Apertur des geraden Lichtleiters:

$$NA = n_0 \cdot \sin \sigma_{max} = \sqrt{n_M^2 - n_K^2} \qquad \text{(Gl. 5.1.1)}$$

Die folgenden Beispiele verwenden Fasern für Beleuchtung. Fasern der Nachrichtentechnik haben kleinere Werte der NA.

Beispiele

1. Für die bei Fasern meist benutzte Glaskombination $n_K = 1,62$; $n_M = 1,52$ sind in Luft zu berechnen: Grenzwinkel ε_g an der Mantelfläche, numerische Apertur NA der Faser, maximaler Öffnungswinkel $2\sigma_{max}$ des einfallenden, noch vollständig durch Totalreflexion weitergeleiteten Bündels, Blendenzahl k eines Objektivs, das die gleiche Apertur wie die Faser hat (Beispiel Abschnitt 3.2.3).

Lösungen
$\varepsilon_g = 69,8°$; $NA = 0,56$; $2\sigma_{max} = 68°$; $k = 0,89$: also erreicht nur ein außerordentlich lichtstarkes Objektiv die Faserapertur!

2. Die sehr häufig verwendeten Fasern mit $D = 70\,\mu m$, $n_K = 1,62$; $n_M = 1,52$ sollen so stark gebogen werden, wie es ihre Festigkeit zulässt. Das sind etwa $r = 12\,mm$. Welche Apertur kann dann noch ausgenutzt werden?

Lösung
Nach Gl. (5.1.2) findet man $NA = 0,55$. Der Vergleich mit dem oben für gerade Fasern erhaltenen Ergebnis zeigt, dass die Apertur auch bei starker Faserkrümmung nicht störend vermindert wird!

Für **gerade zylindrische Fasern** nach Bild 5.1.1 a) ist die Apertur an der Ausgangsseite gleich der Apertur an der Eingangsseite, während bei **konischen Fasern** (Bild 5.1.1 b) eine Konzentration des Lichtstroms auf die kleinere Austrittsfläche ($D_{out} < D_{in}$) zu einer Aperturvergrößerung führt: $\sin \sigma'_{max} > \sin \sigma_{max}$. Für die zulässige Eingangsapertur sind die Bedingungen in [4.3] angegeben. Bei **gekrümmten zylindrischen Fasern** (Bild 5.1.1 c) gilt für die zulässige Eingangsapertur

$$\sin \sigma_{max} \approx \sqrt{n_K^2 - n_M^2 \left(1 + \frac{D}{2r}\right)^2} \qquad \text{(Gl. 5.1.2)}$$

mit D = Faserkerndurchmesser, r = Krümmungsradius. Diese Apertur ist geringer als bei der geraden Faser; für $r \to \infty$ ergibt sich Gl. 5.1.1.

Gl. 5.1.1 und 5.2.2 gelten für die Apertur meridionaler, d.h. die Achse schneidende Strahlen, wie sie in Bild 5.1.1 gezeichnet sind. Sagittale Strahlen (die Achse nicht schneidende Strahlen) fallen unter größerem Winkel auf die Mantelfläche und ergeben damit eine größere zulässige Apertur [4.3]. Die durch die Meridionalgleichungen gegebenen Aperturen werden also mit Sicherheit erreicht.

Der **spektrale Reintransmissionsgrad** $\tau_i(\lambda)$ – siehe Abschnitt 1.2.7 – wird durch die Absorptionsverluste im Kernglas und die Verluste bei der Totalreflexion bestimmt (Unsauberkeiten an der Grenzfläche zwischen Kern- und Mantelglas und Dämpfung der Welle durch Absorption im Mantel). Beide Verluste nehmen mit der Faserlänge zu. Der **spektrale Transmissionsgrad** $\tau(\lambda)$ wird nun noch durch die Verluste an Ein- und Austrittsfläche verringert. Bei einwandfrei polierten Stirnflächen sind dies die Fresnel'schen Reflexionsverluste (Abschnitt 1.2.6.2); bei ungenügender oder fehlender Politur werden die Endflächenverluste aber erheblich größer!

Für die verlustarme Totalreflexion darf der Fasermantel nicht zu dünn gewählt werden: Die Manteldicken betragen ca. $0,5\,\mu m$ bis $2\,\mu m$. Die Totalreflexion kann auch nicht durch eine Verspiegelung der Fasern ersetzt werden, weil bei den etwa 10^3 bis 10^4 Reflexionen pro Meter Faserlänge nahezu der gesamte Lichtstrom in der Spiegelschicht absorbiert werden würde.

Bauteile mit **Fasern aus Kunststoff** sind billig, weil die Politur der Endflächen wegfallen kann. Es genügt glattes Abschneiden. Faserbruch ist praktisch ausgeschlossen. Die Fasern haben aber meist größere Durchmesser als Glasfasern, z.B. $250\,\mu m$. Der spektrale Verlauf $\tau(\lambda)$ kann definierte Minimumstellen zeigen. Typisch für PMMA ist ein Transmissionsminimum bei 620 nm, wodurch die Strahlung einer hellroten LED weitgehend gesperrt wird.

Der Durchlässigkeitsbereich normaler Glasfasern von ca. 400 nm bis 2000 nm kann durch **Infrarotfasern** (aus Spezialgläsern) und **Ultraviolettfasern** (Kern und Mantel aus Glas unterschiedlicher Dotierung) erweitert werden.

Glasfasern für Informationsübertragung über lange Strecken müssen sehr verlustarm sein; angegeben wird der spektrale Dämpfungsbelag $\alpha_l(\lambda)$:

$$\alpha_l(\lambda) = \frac{10}{l} \cdot \lg \frac{(\Phi_\lambda)_2}{(\Phi_\lambda)_1} \qquad \text{(Gl. 5.1.3)}$$

Es ist zu beachten, dass beim logarithmischen Maß in der Optik der Faktor 10 im Gegensatz zum Faktor 20 in der Nachrichtentechnik steht. Das liegt daran, dass optisch immer Leistungen, nie Amplituden gemessen werden und die Leistung proportional dem Quadrat der Amplitude ist.

Moderne Quarzfasern für die Nachrichtenübertragung haben einen Dämpfungsbelag, der nahe an der theoretisch möglichen Grenze liegt. Im Bereich kurzer Wellen überwiegt die Dämpfung durch die Rayleigh-Streuung, die proportional $1/\lambda^4$ ist. Im Infrarotbereich macht sich die Absorption der Si-O-Verbindungen bemerkbar. Das Minimum liegt bei ca. 1500 nm, zusätzlich kommen noch einige Maxima durch OH-Ionen und Verunreinigungen zustande. Bild 5.1.2 zeigt den Transmissionsverlauf von Si-Fasern mit den technisch genutzten **Fenstern** bei 1300 nm und 1550 nm mit einer Dämpfung unter 0,2 dB/m.

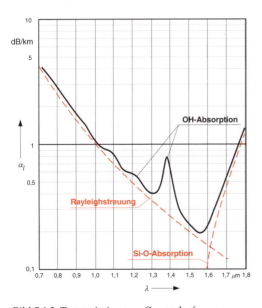

Bild 5.1.2 Transmission von Quarzglasfasern

Weiterhin ist hohe Übertragungskapazität wichtig.

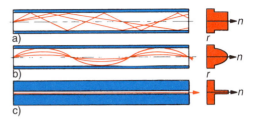

Bild 5.1.3 Fasertypen für die optische Nachrichtentechnik.
a) Multimode-Stufenindexfaser, b) Multimode-Gradientenfaser, c) Monomode-Stufenindexfaser. Blau: Mantel mit niedrigerer Brechzahl. Rechts jeweils das Brechzahlprofil $n(r)$.

Hierzu müssen auf den Fasereingang in schneller Folge gegebene Lichtimpulse (digitale Übertragung) am Ende der Faser noch aufgelöst, d.h. vom Detektor noch getrennt erkannt werden können. Die **Multimode-Stufenindexfaser** (Bild 5.1.3 a) ist hier nicht günstig. In einer Faser sind nicht alle geometrisch denkbaren Ausbreitungsrichtungen erlaubt. Nur dann, wenn eine ankommende Welle mit der an der Faserwand reflektierten Welle konstruktiv interferiert, ist sie ausbreitungsfähig. Wellen, die unter einem anderen Winkel laufen, werden ähnlich wie beim Laser durch destruktive Interferenz ausgelöscht. Die zu den erlaubten Winkeln gehörigen Feldverteilungen nennt man **Moden**. Man kann diese nicht direkt plausible Tatsache durch den Vergleich mit einem schwingenden Stab veranschaulichen. Auch ein Stab kann nicht mit allen Wellenlängen schwingen, da Randbedingungen existieren. So muss ein Stab, der in der Mitte eingespannt ist, an der Einspannstelle einen Schwingungsknoten, an den Enden dagegen einen Schwingungsbauch aufweisen. Die Anzahl ausbreitungsfähiger Moden steigt mit der Kerndicke; Fasern mit einer Dicke in der Größenordnung der Lichtwellenlänge führen nur einen Mode (**Monomodefasern**). Die Moden entsprechen in der Strahlendarstellung unterschiedlichen Zickzackwegen (Bild 5.1.3 a), die abweichende Impulslaufzeiten ergeben. Den maximalen

Laufzeitunterschied erhält man, wenn man den mit der Faserachse zusammenfallenden Strahl (kürzester Weg) vergleicht mit dem maximal geneigten Strahl, der zum Grenzwinkel der Totalreflexion gehört (Bild 5.1.1 a, $\varepsilon_1 = \varepsilon_g$). Der achsparallele Strahl mit der Faserlänge l hat die Laufzeit $t = l \cdot n_K/c$. Für den geneigten Strahl, der den Mantel unter dem Grenzwinkel ε_g trifft gilt Gl. 1.2.10. Seine Länge l_g ist nach Bild 5.1.1 a) $l_g = l \cdot n_K/n_M$ und seine Laufzeit $t_g = l_g \cdot n_K/c = n_K^2 \cdot l/(n_M \cdot c)$. Da die beiden Laufzeiten unterschiedlich sind, haben Stufenindexfasern eine **Impulsverbreiterung** $\Delta t = t_g - t$:

$$\Delta t = \frac{l \cdot n_K}{c \cdot n_M} \cdot (n_K - n_M) \qquad \text{(Gl. 5.1.4)}$$

Ein kurzer Eingangsimpuls wird am Ausgang die zusätzliche Breite Δt aufweisen und dadurch ggf. mit Nachbarimpulsen verschmelzen. Da Δt mit der Länge l der Übertragungsstrecke wächst, sind die Multimode-Stufenindexfasern insbesondere für lange Strecken ungeeignet. Für die Faser von Beispiel 1 in Abschnitt 5.1.1 wird bei $l = 1$ km $\Delta t = 0,33$ µs. Das ist ein viel zu großer Wert für Informationsübertragung – die Faser ist hierfür auch nicht bestimmt!

Bei **Multimode-Gradientenfasern** gehören zu den einzelnen Moden zwar auch unterschiedlich lange geometrische Wege (Bild 5.1.3 b), aber nahezu gleiche optische Wege (Summe der Produkte aus Wegabschnitt und Brechzahl) und damit Impulslaufzeiten: Größere Weglängen durch den Randbereich des Faserkerns werden durch die nach außen abnehmende Brechzahl kompensiert. Selbst bei optimalem Brechzahlprofil wird aber die Impulsverbreiterung nicht 0, weil noch die **Materialdispersion** wirksam ist: Auch innerhalb der geringen Bandbreite $\Delta\lambda$ einer Laserlinie (oder der größeren Bandbreite bei einer Leuchtdiode) macht sich die Dispersion $n(\lambda)$ (Abschnitt 2.1.1) bemerkbar, was zu unterschiedlichen Laufzeiten der Spektralkomponenten führt. Insgesamt ergeben sich dann Δt-Werte in der Größenordnung von ns bis ps pro km.

Besonders günstige Eigenschaften haben **Monomode-Stufenindexfasern** (nur 1 Modus ausbreitungsfähig), weil die Laufzeitdifferenzen zwischen unterschiedlichen Moden wegfallen. Neben ihrer Anwendung in der Übertragungstechnik werden diese Fasern auch zum Aufbau von Sensoren benutzt, insbesondere bei faseroptischen Interferometern (z.B. Faserkreisel): Durch die einmodige Ausbreitung ergibt sich eine eindeutige Phasenlage. Wie oben beschrieben, können sich bei Faserkern-Durchmessern, die groß gegen die Lichtwellenlänge sind, viele Moden ausbreiten, die durch unterschiedliche Strahlwege dargestellt werden können. Diese Betrachtung ist nicht mehr möglich, wenn sich der Kerndurchmesser der Größenordnung der Wellenlänge nähert. Dann nimmt die Anzahl der ausbreitungsfähigen Moden ab, bis schließlich nur noch ein Modus weitergeleitet wird. Wesentlich für die Bestimmung der Anzahl ausbreitungsfähiger Moden ist der **Faserparameter** V,

$$V = 2\pi \cdot \frac{r_K}{\lambda} \cdot \sqrt{n_K^2 - n_M^2} \qquad \text{(Gl. 5.1.5)}$$

mit:
r_K Kernradius

Je kleiner λ im Verhältnis zum Produkt aus Kernradius und numerischer Apertur Gl. 5.1.1 ist, umso «freier» können sich die Wellen ausbreiten, d.h. mit umso größerer Modenzahl.

Soll sich nur ein Modus ausbreiten dürfen, so folgt aus der Lösung der Wellengleichung eine Obergrenze für V: **Monomode-Ausbreitung** ist gegeben, wenn $V \leq 2{,}405$ ist. Der Wert $x = 2{,}4048$ ist die erste 0-Stelle der BESSEL-funktion 0. Ordnung, $J_0(x)$. Wird λ kleiner, und wächst dadurch V über diesen Grenzwert, so sind auch höhere Moden ausbreitungsfähig. Bei gegebenen Faserdaten r_K, n_K, n_M folgt also für 1-Moden-Ausbreitung die Grenzwellenlänge (**«Cut-off-Wellenlänge»**)

$$\lambda_c = \frac{2\pi}{2{,}405} \cdot r_K \cdot \sqrt{n_K^2 - n_M^2} \qquad \text{(Gl. 5.1.6)}$$

Beispiel
Für eine Monomodefaser sind die Werte $n_1 = 1{,}463$; $n_2 = 1{,}457$; $r_K = 2$ µm gegeben. Daraus folgt $\lambda_c = 0{,}69$ µm. Für $\lambda > \lambda_c$ (z.B. Halbleiterlaser mit $\lambda \approx 0{,}85$ µm) ergibt sich eine 1-wellige Ausbreitung.

Bei **mikrostrukturierten Fasern** wird die Lichtleitung durch den Einbau von Hohlräumen in µm-Dimensionen erreicht. Umgeben die Hohlräume einen festen Kern, so spricht man von **photonic-crystal fibers** (Bild 5.1.4 a). Da die Hohlräume Abmessungen im Wellenlängenbereich haben, wirkt die Kombination Glas–Hohlraum, ähnlich wie bei der Mottenaugenstruktur Abschnitt 2.9.3, wie ein Mantel aus niedrigbrechendem Material. Die Physik der Lichtleitung entspricht damit dem klassischen Modell Bild 5.1.1.

a)

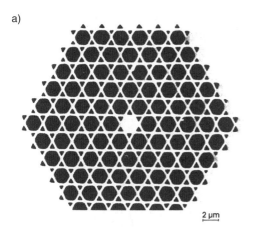

2 µm

b)

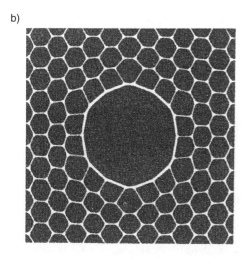

Bild 5.1.4 a) Photonic-crystal fiber b) Photonic-bandgap fibers

Wird ein groß dimensionierter hohler Kern von Mikrokanälen umgeben, so spricht man von **photonic-bandgap fibers**. Deren Funktion ist mit dem Modell des klassischen Lichtleiters nicht mehr zu erklären. Vielmehr läuft die Welle im hohlen Kern und wird durch eine Art Bragg-Reflexion an den umgebenden Strukturen immer wieder reflektiert. Voraussetzung dafür ist ein sehr symmetrischer Aufbau, mit dem erreicht wird, dass alle an den Strukturelementen gebeugten Wellen in Phase sind.

Diese Fasern haben im Vergleich zu den klassischen Fasern andere Charakteristika in Bezug auf Dämpfung und Dispersion. Hohlleiter können auch für langwellige Strahlung und hohe Leistungen eingesetzt werden.

Die Fasereigenschaften können zum Aufbau **faseroptischer Sensoren** genutzt werden. Ein einfaches Beispiel folgt aus Gl. 5.1.2: Wird ein Faserstück an möglichst vielen Stellen mit kleinem Radius gebogen (Faser in Schlangenlinie zwischen 2 Druckplatten mit Wellenprofil), so wachsen die Verluste durch Überschreiten des Grenzwinkels der Totalreflexion, d.h., die Strahlungsleistung am Faserausgang nimmt ab. Damit sind kleine Verschiebungen der Druckplatten gegeneinander, also auch Kräfte und Drücke, genau messbar. Ein «abisoliertes» Faserstück (der Mantel mit der Brechzahl n_M wurde entfernt, sodass der Kern mit der Brechzahl n_K frei liegt) ist ein Sensor für die Änderung der Brechzahl des umgebenden Mediums, da durch n_M die numerische Apertur Gl. 5.1.1 und damit auch die Strahlungsleistung am Faserausgang beeinflusst wird. Damit können Veränderungen im umgebenden Medium schnell erfasst werden (Füllstandskontrolle für Flüssigkeiten; Prozessrefraktometer). Vorteile faseroptischer Sensoren sind u.a. ihre Unempfindlichkeit gegen Störungen durch elektromagnetische Felder der Umgebung, Messmöglichkeit auch in explosionsgefährdeten Räumen und in Hochspannungsbereichen (Faser als guter Isolator), geringes Volumen und ggf. günstiger Preis. Andererseits muss bei genauen Messungen darauf geachtet werden, dass das Messsignal nicht durch äußere Einflüsse (z.B. Temperatur, zufällige Biegungen der Faserzuleitungen) verfälscht wird.

5.1.2 Faserbündel zur Lichtleitung

Werden viele Fasern zu einem Bündel zusammengefasst, so treten neben den Einzelfaserverlusten noch zusätzliche Verluste auf: Bei gleichmäßiger Ausleuchtung der Bündelstirnfläche wird der Lichtstrom ja nur durch die Kernquerschnitte der Fasern transportiert. Der **Ballastquerschnitt** setzt sich aus den Mantelflächen und den Zwischenräumen zwischen den Fasern zusammen. Deshalb ist möglichst hohe Packungsdichte der Fasern anzustreben. Weiterhin treten tote Querschnitte durch gebrochene Fasern auf.

Bild 5.1.5 a) zeigt als Beispiel für einen Fasertyp den Verlauf des **spektralen Transmissionsgrades** $\tau(\lambda)$ bei verschiedenen Längen l. In Bild 5.1.5 b) ist $\tau(\lambda)$ als Funktion der Bündellänge l dargestellt. Bei Extrapolation auf $l = 0$ zeigt sich der durch die Grundverluste (Ballastquerschnitt, gebrochene Fasern, Reflexion an den Stirnflächen) bestimmte Transmissionsgrad; von hier aus ergibt sich ein exponentieller Abfall mit der Länge. Das Aneinanderfügen von Faserbündeln an den Stirnflächen führt (abgesehen von den Reflexionsverlusten an allen Stirnflächen) zur Erhöhung der Verluste durch den Ballastquerschnitt, weil die Faserquerschnitte der beiden zusammengefügten Bündel nicht deckungsgleich aufeinanderliegen. Die **Lichtstromverteilung bei der Abstrahlung vom Bündelende** zeigt folgende Übersicht: Bei zylindrischen Einzelfasern war die Apertur an der Ausgangsseite gleich der Apertur an der Eingangsseite. Ein entsprechendes Verhalten zeigen Faserbündel: Bei **achsensymmetrischer Einstrahlung** auf der Eingangsseite durch eine großflächige Lichtquelle (Lambert-Strahler) mit dem Aperturwinkel $\sigma \leqq \sigma_{max}$ ergibt sich auf der Ausgangsseite eine keulenförmige Lichtstromverteilung mit dem Maximum in Achsenrichtung und der Begrenzung bei $\sigma' \approx \sigma$ (Bild 5.1.6 b).

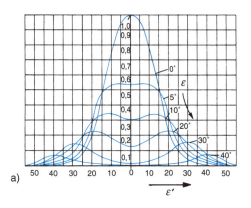

a)

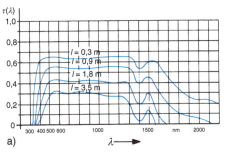

a)

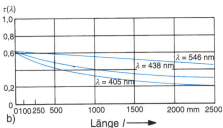

b)

Bild 5.1.5 Spektraler Transmissionsgrad von Faserbündeln

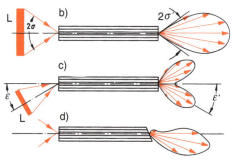

Bild 5.1.6 Räumliche Lichtstromverteilung hinter dem Bündelende
a) relative Lichtstromverteilung bei Einstrahlung unter verschiedenen Winkeln ε, b) gerade Einstrahlung ($\varepsilon = 0$); Polarkoordinatendarstellung («Abstrahlkeule»), c) schräge Einstrahlung; vgl. a), d) gerade Einstrahlung, aber schräg geschliffene Ausgangsfläche

Bei **schräger Einstrahlung** unter einem Winkel ε zur Faserachse mit dem Aperturwinkel σ nach Bild 5.1.6 c) ergibt sich auf der Ausgangsseite eine rotationssymmetrische Lichtstromverteilung, deren Maximum auf einem unter dem Winkel $\varepsilon' = \varepsilon$ erscheinenden Kreisring liegt. Bild 5.1.6 a) zeigt für verschiedene Einstrahlrichtungen ε, aber konstantem Aperturwinkel $\sigma = 15°$ die relative Lichtstromverteilung. Bei großen Winkeln ε wird die Ausbildung des Kreisringes besonders deutlich. Eine nicht rotationssymmetrische Abstrahlung ergibt sich, wenn die **Ausgangsfläche nicht senkrecht zur Faserachse** geschliffen ist. Dann liegt die als Abstrahlkeule dargestellte Lichtstromverteilung einseitig schräg zur Bündelachse (Bild 5.1.6 d).

Faserbündel für Beleuchtungszwecke sind durch Einführen der ungeordneten Fasern in Schutzschläuche leicht herzustellen. Die Faserenden werden in Abschlusshülsen verkittet und poliert. Die Bruchgefahr ist für die Fasern am Geringsten, wenn sie sich bei Krümmung des Bündels möglichst frei im Schutzschlauch bewegen können. «**Lichtleitkabel**» werden unmittelbar nach der Faserherstellung mit einem Kunststoffmantel umschlossen und sind besonders einfach zu verarbeiten.

Die Eingangsfläche des Faserbündels wird über einen Kondensor hoher Apertur mit Wärmeschutzfilter oder auch z.B. durch eine Ellipsoidlampe mit Kaltlichtspiegel (Bild 4.4.8 e) beleuchtet. Die normalen Glasfasern sind zwar für Strahlung im λ-Bereich über 2 µm und damit für Wärmestrahlung wenig durchlässig. Ein Wärmeschutzfilter ist trotzdem in vielen Fällen notwendig. Bündel aus Kunststofffasern müssen sorgfältig vor Einwirkung von Wärmestrahlung auf die Bündelenden geschützt werden! Eine völlig gleichmäßige Ausleuchtung des Bündelendes erhält man durch Einschalten einer Feldlinse gemäß Bild 4.6.4.

Faserbündel und Einzelfasern können in dem Wellenlängenbereich, in dem ihr Transmissionsgrad hoch ist, bei richtiger Anpassung der Beleuchtungsapertur an die Faserapertur sehr hohe Lichtströme übertragen, da nur der geringe, in der Faser absorbierte Strahlungsanteil eine Erwärmung bewirkt.

Mit **flexiblen Lichtleitbündeln** kann der Lichtstrom von einer Beleuchtungseinrichtung hoher Leistung und damit großer Verlustwärme zu einem weiter entfernten Objekt geleitet werden, bei dem dann in Form des Faserbündelendes eine intensive, nahezu kalte Lichtquelle geringer Ausdehnung zur Verfügung steht (z.B. Mikroskopbeleuchtung). Da sie dicht bei dem Objekt angeordnet werden kann, ist ohne zusätzliche Bauteile eine hohe Beleuchtungsstärke erreichbar. Eine weitere Anwendung ergibt sich in der Beleuchtung explosionsgefährdeter Räume, da das als Lichtquelle wirkende Bündelende frei von elektrischer Spannung bleibt.

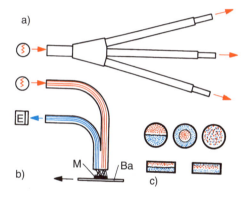

Bild 5.1.7 Mehrarmige Lichtleitbündel
a) Lichtstromverteilung, b) Reflexlichtschranke mit Beleuchtungsbündel (rot) und Empfangsbündel (blau), c) Möglichkeiten zur Faseranordnung in einem gemeinsamen Bündelende nach b)

Durch **mehrarmige Lichtleitbündel** kann man mit einer Lampe verschiedene Beleuchtungsstellen erreichen (Bild 5.1.7 a). Umgekehrt kann ein 2-armiges Bündel zum Aufbau von **Reflexlichtschranken** verwendet werden (Bild 5.1.7 b): Über einen Bündelarm wird der Lichtstrom zugeführt. Das von der beleuchteten Fläche diffus reflektierte Licht gelangt durch die Fasern des anderen Bündelarms zum Empfänger.

Das Beleuchtungsbündel kann auch aus Ultraviolettfasern aufgebaut sein. So kann eine fluoreszierende Marke M mit UV-Licht angeregt und das Fluoreszenzlicht durch normale, im sichtbaren Bereich durchlässige Fasern

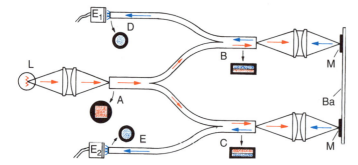

Bild 5.1.8
Doppel-Reflexlichtschranke
mit Querschnittswandlung
A quadratischer Beleuchtungs-
kopf für beide Lichtschranken,
B, C Reflex-Spaltköpfe, D, E
Empfangsköpfe, Ba Bahn mit
Marken M

zum Empfänger geleitet werden. Bild 5.1.7 c) zeigt Möglichkeiten zur Verteilung der Fasern in dem gemeinsamen Bündelquerschnitt.

Zahlreiche Anwendungen ergeben sich für **faseroptische Querschnittswandler:** Da beide Bündelenden beliebig unterschiedliche Querschnittsformen enthalten können, kann man ohne weitere optische Bauelemente (z.B. Zylinderlinsen) eine optimale Anpassung beider Seiten erreichen. So kann man die Lampenwendel auf einer quadratischen Eingangsfläche abbilden und auf der anderen Seite mit schmalem Rechteckquerschnitt den Spalt eines optischen Gerätes optimal ausleuchten. Durch ein lagige Faserbänder erhält man Spalte, deren Breite dem Faserdurchmesser entspricht. Bild 5.1.8 zeigt die Anwendung eines Querschnittswandlers bei einer Doppel-Lichtschranke.

5.1.3 Geordnete Faserbündel zur Bildübertragung

Bei Faserbündeln zur Bildübertragung, die auch als **kohärente Faserbündel** bezeichnet werden, sind die Fasern in der Eintrittsfläche A und der Austrittsfläche A' in gleicher Weise geordnet, d.h., eine bestimmte Faser hat in beiden Ebenen die gleichen Ortskoordinaten. Da die Ebene des zu übertragenden Bildes mit A zusammenfallen muss, bildet man ein Objekt unmittelbar auf A ab (Bild 5.1.9 a). Man kann aber auch eine kleine Objektfläche (Skala, Buchstabenplatte, kleines Dia) unmittelbar in Kontakt mit der Eingangsfläche A bringen. Bild 5.1.9 b) zeigt die Eingangsseite A eines Faserstabes, bei dem durch Verschmelzen der Fasern der Ballastquerschnitt verringert ist. Auf der Ausgangsseite A' in Bild 5.1.9 c) erscheint der über-

tragene Buchstabe als **Rasterbild:** Die auf A vollständig abgedeckten Fasern bleiben dunkel, während die teilabgedeckten Fasern «grau» erscheinen, d.h. mit verminderter, aber über ihren Querschnitt etwa konstanter Leuchtdichte. Die Kanten der Buchstabenlinien werden also nicht scharf übertragen.

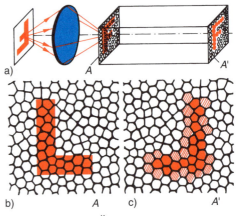

Bild 5.1.9 Rasterbild-Übertragung durch Bildleitbündel
a) Abbildung des Objektes «F» auf die Eingangsfläche A, b) Eingangsfläche A eines Bildleitstabes, c) Rasterung auf der Ausgangsfläche, rot: voll leuchtende Fasern, rot schraffiert: teilweise leuchtende Fasern

Damit wird das **Auflösungsvermögen des Bildkabels** durch seine **Rasterstruktur** bestimmt, d.h. durch den Faserdurchmesser, die Packungsanordnung und die Packungsdichte der Fasern. Bild 5.1.10 zeigt am Beispiel eines Doppelkreuzes, dass die Packungsanordnung zu einem unterschiedlichen Auflösungsvermögen in verschiedenen Richtungen führt!

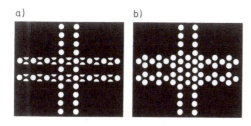

Bild 5.1.10 Richtungsabhängigkeit des Auflösungsvermögens eines Bildleitbündels
a) Doppelkreuz als Objekt,
b) Rasterbild auf der Ausgangsfläche

Als obere Grenze des mit Bildleitkabeln erreichbaren Auflösungsvermögens kann man etwa 50 bis 70 Linien/mm annehmen; meist ergibt sich jedoch ein erheblich niedrigerer Wert von z.B. 15 L/mm. Der Wert 50 bis 70 L/mm entspricht etwa dem Auflösungsvermögen einfacher Sensoren für Digitalkameras. Da jedoch die Querschnittsflächen der Bildleitkabel recht klein sind (z.B. 4×4 mm² bis 20×20 mm²), muss ein zu übertragendes Bild entsprechend verkleinert werden.

Für die Detailerkennbarkeit bei Rasterbildern ist deshalb nicht das Auflösungsvermögen in Linien/mm, sondern die Gesamtzahl der Elemente(Pixel) entscheidend, in die das Bild zerlegt wird. Ein Bündel mit z.B. 60 000 Einzelfasern ist dann um den Faktor 5 schlechter als ein klassisches Fernsehbild und um den Faktor 20 schlechter als das Bild einer Digitalkamera. Soll ein Bildausschnitt vergrößert werden, weil man feinere Details erkennen will, so muss man die Vergrößerung vor der Rasterübertragung, d.h. bei der Abbildung auf die Fläche A (Bild 5.1.9 a) vornehmen. Nachvergrößerung hinter der Fläche A' durch Wahl eines stärker vergrößernden Okulars vergrößert das Raster mit und erhöht damit nicht das Auflösungsvermögen.

Die Bildqualität wird durch gebrochene Fasern und Fehlordnung von Fasern (nicht deckungsgleiche Faserverteilung in den Flächen A und A') vermindert. Beide Fehler können zu falschen Informationen über die Objektstruktur führen. Die Übertragungseigenschaften eines Bildleitkabels können auch durch die Modulationsübertragungsfunktion (Abschnitt 9.5) beschrieben werden.

Bildübertragende faseroptische Bauelemente können starr oder flexibel sein. Flexible Bildleitbündel ermöglichen die Bildübertragung auf beliebigen Wegen und aus unzugänglichen Räumen heraus. Diese Anwendung wird in dem für medizinische oder technische Aufgaben vorgesehenen **Endoskop** ausgenutzt (Bild 5.1.11). Die Beleuchtung des zu untersuchenden, meist schwer zugänglichen Hohlraums erfolgt dabei über ein ungeordnetes Faserbündel, das das Bildleitbündel umschließt. Die Scharfeinstellung auf unterschiedliche Objektabstände muss durch Fernbedienung des Objektivs erfolgen. Die Flächen A bzw. A' können zur Korrektur der Bildfeldwölbung auch sphärisch ausgeführt werden.

Mit Hilfe des flexiblen Bildleitbündels kann man auch ohne Spiegel- oder Prismensysteme das Bild gegenüber der Objektlage beliebig drehen: Das Bündelende mit A' wird gegenüber A verdreht. Dagegen ergibt sich keine einseitige Bildumkehrung, wie man nach Bild 5.1.9 b) und c) zunächst vermuten könnte. Die beiden Bilder zeigen nämlich die Ansicht der Bündelenden von außen. Man muss aber bei einem Vergleich beider Flächen in die gleiche Richtung blicken (wie bei Bild 5.1.9 a).

Bei Faserstäben sind die Fasern auf der ganzen Länge miteinander verschmolzen (Bild 5.1.9 b, c). Diese Stäbe werden zur Licht- oder

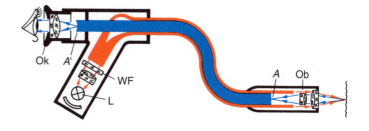

Bild 5.1.11 Faseroptisches Endoskop
rot: Beleuchtungsbündel,
blau: Bildleitbündel.
L Lampe, WF Wärmeschutzfilter, Ob Objektiv, Ok Okular

zur Bildübertragung benutzt. Sie lassen sich wie normale Glasstäbe bearbeiten. Nach Erhitzen auf 700 °C kann man sie mit kleinen Krümmungsradien ($r > D_{Stab}$) biegen. Verdrehen der beiden Stabenden gegeneinander ergibt ein Bauelement mit fest eingestellter Bilddrehung gegenüber der Objektlage. Ein Ausziehen der Stäbe auf kleineren Durchmesser ergibt am Übergang **Faserkegel** (z.B. $D_{A'} = 2 \cdot D_A$), bei denen auch alle Einzelfasern konische Form annehmen. Sie können zur Vergrößerung oder umgekehrt zur Verkleinerung benutzt werden. Eine Vergrößerung verbessert hier aber die Detailerkennbarkeit nicht, weil die Zahl der Fasern auf A und A' gleich ist.

Faserplatten sind starre Bildleiter mit großen Flächen (cm^2 bis dm^2), aber kurzem Übertragungsweg (Abstand von A bis A' nur einige mm bis cm). Sie werden aus sehr dünnen Fasern (ca. 5 µm Ø) aufgebaut und ergeben damit hohes Auflösungsvermögen (60 bis 70 Linien/mm). Da eine Faserplatte etwa 10^7 bis 10^8 Fasern enthält, ist die Detailerkennbarkeit des Rasterbildes sehr gut. Weil die Fasern auch vakuumdicht verschmolzen werden können, eignen sich die Faserplatten u.a. als Frontscheibe bei Bildwandlern zum Umsetzen von UV- oder Röntgenstrahlung in Licht (Bild 5.1.12). Die ankommende energiereiche Strahlung hebt im Szintillationsmaterial des Leuchtschirms ein Elektron aus dem Grundniveau in ein angeregtes Niveau. Nach kurzer Zeit fällt das Elektron in ein über dem Grundniveau liegendes Zwischenniveau. Die abgestrahlte Quantenenergie ist kleiner als die anregende, folglich ist die Strahlung des Leuchtschirms längerwellig als die der Anregung. Das vom Leuchtschirm abgegebene Licht wird von der Faserplatte an einen CCD- oder CMOS- Bildchip geleitet. Da Faserplatten eine numerische Apertur von ca. 1 haben können, ist diese Abbildung außerordentlich lichtstark. Die Leuchtdichte ist hoch, dadurch wird die Belichtungszeit kürzer als bei der Bildschirmfotografie, was beim Röntgen dem Patienten zugute kommt. Mit Kanalverstärkern (Abschnitt 4.6.2) lässt sich die Leuchtdichte noch weiter steigern.

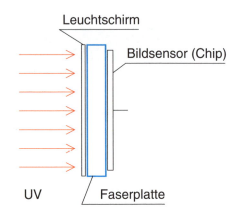

Bild 5.1.12 Bildwandler

> Die Bildübertragung ist durch flexible oder starre geordnete Faserbündel möglich. Die Bündelenden wirken als Objekt- und Bildfläche. Das Auflösungsvermögen ist durch die Rasterstruktur begrenzt, so dass großflächige Bündel mit feinen Fasern in möglichst hoher Packungsdichte günstig sind.

5.2 Bildschirme

Bildschirme wirken durch Reflexion («Bildwände») oder Transmission (z.B. «Mattscheiben»). Sie ermöglichen die Beobachtung reeller Bilder, weil sie den gerichteten optischen Strahlengang unterbrechen: Durch **Streuung** wird die Lichtenergie in einen mehr oder weniger großen Raumbereich verteilt (diffuse Reflexion bzw. Transmission). Damit wirkt der Bildschirm als sekundäre Lichtquelle: Von seinen leuchtenden Flächenelementen ausgehend gilt, falls das «Ten Times Law» eingehalten wird, $E \sim 1/r^2$.

Ein Bildschirm wird zunächst durch seinen Reflexionsgrad ϱ bzw. seinen Transmissionsgrad τ gekennzeichnet. Damit wird aber nur angegeben, welcher Anteil des auftreffenden Lichtstromes wieder abgestrahlt wird, ohne Rücksicht auf seine räumliche Verteilung. Hierin unterscheiden sich die Bildschirme aber wesentlich. Die räumliche Verteilung des abgegebenen Lichtstroms wird durch die grafische Darstellung der Lichtstärkeverteilung in einem ebenen Schnitt (**Lichtstärkeindikatrix**) beschrieben. Über den bei Beobachtung aus verschiedenen Richtungen empfundenen Helligkeitseindruck gibt dagegen die **Leuchtdichteindikatrix** Auskunft. Bei diesen Polarkoordinatendarstellungen wird durch die Länge der Pfeile jeweils die relative Größe der Lichtstärke bzw. Leuchtdichte wiedergegeben. Der Unterschied zwischen beiden Verteilungskurven wird am Beispiel der ideal diffus leuchtenden Fläche («Lambert-Strahler», z.B. ideal mattweiße Wand) besonders deutlich (Bild 5.2.1 a): die Leuchtdichte L ist in allen Richtungen konstant, während die Lichtstärke I mit zunehmendem Winkel ε gegenüber der Flächennormalen entsprechend $I = L \cdot A \cdot \cos \varepsilon$ abnimmt ($A \cdot \cos \varepsilon$ ist die wirksame Leuchtfläche bezüglich der Beobachtungsrichtung).

Bild 5.2.1 b) zeigt die Leuchtdichteverteilungen für **Bildwände** unterschiedlichen Typs bei schrägem Einfall eines Parallelbündels:

1. (schwarz) gilt für eine **mattweiße Fläche** (z.B. Barytweiß-Anstrich, weißes Gewebe, Normtyp D): Man erhält einen relativ niedrigen, aber aus allen Richtungen gleichen Helligkeitseindruck.
2. (rot) gilt für eine **metallisierte Bildwand** (z.B. Aluminiumbronze-Anstrich, mit Metallteilchen beschichtetes Gewebe, Normtyp S). Die Streuung erfolgt in einen relativ engen Winkelbereich um eine Vorzugsrichtung herum, die durch die reguläre Reflexion gegeben ist. Bei Beobachtung aus dieser Richtung erblickt man eine gegenüber 1. hellere Bildwand; bei Abweichung von der Vorzugsrichtung erscheint die Wand dagegen dunkler als bei 1.
3. (blau) gilt für eine **Bildwand**, deren Einzelelemente (kleine Glaskugeln, Mikroprismen) als **Rückstrahler** wirken. Die Rückstreuung erfolgt also bevorzugt entgegen der Lichteinfallsrichtung; der Beobachter blickt zweckmäßig etwa aus der Richtung der Lichtquelle auf die Bildwand. Entsprechend aufgebaut sind **Reflexfolien** (z.B. für Lichtschranken oder Verkehrszeichen) und Perl- oder Kristallbildwände, Normtyp B).

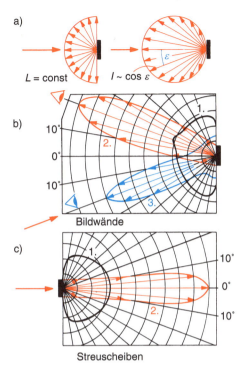

Bild 5.2.1 Abstrahlungsverteilungen bei Bildschirmen
a) Leuchtdichte- und Lichtstärkeverteilung bei einem Lambert-Strahler, b) und c) Leuchtdichteverteilungen bei Bildwänden und Streuscheiben. Dicke rote Pfeile: Richtung des einfallenden Bündels

Bei senkrechtem Lichteinfall auf die Bildwand fallen die Vorzugsrichtungen von 2. und 3. zusammen. Durch **Profilwände,** z.B. metallisierte Bildwände mit eingeprägten sphärischen Mulden oder Zylinderriffeln, kann die Streuung an einen gewünschten Raumwinkelbereich angepasst werden. Aus der Leuchtdichteverteilung wird verständlich, dass sich Oberflächendeformationen (Falten) bei mattweißen Flächen kaum störend bemerkbar machen, während sie bei metallisierten Bildwänden sofort sichtbar werden.

Bild 5.2.1 c) zeigt die Leuchtdichteverteilungen für 2 **Streuscheiben** (Normtyp R):

1. (schwarz) gilt für eine **Mattscheibe** («Milchglas»). Die sehr starke Streuung erfolgt durch Beugung an im Volumen eingelager-

ten Partikeln (inhomogenes Medium). Bei **Überfangstreuscheiben** wird eine klare Trägerscheibe mit einer dünnen Trübschicht überzogen. Die Transmission der Mattscheiben entspricht etwa der Reflexion einer mattweißen Bildwand.

2. (rot) gilt für eine durch Ätzen, Sandstrahlen oder Schleifen hergestellte **Mattscheibe**, bei der die Streuung durch Brechung an unregelmäßig gelagerten Oberflächenelementen erfolgt. Die geringe Streuung um die Lichteinfallsrichtung als Vorzugsrichtung ist mit einer metallisierten Bildwand vergleichbar.

Bei **Profilscheiben** tritt Streuung durch Brechung an meist regelmäßig angeordneten Oberflächenelementen, z.B. Prismen oder Rillen auf.

DIN 19045-4 definiert Eigenschaften und Einteilung von Bildwänden sowie Messverfahren zu ihrer Bewertung.

Nach DIN 5036-2, kann die Streufähigkeit durch ein oder zwei Kennzahlen grob gekennzeichnet werden: Das **Streuvermögen** σ ist definiert durch Gl. 5.2.1

$$\sigma = \frac{L_{20°} + L_{70°}}{2 \cdot L_{5°}} \qquad \text{(Gl. 5.2.1)}$$

Dabei fällt ein Parallelbündel senkrecht (also unter $\varepsilon = 0°$) auf die Fläche; $L_{5°}$, $L_{20°}$, $L_{70°}$ sind die unter den entsprechenden Winkeln gegenüber der Flächennormalen bei Reflexion bzw. Transmission gemessenen Leuchtdichten. Tritt unter dem Winkel $\varepsilon = 0°$ die maximale Leuchtdichte L_0 auf, und ist sie für einen Winkel $\varepsilon = \gamma$ auf den halben Maximalwert abgesunken ($L_\gamma = L_0/2$), so wird dieser Winkel **Halbwertswinkel** γ genannt. Nach einer in DIN 5036-4 gegebenen Einteilung kann man bei $\sigma \leq 0{,}4$, $\gamma \leq 27°$ von schwacher Streuung, bei $\sigma > 0{,}4$, $\gamma > 27°$ von starker Streuung sprechen.

Für eine ideal mattweiße Fläche ergibt sich $\sigma = 1$, da $L_{5°} = L_{10°} = L_{70°}$; γ ist nicht definiert. Dagegen ist bei schwacher Streuung die Angabe des Halbwertswinkels sinnvoller.

Unterschiedliches Streuvermögen einer Streuscheibe erkennt man auch daran, dass die Scheibe bei schwacher Streuung mehr

oder weniger **durchsichtig,** bei starker Streuung nur **durchscheinend** ist: Bringt man beispielsweise hinter eine Mattscheibe eine Druckschriftvorlage und vergrößert dann den Abstand zwischen Mattscheibe und Vorlage bis zur Lesbarkeitsgrenze (allgemein: Auflösungsgrenze), so bedeutet großer Grenzabstand schwache Streuung, d.h. hohen Anteil ungestreut durchgehenden Lichts.

Bei Mattscheibenprojektoren kann deshalb ein heller Fleck («hot spot») sichtbar werden, weil man das leuchtende Projektorobjektiv durch die Mattscheibe hindurch erkennt. Den durch schwache Streuung bedingten Helligkeitsabfall in den Bildecken großer Mattscheiben kann man durch eine Feldlinse (Bild 6.3.1) verhindern. Feines Korn der Mattscheibenfläche ergibt hohen Transmissionsgrad, aber geringe Streuung. Mit zunehmender Korngröße nimmt die Streuung zu und entsprechend der Transmissionsgrad für gerichtetes Licht ab. Läßt man die Mattscheibe bei der Betrachtung feiner Bilddetails (Skalenstriche, Auflösungstests) durch Motorantrieb um eine Flächennormale rotieren, so wird das Auflösungsvermögen erheblich verbessert, da die grobe Kornstruktur verwischt wird. Das grobe «Korn» der Mikroprismenfläche einer Profilscheibe führt zu starker Streuung und damit zu geringem Grenzabstand: Bereits kleine Verlagerungen einer Bildebene gegenüber der Streuscheibenebene werden als Unschärfe erkannt. Deshalb werden Prismenfelder u.a. zur Scharfeinstellung von Spiegelreflexkameras benutzt.

Streuscheiben wirken durch die Dicke d der Trägerplatte wie Planparallelplatten, ergeben also axiale Bildversetzung OO' (Gl. 2.2.6). Mattscheiben werden im allgemeinen so eingebaut, dass die Streufläche zur Projektionslichtquelle hin zeigt.

5.3 Filter und Farbteiler

Filter ändern die spektrale Leistungsverteilung einer durchgehenden Strahlung (z.B. Farbfilter, Wärmeschutzfilter) oder schwächen die Strahlung in einem größeren Wellenlängenbereich einigermaßen gleichmäßig (Neutralfilter). Ihre Wirkung wird durch den spektralen Transmissionsgrad $\tau(\lambda)$ als Funktion der Wellenlänge dargestellt. Die Funktion $\tau(\lambda)$ kann entweder durch die λ-Abhängigkeit von α («**Absorptionsfilter**») oder durch Interferenz («**Interferenzfilter**») bestimmt sein. Mit nahezu absorptionsfreien Interferenzschichten können weiterhin Farbteiler aufgebaut werden: Der Wellenlängenbereich der einfallenden Strahlung wird auf Transmission und Reflexion aufgeteilt. Die Definitionen für die spektralen Transmissionsgrade $\tau(\lambda)$, $\tau_i(\lambda)$. Absorptionsgrade $\alpha(\lambda)$, $\alpha_i(\lambda)$ und den Reflexionsgrad $\varrho(\lambda)$ wurden mit ihren Verknüpfungen in Abschnitt 1.2.7 angegeben.

5.3.1 Absorptionsfilter

Als Absorptionsfilter werden bevorzugt Farbgläser verwendet. Während mit $\tau(\lambda)$ die Einwirkung des Filters auf die Strahlung beschrieben wird, benötigt man zur Umrechnung der Transmission auf verschiedene Schichtdicken der gleichen Filterart den spektralen Reintransmissionsgrad $\tau_i(\lambda)$. Stets ist $\tau_i(\lambda) > \tau(\lambda)$, da ja bei $\tau_i(\lambda)$ die Reflexionsverluste nicht berücksichtigt sind. Für die Anwendung bei Filtern genügt der Zusammenhang

$$\tau(\lambda) \approx \tau_i(\lambda) \cdot P \qquad \text{(Gl. 5.3.1)}$$

P Reflexionsfaktor.

Unter Berücksichtigung der Mehrfachreflexionen gilt bei senkrechtem Einfall in Luft

$$P = \frac{2n}{n^2 + 1} \qquad \text{(Gl. 5.3.2)}$$

P kann aus der Glasbrechzahl berechnet oder ggf. unmittelbar aus Farbglaskatalogen entnommen werden [3.22].

Teilt man das Gesetz von Lambert Gl. 1.2.27 durch Φ_1 , so folgt:

$$\tau_i(\lambda) = \mathrm{e}^{-a_n(\lambda) \cdot d} \qquad \text{(Gl. 5.3.3)}$$

Als Absorptionsfilter können auch Küvetten mit Lösungen eines absorbierenden Stoffes in nicht oder sehr wenig absorbierendem Lösungsmittel verwendet werden. Dann wird – jedenfalls bei nicht zu konzentrierten Lösungen – die Absorption durch das Produkt aus Konzentration c und Schichtdicke d bestimmt, sodass sich das Gl. 5.3.3 entsprechende **Gesetz von Bouguer-Lambert-Beer** ergibt:

$$\tau_i(\lambda) = \mathrm{e}^{-k(\lambda) \cdot c \cdot d} \qquad \text{(Gl. 5.3.4)}$$

Dabei ist der **molare Absorptionskoeffizient** $k(\lambda)$ eine Stoffkonstante für den gelösten Stoff. Der Zahlenwert hängt natürlich auch von den Einheiten der Schichtdicke und der Konzentration (meist mol/l) ab. Es ist $a_n(\lambda) = c \cdot k(\lambda)$.

Schreibt man Gl. 5.3.3 in der Form $\tau_i(\lambda)^{1/d} = \mathrm{e}^{-a_n(\lambda)}$, so ist die rechte Seite eine Stoffkonstante. Für 2 unterschiedliche Schichtdicken d_1 und d_2 und die zugehörigen spektralen Reintransmissionsgrade $\tau_{i1}(\lambda)$ und $\tau_{i2}(\lambda)$ ergibt sich damit die Beziehung

$$\tau_{i2}{}^{d_1} = \tau_{i1}{}^{d_2} \qquad \text{(Gl. 5.3.5)}$$

Zusammen mit Gl. 5.3.1 ist damit auch eine Umrechnung des spektralen Transmissionsgrades $\tau(\lambda)$ auf andere Schichtdicken möglich:

$$\left(\frac{\tau_2(\lambda)}{P}\right)^{d_1} = \left(\frac{\tau_1(\lambda)}{P}\right)^{d_2} \qquad \text{(Gl. 5.3.6)}$$

Bild 5.3.1 zeigt den Verlauf von $\tau_i(\lambda)$ für drei Schichtdicken eines Filterglases.

> ! Der Verlauf der Transmissionsfunktion $\tau(\lambda)$ kennzeichnet die Filtereigenschaften. Mit dem spektralen Reintransmissionsgrad $\tau_i(\lambda)$ ist die Umrechnung auf verschiedene Schichtdicken möglich. Hohe Schichtdicke engt den Transmissionsbereich ein (was häufig erwünscht ist), vermindert aber den Transmissionsgrad erheblich.

Sind mehrere verschiedene Filter (1), (2), (3)… hintereinander im Strahlengang angeordnet, setzen sich die spektralen Transmissionsgrade multiplikativ zusammen:

$$\tau(\lambda) = \tau_1(\lambda) \cdot \tau_2(\lambda) \cdot \tau_3(\lambda) \dots \qquad \text{(Gl. 5.3.7)}$$

Auf diese Weise sind Transmissionsfunktionen erreichbar, die mit den vorhandenen Einzelfiltern nicht realisiert werden können. Freeware-Programme zeigen die spektrale Transmission von Filterkombinationen direkt am Bildschirm [3.26]

Farbgläser können wie in Bild 5.3.1 eine etwa glockenförmige Transmissionskurve haben (Ionenfärbung), oder ihr Transmissionsgrad $\tau(\lambda)$ steigt zum langwelligen Spektralgebiet mit steiler Kante an (Anlaufgläser), wobei die Lage dieser Kante bei der Herstellung in einem weiten Bereich verschoben werden kann. Die mit Oxiden seltener Erden gefärbten Bandengläser zeigen zahlreiche schmale Transmissionsmaxima und -minima. Bild 5.3.2 gibt Beispiele für die Filtertypen. Der Reintransmissionsgrad $\tau_i(\lambda)$ ist hier in «diabatischer» Ordinatenteilung entsprechend der Funktion

$$1 - \lg\left(\lg \frac{1}{\tau_i(\lambda)}\right)$$ aufgetragen. Dadurch wird

die Form der Filterkurven von der Schichtdicke unabhängig!.

Flüssigkeitsfilter bestehen aus Lösungen mit Ionenfärbung, die in Küvetten mit Planfenstern mit genau festgelegtem Abstand eingefüllt werden. Durch große Schichtdicke bei geringer Farbstoffkonzentration wird der auf falscher

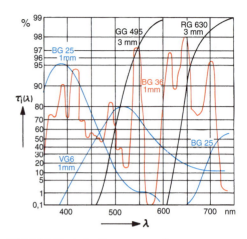

Bild 5.3.2 Typische Transmissionskurven von Filtergläsern.
BG 25 und VG 6: Ionenfärbung; GG 495 und RG 630: Anlaufgläser; BG 36: Bandenglas.

oder ungleichmäßiger Schichtdicke beruhende Fehler klein. Diese Filter sind wegen der reproduzierbaren Herstellbarkeit der Lösungen aus chemisch reinen Stoffen normfähig. Ein Rezept ist beispielsweise in DIN 45 12 angegeben.

> **Beispiel**
> Ein Farbglas-Filter der Dicke $d_1 = 2$ mm mit der Brechzahl 1,58 hat bei 2 verschiedenen Wellenlängen die Transmissionsgrade $\tau_1(\lambda) = 0,79$ und $\tau_1(\lambda) = 0,10$. Wie groß werden die Transmissionsgrade für eine Glasdicke $d_2 = 6$ mm?
>
> **Lösung:**
> Es ergeben sich $\tau_{i1}(\lambda) = 0,874$ bzw. 0,111; weiter mit Gl. (5.3.5) $\tau_{i2}(\lambda) = 0,668$ bzw. 0,00135 und somit $\tau_2(\lambda) = 0,604$ bzw. 0,00122. Während also der Transmissionsgrad bei 2 mm Dicke von 79% auf 60% zurückgeht, nimmt der Wert bei 6 mm Dicke von 10% auf 0,12% ab.

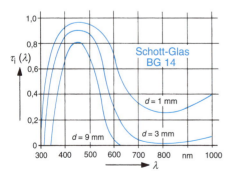

Bild 5.3.1 Einfluss der Schichtdicke d eines Filterglases auf den spektralen Reintransmissionsgrad

5.3.2 Interferenzfilter und Farbteiler

Mit Interferenzfiltern können Transmissionskurven erreicht werden, die mit Absorptionsfiltern nicht realisierbar sind. Vor allem gelingt die Herstellung von **Linien-** oder **Schmalbandfil-**

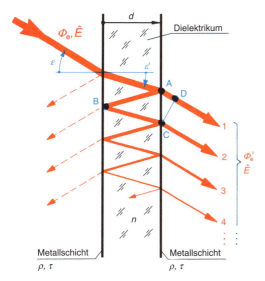

Bild 5.3.3 Funktionsprinzip eines einfachen Interferenzfilters

tern, die bei einer frei wählbaren Wellenlänge λ_P einen maximalen Transmissionsgrad $\tau_{max}(\lambda_P)$ aufweisen und nur einen engen λ-Bereich durchlassen, den man grob durch Angabe der **Halbwertsbreite** Bild 4.4.2 erfassen kann.

> **Beispiel**
> Ein Filter hat bei $\lambda_P = 555$ nm $\tau_{max}(\lambda_P) = 0,4$ bei einer Halbwertsbreite von 10 nm; bei ca. 550 nm und 560 nm ist also $\tau(\lambda_P)$ auf 0,2 abgesunken. Man vergleiche hiermit z.B. die Absorptionsfilterkurve VG 6 in Bild 5.3.2.

Als Beispiel wird ein Metall-Dielektrisches Filter betrachtet. Diese Filter bestehen aus einer Folge teildurchlässiger Metallschichten (Transmissionsgrad τ, Amplitudentransmissionsgrad $\sqrt{\tau}$, Reflexionsgrad ϱ, Amplitudenreflexionsgrad $\sqrt{\varrho}$, s. Abschnitt 1.2.6.1) und transparenten dielektrischen Schichten (Dicke d, Brechzahl n). Nachteil dieses Filtertyps ist meist eine geringe maximale Transmission τ_{max}. Sie soll zunächst für das 1-Schicht-System Bild 5.3.3 berechnet werden. Fällt eine Welle mit der Amplitude $\hat{E}$ ein, so hat sie hinter der Eintrittsfläche nur mehr die Amplitude $\hat{E} \cdot \sqrt{\tau}$.

Die Welle 1 tritt aus der 2. Fläche (Punkt A) mit der Amplitude $\hat{E} \cdot \sqrt{\tau} \cdot \sqrt{\tau} = \hat{E} \cdot \tau$ aus. Die folgenden in gleicher Richtung austretenden Wellen (z.B. Punkt C) erfahren zusätzlich jeweils 2 Reflexionen mehr. Für die Welle 2 ergibt sich also die Amplitude $\hat{E} \cdot \sqrt{\tau} \cdot \sqrt{\tau} \cdot \sqrt{\varrho} \cdot \sqrt{\varrho} = \hat{E} \cdot \tau \cdot \varrho$. Für die Folge der durch das Filter gehenden Teilwellen findet man also die Amplituden

Welle 1	$\hat{E} \cdot \tau$
Welle 2	$\hat{E} \cdot \tau \cdot \varrho$
Welle 3	$\hat{E} \cdot \tau \cdot \varrho^2$
Welle 4	$\hat{E} \cdot \tau \cdot \varrho^3$
...	

Die Amplituden der Teilwellen nehmen also immer weiter ab, da ja $\tau < 1$, $\varrho < 1$ ist.

Der gesamte durchgehende Strahlungsfluss Φ_e' hängt nun vom Gangunterschied der interferierenden Teilwellen ab (**Mehrstrahlinterferenz**). Bei konstruktiver Interferenz (Gl. 1.2.4) sind die Teilwellen in Phase und die Amplituden der Teilwellen werden addiert. Man findet die Gesamtamplitude $\hat{E}_{max}'$ der austretenden Welle mit der Gleichung für die Summe einer konvergenten geometrischen Reihe. Daraus folgt

$$\hat{E}_{max} = \frac{\hat{E} \cdot \tau}{1 - \varrho}$$

Da die Energie-Größen proportional zum Quadrat der Amplituden sind, erhält man für den Strahlungsfluss

$$\Phi_{e\,max}' = \Phi_e \cdot \left(\frac{\tau}{1 - \varrho} \right)^2$$

und damit für den maximalen Transmissionsgrad des Interferenzfilters $\tau_{max} = \Phi_{e\,max}/\Phi_e$:

$$\tau_{max} = \left(\frac{\tau}{1 - \varrho} \right)^2 \qquad \text{(Gl. 5.3.8)}$$

> **Beispiel**
> Für die teildurchlässigen Metallschichten eines Interferenzfilters gelten die Werte $\tau = 0,08$, $\varrho = 0,89$. Damit ist der Absorptionsgrad $\alpha = 1 - \tau - \varrho = 0,03$. Dann erhält man als maximalen Transmissionsgrad $\tau_{max} = 0,529$ oder 52,9%.

Um das Interferenzmaximum zu erreichen, muss der Gangunterschied der Teilwellen ein ganzzahliges Vielfaches der Wellenlänge sein (Abschnitt 1.2.3). d.h. $\delta = k \cdot \lambda$, mit $k = (0), 1, 2, \ldots$ Für benachbarte Teilwellen – in Bild 5.3.3 die Wellen 1 und 2 – erhält man

$$\delta = n \cdot (AB + BC) - AD + \delta_\varrho$$

Der Gangunterschied ergibt sich damit aus der Differenz der geometrischen Wege und einem zusätzlichen Gangunterschied δ_ϱ, der durch Phasenverschiebungen bei der Reflexion an den beiden Metallflächen bedingt ist. Nun ist $AB + BC = 2 \cdot d/\cos \varepsilon'$, $AC = 2 \cdot d \cdot \tan \varepsilon'$, damit $AD = 2 \cdot d \cdot \tan \varepsilon' \cdot \sin \varepsilon$. Setzt man noch $\sin \varepsilon = n \cdot \sin \varepsilon'$ (außerhalb des Filters Luft, $n = 1$), so folgt

$$\delta = \frac{2 \cdot n \cdot d}{\cos \varepsilon'} \cdot (1 - \sin^2 \varepsilon') + \delta_\varrho$$

und damit

$$\delta = 2 \cdot n \cdot d \cdot \cos \varepsilon' + \delta_\varrho \qquad \text{(Gl. 5.3.9)}$$

oder mit dem Einfallswinkel ε

$$\delta = 2 \cdot n \cdot d \cdot \sqrt{1 - \frac{\sin^2 \varepsilon}{n^2}} + \delta_\varrho \qquad \text{(Gl. 5.3.10)}$$

Wird maximaler Transmissionsgrad für eine Wellenlänge λ_P gewünscht, so gilt die Bedingung $\delta = k \cdot \lambda_P$. Für senkrechten Einfall, $\varepsilon = 0$, erhält man mit Gl. (5.3.10)

$$2 \cdot n \cdot d + \delta_\varrho = k \cdot \lambda_P \qquad \text{(Gl. 5.3.11)}$$

und damit für die erforderliche Dicke der Schicht

$$d = \frac{k \cdot \lambda_P - \delta_\varrho}{2 \cdot n} \qquad \text{(Gl. 5.3.12)}$$

λ_0/n ist die Wellenlänge in der Schicht. Die Schichtdicke muss also im wesentlichen ein Vielfaches der halben Wellenlänge sein, $d = k \cdot \lambda_P/2n$. Durch den zusätzlichen Gangunterschied δ_ϱ wird die notwendige Schichtdicke etwas verringert.

Für von λ_P abweichende Wellenlängen λ fällt der Transmissionsgrad schnell ab, weil dann $2 \cdot n \cdot d + \delta_\varrho \neq m \cdot \lambda$ ist. Die Halbwertsbreite $\Delta \lambda$ kann man mit der Näherung

$$\Delta \lambda \approx \lambda_P \cdot \frac{1 - \varrho}{k \cdot \pi \cdot \sqrt{\varrho}}$$

abschätzen.

> **Beispiel**
> Für $\varrho = 0,89$ und $\tau = 0,08$ ergab das vorausgegangene Beispiel $\tau_{max} = 0,53$. Das Filter soll die Durchlass-Wellenlänge $\lambda_P = 546$ nm haben (grüne Hg-Linie). Bei $n = 1,45$ und $k = 1$ ist die Schichtdicke $d \approx 188$ nm (δ_ϱ vernachlässigt). Für die Halbwertsbreite findet man $\Delta \lambda \approx 20$ nm, d.h., bei $\lambda \approx 536$ nm und $\lambda \approx 556$ nm ist der Transmissionsgrad auf $\tau_{max}/2 \approx 0,26$ abgesunken.

Durch Kippen um kleine Winkel ε kann man die Durchlass-Wellenlänge von λ_P nach $\lambda_\varepsilon < \lambda_P$ geringfügig verschieben (Möglichkeit zur genauen Anpassung): Gilt nach Gl. 5.3.10

$$\delta = 2 \cdot n \cdot d \cdot \sqrt{1 - \frac{\sin^2 \varepsilon}{n^2}} + \delta_\varrho = k \cdot \lambda_\varepsilon$$

und vergleicht man mit Gl. 5.3.11, so wird (δ_ϱ vernachlässigt)

$$\lambda_\varepsilon \approx \lambda_P \cdot \sqrt{1 - \frac{\sin^2 \varepsilon}{n^2}}$$

Bei dem im Beispiel betrachteten Filter verschiebt man die Durchlasswellenlänge mit einer Kippung um $\varepsilon = 10°$ von $\lambda_P = 546$ nm auf $\lambda_\varepsilon \approx 542$ nm. Bei schrägem Lichteinfall nehmen Transmissions- und Reflexionsgrad für die parallel und senkrecht zur Einfallsebene schwingenden Lichtkomponenten unterschiedliche Werte an, so dass das Licht teilpolarisiert wird.

Wegen der variablen Ordnungszahl k zeigt ein Interferenz-Linienfilter mehrere λ-Durchlassstellen: Wurde das Filter z.B. für $\lambda_P = 1110$ nm bei $k = 1$ aufgebaut, so ist es auch für $\lambda_P/2 = 555$ nm ($k = 2$), $\lambda_P/3 = 370$ nm ($k = 3$) usw. durchlässig. Störende Durchlassstellen können dann durch Verkitten mit einem Absorptionsfilter beseitigt werden. Durch Aufdampfen einer keilförmigen Zwischenschicht erhält man ein **Interferenz-Verlauffilter:** Die Durchlasswellenlänge

λ_P verschiebt sich entlang einer Filterkoordinate. Die Verlauffilter sind zum Aufbau einfacher Monochromatoren brauchbar.

Gl. 5.3.8 zeigt, dass τ_{max} durch die Absorption der teildurchlässigen Metallschichten begrenzt ist, denn wegen $\alpha \neq 0$ ist $\tau < 1 - \varrho$. Bei **dielektrischen Interferenzfiltern** werden deshalb keine Metallschichten, sondern Stapel aus dielektrischen $\lambda/4$-Schichten mit abwechselnd hoher und niedriger Brechzahl verwendet. Damit man mit wenig Schichten bei guter Transmission auskommt, ist eine große Brechzahldifferenz nötig. Niederbrechende Materialien mit langer Lebensdauer und hoher Abriebfestigkeit sind aber nicht verfügbar. Ideal wäre Luft, der Einsatz von Airgaps erfordert aber einen hohen mechanischen Aufwand. Eine ideale Lösung sind mikrostrukturierte Glas-Luft-Schichten nach Abschnitt 5.4.1. Bei Spiegeloptiken für die UV-Lithografie von Chips mit 50 nm Strukturbreiten werden bis zu 40 Schichtsysteme eingesetzt. Ein wichtiges Anwendungsgebiet solcher Interferenzfilter

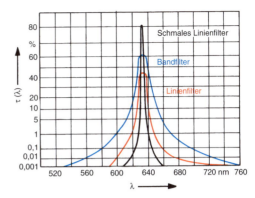

Bild 5.3.5 Vergleich der Transmissionskurven von Interferenzfiltern. Zur übersichtlichen Darstellung auch kleiner Transmissionsgrade ist die Ordinate entsprechend der Funktion $1 - \lg(\lg(1/\tau(\lambda)))$ geteilt.

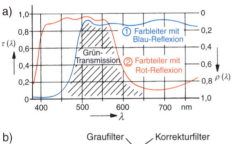

a)

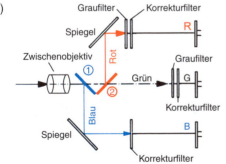

b)

Bild 5.3.4 Farbteiler
a) Spektraler Transmissionsgrad $\tau(\lambda)$ und spektraler Reflexionsgrad $\varrho(\lambda) = 1 - \tau(\lambda)$. Einfallswinkel 45°; unpolarisiertes Licht.
b) Anwendung der beiden Teiler von a) in einer Farbfernseh-Kamera. R, G, B Aufnahmechips

sind **Farbteiler**. Da die Schichten praktisch absorptionsfrei sind, ist eine nahezu verlustlose Aufteilung eines Spektralbereiches auf Reflexion und Transmission möglich, wobei die Grenze durch eine steile Kante der Transmissionskurve bestimmt wird. Bild 5.3.4 a zeigt die Transmissionskurven von 2 Farbteilern für eine Farbfernsehkamera nach Bild 5.3.4 b. Der Grün-Transmissionsbereich wird durch die Flanken der beiden Filterkurven begrenzt. Einen weiteren Abgleich kann man durch Grau- und Korrekturfilter vor den Aufnahmechips erzielen.

Eine ähnliche Funktion wie Farbteiler haben **Interferenz-Wärmeschutzfilter** (Reflexion im IR-Bereich und Transmission im sichtbaren Gebiet) und die umgekehrt wirkenden **Kaltlichtspiegel** (VIS-Reflexion und IR-Transmission; Anwendungsbeispiel Bild 6.2.1 o). In beiden Fällen liegt die Transmissionskante bei ca. 700 nm. Während Absorptions-Wärmeschutzfilter durch die absorbierte IR-Strahlung selbst stark aufgeheizt werden, ist dies bei Interferenz-Wärmeschutzfiltern nicht der Fall.

Bild 5.3.5 zeigt Typen von Interferenzfiltern (Schott) mit engem Durchlassbereich. Das schmale Linienfilter (weitere Durchlassstellen nicht gezeichnet) hat eine Halbwertsbreite von nur ca. 4 nm. Für das Linienfilter gilt $\Delta\lambda \approx 12$ nm, für das Bandfilter $\Delta\lambda \approx 20$ nm. Die «Tausendstelwertsbreite» ($\tau = \tau_{max} \cdot 10^{-3}$) ist jeweils ca. um den Faktor 7 größer.

5.4 Mikrooptische Bauelemente

Die fortschreitende Miniaturisierung in der Mikrosystemtechnik erlaubt es, Komponenten von µm-Dimensionen auf kleinstem Raum zu integrieren. Anwendungen dieser Technologie finden sich in den Bereichen adaptive Optik, optische Schaltmatrizen für faseroptische Kommunikationssysteme, optische Datenspeicherung und vieles mehr. Hier können nur einige typische Vertreter vorgestellt werden.

5.4.1 Mikrostrukturierte Oberflächen

Durch Elektronen- und Ionenbeschuss, Ätzen und Bedampfen im Vakuum und der für die Chipfertigung entwickelten Lithografie lassen sich Oberflächen nach Wunsch strukturieren. Mikrolinsenarrays für Shack-Hartmann-Wellenfrontsensoren, Mottenaugenstrukturen (Abschnitt 2.9.3), Beugungsgitter (Abschnitt 7.6.1) und Medien mit Brechzahlen nahe 1 sind dafür Beispiele. Bild 5.4.1 zeigt den Aufbau einer niedrigbrechenden Schicht für die Herstellung von Interferenzfiltern (Abschnitt 5.1.2).

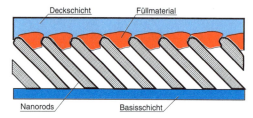

Bild 5.4.1 Interferenzschicht mit geringer Brechzahl

Auf eine beliebige Basisschicht wird ein Dielektrikum aufgebracht und anschließend durch 45° Ionenbeschuss so strukturiert, dass dünne Stäbchen mit µm Durchmesser, die Nanorods, übrig bleiben. Anschließend wird mit Füllmaterial schräg bedampft, sodass sich eine Basis für die Deckschicht ergibt. Trotz der schief liegenden Nanorods ist die Schicht bedingt durch die Durchmesser im Wellenlängenbereich optisch homogen.

5.4.2 Digital Mirror Devices

Neben optischen können auch elektronische und mechanische Komponenten auf einem ge-meinsamen Substrat integriert werden. Dadurch entstehen komplexe monolithische Einheiten mit mechanischen, elektrischen und optischen Funktionen auf kleinstem Raum, die MEMS oder MOEMS, mikro-(opto-)elektromechanische Systeme. Ihre Verfügbarkeit zu erschwinglichen Preisen ist letztlich dem Umstand zu verdanken, dass die Nachfrage nach voll digitalen Display- und Projektionssystemen zeitlich mit entscheidenden Fortschritten auf der Material- und Prozesstechnologie sowie der CMOS-Memory-Technologie einhergingen. Ein gutes Bespiel sind die Digital Micromirror Devices (DMD) von Texas Instruments, die in vielen Beamern eingesetzt werde.

DMD bestehen aus einem Array von **elektronisch schaltbaren Mikrospiegeln**. Jedes Pixel eines projizierten Bildes wird dabei von einem einzelnen Spiegelelement gesteuert. Heute gängige Auflösungen von Displays, z.B. 1280 × 1024, werden dabei durch Chips mit einer ebensolchen Anzahl an Mikrospiegeln mit einer Fläche von je 16 × 16 µm² im 17-µ-Raster realisiert. Ein DMD-Pixel besteht dabei aus einer monolithisch integrierten «MEMS-Superstrukturzelle» über einer CMOS-SRAM-Speicherzelle.

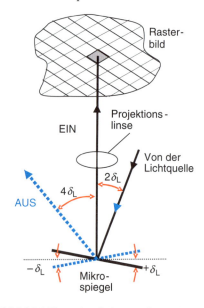

Bild 5.4.2 Mikrospiegel als optischer Schalter

Bild 5.4.2 zeigt, wie in einem Projektionssystem ein Pixel mit Hilfe eines **optischen Schalters** dargestellt werden kann. Das Licht vom Beleuchtungssystem trifft dabei auf einen Mikrospiegel, der elektrisch um $\delta_L = \pm10°$ gekippt werden kann. Im «EIN»-Zustand (+10°) trifft das Licht in die Apertur der Projektionslinse, und das Pixel erscheint hell auf dem Projektionsschirm. Wird der Spiegel nach links um –10° in den «AUS»-Zustand gekippt, erscheint das Pixel dunkel. Die Adressschaltung der CMOS-Speicherzelle und der zugehörige elektromechanische Mikrospiegel müssen also lediglich ein schnelles und präzises Kippen um ±10° ermöglichen.

Die **Herstellung** der beweglichen Mikrostrukturen erfolgt mit Hilfe der Opferschichttechnik. Dabei werden während des Fertigungsprozesses verschiedene Trägerschichten aufgebracht, die die später beweglichen Teile während der Herstellung fixieren. Werden diese Opferschichten schließlich durch Plasma-Ätzen selektiv entfernt, entstehen Luftspalte, die die bewegliche Struktur freilegen und die Drehung um die biegsamen Drehgelenke ermöglichen.

Der **Aufbau** einer DMD-Zelle ist in Bild 5.4.3 dargestellt. Sie besteht aus einem elektrostatisch ansteuerbaren Mikrospiegel, dessen Struktur sich in 4 Funktionsebenen gliedern lässt. In der untersten Ebene trägt das Siliziumsubstrat eine **CMOS-Speicherzelle** (statischer Speicher mit wahlfreiem Zugriff, SRAM). Die Ausgänge dieser Speicherzelle steuern 2 **Adresselektroden**, die sich in der «Metall-3-Schicht» unmittelbar darüber befinden. Durch Vias (Kontaktierung durch eine Ebene) werden diese Elektroden mit den Ausgängen der Speicherzelle verbunden. Über ihre Steuerspannung können die Spiegel gekippt werden. Die 3. Funktionsebene ist die Ebene für die **beweglichen Strukturen**. Sie enthält die **Stützstruktur** für den beweglichen Drehbügel, die metallischen **Drehgelenke** sowie die **Drehbügel** selbst. Außerdem befinden sich hier 2 zusätzliche Elektroden, die **Spiegelelektroden**. Die 4. Funktionsebene bildet schließlich der eigentliche **Spiegel aus Aluminium**.

Die **Erzeugung von Grauwerten und Farben** erfolgt bei DMD durch die «Ein-» bzw. «Aus-Zeit» während eines Bildzyklus. Die dafür zur Verfügung stehende Zeit wird zunächst für die 3 Farben, die z.B. durch ein synchronisiertes Farbrad bereitgestellt werden, durch 3 geteilt. Die für 1 Farbe zur Verfügung stehende Zeit wird dann noch einmal in jeweils 256 (bei 8 Bit) Abschnitte zerlegt. Schließlich bestimmt der Wert eines 8-Bit-Wortes, wie lange das jeweilige Pixel ein- bzw. ausgeschaltet ist [3.27].

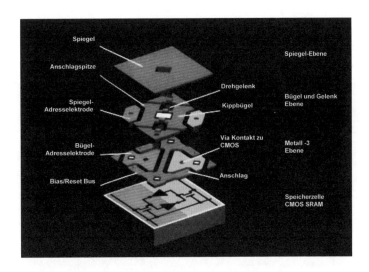

Bild 5.4.3
Explosionszeichnung eines
DMD-Pixels. Quelle [3.27]

6 Optische Instrumente

6.1 Vergrößerung und Auflösungsgrenze

6.1.1 Vergrößerung optischer Instrumente

Die **Vergrößerung** Γ' ist eine Kenngröße für optische Instrumente, die mit dem Auge zusammenarbeiten. Bei direkter Betrachtung eines Objektes (Bild 6.1.1 a) erscheint die Strecke y unter dem Sehwinkel ω. Da ω auch von der Objektweite a abhängt, ist der Sehwinkel nur ein Maß für die scheinbare Größe des Objektes. Durch ein optisches Instrument, z.B. ein Fernrohr nach Bild 6.1.1 b), wird die Bildhöhe y' unter dem Sehwinkel ω' beobachtet. Ist $\omega' > \omega$, so wird das Objekt durch das Instrument vergrößert abgebildet. Die Vergrößerung wurde daher in Abschnitt 1.4.4.4 zu $\Gamma' = \tan \omega'/\tan \omega$ definiert. Dabei wird ω als **Sehwinkel ohne Instrument,** ω' als **Sehwinkel mit Instrument** bezeichnet. Bei Beobachtung in der Nähe wird meist die Bezugssehweite $a_\mathrm{s} = -250$ mm verwendet.

Ein Beispiel zeigt, welche **Gesamtvergrößerung** man erreicht, wenn das Bild über mehrere räumlich und zeitlich getrennte Abbildungsstufen, eine **Abbildungskette**, zum Beobachter gelangt. Ein Architekt fotografiert ein Bauwerk mit einer Digitalkamera (1), er-

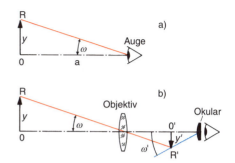

Bild 6.1.1 Zur Definition der Vergrößerung optischer Instrumente

hält so eine Datei und betrachtet das Bild, das der Beamer (2) auf einer Bildwand entwirft. Sieht er nun das Bild verkleinert oder vergrößert gegenüber der direkten Betrachtung des Bauwerks vom Kamerastandpunkt aus?

Bild 6.1.2 zeigt die Abbildungskette. Vom Kamerastandpunkt aus ergibt sich bei direktem Sehen $\tan \omega = y/a$. Die Kamera (1) mit der Objektivbrennweite f_1' entwirft gemäß Gl. 1.4.14 ein Bild mit dem Abbildungsmaßstab $\beta_1' = f_1'/(a + f_1')$. Das gespeicherte Bild wird durch den Beamer (2) mit β_2' auf die Bildwand projiziert. Für die gesamte Abbildungskette ergibt sich $\beta' = \beta_1' \cdot \beta_2'$ und für die Strecke auf der Bildwand $y' = y \cdot \beta'$. Sitzt der Beobachter nun im Abstand a_B vor der Bildwand, so ist

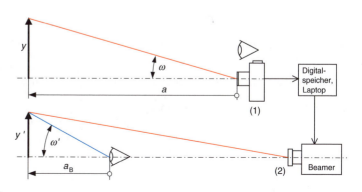

Bild 6.1.2
Vergrößerung bei einer
Abbildungskette
(Aufnahme bis Projektion)

der Sehwinkel für ihn tan $\omega' = y'/a_B$ und damit die Vergrößerung

$$\Gamma' = \frac{f_1' \cdot \beta_2'}{a + f_1'} \cdot \frac{a}{a_B} \qquad \text{(Gl. 6.1.1)}$$

Für $|a| \gg f_1'$ erhält man als Näherung

$$\Gamma' = \frac{f_1' \cdot \beta_2'}{a_B} \qquad \text{(Gl. 6.1.2)}$$

Beispiel
$f_1' = 50$ mm; $a = -10$ m; $a_B = -6$ m und, bedingt durch die Objektivbrennweite des Beamers, $\beta_2' = -72$. Aus Gl. 6.1.2 ergibt sich $\Gamma' = 0,6$. In diesem Falle erscheint das Projektionsbild unter einem kleineren Sehwinkel als das Objekt bei unmittelbarer Betrachtung.

Eine perspektivisch originalgetreue Bildbetrachtung erhält man nur für $\Gamma' = 1$, denn dann schaut man auf die Bildebene unter dem gleichen Sehwinkel wie im Objektraum.

Beispiel
Mit einer Digitalkamera, $f' = 15$ mm; 0,8-Zoll-Chip mit 8 mm × 11 mm, wird eine Maschinenanlage aufgenommen. Auf welches Bildformat muss man vergrößern, wenn das Papierbild aus der Bezugssehweite einen perspektivisch richtigen Eindruck vermitteln soll?
Lösung
Aus Gl. 6.1.2 folgt $\beta_2' = -250/15 = -16,7$. Also muss das Papierbild das Format 133 mm × 183 mm, rund 13 cm × 18 cm haben.

6.1.2 Durch Beugung bedingte Grenze des Auflösungsvermögens

In der geometrischen Optik wurde angenommen, dass ein ideal korrigiertes Objektiv einen Objektpunkt O als Bildpunkt O' abbildet. Tatsächlich entsteht aber bei O' kein Punkt, sondern ein Beugungsscheibchen, da die Wellenfront durch die Eintrittspupille, z.B.

durch den Objektivrand, beschnitten und damit gebeugt wird (Abschnitt 1.2.4.2). Das Beugungsscheibchen besteht nach Bild 1.2.10 aus einem hellen Zentrum und Interferenzringen abnehmender Helligkeit entsprechend Tabelle 1.2.1.

Die Abbildung eines Parallelbündels mit einer Linse der Brennweite f' ergibt die Helligkeitsverteilung in Bild 6.1.3, die im Prinzip Bild 1.2.10 entspricht.

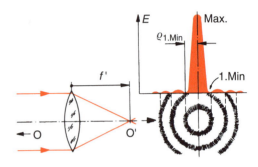

Bild 6.1.3 Beugungsscheibchen in der Brennebene eines Objektivs

Nach Gl. 1.2.8 errechnet sich der Winkel $\beta_{1.min}$, unter dem das 1. Minimum erscheint, auch **Begrenzungswinkel** des Beugungsscheibchens genannt, aus $\beta_{1.min} = 1,22 \cdot \lambda/D_{EP}$. In der Brennebene gilt $\varrho_{1.min} = f' \cdot \tan \beta_{1.min}$. Da die Beugungswinkel meist sehr klein sind, darf man sin und tan gleichsetzen. Dann gilt mit der Blendenzahl $k = f'/D_{EP}$:

$$\varrho_{1.min} = 1,22\,\lambda \cdot \frac{f'}{D_{EP}} = 1,22\,\lambda \cdot k \qquad \text{(Gl. 6.1.3)}$$

Beispiel
Wie groß sind Durchmesser und Begrenzungswinkel des Beugungsscheibchens bei Abbildung eines entfernten Objektpunktes durch ein Kameraobjektiv mit $f' = 50$ mm und $k = 2,8$?
Lösung
Mit $k = f'/D_{EP}$ folgt der Durchmesser $D_{EP} = 2\,\varrho_{1.min} = 3,76$ µm, und $\beta_{1.min} = 7,73''$.

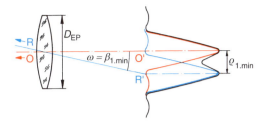

Bild 6.1.4 Winkelabstand von 2 Objektpunkten an der Auflösungsgrenze

Wenn 2 selbstleuchtende Punkte O und R nur geringen Winkelabstand ω haben (Bild 6.1.4), können sich ihre Bild-Beugungsscheibchen O' und R' so stark überlagern, dass sie nicht mehr getrennt erkannt werden. Die **Grenze des Auflösungsvermögens** ist definitionsgemäß erreicht, wenn der Mittenabstand der beiden Beugungsscheibchen gleich $\varrho_{1.\,min}$ ist **(Rayleigh-Kriterium)**. Dann liegt die Mitte von R' auf dem 1. dunklen Ring von O', und umgekehrt. Dank der starken Einsattelung der Beleuchtungsstärkeverteilung sind O' und R' gerade noch getrennt erkennbar.

> **!** Zwei leuchtende Objektpunkte O und R müssen den Winkelabstand $\omega \geq \beta_{1.\,min}$ haben, wenn ihre Bilder O' und R' getrennt erkannt werden sollen.

Diese Auflösungsgrenze ist praktisch nur schwer zu erreichen, da die Auflösung ja auch durch die geometrisch-optischen Fehler beeinträchtigt wird. Mit Hilfe des Rayleigh-Kriteriums kann man aber abschätzen, wo die wellenoptisch bedingte Leistungsgrenze von Instrumenten liegt. Systeme, die so gut korrigiert sind, dass ihre Auflösung dem Rayleigh-Kriterium entspricht, nennt man **beugungsbegrenzt**.

6.2 Beleuchtungssysteme, Scheinwerfer

In Beleuchtungssystemen sind Lichtquellen mit optischen Bauelementen kombiniert. Der Lichtstrom einer allseitig strahlenden Quelle wird dadurch in einen begrenzten Raumwin-

kelbereich gelenkt und so die Lichtstärke in der Benutzungsrichtung erhöht. Das Beleuchtungssystem soll deshalb die Leuchtfläche abbilden und dabei entsprechend Gl. 4.3.5 durch möglichst großen lampenseitigen Aperturwinkel σ_{max} einen hohen Lichtstrom erfassen.

Ein großer Aperturwinkel σ_{max} erfordert aber eine gute Korrektur des Öffnungsfehlers. In anderen Fällen, z.B. bei Vergrößerungsgeräten, ist die sehr gleichmäßige Beleuchtung der Bildfläche wichtiger als maximaler Lichtstrom.

Beleuchtungssysteme werden nicht nur bei Projektoren jeder Art angewendet, sondern auch bei Mikroskopen, lichtelektronischen Geräten und vielen anderen optischen Einrichtungen. Bild 6.2.1 zeigt Beispiele für den Aufbau von Beleuchtungssystemen, auch **Kondensorsysteme** genannt. Mit steigendem Aufwand an Bauelementen wächst der nutzbare Aperturwinkel und die Größe der noch fehlerarm abbildbaren Leuchtfläche. Wegen der Reflexionsverluste ist aber die Zahl der Grenzflächen bei fehlender Entspiegelung möglichst zu beschränken. Einsparungen sind hier durch Verwendung asphärischer Pressglaslinsen möglich.

Scheinwerfer gehören zu den Beleuchtungssystemen mit dem Abbildungsmaßstab $\beta' \to \infty$. Sie dienen zur Beleuchtung weit entfernter Objekte oder Empfänger, z.B. bei einer Lichtschranke. Bei Signalscheinwerfern wirkt die Strahlung direkt auf das Auge. DIN 5037-1, gibt die lichttechnischen Bewertungsgrößen für Scheinwerfer an.

6.2.1 Übersicht der Beleuchtungssysteme

Im einfachsten Falle werden Objektflächen ohne Kondensor unmittelbar durch eine Lampe beleuchtet, wie dies Bild 6.2.1 n) für die Endflächen faseroptischer Lichtleiter zeigt. Durch kleinen Lampenkolben und Einsatz mehrerer Lichtleiter wird der Lampenlichtstrom gut ausgenutzt. Um größerer Objektflächen, wie Strichplatten oder Negative in Vergrößerungsgeräten gleichmäßig auszuleuchten, ist eine Streuscheibe (Bild 6.2.1 q) notwendig. Der Verlauf der Randstrahlen zeigt, dass die Streuscheibe größer als die Objektfläche sein muss. Um ideal diffuse Transmission, also einen

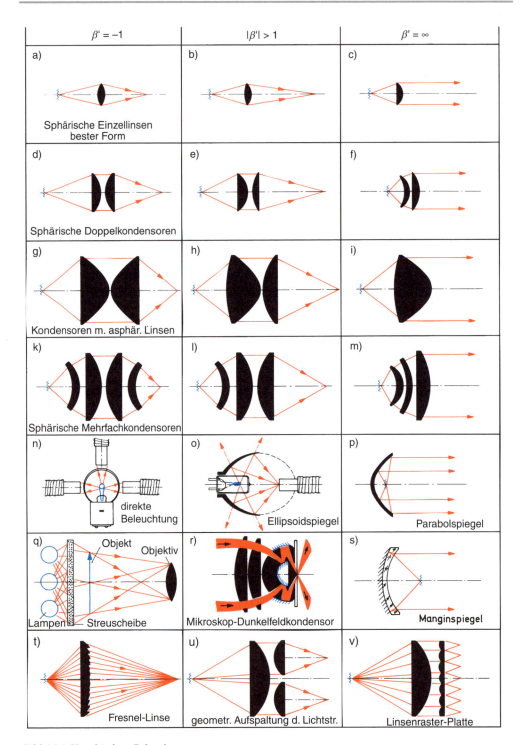

Bild 6.2.1 Verschiedene Beleuchtungssysteme

Lambert-Strahler zu erreichen, hat sich Trübglas (Opalglas) bewährt (Abschnitt 5.2). Mehrere Glühlampen, LED oder Leuchtstoffröhren vor der Streuscheibe verbessern die Gleichmäßigkeit der Ausleuchtung. Jede Stelle der Streuscheibe wirkt als Lichtquelle, deren Leuchtdichte von der erhaltenen Beleuchtungsstärke abhängt. Die Ergebnisse von Abschnitt 4.3.4 und Gl. 4.3.12 sind sinngemäß zu übertragen.

Mit «**einfachem Strahlengang**» bezeichnet man die Beleuchtungsart, bei der die Leuchtfläche, z.B. ein Lichtbogen, durch den Kondensor in die Objektfläche (z.B. Filmbild beim Kinoprojektor) oder in deren unmittelbare Nähe abgebildet wird. Da man die Objektfläche durch das Projektorobjektiv weiter abbildet, wird die Leuchtfläche samt ihrer Struktur gemeinsam mit dem Objekt abgebildet.

> Im einfachen Strahlengang fallen die Luken des Beleuchtungsstrahlenganges mit den Luken des Abbildungsstrahlenganges zusammen.

Die Leuchtfläche, z.B. die Wendel einer Halogenlampe oder die Entladungsstrecke einer Hochdrucklampe sollte deshalb möglichst strukturlos sein. Restliche Ungleichmäßigkeiten werden durch unscharfe Abbildung (Abbildungsfehler; kleiner Abstand zwischen Leuchtflächenbild und Objekt) verwischt.

Man setzt den einfachen Strahlengang ein, wenn Leuchtfläche und Objektfläche etwa gleich groß sind und dabei an der Objektfläche die engste Einschnürung des Strahlenganges liegt (Bild des Objekts kleiner als Objektivdurchmesser).

Da eine gegebene Leuchtfläche die Objektfläche ganz ausleuchten soll, ergibt sich daraus der Abbildungsmaßstab β'_K des Kondensors, aus dem möglichen Minimalabstand zwischen Leuchtfläche und Kondensor seine Brennweite. Da der bildseitige Aperturwinkel σ'_K des Kondensors an den objektseitigen Aperturwinkel σ des nachfolgenden Objektivs angepasst werden muss ($\sigma'_K \leq \sigma$), ergibt sich D_{AP} und damit der freie Kondensordurchmesser.

Beim «**verflochtenen Strahlengang**» wird das Leuchtflächenbild in das Objektiv verlegt. Diese Beleuchtungsart wurde bereits in Abschnitt 3.7 besprochen.

> Im verflochtenen Strahlengang fallen die Luken des Beleuchtungsstrahlenganges mit den Pupillen des Abbildungsstrahlenganges zusammen.

Eine Struktur der Leuchtfläche, z.B. die der Lampenwendel, stört also nicht, denn sie wird nicht zusammen mit dem Objekt abgebildet. Abgesehen von diesem Vorteil wendet man den verflochtenen Strahlengang an, wenn die Leuchtfläche klein gegen die Objektfläche ist. Das Leuchtflächenbild liegt dann wieder an der engsten Stelle des Strahlenganges, sinnvollerweise in der EP des Objektivs. Anwendungsbeispiel ist der Projektor Bild 6.2.2, hier mit der Kondensorausführung nach Bild 6.1.1 h)).

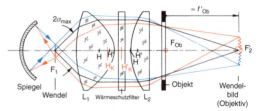

Bild 6.2.2 Beleuchtungsoptik eines Projektors

Ein Kugelspiegel erfasst einen großen Teil des von der Lampe nach hinten abgestrahlten Lichtstroms. Die Lampenwendel steht in der Ebene des Krümmungsmittelpunktes der Spiegelfläche und wird damit frei von Öffnungsfehlern mit $\beta' = -1$ abgebildet. Durch richtige Justierung sorgt man dafür, dass Wendel und Wendelbild nicht exakt aufeinander fallen. Die rechteckigen Flachkernwendel der Halogenlampen mit dem Seitenverhältnis 1 : 2 werden dadurch zu einer quadratischen Leuchtfläche geformt (Bild 6.2.3 e). Bei Bogenlampen dagegen muss das Bogenbild exakt mit dem Bogen zusammenfallen. Aus den Lampenabmessungen unter Berücksichtigung der Wärmeentwicklung ergibt sich der minimale Radius r der Spiegelfläche; aus r und dem zu erfassenden Aperturwinkel σ_{max} der freie Mindestdurchmesser des Spiegels. Im Beispiel von Bild 6.2.2 wird eine Halogenlampe mit Justierung nach Bild 6.2.3 e) eingesetzt. Die damit gewonnene quadratische Leuchtfläche muss so in die Objektpupille abgebildet werden, dass sie die Objektivöffnung etwa als einbeschriebenes Quadrat ausfüllt. Daraus ergibt sich der Abbildungsmaßstab β_K' des Kondensors. Eine Erhöhung der Objektivapertur bringt in diesem Fall keine größere Lichtstärke. Wählt man wie in Bild 6.2.2 einen 2-linsigen Kondensor mit Parallelstrahlengang zwischen den Linsen, so liegen Wendel und Wendelbild in den Brennebenen F_1 und F_2'. Der für die Dimensionierung der Objektivöffnung verantwortliche Abbildungsmaßstab des Kondensors wird in diesem Fall $\beta_K' = -f_2'/f_1'$. Wählt man daher die Brennweite von L_1 klein, um eine große Apertur zu erreichen, muss die Öffnung des Objektivs entsprechend groß werden, ein typisches Beispiel für die HELMHOLTZ-LAGRANGE-INVARIANTE (Abschnitt 2.4.1.4).

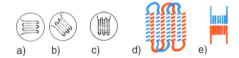

Bild 6.2.3 Wendeljustierung bei Beleuchtungssystemen: a) und b) falsche, c) richtige Wendellage, d) und e) Wendel (rot) und ihr Spiegelbild (blau) bei Glühlampen

Da das Bild in großer Entfernung entworfen werden soll, muss das Objekt nahe der Brennebene F_{Ob} liegen. Aus f_{Ob}' und dem zunächst als Näherung festgelegten Abstand der Linse L_2 vom Objekt erhält man die Brennweite f_2'. Dann ist $f_1' = -f_2'/\beta_K'$ (Abschnitt 2.5.3.2, Beispiel 3.). Soll ein Helligkeitsabfall am Rand durch Bündelbeschneidung vermieden werden, muss der freie Kondensordurchmesser größer als die Formatdiagonale des Objektfeldes sein. Bei großen Feldern ist Gewichts- und Raumeinsparung durch rechteckige oder quadratische Kondensoren möglich. Wenn man auf diese Weise über die wichtigsten Linsendaten verfügt, wird man den Aufbau z.B. durch Abstandsänderungen nach Möglichkeit so variieren, dass handelsübliche Linsen ver-

wendet werden können. Beim Einsatz eines Absorptionsfilters für den Wärmeschutz wird das Filterglas selbst sehr heiß; das komplette Beleuchtungssystem wird meist durch Zwangsbelüftung gekühlt.

Beispiel

Für einen Beamer mit dem Objektiv $f' = 85$ mm, $k = 2,8$ und einer Metalldampflampe mit der Bogenfläche 8 mm × 8 mm soll ein einfacher Kondensor ähnlich Bild 6.2.2 berechnet werden. Das Objekt (LCD) hat vom Hauptpunkt H' der Kondensorlinse L_2 näherungsweise den Abstand $l = 15$ mm. Es sollen möglichst nur Linsen nach Tabelle 6.2.1 verwendet werden.

Lösung

Aus den Objektivdaten folgt $D_{EP} \approx 30$ mm. Da die Diagonale der Lichtbogenfläche ca. 11,3 mm lang ist und das Wendelbild gut innerhalb der Objektivpupille liegen soll, wird $\beta_K' \approx -2,5$ als Abbildungsmaßstab für den Kondensor gewählt. Weil das LCD in der Brennebene des Objektivs liegen soll, muss der Bogen durch die Kondensorlinse L_2 angenähert im Abstand $a_2' = f_2' + l = 100$ mm abgebildet werden. Bei Parallelstrahlengang zwischen den beiden Kondensorlinsen ist also $f_2' = 100$ mm. Mit $\beta_K' \approx -2,5$ folgt $f_1' \approx 40$ mm. Als brauchbare Näherung findet man in Tabelle 6.2.1 eine asphärische Planlinse mit 38 mm oder 2 sphärische Planlinsen mit 90 mm Brennweite. Bei den Linsendurchmessern 58 mm bzw. 55 mm, der freie ∅ ist durch Fassung etwas kleiner, ist die Projektion eines Vollformat LCD 24 mm × 36 mm mit der Diagonale 43 mm gut möglich. Unter Berücksichtigung der Linsendicken können nun die genauen Abstände der Bauteile mit einem Programm bestimmt werden.

6.2.2 Einzelheiten zum Kondensoraufbau

Tabelle 6.2.1 zeigt, nach Brennweiten geordnet, Beispiele handelsüblicher asphärischer und sphärischer Linsen. Die Blendenzahl k gilt ohne Berücksichtigung der Durchmessereinschränkung durch Fassungen. Als grobe

Näherung zeigt sich, dass die Asphären gegenüber sphärischen Linsen im Mittel etwa die doppelte Öffnung besitzen und damit den 4-fachen Lichtstrom auffangen.

Tabelle 6.2.1 Vergleich handelsüblicher asphärischer und sphärischer Planlinsen, Maße in mm

asphärische Planlinsen			sphärische Planlinsen		
f'	D	$k = f'/D$	f'	D	$k = f'/D$
11	23	0,48	10	7	1,43
15	24	0,63	15	12	1,25
25	25	1,00	25	15	1,66
38	58	0,66	38	24	1,58
50	65	0,77	50	30	1,66
90	102	0,88	90	55	1,64

Die folgenden Beispiele zeigen die Berechnung der Kondensorlinsen unter Berücksichtigung des Öffnungsfehlers. Wenn die Hauptdaten des Kondensors (Brennweite f', freier Durchmesser D, vorgesehener Abbildungsmaßstab β'_K) angenähert festliegen, ist zur Verringerung des Öffnungsfehlers meist eine Aufgliederung in 2 oder 3 Linsen notwendig. Hierzu werden zunächst deren Brennweiten mit den Erfahrungsformeln von Gl. 6.2.1 und Gl. 6.2.2 festgelegt. Die vom Abbildungsmaßstab des Kondensors abhängige Stufungskonstante c dieser Beziehungen ist in Tabelle 6.2.2 für einige β'_K-Werte angegeben. Zwischenwerte sind interpolierbar. Einer Verkleinerung, z.B. $\beta'_K = -0{,}2$, ist wie $\beta'_K = -5$ zu behandeln und der Kondensor umzukehren. Die Brennweiten der Einzellinsen ergeben sich bei Vernachlässigung des Linsenabstands e zu:

a) **2-stufiger Kondensor**

$$f'_1 = f'_K \cdot \frac{c+1}{c}; \qquad f'_2 = f'_K \cdot (c+1)$$
$$\text{(Gl. 6.2.1)}$$

b) **3-stufiger Kondensor**

$$f'_1 = f'_K \cdot \frac{c^2 + c + 1}{c^2};$$
$$f'_2 = f'_K \cdot \frac{c^2 + c + 1}{c} \qquad \text{(Gl. 6.2.2)}$$
$$f'_3 = f'_K \cdot (c^2 + c + 1)$$

Tabelle 6.2.2 Stufungskonstante c als Funktion von f'_K und β'_K

$\beta'_K =$	−1	−2	−5	−10	−∞
$c =$	1,0	1,2	1,3	1,34	1,4

Wenn die Brennweiten ermittelt sind und die ungefähre Lage der Linsen bestimmt ist, bildet man die Leuchtfläche schrittweise durch die Einzellinsen ab (Abschnitt 2.5.3). Man gewinnt so die Abbildungsmaßstäbe $\beta'_1, \beta'_2, \ldots$ und kann nun für jede Linse die beste Form festlegen (Abschnitt 2.6.1). Dabei können auch aplanatische Linsen verwendet werden.

Liegt der Kondensor mit seinen Einzelelementen fertig berechnet vor, so wird er mit einem Designprogramm durchgerechnet und gegebenenfalls modifiziert. Auch eine überschlägige Überprüfung der Korrektur ist möglich. Man verbindet dazu ausgewählte Punkte der Objektebene, z.B. des Dias, mit den Randpunkten der Objektivpupille, soweit sie durch das – paraxial errechnete – Wendelbild erfüllt ist. Die so gebildeten Bündel müssen von der Leuchtfläche her kommen. Verlängert man die Strahlen bis zum Kondensor und rechnet sie in Richtung auf die Lichtquelle durch, so müssen sie die Leuchtfläche in einem beliebigen Punkt treffen. Kleine Leuchtflächen erfordern also sorgfältige Korrektur.

Ellipsoidspiegel eignen sich gut für einfache Strahlengänge bei endlichen Abbildungsmaßstäben $|\beta'| > 1$. Wenn die Leuchtfläche in einem Ellipsenbrennpunkt steht, wird sie bei kleinen Abmessungen ohne Öffnungsfehler in den 2. Ellipsenbrennpunkt abgebildet. Bild 6.2.1 o) zeigt eine Halogenlampe mit elliptischem Kaltlichtspiegel zur Beleuchtung eines Lichtleiters. Bei einfachem Aufbau wird eine sehr hohe Eingangsapertur erzielt. Große Ellipsoidspiegel werden in Kinofilmprojektoren verwendet. Der Bogen der Xenon-Hochdrucklampe und das Filmfenster liegen hier in den beiden Ellipsenbrennpunkten; man erreicht damit Aperturwinkel $\sigma_{max} > 70°$.

Beispiel
Bei einem 356 mm ∅ Kino-Ellipsoidspiegel mit $f' = 114$ mm liegt ein Ellipsenbrennpunkt 132 mm vom Scheitel entfernt. Dort befindet sich der Lichtbogen mit 6 mm ∅. Wo liegt das Bild des Bogens und welchen Durchmesser hat es? Wie groß ist der Scheitelkrümmungsradius?
Lösung:
$a' = 836$ mm, Bogenbild 38 mm ∅. Es ist $r = 2 f' = 228$ mm; der Ellipsoidspiegel geht paraxial in einen Kugelspiegel über.

Nach Bild 6.2.1 u) kann man durch Aufteilung der 2. Kondensorlinse in 2 oder mehr dezentrierte Teillinsen eine **Mehrfachabbildung der Leuchtfläche** erreichen. Das nutzt man bei lichtelektrischen Geräten wie Doppel-Lichtschranken oder zum Erzeugen von Mess- und Vergleichsbündel. Die Erweiterung führt zu einer Platte mit zahlreichen Linsenelementen (Bild 6.2.1 v), die ebenso viele Lichtquellenbilder liefert.

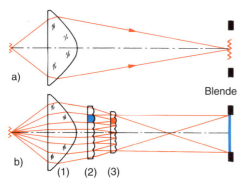

Bild 6.2.4 Verbesserung der Ausleuchtung einer Blende durch einen Wabenkondensor

Bildet man nach Bild 6.2.4 a) eine zu kleine oder stark strukturierte Leuchtfläche mit einfachem Strahlengang auf eine Blende ab, so wird diese ungleichmäßig ausgeleuchtet. Durch Einfügen eines **Wabenkondensors** nach Bild 6.2.4 b) erreicht man dagegen eine sehr gleichmäßige Beleuchtung. Die Linsenelemente der Platte (2) haben dabei etwa die Form der auszuleuchtenden Fläche, z.B. quadratisch. Diesen Linsenelementen stehen

auf der Platte (3) wabenförmig angeordnete Linsen gegenüber. Jede Linse der Platte (3) (rot) bildet die ihr zugeordnete Linse (2) (blau) auf die Blendenfläche ab. Damit bewirkt der Wabenkondensor insgesamt eine Umwandlung des einfachen Strahlenganges in den verflochtenen Strahlengang. Jedes Linsenpaar (1) und (2) bildet einen Kondensor, der kleine Leuchtflächenbilder liefert. Nicht diese Leuchtflächenbilder, sondern die Öffnungen der Linsen (2) werden auf die gesamte Blende abgebildet.

6.2.3 Scheinwerfer

Bei Scheinwerfern bildet ein Positivsystem (Bilder 6.2.1 c, f, i, m, p, s) die Leuchtfläche in große Entfernung, im Grenzfall nach ∞, ab.

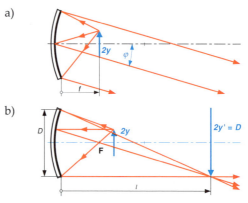

Bild 6.2.5 a) Bündeldivergenz bei Scheinwerfern (stark übertrieben dargestellt); b) zylindrische Lichtröhre (scheinbarer Parallelstrahlengang) durch Leuchtflächenabbildung im Endlichen

Als Beispiele werden Spiegelscheinwerfer benutzt; die Ergebnisse sind jedoch auch auf Linsenscheinwerfer zu übertragen. Bild 6.2.1 p) zeigt einen idealen Scheinwerfer mit Parallelbündel. Dieses oft dargestellte Schema ist niemals zu verwirklichen, da die Leuchtfläche als Objekt nicht punktförmig sein kann. Steht nach Bild 6.2.5 a) die Leuchtfläche mit dem Durchmesser $2y$ in der Brennebene F, so hat das austretende Bündel die Divergenz 2φ mit

$$\varphi \approx \tan\varphi = \frac{y}{f} \qquad \text{(Gl. 6.2.3)}$$

Die Spiegelbrennweite hat hier einen positiven Zahlenwert. Wegen der Abbildungsfehler ist der divergente Bereich nicht scharf begrenzt.

Eine zylindrisch begrenzte Lichtröhre entsteht nach Bild 6.2.5 b), wenn man eine kreisförmige Leuchtfläche mit dem Durchmesser $2y$ in endlicher Entfernung mit $|2y'|$ abbildet, also das Leuchtflächenbild gerade so groß wie die Scheinwerferöffnung macht. Das Bündel wird dann erst hinter dem Leuchtflächenbild divergent.

Der vom Scheinwerfer abgegebene Lichtstrom Φ_v (s. Bild 6.2.6) errechnet sich mit der Leuchtfläche $A_{LF} = \pi \cdot y^2$, der Leuchtdichte des Leuchtfeldes L_{vLF}, dem Divergenzwinkel σ_{max} und dem Reflexionsgrad ϱ nach Gl. 4.3.5 zu

$$\Phi_v = \pi^2 \cdot L_{v\,LF} \cdot \varrho \cdot y^2 \cdot \sin^2\sigma_{max} \cdot \Omega_0$$
(Gl. 6.2.4)

Bild 6.2.6 Lichtstrom eines Spiegelscheinwerfers

Die mittlere Beleuchtungsstärke $\bar{E}_V$ auf der vom Scheinwerfer beleuchteten Fläche A_2 beträgt $\bar{E}_V = \Phi_V/A_2$. In großer Entfernung $l > D \cdot f/(2y)$ kann man den gesamten Scheinwerfer als Punktquelle mit dem Lichtstrom Φ_v im Divergenzwinkelbereich 2φ betrachten (Bild 6.2.7).

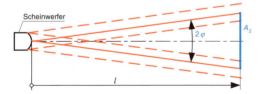

Bild 6.2.7 Zur Berechnung von Lichtstrom und Beleuchtungsstärke eines Scheinwerfers

Mit $A_2 \approx \pi \cdot l^2 \cdot \varphi^2$ und Gl. 6.2.4 folgt die Beleuchtungsstärke im Abstand l vom Scheinwerfer:

$$E_v \approx \frac{\pi \cdot L_{v\,LF} \cdot \varrho}{l^2} \cdot f^2 \cdot \sin^2\sigma_{max} \cdot \Omega_0$$
(Gl. 6.2.5)

Mit der für kleine Öffnungen gültigen Näherung $\sin\sigma_{max} \approx D/(2f)$ folgt:

$$E_v \approx \frac{L_{v\,LF} \cdot \varrho}{l^2} \cdot \frac{\pi}{4} \cdot D^2$$
(Gl. 6.2.6)

> **!** Die vom Scheinwerfer in großer Entfernung l erzielte Beleuchtungsstärke ist näherungsweise nur vom Spiegeldurchmesser, nicht von seiner Brennweite abhängig.

Diese Unabhängigkeit von der Brennweite lässt sich auch anschaulich erklären. Verringert man bei konstantem D die Brennweite, so werden $\sin\sigma_{max}$ und damit der Lichtstrom größer. Dieser Lichtstrom verteilt sich aber auf eine größere beleuchtete Fläche, weil sich der Divergenzwinkel 2φ vergrößert.

Die Beleuchtungsstärkeverteilung innerhalb der ausgeleuchteten Fläche hängt vom natürlichen Randabfall und der Leuchtflächenform ab. Sie lässt sich mit der nichtsequentiellen Strahldurchrechnung (Abschnitt 2.8.2) ermitteln. Insgesamt wirkt der Scheinwerfer wie eine Leuchtfläche der Größe $A = D^2 \cdot \pi/4$ mit der Leuchtdichte $\varrho \cdot L$ (Abschnitt 4.3.4). Also ergibt sich auf der Achse die maximale Lichtstärke des Scheinwerfers

$$I_v = \rho \cdot L_{v\,LF} \cdot A$$
(Gl. 6.2.7)

während die Lichtquelle mit der Leuchtfläche A_{LF} allein nur eine Lichtstärke $I_{vLF} = L \cdot A_{LF}$ hat.

> **!** Abgesehen von Verlusten wird die Lichtstärke im Verhältnis der Flächen Scheinwerferöffnung A/Leuchtfläche A_{LF} erhöht.

In den Reflexionsgrad ϱ sollen hier auch die übrigen Verluste, z.B. die Abschattung der

Spiegelfläche durch die Lampe selbst, einbezogen sein. Mit zunehmendem Abstand kommen noch Verluste durch Absorption und Streuung in der Luft hinzu.

Für die Scheinwerferspiegel werden sphärische oder asphärische Flächen verwendet. Hierzu 2 Beispiele: Der **Parabolspiegel** mit Vorderflächenverspiegelung beseitigt den Öffnungsfehler für einen leuchtenden Brennpunkt vollständig (Bild 2.7.2a). Mit zunehmender Ausdehnung der Leuchtfläche macht sich jedoch der Verstoß gegen die Sinusbedingung (Abschnitt 2.6.2) bemerkbar. Der **Manginspiegel** (Bild 6.2.1 s) ist ein Rückflächenspiegel mit 2 leicht herstellbaren Kugelflächen, wobei die Spiegelfläche den Radius $r_2 \approx 1{,}5\,f$ und die Vorderfläche $r_1 \approx f$ hat. Durch die brechende Vorderfläche ergeben sich gute Öffnungsfehlerkorrektur und brauchbare Erfüllung der Sinusbedingung, sodass der Manginspiegel einem einfachen Kugelspiegel erheblich überlegen ist.

Beispiele

1. Welchen Abstand muss eine Leuchtfläche mit 2 mm $\varnothing$ vom Scheitel eines Scheinwerferspiegels ($r = 200$ mm, $D = 120$ mm) haben, damit eine zylindrische Lichtröhre entsteht? Welche Länge hat die Röhre?
2. Für einen Manginspiegel mit $r_1 = -146{,}60$ mm, $r_2 = -224{,}81$ mm, $d_{12} = 5{,}25$ mm, $n_1' = 1{,}522$ ist durch Flächendurchrechnung die Brennweite f' zu bestimmen.

Lösung

1. Nach Bild 6.2.5 b) muss $\beta' = -60$ erreicht werden; die Brennweite das Spiegels ist $f' = 100$ mm. Damit ergibt sich der Abstand der Leuchtfläche vom Spiegelscheitel zu $a = 101{,}67$ mm und die Länge der Lichtröhre $a' = 6{,}1$ m.
2. Nach Auffaltung der Spiegelfläche 2 erhält man $s_1' = -427{,}4$; $s_2' = 151{,}9$; $s_3' = 146{,}6$; $s_2 = -432{,}7$; $s_3 = 146{,}6$ und damit $f' = 150{,}0$. Bei der Zurückfaltung ist korrekt zu setzen: $f' = f = -150$.

6.3 Projektoren

Projektoren bilden ein meist ebenes Objekt reell ab. Das Bild wird fast immer mit dem Auge betrachtet. Die Optik der Projektoren hängt von ihrem Verwendungszweck ab, d.h., es wird von Bildprojektoren hohe Beleuchtungsstärke und von Messprojektoren Verzeichnungsfreiheit in der Bildebene verlangt. Eine weitgehend konstante Beleuchtungsstärke in der Bildebene ist bei Reproduktionsgeräten wichtig.

Die Vorlage, das Objekt, wird entweder direkt im Durchlicht (LCD-Beamer, Diaprojektor) oder durch reflektiertes Auflicht (Spiegelarray DMD, Abschnitt 5.4.2, Epidiaskop) projiziert. LCD und Dia streuen das auftreffende Licht nicht oder nur sehr wenig. Der Verlauf des von der Lichtquelle kommenden gerichteten Strahlengangs wird daher nicht verändert, sondern durch Teilabsorption geschwächt. Dagegen unterbrechen Papiervorlagen den gerichteten Strahlengang durch diffuse Streuung. Die Helligkeit der rein optischen Geräte zur Projektion von Papiervorlagen, der Epidiaskope, ist daher gering. Epidiaskope wurden durch Kameras mit Bildschirmen oder Beamern ersetzt. Spiegelarrays zeigen keine Streuung, die Helligkeitsmodulation wird bei ihnen aber nicht durch Absorption, sondern durch die Beleuchtungszeit erreicht.

Auch bei Bildschirmen findet man Auflicht- und Durchlichttypen. Auflicht-Bildschirme (Abschnitt 5.2) streuen je nach Oberfläche mehr oder weniger diffus. Soll ein

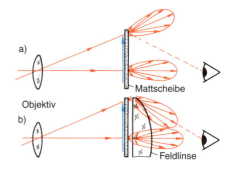

Bild 6.3.1 a) Helligkeitsabfall zum Bildrand durch geringes Streuvermögen der Mattscheibe, b) Verbesserung durch Einfügen einer Feldlinse

Durchlicht-Bildschirm ebenfalls in Richtung Beobachter streuen, erreicht das eine Mattscheibe nach Bild 6.3.1 a) nur unvollkommen. Eine zusätzliche Feldlinse nach Bild 6.3.1 b) verbessert die Qualität und reduziert den Helligkeitsabfall am Bildrand.

6.3.1 Bildprojektoren

Unter dieser Bezeichnung werden Projektoren für normale Bildwiedergabe und einige Spezialgeräte zusammengefasst. Beispiele sind Projektoren für Diapositive im Klein-, Mittel- und Großformat, Beamer, Schreibprojektoren, Lesegeräte für Mikrofilm, Profilprojektoren, sowie Laufbildprojektoren für Kinos.

Die **Projektionsobjektive** werden i.Allg. aus 3…5 Linsen aufgebaut. Verkittete Linsen sollen wegen der meist hohen Temperaturen nicht verwendet werden. Den Zusammenhang zwischen Brennweite f' des Projektionsobjektivs, Abstand a' vom Objektiv zur Bildwand sowie Abbildungsmaßstab $\beta' = y'/y$ gibt Gl. 1.4.14 an.

Im Diagramm Bild 6.3.2 wurde (Gl. 1.4.14) für ein normales Kleinbilddia mit der projizierten Fläche 23 mm × 35 mm ausgewertet. Für die Diaseite $y = 35$ mm liest man die **Bildbreite** $|y'|$ auf der Projektionswand als Funktion von f' und a' ab. Für andere Objektgrößen lassen sich leicht ähnliche Diagramme erstellen.

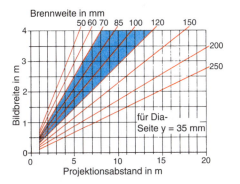

Bild 6.3.2 Abhängigkeit der Bildbreite vom Projektionsabstand bei Kleinbildprojektion: blau: Einstellbereich bei Varioobjektiv 70…120 mm

Beim Einsatz von Varioobjektiven kann die Bildgröße ohne Änderung des Projektionsabstandes kontinuierlich eingestellt werden.

Bild 6.3.2. zeigt blau den Einstellbereich für ein Varioobjektiv $f' = 70…120$ mm. Beim Einsatz von Objektiven mit stark abweichenden Brennweiten muss zur Einhaltung optimaler Beleuchtungsbedingungen die vordere Kondensorlinse ausgetauscht werden.

Licht- und Temperaturmessungen an Steh- und Laufbildprojektoren sind in DIN 19 045 und ANSI festgelegt. Unter Normbedingungen wird eine Bildfläche $A' = x' \cdot y' = 2$ m² eingestellt. Die Beleuchtungsstärke im Bildfeld wird an 9 von der Norm festgelegten Punkten gemessen. Man erhält so die mittlere Beleuchtungsstärke $\bar{E} = \sum E_i / 9$ die Gleichmäßigkeit $g_2 = E_{min}/E_{max}$ der Ausleuchtung und den Nutzlichtstrom $\Phi'_{Nutz} = \bar{E} \cdot A'$ des Projektors, der von den Herstellern in ANSI-Lumen angegeben wird. Die Temperatur in der Objektebene wird nach 30 min Projektionsdauer durch ein Thermoelement erfasst.

Eine unmittelbare visuelle Beurteilung der Wiedergabequalität bei Projektionsbildern erfolgt mit Testbildern in Form von Computerdateien oder Testobjekten z.B. nach DIN 15 806. Sie zeigen z.B. positive und negative Liniennetze, Sektorensterne (Siemenssterne) und Farbtafeln. Damit können Abbildungsschärfe, Verzeichnung, Randabfall der Helligkeit und Farbtreue geprüft werden.

Diaprojektoren sind entsprechend Bild 6.2.2 aufgebaut, meist mit Niedervolt-Halogenlampen von 100…250 W bestückt und zurzeit noch für alle gängigen Formate lieferbar.

Lesegeräte für Mikrofilm sind Klein- oder Kleinstbildprojektoren, die ähnlich Diaprojektoren aufgebaut sind und zusätzlich einen integrierten Bildschirm besitzen. Auf diese Weise können Texte und Zeichnungen auf kleinstem Raum gespeichert werden. Im Gegensatz zu Computerdateien auf CD oder DVD sind sie für Langzeitdokumentation zugelassen.

Anzeichenprojektoren werden in der Fertigung eingesetzt. Im Schiffbau z.B. werden die Anrisse ebener Flächen wie Spanten und Beplankungsteile durch ein verzeichnungsarmes Objektiv unmittelbar auf die auszuschneidenden Stahlplatten projiziert. Die Konturen werden nachgezeichnet oder direkt mit Hilfe einer optoelektronischen Nachführung ausgeschnitten.

Schreibprojektoren, Arbeits- oder Overheadprojektoren sollen die Projektion großer Felder bis ca. 30 cm × 30 cm in unverdunkelten Räumen ermöglichen. Deshalb kommen nur Projektoren mit leistungsfähigen Halogen- oder Metalldampflampen infrage. Als Kondensor wird meist eine Fresnel-Linse unmittelbar unterhalb der Schreibfläche verwendet (Bild 6.3.3 a). Bild 6.3.3 b) zeigt den Aufbau eines transportablen Schreibprojektors mit einem Spiegelkondensor in Form einer bedampften Fresnel-Linse. Die neben dem Objektiv angeordnete Lampe wird nach 2-maliger Durchstrahlung der Vorlage in das Objektiv abgebildet.

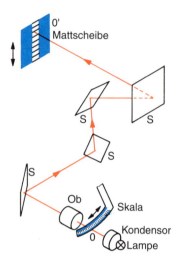

Bild 6.3.4 Skalenprojektor einer Waage: Ob Objektiv, S Umlenkspiegel

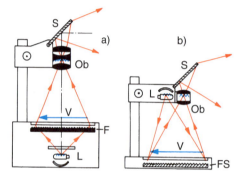

Bild 6.3.3 Schreibprojektoren: L Lampe, Ob Objektiv, S Umlenkspiegel, F Fresnel-Linse, FS Fresnel-Spiegel, V transparente Vorlage

6.3.2 Technische Kleinprojektoren

Kleinprojektoren werden u.a. eingesetzt als Skalenprojektoren bei Waagen und elektrischen Messgeräten, Maßstabsprojektoren bei Werkzeugmaschinen, Strichmarkenprojektoren z.B. beim Fadenkreuzprojektor, Kollimatoren zur Abbildung einer Strichmarke nach ∞ und Ziffernprojektoren für digitale Anzeigen. Es wird meist die Projektion mit Durchlicht benutzt.

Bild 6.3.4 zeigt den optischen Aufbau eines **Skalenprojektors** für eine Präzisionswaage. Die mit dem Waagebalken verbundene Skala wird durch das Objektiv vergrößert auf eine Mattscheibe mit Indexstrich projiziert. Durch die nicht komplanare Spiegelanordnung erhält man zur horizontal bzw. auf einem Kreisbogen bewegten Skala ein senkrecht ablaufendes Skalenbild. Bei Skalenprojektoren hat eine Skala der Länge l die Eigenschaften einer üblichen Skala mit der Länge $\beta' \cdot l$. Die Anzeigefläche kann aber klein sein, weil nur jeweils ein Skalenausschnitt projiziert wird. Dieser Ausschnitt muss so groß sein, dass benachbarte bezifferte Teilstriche noch sichtbar sind und damit die Übersichtlichkeit gewahrt bleibt. Weitere Vorteile sind die parallaxenfreie Ablesung, da der Indexstrich in der Mattscheibenebene liegt und eine einfache Nullpunktverschiebung durch seitliches Versetzen der Mattscheibe mit Indexstrich. Fehler des Abbildungsmaßstabes und Verzeichnungsfehler wirken sich nicht aus, da die Ablesung in einem kleinen achsennahen Feld erfolgt.

Ähnlich wie Skalenprojektoren sind **Maßstabsprojektoren** an Werkzeugmaschinen aufgebaut. Auf eine Feinteilung des häufig langen Maßstabes kann verzichtet werden. Es werden sehr genau geteilte Glas- oder Stahlmaßstäbe mit großem Teilungsintervall, z.B. 1 mm, verwendet. Die weitere Unterteilung erfolgt dann, wie in Bild 6.3.5 gezeigt, mit der Feinskala F, auf der die Dezimalzahlen der mm-Bruchteile (z.B. in Schritten von 0,01 mm) aufgetragen sind. Zusammen mit dem Drehen der Feinskala über einen Einstellknopf wird die Einfanggabel E verschoben, bis der nächstliegende Maßstabsstrich symmetrisch einge-fangen ist. Da auch die Maßstabsstriche beziffert sind, kann der Einstellwert vollständig digital abgelesen werden [10.11]. Die Abbildung muss verzeichnungsarm sein und der Abbildungsmaßstab sorgfältig eingestellt werden.

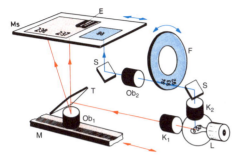

Bild 6.3.5 Maßstabsprojektor als «optisches Zählwerk» M Maßstab, durch Objektiv Ob$_1$ auf Mattscheibe Ms abgebildet (rot); E Einfanggabel für Maßstabstrich. F Feinskala, durch Ob$_2$ auf Ms abgebildet (blau). L Lampe; K$_1$, K$_2$ Kondensoren; T Teiler, S Spiegel. Ablesung 237,93 mm

Mit einem **Strichmarkenprojektor** können Markierungen auf einer Werkstückoberfläche abgebildet werden. Beispielsweise kann ein Fadenkreuzprojektor zu einer Bohrmaschine so justiert werden, dass auf dem Werkstück das Fadenkreuz genau im Zentrierpunkt des Bohrers abgebildet wird. Damit kann das Werkstück nach einer Anreißmarke exakt ausgerichtet werden. Ein Strichmarkenprojektor, dessen Strichplatte (Fadenkreuz, Skala, Testbild) exakt in der Brennebene F des Objektivs angeordnet ist, heißt **Kollimator.** Seine Anwendung wird in Abschnitt 6.6.3 beschrieben.

Mit **Ziffernprojektoren** ist die Darstellung von Ziffern oder Zeichen möglich. Auf einem Filmblatt sind z.B. die Ziffern 0...9 untergebracht. Jede Ziffer wird durch eine LED über Kondensorlinsen beleuchtet und durch eine Objektivlinse projiziert. Kondensor- und Objektivlinsen sind jeweils auf einer in einem Stück gepressten Kunststoffplatte zusammengefasst und so ausgerichtet, dass von den neben- und untereinander liegenden Objektfeldern die Ziffernbilder auf der gleichen Stelle der Mattscheibe entstehen. Ziffernprojektoren werden oft zu einer mehrstelligen Anzeige zusammengefasst. Sie werden meist durch rein optoelektronische Anzeigen ersetzt.

6.3.3 Messprojektoren

Messprojektoren (**Profilprojektoren**) erlauben genaue Messungen am vergrößerten Projektionsbild von Werkstücken. Die Fehler durch Verzeichnung und Abweichungen vom Sollwert des Abbildungsmaßstabes müssen deshalb gering sein, der relative Fehler sollte unter $2 \cdot 10^{-4}$ liegen. Zur Vermeidung des unterschiedlichen Abbildungsmaßstabs bei in der Tiefe gestaffelten Werkstückflächen kommt nur der **telezentrische Strahlengang** Abschnitt 3.6 in Frage. Die Objektive müssen für diese Strahlenführung korrigiert und der Beleuchtungsstrahlengang ebenfalls telezentrisch sein. Durch Verschieben des Objektivs gegenüber der Projektionsfläche kann der Sollwert von β' genau eingestellt werden. Zur Umschaltung auf verschiedene Abbildungsmaßstäbe sind die Einzelobjektive auf einem Revolver befestigt. Gleichzeitig erfolgt die Umschaltung von Teilen der Beleuchtungsoptik.

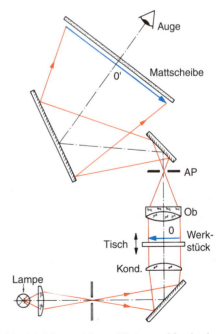

Bild 6.3.6 Messprojektor: AP Aperturblende als Austrittspupille in F' des Objektivs Ob

Bild 6.3.6 zeigt das Schema eines Messprojektors mit der Öffnungsblende als Austrittspupille AP in der Brennebene F' des Objektivs Ob. Wegen der telezentrischen Strahlenführung muss der freie Durchmesser der Objektivfrontlinse größer als der maximal abbildbare Werkstückdurchmesser sein. Nur für diese Durchmesser gut korrigierte Objektive erlauben ein großes nutzbares Objektfeld am Werkstück. Soll gleichzeitig der Abbildungsmaßstab hoch sein, um eine gute Messgenauigkeit zu erzielen, ist ein großer Bildschirmdurchmesser notwendig. Großprojektoren können Bildschirmdurchmesser über 1000 mm oder eine Rechteck-Schirmfläche von 1500 mm × 1000 mm haben.

> **Beispiel**
>
> Ein Großprojektor mit 1000 mm Durchmesser der Projektionsflächen kann Werkstücke bis 10 mm $\varnothing$ mit $\beta' = -100$ abbilden. Im Projektionsbild sind über die gesamte Fläche noch Fehler unter 0,5 mm entsprechend einem Werkstückfehler unter 5 µm erfassbar.

Die Messungen werden mit transparenten Maßstäben oder sehr genau hergestellten **Normmessplatten** (Liniennetze, Winkel, Kreise, Gewindeprofile usw.) ausgeführt. Zu Serienprüfungen komplizierter Teile werden Referenzzeichnungen benutzt. Hier erfüllt der Messprojektor die Funktion einer «optischen Lehre».

Spezielle Projektoren gestatten den unmittelbaren Vergleich von Prüfling und Normal. Die beiden Teile können hintereinander im Strahlengang angebracht sein. Eine Zwischenbildebene mit dem Vergleichsobjekt wird dabei in die Ebene des Prüflings abgebildet. Wirken dagegen 2 getrennte Projektionsstrahlengänge auf eine gemeinsame Bildebene, so kann man beide Bilder durch komplementärfarbige Filter (rot und blaugrün) kennzeichnen. Wo sich die Bilder von Prüfling und Vergleichsnormal exakt decken, führt die additive Farbmischung zu weißen Flächen. Abweichungen zwischen beiden Teilen, z.B. fehlende Bohrungen oder Längendifferenzen, sind durch grüne oder rote Flächen deutlich hervorgehoben. So kann beispielsweise auch die Bestückung einer gedruckten Schaltung im Vergleich zu einer Musterplatine mit einem Blick kontrolliert werden, soweit sich Bauteilabweichungen in Form und Lage ergeben.

Prüfprojektoren für die Fertigungskontrolle können auf einer optischen Bank aufgebaut werden. Soll z.B. die Durchbiegung kleiner Blattfedern unter konstanter Belastung in Serie geprüft werden, bringt man auf einer optischen Bank Lampe, Kondensor, Federn-Einspannvorrichtung und Bildschirm an. Die Durchbiegung einer einwandfreien Musterfeder unter Sollbelastung wird einschließlich Toleranzgrenzen auf den Projektionsschirm gezeichnet. Soll das Projektionsbild auch vermessen werden, so stellt man den gewünschten Abbildungsmaßstab ein, indem man eine bekannte Skala (Objektmikrometer) projiziert und das Skalenbild auf richtige Größe bringt. Die Auswertung erfolgt bevorzugt mit Digitalkamera und Bildverarbeitung.

Mehrebenenprojektoren ermöglichen die gleichzeitige Abbildung kleiner Objekte, z.B. einer Glühwendel, in 2 oder 3 zueinander senkrechten Richtungen. Die Projektionsbilder (Grundriss, Vorder- und Seitenansicht) erscheinen nebeneinander auf einem Bildschirm.

Viele Messprojektoren sind mit **Koordinatenmesstischen** ausgerüstet, die eine messbare Verschiebung des Werkstücks in 2 Koordinaten und eine Drehung zur Winkelmessung erlauben. In diesem Falle dient die Projektion nur als «optischer Anschlag» zur genauen Einstellung z.B. einer Werkstückkante auf eine Indexlinie in der Bildebene.

Bei Durchlichtprojektion werden nur die Umrisse des Werkstücks erkannt; bei Auflichtprojektion können dagegen auch Einzelheiten der Oberfläche sichtbar gemacht werden. Auch kombinierte Durch- und Auflichtprojektion ist möglich. Zur Beleuchtung können die wegen ihres geringen Platzbedarfs günstigen flexiblen Lichtleiter benutzt werden.

6.3.4 Beamer

Beamer sind Projektoren, bei denen anstelle des beim klassischen Projektor notwendigen fest vorgegebenen Objekts ein Element mit steuerbarem Bildinhalt tritt. Diese Elemente, Displays in LCD-Technik (Abschnitt 4.4.6.3) oder DMD-Ausführung (Mikrospiegel, Abschnitt 5.4.2) sind Pixelorientiert, deshalb werden Beamer auch Digitalprojektoren genannt. Die Informationen werden von einem Speicherchip oder einem PC bereitgestellt.

Bei den einfachsten Modellen tritt anstelle des Dias im klassischen Projektor ein farbiges LCD. Die Helligkeit ist jedoch gering, da der Transmissionsgrad von Durchlicht-LCD und der Reflexionsgrad von Auflicht-LCD noch weit unter der durch den Polarisator vorgegebenen Obergrenze von 50% liegt.

Weit lichtstärker arbeiten Beamer nach Bild 6.3.7. Eine lichtstarke Quelle, meist eine Metalldampflampe, beleuchtet das Display über eine rotierende Farbscheibe und Strahlteiler. Die Amplitude des Lichtbündels wird vom Display synchron mit der Frequenz der Farbscheibe moduliert. Die RGB-Farbauszüge treffen nacheinander aufs Auge. Bei genügend schneller Folge, meist 100 Hz, verschmelzen die sequentiellen Teilbilder zu einem Farbbild. Eine Variante dieser Technologie sind Laserbeamer. Bei ihnen werden anstelle des Farbrades 3 Laserbündel getaktet auf den Strahlteiler geschickt.

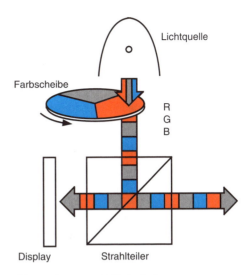

Bild 6.3.7 Beamer mit Farbscheibe

Aufwendiger, aber ohne mechanisch bewegte Teile, sind 3-Display-Beamer nach Bild 6.3.8. Ein Farbwürfel mit aufgedampften Interferenzfiltern ähnlich Bild 5.3.4 b) zerlegt das Lichtbündel in die 3 Farbkomponenten und kombiniert es nach der Amplitudenmodulation wieder.

Hochwertige Beamer werden für das SXGA-Format (1280 × 1024 Pixel) und für das

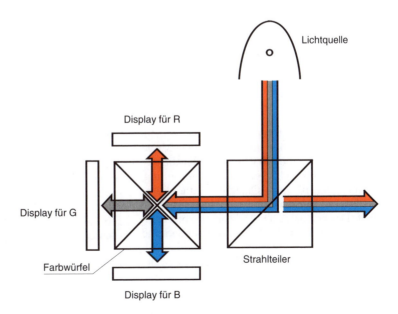

Bild 6.3.8
3-Display- Beamer

hochauflösende Fernsehen HDTV (1920 × 1080 Pixel) angeboten. Da selbst Flüssigkristalldisplays mit über 100 Hz moduliert werden können, ist diese Technik auch für Video und Fernsehen interessant. Da nicht immer Platz für Beamer und Bildwand ist, werden Heimfernseher z.B. nach der Anordnung von Bild 6.3.9 gebaut.

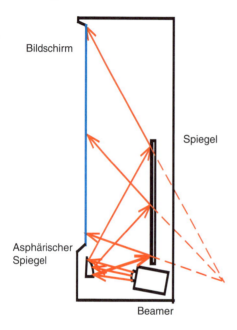

Bild 6.3.9 Fernsehgerät mit Großbildschirm

6.4 Fotografische Optik

In diesem Abschnitt werden in erster Linie fotografische Objektive vorgestellt. Viele Merkmale, wie etwa die Schärfentiefe oder die Abnahme der Bildhelligkeit bei Naheinstellung, gelten aber für alle Objektive. Eine Reihe wichtiger Eigenschaften wurde bereits behandelt. Der Beleuchtungsstärkeabfall zum Feldrand in Abschnitt 4.3.3, Abschattblenden und Vignettierung in Abschnitt 3.5, die Bildleuchtdichte in Abschnitt 4.3.4, telezentrische Systeme in Abschnitt 3.6 und Abbildungsfehler in Abschnitt 2.6.

6.4.1 Schärfentiefe

Eine über das gesamte Objektfeld scharfe Abbildung ist nur bei planen, senkrecht zur optischen Achse liegenden Objekten möglich. Sind die Objekte in der Tiefe gestaffelt, kann nur auf eine Ebene eingestellt werden. Das hat zur Folge, dass Objekte außerhalb dieser Ebene unscharf abgebildet werden. Ist diese Unschärfe jedoch kleiner oder gleich der Auflösung des Empfängers (Chip, Film, Auge), so hat sie keinerlei Auswirkung auf die Bildqualität. Die zulässige Unschärfe wird durch den Unschärfenkreis u' festgelegt.

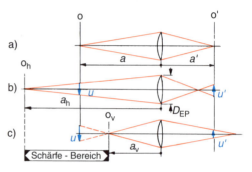

Bild 6.4.1 Schärfentiefebereich: a) scharfe Abbildung eines in der Einstellebene liegenden Punktes O; b) O_h hinter und c) O_v vor O liegende Punkte. Unschärfekreise u'

In Bild 6.4.1 a) werden Punkte, die in der Objektebene in der **Einstellentfernung** a liegen, im Rahmen der Qualität des Objektivs scharf auf eine Bildebene abgebildet. In dieser Ebene erscheinen dann weiter hinten liegende (O_h) oder weiter vorn liegende (O_v) Objektpunkte als Unschärfekreise mit dem Durchmesser u', weil ja die scharfen Bildpunkte entsprechend der Abbildungsgleichung verlagert sind (Bilder 6.4.1 b) und c). Diese Unschärfe ist also weder durch die Beugung noch durch geometrische Objektivfehler bedingt. Ist u' vorgegeben, werden alle innerhalb des **Schärfentiefebereichs** $a_h \ldots a_v$ liegenden Objektpunkte «scharf» abgebildet. In Fotografenkreisen ist auch der nicht normgerechte Ausdruck «Tiefenschärfe» üblich.

Will man die Grenzen a_h und a_v des Schärfentiefebereichs bestimmen, muss man den zulässigen Unschärfekreis-Durchmesser u' festlegen. Dieser Wert hängt nicht nur vom Aufnahmemedium ab, sondern auch von der weiteren Verwendung. Soll eine digitale Bilddatei oder ein Filmnegativ die Basis für ein kleinformatiges Papierbild sein, sind weit größere Werte von u' zulässig als bei Postern. Optimale Werte für die weitere Verarbeitung erreicht man, wenn u' in der Größenordnung der Pixelabmessungen oder Filmkörner ist. Bei der Betrachtung mit dem Auge ist dessen Auflösungsvermögen von 1/120° die Basis. Das führt in deutlicher Sehweite von 250 mm zum Punktabstand 0,04 mm. Beim Ausdruck entspricht das etwa 600 Punkte pro Zoll (dpi: dots per inch). Wird ein Poster dagegen in 2,5 m Entfernung betrachtet, so genügt ein Punktabstand von 0,4 mm. Die Schärfentiefebereiche sind häufig an den Objektiven abzulesen oder aus Tabellen zu entnehmen. Bei deren Einsatz ist aber zu beachten, dass es sich um Mittelwerte handelt, denn der Hersteller des Objektivs kann nicht wissen, ob der Fotograf einen niederempfindlichen, feinkörnigen Film (u' klein) oder einen hochempfindlichen, grobkörnigen Film (u' groß) einsetzt. In der Fotografie ist die Faustformel $u' \approx$ Formatdiagonale/1500 nützlich. Bei Film und Fernsehen sind die Unschärfekreise größer, das stört aber wegen der Bewegung des Bildes nicht.

Zur vorzeichenrichtigen Ableitung von a_v denkt man sich nach Bild 6.4.1 c) den Unschärfekreis-Durchmesser u' zurück in die Einstellebene als u abgebildet. Dann entnimmt man aus den ähnlichen Dreiecken der Zeichnung

$$\frac{D/2}{-a_v} = \frac{u/2}{a - a_v}$$

und nach Auflösen nach a_v:

$$a_v = \frac{a \cdot D_{EP}}{D_{EP} - u} \qquad \text{(Gl. 6.4.1)}$$

Anstelle von D_{EP} wird zweckmäßig die Blendenzahl $k = f'/D_{EP}$ und anstelle von u entsprechend Gl. 1.4.14 mit $u' = \beta' \cdot u = f' \cdot u/(a + f')$ der Durchmesser u' des Bildunschärfekreises eingeführt. Entsprechend verfährt man für

a_h, sodass sich als Schärfentiefegrenzen ergeben:

$$a_v = \frac{a \cdot f'^2}{f'^2 - u' \cdot k \cdot (a + f')} \qquad \text{(Gl. 6.4.2)}$$

$$a_h = \frac{a \cdot f'^2}{f'^2 + u' \cdot k \cdot (a + f')} \qquad \text{(Gl. 6.4.3)}$$

Häufig ist bei Fotoaufnahmen $f' \ll |a|$. In diesem Fall darf man f' in Gl. 6.4.2 und Gl. 6.4.3 gegenüber a vernachlässigen. Bei Makro- und Mikroaufnahmen sowie bei der Projektion ist dagegen $|a| \approx f'$. Es folgt $a \approx -f'$ und damit $a_v \approx a_h \approx a$; der Schärfenbereich geht gegen 0, was bei der klassischen Diaprojektion oft zu Einstellproblemen führt.

Umgekehrt kann man fragen, in welchem **bildseitigen Schärfentiefebereich** $a_h' - a_v'$ die Bildebene ohne störende Unschärfe verschiebbar ist, wenn eine im Abstand a fest angeordnete Objektebene, kein in der Tiefe gestaffeltes Objekt, abgebildet wird. Hierfür ergibt sich der bildseitige Schärfentiefebereich angenähert aus Gl. 1.4.19:

$$a_h' - a_v' \approx (a_v - a_h) \cdot \beta'^2 \qquad \text{(Gl. 6.4.4)}$$

Kurzbrennweitige Objektive einfacher Kameras werden bei gegebenen Werten von f', k und u' auf die Entfernung a fest eingestellt, bei der sich die Schärfentiefe gerade bis ∞ erstreckt (**Fixfokuseinstellung**). Um das zu erreichen muss $a_h \to \infty$ gehen, der Nenner von Gl. 6.4.3 muss demnach 0 werden. Daraus folgt für die Fixfokuseinstellung:

$$a_\infty = -f' \cdot \left(\frac{f'}{u' \cdot k} + 1 \right) \approx -\frac{f'^2}{u' \cdot k} \qquad \text{(Gl. 6.4.5)}$$

Setzt man dieses Ergebnis in Gl. 6.4.2 ein, so folgt $a_{v\infty} \approx a/2$.

Beispiel
1. Mit einer Kleinbildkamera 24 mm × 36 mm, $f' = 50$ mm sollen Objekte im Entfernungsbereich von 2…5 m scharf

abgebildet werden. Welche Entfernung a und Blendenzahl k sind einzustellen?

2. Mit einer Großformat-Kamera ($f' = 150$ mm, Bildformat 9 cm × 12 cm) soll eine gedruckte Schaltung im Maßstab 2 : 1 aufgenommen werden. Es wird auf $k = 5{,}6$ abgeblendet. Wie groß ist der Schärfentiefebereich?

Lösung

1. Die allgemeine Rechnung liefert aus Gl. 6.4.2 und Gl. 6.4.3

$$a = 2 \cdot \frac{a_v \cdot a_h}{a_v + a_h};$$

$$k = -f'^2 \cdot \frac{a_v - a_h}{(a_v + a_h) \cdot (a + f') \cdot u'}$$

Man setzt $a_v = -2$ m; $a_h = -5$ m und $u' = \sqrt{24^2 + 36^2}/1500$ mm $= 0{,}03$ mm. Die Kamera ist auf $|a| = 2{,}9$ m und $k = 12$ einzustellen.

2. Mit $\beta' = -2$ und $u' = 0{,}1$ mm wird zunächst a berechnet. Daraus folgt $a_v - a_h = 0{,}84$ mm.

6.4.2 Bildhelligkeit als Funktion der Aufnahmeentfernung

In Abschnitt 4.3.4 wurde gezeigt, dass die Beleuchtungsstärke im Bildfeld mit β'^2 abnimmt. Angewandt auf den Einsatz in der Fotografie ergibt sich eine teils beachtliche Belichtungsverlängerung bei Nahaufnahmen. Nach Gl. 4.2.4 ist $\Phi \sim \Omega_1 \sim \sigma_1^2$ und entsprechend Bild 2.4.9 und 2.4.8 $\sigma'_\infty = h_{EP}/f'$ und $\sigma' = h_{EP}/a' = h_{EP}/(f' + z')$. Daraus errechnet sich das Lichtstromverhältnis

$$\frac{\Phi_\infty}{\Phi} = \frac{\sigma'^2_\infty}{\sigma'^2} = \left(\frac{h_{EP}}{f'} \cdot \frac{f' + z'}{h_{EP}} \right)^2 = \left(1 + \frac{z'}{f'} \right)^2$$

nach Gl. 1.4.15 ist $z'/f' = -\beta'$ und folglich

$$\frac{\Phi_\infty}{\Phi} = \frac{E_\infty}{E} = \left(1 + \frac{z'}{f'} \right)^2 = (1 - \beta')^2$$

Der Faktor, um den Blende oder Belichtungszeit bei Nahaufnahmen geändert werden muss, beträgt:

$$\text{Faktor } \frac{E_\infty}{E} = (1 + |\beta'|)^2 = \left(1 + \frac{\text{Auszug}}{\text{Brennweite}} \right)^2$$
(Gl. 6.4.6)

Bei modernen Kameras wird dieser Faktor, der beim Abbildungsmaßstab 4 : 1 bereits den Wert 25 annimmt, automatisch berücksichtigt. Bei Mikroskopen muss ein optimierter Beleuchtungsstrahlengang für ausreichende Bildhelligkeit sorgen.

6.4.3 Objektive für fotografische Geräte

Die **Brennweite** f' ist nach DIN 4521 definiert als

$$f' = -\lim_{\omega \to 0} \frac{y'}{\tan \omega}$$
(Gl. 6.4.7)

Dabei ist ω der Feldwinkel einer in sehr großem Abstand befindlichen Objektstrecke y und y' die zugehörige Bildstrecke bei scharfer Abbildung und bei voller Öffnung des Objektivs. Gemessen wird meist bei $\lambda = 546$ nm. Mit dieser effektiven Brennweite erfasst man das praktische Verhalten des weit geöffneten Systems. Die Definition von Gl. 1.4.3 dagegen gilt nur für das Paraxialgebiet.

Die **relative Öffnung** $1/k$ ist nach DIN 4521 definiert als das Verhältnis des Durchmessers des achsparallel in das Objektiv eintretenden und von ihm gerade noch durchgelassenen Strahlenbündels zu seiner Brennweite. Das stimmt überein mit den Definitionen in Abschnitt 3.2.3. Toleranzangaben (zulässige Blendengrenzwerte) sind in DIN 4522-2 enthalten.

Beispiel

Wie ändert sich der vom Objektiv durchgelassene Lichtstrom, wenn k von 5,6 auf 8 erhöht wird?

Lösung

Die Pupillenfläche A_{EP} und damit der Lichtstrom verringern sich um den Faktor 2.

Ein Unterscheidungsmerkmal für die Einteilung der Fotoobjektive ist der Feldwinkel 2ω, der noch mit ausreichend geringen Abbildungsfehlern erfasst wird. Für den ausgenutzten Feldwinkel bei der Abbildung entfernter Objekte ergibt sich aus Gl. 6.4.7:

$$\tan \omega = \frac{|y'|}{f'}$$
(Gl. 6.4.8)

wenn mit $|y'|$ die halbe Diagonale des Bildformates bezeichnet wird.

Ist die Brennweite z.B. gleich der Formatdiagonalen, so folgt tan $\omega = 0,5$ und damit 2 $\omega = 53°$. Ein Objektiv dieser Anpassung gilt das Standardobjektiv, da der Blickwinkel des Auges ca. 50° beträgt. In DIN 19 040-3 werden fotografische Objektive nach dem Feldwinkel grob eingestuft.

Fernobjektiv, Teleobjektiv	$2\,\omega < 20°$
Objektiv mit langer Brennweite	$20° < 2\,\omega < 40°$
Normalobjektiv	$40° < 2\,\omega < 55°$
Weitwinkelobjektiv	$55° < 2\,\omega$

Die Beurteilung eines Fotoobjektivs kann also nur durch die Brennweite **zusammen** mit dem Bildformat erfolgen. Das Normalobjektiv einer Kamera mit 1″-Chip kann beispielsweise auch als langbrennweitiges Objektiv für eine Kamera mit ½″-Chip benutzt werden, während die Benutzung als Weitwinkelobjektiv für ein größeres Format wegen fehlender Korrektur und Vignettierung bei einem großen Feld nicht möglich ist. Zur besseren Übersicht werden Kameras in DIN 19 040-3 nach dem **Bildformat** in Kleinstbildkamera, Halbformatkameras, APS-Kamera (Format H, 16,7 mm × 30,2 mm), Kleinbild oder Vollformatkameras (24 mm × 36 mm), Mittelformat- und Großformatkameras eingeteilt. Digitalkameras verwenden Chips von ¼ Zoll bis Vollformat. Da die Hersteller selten die Chipgröße angeben, liefert die Objektivbrennweite keine sinnvolle Information. Oft werden daher die Brennweiten unter Berücksichtigung der Chipabmessungen auf Kleinbild umgerechnet. Im Folgenden werden einige Beispiele für den Aufbau von Fotoobjektiven angegeben.

Fernobjektive (Bild 6.4.2 a) können als 2-linsige Achromate oder 3-linsige Apochromate aufgebaut sein, weil die Korrektion nur auf ein kleines Bildfeld Rücksicht zu nehmen braucht. Der Abstand dieser Linsenkombination von der Filmebene entspricht etwa der Brennweite. Im Gegensatz hierzu werden **Teleobjektive** so aufgebaut, dass ihre Baulänge, der Abstand Frontlinse–Filmebene, geringer als ihre Brennweite ist. Dies ermöglicht ein 2-gliedriges System mit positivem Vorderglied und negativem

Hinterglied (Bild 6.4.2 b), weil damit der Hauptpunkt H′ vor die Frontlinse verlagert wird. Bild 6.4.2 c) zeigt eine Ausführung dieses Objektivaufbaus. Eine erhebliche Verkürzung der Baulänge bei sehr großen Brennweiten erhält man durch Falten des Strahlengangs mit Hilfe von Spiegeln (Bild 6.4.2 d).

Normalobjektive werden in zahlreichen Varianten mit unterschiedlichem Korrektionsaufwand gebaut. Für sehr billige Kameras wird die **Meniskenlinse mit Hinterblende** (Bild 6.4.2 e) verwendet. Bedingt durch die Blendenlage wird, ähnlich wie bei der Vorderblende von Bild 2.6.3, jeder Objektfeldwinkel durch einen anderen Bereich der Linse abgebildet. Damit erreicht man eine geringe, aber über das ganze Bildfeld gleichmäßige Schärfe, wenn auf $k = 11…16$ abgeblendet wird. Das Triplet von Bild 6.4.2 f) ist ein relativ einfaches, in vielen Abwandlungen häufig benutztes System, das als anastigmatisches Objektiv eine brauchbare Komakorrektion aufweist. Bild 6.4.2 g) zeigt ein leistungsfähiges System vom **Tessar-Typ**, das gegenüber dem Triplet durch eine verkittete Hinterlinse verbessert wurde. Ein besonders lichtstarkes Normalobjektiv, bei dessen Aufbau asphärische Flächen verwendet werden, ist in Bild 6.4.2 h) dargestellt (Leitz-Noctilux $k = 1,2$; $f' = 50$ mm).

Weitwinkelobjektive erfordern bei großen Feldwinkeln und gleichzeitig großer relativer Öffnung einen hohen Korrektionsaufwand. Bei kurzen Brennweiten kann man durch Umkehren des Teleobjektivprinzips (Bild 6.4.2 b), also negatives Vorder- und positives Hinterglied, den Hauptpunkt H′ hinter die letzte Linse legen und dadurch die Schnittweite s'_K größer als die Brennweite machen. Dann verbleibt ausreichend Platz zwischen Hinterlinse und Filmebene für den Kippspiegel einer Spiegelreflexkamera. Bild 6.4.2 i) zeigt ein Weitwinkelobjektiv mit diesem Aufbau. Große bildseitige Feldwinkel führen bei Digitalkameras zu starker Vignettierung (Bild 4.7.5). Hier werden daher bildseitig telezentrische Objektive eingesetzt.

Am Aufbau eines **Superweitwinkel-Objektivs** (Bild 6.4.2 k)) mit $2\omega = 110°$ erkennt man, dass sich bei Beschränkung der relativen Öffnung auf $k = 8$ eine gute Fehlerkorrektur bei einfachem, 3-linsigem Aufbau erreichen lässt. Als Blende dient die Einschnürung der Mittellinse. Bei diesem Objektivtyp schließen 2 Negativlinsen eine Positivlinse ein (komplementäres Triplet). Sollen noch wesentlich größere Feldwinkel erfasst werden, z.B. $2\omega = 180°$, so muss man $2\omega' < 2\omega$ machen, sonst würde bei $2\omega' = 180°$ die Formatdiagonale unendlich lang. Dies bedeutet zwangsläufig eine sehr starke tonnenförmige Verzeichnung. Solche Objektive sind als «**Fischaugen-Objektive**» bekannt, Bild 6.4.2 l) zeigt ein Beispiel. Ein Spezialobjektiv für technische Aufnahmen und Überwachungsaufgaben ist in Bild 6.4.2 m) dargestellt. Bei senkrechter Anordnung der optischen Achse, die Kamera ist auf einem Stativ nach oben gerichtet, umfasst es horizontal einen Feldwinkel von 360°, vertikal von 60°

($\pm 30°$ gegenüber der Horizontalen). Das Umfeld wird also vollständig erfasst und mit entsprechender Verzeichnung auf einem kreisringförmigen Bild wiedergegeben. Alle Vertikallinien laufen dabei im Kreismittelpunkt zusammen. Durch Projektion mit dem gleichen Objektiv kann dieses Bild entzerrt werden, indem man es auf einem zylindrisch um den Projektor angeordneten Bildschirm auffängt.

Als **multifokale** oder **pankratische** Objektive bezeichnet man Systeme, deren Brennweite kontinuierlich verändert werden kann. Es gibt 2 Typen:

❏ Zoomobjektive behalten beim Ändern der Brennweite die eingestellte Objektweite bei;
❏ bei Varioobjektiven dagegen muss die Schärfe nachgeführt werden.

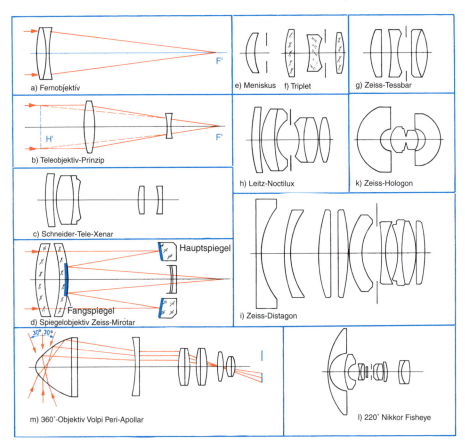

Bild 6.4.2 Beispiele für den Aufbau von Fotoobjektiven

In der Literatur werden beide Begriffe oft gleichgesetzt. Variobjektive können, da ein Freiheitsgrad mehr verfügbar ist, besser korrigiert werden. Objektive für Beamer und Kameras mit automatischer Scharfstellung werden daher in dieser Technik ausgeführt.

Beispiel

Ein vereinfachtes Teleobjektiv aus 2 dünnen Linsen soll bei der Brennweite $f' = 50$ mm nur die Baulänge (Abstand $L_1 - F'$) $l = 380$ mm haben. Gegeben ist $f_1' = 300$ mm. Zu berechnen sind e und f_2'.

Lösung

Aus einer Skizze entsprechend Bild 6.4.2 b) findet man $H'H_2' = f' - l + e$. Zusammen mit Gl. 2.5.15 ergibt sich $e = f_1' \cdot (f' - l) \cdot (f' - f_1') = 180$ mm und $f_2' = -300$ mm.

Bei Zoomobjektiven wird eine feststehende Bildebene gefordert: Es darf sich also bei der Brennweitenänderung keine Verschiebung der Schärfeeinstellung ergeben. Beide Forderungen können nur durch Verschieben von wenigstens 2 Linsen erfüllt werden, wobei aus Korrektionsgründen anstelle einer Linse meist eine Linsengruppe tritt. Schon Beispiel 1 in Abschnitt 2.5.3.2 zeigte die Möglichkeit einer Brennweitenvariation durch Änderung des Abstands von 2 Linsen. Sie müssen bei Zoomobjektiven zusätzlich so verschoben werden, dass der Bildort unverändert bleibt.

Diese Forderung lässt sich durch optischen oder durch mechanischen Ausgleich erfüllen. Bei **optischem Ausgleich** werden die einzelnen Linsen so ausgelegt, dass das gemeinsame Verschieben von 2 Linsen mit festem Abstand zu möglichst geringer Bildortverschiebung führt. Der mechanische Aufbau wird daher sehr einfach, jedoch stimmt der Bildort nur für 3 Brennweiten des Gesamtsystems exakt überein. Bei den dazwischen liegenden Brennweiten ergeben sich kleine Abweichungen, die die Schärfe etwas beeinträchtigen. Solche Systeme werden beispielsweise aus einer feststehenden Negativlinse L_2 und 2 miteinander starr verbundenen Positivlinsen L_1 und L_3 aufgebaut.

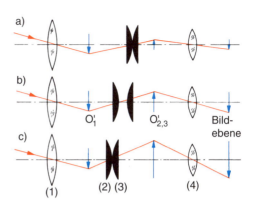

Bild 6.4.3 Funktionsschema eines Zoomobjektivs mit mechanischem Ausgleich ohne Feldlinsen

Bei **mechanischem Ausgleich** werden die beiden Linsen so verschoben, dass der Bildort völlig unverändert bleibt. Sie führen dann Relativbewegungen gegeneinander aus, z.B. dank Kurvensteuerung durch Dreh- oder Schiebetubus. Bild 6.4.3 zeigt das Funktionsschema eines vollständigen Zoomobjektivs. Es besteht aus dem Frontsystem (1), dem Varioteil (2) + (3), und dem Grundobjektiv (4). Durch Verschieben des Frontsystems stellt man auf verschiedene Entfernungen a_1 scharf ein; die Lage des Bildes bei O_1' bleibt unverändert. Die Zwischenabbildung von O_1' nach $O_{2,3}'$ erfolgt nun mit veränderlichem Abbildungsmaßstab. Eine feste Lage der Bildebene $O_{2,3}'$ wird auf folgende Weise erreicht: Die beiden Bildebenen O_1' und $O_{2,3}'$ haben sowohl bei $|\beta_a'| < 1$ als auch bei $\beta_e' = 1/\beta_a'$ den gleichen Abstand l (Bild 6.4.3 a) und c). Die beiden Linsen (2) und (3) liegen hierbei dicht zusammen, können also wie 1 Linse betrachtet werden. Würde der Abstand von (1) und (2) auch zwischen diesen Extremen fest bleiben, wäre bei $\beta' = -1$ der Bildebenenabstand $< l$, denn in diesem Fall ist der Abstand nach Gl. 1.4.21 minimal. Die Differenz gleicht man durch Änderung des Abstands zwischen den Linsen (2) und (3) aus, wie in Bild 6.4.3 b) gezeigt. Damit entstehen in der festen Bildebene $O_{2,3}'$ Bilder unterschiedlicher Größe, die durch das Grundobjektiv (4) auf den Empfänger abgebildet werden. Unterschiedliche Bildgröße in der Empfängerebene bedeutet aber eine Brennweitenänderung des Gesamtsystems. Dieses Schema zeigte übersichtlich die Funktion der einzelnen Linsengruppen, weil die Darstellung mit reeller Zwischenabbildung erfolgte. Das ergibt aber eine große Baulänge des Objektivs, weshalb man virtuelle Zwischenabbildung und demgemäß 2 negative verschiebbare Linsenglieder bevorzugt. Bild 6.4.4 zeigt dies am Beispiel eines Objektivs für eine Videokamera. Durch eine Zusatzlinse wird vor dem Grundobjektiv ein telezentrischer Strahlengang erreicht, damit über einen Strahlenteiler der Sucherstrahlengang abgezweigt werden kann. Bei der virtuellen Zwischenabbildung ist ein großer Durchmesser des Frontsystems erforderlich.

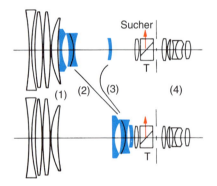

Bild 6.4.4 Aufbau eines Zoomobjektivs mit negativen Varioelementen: T Strahlenteiler zur Ausspiegelung des Sucherbildes (Quelle: Schneider-Variogon)

6.4.4 Aufnahme und Wiedergabe stereoskopischer Bilder

Das Sehen mit beiden Augen verbessert die Sehschärfe und gibt zusätzlich eine Information über die Tiefenausdehnung des Objektes: Es wird **räumliches Sehen** ermöglicht. Mit der Akkomodation auf einen Objektpunkt in Nahentfernung werden die Augenachsen automatisch so konvergent eingestellt, dass sie sich im Objektpunkt schneiden und die Bildpunkte auf die durch Nervenfasern einander zugeordneten Netzhautstellen fallen. Der Abstand beider Augen ermöglicht es aber, von Objekten mit Tiefenausdehnung etwas ver-

schiedene Netzhautbilder zu erhalten. Sie werden im Gehirn zu einem räumlichen Bildeindruck verarbeitet. Mit Hilfe stereoskopischer Aufnahme- und Wiedergabeverfahren kann man auch von fotografischen Bildern einen räumlichen Bildeindruck erhalten. Begriffe der Stereoskopie sind in DIN 4531–1 zusammengestellt. Eine ausführliche Darstellung stereoskopischer Verfahren gibt [7.8 und 7.9].

Bild 6.4.5 zeigt schraffiert ein räumlich ausgedehntes Objekt O, P, Q, von dem nur der Punkt O in geringster und der Punkt P in größter Entfernung von der **Augenbasis** b_A (im Mittel 65 mm) betrachtet werden. Die Strecke OP wird auf der Netzhaut beider Augen durch unterschiedliche Bildstrecken wiedergegeben, d.h., man erhält 2 etwas verschiedene Netzhautbilder. Entsprechend unterschiedlich sind auch die beiden Strecken $O_l'P_l'$ und $O_r'P_r'$ in einer senkrechten Ebene im Abstand a von der Augenbasis. Diese Strecken ergeben sich durch Projektion der Objektstrecke OP mit den beiden Augenpupillen als Perspektivitätszentren.

Man kann nun zwei ebene **Halbbilder** des räumlichen Objektes herstellen, die die Bildstrecken $O_l'P_l'$, bzw. $O_r'P_r'$ enthalten. Ordnet man diese Bilder im Abstand a vor den Augen in der nach Bild 6.4.5 gegebenen Lage an, so verschmelzen die beiden Bildeindrücke zu einem **Raumbild**, das den Gegenstand räumlich in der gleichen Lage zeigt, die er bei der Bildherstellung einnahm. Der die Raumbild-

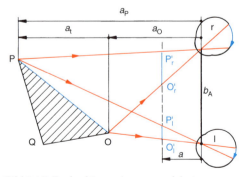

Bild 6.4.5 Beobachtung eines ausgedehnten Objektes mit beiden Augen. r, l rechtes und linkes Auge im Abstand b_A. $O_r'P_r'$ und $O_l'P_l'$ stereoskopische Halbbilder der Objektstrecke OP

entstehung bewirkende Unterschied beider Halbbilder wird dabei durch die **stereoskopische Parallaxe** p (für die betrachteten Punkte O und P) ausgedrückt:

$$p = O_r'P_r' - O_l'P_l'; \quad p = P_l'P_r' - O_l'O_r'$$

(Gl. 6.4.8)

Definition der stereoskopischen Parallaxe als Abstandsdifferenz zugeordneter Bildpunkte

Bei einer gegenüber der Entfernung a_O kleinen Tiefenausdehnung a_t des Objektes erhält man

$$p \approx \frac{b_A}{a_O^2} \cdot a_t \cdot a \quad\quad\text{(Gl. 6.4.9)}$$

stereoskopische Parallaxe.

Da die stereoskopische Parallaxe die Genauigkeit der Tiefenwahrnehmung bestimmt, ergibt sich:

> ! Bei gegebener Tiefenausdehnung a_t des Objektes kann die Tiefenwahrnehmung durch Vergrößern der Basis b_A gesteigert werden. Die Fähigkeit zur Tiefenunterscheidung nimmt quadratisch mit der Objektentfernung a_O ab.

Die beiden **Halbbilder,** die zusammen ein **Stereobild** ergeben, werden i.Allg. fotografisch hergestellt. Stereobilder einfacher Körper können aber auch dann gezeichnet werden, wenn der räumlich darzustellende Körper gar nicht wirklich vorhanden ist. Durch rechnergesteuerte Zeichenmaschinen (Plotter) können dabei Halbbildpaare mit einer für jeden Punkt durch das Rechnerprogramm bestimmten stereoskopischen Parallaxe automatisch gezeichnet werden.

Zur **fotografischen Stereobildaufnahme** können bei ruhenden Objekten 2 Bilder zeitlich nacheinander mit einer normalen Kamera aufgenommen werden, wobei die Kamera zwischen den Aufnahmen seitlich verschoben wird, z.B. mit Hilfe eines Trägerschlittens um den Augenabstand b_A. Natürlich kann auch eine **Basis** $b > b_A$ gewählt werden. Dies wird vor

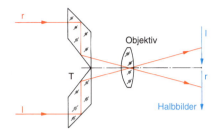

Bild 6.4.6 Stereoaufnahme mit Strahlenteilervorsatz. T geometrischer Strahlenteiler

allem bei **Luftbildaufnahmen** ausgenutzt, bei denen wegen großer Aufnahmehöhe a_O auch eine große Basis b entsprechend der Flugstrecke zwischen 2 Aufnahmen verwendet wird. Bei bewegten Objekten müssen beide Aufnahmen gleichzeitig erfolgen. Das ist durch Verwendung eines **Strahlenteiler-Vorsatzes** möglich, der vor dem Objektiv angebracht wird und eine Aperturteilung ergibt (Bild 6.4.6). Durch Anwendung eines Linsenrasters aus Zylinderlinsen vor der Filmebene in Verbindung mit einem entsprechenden Stereovorsatz können die beiden Halbbilder auch linienförmig ineinander verschachtelt werden, d.h. jedes Halbbild ist in schmale Streifen zerlegt, in deren Zwischenräumen das andere Halbbild liegt. Eine einfache Herstellung von Stereobildern wird mit einer **Doppelkamera** ermöglicht, die 2 Objektive und gleichzeitig ausgelöste Verschlüsse enthält.

Für eine besonders große Basis b sind bei **Stereomesskameras** 2 Einzelkameras an den Enden eines Basisrohrs angebracht, die ebenfalls synchron eingestellt und ausgelöst werden.

Die beiden nach einem der vorgenannten Verfahren aufgenommenen Halbbilder müssen nun mit Hilfe von **Bildtrennungsverfahren** wiedergegeben werden.

Man sieht ein Raumbild, wenn die parallaktisch verschiedenen Halbbilder durch die beiden Augen getrennt betrachtet werden. Diese Bildtrennung kann durch folgende Verfahren erreicht werden:

a) Die beiden Halbbilder sind räumlich getrennt (meist nebeneinander) angeordnet und werden durch einfache **Betrachtungsgeräte** beiden Augen dargeboten. Die Abmessungen fertig montierter Stereobilder sind in DIN 453 1–2 genormt.

b) Die beiden Halbbilder sind linienförmig ineinander verschachtelt und werden durch ein **Linsenraster** den beiden Augen getrennt zugeführt.

c) Die räumlich nicht getrennten Halbbilder unterscheiden sich durch ihre Farbe und werden durch Farbfilterbrillen getrennt **(Anaglyphenbilder).**

d) Die räumlich nicht getrennten Halbbilder unterscheiden sich durch die **Polarisationsrichtung** und werden durch Polarisationsfilterbrillen getrennt.

Bei der **Bildtrennung durch Linsenraster** sind die beiden Halbbilder in 2 Liniengruppen enthalten (Bild 6.4.7 a); die Objektbene fällt mit der Brennebene eines Zylinderlinsenrasters zusammen. Durch die Zylinderlinsen werden die beiden Liniengruppen in getrennte Richtungen abgebildet, in denen die beiden Augen liegen. Ein Drehen des Linsenraster-Stereobildes um 90° (Rasterlinien parallel zur Augenbasis) beseitigt das Raumbild; man sieht ein völlig flaches Bild. Durch das Linsenrasterverfahren kann man Raumbilder mäßiger Qualität ohne Benutzung einer Bildtrennungsbrille erhalten.

a)

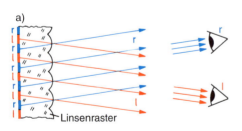

Linsenraster

b)

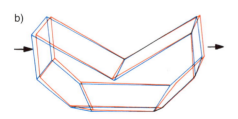

Bild 6.4.7 a) Bildtrennung durch Linsenraster. Links streifenförmig ineinandergeschachtelte Halbbilder, b) positives Anaglyphenbild eines Prismensystems (nach [1.4])

Das Linsenraster wird als geprägte Kunststofffolie billig hergestellt. Die Halbbilder können in natürlichen Farben ausgeführt sein.

Das **Anaglyphenverfahren** (DIN 6170-1) arbeitet mit Halbbildern in verschiedenen, durch Filter trennbaren Farben (Rot und Grün/Blau). Sie können in diesen Farben auf der gleichen Vorlage gezeichnet oder gedruckt sein (Bild 6.4.7b). Weiterhin können 2 schwarzweiße Halbbilder durch 2 Projektoren unter Vorschalten eines Rot- und eines Blaufilters auf die gleiche Bildwand projiziert werden. Die dort überlagerten Halbbilder werden nun durch eine Filterbrille mit einem Blaufilter (vor dem rechten Auge) und einem Rotfilter (vor dem linken Auge) betrachtet. Unter Berücksichtigung der Hintergrundhelligkeit ergeben sich folgende Arten von Anaglyphenbildern:

a) **Positives Anaglyphenbild:**
Die farbigen Halbbilder liegen auf einer hellen Vorlage (weißes Papier) oder Bildwand. Das Raumbild soll sich dunkel vom hellen Umfeld abheben. Deshalb muss die von jedem Halbbild ausgehende Strahlung durch das zugehörige Farbfilter absorbiert werden. Also wird für die rechte Seite ein rotes Halbbild mit blauem Farbfilter verwendet. Das blaue Halbbild (links) wird durch das Blaufilter nicht gesehen, weil es in dem ebenfalls blau erscheinenden Umfeld untergeht.

b) **Negatives Anaglyphenbild:**
Die farbigen Halbbilder erscheinen auf dunklem Hintergrund (z.B. bei Stereo-Projektion von 2 getrennten Dias). Dann muss sich auch das Raumbild hell vom dunklen Umfeld abheben. Deshalb werden der rechten Seite ein blaues Halbbild und ein Blaufilter zugeordnet. Das rote Halbbild geht dann durch Absorption im dunklen Umfeld unter.

Die **Bildtrennung durch Polarisation** wird vor allem bei der Stereoprojektion angewendet. Sie ist das vollkommenste Verfahren, weil sie im Gegensatz zum Anaglyphenverfahren auch die Betrachtung farbiger Raumbilder ermöglicht. Die beiden Halbbilder werden durch 2 Projektoren unter Vorschalten je eines Polarisationsfilters auf die gleiche Bildwand projiziert.

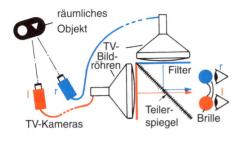

Bild 6.4.8 Stereoskopische Fernsehübertragung: Überlagerung beider Bilder durch den Teilerspiegel, Bildtrennung durch Färb- oder Polarisationsfilter.

Die beiden Polfilter stehen zueinander gekreuzt. Der Beobachter trägt eine Brille mit ebenfalls gekreuzten Polfiltern. Damit wird die Strahlung des rechten Halbbildes durch die rechte Polfilterfolie durchgelassen, die des linken Halbbildes absorbiert. Damit eine Depolarisation des Projektorlichts an der Bildwand vermieden wird, muss die Bildwand metallisiert sein (keine weiße diffus streuende Fläche).

Eine Fernsehübertragung stereoskopischer Bilder ist vor allem nach dem Linsenraster- und dem Anaglyphenverfahren prinzipiell möglich. Ein einfaches, mit 2 Bildschirmen arbeitendes **Stereo-TV-Verfahren** für Kurzstrecken-Übertragung (z.B. Überwachung von Versuchsanlagen im Laboratorium) zeigt Bild 6.4.8. Vor den Bildschirmen sind Farb- oder Polarisationsfilter angebracht. Die beiden Halbbilder werden über einen Teilerspiegel zusammengeführt und durch Farbfilter- oder Polfilterbrillen für die beiden Augen getrennt.

6.5   Lupen und Okulare

Lupen werden zur Unterstützung der unmittelbaren visuellen Beobachtung verwendet. Will man ein reelles Objekt oder ein reelles Bild unter möglichst großem Sehwinkel beobachten, so muss man das Auge auf kleinen Abstand heranbringen. Ist der Abstand aber kleiner als die Bezugssehweite, so sieht man das Objekt unscharf, denn die Akkommodationsfähigkeit des Auges reicht nicht aus. Die zusätzliche Brechkraft der Lupe ermöglicht dann ein scharfes Sehen aus

geringem Abstand. In diesem Sinne wirkt die Lupe ähnlich wie eine Brille für Weitsichtige.

Eine Übersicht der Lupenarten, optische Kenngrößen und Normwerte für Lupenvergrößerungen gibt EN ISO 15 253. Diese Norm verwendet nur noch den Begriff **Lupen**; die früher übliche Unterscheidung zwischen stark vergrößernden Lupen mit kleinem Sehfeld und schwach vergrößernden Lesegläsern mit großem Sehfeld wurde aufgegeben. Die meist aus 2 oder mehr Linsen zusammengesetzten Lupen, mit denen man das reelle Zwischenbild optischer Geräte, z.B. Fernrohre und Mikroskope, vergrößert betrachtet, heißen **Okulare**, 2-stufig abbildende, als **Fernrohrlupen** bezeichnete Systeme werden nicht behandelt.

6.5.1   Vergrößerung und Bauarten der Lupen

Um einen großen Sehwinkel für eine Objektstrecke y zu erzielen, wird der Gegenstand möglichst dicht an das Auge gebracht. Allerdings ist hier eine Nahgrenze durch die Bezugssehweite gegeben (Nahakkomodation). Man setzt daher Lupen ein, die ein größeres, virtuelles, aufrechtes Bild des Objekts in der Entfernung p vom Auge liefern. Die **Vergrößerung der Lupe** wird nach der Definitionsgleichung Gl. 1.4.7 berechnet. Für die Betrachtung ohne Lupe wählt man normgemäß als Abstand Auge – Objekt die Bezugssehweite $a_s = -250$ mm. Also ist $\tan\omega = -y/a_s$.

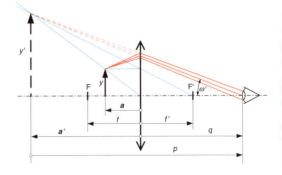

Bild 6.5.1 Vergrößerung mit einer Lupe

Für die Betrachtung des virtuellen Bildes ergibt sich aus Bild 6.5.1 $\tan \omega' = y'/p$. Die Vergrößerung Γ' der Lupe wird demnach allgemein unter Verwendung von Gl. 1.4.14, $\beta' = (f' - a')/f'$:

$$\Gamma' = \frac{\tan \omega'}{\tan \omega} = \frac{y'}{p} \cdot \frac{a_s}{-y} = -\beta' \cdot \frac{a_s}{p}$$
$$= -a_s \cdot \left(\frac{1}{p} - \frac{q}{p \cdot f'} + \frac{1}{f'} \right) \qquad \text{(Gl. 6.5.1)}$$

Die Vergrößerung der Lupe ist also keine Konstante: Sie hängt von den Beobachtungsparametern p und q ab. Dabei sind folgende spezielle Fälle wichtig:

1. Das Auge ist entspannt, wenn das Objekt nach ∞ abgebildet wird, also $p \to \infty$ geht. Das ist der Fall, wenn y in der objektseitigen Brennebene der Lupe liegt. Mit $p \to \infty$ folgt aus Gl. 6.5.1 die **Normalvergrößerung** nach EN:

$$\Gamma' = M = \frac{-a_s}{f'} \qquad \text{(Gl. 6.5.2)}$$

Eine Lupe mit $f' = 62,5$ mm hat demnach die Normalvergrößerung $\Gamma' = M = 4$. Das Formelzeichen M steht für Magnification.

2. Um eine besonders starke Vergrößerung zu erreichen, kann man das Auge direkt an die Lupe bringen. In diesem Fall ist $q = 0$ und Gl. 6.5.1 geht über in:

$$\Gamma' = -a_s \cdot \left(\frac{1}{p} + \frac{1}{f'} \right) \qquad \text{(Gl. 6.5.3)}$$

3. Die maximal mögliche Vergrößerung erhält man, wenn man das Bild y' in 250 mm Entfernung betrachtet und das Auge direkt an der Lupe anliegt. In diesem Fall wird $p = -a_s$ und Gl. 6.5.3 wird zu

$$\Gamma' = M_{\text{trade}} = 1 - \frac{a_s}{f'} = 1 + M \qquad \text{(Gl. 6.5.4)}$$

Die **Handelsvergrößerung** M_{trade} soll nach der Norm bei Produkten nicht mehr angegeben werden. Beim Kauf von Lupen ist aber auf den

Unterschied zwischen M und M_{trade} zu achten, da Importware oft den größeren Wert angibt.

> **Beispiel**
> Für eine Lupe mit $f' = 250$ mm soll M, M_{trade} sowie Γ' bei $q = 100$ und $p = -a_s$ berechnet werden.
> *Lösung*
> $M = 1$; $M_{\text{trade}} = 2$; $\Gamma' = 1,6$

Bei Lupen steigt der Aufwand für die Korrektur der Abbildungsfehler mit zunehmender Vergrößerung und dem Wunsch nach gleichzeitig großem Bildfeld, was einen großen Lupendurchmesser erfordert.

Einfache Lupen (Lesegläser) bestehen aus nur einer Plan- oder Bikonvexlinse. Asphärische Linsen, meist aus Kunststoff gespritzt, sind bei großem Sehfeld auch bis zu Vergrößerungen von ca. 5 brauchbar. **Achromatische Lupen** aus 2 verkitteten Linsen sind für hohe Vergrößerungen bis über 16 bei nur kleinem Bildfeld lieferbar. **Aplanatische Lupen** werden am meisten verwendet. Bei ihnen ist der Öffnungsfehler und häufig auch der Farbfehler korrigiert. Sie weisen einen recht unterschiedlichen Aufbau aus 2 oder 3 Linsen auf. **Anastigmatische Lupen** mit 4 und mehr Linsen sind wegen der Behebung des Astigmatismus zur Abbildung größerer Felder bei starker Vergrößerung geeignet.

Messlupen sind aplanatische Lupen mit $M = 6 \dots 10$ und einer schneidenförmigen Skalenplatte oder auswechselbaren Messplatten im Fuß. Die Skalen oder Teilungen (Quadratnetz, Winkel, Radien usw.) werden unmittelbar auf die Objektfläche aufgesetzt. Messfehler durch eine geringe Abstandsdifferenz zwischen Objektfläche und Teilung kann man durch eine Blende in der Brennebene F' vermeiden. Bei dieser **telezentrischen Messlupe** (Abschnitt 3.6) befindet sich das Auge dann dicht hinter der Blende. Anwendung zur Pupillenmessung zeigt Abschnitt 9.4.

6.5.2 Okulare

Hier sollen nur einige Grundeigenschaften der Okulare angegeben werden, da immer eine Anpassung an den Verwendungszweck (z.B. im Fernrohr oder Mikroskop) notwendig ist. Okulare sind Lupensysteme zur vergrößerten Betrachtung des reellen Zwischenbildes in optischen Geräten. Sie werden durch ihre **Normalvergrößerung** gekennzeichnet. Ein Okular mit $f'_{Ok} = 31,25$ mm z.B. hat die Normalvergrößerung $M = 8$, Angabe auf dem Okular: 8×.

Okulare bestehen aus 2 Komponenten: der Feldlinse (1) in Bild 6.5.2 a) und der Augenlinse (2). Da das vom Objektiv entworfene Zwischenbild durch die Augenlinse des Okulars weiter abgebildet wird, ist zur Anpassung beider Stufen nach Abschnitt 3.7 eine Feldlinse erforderlich, die auch **Kollektivlinse** genannt wird. Die Feldlinse wird in das Okular einbezogen. Weil man das Zwischenbild durch eine Blende scharf begrenzen oder in seiner Ebene eine Strichplatte mit Messteilung anbringen will, muss die Feldlinse vor oder hinter der Zwischenbildebene stehen. Damit sind 2 Bautypen der Okulare möglich. Bei dem **Huygens-Okular** von Bild 6.5.2 a) ist das Zwischenbild von Feld- und Augenlinse eingeschlossen. Strichplatten sind in das Okular fest eingebaut und werden mit ihm zusammen ausgewechselt. Beim **Ramsden-Okular** von Bild 6.5.2 b) liegt das Zwischenbild vor der Feldlinse; Blende und Strichplatte sind leicht zugänglich und können unabhängig vom Okular gewechselt werden.

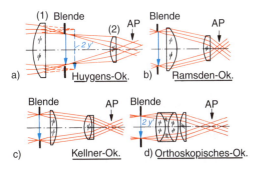

a) Huygens-Ok. b) Ramsden-Ok.

c) Kellner-Ok. d) Orthoskopisches-Ok.

Bild 6.5.2 Bautypen von Okularen

Als Kenngröße für das zu überblickende Zwischenbildfeld, das «okulare Sehfeld» gibt man den **Sehfelddurchmesser** $2y'$ in mm an; man nennt diesen Zahlenwert auch **Sehfeldzahl**. Beim Ramsden-Typ ist $2y'$ gleich dem Blen-

dendurchmesser D_{Bl}. Beim Huygens-Typ dagegen wird der Sehfelddurchmesser

$$2y' = D_{BL} \cdot \frac{f'_{Ok}}{f'_2} \qquad \text{(Gl. 6.5.5)}$$

mit f'_{Ok} = Okularbrennweite und f'_2 = Brennweite der Augenlinse. Bei diesem Okulartyp wirkt die Feldlinse bei der Abbildung des Zwischenbildes mit. Nach Bild 6.5.2 a) ist der Durchmesser $2y'$ des nur vom Objektiv entworfenen Zwischenbildes größer als der Blendendurchmesser. Dies ist auch zu berücksichtigen, wenn man mit einer Skala in der Blendenebene Messungen am Zwischenbild vornimmt. Der vom Auge zu übersehende Bildfeldwinkel $2\omega'$ ergibt sich mit dem Zwischenbildradius y' aus der Gleichung:

$$\tan \omega' = \frac{y'}{f'_{Ok}} \qquad \text{(Gl. 6.5.6)}$$

Das Okular hat als Gesamtsystem noch die Aufgabe, den Anschluss an die nächste Abbildungsstufe, das Auge oder die Kamera, herzustellen. Um eine Beschneidung des Sehfeldes zu vermeiden, muss das Okular die Objektivpupille in die Augen- oder Kamerapupille abbilden; es wirkt also insgesamt als Feldsystem. Die Austrittspupille des Gesamtsystems liegt um den Betrag s'_{AP} hinter der Augenlinse. Nach DIN 58 381 sollte s'_{AP} bei direkter Beobachtung Werte von 8...16 mm annehmen. Ist $s'_{AP} \geq 16$ mm und wird das Sehfeld auf höchstens 90% des Normalwertes begrenzt, ist das Okular für Brillenträger geeignet. **Negativokulare**, wie sie bei Galilei-Fernrohren (Abschnitt 6.6.2) verwendet werden, besitzen eine virtuelle Austrittspupille, hier ist das Bildfeld unscharf begrenzt und der Einsatz von Marken nicht möglich.

Für die Bildqualität bei Okularbeobachtung ist der Korrekturzustand des Okulars wesentlich. Dabei kommt es nicht auf ein möglichst fehlerfrei abbildendes Okular an, sondern auf die optimale Abstimmung von Objektiv und Okular. Die vom Objektiv verursachten Abbildungsfehler im Zwischenbild können durch das Okular kompensiert werden. Für die Kompensation des Farbvergrößerungsfehlers des Objektivs ist die Bezeichnung «Kompensationsokular» üblich.

Der Farbvergrößerungsfehler einfacher Huygens- und Ramsden-Okulare lässt sich korrigieren, wenn sie zusammen mit achromatischen Objektiven verwendet werden sollen. Die Korrektionsanweisung von Gl. 2.6.11 gilt allerdings nur dann exakt, wenn der Abstand Okular–Objektiv groß gegen die Okularbrennweite ist. Für Huygens-Okulare mit der Feldlinse L_1 und der Augenlinse L_2 wählt man $f_1' \approx 2 f_2'$, dann wird $e = 1{,}5\, f_2'$. Beim Ramsden-Okular gilt $f_1' \approx f_2'$ und man macht $e < f_2'$, damit das Zwischenbild vor der Feldlinse liegt.

Es sollen noch 2 zum Ramsden-Bautyp zu rechnende Okulare verbesserter Korrektion aufgeführt werden: Das **Kellner-Okular** von Bild 6.5.2 c) hat eine verkittete Augenlinse. Beim **orthoskopischen Okular** von Bild 6.5.2 d) sind Feld- und Augenlinse nicht mehr getrennt erkennbar. Dieses Okular wird wegen seiner geringen Verzeichnung zum Messen verwendet. Weiterhin werden komplizierter aufgebaute Okulare mit 6 oder mehr Linsen insbesondere für die hohen Korrektionsansprüche bei den großen Bildfeldwinkeln der Fernrohrokulare gebaut.

Beispiel

Ein 2-linsiges Huygens-Okular für ein Fernrohr soll die Normalvergrößerung 8× erhalten. Die Linsen bestehen aus gleichem Glas und werden als dünn angenommen. Die Eintrittspupille soll 500 mm vor dem Okularbrennpunkt F liegen.

Gesucht sind:

a) Brennweiten und Abstand e der beiden Okularlinsen,

b) Lage der Brenn- und Hauptpunkte des Okulars,

c) Lage der Zwischenbildebene, in der die Blende angebracht werden muss,

d) Abstand der Austrittspupille von der Augenlinse des Okulars.

Lösung

a) Bei $M = 8$ muss $f' = 31{,}25$ mm für das gesamte Okular sein. Aus der Verknüpfung von f_1', f_2' und e beim Huygens-Oku-

---

lar folgt mit Gl. 2.5.14 und $f_1' \approx 2 f_2'$ die Brennweite $f_1' = 46{,}8$ mm, $f_2' = 23{,}4$ mm und $e = 35{,}1$ mm

b) Aus Gl. 2.5.15 und Gl. 2.5.16 ergeben sich $H_1 H = 2 f_2'$ und $H_2' H' = -f_2'$. Zusammen mit f' sind dann die Brennpunktlagen bekannt

c) Da nach ∞ abgebildet werden soll, fällt die Zwischenbildebene mit F_2 zusammen

d) Für das Okular ergibt sich der Abstand Eintrittspupille–Hauptpunkt H zu $a = -531{,}25$ mm, also ergibt die Abbildungsgleichung Gl. 1.4.17 $a' = 33{,}3$ mm. Damit liegt die Austrittspupille nur $a' - f_2' = 2$ mm hinter der Augenlinse und ist für das Auge schlecht zugänglich. Eine Verbesserung wird durch Abweichen von der Bedingung $f_1' \approx 2 f_2'$ erzielt.

6.6   Fernrohre

Mit Fernrohren werden Objekte beobachtet oder anvisiert, an die der Beobachter aus unterschiedlichen Gründen nicht zur direkten Nahbeobachtung gelangen kann. Die beiden wesentlichen Komponenten eines Fernrohrs sind ein Objektiv der Brennweite f_{Ob}' und ein Okular der Brennweite f_{Ok}'. Im Normalfall ist $f_{Ob}' \ll |a|$; das Objektiv bildet das Objekt stark verkleinert ab. Dieses Zwischenbild sieht man durch das Okular unter einem größeren Sehwinkel, als das bei der Beobachtung ohne Fernrohr der Fall wäre.

DIN 58 381 und 58 385 geben eine Übersicht über Begriffe, Arten und Benennungen bei Fernrohren sowie eine Einteilung nach dem Verwendungszweck und nach Eigenschaften:

1. Fernrohre zum Beobachten von terrestrischen Objekten, **Erdfernrohre**
2. Fernrohre zum Beobachten von astronomischen Objekten, **astronomische Fernrohre**
3. Fernrohre für Sonderzwecke. Hierzu gehören alle Fernrohre für das Vermessungswesen, **Ziel- und Richtfernrohre**, Fernrohre für technische Mess- und Prüfaufgaben.

DIN 58 386 legt die optischen Kenngrößen für Beobachtungs-, Ziel- und Prüffernrohre fest. Messverfahren zur Bestimmung dieser Kenngrößen sind in DIN 58 388 und 58 389 angegeben.

6.6.1   Aufbau und Kenngrößen

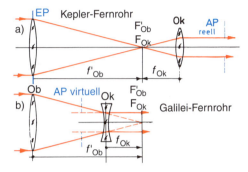

Bild 6.6.1 Linsenfernrohre: Abbildung eines auf der Achse im ∞ liegenden Objektpunkts

Bild 6.6.1 zeigt den **Grundaufbau von Fernrohren** mit Positiv- oder Negativokular. In beiden Fällen ist die Ausgangseinstellung ein **afokales System** nach Abschnitt 2.5.3.3; für $a \to \infty$ geht auch $a' \to \infty$, das Auge ist auf ∞ akkommodiert. Demgemäß wird $F'_{OB} = F_{Ok}$ und damit $e = f'_{Ob} + f'_{Ok}$. Das Objektiv entwirft beim Positivokular ein reelles, beim Negativokular ein virtuelles Zwischenbild. Als Objektive werden häufig einfache Achromate verwendet. Eine Übersicht über Positivokulare zeigt Bild 6.5.2. Zur Einstellung auf geringe Objektabstände wird entweder der Abstand Objektiv–Okular durch einen **Tubusauszug** vergrößert, oder es erfolgt **Innenfokussierung** durch eine verschiebbare Zwischenlinse nach Bild 6.6.9. Als «unendlich ferne» Objektlage kann je nach den Anforderungen $|a| > 100 \cdot f'_{Ob}$ bis $|a| > 1000 \cdot f'_{Ob}$ gelten.

Die **Vergrößerung** Γ'_F des Fernrohrs ist definitionsgemäß $\Gamma'_F = \tan\omega'/\tan\omega$, wobei ω' der Feldwinkel mit und ω der Feldwinkel ohne Fernrohr ist. Im Normalfall wird das Objekt in großer Entfernung betrachtet ($a \to -\infty$); das Bild soll zur Schonung der Augen im Unendlichen entworfen werden. Befindet sich die Feldlinse wie in Bild 6.6.2 etwa am Ort des Zwischenbildes, so gilt:

$$\tan\omega = -\frac{y'}{f'_{Ob}} \quad \text{und} \quad \tan\omega' = \frac{y'}{f'_{Ok}} \qquad \text{(Gl. 6.6.1)}$$

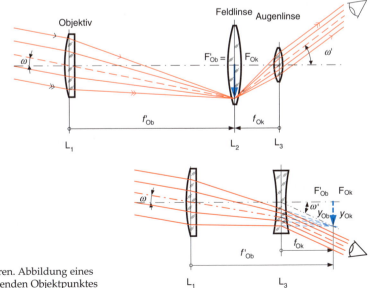

Bild 6.6.2
Vergrößerung von Fernrohren. Abbildung eines seitlich der Achse im ∞ liegenden Objektpunktes

Damit wird die Normalvergrößerung des Fernrohrs

$$\Gamma'_{F\infty} = -\frac{f'_{Ob}}{f'_{Ok}} \qquad \text{(Gl. 6.6.2)}$$

In der mikroskopischen Praxis wird meist die Objektivvergrößerung Γ'_{Ob} nach Gl. 6.1.1 und die Normalvergrößerung $\Gamma'_{Ok} = -a_s/f'_{Ok}$ des Okulars angegeben. In diesem Fall gilt

$$\Gamma'_{F\infty} = \Gamma'_{Ob} \cdot \Gamma'_{Ok} \qquad \text{(Gl. 6.6.3)}$$

Am Vorzeichen in Gl. 6.6.2 erkennt man, dass sich beim Positivokular ($f'_{Ok} > 0$) ein umgekehrtes Bild ergibt. Bild 6.6.2 zeigt die Vergrößerungswirkung bei afokaler Einstellung. Wesentlich beim Positivsystem ist der Einsatz der Feldlinse. Ohne sie würde das schiefe Bündel nach dem Zwischenbild ungebrochen weiterlaufen und an der Augenlinse vorbei gehen. Beim Negativsystem kann wegen des virtuellen Zwischenbildes keine Feldlinse verwendet werden. Der Durchmesser des Okulars muss daher groß sein, was zu starken Abbildungsfehlern führt.

Als Eintrittspupille EP wirkt, falls keine internen Blenden stören, die Fassung des Objektivs. Sie wird durch ein Positivokular als Austrittspupille AP reell hinter dem Okular abgebildet. Dann ergibt sich aus Bild 6.6.1 a) $D_{EP}/f'_{Ob} = D_{AP}/f_{Ok}$ und damit

$$\Gamma'_{F\infty} = -\frac{f'_{Ob}}{f'_{Ok}} = \frac{D_{EP}}{D_{AP}} \qquad \text{(Gl. 6.6.4)}$$

Das Ergebnis stimmt auch vorzeichenrichtig, da bei reeller Abbildung $D_{AP} < 0$ ist. Gl. 6.6.4 entspricht der Vergrößerungsdefinition von DIN 58 386. Sie zeigt einen bequemen Weg zur Bestimmung der Fernrohrvergrößerung: Vor dem Objektiv wird eine Blende mit bekanntem D_{EP} angebracht und dann D_{AP} gemessen.

Für die Beurteilung eines Fernglases bei schlechten Lichtverhältnissen (Dämmerungssehen) spielen die Eigenschaften des Auges eine wesentliche Rolle. Durch Reihenuntersuchungen hat man festgestellt, dass ein Fernglas eine umso bessere **Dämmerungsleistung** hat, je größer die **Dämmerungszahl** Z_D ist.

$$Z_D = \sqrt{|\Gamma'_{F\infty}| \cdot \frac{D_{EP}}{\text{mm}}} \qquad \text{(Gl. 6.6.5)}$$

Für ein Fernglas mit $|\Gamma'_{F\infty}| = 8$ und $D_{EP} = 30$ mm ergibt sich $Z_D = 15,5$. Ein Glas mit hoher Dämmerungsleistung bringt bei Tag keine Vorteile. Eine große EP bedingt bei fester Vergrößerung nach (Gl. 6.6.4) auch eine große AP. Da die Augenpupille bei Helligkeit auf 2 mm Durchmesser abblendet, wirkt sie als Öffnungsblende und beschneidet, wie in Bild 3.2.5 gezeigt, das aus dem Fernglas kommende breite Bündel.

Nach Abschnitt 3.3.3 kann das **Sehfeld** entweder durch den Feldwinkel 2ω oder durch den Felddurchmesser in 1000 m Abstand angegeben werden. Die scharfe Begrenzung des Feldes wird bei Positivokularen durch eine Feldblende mit dem Durchmesser D_{Luke} in der Zwischenbildebene, also bei $F'_{OB} = F_{Ok}$, erreicht. Der Feldwinkel 2ω ist damit festgelegt durch $\tan\omega = D_{Luke}/(2 f'_{Ob})$.

Für terrestrische Beobachtungsfernrohre, z.B. Feldstecher, werden als wichtigste Kenngrößen $|\Gamma'_{F\infty}|$, D_{EP} und das Sehfeld in 1000 m Entfernung angegeben, z.B. 8 × 30, 120 m/km. Das Objektfeld 120 m/km entspricht einem Feldwinkel $2\omega \approx 6,9°$.

Erscheinen 2 leuchtende Objektpunkte von der Eintrittspupille des Fernrohrs aus gesehen unter einem Winkel, der größer als der Beugungswinkel für das 1. Minimum nach Gl. 1.2.8 ist, so werden sie von einem gut korrigierten Objektiv noch aufgelöst (Abschnitt 6.1.2). Das Auge kann sie aber erst als getrennt erkennen, wenn sie unter einem Winkel ω' von etwa 2′ erscheinen (Bild 4.5.5). Es muss daher $\sin\beta_{1,min} \cdot |\Gamma'_F| \geq 2′$ sein. Setzt man in Gl. 1.2.8 $\sin\beta \approx \beta$ und wählt die Wellenlänge 555 nm, so gilt $(1,22 \cdot 555 \cdot 10^{-6}\ \text{mm}/D_{EP}) \cdot |\Gamma'_F| = (2/60)° \cdot \pi/180°$.

Daraus folgt für die Grenze der **förderlichen Vergrößerung** $|\Gamma'_F| \approx 0,86\ D_{EP}/\text{mm}$, also

$$|\Gamma'_F| \approx \frac{D_{EP}}{\text{mm}} \qquad \text{(Gl. 6.6.6)}$$

Bei dieser Vergrößerung wird $D_{AP} = D_{EP}/\Gamma'_F = 1$ mm. Oberhalb der durch Gl. 6.6.6 gegebenen Grenze erhält man eine **leere Vergröße-**

rung, d.h., das Bild erscheint zwar größer, lässt aber keine feineren Details erkennen, weil sie ja durch das Objektiv nicht aufgelöst werden. Selbstverständlich geht es hier nur um eine Abschätzung, die aber die Grenze der sinnvollen Vergrößerung erkennen lässt.

6.6.2 Beobachtungsfernrohre

Astronomische Fernrohre benötigen keine Bildaufrichtung; die Grundanordnung ist das mit einem Positivokular ausgestattete **Kepler-Fernrohr** nach Bild 6.6.1 a). Als Objektive werden meist 2-linsige Achromate und bei hohen Ansprüchen 3-linsige Apochromate mit einem Durchmesser D_{EP} bis ca. 1 m verwendet. Mit **Spiegelteleskopen** erhält man größere Durchmesser und gleichzeitig Freiheit von Farbfehlern.

Spiegel erfordern höhere Oberflächengenauigkeit als Linsenflächen und sind damit besonders empfindlich gegenüber Temperaturänderungen. Das Trägermaterial soll daher einen besonders geringen Ausdehnungskoeffizienten besitzen, meist wird Glaskeramik (Abschnitt 2.1.5) gewählt. Sehr große Spiegel sind aus Segmenten wabenartig zusammengesetzt. Hinter jedem Segment sitzen Aktoren, die seine Position und in geringem Umfang auch die Spiegelkrümmung festlegen. Die Aktoren werden von Rechnern gesteuert, deren Programm – die **adaptive Regelung** – die Abbildungsqualität trotz Ausdehnung und mechanischer Instabilität optimiert.

Ein **Erdfernrohr** muss aufrechte Bilder liefern. Für Vergrößerungen bis maximal 3× genügt das **Galilei-Fernrohr** (Bild 6.6.1 b), dessen Austrittspupille jedoch virtuell und für das Auge nicht zugänglich ist. Sie wirkt deshalb wie ein Schlüsselloch, das Sehfeld ist unscharf begrenzt und relativ klein. Größter Vorteil des Galilei-Fernrohrs ist seine geringe Baulänge bei einfachem Aufbau. Galilei-Systeme werden bei Theatergläsern und Fernrohrbrillen für Sehbehinderte eingesetzt.

Bei **Kepler-Fernrohren** ist eine Bildaufrichtung durch Umkehrsysteme (Abschnitt 2.2.4) nötig. Alle als **Ferngläser** oder **Feldstecher** bekannten binokularen Handfernrohre und monokulare **Spektive** sind so aufgebaut. Die

Baulänge wird gegenüber dem astronomischen Fernrohr durch Faltung des Strahlengangs und die Tatsache, dass der optische Weg in Glas um den Faktor n kürzer ist als in Luft, wesentlich reduziert.

Die Bildaufrichtung ist auch mit **Umkehrsystemen**, d.h. durch eine zusätzliche reelle Zwischenabbildung, möglich. Das vergrößert die Baulänge beträchtlich, was aber beim Einsatz langer Rohre, etwa bei Sehrohren, erwünscht sein kann. Die fehlende Faltung erlaubt eine präzise Einhaltung der optischen Achse, was bei Zielfernrohren Voraussetzung ist. Bei diesen Fernrohren folgen auf das Objektiv in der Nähe seiner Bildebene eine Feldlinse, anschließend das Umkehrsystem und das Okular mit Feldlinse. Der Abbildungsmaßstab des Umkehrsystems ist häufig, aber nicht immer, $\beta'_U = -1$, die Umkehrlinse im einfachsten Falle ein für diesen Abbildungsmaßstab berechneter Achromat. Bei geringer Linsendicke wird dann die Baulänge um ca. $4 f'_U$ verlängert.

Ein **Vario-Fernrohr** mit veränderlicher Vergrößerung erhält man, wenn man das Umkehrsystem gemäß Bild 6.4.3 in 2 Linsenglieder (2) und (3) aufspaltet: dann entspricht (1) dem Fernrohrobjektiv, (4) der Okularlinse. Die Feldlinsen in den Zwischenbildebenen sind nicht gezeichnet.

6.6.3 Kollimatoren und Autokollimationsfernrohre

Justier- und Kontrollarbeiten erfordern die Feststellung von Winkeldifferenzen zwischen Achsen oder Flächen, d.h. eine **Richtungsprüfung**. Man kann sie mit Kollimatoren und Fernrohren ausführen. Ein **Kollimator** (Bild 6.6.3 a) ist ein Projektor, der eine Strichplatte mit einer beleuchteten Marke M_K, z.B. ein Fadenkreuz, nach ∞ abbildet. Deshalb liegt M_K in der Brennebene F_K des Objektivs Ob_K. Wird nun mit einem auf ∞ eingestellten Fernrohr beobachtet, so entwirft das Fernrohrobjektiv Ob_F ein Markenbild M'_K in seiner Brennebene F'_F. Bringt man hier noch eine Strichplatte mit einer Marke M_F an, so werden M'_K, z.B. das Fadenkreuzbild, und M_F, z.B. eine Skala, durch das Okular in gleicher Ebene parallaxenfrei scharf gesehen. Damit kann man Richtungs-

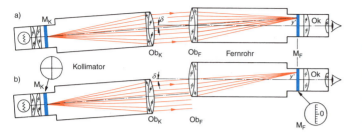

Bild 6.6.3
Zusammenwirken von
Kollimator und Fernrohr:
a) Richtungsdifferenz,
b) zusätzlicher Parallelversatz.
M_K Kollimatormarke,
M_F Fernrohrmarke

differenzen zwischen Kollimator- und Fernrohrachse aus der Differenz y' zwischen den Lagen von M'_K und M_F bestimmen. Der Winkel δ zwischen Kollimator- und Fernrohrachse errechnet sich mit $\delta \approx \tan\delta = y'/f'_F$. Die Kollimatorachse ist hierbei durch einen Bezugspunkt der Marke M_K (Schnittpunkt der Fadenkreuzlinien) und den Hauptpunkt H_K von Ob_K festgelegt, ebenso die Fernrohrachse durch H'_F von Ob_F und einen Punkt von M_F (Skalenmittelpunkt). Zusätzlich zur Richtungsdifferenz kann eine seitliche Versetzung auftreten (Bild 6.6.3 b). Dadurch bleibt die Lage des Markenbildes M'_K im Fernrohr unverändert. Das Bild wird aber dunkler, da nur ein Teil des Kollimatorbündels in das Fernrohr gelangt.

> ! Ein Parallelversatz der Kollimator- oder Fernrohrachse hat keinen Einfluss auf die Winkelmessung. Die Messanordnung ist gegenüber «Fluchtungsdifferenzen» unempfindlich; sie zeigt nur Richtungsdifferenzen an.

Den Kollimator und das auf ∞ eingestellte Fernrohr mit der Brennweite f'_F kann man auch nebeneinander anordnen und einen Planspiegel zur Strahlumlenkung verwenden. Dann werden Spiegeldrehungen um einen Winkel $\Delta\varepsilon$ sehr empfindlich angezeigt: Die Bildverschiebung y' bei Spiegeldrehung beträgt

$$y' = f'_F \cdot 2\Delta\varepsilon \qquad \text{(Gl. 6.6.7)}$$

Baut man Fernrohr und Kollimator mit einem gemeinsamen Objektiv dicht zusammen, so erhält man das **Autokollimationsfernrohr mit geometrischer Strahlenteilung** (Bild 6.6.4 a). Legt man Fernrohr- und Kollimatorachse völlig zusammen, so entsteht das **Autokollimationsfernrohr mit physikalischer Strahlenteilung** (Bild 6.6.4 b).

Für die meisten Messaufgaben wird das Autokollimationsfernrohr (AKF) mit physikalischer Strahlenteilung verwendet. Die geometrische Teilung ergibt geringere Bildwinkel, aber höhere Helligkeit und geringeren Streulichtanteil, sodass sie u.a. bei der foto-

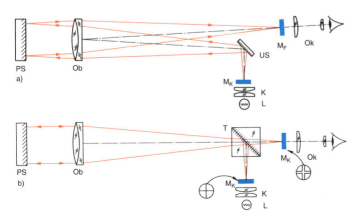

Bild 6.6.4
Autokollimationsfernrohre
a) mit geometrischer Teilung,
b) mit physikalischer Teilung:
PS Planspiegel,
US Umlenkspiegel,
K Kondensor,
L Lampe,
T Teilerwürfel

elektrischen Abtastung und der Laserjustierung eingesetzt wird. Viele Messungen können entweder mit der Kombination Kollimator/Fernrohr oder mit einem AKF ausgeführt werden. Das AKF ist jedoch in der Anwendung bequemer und hat nach Gl. 6.6.7 die doppelte Empfindlichkeit gegenüber der Anordnung von Bild 6.6.3. Die **Strichplatten** mit den Marken M_K und M_F müssen aufeinander abgestimmt sein. Für Justieraufgaben sind Fadenkreuz und Doppelkreuz (Bild 6.6.4 b) günstig, zur Winkelmessung Fadenkreuz und eine in Winkelminuten geteilte Skala, die nach Gl. 6.6.7 auf die Objektivbrennweite abgestimmt sein muss und dann unmittelbar die Ablesung des Spiegeldrehwinkels $\Delta\varepsilon$ gestattet. Winkelmessungen hoher Genauigkeit erfordern **Mikrometerokulare**: Die Marke M_F (Doppelkreuz) wird durch eine Mikrometerschraube messbar verschoben, bis sie mit M_K' (Fadenkreuz) zusammenfällt. 2 Mikrometertriebe erlauben die gleichzeitige Messung in beiden Koordinaten. Ein Beispiel zeigt Messbereich und Ablesegenauigkeit beim Vergleich einer Winkelstrichplatte mit einem Mikrometerokular:

Beispiel
Die Skala eines AKF mit $f'_{Ob} = 500$ mm hat den Teilstrichabstand $y' = 0{,}073$ mm, was nach Gl. 6.6.7 der Spiegeldrehung $\Delta\varepsilon = 15''$ entspricht. 0,2 Skalenteile, also $3''$, sind noch schätzbar. Hat die Skala ±30 Intervalle nach beiden Seiten, so ergibt sich bei einem Spiegel senkrecht zur AKF-Achse ein Messbereich von ±7,5' gegenüber der Normallage. Die gleiche Skala in ein AKF mit $f'_F = 250$ mm eingebaut, ergäbe eine nur halb so große Ablesegenauigkeit, der erfassbare Bereich hätte sich aber auf ±15' erhöht. Ist nun in das Fernrohr mit $f'_F = 500$ mm ein Mikrometerokular mit der Strichplattenverschiebung ±1,5 mm eingebaut, wobei ein Intervall der Mikrometertrommel eine Verschiebung von 5 µm bedeutet, so entspricht dies einer Spiegeldrehung von $\Delta\varepsilon = 1{,}03''$, ca. 0,2'' sind noch schätzbar. Eine maximale Spiegeldrehung von ±5' kann noch erfasst

---

werden. Gegenüber einer Winkelstrichplatte ist also bei etwa gleichem Messbereich die Ablesegenauigkeit erheblich höher.

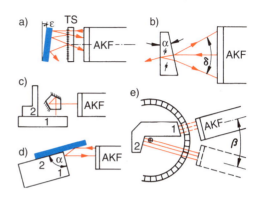

Bild 6.6.5 Anwendungen des Autokollimationsfernrohrs: a) Mehrfach-Autokollimation, b) Keilwinkelmessung, c) und d) Kontrolle des rechten Winkels zwischen den Flächen 1 und 2, e) Messen beliebig großer Winkel mit einem Teilkreis

Die Drehung von Geräteteilen, an denen ein Spiegel befestigt ist, kann entsprechend Gl. 6.6.7 sehr genau gemessen werden. Eine noch höhere Empfindlichkeit erreicht man durch **Mehrfachautokollimation** (Bild 6.6.5 a): Das Bündel wird mehrmals zwischen dem Drehspiegel und einem teildurchlässigen, festen Spiegel «TS» reflektiert. Hat sich der Spiegel um ε aus der achsensenkrechten Lage gedreht, so liest man nach m Reflexionen am Drehspiegel im AKF eine Spiegeldrehung von $m \cdot \varepsilon$ ab.

Zur Bestimmung des **Keilwinkels** α an Planparallelplatten (Bild 6.6.5 b) benutzt man die beiden Markenbilder, die durch Reflexion an der Vorder- und Rückfläche entstehen. Weil ein Teilbündel 2-mal durch die Platte geht, muss deren Brechzahl n_P berücksichtigt werden. Beträgt die Winkeldifferenz der Markenbilder δ, so ist $\alpha = \delta/(2\,n_p)$.

Sollen zwei Flächen 1 und 2 nach Bild 6.6.5 c) senkrecht zueinander ausgerichtet werden, so kann man zunächst mit Hilfe eines sehr genau ausgeführten Pentagonprismas die AKF-Achse parallel zur Fläche 1 einjustieren. Nach

Wegnehmen des Prismas kann die Fläche 2 eingerichtet werden. Bild 6.6.5 d) zeigt dagegen die Winkelmessung an einem Quader unter Benutzung eines Hilfsspiegels, aber ohne Pentagonprisma. Im AKF ergeben sich 2 Markenbilder M'_K, denn von dem aus dem AKF austretenden Kollimatorbündel wird ein Teil in der Reihenfolge 1-2, der Rest in der Reihenfolge 2-1 an den beiden Flächen reflektiert. Für die Winkeldifferenz der Markenbilder liest man im AKF $2\Delta\alpha$ ab, wenn $\Delta\alpha$ die Abweichung von 90° ist. Nur bei $\alpha = 90°$ und damit $\Delta\alpha = 0$ wirkt die Doppelreflexion wie eine Planspiegelung: Man sieht dann nur ein Markenbild. Zur Messung beliebig großer Winkel zwischen 2 Flächen ist ein **Teilkreis** erforderlich (Bild 6.6.5 e), an dem die AKF-Schwenkung abgelesen werden kann. Die Keilkante (Schnittgerade der beiden auszumessenden Flächen) muss parallel zur AKF-Drehachse ausgerichtet sein. Das AKF wird nacheinander durch Autokollimation senkrecht zu den beiden Flächen eingestellt. Mit der ermittelten Winkeldifferenz β der Einstellungen ergibt sich $\alpha = 180° - \beta$.

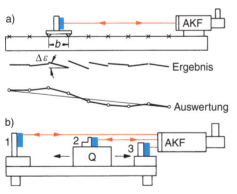

Bild 6.6.6 a) Ermittlung des Profils einer Führungsbahn, b) veränderliche Durchbiegung einer Bahn. Der schwere Schlitten Q wird verschoben.

Bild 6.6.6 a) zeigt die **Ermittlung des Profils einer Führungsbahn.** Es wird ein Planspiegel in einer Halterung mit der Basislänge b verwendet. Die Auflagepunkte legen dann eine Bahnsehne mit dem Winkel $\Delta\varepsilon$ gegenüber der AKF-Achse fest. Dieser Winkel wird bestimmt; anschließend wird der Spiegel jeweils

um eine Basislänge verschoben. Die einzelnen im Bild stark überhöht gezeichneten Sehnen werden aneinander angeschlossen und ergeben so das Bahnprofil.

> **Beispiel**
> Findet man $\Delta\varepsilon = 10''$, so ist der Höhenunterschied zwischen den Auflagepunkten $\Delta h = \Delta\varepsilon \cdot b$. Mit $b = 100$ mm folgt $\Delta h = 4,8$ μm.

Mit zunehmender Entfernung zwischen AKF und Spiegel bzw. Kollimator ändert sich die Lage von M'_K gegenüber M_F nicht, dagegen wird der Messbereich der erfassbaren Spiegelneigungen $\Delta\varepsilon$ mit zunehmender Entfernung geringer.

> ! Die Genauigkeit der Richtungsprüfverfahren ist unabhängig von der Entfernung Spiegel/AKF bzw. Kollimator/Fernrohr.

In Bild 6.6.6 b) ist die Untersuchung der Durchbiegung einer Bahn bei Verschiebung eines schweren Schlittens dargestellt. Man erhält 3 Kollimatormarkenbilder M'_K. Durch die Kippung der Spiegel 1 und 3 an den Bahnenden wird die Verformung der Bahn erfasst; der Spiegel 2 gibt zusätzlich Kippungen des Schlittens an.

Um die Länge des Lichtzeigers und damit die Genauigkeit zu steigern, werden auch Laser eingesetzt, die direkt auf dem Schlitten Q in Bild 6.6.6 b) montiert sind. Die Bahnvermessung und Triangulation mit Lasern hat zusätzlich den Vorteil, dass über die bekannte Laserwellenlänge hochgenaue Absolutmessungen von Strecken möglich sind.

6.6.4 Fluchtfernrohre

Bei der genauen Einrichtung von Maschinenteilen usw. müssen häufig kleine Abweichungen gegenüber einer Bezugsgeraden, der **Fluchtgeraden** ermittelt werden. Wenn die Abmessungen der Teile und die Abstände den Einsatz von Messmikroskopen nicht zulassen, werden Fluchtfernrohre verwendet.

Die **Fluchtungsprüfung** stellt neben der Richtungsprüfung (s. Abschnitt 6.6.3) eine messtechnische Grundaufgabe dar. Während das Fernrohr bei der Richtungsprüfung auf ∞ eingestellt ist und deshalb mit einer nach ∞ projizierten Strichmarke zusammenwirken muss, wird das Fluchtfernrohr unmittelbar auf eine in endlicher Entfernung liegende, beleuchtete **Zielmarke** M_Z eingestellt (Bild 6.6.7 a).

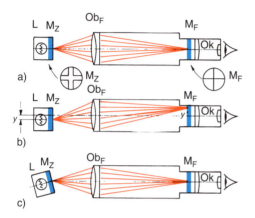

Bild 6.6.7 Zusammenwirken von Fluchtfernrohr und Zielmarke: a) Zielmarke MZ, in der Fernrohr-Zielachse, b) Zielmarke seitlich verschoben, c) Zielmarke gegenüber a) gedreht: keine Änderung

Damit entwirft das Fernrohrobjektiv Ob_F ein Zielmarkenbild M_Z' in der Ebene der Fernrohrmarke M_F. Beide Marken werden durch das Okular Ok vergrößert betrachtet. Durch seitliche Verlagerung der Zielmarke um die Strecke y (Bild 6.6.7 b) verschiebt sich das Zielmarkenbild M_Z' um y' gegenüber der Fernrohrmarke M_F Eine kleine Drehung der Zielmarke um ihren Mittelpunkt ändert die Lage des Zielmarkenbildes dagegen nicht (Bild 6.6.7 c).

Die Messanordnung Bild 6.6.7 ist gegenüber Drehungen der Zielmarke («Richtungsdifferenzen») unempfindlich: Sie zeigt nur Fluchtungsdifferenzen an. Deshalb ergänzen sich das gegen Richtungsdifferenzen unempfindliche Fluchtfernrohr und das gegen Fluchtungsdifferenzen unempfindliche, auf ∞ eingestellte Fernrohr.

Das Fluchtfernrohr wirkt als optisches Lineal hoher Genauigkeit. Die **Fluchtgerade** (Ziellinie) wird durch einen Bezugspunkt der Fernrohrmarke M_F z.B. durch den Schnittpunkt der Fadenkreuzlinien festgelegt. Man kann sich die Marke M_F nach links in die Ebene der Zielmarke M_Z abgebildet denken. Dann ist die Fluchtgerade durch die Verbindung der beiden folgenden Punkte gegeben: Bezugspunkt der Marke M_F und zugehöriger Bildpunkt von M_F' in der Ebene M_Z.

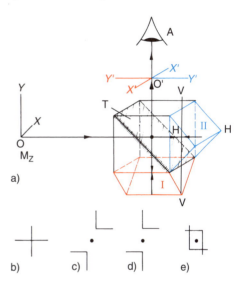

Bild 6.6.8 Festlegung der Fluchtgeraden durch ein Doppelbildprisma: a) Schema, b) Zielmarkenbezugspunkt O auf der Fluchtgeraden, c) und e) Versetzung in beiden Koordinaten, d) Versetzung in nur 1 Koordinate. M_Z Zielmarke, T Strahlenteiler, I, II Dachkantprismen, H-H, V-V Schnittlinien der horizontalen und vertikalen Symmetrieebene

Die Fluchtgerade kann aber auch durch die Schnittlinie der beiden senkrecht zueinander stehenden Symmetrieebenen H–H und V–V eines **axialsymmetrischen Doppelbildprismas** (Bild 6.6.8 a) festgelegt und dadurch unabhängig von Führungsfehlern des Fernrohrs bei der Scharfeinstellung auf die Zielmarke gemacht werden. Dazu ist die Zielmarke M_Z als «halbes Fadenkreuz» (Winkel mit den Schenkeln O–X, O–Y) ausgebildet. Die von ihr kommenden Bündel werden an dem teildurchlässigen Spiegel T aufgespalten. Nach Reflexion an den beiden Dachkantprismen I und II werden beide Teilbündel wieder nach oben zusammengeführt: Das Auge sieht 2 axialsymmetrisch liegende Bilder von M_Z. Liegt nun der Punkt O genau auf der Fluchtgeraden, so ergänzen sich die beiden Bilder zum vollständigen Fadenkreuz (Bild 6.6.8 b). Die Bilder 6.6.8 c) bis e) zeigen dagegen verschiedene Fluchtungsfehler. Weil mit einem auf diese Weise aufgebauten Fernrohr nur noch der Abstand der beiden Bilder beobachtet wird, beeinflussen **Führungsfehler** das Ergebnis nicht. Bei anderen Fluchtfernrohren muss jedoch der bei der Scharfeinstellung auftretende Führungsfehler durch **Innenfokussierung** (Bild 6.6.9) möglichst gering gehalten werden: Bei unverändertem Abstand zwischen Objektiv und Okular wird zwischen beiden Systemen nur die negative Fokussierlinse Li verschoben, die eine wesentlich geringere Brechkraft als das Objektiv aufweist. Der Einfluss von Führungsfehlern dieser Linse ist entsprechend klein.

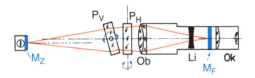

Bild 6.6.9 Fluchtfernrohr mit Planplatten-Messvorsatz: Li verschiebbare Fokussierlinse, P_H und P_V kippbare Planplatten für horizontale und vertikale Koordinate

Damit man eine kleine Fluchtungsdifferenz y unabhängig vom Zielmarkenabstand und damit vom Abbildungsmaßstab β' messen kann, nimmt man eine scheinbare Parallelverschiebung der Fernrohrzielachse um y vor. Dies gelingt mit einem **Planplatten-Messvorsatz** (Bild 6.6.9): Vor dem Fernrohrobjektiv ist eine Planparallelplatte P_V drehbar angeordnet. Bündelparallelversetzung $v = y$ und Drehwinkel ε hängen nach Gl. 2.2.7 zusammen. An der Messskala der Trommel, die zur Plattenkippung dient, kann man die Versetzung y un

mittelbar ablesen. Mit Hilfe einer 2. Platte P_H kann man gleichzeitig und unabhängig voneinander die Fluchtungsdifferenz in beiden Koordinaten messen.

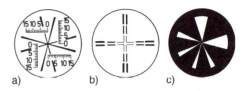

Bild 6.6.10 Beispiele für Zielmarken: a) Skalen und V-Kreuz, b) Doppelkreuz-Stufenzielmarke, c) Halbe V-Kreuze für Doppelbild-Symmetrieeinfang nach Bild 6.6.8

Zielmarken mit Skala (Bild 6.6.10 a) sind geeignet zur Messung von größeren Versetzungen, die über den Bereich der Planplattenmessvorsätze hinausgehen. Das zusätzlich angebrachte V-Kreuz wirkt als «stufenloses Doppelkreuz», das unabhängig von der Entfernung und damit der Maßstabsänderung den Symmetrieeinfang eines Fadenkreuzes erlaubt. Bei der Stufenzielmarke (Bild 6.6.10 b) wählt man ein günstiges Doppelkreuz entsprechend der Entfernung aus. Bild 6.6.10 c) zeigt eine Strichmarke für ein Fernrohr mit Doppelbildprisma: Halbes V-Kreuz und halbes Doppel-V-Kreuz werden bei Fluchtung zu symmetrischen Einfangbildern ergänzt.

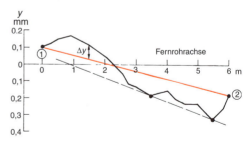

Bild 6.6.11 Auswertung einer Fluchtfernrohr-Bahnvermessung

Abgesehen von der Einjustierung von Teilen zur Zielachse kann man mit dem Fluchtfernrohr auch die Verschiebung von schlecht zugänglichen oder weit entfernten Geräteteilen messen. Durch Verschieben der Zielmarke zwischen den Endpositionen 1 und 2 können die örtlichen **Abweichungen einer Führungsbahn** (Bild 6.6.11) von der Verbindungslinie der Bahnenden ermittelt werden. Diese Bahnvermessung mit Hilfe des Fluchtfernrohrs ergibt eine einfachere Auswertung als das Autokollimationsverfahren (Bild 6.6.6 a). Auf jede Zielmarkenposition muss das Fernrohr erneut scharf eingestellt werden. Bild 6.6.11 zeigt die in y-Richtung aufgetragenen Messwerte. Die gestrichelte Linie gibt an, wie weit die einzelnen Bahnstellen nachbearbeitet werden müssen.

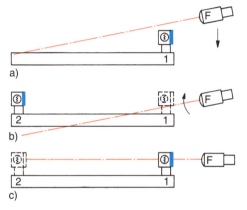

a)

b)

c)

Bild 6.6.12 Parallelrichten der Fernrohrachse zu einer Führungsbahn: a) Verschieben auf Zielmarke vorn, b) Schwenken auf Zielmarke hinten, c) Fernrohrachse eingerichtet

Soll die Fernrohrachse parallel zu einer Führungsbahn oder anderen Bezugsrichtung ausgerichtet werden, so wird der Schlitten mit der Zielmarke nach Bild 6.6.12 abwechselnd in Position 1 (möglichst nahe am Fernrohr) und in Position 2 (an das entfernte Bahnende) gebracht, wobei man folgendes Justierverfahren einhält:

> ! Das Einjustieren auf die Zielmarke in Nahposition 1 erfolgt durch Parallelverschieben des Fernrohrs in x- bzw. y-Richtung, bei Fernposition 2 durch Kippen des Fernrohrs.

Durch dieses Verfahren wird die gegenseitige Beeinflussung der beiden Justierungen verringert, und nach einigen abwechselnden Ein-

stellungen ist die Ausrichtung erreicht. Dann können weitere Bauteile in die Fernrohrachse und damit auf gleichen Abstand von der Bahn einjustiert werden.

Bei der Messung kleiner Zielmarkenverschiebungen mit dem Planplattenmessvorsatz ist die scheinbare Parallelversetzung der Fernrohrachse von der Zielmarkenentfernung unabhängig. Da jedoch mit zunehmender Entfernung der Abbildungsmaßstab abnimmt, müssen Zielmarken mit dickeren Linien (Bild 6.6.10 b) verwendet werden, sodass die Einfangunsicherheit wächst.

> **Beispiel**
> Für die Messunsicherheit Δy, mit der die Zielmarkenverschiebung y durch ein bestimmtes Fluchtfernrohr gemessen werden kann, wird angegeben: $\Delta y = \pm(10 + 5 \cdot |a|)\,\mu\text{m}$ mit der Entfernung $|a|$ in m. Für $|a| = 2\,\text{m}$ wird also $\Delta y = 20\,\mu\text{m}$. Damit erhält man aber nur eine Abschätzung der Fehlergrenzen für das Fluchtfernrohr selbst. Luftschichten verschiedener Temperatur und damit unterschiedlicher Brechzahl ergeben zusätzliche Abweichungen der Fluchtlinie von einer Geraden.

6.6.5 Weitere technische Fernrohre

Bei Fernrohren mit reellem Zwischenbild, also nicht bei Galilei-Fernrohren, kann man in der Zwischenbildebene eine Strichmarke anbringen (z.B. ein Fadenkreuz). Damit erhält man allgemein ein **Zielfernrohr.** Hierzu gehören auch die Fluchtfernrohre und die zusammen mit Kollimatoren verwendeten Fernrohre. Mit diesen Instrumenten können kleine Parallelversetzungen (Planplattenmikrometer) und kleine Winkel (Okularmikrometer) sehr genau gemessen werden. Die genaue Messung größerer Längendifferenzen auch an entfernten Objekten ist dagegen möglich, wenn man das Zielfernrohr selbst senkrecht zur Zielachse messbar verschiebt. Beim **Kathetometer** wird das horizontal ausgerichtete Fernrohr an einer vertikalen Führung mit digitaler Längenablesung verschoben. Die Führungsgenauigkeit bestimmt den Messfehler. Zur Messung beliebig großer Winkeldifferenzen in der Vertikal-

und Horizontalebene zwischen Zielrichtungen benutzt man den **Theodolit**. Bei ihm kann das Fernrohr um 2 senkrecht zueinander stehende Achsen geschwenkt werden, wobei die Winkelstellung mit Lupen oder Mikroskopen oder digital an Teilkreisen abgelesen wird. Das **Nivellierfernrohr** ist ein spezielles Zielfernrohr zum Festlegen von Zielrichtungen in der Horizontalebene. Die Horizontalstellung erfolgt senkrecht zur Schwerkraftrichtung durch empfindliche Libellen. Für eine schnelle Einrichtung des Nivellierfernrohrs hat sich aber eine **automatische Horizontierung** mit **optischen Kompensatoren** bewährt.

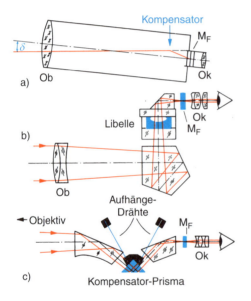

Bild 6.6.13 Nivellierfernrohre mit automatischer Horizontierung: a) Funktionsschema, b) Libelle als Kompensator, c) Pendelprisma als Kompensator

Eine horizontale Zielachse erhält man auch dann, wenn die Fernrohrlängsachse geneigt ist (Bild 6.6.13 a). Das Nivellierfernrohr wird deshalb nur grob vorjustiert. Das von der Schwerkraft beeinflusste Kompensatorglied wirkt direkt auf den Strahlengang ein. In Bild 6.6.13 b) ist dies eine Libelle, deren Flüssigkeit eine verschiebbare und damit dezentrierte Negativlinse darstellt. Besser wird aber wie in

Bild 6.6.13 c) ein Pendel benutzt, das aus einem an dünnen Drähten aufgehängten Halbwürfelprisma besteht. Anstelle des Nivellierfernrohrs werden auch rotierende Laser eingesetzt, die eine wesentlich einfachere Herstellung der Meterrisse (horizontale Linie an Wänden) im Bau ermöglichen.

Bei allen Fernrohranwendungen mit kleinem Objektabstand von wenigen Metern, bei denen f'_{Ob} nicht mehr gegen $|a|$ vernachlässigbar ist, wird die Vergrößerung durch Gl. 6.6.2 angegeben. Skalen schlecht zugänglicher Messgeräte kann man durch **Ablesefernrohre** beobachten. Ohne Fernrohr hätte man normgemäß aus dem Abstand $a_B = a_s = -250$ mm beobachtet. Damit ergibt sich als **Ablesevergrößerung** die gleiche Vergrößerung wie beim Mikroskop (Gl. 6.8.2), weil man sich hier auf die direkte Nahbeobachtung des Objektes bezieht. Diese Vergrößerung kann man auch in folgender Form ausdrücken:

$$\Gamma'_F = \Gamma'_{F\infty} \cdot \frac{a_s}{a + f'_{Ob}} \qquad \text{(Gl. 6.6.8)}$$

6.7 Entfernungsmesser und Sucher

6.7.1 Entfernungsmesser

Entfernungsmesser haben 2 Aufgaben. Bei allen **abbildenden Systemen**, z.B. bei Kameras und Mikroskopen, wird auf optimale Schärfe eingestellt. Hier spielt der Absolutwert der Entfernung keine Rolle, und es wurden Technologien entwickelt, die allein durch Messung des Kontrasts im Bildfeld scharf stellen. Bei der **Abstandsmessung** dagegen ist der Absolutwert der Entfernung zwischen Messgerät und Ziel gefragt. Kraftfahrzeugsensoren bestimmen den Abstand zum vorausfahrenden Fahrzeug, im Vermessungsbereich, z.B. beim Tunnelbau, können beliebige Koordinaten ermittelt werden.

Einfachstes System ist der **Fokussierentfernungsmesser**. Bei der Abbildung durch ein Objektiv wird die Bildweite a' durch die Objektweite a vorgegeben. Verändert man, z.B. bei einem Fernrohr, den Objektiv-Okular-Abstand so, dass das vom Objektiv entworfene Zwischenbild parallaxenfrei mit einer Strichplatte zusammenfällt, kann man am Tubusauszug eine in Entfernung a kalibrierte Skala anbringen. Die Genauigkeit wächst dabei mit dem Produkt $\Gamma'_F \cdot D_{EP}$. Fokussierentfernungsmesser werden bei vielen Kameras verwendet, insbesondere bei klassischen Spiegelreflextypen. Die Scharfeinstellung erfolgt durch Verschieben des Objektivs; die Entfernung wird, falls erforderlich, an der Objektivskala abgelesen.

Eingestellt wird auf Parallaxenfreiheit gegenüber einer Fadenkreuzebene oder mit **Schärfeindikatoren**. Gegenüber der einfachen **Mattscheibe** kann man die Einstellsicherheit durch ein **Rastermessfeld** erhöhen, das eine definierte Körnung aus Mikroprismen mit der typischen Kantenlänge 0,04 mm besitzt. Fällt die Bildebene nicht exakt mit der Rasterebene zusammen, so ergibt sich durch starke Ablenkung der Bündel sofort eine deutliche Unschärfe (Abschnitt 5.2).

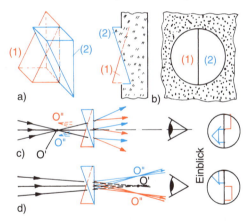

Bild 6.7.1 Schnittbildindikator:
a) Schema der Prismenanordnung, b) Kombination der Prismen mit einer Mattscheibe, c) und d) Aufspaltung einer Bildlinie O′, wenn sie vor oder hinter der Indikatorebene liegt (von oben gesehen)

Anstelle der Mikroprismen kann man auch 2 Prismenkeile (1) und (2) mit entgegengesetzt angeordneten Keilkanten (Bild 6.7.1 a) verwenden und kommt so zum **Schnittbildindikator**, der meist mit einer Feldlinse und/oder Mattscheibe vereinigt wird (Bild 6.7.1 b). Sobald die Bildebene O′ vor oder hinter der durch die Kreuzungslinie der beiden Keilflächen festgelegten Einstellebene liegt, ergeben sich 2 gegeneinander verschobene Teilbilder O″ (Bilder 6.7.1 c und d). Das zeigt sich besonders deutlich an Objektkanten, die etwa senkrecht zu der Trennungslinie beider Bilder verlaufen. Bei allen Schärfeindikatoren wächst die Einstellsicherheit mit abnehmender Blendenzahl k, die Objektivblende sollte also voll geöffnet sein.

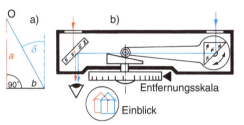

Bild 6.7.2 Mischbild-Entfernungsmesser:
a) Messprinzip für Basis-Entfernungsmesser,
b) Entfernungsmesser für Kameras

Bei **Basis-Entfernungsmessern** wird die Entfernung a durch Anvisieren eines Zielpunktes O von den Enden einer Basisstrecke b und Messen des **Zielwinkels** δ bestimmt (Bild 6.7.2 a). Der Winkel mit den Schenkeln a und b ist fest, meist 90°. In der Ausführung als **Mischbild-Entfernungsmesser** (Bild 6.7.2 b) werden die über beide Basisenden erhaltenen Zielbilder dem Auge mit Hilfe eines physikalischen Strahlenteilers gleichzeitig dargeboten. Der Winkel δ kann durch Spiegeldrehung oder Prismenablenkung verändert und dabei gemessen werden.

Bei Fotokameras kann man die Einblickseite der Basis b mit dem Sucher zusammenfassen, dann stimmt die Richtung der Objektivachse mit der Linie a überein. Der Zielwinkel δ ist sehr klein und muss deshalb genau gemessen werden. Dazu wird die Strahlablenkung durch ein Einstellmikrometer stark übersetzt. Das geschieht entweder durch Hebelübersetzung der Spiegelschwenkung (Bild 6.7.2 b) oder durch «optische Übersetzung» mit Schwenkkeilen oder Drehkeilen nach Bild 2.3.3, die bei großer Schwenkung oder Drehung zu einer kleinen Winkelablenkung des Bündels führen.

Beispiel

Ein Entfernungsmesser mit der Basis $b = 100$ mm nach Bild 6.7.2 b) soll zur Messung im Entfernungsbereich 0,5…20 m verwendet werden.

a) Um welchen Winkel wird das Spiegelprisma zwischen den Bereichsgrenzen geschwenkt?

b) Welche Entfernungsänderung entspricht an den Bereichsgrenzen einer Spiegelschwenkung um ±30″?

Lösung

a) Der Zielwinkel ändert sich von $\delta_{0,5\,\mathrm{m}} = 11°18'36''$ auf $\delta_{20\,\mathrm{m}} = 0°17'11''$. Der Spiegel muss um die halbe Winkeldifferenz, d.h. um 5°30′43″, geschwenkt werden.

b) Eine Spiegelschwenkung um ±30″ führt bei 0,5 m nur zu einer Entfernungsänderung um ca. ±1 mm, bei 20 m jedoch um ca. ±1,1 m.

Beträgt die Vergrößerung eines in den Strahlengang eingeschalteten Fernrohrs Γ'_F, so gilt für die Messunsicherheit der Basisentfernungsmesser:

$$\Delta a \sim \frac{a^2}{b \cdot \Gamma'_\mathrm{F}} \qquad \text{(Gl. 6.7.1)}$$

Während bei fotografischen Entfernungsmessern ein Messbereich von 0,5…20 m ausreicht, sind für große Entfernungen im km-Bereich große Basislängen b bis zu 3 m und eine sehr hohe Einstellgenauigkeit notwendig. Zur Einstellung werden auch hier optische Mikrometer verwendet. Die beiden von den Basisenden aus gesehenen Zielbilder werden im Okular dem Auge gemeinsam dargeboten. Bei dem **Schnittbild-Entfernungsmesser** entstehen 2 Halbbilder, wie bei Bild 6.7.1. Fehlen scharfe Objektkanten senkrecht zur Bildtrennungslinie, so ist ein **Kehrbild-Entfernungsmesser** nach Bild 6.7.3 günstiger. Die Bildtrennung erfolgt durch ein **Scheideprismensystem**, das gleichzeitig die Bildumkehrung für eine Seite bewirkt. Ein Ausschnitt (Kehrbildfenster) der Kittfläche zwischen beiden Prismen ist verspiegelt; dadurch gelangen die Bündel von rechts

durch Reflexion, von links durch Transmission ins Okular. Der Zielwinkel δ wird durch einen veränderlichen Keil aus fester Negativ- und verschiebbarer Positivlinse bestimmt.

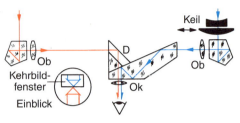

Bild 6.7.3 Kehrbild-Entfernungsmesser

Schnittbild-Entfernungsmesser sind schwer zu automatisieren und für große Entfernungen unhandlich und teuer. Sie werden daher wenn möglich durch **Laser-Entfernungsmesser** ersetzt. Im Einsatz sind 2 Prinzipien. Bei Pulsreflektometern wird ein extrem kurzer Laserimpuls vom Ziel reflektiert und aus der Laufzeit t für Hin- und Rückweg sowie der Lichtgeschwindigkeit c die Entfernung $a = c \cdot t/2$ berechnet. Bei 2 m Entfernung beträgt die Laufzeit nur etwa 10^{-8} s, was aber noch gut gemessen werden kann. Die 2. Methode arbeitet ebenfalls mit Reflexion, es wird aber nicht die Laufzeit, sondern die Phasenverschiebung zwischen abgeschicktem und empfangenem Signal ermittelt. Derartige Systeme werden in Abstandswarnsystemen von Kraftfahrzeugen in großer Stückzahl eingesetzt.

Raumbild-Entfernungsmesser sind aus stereoskopischen Beobachtungsgeräten entwickelt worden, die die Genauigkeit der Tiefenwahrnehmung bei direkter Augenbeobachtung verbessern. Dies ist zunächst durch Vergrößerung der **stereoskopischen Basis** b möglich. In Gl. 6.4.9 wird in diesem Fall die Augenbasis b_A durch den größeren Wert b ersetzt; Tiefenunterschiede werden um den Faktor b/b_A genauer erkannt. Sind bei binokularen Geräten Objektiv- und Okularabstand gleich ($b = b_\mathrm{A}$), was bei modernen Ferngläsern oft der Fall ist, wird die Tiefenwahrnehmung um den Faktor der Fernrohrvergrößerung Γ' verbessert. Ist $b > b_\mathrm{A}$, wie bei Ferngläsern mit Porro-Prismen, steigt der Faktor auf $\Gamma' \cdot b/b_\mathrm{A}$.

Man kann die Basis b auch an den Zielort verlegen und den Winkel messen, unter dem sie vom Beobachtungsort aus erscheint. In der Geodäsie wird als Basis $b = y$ die Teilung einer Messlatte verwendet. Dann kann man mit Hilfe eines Strichpaares mit dem Abstand y' in der Okularbildebene eines Fernrohrs den Abbildungsmaßstab β' und damit die Entfernung $z = f'/\beta'$ (Gl. 1.4.15) vom Brennpunkt F bestimmen. Spezielle Ausführungen dieser **Zielwinkel-Entfernungsmesser (Tachymeter)** dienen der exakten Bestimmung des Abbildungsmaßstabes.

Auch für die Funktion des **Autofokus** moderner Kameras sind Entfernungsmesser notwendig. Der **aktive Autofokus** setzt das Prinzip des Pulsreflektometers mit IR-Sender ein und wird meist in einfachen Sucherkameras eingesetzt. Er ist unabhängig vom Umgebungslicht, hat aber Probleme mit schwach reflektierenden und schnell bewegten Objekten, zudem stellt er immer auf die Bildmitte scharf.

Der **passive Autofokus** wird bevorzugt in SLR-Kameras (Single Lens Reflex, Spiegelreflexsystem) eingesetzt. Dieser Autofokus benötigt eine spezielle Optik, die einen Teil des Sucherbildes über eine 2-linsige Optik auf einen hochauflösenden Empfängerchip reflektiert. Die Spiegelanordnung ist in Bild 6.7.4 weggelassen.

Bei richtiger Fokussierung Bild 6.7.4 a) wird das Objekt scharf auf dem Chip abgebildet. Ist die Entfernungseinstellung zu nah (Bild 6.7.4 b) oder zu weit (Bild 6.7.4 c), so ergeben sich Unschärfekreise. Der Autofokus sucht nun die schärfste Einstellung, den höchsten Kontrast und so die richtige Entfernungseinstellung. Im Gegensatz zu den anderen Systemen stellt der passive Autofokus nicht nur fest, ob das Bild scharf oder unscharf ist, sondern kann aus dem unterschiedlichen Abstand des Unschärfekreises von der optischen Achse in den Fällen b) und c) auch feststellen, in welche Richtung das Objektiv zu verfahren ist. Das macht das System schnell und zuverlässig. Aus der zeitlichen Änderung der Lage der beiden Chipbilder kann die Software auf Geschwindigkeit- und Bewegungsrichtung des Objekts schließen und die Entfernung auf den Moment des Auslösens hochrechnen. Es ist möglich, die optimale Schärfe auf einen beliebigen Ort innerhalb des Bildfeldes zu legen. Dazu fährt man eine Marke an den gewünschten Punkt, den Rest erledigt die Software. Hochwertige Kameras haben über 10 derartige Sensoren, mit deren Hilfe man programmgesteuert mehr Wert auf die Schärfe des Zentrums oder auf einen optimalen Mittelwert legen kann. Bei geringer Helligkeit nimmt die Empfindlichkeit ab; meist wird dann ein Raster auf das Objekt projiziert.

Nur bei Digitalkameras einsetzbar ist der **Video-Autofokus**. Bei diesem System analysiert eine Software unter Einsatz der schnellen Fourier-Transformation (FFT) das Bild und

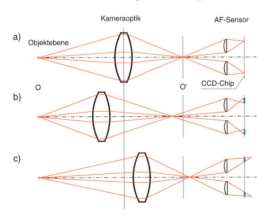

Bild 6.7.4 Funktionsschema des passiven Autofokus

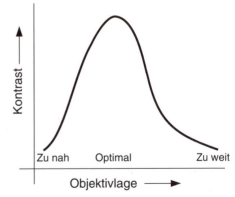

Bild 6.7.5 Modulation (Kontrast) als Funktion der Objektiveinstellung

verfährt das Objektiv so lange, bis der Kontrast maximal ist (Bild 6.7.5). Wie beim passiven Autofokus kann die Schärfe auf einen beliebigen Bildausschnitt gelegt werden. Das System erfordert einen sehr schnellen Prozessor, da die Richtung, in die man das Objektiv bewegen muss, von der Software nicht erkannt wird. Bei manchen Digitalkameras ist daher die Zeitdifferenz zwischen Auslösen und Aufnahme groß.

6.7.2 Sucher

Systeme, mit denen bei Foto- und Videokameras die Begrenzung des aufgenommenen Feldes sichtbar gemacht wird, werden als Sucher bezeichnet. Mit dem **Mattscheibensucher** kann man das Bild so betrachten, wie es in der Filmebene erscheint. Eine der Filmebene in Formatgröße und Lage entsprechende Mattscheibe erhält die vom Objektiv kommenden Bündel bei Spiegelreflexkameras über einen Klappspiegel, bei manchen Videokameras über ein Strahlteilersystem. Dabei dient die Mattscheibe gleichzeitig als Schärfeindikator. Lässt man die Mattscheibe weg und entwirft mit einer Sucherlinse ein verkleinertes Luftbild, das mit einer Feldlinse betrachtet wird, so erhält man den **Brillantsucher**, der ein helles, aber kleines Sucherbild ohne Schärfenkontrolle ergibt.

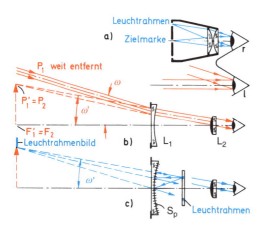

Bild 6.7.6 Sucher: a) Leuchtrahmensucher für Benutzung mit beiden Augen, b) Newton-Sucher, c) Newton-Sucher mit Leuchtrahmen

Einfache **Rahmensucher** (Sportsucher) liefern ein unscharf begrenztes Feld, weil das Auge nicht gleichzeitig auf den nahen Rahmen und das ferne Objekt akkommodieren kann. Am günstigsten sind **Leuchtrahmensucher** (Bild 6.7.6 a und c), bei denen ein heller, in der Objektebene erscheinender Rahmen das Format begrenzt. Bild 6.7.6 a) zeigt einen einfachen Leuchtrahmensucher, der jedoch die Benutzung beider Augen erfordert. Mit einem Auge (l) betrachtet man das weit entfernte Objekt, mit dem anderen (r) den Leuchtrahmen, eine durchscheinende Mattfläche auf lichtundurchlässiger Grundplatte, die in der Brennebene F einer Lupe liegt. Das Bild des Leuchtrahmens erscheint damit im ∞ und wird dem Objekt überlagert. Der Verzeichnungsfehler der Lupe kann durch eine gegenläufige Leuchtrahmenform kompensiert werden. Diese Anordnung ist auch als Zieleinrichtung brauchbar, d.h., es kann eine helle Zielmarke (Punkt, Fadenkreuz) in die Objektebene verlagert werden.

Bei einfachen Sucherkameras wird der **Newton-Sucher** Bild 6.7.6 b) eingesetzt, der als umgekehrtes Galilei-Fernrohr (Bild 6.6.1 b) aufgebaut ist. Ein weit entfernter Objektpunkt P_1 wird durch die Negativlinse L_1 in ihrer Brennebene F_1' abgebildet; da hier auch F_2 liegt, bildet die Positivlinse L_2 nach ∞ ab. Es entsteht ein leicht verkleinertes ($\omega' < \omega$), im ∞ oder durch geringe Veränderung des Linsenabstandes in einigen Metern Entfernung erscheinendes Bild. Das Feld wird durch den Öffnungsrahmen der Negativlinse L_1 unscharf begrenzt. Der Bündelquerschnitt nimmt nämlich durch Vignettierung zum Rand hin ab. Die Größe des rechteckigen Öffnungsrahmens ist auf die Kombination aus Filmformat und Objektivbrennweite abgestimmt, der wirksame Feldwinkel ω begrenzt die Formatseiten.

In Bild 6.7.6 c) ist ein Leuchtrahmen, ein Spiegelstreifen auf durchsichtiger Trägerplatte, in den Newton-Sucher eingebaut. Die beiden Sucher b) und c) sind gleich aufgebaut, nur hat die Negativlinse L_1 bei c) eine größere Öffnung. Die sphärische Fläche der Linse L_1 ist teildurchlässig verspiegelt und wirkt dadurch als Hohlspiegel Sp, der den in passendem Abstand angebrachten Leuchtrahmen virtuell in die Ebene F_2 abbildet. Damit bilden Spiegel Sp und Positivlinse L_2 zusammen den Leuchtrahmen nach ∞ ab: Rahmen und Objekt werden gleichzeitig scharf gesehen. Auch die etwas außerhalb des Leuchtrahmens liegenden Objektteile kann man noch erkennen, da der Rahmen der Linse L_1 ein größeres Feld unscharf begrenzt.

Digitalkameras verwenden meist ein Display als Sucher. Vorteil ist, wie bei der Spiegelreflexkamera, ein der Aufnahme völlig entsprechendes Sucherbild. Die Größe mit maximal 2,5″ Diagonale und die Auflösung mit typisch 200 000 Pixeln erlauben jedoch keine saubere Scharfstellung. Digitale SLR-Kameras bleiben daher beim Klappspiegel.

6.8 Mikroskope

Mit Mikroskopen werden kleine im Nahbereich liegende Objekte 2-stufig vergrößert betrachtet, während die Lupe nur eine 1-stufige Vergrößerung bietet. Im Gegensatz zum Fernrohr wird das Objekt bereits durch das Objektiv größer abgebildet. Dieses Zwischenbild wird mit dem Okular nachvergrößert.

Mikroskope liefern ein umgekehrtes Bild, was bei Beobachtungs- und Messmikroskopen normalerweise nicht stört. Als Bearbeitungsmikroskope in der Fertigung haben sich Stereomikroskope mit aufrechtem Bild bewährt. Das Mikroskop kann durch zahlreiche Zusatzeinrichtungen und Sonderkonstruktionen an spezi-

elle Aufgabengebiete, wie Mikrofotografie, Polarisations-, Fluoreszenz- und Phasenkontrastmikroskopie, angepasst werden. Besondere Bedeutung hat die Kombination aus Mikroskop und Fernsehkamera, die eine rechnergestützte Bildanalyse erlaubt; z.B. die Klassifizierung von Partikeln nach Form und Größe.

6.8.1 Aufbau und Vergrößerung

Bild 6.8.1 a) zeigt ein einfaches Mikroskop mit Huygens-Okular. Das Objektiv bildet die Objektebene O mit $|\beta'_{Ob}|$ virtuell in die Brennebene F_{Ok} ab. Die reelle Abbildung in den Brennpunkt $F_A = O'$ der Augenlinse AL besorgt die Feldlinse FL, das Objekt wird daher entsprechend Bild 6.5.2 a) nach ∞ abgebildet. Im Gegensatz zum Fernrohr fallen aber F'_{Ob} und F_{Ok} nicht zusammen, sondern haben einen erheblichen Abstand, der als **optische Tubuslänge** t bezeichnet wird: $t = F'_{Ob}F_{Ok}$

Ohne Okular würde man das Zwischenbild normgemäß aus der Entfernung $a_s = -250$ mm betrachten, genau so wie das Objekt selbst. Also trägt das Objektiv mit β'_{Ob} zur Gesamtvergrößerung bei. Da das Zwischenbild weiter durch das als Lupe wirkende Okular um Γ'_{Ok} nachvergrößert wird, ergibt sich die Gesamtvergrößerung Γ'_M des Mikroskops zu

$$\Gamma'_M = \beta'_{Ob} \cdot \Gamma'_{Ok} \qquad \text{(Gl. 6.8.1)}$$

Beispiel
Auf einem Objektiv ist der Wert 40 : 1 und auf einem Okular 8× angegeben.
Dann ist $\beta'_{Ob} = -40$, $\Gamma'_{Ok} = 8$ und damit $\Gamma'_M = -320$.

Im Beispiel ergibt sich ein umgekehrtes, stark vergrößertes Bild. Der angegebene Abbildungsmaßstab $\beta'_{Ob} = -40$ stimmt natürlich nur für eine festgelegte Bildweite des Objektivs. Da die optische Tubuslänge t der Messung schlecht zugänglich ist, legt man eine **mechanische Tubuslänge** t_{me}, typisch 160…170 mm, als Abstand von Objektiv- und Okularanlageflächen am Tubus fest oder man benutzt die Anschlussmaßnormung nach DIN 58 887.

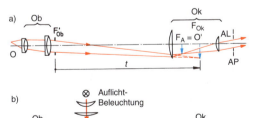

Bild 6.8.1 Mikroskop: a) Abbildung durch das Objektiv in die Okularbrennebene, b) Abbildung durch das Objektiv nach ∞ und Einspiegeln der Auflichtbeleuchtung durch den Strahlenteiler T. L. Tubuslinse

Für den Objektiv-Abbildungsmaßstab liefert Gl. 1.4.14: $\beta'_{Ob} = (f'_{Ob} - a')/f'_{Ob}$; mit $a' = f'_{Ob} + t$ folgt $\beta'_{Ob} = -t/f'_{Ob}$. Zusammen mit der Okularvergrößerung nach Gl. 6.5.2 ergibt Gl. 6.8.1 also die Vergrößerung Γ'_M des Mikroskops

$$\Gamma'_M = \frac{t \cdot a_s}{f'_{Ob} \cdot f'_{Ok}} \qquad \text{(Gl. 6.8.2)}$$

Bild 6.8.1 b) zeigt einen anderen Mikroskopaufbau. Das Objektiv wirkt als Kollimator und bildet das Objekt nach ∞ ab. Das anschließende Zwischenobjektiv bestehend aus **Tubuslinse** L und Okular Ok wirkt wie ein Kepler-Fernrohr, also ist $\Gamma'_M = \Gamma'_{Ob} \cdot \Gamma'_{F\infty}$. Mit der «Norm-Lupenvergrößerung des Objektivs» $\Gamma'_{Ob} = -a_s/f'_{Ob}$ und der Vergrößerung $\Gamma'_{F\infty} = -f'_L/f'_{Ok}$ (Gl. 6.6.3) des aus Tubuslinse und Okular gebildeten Fernrohrs.
Erweitert man mit a_s, so folgt $\Gamma'_{F\infty} = \frac{f'_L}{a_s} \cdot \frac{-a_s}{f'_{Ok}}$.

Mit dem **Tubusfaktor** $q = \frac{f'_L}{a_s}$ ergibt sich die Vergrößerung Γ'_M des Mikroskops bei Zwischenabbildung nach ∞ zu

$$\Gamma'_M = \Gamma'_{Ob} \cdot q \cdot \Gamma'_{Ok} \qquad \text{(Gl. 6.8.3)}$$

Die Mikroskopbeschriftung Objektiv 10×, Tubus 1,25×, Okular 5× bedeutet bei diesem Mikroskoptyp $\Gamma'_{Ob} = 10$; $q = -1,25$; $\Gamma'_{Ok} = 5$; also $\Gamma'_M = -62,5$.
Durch den telezentrischen Strahlengang zwischen Objektiv und Tubuslinse wird der Einbau von Zwischensystemen, z.B. Beleuchtung durch das Objektiv, erleichtert. Vorzugswerte für β', Γ' und q gibt DIN 58 886.

6.8.2 Auflösungsvermögen und förderliche Vergrößerung

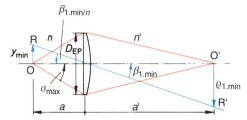

Bild 6.8.2 Zum Auflösungsvermögen des Mikroskops: Der Winkel $\beta_{1.min}/n$ ist hierfür $n = 1$ gezeichnet.

Geht man davon aus, dass das Objekt wie z. B. bei fluoreszierenden Objekten selbstleuchtend ist, so kann man die Ergebnisse von Abschnitt 6.1.2 auf das Mikroskopobjektiv anwenden. An 2 leuchtenden Objektpunkten O und R (Bild 6.8.2) soll untersucht werden, welchen Mindestabstand y_{min} sie haben müssen, damit O' und R' in der Bildebene noch getrennt erkannt, d.h. aufgelöst werden können. Für den Abstand dieser Bild-«Punkte» (Beugungsscheibchen) gilt das Rayleigh-Kriterium O'R' = $\varrho_{1.min}$. Die minimale Differenz der Begrenzungswinkel der Beugungsscheibchen wird $\beta_{1.min}$. Es soll nun der für Immersionsobjektive typische allgemeine Fall $n \geq 1$, $n' = 1$ (Luft) betrachtet werden, d.h., vor der Frontlinse des Objektivs kann sich ein anderes Medium als Luft befinden. Dann gehört nach Bild 6.8.2 zum bildseitigen Winkel $\beta_{1.min}$ der objektseitige Winkel $\beta_{1.min}/n$ (Brechungsgesetz bei kleinen Winkeln). Damit wird $y_{min} = \beta_{1.min} \cdot a/n$. Nach Gl. 1.2.8 ist für kleine Winkel $\beta_{1.min} = 1,22 \cdot \lambda/D_{EP}$, so dass sich

$$y_{min} = 1,22 \cdot \frac{\lambda}{n} \cdot \frac{a}{D_{EP}} \qquad \text{(Gl. 6.8.4)}$$

ergibt. Wegen der Sinusbedingung (Abschnitt 2.6.2), deren Erfüllung bei der Korrektur weit geöffneter Systeme vorausgesetzt werden muss, kann man $a/D_{EP} = 1/(2 \sin \sigma_{max})$ setzen und erhält den Abstand zweier selbstleuchtender Objektpunkte an der Auflösungsgrenze

$$y_{min} = 1,22 \cdot \frac{\lambda}{2n \cdot \sin \sigma_{max}} = 1,22 \cdot \frac{\lambda}{2 NA_{Ob}}$$
$$\text{(Gl. 6.8.5)}$$

$NA_{Ob} = n \cdot \sin \sigma_{max}$ (Gl. 3.2.1) ist darin die numerische Apertur des Objektivs.
Bei der mikroskopischen Beobachtung verwendet man in den meisten Fällen nicht selbstleuchtende Objekte, die durch eine Lichtquelle mit der Beleuchtungsapertur NA_{Bel} beleuchtet werden müssen. In diesem Fall führt eine andere Betrachtungsweise, die **Abbe'sche Beugungstheorie**, zu einem ganz ähnlichen Ergebnis. Es wird hierbei die Beugung des Lichts an den Objektstrukturen un-

tersucht, wozu man das Objekt als Gitter mit der Gitterkonstanten y_{min} idealisiert. Dann ergibt sich als Abstand von Objektstrukturen an der Auflösungsgrenze:

$$y_{min} = \frac{\lambda}{NA_{Ob} + NA_{BEL}} \qquad \text{(Gl. 6.8.6)}$$

Als Grenzfälle ergeben sich $NA_{Bel} = 0$ bei parallelem Beleuchtungsbündel und $NA_{Bel} = NA_{Ob}$ bei Beleuchtung mit großer Apertur. Im letzteren Fall erhält man bis auf den Faktor 1,22 das gleiche Ergebnis wie bei Gl. 6.8.5, sodass diese Gleichung allgemein zur Beschreibung des Auflösungsvermögens herangezogen werden kann.

Der Objektpunktabstand y_{min} soll aber nicht nur durch das Objektiv aufgelöst, sondern durch das Mikroskop insgesamt so vergrößert werden, dass das Auge die Objektpunkte getrennt erkennen kann. Das ist dann der Fall, wenn der Objektfeldwinkel $\omega \approx \tan\omega = -y_{min}/a_s$ durch das Mikroskop so stark vergrößert wird, dass der Bildfeldwinkel ω' größer oder gleich der Winkelauflösung des Auges von $\omega' \approx 1'$ ist. Für die Vergrößerung an der Auflösungsgrenze, die **förderliche Vergrößerung** $\Gamma'_{förd} = \omega'/\omega$, folgt daraus $\Gamma'_{förd} = -\omega' \cdot a_s/y_{min}$ und mit Gl. 6.8.5

$$\begin{aligned}|\Gamma'_{förd}| &= \frac{2\,\omega' \cdot a_s \cdot n \cdot \sin\sigma_{max}}{1,22\,\lambda} \\ &= 1,64 \cdot \frac{\omega' \cdot a_s \cdot NA_{Ob}}{\lambda}\end{aligned} \qquad \text{(Gl. 6.8.7)}$$

Setzt man $\lambda = 555$ nm und $\omega \approx 1'$, so erhält man mit Gl. 6.8.7 $|\Gamma'_{förd}| \approx 210 \cdot NA_{Ob}$. Diese Abschätzung der Grenze einer noch nützlichen Vergrößerung geht von optimalen Beleuchtungsbedingungen und hoher Sehschärfe aus. Will man eine bequeme Beobachtung erreichen, so ist eine Vergrößerung bis zu ca. $1000 \cdot NA_{Ob}$ sinnvoll. Damit ergibt sich für die förderliche Mikroskopvergrößerung in der Praxis

$$\boxed{|\Gamma'_{förd}| = 500\,NA_{Ob} \text{ bis } 1000\,NA_{Ob}} \qquad \text{(Gl. 6.8.8)}$$

Bleibt die Mikroskopvergrößerung Γ'_M unter diesem Grenzbereich, so wird die Auflösung des Objektivs nicht voll ausgenutzt. Eine stärkere Vergrößerung zeigt dann neue Einzelheiten der Objektstruktur. Andererseits erhält man oberhalb $1000\,NA_{Obj}$ eine **leere Vergrößerung.** Das Bild wird zwar größer, zeigt aber nicht mehr Einzelheiten als bei der förderlichen Vergrößerung. Eine hohe Leervergrößerung, bei der man die einzelnen Bildstrukturen nicht mehr in einen sinnvollen Zusammenhang bringen kann, ist ungünstig. Das zeigt bereits ein grob gerasterter Zeitungsdruck oder eine sehr stark vergrößerte Fotografie. Aus zu geringem Betrachtungsabstand sieht man nur noch Rasterpunkte oder «Körner», ohne das Bildmotiv erkennen zu können.

> Entscheidend für die mit einem Mikroskop erzielbare nützliche (förderliche) Vergrößerung ist die Apertur seines Objektivs. Objektstrukturen, die im Objektivzwischenbild nicht aufgelöst sind, können auch durch eine starke Okularvergrößerung nicht sichtbar gemacht werden.

Beispiel
Die Beschriftung eines Mikroskopobjektivs 170/0,17 : 40 : 1/0.65 bedeutet: Der Abbildungsmaßstab β'_{Ob} gilt für die mechanische Tubuslänge $t_{me} = 170$ mm; das Objektiv ist für eine Deckglasdicke $d = 0,17$ mm korrigiert; die Apertur beträgt $NA_{Ob} = 0,65$.
Lösung
Damit ergeben sich nach Gl. 6.8.8 förderliche Vergrößerungen von ca. $|\Gamma'_{förd}| = 325\ldots650$. Mit einem 12× vergrößernden Okular ist $\Gamma'_M = -500$; mit dem Okular 25× würde sich dagegen eine leere Vergrößerung ergeben.

6.8.3   Beleuchtungsverfahren

Nach Bild 6.8.3 unterscheidet man 4 Beleuchtungsverfahren.

❑ **Durchlicht-Hellfeld**
Das Licht fällt durch das Objekt, z.B. eine Glasskala, in das Objektiv. Durch die Objektstrukturen mit unterschiedlicher Transmission wird der Lichtstrom moduliert. Ei-

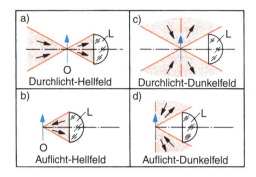

Bild 6.8.3 Beleuchtungsverfahren für Mikroskope

ne fehlerfreie Glasplatte als Objekt ergibt ein gleichmäßig helles Sehfeld (Bild 6.8.3 a).

❏ **Auflicht-Hellfeld**
Bei undurchsichtigen Objekten, z.B. Metallflächen, muss von der Objektivseite her beleuchtet werden. Möglich ist eine Beleuchtung durch das Objektiv (Bild 6.8.1 b), Ringbeleuchtung oder seitliche Beleuchtung, bei der man Schlagschatten ausnutzen kann. Durch die Objektstrukturen mit unterschiedlicher Reflexion wird der Lichtstrom moduliert. Eine fehlerfrei diffus oder richtungsunabhängig reflektierende Fläche ergibt ein gleichmäßig helles Sehfeld (Bild 6.8.3 b).

❏ **Durchlicht-Dunkelfeld**
Die schräg durch das Objekt fallenden Beleuchtungsbündel gehen seitlich am Objektiv vorbei. Die Abbildung erfolgt nur durch Licht, das an den Objektstrukturen durch Beugung, Brechung und Reflexion zum Objektiv hin abgelenkt wird. Eine fehlerfreie Glasplatte als Objekt ergibt ein gleichmäßig dunkles Sehfeld. Einen Kondensor hierzu zeigt Bild 6.2.1 r) (Bild 6.8.3 c).

❏ **Auflicht-Dunkelfeld**
Beleuchtungsbündel, die am Objektiv vorbei auf eine achsensenkrechte Spiegelfläche fallen, gehen nach der Reflexion am Objektiv vorbei. Ein fehlerfreier Spiegel als Objekt ergibt ein gleichmäßig dunkles Sehfeld (Bild 6.8.3 d).

Da die Leuchtfläche, z.B. ein Glühwendel, meist eine ungleichmäßige Leuchtdichteverteilung aufweist, setzt man den «verflochtenen Strahlengang» nach Bild 3.7.4 ein. Er ist in

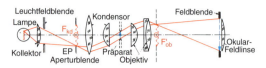

Bild 6.8.4 Köhler'sche Beleuchtungsanordnung

Bild 6.8.4. zur **Köhler'schen Beleuchtungsanordnung** erweitert.

Ein erster Kondensor, genannt **Kollektor**, bildet die Lichtquelle vergrößert in der vorderen Brennebene F_{Kd} des eigentlichen Kondensors ab. Kondensor und Objektiv zusammen entwerfen ein Lichtquellenbild in der Brennebene F'_{Ob} des Objektivs. Das Beleuchtungsbündel füllt die Austrittspupille aus. Die Irisblende in der vorderen Kondensorbrennebene EP bestimmt die Apertur der Beleuchtung und damit Auflösungsvermögen und Kontrast. Eine Blende vor dem Kollektor, die **Leuchtfeldblende**, bestimmt die Größe des ausgeleuchteten Objektfeldes.

6.8.4 Objektive und Okulare

Der Abbildungsmaßstab β'_{Ob} handelsüblicher Objektive liegt im Bereich –2,5…–100. Dabei steigt die Apertur mit zunehmendem β'_{Ob} so, dass mit den üblichen Okularvergrößerungen von 5×…25× der Bereich der förderlichen Vergrößerung gut erreicht werden kann. Bei **Trockensystemen** befindet sich Luft vor dem Objektiv. Die höchste üblicherweise erreichte Apertur beträgt $NA \approx 0{,}95$. **Immersionsobjektive** setzen Öl mit $n_{Öl} \approx n_{Glas}$ vor der Frontlinse des Objektivs ein und steigern damit die Apertur $NA = n \cdot \sin \sigma_{max}$ auf Werte bis 1,4.

Mikroskopobjektive werden nach Korrektionstypen klassifiziert. Die einfachsten Systeme sind **Achromate**, die jedoch mit zunehmender Apertur eine steigende Anzahl von Einzelgliedern benötigen. Zur Vermeidung von Farbsäumen durch das sekundäre Spektrum (Abschnitt 2.6.7) verwendet man **Apochromate**, in deren Systemaufbau oft Fluoritlinsen enthalten sind. Tritt bei beiden Korrektionstypen eine weitgehende Ebnung des Bildfeldes hinzu, die besonders für die Mikrofotografie notwendig ist, so erhält man **Planachromate** bzw. **Planapochromate**. Bild 6.8.5 zeigt Beispiele dieser modernen Planobjektive.

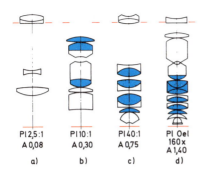

Bild 6.8.5 Mikroskopobjektive mit großem geebnetem Bildfeld: a) bis c) für Durchlicht; d) Auflicht-Immersionsobjektiv. Pl Planobjektiv, A Apertur. Blau: Linsen aus Fluorit oder anderen hochwertigen Materialien; Rot: unterer Tubusrand und Objekt- bzw. Deckglasebene

Allgemeine Angaben zu Okularen erfolgten bereits in Abschnitt 6.5.2. Ein Okular wird zum Messokular, wenn man in der Zwischenbildebene noch eine Strichplatte anbringt. Längen- und Dickenmessungen werden mit einer Okularskala, dem **Okularmikrometer** ausgeführt, das jedoch zusammen mit dem verwendeten Objektiv kalibriert werden muss. Dazu verwendet man als Objekt eine Skala mit bekannter Teilung, das **Objektmikrometer**, auf dem z.B. 1 Skalenteil 0,01 mm entspricht, und vergleicht das Mikroskopbild mit der Okularskala. So erhält man den Mikrometerwert der verwendeten Objektiv-Okular-Kombination, z.B. 2,5. Dies bedeutet, dass einem Skalenteil der Okularskala 2,5 µm in der Objektebene entsprechen. Mikrometerokulare mit messbar zu verschiebender Strichplatte werden in Abschnitt 6.6.3 beschrieben. Weiterhin können Winkelmessungen, Zählungen mit Hilfe von Quadratnetzen usw. durch geeignete Strichplattenwahl ausgeführt werden.

6.8.5 Konfokale Mikroskope

Ein wesentliches Problem üblicher Mikroskope ist die durch die notwendige große Apertur bedingte geringe Schärfentiefe. Aus diesem Grund werden selbst bei geringer Vergrößerung Elektronenmikroskope mit extrem kleiner NA eingesetzt. Eine weitere Möglichkeit, die zudem in der Tiefe gestaffelte scharfe Bildserien erlaubt, ist das konfokale Mikroskop nach Bild 6.8.6.

Beim einfachen konfokalen Mikroskop sind Kondensor und abbildendes Objektiv identische Mikroskopobjektive. Die Lichtquelle beleuchtet 1 Lochblende (**Pinhole**) A, die der Kondensor in das Objekt abbildet. Es wird also nur ein extrem kleiner Ausschnitt des Objekts in einer definierten Tiefe beleuchtet. Das Objektiv bildet O = A' als O' = A'' auf ein 2. Pinhole ab, hinter dem ein Empfänger (meist ein Multiplier) sitzt (Strahlengang rot gezeichnet). Das Signal des Multipliers ist demnach proportional zur Transmission des Objekts im Punkt O. Strahlen, die von einem nicht in der betrachteten Objektebene liegenden Punkt, etwa von R kommen, werden bis auf einen vernachlässigbaren Anteil vom rechten Pinhole abgeschattet (Strahlengang blau gezeichnet). Um ein 2-dimensionales Bild zu erhalten, wird das Objekt in y- und x-Richtung verschoben und so das Bild zeilenweise abgerastert. Die jeweiligen Amplitudenwerte werden im Rechner gespeichert und ergeben das Bild der gescannten Fläche. Die 3. Dimension erhält man, wenn das Objekt in z-Richtung verschoben wird. Da man das Pinhole beliebig klein (auch kleiner als die Lichtwellenlänge) machen kann, gilt die Auflösungsbegrenzung nach Gl. 6.8.5 nicht; man umgeht die Beugungsbegrenzung.

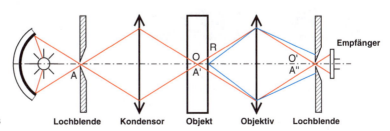

Bild 6.8.6
Aufbau eines
konfokalen Mikroskops

Lochblende **Kondensor** **Objekt** **Objektiv** **Lochblende**

6.8.6 Weitere Hilfsmittel der technischen Mikroskopie

Bei der Bearbeitung kleiner Teile, z.B. der Fertigung von Leiterplatten, sind Stereomikroskope besonders günstig. Sie ergeben aufrechte, räumliche Bilder mit guter Tiefenwahrnehmung innerhalb der dünnen Objektschichten. Die stereoskopische Parallaxe wurde hierbei nicht durch Verlängerung der Basis (Abschnitt 6.4.4) vergrößert, sondern durch geringen Abstand der Objektive, die anstelle der Augenpupillen treten. In der Form des Greenough-Mikroskops sind 2 Mikroskope unter einem, dem Konvergenzwinkel der Augenachsen bei Nahbeobachtung entsprechendem Achsenwinkel von ca. 14° zusammengebaut. Die beiden Objektive sind abgeglichen und in einer Austauschfassung vereinigt. Stereomikroskope werden meist bei relativ niedrigen Vergrößerungen, etwa 5×…300×, benutzt. Der freie Arbeitsabstand nimmt mit zunehmender Vergrößerung ab; auch können dann wegen der geringen Schärfentiefe nur noch dünne Objektschichten räumlich gesehen werden. In einer weiteren Ausführungsform des Stereomikroskops wird nur ein Objektiv mit Abbildung nach ∞ verwendet. Hinter ihm ist ein Tubuslinsenpaar angebracht, sodass eine Aperturteilung erfolgt. Man blickt aus den beiden Hälften des Hauptobjektivs und damit wieder mit einer Richtungsdifferenz der Achsen auf das Objekt.

Die Vermessung von Werkstücken mit Messmikroskopen wird durch das **Doppelbildverfahren** sehr erleichtert, insbesondere bei symmetrischen Objektdetails (Bohrungen, Schlitze, Zähne usw.).

Dazu können 2 verschiedene Prismensysteme in den Strahlengang eingeschaltet werden, die jeweils ein Doppelbild mit rotem und grünem Teilbild ergeben. Das Prismensystem Bild 6.8.7 a), das bis auf die Farbfilter mit dem Fluchtfernrohrsystem von Bild 6.6.8 a) übereinstimmt, ergibt ein **axialsymmetrisches Doppelbild** (180°-Drehung um die optische Achse). Dagegen führt das System von Bild 6.8.7 b) zu einem **flächensymmetrischen** Doppelbild. Die Symmetrieebene ist durch die einzige Dachkante festgelegt. Da die Teilbilder komplementärfarbig sind, ergibt ihre Überdeckung Weiß. Erscheint also die große Bohrung in Bild 6.8.7 c) ohne Farbsäume weiß, so geht die Symmetrieachse durch die Bohrungsmitte. Farbsäume treten bereits bei Abweichungen von ca. 1 µm auf. Verschiebt man nun den Messtisch bis zur Weißdarstellung der kleinen Bohrung, so ergibt die Verschiebung unmittelbar den Abstand der Bohrungsmitten.

Bei richtiger Mikroskopeinstellung entwirft das Okular das Endbild im ∞. Dann kann eine auf ∞ eingestellte Kamera direkt auf den Okulartubus gesetzt werden. Bei einfachen **Aufsetzkameras** ohne Objektiv oder bei einer **Mikroprojektion** dient das Okular als Projektionsobjektiv. Dazu muss es gegenüber dem Zwischenbild so verschoben werden, dass ein reelles Bild im Endlichen entsteht. Die optimale Bildschärfe wird mit dem Sucherbild oder durch ein besonderes Fernrohr eingestellt. Dieses Einstellfernrohr wird in einen Zwischentubus zwischen Okular und Kamera eingeschoben.

Der Abbildungsmaßstab β' bei Mikroprojektion oder Mikrofotografie beträgt

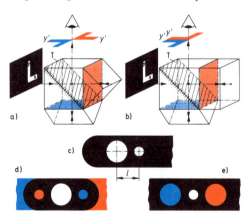

Bild 6.8.7 Doppelbildverfahren für Messmikroskope: a) Prismensystem für achsensymmetrisches Doppelbild, b) Prismensystem für flächensymmetrisches Doppelbild, c) Werkstück mit 2 Bohrungen, d) große Bohrung, e) kleine Bohrung symmetrisch eingefangen

$$\beta' = \Gamma'_M \cdot p \qquad \text{(Gl. 6.8.9)}$$

Dabei ist $p = a'/a_s$ mit $a' =$ Entfernung zwischen der Austrittspupille des Okulars und der Bildebene, der **Kamerafaktor**. Bei auf ∞ eingestellter Kamera gilt $a' = f'$.

Beispiel
Eine Aufsetzkamera ist mit «0,63×» beschriftet, es ist also $p = -0{,}63$. Bei der Mikroskopvergrößerung $\Gamma'_M = -320$ ist also $\beta' = 202 \approx 200$. Durch die reelle Zwischenabbildung ergibt sich ein gegenüber dem Objekt aufrechtes Bild. Vorzugswerte für Kamerafaktoren sind in DIN 58 886 aufgeführt.

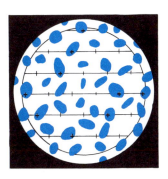

Bild 6.9.1 Bestimmung von Volumenanteilen mit dem Integrationsokular

6.9 Bildauswertung

Sieht man von der visuellen Betrachtung eines Objekts mit Lupe, Fernglas oder Mikroskop ab, dienen alle bildgebenden Verfahren der Erzeugung einer Basis für die messtechnische oder statistische Auswertung. Die Art der Auswertung hängt stark vom Einsatzschwerpunkt ab. Dabei nutzen sowohl visuelle als auch rechnergestützte Auswertungen dieselben Algorithmen. Einige der vielen Methoden werden im Folgenden beschrieben.

6.9.1 Methoden der Bildauswertung

Die direkte Vermessung von Werkstücken oder anderen Objekten mit Messprojektoren wurde bereits in den Abschnitten 6.3.2 und 6.3.3 behandelt; Richtungs- und Bahnprofilmessungen finden sich in den Abschnitten 6.6.3 und 6.6.4.

Neben den einfachen Längen- und Flächenmessungen können auch unterschiedliche Komponenten identifiziert werden, sofern sie sich durch Grauwert oder Farbe unterscheiden. So können bei linearer Unterteilung des Graubereiches von Schwarz bis zum hellsten Bildelement in 10 Stufen bis zu 10 verschiedene Partikelarten getrennt erfasst werden. Das folgende Beispiel zeigt das Verfahren bei nur 2 Grau- bzw. Farbstufen.

Zur Bestimmung der Volumenanteile mehrerer Komponenten in einer zusammengesetzten Substanz werden **Integrationsokulare** mit

Testpunktteilung (Bild 6.9.1) eingesetzt. Diese Messungen sind in der Biologie und in der Kristallographie von Bedeutung. Bei einer statistisch ausreichenden Partikelanzahl verhalten sich die Schnittebenenflächen wie die Volumina. Innerhalb eines kreisförmigen Zählfeldes sind 25 Punkte als Linienkreuze angeordnet. Sind in der Schnittebene eines Präparats, z.B. im Anschliff einer Metalllegierung, 2 oder mehr deutlich unterscheidbare Bestandteile sichtbar, so werden für die betrachtete Komponente alle «Punkttreffer» gezählt. Eine Auswertung zeigt folgendes Beispiel.

Beispiel
In Bild 6.9.1 ergeben sich für die blau hervorgehobenen Einschlüsse 9 Treffer, hier mit kleinen weißen Kreisen markiert. Bei insgesamt 4 Zählungen an verschiedenen Stellen der Fläche wurden 9, 7, 9 und 12 Treffer gefunden, insgesamt 37 Treffer bei 100 Testpunkten. Dann beträgt der Volumenanteil dieser Komponente in der Substanz angenähert 37%.

Zur genaueren Bestimmung sind möglichst viele Einzelzählungen notwendig.

6.9.2 Beleuchtungstechnik

Eine wesentliche Rolle bei der Bildauswertung spielt der Kontrast. Bei diffuser Beleuchtung ergeben sich oft flaue Bilder. Abhängig vom Objekt können hier Dunkelfeldbeleuch-

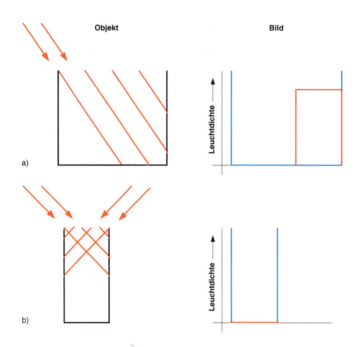

Bild 6.9.2
Fehler bei ungeeigneter
Beleuchtung:
a) Bild schmäler als Objekt,
b) keine Bildinformation

tung, Polarisationstechnik, Ringbeleuchtung oder schiefe Parallelbeleuchtung die Bilder verbessern. Eine besondere Rolle spielt die Fluoreszenztechnik. Manche Substanzen emittieren bei Beleuchtung mit kurzwelligem Licht eine für den Prüfling typische Strahlung mit längerer Wellenlänge. Fluoreszierende Stoffe können daher gut von der Umgebung abgesetzt und identifiziert werden. Im Strahlengang integrierte Schmalbandfilter lassen nur Licht einer Komponente durch und dienen so der Selektierung bestimmter Stoffe.

Bei drei-dimensionalen Oberflächen kann eine ungeeignete Beleuchtung zu groben Fehlern bei der Dimensionsmessung führen. Bild 6.9.2 zeigt dafür einige Beispiele.

6.9.3 Bildverarbeitung

Eine erhebliche Reduzierung des Zeitaufwands für eine quantitative Bildanalyse bietet die Kombination von Fernrohr oder Mikroskop mit einer hochauflösenden Digitalkamera und Auswertesoftware. Allerdings erreicht noch kein System eine dem Auge vergleichbare Präzision der Objekterkennung. Das liegt einmal daran, dass das Auge im Gegensatz zu

allen elektronischen Verfahren parallel arbeitet und zum anderen an der enormen Kombinationsfähigkeit und Speicherkapazität der menschlichen «Bildverarbeitung». Sitzt etwa auf einem weißen Blatt Papier rechts unten eine Fliege, so erkennt das Auge diesen Sachverhalt auf einen Blick. Bei der digitalen Bildverarbeitung dagegen scannt die Kamera von oben nach unten Zeile für Zeile, liefert z.B. 900 leere Zeilen, um dann in der 901-ten dunkle Strukturen zu identifizieren. Die Aussage der Elektronik hängt nun vom Programm ab. Eine Software z.B., die Fehler bei der Papierherstellung erkennen soll, meldet: «Fleck von 17 mm² Fläche und 20% Reflexionsgrad in Position $x = 147$ mm, $y = 24$ mm». Nur eine spezielle biologische Software, der alle gängigen Insekten angelernt wurden, kann die Fliege von einer Biene unterscheiden. Jede industrielle Software ist daher auf einen speziellen Einsatz zugeschnitten und selbst die Anforderungen an die Optik hängen vom Einsatz ab. So muss die Verzeichnung bei der Objektvermessung vernachlässigbar klein sein, bei der Erkennung biologischer Objekte dagegen spielt sie praktisch keine Rolle.

Basis für die Auswertung ist eine Digital-kamera. Bei Schwarzweiß-Kameras entspricht 1 Pixel einer Objektinformation mit typischer 8-Bit-Amplitude entsprechend 256 Graustu-fen. Für die Amplitudenmessung werden aber auch Chips mit 16 Bit entsprechend 65 536 Graustufen eingesetzt. Farbkameras benötigen 4 Pixel für 1 Farbbyte (Abschnitt 4.7.2). Sollen 10 cm auf 0,1 mm aufgelöst wer-den, so sind 10 cm/0,1 mm = 1000 Byte not-wendig: Eine Fläche von 10 × 10 cm² besitzt damit bereits 1 MByte Information.

Bildverarbeitung soll schnell sein. Es wird daher eine hohe Bildfrequenz (Anzahl der ausgelesenen Bilder pro Zeiteinheit) ange-strebt. Diese Zeit setzt sich aus der Integrati-onszeit für den Bildaufbau und der Auslese-zeit zusammen. Dabei führt aber eine hohe Bildfrequenz zu kurzen Integrationszeiten und damit zu einem schwachen Signal und starkem Bildrauschen. Abhilfe schafft hier die Kühlung des Chips. Bei sehr schneller Objekt-bewegung und feinen Details ist das **Abtast-theorem** zu berücksichtigen. Es besagt, dass die Frequenz der Abtastung mindestens dop-pelt so hoch sein muss wie die Signalfre-quenz; anderenfalls kommt es zu erheblichen Fehlmessungen mit viel zu niedrigen gemes-senen Frequenzen. Die Empfindlichkeit des Chips gemessen in Ws/Pixel steigt mit der Größe der Pixel: Es werden daher großflächi-ge Chips bevorzugt. Die spektrale Empfind-lichkeit hängt vom eingesetzten Halbleiter ab. Meist wird Silizium mit einer Bandbreite von 200…1100 nm eingesetzt. Für das nahe Infra-rot bis 1,7 µm gibt es InGaAs-Chips (Indium-Gallium-Arsenid), die allerdings meist nur über 512 Pixel/Zeile verfügen. Mehr noch als in der Fotografie sind bei der Bildverarbei-tung eine lineare Übertragungskennlinie, möglichst gleich empfindliche Pixel und keine Totalausfälle («Tote Pixel») anzustreben.

Die im Chip gespeicherte Information kann seriell (langsam) oder parallel (schnell) an das Bildverarbeitungssystem übertragen werden. Gemessen wird die Übertragungsge-schwindigkeit in Baud = Bit/s, dabei sollten Übertragungsfehler, die Bitfehlerrate, mög-lichst gering sein. Einfache Systeme übertra-gen die Kamerainformation über USB2, Fire-wire oder andere Schnittstellen direkt in den Speicher des Rechners. Schnelle Systeme set-zen spezielle Bilderfassungskarten, «**Frame-grabber**» genannt, ein.

Die eigentliche Auswertung, die logische Analyse der Pixelinformationen, erledigt die Software des Rechners. Grundfunktionen sind die Suche nach Maxima, Differenzieren, Integ-rieren und messtechnische Auswertung. Be-dingt durch die enormen Datenmengen, 1…20 MByte, müssen die Rechner sehr schnell sein; trotzdem kann die Taktzeit bei komplexen Aufgaben mehrere Sekunden betragen.

Um die Messgenauigkeit zu steigern ohne die Pixelanzahl weiter zu erhöhen, wird meist linear interpoliert. Diese Interpolation setzt erstaunlicherweise eine gewisse Unschärfe der Bildpunkte voraus. Möchte man die Posi-tion eines Bildpunktes am Chip festlegen und arbeitet mit einem idealen Bildpunkt, so ist die Messunsicherheit durch die Pixeldimensi-on gegeben. Ein 10 µm langes Pixel liefert bei Auftrefforten von 1 µm, 5 µm oder 9 µm die gleiche Information. Hat der Bildpunkt dage-gen eine Ausdehnung von 10 µm und liegt sein Flächenschwerpunkt auf der Grenze von 2 Pixeln, so erhalten beide Pixel 50% der Ma-ximalintensität: Die Position ist damit eindeu-tig festgelegt. Mit guten Systemen und stabi-ler Beleuchtung lässt sich so eine Steigerung der Messgenauigkeit bis Faktor 10 erreichen.

Da Bildkanten bedingt durch Abbildungs-fehler und Beleuchtung nie Rechtecksprünge aufweisen, kommt der Lage des «Triggerni-veaus» große Bedeutung zu. Bild 6.9.3 zeigt die Abhängigkeit der Messgröße l von der

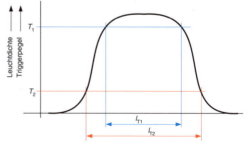

Bild 6.9.3 Abhängigkeit der Strukturlänge l vom Triggerpegel T

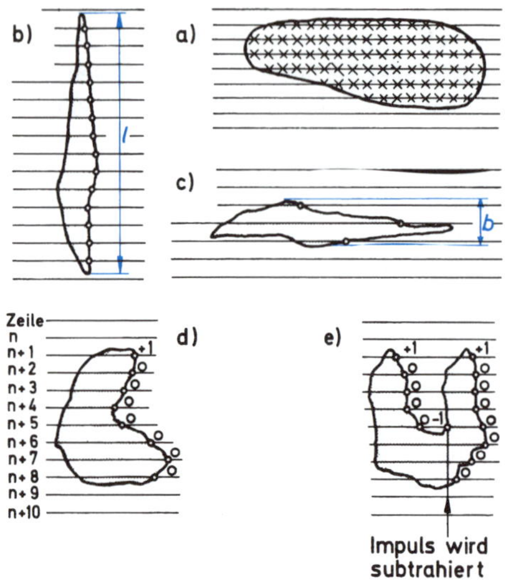

Bild 6.9.4 Elektronische Bildauswertung

Schnittpunktimpuls auf, so wird der Impuls dem Zähler zugeleitet (+1) und damit das Teilchen erfasst. Der nächste Schnittpunkt ($n + 2$) und alle folgenden werden aber nicht mehr gezählt, da der Impuls der vorhergehenden Zeile gespeichert und zum Vergleich benutzt wird («vertikale Nachbarschaftsanalyse»). Auch kompliziert geformte Partikel werden durch eine Impulssubtraktionsschaltung nur 1-mal gezählt (Bild 6.9.4 e). Insgesamt werden als Messgrößen also Trefferpunkte, Schnittpunkte und Partikelzahlen ermittelt, die anschließend verknüpft und weiter ausgewertet werden können.

Moderne Bildverarbeitungssysteme bieten viele weitere Algorithmen der Strukturanalyse. So kann man mit einem flächenhaften Testelement anstelle eines Bildpunktes abtasten. Dies kann z.B. eine Kreis- oder 6-Eck-Fläche sein, die aus der Verknüpfung hexagonal angeordneter Messrasterpunkte entsteht.

Triggeramplitude T, dem Grauwert, bei dem eine Kante festgelegt wird. Bei hohem Pegel T_1 wird die gemessene Länge l_{T1} kleiner, als bei niederem Pegel T_2. Der optimale Triggerpegel wird in der Praxis durch Messreihen ermittelt.

Bei der **Flächenmessung** von Bild 6.9.4 a) werden alle auf die mit dem Triggerpegel ausgewählte Graustufe entfallenden Trefferpixel gezählt. Das Ergebnis ist der Gesamtfläche aller Partikel der gleichen Graustufe proportional. Die **Partikellänge** kann nach Bild 6.9.4 b) durch Zählen der Schnittpunkte der Zeilen mit der hinteren Flächenbegrenzung bestimmt werden. Es ergibt sich hier die Partikelabmessung senkrecht zur Zeilenrichtung. Wird das Bild um 90° gedreht (Bild 6.9.4 c), so ändert sich die Schnittpunktzahl: Der Quotient beider Messungen liefert den **Formfaktor** l/b. Liegt das Objekt nicht horizontal oder vertikal, so kann die Software automatisch die Lage der größten Ausdehnung ermitteln. Bei der **Partikelzählung** soll die Zahl aller Einzelflächen einer ausgewählten Graustufe bestimmt werden. Diese wichtige Aufgabe wird nach Bild 6.9.4 d) auf folgende Weise gelöst: Tritt in einer Zeile (hier: $n + 1$) erstmalig ein

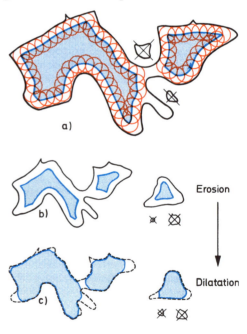

Bild 6.9.5 a) Erosion: schwarz: ursprüngliche Bildelemente, rot: Testfläche in den Randlagen, blau: nach Erosion verbliebene Bildelemente, b) Ergebnis der Erosion, c) Erosion + Dilatation = Ouverture

Bild 6.9.5 a) zeigt mit der «**Erosion**» (Abtragung) eine der Möglichkeiten der Bildaufbereitung. Testelement ist hier eine Kreisfläche, die in der Praxis durch das 6-Eck gut angenähert wird. Führt man die Kreisfläche zeilenweise über das Bild, so ist ihr Mittelpunkt der zur Auswertung herangezogene Messpunkt. Er wird aber nur dann als zum Bildelement gehörig bewertet, wenn auch die Randpunkte der Kreisfläche im Bildelement liegen. Bei zu kleinen Bildelementen ist dies unmöglich: Sie werden ebenso eliminiert wie enge Übergänge oder schmale «Halbinseln». Damit ist auf geometrischem Wege eine zweckmäßige Änderung des Bildinhalts, u.a. eine Reinigung des Bildes von Störungen, möglich. Mit der beliebig wählbaren Testflächengröße ist auch die Erosion veränderbar. Der Spezialfall sehr kleiner Testflächen ergibt den üblichen Abtastpunkt.

Die umgekehrte, als «**Dilatation**» (Ausdehnung) bezeichnete Operation ist ebenfalls möglich. Der Kreismittelpunkt wird als Messpunkt nur gewertet, wenn wenigstens 1 Randpunkt innerhalb des Bildelements liegt. Der Rand des Bildelements wird also allseitig um den Kreisradius aufgefüttert, wodurch Einbuchtungen aufgefüllt und benachbarte Bildelemente verbunden werden können. Bild 6.9.6 zeigt ein Anwendungsbeispiel für die Dilatation.

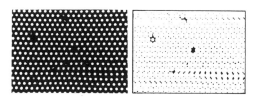

Bild 6.9.6 Fehlererkennung durch Dilatation, links: faseroptischer Bildleiter (Glasfaserbündel), rechts: durch Dilatation sind die Faserquerschnitte gewachsen, jetzt treten die Fehlstellen deutlich hervor.

Bild 6.9.5 b) zeigt nochmals die Wirkung der Erosion. Auf die erodierten Bildelemente wurde anschließend die Dilatation angewendet. Diese kombinierte Operation heißt «Ouverture» (Bild 6.9.5 c). Die Wirkung besteht offensichtlich darin, dass die Bildreinigung erhalten bleibt, die ursprünglichen Flächengrößen aber nahezu wiederhergestellt werden. Die umgekehrte Operationsfolge «Fermeture», erst Dilatation, dann Erosion, hat nicht die gleiche Wirkung. Diese wenigen Beispiele sollten nur einen Eindruck von den Möglichkeiten vermitteln, die sich durch das Zusammenwirken von Optik und Elektronik für die Bildanalyse ergeben.

7 Interferenz- und Spektralgeräte, Farben, Gitter, Holographie

7.1. Grundlagen der Messung mittels Interferenz

Die Interferenz von Wellen sowie die Bedingungen für Interferenzmaxima und -minima werden in Abschnitt 1.2.3 behandelt. 2 Wellen können nur dann interferieren, wenn sie kohärent sind (Abschnitt 1.2.8), wenn also Wellenlänge und Phasenbeziehung für eine ausreichend lange Zeit konstant bleiben. Da zwei verschiedene Quellen nie kohärent strahlen, muss man die von der **gleichen Stelle** einer Leuchtfläche ausgehenden Wellen durch Teilung eines Bündels in 2 Wellenzüge zerlegen und diese Teilwellen nach Durchlaufen verschieden großer **optischer Weglängen** $n \cdot d$ (n = Brechzahl, d = Weglänge) wieder vereinigen. Dabei darf der **Gangunterschied** δ (Gl. 1.2.3) der beiden Teilwellen nicht größer sein als die **Kohärenzlänge** l_k (Gl. 1.2.28). Weißes Licht hat eine geringe Kohärenzlänge, Laserstrahlung meist eine große Kohärenzlänge.

> ! Mit zunehmendem Gangunterschied werden Interferenzlinien undeutlicher. Überschreitet der Gangunterschied die Kohärenzlänge, so können keine Interferenzen mehr auftreten.

Gibt man den Gangunterschied δ als Vielfaches der Wellenlänge λ an, so erhält man die **Ordnungszahl** m der Interferenz:

$$m = \frac{\delta}{\lambda} \qquad \text{(Gl. 7.1.1)}$$

Da die Ordnungszahl m z.B. durch Abzählen von Interferenzstreifen leicht bestimmbar ist, lässt sich mit Hilfe der Interferenz eine der übrigen Größen messen:

- ❏ Bestimmung von λ:
  Interferenzspektroskopie
- ❏ Bestimmung von n:
  Interferenzrefraktometrie
- ❏ Bestimmung von d:
  Interferenzlängenmessung, Bestimmung von Oberflächenformen usw.

Die folgenden Abschnitte beschränken sich auf die Interferenzlängenmessung. Grundlegend für viele Verfahren ist die Interferenz von Wellen, die an 2 dicht voreinander angeordneten Flächen reflektiert werden.

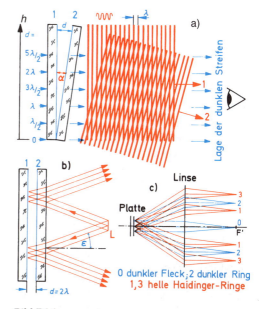

Bild 7.1.1
a) Interferenzen gleicher Dicke an einer Keilplatte. Beleuchtet wird von rechts, gezeichnet sind nur die von den Flächen 1 und 2 reflektierten Wellenzüge. Die Winkel sind stark übertrieben.
b) Interferenzen gleicher Neigung an einer planparallelen Platte.
c) Abbildung der Haidinger-Ringe im Endlichen

In Bild 7.1.1 a) bilden 2 Planflächen einen Luftkeil, der von rechts kohärent mit einem Parallelbündel beleuchtet wird. Es sollen nur die Flächen 1 und 2 reflektieren, alle anderen Flächen sind entspiegelt. Es interferieren demnach die reflektierten Wellenzüge W1 und W2.

Nach Gl. 1.2.3 ergibt sich bei kleinem Keilwinkel α und der Keildicke d der Gangunterschied $\delta = 2d + \lambda/2$, denn zum Hin- und Rückweg $2d$ in der Luftschicht mit $n = 1$ kommt noch der **Phasensprung** $\lambda/2$ bei der Reflexion am dichteren Medium der Fläche 1. Ist der Gangunterschied gleich einem **ungeradzahligen Vielfachen** von $\lambda/2$, so wird die Intensität nach Gl. 1.2.4 geschwächt, bei gleichen Amplituden sogar 0. Diese Überlegung gilt auch bei Berührung ($d = 0$) beider Platten. Bei unbeschichteten Glasflächen sind die Amplituden beider Wellen klein, die Intensität der Interferenzfiguren gering. Es ist daher angebracht, die Flächen 1 und 2 so zu verspiegeln, dass beide Amplituden groß und etwa gleich werden.

Ist δ ein **geradzahliges Vielfaches** von $\lambda/2$, so ergibt sich Verstärkung. Da sich die Keildicke d linear mit der Keilhöhe h ändert, haben die als **Fizeau-Streifen** bezeichneten hellen und dunklen Interferenzstreifen gleiche Abstände. Man erhält mit dem Keil und Parallellicht **Interferenzen gleicher Dicke**, denn ein Interferenzstreifen verbindet alle Punkte mit gleichem Flächenabstand d. Der Abstand zwischen 2 dunklen Streifen (Interferenzminima) entspricht einer Änderung des Gangunterschiedes um λ und damit der Änderung der Keildicke um $\lambda/2$. Wird der Luftzwischenraum durch eine Planfläche und eine sphärische Fläche begrenzt (Bild 7.3.2), so sieht man kreisförmige, **Newton-Ringe** genannte, Fizeau-Linien.

Trifft ein divergentes Bündel von rechts auf 2 parallele Planflächen (Bild 7.1.1 b), so hängt der Weg in dem überall gleich dicken Zwischenraum und damit der Gangunterschied vom Einfallswinkel ε des jeweiligen Strahls ab. Für bestimmte Winkel ergeben sich Interferenzmaxima, dazwischen liegen Minima. Man erhält **Interferenzen gleicher Neigung**, als **Haidinger-Ringe** bezeichnete konzentrische Ringe, da alle Strahlen mit gleichem Winkel ε rotationssymmetrisch zur Flächennormalen verlaufen. Die im ∞ liegenden Haidinger-Ringe werden durch eine Linse in ihrer Brennebene abgebildet (Bild 7.1.1 c).

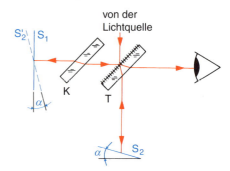

Bild 7.1.2 Michelson-Interferometer mit Einstellung auf die 0. Ordnung. Winkel stark übertrieben.

Bild 7.1.2 zeigt den wichtigsten Interferometer-Grundtyp, das **Michelson-Interferometer.** Das von der Lichtquelle kommende Bündel gelangt vom Strahlenteiler T zu den beiden Spiegeln S_1 und S_2. S_1 und das Spiegelbild S_2' bilden eine «virtuelle Keilplatte», die die direkt gegenüberstehenden Planflächen von Bild 7.1.1 a) ersetzt. Die beiden reflektierten Bündel werden durch T wieder vereinigt und damit zur Interferenz gebracht. Die Kompensationsplatte K sorgt für gleiche Glaswege.

Das virtuelle Bild S_2' kann vor oder hinter S_1 liegen oder auch, wie in Bild 7.1.2 gezeichnet, S_1 durchdringen. Der Keilwinkel α ist übertrieben groß gezeichnet.

Auf der optischen Achse liegt die «Interferenz 0. Ordnung», denn hier ist der Wegunterschied 0. Obwohl die Reflexionen an S_1 und S_2 mit gleichem Phasensprung erfolgen, sieht man an dieser Stelle einen dunklen Streifen, da bei Reflexion an T nur für das horizontale Teilbündel der Phasensprung $\lambda/2$ auftritt. Die Interferenz 0. Ordnung wird bei Beleuchtung mit weißem Licht («**Weißlichtinterferenz**») deutlich hervorgehoben, denn nur hier ist ein dunkler Streifen ohne Farbsäume sichtbar, während die Streifen mit der Ordnung $m \neq 0$ farbig erscheinen.

Bei durch Spiegeljustierung parallel gestellten Flächen S_1 und S_2' beobachtet man Haidinger-Ringe, bei einem Parallelbündel und Spiegelkippung um den Keilwinkel α entstehen **Fizeau-Streifen** mit dem Streifenabstand

$$l = \frac{\lambda}{2\alpha} \qquad \text{(Gl. 7.1.2)}$$

7.2 Interferometrische Längenmessung

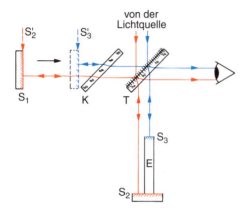

Bild 7.2.1 Interferometrische Längenmessung eines Endmaßstabs E

Bild 7.2.1 zeigt das Prinzip der absoluten Längenmessung eines Endmaßes E in der Einheit $\lambda/2$. Auf den festen Spiegel S_2 eines Michelson-Interferometers oder eines ähnlichen Interferometertyps wird das zu prüfende Endmaß E fest aufgesetzt («angesprengt»). Seine polierte Vorderfläche wirkt als Spiegel S_3. Zunächst stellt man den beweglichen Spiegel S_1 so ein, dass sich gegenüber dem Spiegelbild S_2' der gleiche optische Weg ergibt. Dies ist der Fall, wenn bei Weißlichtinterferenz der Interferenzstreifen 0. Ordnung unter der Zielmarke liegt. Verschiebt man nun den Spiegel S_1 bis zum Wegunterschied 0 gegenüber S_3', so hat der bewegliche Spiegel gerade die Endmaßlänge zurückgelegt. Während der Verschiebung wird bei monochromatischem Licht (HeNe-Laser) die Zahl der durchlaufenden Interferenzstreifen auf Bruchteile einer Streifenbreite genau bestimmt. Multiplikation der

Streifenzahl mit $\lambda/2$ ergibt die Endmaßlänge. Der Spiegel S_1 und die Spiegelbilder S_2' und S_3' sind leicht gegeneinander gekippt.

Eine weitere Grundaufgabe ist die Vermessung von Strichmaßstäben. Bei Präzisionsmaßstäben müssen die Teilungsfehler durch interferometrische Messung genau bestimmt werden. Bild 7.2.2 zeigt das Prinzip wieder in der übersichtlichen Michelson-Anordnung.

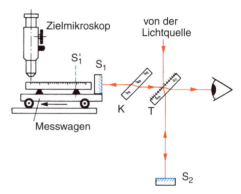

Bild 7.2.2 Prinzip der interferometrischen Vermessung eines Strichmaßstabs

Der bewegliche Spiegel S_1 ist am Messwagen befestigt, mit dem der Strichmaßstab unter dem Zielmikroskop verschoben wird. Der Spiegel S_1 kann vor oder hinter dem virtuellen Bild S_2' liegen. Es können daher positive und negative Gangunterschiede ausgenutzt werden. Dadurch kann die Messstrecke (Strichmaßlänge) doppelt so groß sein wie die Kohärenzlänge.

Ein **Laser-Interferometer** zur automatischen Vermessung von Präzisionsmaßstäben [8.2] zeigt gegenüber dem Grundprinzip folgende Verbesserungen (Bild 7.2.3):

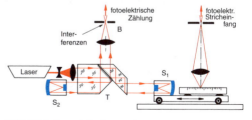

Bild 7.2.3 Laserinterferometer zur Maßstabsvermessung

Die Interferometerspiegel S_1 und S_2 von Bild 7.2.2 sind durch Retroreflektoren (Abschnitt 2.2.4) ersetzt, die bei kleinen Kippungen durch Führungsungenauigkeiten die Bündelrichtung unverändert erhalten. Im Beispiel wird ein Hohlspiegel mit einem kleinen Planspiegel in der Brennebene als Retroreflektor verwendet. Anstelle des Zielmikroskops tritt eine fotoelektrische Stricheinfangvorrichtung, die einen Ausgangsimpuls abgibt, wenn sich der Maßstabsstrich in symmetrischer Lage zur Zieleinrichtung befindet, d.h., wenn er «eingefangen» ist. Als Lichtquelle mit besonders kohärenter Strahlung wird ein frequenzstabilisierter HeNe-Laser verwendet. Das Laserbündel wird durch ein umgekehrtes Fernrohrsystem zu einem Parallelbündel mit größerem Durchmesser aufgeweitet und nach der Interferenz der beiden Teilbündel in die Ebene der Blende B fokussiert.

Bei defokussiertem Fernrohrsystem (divergentes Bündel) werden in dieser Ebene Haidinger-Ringe sichtbar. Durch eine fotoelektrische Schaltung werden die Durchgänge der einzelnen Interferenzordnungen richtungsabhängig gezählt. Je nach Verschiebungsrichtung des Komparatorwagens wird bei Verschiebung um $\lambda/8$ jeweils ein Impuls addiert oder subtrahiert (4-fache Unterteilung der $\lambda/2$-Periode).

Eine für die Messtechnik grundlegend wichtige Strichmaßstabsmessung war die Vermessung des internationalen Meterprototyps im Jahr 1960 mit der Wellenlänge der orangeroten Linie des Isotops «Krypton 86». Darauf basiert die heutige Definition, nach der 1 m die Strecke ist, die das Licht im Vakuum in (1/299 792 458) s zurücklegt (17. CGPM 1983).

Es ist nicht unbedingt notwendig, die auf eine Messlänge entfallenden $\lambda/2$-Einheiten durch direkte Zählung zu bestimmen. Genaue Längenmessungen, z.B. der Vergleich von 2 Endmaßen oder die absolute Längenbestimmung eines Endmaßes, können auch durch **indirekte Zählung von Interferenzstrukturen** erfolgen. Ordnet man z.B. in Bild 7.2.1 den Spiegel S_1 fest so an, dass er etwa in der Mitte zwischen S_2' und S_3' liegt, so sind die im Sehfeld erkennbaren Streifensysteme gegeneinander verschoben, und zwar entsprechend der Endmaßlänge l um eine nicht erkennbare, sehr große Streifenanzahl (Ordnungszahl) m. Erkennbar ist nur die Verschiebung um einen Bruchteil p der Streifenbreite ($0 \leq p < 1$). Hat die monochromatische Messstrahlung die Wellenlänge λ_1, so gilt $l = (m_1 + p_1) \cdot \lambda_1/2$; für eine andere Wellenlänge λ_2 entsprechend $l = (m_2 + p_2) \cdot \lambda_2/2$ usw. Durch Messung mit mehreren Wellenlängen, also mit Maßstäben, die etwas verschiedene Einheiten aufweisen, erhält man die Bruchteile p_1, p_2, p_3 usw. Diese gemessene Bruchteilfolge kann aber nur für ganz bestimmte Endmaßlängen erfüllt sein. Unter diesen möglichen Längen findet man die richtige durch eine mechanische Vormessung heraus, bei der die Endmaßlänge bereits auf ca. 2 µm genau bestimmt wird.

> **Beispiel**
> Es werde mit folgenden 3 Wellenlängen einer Cadmiumdampflampe gemessen:
> $\lambda_1 = 467{,}8156$ nm;
> $\lambda_2 = 508{,}5824$ nm;
> $\lambda_3 = 643{,}8470$ nm
> Für die Endmaßlänge $l = 20{,}00213$ mm ergeben sich dann als Anzahl $(m + p)$ der halben Wellenlängen:
> 85 512,881 57;
> 78 658,364 9;
> 62 133,177 6
> Als Bruchteilfolge beobachtet man also:
> $p_1 \approx 0{,}9$;
> $p_2 \approx 0{,}4$;
> $p_3 \approx 0{,}2$
> Vergleicht man damit 2 Endmaße, die sich von der betrachteten Länge nur um 0,02 µm unterscheiden, so ergeben sich bereits deutlich andere Bruchteilfolgen:
> Für $l = 20{,}002\ 11$ mm ist:
> $p_1 \approx 0{,}8$;
> $p_2 \approx 0{,}3$;
> $p_3 \approx 0{,}1$
> Für $l = 20{,}002\ 15$ mm ist:
> $p_1 \approx 0{,}0$;
> $p_2 \approx 0{,}4$;
> $p_3 \approx 0{,}2$
> Die Bruchteile p können jedoch nicht nur bei der Beobachtung auf 0,1 Streifenbreiten geschätzt, sondern auch bis zu einer Genauigkeit von 0,01 Streifenbreiten gemessen werden.

Die interferometrischen Präzisionsmessungen werden durch die veränderliche Brechzahl der Luft erheblich beeinflusst. Deshalb wird n_{Luft} ebenfalls interferometrisch gemessen bzw. kompensiert [8.3.].

7.3 Interferometrische Oberflächenprüfung

In Bild 7.1.1 a) entstand ein Luftkeil durch Neigung von 2 einwandfreien Planflächen gegeneinander. Der Keil war an Fizeau-Streifen mit konstantem Abstand erkennbar. Bilden 2 Oberflächen verschiedener Gestalt einen unregelmäßigen Luftzwischenraum, so entstehen anstelle der parallelen Streifen **Fizeau-Kurven**. Da sie Punkte gleichen Luftabstandes verbinden, zeigen sie in Form von «Höhenlinien» mit dem Niveauabstand $\lambda/2$ unmittelbar die Form der Prüffläche an, wenn die 2. Fläche, die Vergleichsfläche, plan ist. Interferenzverfahren zeigen damit anschaulich und übersichtlich die Flächenform und vorhandene Oberflächenfehler. Einfache Interferometer können nicht unterscheiden, ob z.B. eine Ringfolge eine Senke oder eine Erhebung charakterisiert. Diese Entscheidung erfordert zwei Aufnahmen, eine Basiseinstellung und eine zweite, bei der der Planspiegel mittels Piezoaktoren um $\lambda/4$ verschoben wird.

Scharfe Interferenzlinien erhält man bei Beleuchtung mit einem HeNe-Laser ($\lambda = 632{,}8$ nm), einer Natriumdampflampe ($\lambda = 589{,}3$ nm), einer Thalliumdampflampe ($\lambda = 535{,}0$ nm) oder einer Quecksilberdampflampe mit Filter ($\lambda = 546{,}1$ nm). Entweder beobachtet man einen größeren Oberflächenausschnitt unvergrößert, vor allem bei der Verwendung von «Probegläsern», oder man verwendet ein Interferenzmikroskop.

Probegläser sind Glaskörper mit einer exakt hergestellten Planfläche oder einer sphärischen Fläche mit bekanntem Krümmungsradius. Sie werden meist bei der Prüfung optischer Flächen (Prismen- und Linsenflächen) verwendet. Eine Konvexfläche wird mit dem dazu passenden Konkavprobeglas geprüft. Die beiden Flächen werden mit geringem Abstand aufeinan-

der gelegt. Bei Abweichungen unter $\lambda/2$ treten keine Interferenzlinien mehr auf. In diesem Fall bringt man bei der Prüfung einer Planfläche beide Flächen mit schwachem Luftkeil in Kontakt. Bei beliebiger Lage der Keilkante müssen die Fizeau-Streifen stets Geraden sein. Abweichungen **(Passfehler)** der Prüffläche von der Probeglasfläche erkennt man an verschiedenen Formen der Fizeau-Kurven. In DIN ISO 10 110-5 wird die Klassifizierung und Bezeichnung der Passfehler festgelegt. Bild 7.3.1 zeigt die Fizeau-Kurven für einige Passfehlertypen.

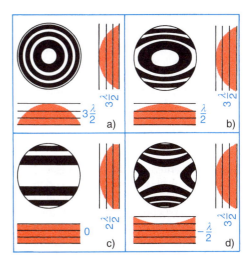

Bild 7.3.1 Fizeau-Streifen bei Passfehlern, ebene Bezugsfläche: a) sphärische Fläche, b) torische Fläche, c) Zylinderfläche, d) Sattelfläche

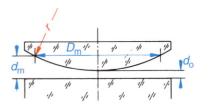

Bild 7.3.2 Interferometrische Bestimmung des Krümmungsradius r einer Linsenfläche; Beleuchtung von oben

Als Beispiel für Interferenz-Oberflächenmessungen soll die Bestimmung des Krümmungsradius r einer Linsenfläche aus dem Durchmesser der Newton-Ringe in Reflexion angegeben werden (Bild 7.3.2). Ein Scheitelabstand d_0 zwischen der Planfläche und der aufgelegten Konvexlinse kann z.B. durch Staub auftreten. Ist für eine Zone $d_m = m \cdot \lambda/2$, so ergibt sich hier ein Interferenzminimum (dunkler Ring), da noch der Phasensprung um $\lambda/2$ bei Reflexion an der Planplatte hinzukommt. Für den Zusammenhang des Ringdurchmessers D_m mit der Pfeilhöhe $p = d_m - d_0$ gilt unter Verwendung des Höhensatzes $(D_m/2)^2 = p \cdot (2r - p)$

$$D_m^2 = 8r \cdot (d_m - d_0) - (d_m - d_0)^2$$
$$\approx 8r \cdot (d_m - d_0) \qquad \text{(Gl. 7.3.1)}$$

Mit $d_m = m \cdot \lambda/2$ erhält man $D_m^2 \approx 4m \cdot r \cdot \lambda - 8r \cdot d_0$. Entsprechendes gilt für einen um Δm Ringe weiter außen liegenden Ring $m + \Delta m$. Damit kann man den Krümmungsradius r ohne Fehler durch d_0 aus der Subtraktion von 2 Gleichungen gewinnen:

$$D_{m+\Delta m}^2 - D_m^2 = 4\Delta m \cdot r \cdot \lambda \qquad \text{(Gl. 7.3.2)}$$

Gemessen werden also die Durchmesser D von 2 möglichst weit auseinander liegenden Ringen. Δm erhält man durch Abzählen der Ringe.

Zur Untersuchung größerer Flächen tritt anstelle des Probeglases ein Interferometer mit fest eingebauter Vergleichsfläche. Sie braucht nicht in geringem Abstand von der Prüffläche angebracht sein, da sie durch virtuelle Abbildung dorthin verlegt werden kann. Als Ebenheitsnormal hoher Güte eignet sich ein Quecksilberspiegel [1.3], der im Interesse des Umweltschutzes aber selten eingesetzt wird. Blendet man den durch Kohäsionskräfte gekrümmten Rand aus, so hat die Fläche einen Krümmungsradius von über 10^4 km.

Bei großen Keilwinkeln, oder allgemein bei sehr unebenen oder stark gekrümmten Flächen rücken die jeweils einen Abstandsunterschied von $\lambda/2$ angebenden benachbarten Fizeau-Kurven so dicht zusammen, dass sie nur noch mit einem **Interferenzmikroskop** erkennbar werden. Hier werden die gleichen Prinzipien wie bei großen Interferometern verwendet und gleichzeitig die Vergrößerung eines Mikroskops ausgenutzt. Bei Mikroskopobjektiven mit geringerer Eigenvergrößerung

ist der Abstand zwischen Frontlinse und Prüffläche so groß, dass hier ein Michelson-Teilersystem angebracht werden kann, mit dem man die Vergleichsfläche virtuell auf die Probe abbildet.

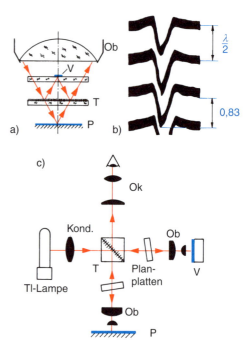

Bild 7.3.3 a) Auflicht-Interferenzzusatz für Mikroskope, b) Bestimmung einer Furchentiefe aus dem interferenzmikroskopischen Bild, c) Interferenzmikroskop

Bild 7.3.3 a) zeigt einen vor dem Objektiv Ob von Metallmikroskopen anzubringenden Auflicht-Interferenzzusatz nach dem Prinzip von MIRAU, der aus einem Teilerspiegel T und einer Planplatte mit Spiegelfleck V als Vergleichsfläche besteht. Das aus dem Objektiv austretende Beleuchtungsbündel wird durch den Teilerspiegel in Beobachtungs- und Vergleichsbündel aufgeteilt und nach den Reflexionen an V, T und dem Prüfling P wieder vereinigt.

Aus Bild 7.3.3 b) lässt sich die Furchentiefe (Kratzer) durch Messung der Streifenversetzung entnehmen. Für höhere Vergrößerungen bis ca. 500× (Bild 7.3.3 c) muss das Teilersystem hinter das Objektiv verlegt werden, so-dass 2 gleiche Objektive zu verwenden sind.

7.4 Spektralgeräte

7.4.1 Übersicht; Auflösungsvermögen

Durch Spektralgeräte wird ein aus verschiedenen Wellenlängen bestehendes Strahlungsgemisch (polychromatische Strahlung) zerlegt. Die einzelnen Komponenten werden räumlich getrennt und ergeben zusammen das **Spektrum** der Strahlung. Für diese Zerlegung lassen sich alle wellenlängenabhängigen Effekte einsetzen. Technisch genutzt werden die Brechung durch Prismen (Abschnitt 2.3.2), die Beugung am Gitter (Abschnitt 1.2.4.1), die Transmission von Filtern (Abschnitt 5.3) und die Interferenz an Platten (Abschnitt 7.1). Als abbildende Bauelemente werden Linsen oder Spiegel verwendet, wobei Spiegel den Vorteil wellenlängenunabhängiger Abbildung ohne chromatische Fehler haben. Beim Aufbau der Spektralgeräte muss auf einen ausreichend hohen Transmissions- oder Reflexionsgrad der für die Bauelemente verwendeten Materialien im betreffenden Wellenlängenbereich (UV, VIS, IR) geachtet werden. Eine Übersicht über Spektralgeräte gibt Tabelle 7.4.1; die Übergänge zwischen den einzelnen Typen sind fließend.

Tabelle 7.4.1 Spektralgeräte

Bezeichnung	Anwendung
Spektroskop	Beobachtung des sichtbaren Spektrums mit dem Auge
Spektrometer	Wellenlängenbestimmung durch Skala oder Winkelmessung
Polychromator	Erzeugung eines breiten, möglichst ebenen Spektrums
Spektrograph	Kombination eines Polychromators mit einem Flächenempfänger, z.B. Diodenzeile oder Chip
Monochromator	Ausblendung eines engen, einstellbaren Spektralbereiches aus einem größeren Spektralgebiet zur weiteren Verwendung der monochromatischen Strahlung
Spektralfotometer	Kombination eines Monochromators mit fotoelektrischen Empfängern, z.B. Fotoelement oder Multiplier u.a. zur Bestimmung spektraler Stoffkennzahlen

Spektralgeräte sollen Strahlungskomponenten mit geringer Wellenlängendifferenz $d\lambda$, wie z.B. die Natriumdoppellinie D, räumlich so stark trennen, dass sie gut wahrgenommen (aufgelöst) werden können. Da meist ein Eintrittsspalt auf einen Bildschirm oder einen Empfänger abgebildet wird, erscheinen die getrennten Wellenlängen im Sichtbaren als verschiedenfarbige Linien: Sie werden daher auch als **Spektrallinien** bezeichnet.

Das **Auflösungsvermögen** A eines Spektralgerätes wird zweckmäßig durch den Quotienten

$$A = \left| \frac{\lambda}{d\lambda} \right| \qquad \text{(Gl. 7.4.1)}$$

definiert. Dabei ist $d\lambda$ die kleinste, bei der Wellenlänge λ noch aufgelöste Wellenlängendifferenz. Ebenso wie bei Beobachtungsinstrumenten wird auch hier das Auflösungsvermögen durch die Beugung begrenzt. Zwei Spektrallinien werden noch getrennt, wenn ihre Leuchtdichtemaxima wenigstens den Abstand des ersten Beugungsminimums voneinander haben (Abschnitt 6.1.2), sie müssen also zumindest unter dem Winkel $\beta_{1.min}$ erscheinen. Wenn das eintretende Parallelbündel bei **Prismen** durch die Abmessungen auf die Höhe h begrenzt ist (Bild 2.3.2), so ergibt sich für das Beugungsminimum $\beta_{1.min} = \lambda/h$. Diese Beziehung, die Beugung am Einfachspalt, entspricht – bis auf den Faktor 1,22 –, der bei der Beugung an einer kreisförmige Begrenzung (Gl. 1.2.8). Damit ist also der kleinste noch auflösbare Winkel $d\delta = \lambda/h$. Division durch $d\lambda$ ergibt mit Gl. 7.4.1: $A = h \cdot |d\delta/d\lambda|$. Das Auflösungsvermögen wird durch die Bündelbreite h und die Winkeldispersion $|d\delta/d\lambda|$ des Prisma bestimmt. Die Winkeldispersion für minimale Ablenkung ist in Gl. 2.3.12 angegeben. Für den symmetrischen Strahlengang erhält man damit das spektrale Auflösungsvermögen eines Prisma mit der Basisbreite b und der Glasdispersion $dn_P/d\lambda$ zu

$$A = b \cdot \frac{d n_P}{d\lambda} \qquad \text{(Gl. 7.4.2)}$$

> ❗ Das Auflösungsvermögen des Prismas hängt nur von der Glasdispersion und bei voller Ausnutzung der Prismenhöhe von der Basisbreite ab.

Bei **Gittern** nimmt die Schärfe der Spaltbilder mit der Zahl N aller beleuchteten Gitterstriche zu. Das 1. Minimum rückt dichter an das Hauptmaximum heran. Zwischen den Hauptmaxima befinden sich $N-1$ Minima und $N-2$ niedere Nebenmaxima. Weiterhin nimmt die Winkeldifferenz zwischen den Spaltbildern, die den Wellenlängen λ und $\lambda + \mathrm{d}\lambda$ zugeordnet sind, mit der Beugungsordnung m zu. Bei gleicher Wellenlängendifferenz $\mathrm{d}\lambda$ erhöhen also größere Spaltbildschärfe und größerer Spaltbildabstand das Auflösungsvermögen. Die Theorie ergibt für das spektrale Auflösungsvermögen A eines Gitters mit N beleuchteten Gitterstrichen und der Beugungsordnung m die Beziehung $A = N \cdot m$; praktisch erhält man nur ca. $0{,}7\,A$.

$$A = N \cdot m \qquad\qquad \text{(Gl. 7.4.3)}$$

Für die Untersuchung engster Spektralbereiche, wie sie z.B. beim Wellenlängenmultiplex der optischen Nachrichtentechnik gegeben sind, werden Interferenzspektralgeräte herangezogen. Bei ihnen lässt sich durch die hohe Ordnungszahl m eine extrem hohe Auflösung erreichen.

Bei Prismen nimmt die Dispersion $\mathrm{d}n_\mathrm{P}/\mathrm{d}\lambda$ mit der Wellenlänge ab. Die messtechnisch erfassbare Breite eines Wellenlängenintervalls ist demnach im IR weit kleiner als im UV. Das Gitterspektrum dagegen hat, falls $\sin\delta \approx \tan\delta$ gilt (g groß, m klein), eine nahezu gleichmäßige Wellenlängenteilung.

Die Auflösung von Filtermonochromatoren hängt von der Bandbreite der eingesetzten Filter ab.

7.4.2 Spektroskope, Spektrometer, Polychromatoren und Spektrographen

Bild 7.4.1 a) zeigt den Grundaufbau eines Spektralgerätes am Beispiel eines **Spektroskops** bzw. mit Wellenlängenskala eines **Spektrometers.** Der Spalt wird durch das Kol-

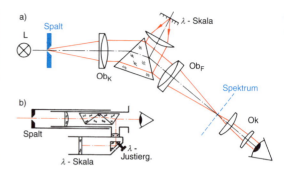

Bild 7.4.1 a) Spektroskop, b) Taschenspektroskop mit Geradsichtprisma

limatorobjektiv Ob_K nach ∞ und durch das Fernrohrobjektiv Ob_F in die Okularbrennebene abgebildet. Im parallelen Strahlengang zwischen beiden Objektiven steht das Dispersionsprisma, sodass sich in der Okularbrennebene nicht nur ein Spaltbild ergibt, sondern eine vom Strahler L abhängige Spaltbildfolge für die verschiedenen Wellenlängen: das **Spektrum.** Eine Wellenlängenskala oder eine Skala mit gleichmäßiger Teilung, zu der eine Kalibrierkurve zu bestimmen ist, wird durch ein Hilfsobjektiv nach ∞ und nach Spiegelung an einer Prismenfläche durch das Fernrohrobjektiv in der Ebene des Spektrums abgebildet.

In Bild 7.4.1 b) ist ein ähnlich aufgebautes **Taschenspektroskop** mit Geradsichtprisma dargestellt, bei dem man ohne Fernrohr beobachtet. Die Lage der Wellenlängenskala relativ zum Spektrum kann durch Kippen von einem Reflexionsprisma justiert werden.

Durch entsprechende Korrektur und Einsatz gekrümmter holographischer Gitter kann man erreichen, dass das Spektrum in einer Ebene entworfen wird. Auch eine Schräglage des Empfängers relativ zur optischen Achse verbessert die Schärfe der Spektrallinien, trotz chromatischer Längsabweichung der Bildorte. Bringt man in die Bildebene ein Fotodiodenarray, einen CCD- oder CMOS-Chip oder eine Fotoplatte geeigneter spektraler Empfindlichkeit, so werden die Spektrallinien unmittelbar registriert. Ein Spektralgerät, das die den Eingangsspalt treffende Strahlung auf einer Ebene auffächert heißt **Polychromator.** Zusammen mit einem Empfänger nennt man das Gerät **Spektrograph.**

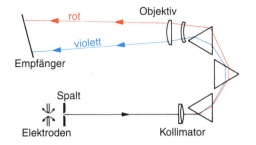

Bild 7.4.2 Spektrograph

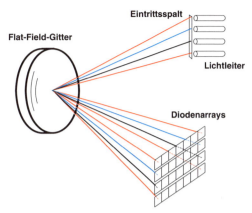

Bild 7.4.4 Imaging-Spektrograph zur gleichzeitigen Aufnahme mehrerer Spektren

Bild 7.4.2 zeigt einen **Prismenspektrographen**. Die 3 hintereinander geschalteten Prismen vergrößern die Winkeldispersion und erhöhen dadurch die Auflösung. Bei der Spektralanalyse, z.B. einer Eisenlegierung, wird der Spalt durch Funkenentladung zwischen Elektroden aus dem Analysenmaterial beleuchtet.

Höchste Auflösung – allerdings nur in einem kleinen Wellenlängenbereich – erreichen interferometrisch arbeitende Polychromatoren. Bild 7.4.5 zeigt das Fabry-Perot-Interferometer.

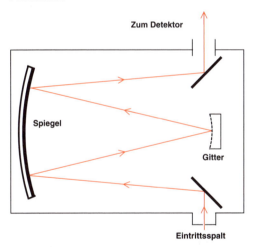

Bild 7.4.3 Gitterspektrograph in Czerny-Turner-Anordnung

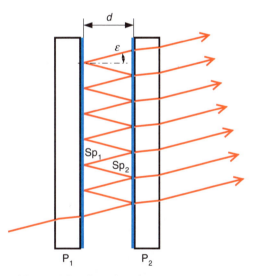

Bild 7.4.5 Fabry-Perot-Interferometer

Beim Gitterspektrographen nach Bild 7.4.3 erreicht man durch Faltung des Strahlengangs einen kompakten Aufbau. Mit einem asphärischen Spiegel und gewölbtem Gitter erreicht man, dass die Spalthöhe ohne Streulicht abgebildet wird. Dadurch wird es möglich, mit einem Imaging-Spektrographen nach Bild 7.4.4 mehrere Spektren gleichzeitig aufzunehmen.

Die beiden Planplatten P_1 und P_2 sind schwach keilförmig und mit teilreflektierenden Schichten Sp_1 und Sp_2 bedampft, die parallel zueinander justiert werden. Die eintretende Strahlung wird von den Schichten vielfach reflektiert; die Teilbündel interferieren rechts von P_2. Aus den rechtwinkligen Dreiecken mit dem Winkel ε berechnet man den Gangunterschied von 2 benachbarten Strahlen zu $\delta = 2d \cdot \cos\varepsilon$. Interferenzmaxima ergeben sich dann nach Gl. 1.2.4, wenn $\delta = k \cdot \lambda$ ist. Daraus folgt für die Intensitätsmaxima:

$$\lambda = \frac{2d \cdot \cos\varepsilon}{k} \qquad \text{(Gl. 7.4.4)}$$

Die Auflösung ist proportional zur Beugungsordnung und der «**Finesse**» F, die vom Reflexionsgrad der Schichten entsprechend $F = \pi \cdot \sqrt{\varrho}/(1 - \varrho)$ abhängt und Werte zwischen 30…300 annehmen kann.

7.4.3 Monochromatoren und Spektralfotometer

Bringt man am Spektroskop Bild 7.4.1 a) in der Ebene des Spektrums einen Austrittsspalt an, so erhält man dahinter eine nahezu monochromatische Strahlung, deren Bandbreite $\Delta\lambda$ mit der Spaltbreite ansteigt. Durch Drehen des Prisma kann man das Spektrum am Austrittsspalt vorbeiwandern lassen. Um jedoch für jede am Austrittsspalt auftretende Wellenlänge die minimale Ablenkung δ_{min} (Abschnitt 2.3.1) zu erhalten, muss ein **Prisma mit konstanter Ablenkung**, etwa ein Littrow-Prisma verwendet werden. Bei ihm ist eine Spiegelfläche fest mit dem drehbaren Prisma verbunden. Die Wirkung zeigt Bild 7.4.6 am Beispiel des 30°-Littrow-Prismas, das wegen 2-maligen Strahldurchgangs die gleiche Auflösung wie ein 60°-Prisma hat. Bei Bild 7.4.6 a) verläuft die Bündelrichtung «blau» senkrecht zur Spiegelfläche. Nach Prismendrehung gilt bei Bild 7.4.6 b) das Gleiche für die Bündelrichtung «rot». Das Bündel für die jeweils eingestellte Wellenlänge wird also um 180° abgelenkt.

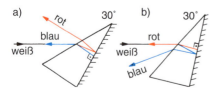

Bild 7.4.6 Littrow-Prisma

Prismenspektralfotometer sind im Prinzip wie Bild 7.4.3 aufgebaut. An die Stelle des Gitters tritt ein drehbares Prisma, am Ausgang sitzen der Austrittsspalt und dahinter der Empfänger, meist ein hochempfindlicher Multiplier. Spektralfotometer scannen das Spektrum seriell Wellenlänge um Wellenlänge durch langsames motorisches Drehen von Prisma oder Gitter. Es muss daher vorausgesetzt werden, dass die Quelle während eines Scans, der mehrere Minuten dauern kann, konstant strahlt. Blitzgeräte können nur mit Spektrographen vermessen werden.

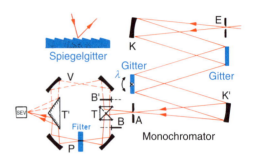

Bild 7.4.7 2-Kanal-Spektralfotometer mit Gittermonochromator:
K und K' Kollimatorspiegel,
T und T' Strahlenteilung bzw. -vereinigung,
B und B' rotierende Blenden,
P und V Proben- bzw. Vergleichsstrahlengang

Ein Beispiel für ein besonders für Absorptionsmessungen geeignetes 2-Kanal-Gitterspektralfotometer zeigt Bild 7.4.7. Das eintretende Bündel wird durch Beugung an 2 Reflexionsgittern, von denen eines drehbar ist, spektral zerlegt. Der Austrittsspalt A selektiert daraus ein monochromatisches Bündel. Anschließend wird das Bündel durch einen Teiler T in Proben- und Vergleichsstrahlengang P und V aufgespalten. Zwei rotierende Blenden, bei anderen Systemen auch ein segmentierter rotierender Teilerspiegel T, sorgen dafür, dass die beiden Bündel abwechselnd zum gleichen Empfänger gelangen. Mit Hilfe des Vergleichsstrahlengangs ist es möglich, das System zu kalibrieren. Dazu startet man den ersten Korrekturdurchlauf ohne Probe. Die Intensitäten beider Bündel sollten jetzt gleich sein. Systembedingte Abweichungen werden im Auswerterechner gespeichert. Die anschließende Messung mit Probe wird dann mit dieser Datei korrigiert. Der Absorptionsgrad ist gleich dem Quotienten der Intensitäten von Probenbündel P und Vergleichsbündel V. Der große Vorteil der zwei kanaligen Messung ist die höhere Genauigkeit, da eine Änderung der Empfängerempfindlichkeit oder der Intensität der Quelle während eines Scans infolge der Quotientenbildung keinen Fehler verursacht.

Filtermonochromatoren arbeiten mit einem Satz aus mehreren schmalbandigen Interferenzfiltern. Sie bieten daher nur eine begrenzte Anzahl von Stützwellenlängen, was aber für eine Reihe von Aufgaben völlig ausreicht. Beispiele sind die kontinuierliche Überprüfung der Farbe eines Produkts während der Fertigung oder die Unterscheidung bestimmter Komponenten beim Recycling. Mit einem Verlauffilter sind auch kontinuierliche Messungen mit geringer Auflösung möglich.

7.5 Farbe und Farbmessung

7.5.1 Grundlagen der Farbmetrik

Von Lichtquellen oder beleuchteten Körpern erhält man durch die Augen Farbeindrücke. Sie unterscheiden sich quantitativ durch die **Helligkeit** und qualitativ durch die **Farbart**, festgelegt durch **Farbton**, auch **Buntton** genannt, und **Farbsättigung**, kurz **Sättigung**. Da farbige Flächen, wie Verkehrszeichen, Autolacke, oder Textilfarben, eine große Bedeutung haben, möchte man die Farbeindrücke durch Maßzahlen erfassen. Mit ihnen kann man dann Farben ohne Vergleich mit einem Farbmuster eindeutig festlegen.

Die auf das Auge treffende sichtbare Strahlung wird **Farbreiz** genannt. Er ist durch die mit einem Spektralgerät messbare **Farbreizfunktion** $\varphi(\lambda)$ dieser Strahlung festgelegt. Ein Farbreiz ausreichender Stärke regt die 3 farbtüchtigen Typen von Sehzapfen in der Netzhaut an (Abschnitt 4.5). Sie setzen den Farbreiz durch chemische Vorgänge in Ströme um, die über Sehnerven ins Gehirn geleitet werden und dort die **Farbempfindung** auslösen. Da

die Farbe demnach eine Sinneswahrnehmung ist, an der das Auge und die Informationsverarbeitung im Gehirn beteiligt sind, ist sie nicht mathematisch definierbar, messbar ist nur das Spektrum der Quelle. Basierend auf Reihenuntersuchung mit vielen Testpersonen wurde von der CIE (Commission Internationale de l'Eclairage) die spektrale Empfindlichkeit der 3 Zapfentypen, die **Normspektralwertfunktion**, festgelegt.

Mit dieser Zuordnung von Farben zu Wellenlängen wurde die Basis der Farbmetrik geschaffen. Die **Farbmetrik** ist die theoretische Grundlage der **Farbmessung**. Sie gibt Systeme zur quantitativen Kennzeichnung von Farbeindrücken an.

Für die **Hellempfindung** ist die Leuchtdichte des Senders maßgebend, die zusätzlich einen erheblichen Einfluss auf die Farbempfindung ausübt. Bei sehr kleinen Leuchtdichten werden keine Farben wahrgenommen. Mit steigender Helligkeit erkennt man zunächst nur die Farben Rot, Grün und Blau. Ab ca. 50 cd/m² sind bis zu 10^6 verschiedene Farben unterscheidbar. Oberhalb $3 \cdot 10^4$ cd/m² nimmt diese Anzahl infolge Blendung wieder ab. Farbinformationen beziehen sich im Regelfall immer auf den Leuchtdichtebereich mit optimaler Farbwahrnehmung.

Bei Betrachtung eines Selbstleuchters ist die Farbreizfunktion $\varphi(\lambda)$ gleich dessen **Strahlungsfunktion** $S(\lambda)$. Die Strahlungs-

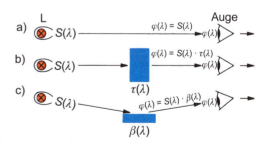

Bild 7.5.1 Entstehung der Farbreizfunktion:
a) Beobachtung einer Lichtquelle,
b) Lichtdurchgang durch Filter,
c) diffuse Reflexion an einer Oberfläche

funktion gibt dabei die **relative Leistungsverteilung** $\Phi_e(\lambda)_{rel}$ der Strahlung an. Bei Nichtselbstleuchtern entsteht die Farbreizfunktion durch Multiplikation von $\varphi(\lambda)$ mit dem **spektralen Transmissionsgrad** $\tau(\lambda)$ bzw. dem spektralen **Leuchtdichtefaktor** $\beta(\lambda)$ einer reflektierenden Fläche nach DIN 5036. Bei einer ideal matten Fläche ist $\beta(\lambda)$ gleich dem Reflexionsgrad $\rho(\lambda)$. Bild 7.5.1 zeigt die verschiedenen Möglichkeiten.

7.5.2 Farbmischung

Farben lassen sich beliebig mischen. Das Ergebnis hängt von der Farbreizfunktion der Komponenten und der Art der Mischung ab.

7.5.2.1 Additive Farbmischung

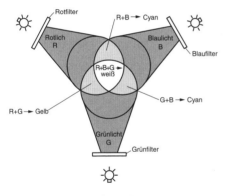

Bild 7.5.2 Additive Farbmischung

3 Lichtquellen mit Farbfiltern sollen die **additiven Primärfarben** Rot, Grün und Blau mit gleicher Lichtstärke erzeugen (Bild 7.5.2). Bei Überlagerung (Addition) der 3 Lichtkegel entstehen die Farben: Rot + Grün → Gelb, Grün + Blau → Blaugrün (Cyan), Blau + Rot → Purpur (Magenta) und Rot + Blau + Grün → Weiß. Durch Verändern der Intensitäten der Lichtquellen mittels Neutralgraufilter lassen sich nahezu alle vom menschlichen Auge erkennbaren Farben erzeugen. Für die technische Realisierung von Farben ist von Bedeutung, dass durch die Addition monochromer Farben, z.B. dem Rot eines Helium-Neon-Lasers (λ = 633 nm) und dem Grün eines Argon-Io-

nen-Lasers ($\lambda = 514$ nm), die Farbempfindung Gelb entsteht, obwohl kein Farbreiz in der Umgebung von $\lambda = 585$ nm vorliegt. Manche Farbpaare wie Rot/Cyan, Blau/Gelb und Grün/Magenta ergeben bei additiver Mischung weiß. Solche Paare werden **Komplementärfarben** genannt.

Die additive Farbmischung findet man immer dort, wo die Strahlung mehrerer selbstleuchtender Lichtquellen gleichzeitig oder schnell nacheinander direkt zu den Augen gelangt und bei farbiger Beleuchtung eines im gesamten sichtbaren Spektralbereich gleichmäßig gut reflektierenden Bildschirms. Ein Beispiel für die additive Farbmischung ist der Farbbildschirm. Dort werden die Farben eines Bildelements aus 3 dicht nebeneinander liegenden Punkten oder Streifen, die mit den additiven Primärfarben Rot, Grün und Blau leuchten, zusammengemischt (RGB-Signal). Die Farbpunkte müssen so nah nebeneinander liegen, dass sie bei ausreichendem Abstand nicht mehr aufgelöst werden und dem Auge als eine einheitliche Farbfläche erscheinen. Die Frequenz bei Farbfolgen, z.B. bei der Farbscheibe Bild 6.3.7 des Beamers, oder beim Fernsehen, sollte über 80 Hz liegen.

7.5.2.2 Subtraktive Farbmischung

Bei der additiven Farbmischung Bild 7.5.2 überlagert sich Licht verschiedener Farben. Bei subtraktiver Farbmischung dagegen werden einer weiß leuchtenden Quelle Farben entzogen (Bild 7.5.3).

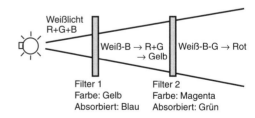

Bild 7.5.3 Subtraktive Farbmischung

Das Weißlicht kann man sich aus den 3 additiven Primärfarben Rot (R), Grün (G) und Blau (B) zusammengesetzt vorstellen. Absorbiert ein Filter den Blauanteil, so bleiben noch Rot + Grün, also Gelb übrig: Weiß – Blau → Gelb. Das Filter, das dem weißen Licht den Blauanteil entzieht, erscheint dem Beobachter nicht etwa Blau, sondern Gelb gefärbt, da der Blauanteil absorbiert wird und nicht zum Auge gelangt. Mit Hilfe weiterer Farbfilter findet man: Weiß – Grün → Magenta (Purpur) und Weiß – Rot → Cyan (Blaugrün). Die ausgefilterte und die durchgelassene Farbe sind Komplementärfarben, da sie zusammen Weiß ergeben. Gelb, Magenta und Cyan sind die **subtraktiven Primärfarben**.

Setzt man in Bild 7.5.3 ein Blau absorbierendes, gelb gefärbtes und ein Grün absorbierendes, magenta gefärbtes Filter hintereinander, so wird dem Weißlicht Blau und Grün entzogen, es bleibt Rot übrig: Die subtraktive Mischung von Gelb und Magenta ergibt Rot. Die Mitte der subtraktiven Farbpalette ist schwarz; beim Entzug aller 3 Farbkomponenten bleibt nichts mehr übrig. Geht Strahlung durch mehrere hintereinander geschaltete Filter, so gilt $\varphi(\lambda) = S_e(\lambda) \cdot \tau_1(\lambda) \cdot \tau_2(\lambda) \cdot \ldots$ Die subtraktive Farbmischung wird beim Farbfilm eingesetzt, bei dem 3 lichtempfindliche Schichten, die Gelb- Magenta- und Cyanschicht, übereinander angeordnet sind. Auch bei Körperfarben liegt subtraktive Farbmischung vor. Die Farbpigmente **absorbieren** aus dem Weißlicht der Beleuchtung den zur Körperfarbe komplementären Anteil. Durch Mischen von gelber und blaugrüner Wandfarbe entsteht Grün.

Voraussetzung für die subtraktive Farbmischung ist eine Beleuchtung mit weißem Licht, mit Licht also, das alle Farbanteile enthält. Die Norm DIN 5033-7 hat dieses Licht als **Normlichtart D65** festgelegt. Weicht die Beleuchtung von D65 ab, zeigt ein Gegenstand andere Körperfarben. Da die Normlichtart D65 technisch schwer realisierbar ist, wurde zusätzlich die Normlichtart C mit nahezu gleicher Farbzusammensetzung und der ähnlichsten Farbtemperatur 6774 K eingeführt. Das Spektrum dieser Lichtart ist im Sichtbaren dem Tageslicht ähnlich und wird durch eine Wolfram-Glühlampe mit Farbfiltern realisiert. Als Kunstlicht mit hohem Rotanteil ist die Normlichtart A mit der Farbtemperatur 2855,6 K spezifiziert, die im Sichtbaren gut mit einer ungefilterten Wolfram-Glühlampe angenähert werden kann (Bild 7.5.4).

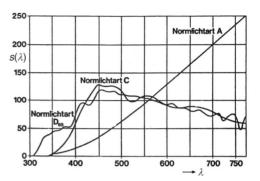

Bild 7.5.4 Bei der Lichtmessung eingesetzte Normlichtarten

Verwendet man eine von Weiß abweichende Beleuchtung, werden die Farben verfälscht. Extremes Beispiel ist die Beleuchtung mit einer rein gelb leuchtenden Natriumdampflampe, wie sie oft an Fußgängerüberwegen eingesetzt wird. Bei einer derartigen Beleuchtung erscheint auch die bunteste Kleidung nur in Gelb- und Brauntönen.

7.5.3 Kennzeichnung einer Farbe durch Maßzahlen

Farben werden durch **Helligkeit**, **Farbton** (**Buntton**) und **Sättigung** charakterisiert. Die Helligkeit ist durch die Leuchtdichte der Quelle festgelegt. Durch den Farbton werden bei gleicher Helligkeit und Sättigung die Farben unterschieden. Die Bezeichnung für die Farbtöne sind die Farbnamen, also Rot oder Grün. Die Sättigung kennzeichnet, wie ausgeprägt der Farbton ist. Wird etwa reinem Rot ein zunehmender Weißanteil zugemischt, so ändert sich die Farbe über Hellrot, Rosa nach Weiß.

Die gleiche Körperfläche erweckt bei Tages- und Kunstlichtbeleuchtung wegen unterschiedlicher Strahlungsfunktionen (Bild 7.5.4) einen anderen Farbeindruck. Bei gleicher Farbreizfunktion können verschiedene Beobachter etwas abweichende Farbempfindungen haben. Deshalb wurden **genormte Beobachtungsbedingungen** und der **Normalbeobachter** in DIN 5033-1 festgelegt.

> **!** Für den Normalbeobachter führt eine bestimmte Farbreizfunktion immer zum gleichen Farbeindruck.

Die Farbempfindung hängt nicht nur von der Farbreizfunktion $\varphi(\lambda)$, sondern wegen der ungleichmäßigen Verteilung der Zapfen auf der Netzhaut auch von der Größe des Gesichtsfeldes ab. Von der CIE wurde 1931 die Normspektralwertfunktion des 2°-Beobachters und 1964 die des 10°-Beobachters festgelegt. Die beiden Funktionen sind in DIN 5033-2 tabelliert. Sie liefern die Basis aller Farbmesssysteme, die eine Farbe durch 3 Maßzahlen vollständig und eindeutig kennzeichnen. Da sie empirisch ermittelt wurden, können sie nicht ineinander umgerechnet werden. In fast allen Publikationen, auch in diesem Buch, wird der 2°-Beobachter angenommen.

Bild 7.5.5 zeigt die Kurven dieses 2°-Gesichtsfeldes, das ohne große Fehler auch bis 4° eingesetzt werden kann. Aufgetragen sind die relative spektrale Empfindlichkeit der 3 Sehzapfentypen, die **Normspektralwerte** $\bar{x}$, $\bar{y}$ und $\bar{z}$ als Funktion der Wellenlänge λ. Die Normspektralwertfunktion $\bar{x}(\lambda)$ kennzeichnet den bevorzugt rotempfindlichen Empfänger mit dem Empfindlichkeitsmaximum bei 600 nm und einem Nebenmaximum im Blauen bei 440 nm, $\bar{y}(\lambda)$ charakterisiert den Grünempfänger, der sein Maximum bei 555 nm hat und $\bar{z}(\lambda)$ den Blauempfänger mit dem Maximum bei 445 nm. Alle Normspektralwerte sind unbenannte Zahlen und so normiert, dass $\bar{y}$ bei 555 nm genau den Wert 1 hat. Die

Normspektralwertfunktion $\bar{y}(\lambda)$ ist identisch mit dem spektralen Hellempfindlichkeitsgrad $V(\lambda)$ für Tagessehen nach Bild 4.2.4.

Ein auf die Netzhaut treffender Farbreiz mit der Farbreizfunktion $\varphi(\lambda)$ wird von den 3 Zapfentypen entsprechend Bild 7.5.5 bewertet und nach der Auswertevorschrift (Gl. 7.5.1) in 3 Farbsignale umgesetzt. Diese Farbsignale, die **Normfarbwerte** X, Y und Z, werden zusammen als **Farbvalenz** bezeichnet.

$$X = k \cdot \int_{380}^{780} \varphi(\lambda) \cdot \bar{x}(\lambda) \cdot d\lambda$$

$$Y = k \cdot \int_{380}^{780} \varphi(\lambda) \cdot \bar{y}(\lambda) \cdot d\lambda \qquad \text{(Gl. 7.5.1)}$$

$$Z = k \cdot \int_{380}^{780} \varphi(\lambda) \cdot \bar{z}(\lambda) \cdot d\lambda$$

Die Konstante k wird so bestimmt, dass Gl. 7.5.2 erfüllt wird.

> **!** Eine bestimmte Farbe wird durch ihre Farbvalenz festgelegt und lässt sich durch 3 Kennzahlen, die Normfarbwerte X, Y und Z eindeutig charakterisieren.

Die Farbvalenz liefert die Informationen Farbart und Helligkeit. Die **Farbart**, in der Farbton und Sättigung enthalten sind, wird durch das Verhältnis $X : Y : Z$, die **Helligkeit** durch Y festgelegt. Bei gleicher Farbart und zunehmender Helligkeit wachsen X, Y und Z im gleichen Verhältnis.

Da sich die Normspektralwertfunktionen nach Bild 7.5.5 überlappen, ist es möglich, dass 2 völlig unterschiedliche Farbreizfunktionen eine identische Farbvalenz und damit die gleiche Farbempfindung hervorrufen. Diese als **Metamerie** bezeichnete Tatsache macht deutlich, dass das Auge im Gegensatz zum Spektralapparat nicht in der Lage ist, die spektrale Zusammensetzung einer Farbe zu analysieren. Gleich aussehende, aber metamere Farben verhalten sich bei additiver Mischung gleich; das visuelle Ergebnis ist unabhängig von der spektralen Zusammensetzung der Strahlung. Daher ist die

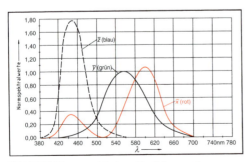

Bild 7.5.5 Normspektralwertfunktionen des 2°-Beobachters

additive Farbmischung bei der Farbmessung einfach zu handhaben. Zwei Farbfilter mit metameren Farben, also gleich aussehende Filterscheiben mit unterschiedlichem Transmissionsverlauf, können jedoch bei subtraktiver Mischung zu unterschiedlichem Ergebnis führen. Deshalb ist die subtraktive Mischung farbmetrisch nicht einfach zu erfassen.

7.5.4 Farbartdarstellung im Farbdreieck

Um Helligkeit, Farbton und Sättigung eindeutig festzulegen, müssen die Normfarbwerte X (Rot), Y (Grün) und Z (Blau) bestimmt werden. Nachdem das menschliche Farbempfinden von vielen nicht normierbaren Einflussgrößen abhängt, werden heute nahezu ausschließlich optoelektronische Messgeräte eingesetzt (Abschnitt 7.5.5). Diese bewerten das angebotene Spektrum mit den 3 Normspektralwertfunktionen und errechnen daraus mit Gl. 7.5.1 direkt die **Farbvalenz**, also die Normfarbwerte X, Y und Z. Bei nicht selbstleuchtenden Flächen ist zusätzlich die zugrunde gelegte Beleuchtungslichtart anzugeben.

Für den praktischen Einsatz und die grafische Darstellung ist es günstig, die dreidimensionale Farbvalenz in die Komponenten Helligkeit und Farbart aufzuspalten. Damit wird es möglich, eine Farbe in einem zweidimensionalen Bild, dem **Farbdreieck**, darzustellen. Die Farbart ist nach Abschnitt 7.5.3 durch das Verhältnis $X : Y : Z$ festgelegt. Um gleiche Farbarten durch gleiche Farbmaßzahlen, die **Normfarbwertanteile** x, y und z zu kennzeichnen, wurde festgelegt, dass die Summe dieser 3 Zahlen 1 ergibt.

$$x + y + z = 1 \qquad \text{(Gl. 7.5.2)}$$

Die Normfarbwertanteile werden damit folgendermaßen definiert:

$$x = \frac{X}{X+Y+Z} \quad y = \frac{Y}{X+Y+Z} \quad z = \frac{Z}{X+Y+Z}$$
$$\text{(Gl. 7.5.3)}$$

Weiß besitzt die Normfarbwertanteile $x = y = z = 0{,}333$. Da die Summe der Normfarbwertanteile

stets 1 ist (Gl. 7.5.2), wird eine **Farbart bereits durch x und y eindeutig festgelegt**. Wegen der Übereinstimmung der Normspektralwertfunktion y (λ) mit dem Hellempfindlichkeitsgrad $V(\lambda)$ des menschlichen Auges eignet sich der Normfarbwert Y als Maßzahl für die Helligkeit. Das hier eingeführte **Normvalenzsystem Y, x, y** mit der Helligkeit Y und der durch die Normfarbwertanteile x (Rot) und y (Grün) charakterisierten Farbart, ist die anerkannte Basis für die Farbmessung. Dieses System hat jedoch den Nachteil, dass visuell gleiche Farbunterschiede bei verschiedenen Farbarten ungleiche Abstände besitzen. Es werden daher noch eine Reihe weiterer Kennzahlen für die Farbvalenz verwendet, die entsprechend den Definitionen (Gl. 7.5.4 bis Gl. 7.5.6) aus dem Normvalenzsystem Y, x, y abgeleitet sind.

CIE 1960 System Y, u, v:

$$u = \frac{4X}{X+15Y+3Z}; \quad v = \frac{6X}{X+15Y+3Z}$$
$$\text{(Gl. 7.5.4)}$$

CIE 1976 System Y, u', v':

$$u' = \frac{4X}{X+15Y+3Z}; \quad v = \frac{9X}{X+15Y+3Z}$$
$$\text{(Gl. 7.5.5)}$$

Für beleuchtete Flächen optimal ist das **CIE-LAB-System** L^*, a^*, b^* es bezieht die Farbvalenz X_0, Y_0, Z_0 der Beleuchtungslichtart mit ein.

$$L^* = 116 \left(Y/Y_0 \right)^{1/3}$$
$$a^* = 500 \left[\left(X/X_0 \right)^{1/3} - \left(Y/Y_0 \right)^{1/3} \right] \quad \text{(Gl. 7.5.6)}$$
$$b^* = 200 \left[\left(Y/Y_0 \right)^{1/3} - \left(Z/Z_0 \right)^{1/3} \right]$$

In diesem Abschnitt wird ausschließlich mit dem Normvalenzsystem Y, x, y gearbeitet.

Trägt man die Normfarbwertanteile x und y aller reinen Spektralfarben in ein rechtwinkliges Koordinatensystem ein, so erhält man die in Bild 7.5.6 rot gezeichnete Kurve; sie wird unten durch die «Purpurlinie» abgeschlossen, auf der die Mischfarben von Rot und Blau liegen. Da die Summe $x + y$ stets kleiner oder gleich 1 ist; verläuft die Kurve ganz im Inneren eines Dreiecks mit den Ecken (0;0), (1;0) und (0;1).

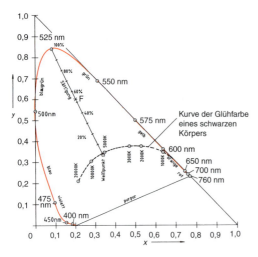

Bild 7.5.6 Farbdreieck

Die im Farbdreieck von Bild 7.5.6 dargestellten Farbarten werden im Folgenden kurz als «Farben» bezeichnet; sie sind durch den **Farbort** x, y festgelegt. Alle aus den Spektralfarben durch additive Mischung (Abschnitt 7.5.2.1) herstellbaren Farben liegen im Inneren der durch die hufeisenförmige Kurve der reinen Spektralfarben (rot gezeichnet) und die Purpurlinie eingegrenzten Fläche. Alle Farben der gleichen Farbart aber verschiedener Helligkeit sind dem gleichen Farbort x, y zugeordnet. Der **Unbuntpunkt** oder **Weißpunkt** liegt bei $x = y$ = 0,333. Der Weißpunkt dient bei vielen Kenngrößen von Selbstleuchtern als Bezugspunkt. Bei Nichtselbstleuchtern wird auf den Farbort der eingesetzten Lichtart bezogen.

Verbindet man den Farbort einer reinen Spektralfarbe oder reinem Purpur mit dem Unbuntpunkt, so wirkt die Farbe längs der Geraden umso blasser, je näher sie am Unbuntpunkt liegt, umso kräftiger, je näher sie sich am Rand befindet. Der **Farbton** bleibt unverändert. In Bild 7.5.6 ist das am Beispiel von Grün mit $\lambda = 525$ nm gezeigt. Die **Sättigung eines Farbtons** wird durch den relativen Abstand

des Farborts vom Unbuntpunkt beschrieben. Kenngröße ist der **spektrale Farbanteil** p_e:

$$p_e = \frac{y_F - y_E}{y_S - y_E} \qquad \text{(Gl. 7.5.7)}$$

Der Index F bezeichnet die betrachtete Farbe, E den Unbuntpunkt und S den Schnitt mit dem Spektralfarbenzug bzw. der Purpurgeraden. Alle Farben auf dem Spektralfarbenzug und der Purpurgeraden haben $p_e = 1$, für den Unbuntpunkt ist $p_e = 0$. Für Farben aus dem Purpurbereich liegt der Schnittpunkt auf der Purpurlinie, der keine Wellenlänge zugeordnet ist. Man behilft sich hier durch Angabe der gegenüberliegenden Wellenlänge, die mit negativem Vorzeichen versehen wird (kompensative Wellenlänge). Für die Farbe F entnimmt man aus dem Farbdreieck $y_F = 0,60$; $y_S = 0,84$ $y_E = 0,33$ und daraus $p_e = 0,53$.

Der Kurvenzug des Planck'schen (schwarzen) Strahlers geht durch den Weißpunkt, der einer Farbtemperatur von etwa 5600 K entspricht.

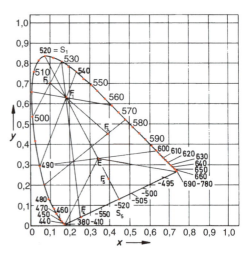

Bild 7.5.7 Bestimmung von Mischfarben und dominanter Wellenlänge

Alle Farben, die aus 2 Komponenten durch Mischung in unterschiedlichen Anteilen herstellbar sind, liegen auf einer **Mischgeraden.** So ergibt beispielsweise die additive Mischung der Spektralfarben mit 490 nm und 540 nm alle auf der Verbindungsgeraden liegenden Mischfarben (Bild 7.5.7): F_1 ist eine dieser Farben. Zwei Komplementärfarben ergeben bei additiver Mischung weiß, deshalb geht die Verbindungslinie der zugeordneten Punkte im Farbdreieck durch den Unbuntpunkt E. In Bild 7.5.7 ist das am Beispiel der **komplementären Spektralfarben** $\lambda = 490$ nm und $\lambda = 600$ nm gezeigt.

Verbindet man den Unbuntpunkt E mit dem Farbort F und verlängert die Gerade bis zum Spektralfarbenzug S oder der Purpurlinie, so wird dort die **dominante Wellenlänge** angezeigt. Die dominante Wellenlänge wird häufig zur Charakterisierung des Farbtons von LED angegeben. Im Beispiel Bild 7.5.7 ist dem Farbort F_1 die dominante Wellenlänge $\lambda_{S1} = 520$ nm, dem Farbort F_5 die dominante Wellenlänge $\lambda_{S5} = -520$ nm zugeordnet. In der Medientechnik werden häufig die dominanten Wellenlängen $\lambda = 700$ nm für Rot, $\lambda = 546{,}1$ nm für Grün und $\lambda = 435{,}8$ nm für Blau eingesetzt

7.5.5 Farbmessverfahren

Bild 7.5.8 zeigt 3 Möglichkeiten, die Farbe zu messen.

Beim **Spektralverfahren** (Bild 7.5.8 a), der genauesten Alternative der Farbmessung, werden die Normfarbwerte X, Y, Z mit Gl. 7.5.3 errechnet. Dazu muss man die Farbreizfunktion $\varphi(\lambda)$ nach Bild 7.5.1 ermitteln. Für den gefilterten Selbstleuchter gilt mit der spektral gemessenen Strahlungsfunktion $S(\lambda)$ der Lichtquelle

und dem ebenfalls messbaren spektralen Transmissionsgrad $\tau(\lambda)$ der Filterkombination:

$$\varphi(\lambda) = S(\lambda) \cdot \tau(\lambda) \qquad \text{(Gl. 7.5.8)}$$

Bei farbigen Oberflächen ist für $S(\lambda)$ eine der Normlichtarten zu wählen und $\beta(\lambda)$ mit einem Spektralgerät zu messen; dann gilt:

$$\varphi(\lambda) = S(\lambda) \cdot \beta(\lambda) \qquad \text{(Gl. 7.5.9)}$$

Die Integrale von Gl. 7.5.1 werden mit Standardrechnerprogrammen wie Excel durch Summenbildung angenähert. Für X eines Selbstleuchters gilt ungefähr:

$$X = k \cdot \sum_{380\,\text{nm}}^{780\,\text{nm}} \overbrace{\tau(\lambda) \cdot \underbrace{S(\lambda)}_{} \cdot \overline{x}(\lambda) \cdot \Delta\lambda}^{\varphi(\lambda)} \qquad \text{(Gl. 7.5.10)}$$

unabhängig vom Prüfling

Der noch fehlende Faktor k wird entsprechend der Festlegung $x + y + z = 1$ aus Gl. 7.5.2 mit den Bedingungen $\tau(\lambda) = 1$ bzw. $\beta(\lambda) = 1$ so ermittelt, dass Y unabhängig von $S(\lambda)$ den Wert 100 annimmt. Damit folgt:

$$k = \frac{100}{\displaystyle\sum_{380\,\text{nm}}^{780\,\text{nm}} S(\lambda) \cdot \overline{y}(\lambda) \cdot \Delta\lambda}$$

Beim **3-Bereich-Verfahren** (Bild 7.5.8 b) wird das Signal von 3 optoelektronischen Empfän-

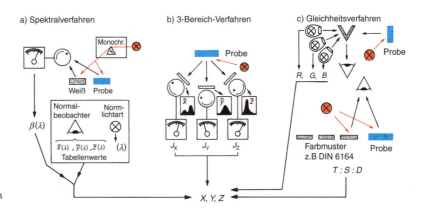

Bild 7.5.8
Übersicht der
Farbmessverfahren

gern bewertet, deren relative spektrale Empfindlichkeiten durch Filterkombinationen möglichst gut an die Normspektralwertfunktionen angepasst sind. Dann werden die Empfängersignale unmittelbar den Normfarbwerten proportional. Eingesetzt werden meist Siliziumfotoelemente mit Kombinationen aus bis zu 5 Glasfiltern. Da allerdings die Auswahl an Farbfiltern begrenzt ist, lassen sich die Kurven nach Bild 7.5.5 nur annähern. Vor allem der blaue Anteil von $\overline{x}$ wird oft nur grob berücksichtigt.

Beim **Gleichheitsverfahren** (Bild 7.5.8 c) zieht man das Auge zur Messung heran. Da systembedingt Bewertungsunterschiede gegenüber dem Normalbeobachter möglich sind, wird dieses Verfahren selten eingesetzt. Die zu ermittelnde Farbe wird entweder nachgemischt oder mit Proben einer reichhaltigen Farbmustersammlung verglichen, deren Maßzahlen bekannt sind. Dabei muss die vorgesehene Normbeleuchtung eingehalten werden.

Beispiel

Ein auf Grün eingestellter Argon-Ionenlaser strahlt mit der Wellenlänge 514 nm, ein Helium-Neon-Laser mit 633 nm (Rot). Sie bestrahlen gemeinsam eine Fläche mit 3 W/m² Grün und 2 W/m² Rot. Man bestimme die Farborte der reinen Farben sowie die Normvalenz Y, x, y der Mischfarbe.

Lösung

Da es sich um spektral reine Farben handelt, liegen die Farborte auf dem Rand der Kurve im Farbdreieck. Aus Bild 7.5.6 liest man die Normfarbwertanteile ab.

Grün: $x = 0{,}03$; $y = 0{,}80$; $z = 1 - 0{,}03 - 0{,}8 = 0{,}17$
Rot: $x = 0{,}71$; $y = 0{,}29$; $z = 0$

Um die Normfarbwerte zu erhalten, müssen bei der Mischbeleuchtung die Normspektralwerte entsprechend der Farbreizfunktion, im Beispiel der Bestrahlungsstärke, gewichtet werden. Die Normspektralwerte für Grün müssen also mit 3 W/m², die für Rot mit 2 W/m² multipliziert werden.

Normspektralwerte			gewichtete Normspektralwerte in W/m		
	Grün	*Rot*	*Grün*	*Rot*	*Summe*
$\overline{x}$	0,02	0,58	0,06	1,16	1,22
$\overline{y}$	0,59	0,24	1,77	0,48	2,25
$\overline{z}$	0,12	0,00	0,36	0,00	0,36
					3,83

Nach Gl. 7.5.3 errechnet man daraus die Normfarbwertanteile der Mischfarbe zu $x = 1{,}22 : 3{,}83 = 0{,}32$; $y = 2{,}25 : 3{,}83 = 0{,}59$ und $z = 0{,}36 : 3{,}83 = 0{,}09$. Diese Werte erhält man auch, wenn man den Rot- und den Grünpunkt im Farbdreieck verbindet und die Gerade im Verhältnis 3 : 2 teilt. Den Normfarbwert Y erhält man aus den y-Werten von Grün und Rot: $V(\lambda)_{\text{Grün}} = 0{,}58$ und $V(\lambda)_{\text{Rot}} = 0{,}24$ zu:

$$Y = 683 \ \frac{\text{lm}}{\text{W}} \cdot \left(3 \ \frac{\text{W}}{\text{m}^2} \cdot 0{,}58 + 2 \ \frac{\text{W}}{\text{m}^2} \cdot 0{,}24 \right) = 1516 \ \text{lm/m}^2 = 1516 \ \text{lx}$$

Die Normvalenz Y, x, y der Mischfarbe lautet: 1516 lx; 0,32; 0,59. Bei leuchtenden Flächen wird Y in cd/m² angegeben.

7.6 Gitter

7.6.1 Beugungsgitter

Optische Gitter sind örtlich periodische Strukturen, die auf Amplitude oder Phase (Abschnitt 1.2.1) der Lichtstrahlung einwirken. Meist werden Liniengitter nach Abschnitt 1.2.4.1 eingesetzt. Es gibt aber auch Kreuzgitter, Kreisgitter und weitere Muster. Gitter haben eine mehr oder weniger starke Abhängigkeit der Beugungseffektivität von der Polarisation, was bei Spektralgeräten oft sehr stört.

Bild 7.6.1 zeigt in Prinzipskizzen die Wirkung von Beugungsgittern, die lichtdurchlässig (**Transmissionsgitter**: Bilder 7.6.1 a, b und c), oder reflektierend (**Reflexionsgitter**: Bilder 7.6.1 d und e) ausgeführt sein können.

Sind die benachbarten Linienelemente unterschiedlich transparent bzw. reflektierend, so wird die Wellenamplitude beeinflusst; man spricht von **Amplitudengittern** (Bilder 7.6.1 a und d). Bei **Phasengittern** (Bilder 7.1.6 b, c und

e) werden benachbarte Wellen unterschiedlich verzögert, ihre Phasen sind gegeneinander verschoben. Da hierfür die Differenz der optischen Wege $n \cdot d$ maßgebend ist, können Phasengitter nach Gl. 1.2.5 durch unterschiedliche Schichtdicke bzw. Furchentiefe d (Bilder 7.1.6 b und e) oder mit unterschiedlichen Brechzahlen n (Bild 7.1.6 c) realisiert werden.

Transmissionsgitter bestehen im einfachsten Falle aus transparenten Linien mit lichtundurchlässigen oder stark streuenden Zwischenräumen. Letztere erhält man z.B. durch Ritzen einer Planfläche mit einem Diamanten. Vom Originalgitter können durch Kunststoffabdruck preiswert gute Kopien gewonnen werden. Eine weitere Möglichkeit ist die Fotolithographie, die auf der Technologie der Chipherstellung basiert. Dank moderner Fotolacke können Strukturen für die UV-Spektroskopie bis 100 nm hergestellt werden. Reflexionsgitter erhält man durch Bearbeitung einer auf eine Planplatte aufgedampften Aluminium- oder, für IR, Goldschicht mit einem Diamantwerkzeug oder durch Schrägbedampfen von Amplitudenstrukturen. Phasengitter nach Bild 7.6.1 b) können durch Abformung von einem Master hergestellt werden. Komplizierte Oberflächenformen werden durch Ionenätzen hergestellt.

Neben der Fertigung der Gitter auf hochpräzisen **Gitter-Teilmaschinen**, die trotz allen Aufwands systematische Fehler haben, die zu «Geisterbildern» führen, setzt sich immer mehr die **holographische Herstellung von Gittern** durch. Zwei durch Teilung eines parallelen Laserbündels entstandene ebene Wellen fallen mit geringer Richtungsdifferenz auf eine Fotolackschicht und ergeben dort ein Interferenzstreifenmuster (Abschnitt 7.7). Die unterschiedliche Belichtung der Schicht in den hellen und dunklen Streifen kann durch entsprechende Entwicklung in ein Amplituden- oder Phasengitter überführt werden.

Neben **Plangittern** werden auch **Konkavgitter** verwendet, bei denen das Reflexionsgitter auf einer Hohlfläche liegt. Sie verknüpfen die Eigenschaften eines Gitters mit denen eines abbildenden Systems. Damit wurde der einfache Aufbau des Monochromators in Bild 7.4.3 ermöglicht.

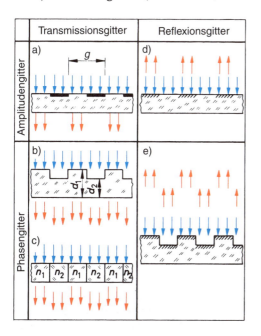

Bild 7.6.1 Wirkungsprinzip von Beugungsgittern; Blau: auf das Gitter einfallende, Rot: vom Gitter ausgehende Wellen. Mit der Lage der roten Pfeile bei b), c), e) wird die Verzögerung angedeutet.

Beugungsmaxima entstehen in den Richtungen, für die der Gangunterschied zwischen den von 2 benachbarten Gitterlinien ausgehenden Wellen ein ganzzahliges Vielfaches m der Wellenlänge λ beträgt (Gl. 1.2.4). Das führt, wie in Abschnitt 1.2.4.1 abgeleitet, zu vielen Beugungsordnungen, für die die Gittergleichung Gl. 1.2.7,

$$\sin \beta_{max} = \frac{m \cdot \lambda}{g} + \sin \varepsilon$$

gilt. Die Gleichung zeigt, dass $\sin\beta_{max}$ linear mit λ zunimmt, dass die Beugung also mit einer Dispersion verknüpft ist. Jede Beugungsordnung außer $m = 0$ enthält ein Spektrum der betrachteten Strahlung. Bei Beleuchtung des Gitters mit einem Parallelbündel wird das Spektrum in der Brennebene des Projektionsobjektivs entworfen; seine Breite nimmt mit m zu. Daher können sich die Spektren, vor allem bei höheren Ordnungen, teilweise überlappen.

Beugungsgitter werden vor allem bei Spektralgeräten (Abschnitt 7.4) verwendet. Damit der Beugungswinkel β_{max} groß wird, sollte die Gitterkonstante klein und die Ordnung hoch sein. Gitter für Spektralapparate haben 50 Spalte/mm (IR-Gitter) bis 3000 Spalte/mm (UV-Gitter); gemessen wird in 1. bis 5. Ordnung. Beim Arbeiten in hoher Ordnung besteht bei breitbandigen Spektren die Gefahr, dass sich Ordnungen überlappen. Der Vorteil des großen Ablenkwinkels ist daher nur bei schmalen Spektren, z.B. dem Spektrum einer Laserdiode, nutzbar. Die Schärfe der mit dem Gitter entworfenen Spektrallinien steigt mit der Spaltanzahl N (Gl. 7.4.3). Dabei ist zu beachten, dass N nicht etwa die am Gitter **vorhandene** Spaltanzahl ist, sondern die Anzahl der **interferierenden** Wellen. Ein Gitter entfaltet nur dann seine ganze Qualität, wenn es vollständig kohärent ausgeleuchtet ist.

Am Günstigsten wäre es, wenn die gesamte Strahlungsleistung wie bei Dispersionsprismen (Abschnitt 2.3.2) in ein einziges Spektrum ginge. Der Nachteil des Gitters, die Verteilung der Leistung auf viele Ordnungen, kann durch eine günstige Gitterform reduziert werden. Die Gittergleichung Gl. 1.2.7 beschreibt zwar eindeutig die Lage

der Beugungsmaxima, die Verteilung der Energie auf die einzelnen Ordnungen hängt aber stark von der Furchenform bzw. vom örtlichen Verlauf des Amplitudentransmissionsgrades ab. Schon das einfache **Strichgitter** mit gleichbreiten Spalten und Stegen (Bild 7.6.1 a und d) beugt das Licht nur in die Ordnungen $m = 0, \pm 1, \pm 3 \ldots$ unterdrückt also die geraden Ordnungen. Gleiches gilt für das **Laminargitter** (Bild 7.6.1 e). Wählt man noch die Stufenhöhe $\lambda/4$, so fällt auch die 0. Ordnung aus, und die gesamte Energie geht in die Spektren. Ein **Sinusgitter**, bei dem sich Reflexion, Transmission oder Phasenverschiebung nicht sprunghaft mit der Gitterlänge ändert, sondern nach der Funktion $y = \cos^2 z$ moduliert wird, entwirft nur die Ordnungen $m = 0$ und ± 1.

Besonders günstig sind die vor allem in Reflexion verwendeten **geblazten Gitter** oder **Echellettegitter,** die im Gegensatz zu Bild 7.6.1 e) ein sägezahnförmiges Furchenprofil (Bild 7.6.2) aufweisen.

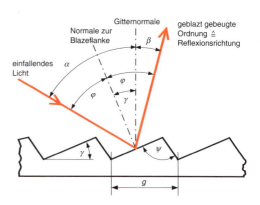

Bild 7.6.2 Winkel beim geblazten Gitter

Einfache geometrische Verhältnisse ergeben sich bei kleinen **Blazewinkeln** $\gamma < 5°$ in der **Littrow-Aufstellung** $\alpha = \beta = \gamma$. Hier werden Furchenneigung und Einfallwinkel so gewählt, dass für eine bestimmte Wellenlänge, die **Blazewellenlänge** λ_B, Reflexions- und Beugungsrichtung übereinstimmen. Für diesen Fall wird die **Beugungseffektivität** oder **Effizienz** (der Anteil des in eine bestimmte Ordnung gebeugten Strahlungsflusses bezogen auf den einfallenden Fluss) maximal, und es gilt für die 1. Beugungsordnung:

$$\lambda_B = 2g \sin \gamma \qquad \text{(Gl. 7.6.1)}$$

Diese Konfiguration hat, falls ψ etwas größer als 180° ist, eine besonders geringe Polarisationsabhängigkeit. Die Blazewellenlänge wird meist so gewählt, dass die Effizienz dort besonders groß ist, wo der Sensor eine geringe Empfindlichkeit hat. Bild 7.6.3 zeigt die Effizienz eines bei 266 nm geblazten Phasengitters, das optimal an einen bestimmten Siliziumempfänger angepasst wurde.

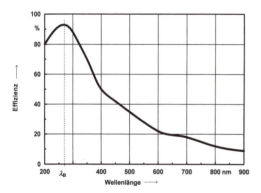

Bild 7.6.3 Effizienzverlauf eines bei 266 nm geblazten Gitters

7.6.2   Weitere Anwendungen von Gittern

In optischen Messsystemen werden auch Gitter mit sehr großer Gitterkonstante g eingesetzt. Bei ihnen spielt die Beugung nur eine untergeordnete Rolle. Eine wichtige Anwendung finden solche Gitter als **inkrementale Schrittgeber** zur Längenmessung. Als Beispiel zeigt Bild 7.6.4 einen optoelektronischen Messtaster.

Der Gittermaßstab G ist unmittelbar und damit frei von Übertragungsfehlern am Tastbolzen befestigt und wird dicht vor einer Abtastplatte A verschoben. Die Platte trägt 4 Referenzgitter mit der gleichen Gitterkonstanten g wie das Hauptgitter, diese Gitter sind aber in Tastrichtung jeweils um $g/4$ gegeneinander versetzt (Bild 7.6.5).

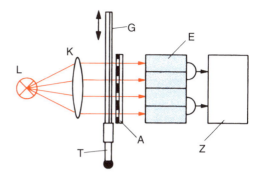

Bild 7.6.4 Prinzip eines optoelektronischen Messtasters: L Lichtquelle, K Kondensor, T Tastbolzen, G Gittermaßstab, A Abtastplatte, E Empfänger, Z elektronischer Zähler

Beim Verschieben des Tastbolzens werden die Gitterspalte periodisch durch die Gegengitter abgedeckt. Dahinter angeordnete Fotodioden liefern phasenverschobene Signale, die einem Zähler zugeführt werden. Die Signalauswertung ermöglicht die **Richtungserkennung** für die Vor- und Rückwärtszählung und eine elektronische **Intervallunterteilung,** so dass z.B. ein Gitter mit $g = 20$ µm eine Messgenau-

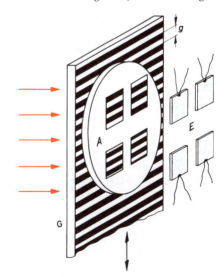

Bild 7.6.5 Gitter-Empfänger-Anordnung zu Bild 7.6.4: G Gittermaßstab, A Abtastplatte mit 4 phasenverschobenen Referenzgittern, E 4 Fotodioden hinter den Referenzgittern

igkeit von ±1 μm ergeben kann. Ähnliche Systeme werden bei der berührungslosen Geschwindigkeits- und Abstandsmessung sowie bei den im Folgenden beschriebenen Moiréverfahren eingesetzt. Die Verwendung eines Radialgitters zur Bestimmung der Modulationsübertragungsfunktion zeigt Abschnitt 9.5.

7.6.3 Moiréverfahren

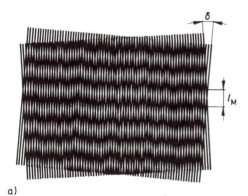

a)

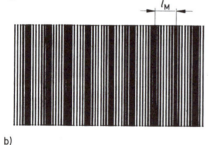

b)

Bild 7.6.6 Moiréentstehung bei 2 Gittern:
a) Verdrehungsmoirés: $g_1 = g_2$, Gitter verdreht,
b) Teilungsmoirés: $g_1 \neq g_2$, Gitter nicht verdreht

Verdrehungsmoirés (Bild 7.6.6 a) entstehen, wenn 2 Gitter mit gleichem g um den Winkel δ gegeneinander verdreht aufeinander liegen. Die entstehenden **Moiréstreifen** sind den Interferenzstreifen (Bild 7.1.1 a) eng verwandt, anstelle der Wellenlänge λ tritt hier die Gitterkonstante g. Damit gelingt es, die Möglichkeiten interferometrischer Verfahren auf größere Messbereiche auszudehnen. Die Empfindlichkeit wird entsprechend geringer, was aber häufig erwünscht ist. Für den **Moiréstreifenabstand** l_M ergibt sich dann analog zu Gl. 7.1.2:

$$l_M = \frac{g}{2 \sin \dfrac{\delta}{2}} \approx \frac{g}{\delta} \qquad \text{(Gl. 7.6.2)}$$

Die Moiréstreifen verlaufen senkrecht zur Winkelhalbierenden von δ. In der Mitte eines dunklen Streifens sind beide Gitter genau um $g/2$ verschoben («Steg auf Lücke»); nach außen nimmt der Transmissionsgrad ohne Mitwirkung der Beugung linear zu, die Transmissionsfunktion hat ein Dreiecksprofil. Unsaubere Gitterteilung zeigt sich in Unregelmäßigkeiten der Moiréstreifen. Die Verschiebung eines der Gitter gegenüber dem «Referenzgitter» um g bewirkt eine Verschiebung der Moirestreifen um l_M eine Feinbewegung wird also um den Faktor l_M/g optisch vergrößert.

Teilungsmoirés (Bild 7.6.6 b) ergeben sich bei 2 nicht verdrehten ($\delta = 0$) Gittern mit etwas unterschiedlicher Gitterkonstante. Ist die Gitterkonstante des 2. Gitters geringfügig größer als die des 1. ($g_2 > g_1$; $R_2 < R_1$), so nennt man die Gitter «gegeneinander verstimmt». Analog zur Schwebung im Zeitbereich tritt durch die Überlagerung eine niedrige Ortsfrequenz R_M in Erscheinung: Man sieht Moiréstreifen mit dem **Moiréstreifenabstand** $l_M = 1/R_M$

$$l_M = \frac{g_2 \cdot g_1}{g_2 - g_1} \qquad \text{(Gl. 7.6.3)}$$

Zur Dehnungsanalyse setzt man 2 gleiche Gitter ein, deren Träger flexibel ist. Gitter 2 wird auf das zu analysierende Werkstück geklebt. Bei Dehnung dieses Gitters rücken die Moiréstreifen zusammen. Der Betrag der Dehnung lässt sich aus Gl. 7.6.3 berechnen.

Moiréverfahren werden zur Erfassung von Deformationen und allgemein zur Formvermessung eingesetzt. Dank schneller Auswertung mit dem Rechner gewinnt diese **Moirétopografie** an Bedeutung. Beispiele sind die Messung der Form von Kfz-Karosserien oder in der Medizintechnik Basiswerte für die plastische Chirurgie.

Geringen Aufwand erfordert das **Schattenverfahren** nach Bild 7.6.7 a).

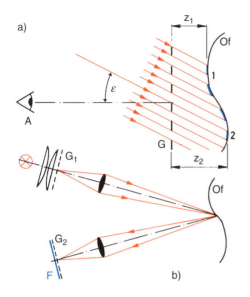

a)

b)

Bild 7.6.7 Verfahrensprinzipien der Moirétopografie:
a) Schattenverfahren. G Gitter, Of Objektfläche,
A Auge oder Kamera. Blau: Schattengitter. Bei 1
heller, bei 2 dunkler Moiréstreifen;
b) Projektionsverfahren. G_1 Projektionsgitter,
G_2 Referenzgitter, F Aufnahmechip oder Mattscheibe

Ein dicht vor der Objektoberfläche angeordnetes Gitter wird unter dem Winkel ε durch ein Parallelbündel beleuchtet und in Richtung der Gitternormalen beobachtet. Dann bilden die Schatten der Gitterstege auf der Objektoberfläche ein zweites Gitter, sodass Moiréstreifen beobachtet werden können. Eine Änderung des Abstandes z zwischen Gitter und Fläche bewirkt eine Verschiebung des Schattengitters gegenüber dem realen Gitter. Helle Streifen (beide Gitter deckungsgleich) entstehen bei $z = m \cdot g / \tan \varepsilon$; m = 0, 1, 2 … Dabei ist m die Ordnungszahl der Moiréstreifen. Daraus errechnet sich die **Höhendifferenz** Δz von 2 benachbarten Moiréhöhenschichtlinien zu:

$$\Delta z = \frac{g}{\tan \varepsilon} \qquad \text{(Gl. 7.6.4)}$$

Wie Gl. 7.6.4 zeigt, ist der Abstand der Höhenlinien durch die Wahl von Beleuchtungswinkel und Gitterkonstante frei einstellbar.

Bei dem **Projektionsverfahren** von Bild 7.6.7 b) wird ein Gitter G_1 auf die Objektfläche projiziert, das deformierte Schattengitter auf einem Referenzgitter $G_2 = G_1$ abgebildet und in dieser Ebene fotografiert.

7.6.4 Barcodes

Barcodes (Strichcode, Balkencode, Streifencode, Identcode) sind Strichgitter mit meist unterschiedlich breiten Linien in unterschiedlichen Abständen, in denen je nach Art numerische oder alphanumerische Zeichen sowie Trenncodes verschlüsselt sind. Bild 7.6.8 zeigt den Barcode des vorliegenden Buchs.

ISBN 3-8023-1923-0
9. Auflage
9 783802 319235

Bild 7.6.8 Beispiel eines Barcodes

Neben den eindimensionalen Codes (Bild 7.6.8) gibt es auch zweidimensionale. Bei ihnen sind entweder mehrere eindimensionale Codes übereinander gestapelt, oder es wird eine komplexe Matrix mit Informationen senkrecht zur Hauptrichtung eingesetzt. Die wesentlichen Codes sind in ISO/IEC 15 420 genormt. Nahezu alle Güter werden mit derartigen Codes versehen; sie bieten die Basis für Preisermittlung, Lagerhaltung und Verkaufsstatistik.

Gelesen werden die Codes mit CCD-Scannern oder einem Reflexionstaster. Beim Taster wird die Ware oder der Taststift mit einigermaßen konstanter Geschwindigkeit bewegt. Das örtliche Strichmuster wird in ein zeitliches Muster umgewandelt und elektronisch ausgewertet. Bei einfachen Lesestiften mit LED-Lichtschranke muss der Stift in Kontakt mit dem Code sein. Laser-Scanner besitzen eine Laserdiode mit Optik. Ihr schlankes, paralleles Bündel, wird vom Linienmuster reflektiert und vom Sensor empfangen. Dank Parallelbündel spielt der Abstand keine große Rolle.

Mit zunehmender Miniaturisierung werden die Dimensionen teilweise so klein, dass die Beugung wieder die Hauptrolle spielt. Bei derartigen **Nanocodes** werden die Zeichen nicht mehr durch Linienabstand- und Breite festgelegt, sondern man wählt die Gitterstruktur so, dass die Information in den Beugungsordnungen steckt.

7.7 Holographie

Bei analoger und digitaler Fotografie wird lediglich die Amplitude, nicht aber die Phase des vom Objekt ausgehenden Lichtes zweidimensional erfasst. Dadurch gehen wesentliche Informationen, nämlich Höhenstruktur des Objekts, Perspektive und Richtung der abbildenden Strahlen verloren. Bild 7.7.1 a) zeigt das am Beispiel von 2 Flächen A_1 und A_2, die gleiches Reflexionsvermögen aber unterschiedlichen Abstand von der Kamera haben. Das von der Kamera mit einem telezentrischen Objektiv entworfene Bild ist eine einheitlich graue Fläche. Die Tatsache, dass die von A_2 reflektierte Welle gegenüber der von A_1 reflektierten um den Betrag $2 \Delta z$ phasenverschoben ist (Bild 7.7.1 b), wird nicht registriert.

Beleuchtet man ein Objekt mit kohärentem Licht, im Normalfall also mit einem Laser, so steckt in den Amplituden der reflektierten Wellenzüge die Information über die Helligkeitsverteilung, in deren Phasenlage die Information über die Tiefenausdehnung des Objekts.

Gelingt es, Amplitude **und** Phase zu speichern und die gespeicherte Information wieder in ein Bild umzusetzen, so hat man die vollkommene 3-D-Fotografie realisiert. DENNIS GABOR hat bereits 1947 Experimente zu diesem neuen Verfahren gemacht, er nannte es «Holographie» [9.19]. Dieses griechische Kunstwort bedeutet «vollständige Aufzeichnung».

Fotografische Emulsionen und auch andere Aufzeichnungsmaterialien sind ohne weiteres nicht in der Lage, neben den Amplituden auch noch die Wellenphasen festzuhalten. Hier hilft ein Kunstgriff: Wenn der Film offensichtlich nur Amplituden aufzeichnen kann, muss eben die Phaseninformation in eine Amplitudeninformation umgesetzt werden. Diese Umsetzung erreicht man durch Überlagerung des vom Objekt kommenden Lichtbündels mit einem Referenzbündel, das mit dem beleuchtenden Bündel in einer festen Phasenbeziehung stehen muss. Da es nicht möglich ist, 2 Laser räumlich und zeitlich zu synchronisieren, wird einfach ein Teil des Beleuchtungsbündels als Referenzbündel abgezweigt. Eine der vielen möglichen Anordnungen zeigt Bild 7.7.2.

Das aufgeweitete Laserbündel, es kann parallel aber auch divergent sein, wird z.B. von einem teildurchlässigen Spiegel in ein Beleuchtungs- und ein Referenzbündel zerlegt.

a)

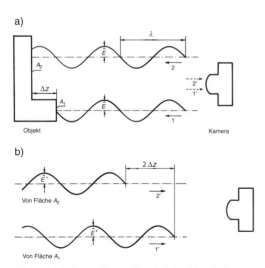

b)

Bild 7.7.1 Informationsverlust bei der klassischen Fotografie

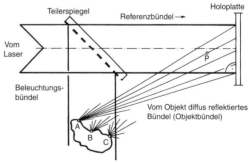

Bild 7.7.2 Beispiel einer einfachen Aufnahmeanordnung für Hologramme

Das optimale Teilungsverhältnis hängt vom Reflexionsgrad des Objekts und vom Aufnahmematerial ab. Zur Aufweitung wird ein meist ein afokales System nach Bild 6.6.1 a) eingesetzt, bei dem eine kleine Blende (Pinhole, Raumfilter) in der Brennebene F'_{OB} angebracht ist. Sie schaltet die von Beleuchtungsoptik und Laser verursachten unerwünschten Beugungsstrukturen aus. Das Referenzbündel gelangt bei der Aufzeichnung des Hologramms direkt auf den Film und bildet dort das Bezugsraster für die Phasenspeicherung. Das Beleuchtungsbündel bestrahlt das Objekt und wird von dessen Oberfläche unter anderem auch in Richtung Holoplatte abgelenkt. Das Licht von Punkt A z.B. beleuchtet, da kein Objektiv zwischengeschaltet ist, die gesamte Aufnahmefläche. Gleiches gilt für die Punkte B und C, sodass **jedes Flächenelement des Films Informationen über das gesamte Objekt enthält**. In dem Gebiet, in dem sich Referenzbündel und vom Objekt reflektiertes Bündel überlappen, kommt es zur Überlagerung der kohärenten Lichtbündel, zur Interferenz (Abschnitt 1.2.3).

Sind ein Wellenzug 1 des Referenzbündels und ein Wellenzug 2 des von A reflektierten Bündels im Punkt P zufällig in Phase, so überlagern sich beide Wellenzüge in diesem Punkt konstruktiv; sind sie jedoch gegenphasig, erfolgt die Überlagerung destruktiv. Das Interferenzbild enthält demnach auch Phaseninformationen. Da die Abstände zwischen hellen und dunklen Interferenzlinien von der Größenordnung der Wellenlänge des beleuchtenden Laserbündels sind, kann man diese Struktur mit dem Auge nicht erkennen.

> Der **gesamte Überlappungsbereich** von Referenzbündel und Objektbündel besitzt eine von der Objektoberfläche abhängige Helligkeitsfeinstruktur in der Amplitude und Phase verschlüsselt sind.

Ein hochauflösendes fotografisches Aufzeichnungsmaterial, an einer beliebigen Stelle im Überlappungsbereich angeordnet, zeichnet diese Mikrostruktur auf: Ein Hologramm ist entstanden. Da noch keine Chips mit Submik-

rometer-Strukturen und Gigapixel-Speicherkapazität verfügbar sind, werden nach wie vor spezielle fotografische Emulsionen und thermoplastische Schichten eingesetzt. Sie lösen 1000…3000 Linien/mm auf. Je nach Entwicklungssystem werden Amplituden- oder Phasenhologramme erzeugt. Wird zusätzlich die Tiefe der lichtempfindlichen Schicht genutzt, können mehrere Hologramme im gleichen Material gespeichert werden (Volumenhologramme) [9.19, 9.20].

Besonders einfache und übersichtliche Verhältnisse liegen vor, wenn das Objekt in der Anordnung Bild 7.7.2 ein Planspiegel ist. Das parallele Beleuchtungsbündel wird entsprechend Bild 7.7.3 vom Spiegel in ein ebenfalls paralleles Objektbündel umgeformt.

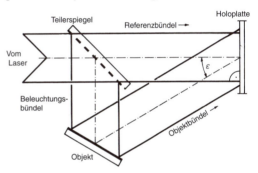

Bild 7.7.3 Holographische Speicherung eines unter dem Winkel e einfallenden Parallelbündels

Die Wellenfronten im Überlappungsgebiet von Objekt- und Referenzbündel zeigt Bild 7.7.4. Wellenberge sind durchgezogen, Wellentäler gestrichelt. Die Auslenkungsmaxima, also die Orte, bei denen Wellenberg auf Wellenberg oder Wellental auf Wellental fallen, sind mit einem Kreis markiert.

Auf dem Holofilm wird ein **Strichgitter** aufgezeichnet, dessen helle und dunkle Linien senkrecht auf der Zeichenebene stehen. Im Gegensatz zu konventionellen geritzten Gittern mit rechteckigem Schwärzungsverlauf folgt das Dichteprofil holographischer Gitter einer Sinusfunktion. Der Abstand der Gitterlinien, die Gitterkonstante g, hängt vom Neigungswinkel ε der interferierenden Bündel ab. Bei $\varepsilon = 0$ wird kein Gitter aufgezeichnet; parallele

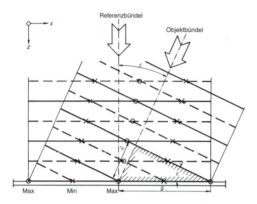

Bild 7.7.4 Ausschnitt aus dem Überlappungsbereich von Objekt- und Referenzbündel in Bild 7.7.3

Wellenfronten ziehen durch den Film und färben ihn gleichmäßig grau. Je größer der Winkel, desto enger liegen die Streifen. Im Grenzfall $\varepsilon = 90°$ wird $g = \lambda$; daraus resultiert die hohe Anforderung an das Auflösungsvermögen des Aufzeichnungsmaterials. Aus dem in Bild 7.7.4 schraffierten Dreieck wird der Zusammenhang zwischen Einfallswinkel ε, Laserwellenlänge λ und Gitterkonstante g abgelesen:

$$g = \frac{\lambda}{\sin \varepsilon} \qquad \text{(Gl. 7.7.1)}$$

Beispiel
Der Winkel zwischen parallelen Objekt- und Referenzbündeln beträgt 70°. Beleuchtung: HeNe-Laser.
Wie groß ist die Gitterkonstante des erzeugten holographischen Gitters?
Lösung
$g = \lambda/\sin\varepsilon = 632,8$ nm/sin 70° $= 673,4$ nm entsprechend 1485 Linien/mm.

Da sich jedes Bild aus einer ausreichenden Anzahl von Strahlen aufbauen lässt, ist mit diesem Sonderfall bewiesen, dass auch ein beliebig gestaltetes Objekt holographisch gespeichert werden kann.

Das einfache Hologramm von Bild 7.7.4 ist noch direkt «lesbar»: Die Tatsache, dass die Steifen parallel liegen, sagt aus, dass es sich um

ein gespeichertes Parallelbündel handelt. Der Streifenabstand ist nach Gl. 7.7.1 ein Maß für den Neigungswinkel ε ; eine Information, die bei einem normalen Foto fehlt. Klassisch gesehen handelt es sich bei Bild 7.7.4 um ein Beugungsgitter mit sinusförmigem Schwärzungsprofil. Diese Erkenntnis gibt den Hinweis auf die Entschlüsselung der im Hologramm gespeicherten Information. Eine optische Entschlüsselung, die **Rekonstruktion**, ist aber bei komplexen, nicht mehr direkt interpretierbaren Hologrammen unerlässlich, denn was nützt ein idealer Speicher, der sich nicht auslesen lässt.

Wie Abschnitt 1.2.4.1 zeigt, entstehen bei senkrechter Parallelbeleuchtung eines Gitters Parallelbündel unter den Winkeln $\beta_{max} = \arcsin(m \cdot \lambda/g)$. Da bei Sinusgittern nur die Ordnungen 0 und ±1 entstehen, werden neben der unerwünschten 0. Ordnung auch Bündel mit den Winkeln $\beta_{max} = \pm\arcsin(\lambda/g)$ rekonstruiert. Eines davon ist nach Bild 7.7.5 das rekonstruierte Originalbündel mit $\varepsilon = \arcsin(\lambda/g)$.

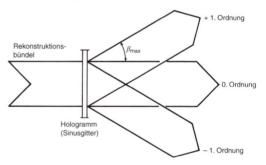

Bild 7.7.5 Rekonstruktion des Hologramms eines schiefen Bündels

Da sich alle Bilder aus Strahlen zusammensetzen lassen, gilt allgemein:

Wird für die Rekonstruktion eines Hologramms ein mit dem Referenzbündel der Aufnahme identisches Bündel eingesetzt, so ist das in 1. Ordnung entstehende Beugungsbild mit dem Objekt identisch.

Bild 7.7.5 zeigt aber auch einen prinzipiellen Nachteil der Holographie: Bei der Rekonstruktion werden i.Allg. 3 Anteile generiert. Die +1. Beugungsordnung wird **primäres Bild** genannt. Falls Referenz- und Rekonstruktionsbündel gleiche Form und Wellenlänge besitzen, wird das primäre Bild am gleichen Ort entworfen, an dem sich das Objekt befindet. Es hat die gleiche Größe, ist in der gesamten Tiefe scharf, dreidimensional und kann innerhalb der bei der Aufnahme gezogenen Grenzen aus verschiedenen Richtungen betrachtet werden. Das primäre Bild ist also vom Original nicht zu unterscheiden und meist ausschließlich erwünscht. Die 0. Beugungsordnung hat unabhängig von der Gitterkonstante immer die Richtung des Rekonstruktionsbündels und enthält damit keinerlei Objektinformation. Da sie die Intensität des primären Bildes schwächt, ist sie in jedem Fall unerwünscht.

Die –1. Beugungsordnung wird **konjugiertes Bild** genannt. Auch das konjugierte Bild ist dreidimensional und in der Tiefe scharf. Es ist allerdings nicht mit dem Objekt identisch,

da die Lage der Bildpunkte vertauscht wird: Ein im primären Bild vorne liegender Punkt erscheint im konjugierten Bild hinten (**pseudoskopisches Bild**). Ein Qualitätskriterium dafür, wie viel Licht ein Hologramm in die gewünschte 1. Beugungsordnung ablenkt, ist die Beugungseffektivität. Bezeichnet J die Intensität des auf das Hologramm treffenden Bündels und J_1 die Intensität in der 1. Beugungsordnung, so gilt:

$$\text{Beugungseffektivität} \;=\; \frac{J_1}{J} \qquad \text{(Gl. 7.7.2)}$$

Durch spezielle Aufnahme- und Entwicklungsverfahren kann man ähnlich wie beim Echellettegitter (Abschnitt 7.6.1) erreichen, dass die Beugungseffektivität groß wird.

Ein weiteres Beispiel ist das Hologramm eines Objektpunktes. Bild 7.7.6 a) zeigt die Aufnahmeanordnung und Bild 7.7.6 b) die Struktur des Hologramms.

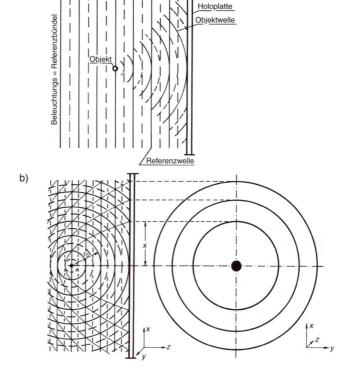

Bild 7.7.6
Hologramm eines Objektpunktes

Bei der **Inline-Holographie** genannten Aufnahmeanordnung von Bild 7.7.6 sind Objekt- und Referenzbündel identisch. Trifft das Beleuchtungsbündel auf den Objektpunkt, so werden seine Atome und Moleküle zu Schwingungen angeregt; infolgedessen strahlen sie wieder Licht ab. Wegen der geringen Objektgröße ist die abgestrahlte Welle eine Kugelwelle. Am Film interferiert eine parallele Wellenfront mit der vom Objekt ausgehenden Kugelwelle (Bild 7.7.6 a). Die Verbindung zusammengehöriger Punkte maximaler Intensität ergibt Rotationsparaboloide (Bild 7.7.6 b). Die Schnittkurven dieser Paraboloide oder, was zum gleichen Ergebnis führt, der äquidistanten Kugelschalen mit der Holoplatte sind konzentrische Kreise. Ihr Abstand nimmt von innen nach außen ab. Das Hologramm eines Punktes ist also ein Ringsystem, **Zonenplatte** genannt. Entschlüsselt wird das Hologramm des Objektpunktes mit Hilfe der schon beim Sinusgitter bewährten Methode: Ein nach Wellenlänge und Geometrie dem Referenzbündel entsprechendes Rekonstruktionsbündel beleuchtet die Zonenplatte. Durch Überlagerung der in den transparenten Ringen der Zonenplatte angeregten Elementarwellen entstehen wie beim Sinusgitter 3 Wellenfronten. Eine Wellenfront ist die 0. Ordnung, eine zweite divergiert von einem Punkt, der dem Objekt entspricht und die dritte konjugierte Wellenfront konvergiert zu einem Punkt, der symmetrisch zum Objekt rechts des Hologramms liegt.

Die in Abschnitt 2.7.6 besprochenen diffraktiven optischen Elemente sind in ihrer Feinstruktur identisch mit entsprechenden Hologrammen. Sie werden daher oft auch als computergenerierte Hologramme (CGH) bezeichnet.

Hologramme sind die Basis für Massenspeicher, Identitätsprüfung und Formvergleich, für die holographische Interferometrie, die linsenlose Mikroskopie und Galeriebilder. Sie bietet auch einen Ansatz für ein zukünftiges Stereofernsehen.

Technisch besonders wichtig ist die **holographische Interferometrie**, die in der Präzisionsmesstechnik und bei der zerstörungsfreien Werkstoffprüfung eingesetzt wird. Möglich ist die Vermessung von Flächenformen, die Bestimmung von Deformationen durch statische Kräfte, Temperaturdifferenzen oder Schwingungen. Dabei können sehr große Flächenbereiche erfasst werden. Während die eigentliche Hologrammstruktur von sehr feinen, nur mit dem Mikroskop auflösbaren Interferenzmustern gebildet wird, ergibt die Überlagerung von zwei Objektwellen makroskopische, direkt sichtbare Interferenzlinien (Abschnitt 7.3). Dabei hat die Holographie den Vorteil, dass die Objektwellen zeitlich nacheinander im Hologramm gespeichert werden können und erst bei der Rekonstruktion interferieren.

Bei der **Interferometrie durch Doppelaufnahmen** («eingefrorene Interferenzstreifen») fertigt man vom unbelasteten Objekt, z.B. einer Membrane, ein Hologramm. Anschließend wird das Objekt belastet und zum zweiten Mal auf der gleichen Hologrammplatte gespeichert. Bei der Rekonstruktion interferieren die Wellen, die zu den virtuellen Bildern der beiden Objektzustände «belastet» und «unbelastet» gehören. Das Bild der untersuchten Fläche ist mit Interferenzlinien überzogen, aus denen die Verformung berechnet werden kann. Bild 7.7.7 zeigt ein Beispiel.

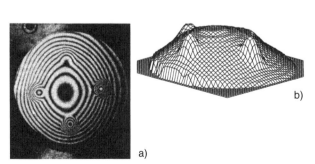

a)

b)

Bild 7.7.7
Deformation einer Stahlmembrane:
a) Interferenzstreifen durch Druckdifferenzen zwischen beiden Aufnahmen: Erkennbar sind 4 Fehlstellen wegen zu geringer Materialdicke
b) Nach Digitalisierung von a) berechnete Grafik in dimetrischer Perspektive 15°/15°. Deformationen gegenüber x-y-Koordinaten um den Faktor 20 000 überhöht. (FH Frankfurt)

Bei der Analyse von Schwingungen mit diesem Verfahren müssen zur Doppelbelichtung 2 sehr kurze Laserblitze mit geringem Zeitabstand aufeinander folgen.

Bei der **Echtzeit-** oder **Realtime-Holographie** wird ein Hologramm des Objekts **direkt** mit dem Objekt selbst verglichen. Der erste Verfahrensschritt ist die Herstellung eines ganz normalen Hologramms. Dieses Hologramm wird entweder direkt am Aufnahmeort entwickelt und fixiert (In-situ-Bearbeitung) oder nach der Bearbeitung wieder exakt am Aufnahmeort angebracht. Für die Wiedergabe wird genau die gleiche Anordnung wie für die Aufnahme eingesetzt: Das Objekt bleibt in seiner ursprünglichen Lage. Wegen dieses identischen Aufbaus wird das vom Hologramm rekonstruierte Bild am Ort des Objekts entworfen. Das Objekt wird so beleuchtet, dass es Wellen in Richtung Beobachter aussendet. Ein Teil dieser Wellen durchdringt unverändert das Hologramm. Ein Beobachter oder die Kamera sieht somit gleichzeitig Originalobjekt und rekonstruiertes Objekt, beide Bilder überlagern sich. Hat sich das Objekt seit der Aufnahme nicht verändert und sitzt das Hologramm exakt am Aufnahmeort, so decken sich Objekt und Bild; es sind keine Interferenzstreifen sichtbar. Wird das Objekt dagegen etwas verformt, so interferieren die Objektwellen mit den vom Hologramm rekonstruierten und man sieht wie beim Doppelbelichtungsverfahren Interferenzfiguren. Das Echtzeitverfahren erfordert zwar hohen Justieraufwand, hat gegenüber der Doppelbelichtungsmethode jedoch den Vorteil, dass nicht nur 2, sondern beliebig viele Verformungszustände erfasst werden. Die Verformung ist als Funktion von Zeit, Kraft oder Temperatur kontinuierlich messbar.

Mit der Zeitmittel- oder **Time-average-Holographie** kann das Schwingungsverhalten von Körpern auf einfache Weise untersucht werden. Bei der holographischen Aufnahme einer schwingenden Fläche wird eine im Vergleich zur Schwingungsdauer lange Belichtungszeit gewählt. Da die Geschwindigkeit nur im Moment der Bewegungsumkehr bei maximaler Auslenkung durch Null geht, wird die Flächenform nur in den beiden Extremlagen registriert. Zwischen diesen beiden Lagen verschiebt sich ein Objektpunkt am Schwingungsbauch um die doppelte Amplitude $2\hat{y}$. Werden von der 0. Ordnung aus m Interferenzlinien gezählt, so gilt $2\hat{y} = m \cdot \lambda/2$; die Amplitude ist dann $\hat{y} = m \cdot \lambda/4$. Besonders hell und kontrastreich erscheinen die Knotenlinien, die 0. Ordnung. Mit höherer Ordnung m werden so viele Beugungsstrukturen überlagert, dass der Kontrast stark abnimmt. In der Praxis können daher nur wenige Perioden, entsprechend Objektbewegungen von einigen µm, ausgewertet werden. Bild 7.7.8 zeigt ein Beispiel.

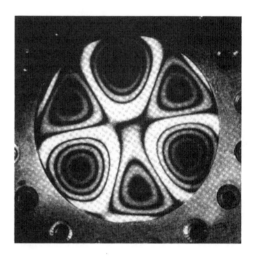

Bild 7.7.8 Mit einer Eigenfrequenz angeregte, an 3 Punkten eingespannte schwingende Stahlmembrane. Zwischen den weißen Knotenlinien erkennt man Schwingungsbäuche mit unterschiedlicher Amplitude (Quelle: FH Frankfurt)

Auch **Höhenschichtlinien** zur Darstellung von Flächenformen können holographisch erzeugt werden. Der zu vermessende Körper wird z.B. in eine Flüssigkeit mit der Brechzahl n_1 getaucht und aufgenommen. Bei der anschließenden zweiten Aufnahme auf das gleiche Hologramm wird die Brechzahl der Flüssigkeit durch Zusätze auf n_2 geändert. Werden zwischen 2 Punkten der Fläche Δm Interferenzstreifen gezählt, so ergibt sich für den Höhenunterschied Δh:

$$\Delta h = \frac{\Delta m \cdot \lambda}{2 \cdot |n_1 - n_2|} \qquad \text{(Gl. 7.7.3)}$$

Mit der Brechzahldifferenz kann der Abstand der Höhenschichtlinien, also die Empfindlich-

keit, eingestellt werden. Unter den weiteren Möglichkeiten zur Erzeugung von Höhenschichtlinien zeichnet sich noch die geringfügige Richtungsänderung der Referenzwelle zwischen beiden Aufnahmen als einfaches Verfahren aus.

8 Polarisation

8.1 Polarisationszustände

8.1.1 Übersicht

Neben Wellenlänge, Amplitude und Phase wird die optische Strahlung durch die **Polarisation** (Abschnitt 1.2.9) charakterisiert. Ihr Einsatz z.B. bei Datenübertragung und Messtechnik bietet zusätzliche Freiheitsgrade bei optischen Systemen.

Polarisation bedeutet allgemein eine Unsymmetrie der Transversalwelle in der x-y-Ebene senkrecht zur Ausbreitungsrichtung z, die unterschiedlich ausgeprägt sein kann. Sie wird durch verschiedene **Polarisationszustände** (z.B. linear, elliptisch, zirkular) beschrieben.

Bei **unpolarisiertem Licht** überlagern sich sehr viele kurze Wellenzüge, die von den Atomen oder Molekülen einer Lichtquelle unabhängig voneinander ausgesandt werden. Die Schwingungsebenen sind statistisch verteilt: Es kommen alle Richtungen senkrecht zur Ausbreitungsrichtung gleich häufig vor (Bild 8.1.1 a). Unpolarisiertes Licht zeigt daher Symmetrie in der x-y-Ebene. Die meisten klassischen Quellen emittieren weitgehend unpolarisiert. Da eine Amplitude in einer beliebigen Schwingungsrichtung in Komponenten zerlegt werden kann, ist unpolarisiertes Licht auch durch 2 Wellen mit senkrecht zueinander stehenden Schwingungsrichtungen und gleichen Amplituden darstellbar. Die Wellen ändern jedoch ihre Phasenlagen ständig, sind deshalb inkohärent.

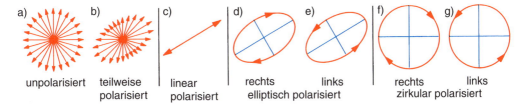

Bild 8.1.1 Polarisationszustände:
Bei b), c), d), und e) kann sich noch die Orientierung ändern, bei d) und e) außerdem die Elliptizität

Linear polarisiertes Licht ist die Bezeichnung für Licht mit einer festen Lage der Schwingungsrichtung des elektrischen Feldvektors E (Bild 8.1.1 c), also zeitlich konstanter Schwingungsebene. Quelle linear polarisierten Lichts kann z.B. ein Laser mit Brewster-Fenstern sein (Bild 4.4.23 a). Eine linear polarisierte Welle kann man in 2 senkrecht zueinander schwingende Komponenten gleicher Amplitude und Phase zerlegen. Besitzen die Komponenten unterschiedliche Amplituden und Phasen, ist die aus beiden Komponenten resultierende Welle **elliptisch** oder **zirkular polarisiert**.

8.1.2 Allgemeine Darstellung

Die vektorielle Komponentenaddition gilt für alle Transversalschwingungen, auch in Mechanik und Elektrotechnik. Deshalb geben die mit einem Oszilloskop dargestellten Bahnkurven (Lissajous-Figuren) ein anschauliches Bild der Polarisationszustände. Legt man an die x- und y-Eingänge eines Oszilloskops Wechselspannungen gleicher Frequenz, aber mit einstellbarer Amplitude und Phasendifferenz, so entspricht die Bahnkurve des Leuchtpunktes, z.B. eine Ellipse, der Bewegung des Endpunktes des E-Vektors von elliptisch polarisiertem Licht.

Haben die beiden Komponenten E_x und E_y des elektrischen Feldes die Amplituden $\hat{E}_x$ und $\hat{E}_y$, die Phasenverschiebung $\Delta\varphi$ aber gleiche Frequenz v und damit gleiche Kreisfrequenz $\omega = 2\pi v$, so werden sie als Funktion der Zeit t beschrieben durch

$$E_x = \hat{E}_x \cdot \sin(\omega t);$$
$$E_y = \hat{E}_y \cdot \sin(\omega t + \Delta\varphi)$$

(Gl. 8.1.1)

Zur Bestimmung der Bahnkurve, also des funktionalen Zusammenhanges von E_x und E_y, wird die Zeit t und damit ωt eliminiert. Mit dem Additionstheorem $\sin(\omega t + \Delta\varphi) = \sin(\omega t) \cdot \cos(\Delta\varphi) + \cos(\omega t) \cdot \sin(\Delta\varphi)$, sowie $\sin(\omega t) = E_x/\hat{E}_x$ und $\cos(\omega t) = \sqrt{1 - \sin^2(\omega t)}$ folgt:

$$\frac{E_x^2}{\hat{E}_x^2} + \frac{E_y^2}{\hat{E}_y^2} - 2\frac{E_x \cdot E_y}{\hat{E}_x \cdot \hat{E}_y} \cdot \cos(\Delta\varphi) = \sin^2(\Delta\varphi)$$

(Gl. 8.1.2)

Das ist die allgemeine Gleichung einer Ellipse, die innerhalb des Amplitudenrechtecks mit den Seitenlängen $2\hat{E}_x$ und $2\hat{E}_y$ liegt und diesen Rand an 4 Punkten berührt (Bild 8.1.3). Sofern das «gemischte Glied» mit $E_x \cdot E_y$ nicht 0 wird, liegen die Ellipsenachsen schräg zu den Richtungen x und y. Interessant sind die 3 folgenden speziellen Fälle:

1. $\Delta\varphi = 0$
   Es wird $\sin(\Delta\varphi) = 0$ und $\cos(\Delta\varphi) = 1$. Dann vereinfacht sich Gl. 8.1.2 zu $E_y = E_x \cdot (\hat{E}_y/\hat{E}_x)$ und es ergibt sich eine Gerade mit der Steigung $\hat{E}_y/\hat{E}_x$ (Bild 8.1.2 a). Entsprechendes gilt für $\Delta\varphi = \pi$; wegen $\cos(\Delta\varphi) = -1$ hat die Gerade $E_y = -E_x \cdot (\hat{E}_y/\hat{E}_x)$ dann eine negative Steigung; (Bild 8.1.2 b). Allgemein erhält man **linear polarisiertes** Licht bei einer Phasendifferenz $\Delta\varphi = m \cdot \pi$ mit $m = 0; 1; 2; \ldots$

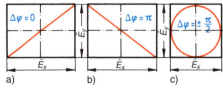

a)   b)   c)

Bild 8.1.2 Bahnkurven bei linearer und zirkularer Polarisation

2. $\Delta\varphi = \pi/2$ und $\hat{E}_x = \hat{E}_y = \hat{E}$
   Es wird $\sin(\Delta\varphi) = 1$ und $\cos(\Delta\varphi) = 0$. Dann erhält man aus Gl. 8.1.2 $E_x^2 + E_y^2 = \hat{E}^2$, also die Gleichung eines Kreises mit dem Radius $\hat{E}$ (Bild 8.1.2 c). Entsprechendes gilt für $\Delta\varphi = -\pi/2$. Allgemein erhält man **zirkular polarisiertes Licht** bei einer Phasendifferenz $\Delta\varphi = (2m + 1) \cdot \pi/2$ mit $m = 0; 1; 2; \ldots$, also bei ungeradzahligen Vielfachen von 90°.

3. In allen anderen Fällen entsteht eine Ellipse. Ist wie bei Fall 2. $\Delta\varphi = \pi/2$, aber $\hat{E}_x \neq \hat{E}_y$, so erhält man $E_x^2/\hat{E}_x^2 + E_y^2/\hat{E}_y^2 = 1$, also die Gleichung einer Ellipse, deren Achsenrichtungen mit x und y zusammenfallen. Andernfalls ergeben sich schräg liegende Ellipsen. Allgemein erhält man **elliptisch polarisiertes Licht**, wenn $\Delta\varphi = (2m + 1) \cdot \pi/2$ und gleichzeitig $\hat{E}_x \neq \hat{E}_y$, oder wenn bei beliebigem Amplitudenverhältnis $\Delta\varphi \neq m \cdot \pi/2$ ist.

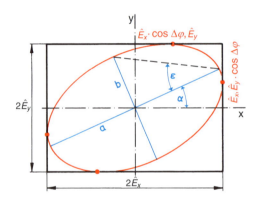

Bild 8.1.3 Bahnkurve bei elliptischer Polarisation

Die **Ellipse** (Bild 8.1.3) wird gekennzeichnet durch ihre Orientierung, d.h. durch den Azimutwinkel α zwischen Ellipsenhalbachse a und Richtung x, sowie durch ihre Form, d.h. den Quotienten b/a ihrer beiden Halbachsen. Mit $\varepsilon = \arctan(b/a)$ kann man die Ellipsenform auch durch den Elliptizitätswinkel ε beschreiben. Die Ellipsenparameter α und ε werden durch das Amplitudenverhältnis $\hat{E}_y/\hat{E}_x$ und die Phasendifferenz $\Delta\varphi$ der beiden Wellenkomponenten bestimmt. Für die Berechnung gelten die folgenden Gleichungen (Ableitung z.B. [1.2]):

$$\tan(2\alpha) = \frac{2 \cdot (\hat{E}_y / \hat{E}_x)}{1 - (\hat{E}_y / \hat{E}_x)^2} \cdot \cos(\Delta\varphi) \quad \text{(Gl. 8.1.3)}$$

$$\sin(2\varepsilon) = \frac{2 \cdot (\hat{E}_y / \hat{E}_x)}{1 + (\hat{E}_y / \hat{E}_x)^2} \cdot \sin(\Delta\varphi) \quad \text{(Gl. 8.1.4)}$$

Ein zusätzliches, durch die Phasendifferenz $\Delta\varphi$ bestimmtes Merkmal des elliptisch und des zirkular polarisierten Lichts ist der **Umlaufsinn** (Drehrichtung) des elektrischen Feldvektors. Bei der Festlegung des Umlaufsinns blickt man immer entgegen der Lichtrichtung, d.h., die Welle läuft auf den Beobachter zu:

- ❏ **Rechtselliptisch** bzw. **rechtszirkular**
  Drehung im Uhrzeigersinn (Bild 8.1.1 d) und f). Es ist $0 < \Delta\varphi < \pi$.
- ❏ **Linkselliptisch** bzw. **linkszirkular**
  Drehung entgegen dem Uhrzeigersinn (Bild 8.1.1 e und g). Es ist $\pi < \Delta\varphi < 2\pi$.

Mit der Phasendifferenz ändert sich auch das Vorzeichen von ε in Gl. 8.1.4, sodass auch mit ε der Umlaufsinn unterschieden werden kann.

8.1.3 Poincaré-Kugel

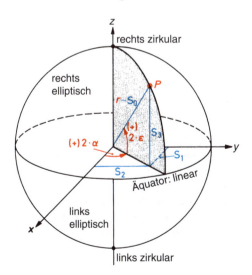

Bild 8.1.4 Poincaré-Kugel zur Darstellung der Polarisationszustände

Wenn man jedem Polarisationszustand einen Punkt P auf der Oberfläche der **Poincaré-Kugel** (Bild 8.1.4) zuordnet, erhält man eine sehr übersichtliche Gesamtdarstellung. Für die Kugelkoordinaten verwendet man den doppelten Azimutwinkel 2α als «geographische Länge», den doppelten Elliptizitätswinkel 2ε als «geographische Breite» und den Kugelradius r, der die hier weniger wichtige Strahlungsintensität repräsentiert. Der «Nordpol» stellt rechtszirkulares, der «Südpol» linkszirkulares Licht dar, der «Äquator» umfasst die linearen Polarisationszustände mit verschiedenen Azimutwinkeln. Alle Punkte der «Nordhalbkugel» besitzen rechtselliptische, die auf der «Südhalbkugel» linkselliptische Polarisationszustände. Auf einem Längenkreis verändert sich die Elliptizität von linear ($\varepsilon = 0°$) bis zirkular ($\varepsilon = \pm45°$). Ein Breitenkreis enthält alle Ellipsen gleicher Form, aber verschiedener Orientierung. Den beiden Durchstoßpunkten eines beliebigen Kugeldurchmessers entsprechen «orthogonale» Polarisationszustände, d.h. rechts- und linkszirkular, linear mit Azimutdifferenz $\Delta\alpha = 90°$, elliptisch mit $\Delta\alpha = 90°$ und entgegengesetzt gleichem ε, also gleicher Form mit entgegengesetztem Umlaufsinn. Bei der Untersuchung von Änderungen des Polarisationszustandes ist die Poincaré-Kugel ein nützliches Arbeitshilfsmittel.

8.1.4 Stokes-Vektoren

Die Lage des Punktes P auf der Poincaré-Kugel kann natürlich auch durch die kartesischen Koordinaten x, y, z angegeben werden. Sie sind die Basis für die **Stokes-Parameter** S_1, S_2 und S_3 (Bild 8.1.4, blau). Mit $S_1 \ldots S_3$ wird auch der dem Kugelradius r proportionale Stokes-Parameter S_0 für vollständig polarisierte Strahlung bestimmt: $S_0 = \sqrt{S_1^2 + S_2^2 + S_3^2}$. Die Umrechnung der Kugelkoordinaten 2α, 2ε, r in die kartesischen Koordinaten folgt aus der Kugelgeometrie (Tabelle 8.1.1., Spalte 2). Da die Kugelkoordinaten mit Gl. 8.1.3 und Gl. 8.1.4 aus den Amplituden $\hat{E}_x$, $\hat{E}_y$ und der Phasendifferenz $\Delta\varphi$ der erzeugenden Wellen zu ermitteln sind, können die Stokes-Parameter auch durch diese Größen ausgedrückt werden (Tabelle 8.1.1, Spalte 3). Die Bedeutung der Stokes-Parameter zeigt Spalte 4 der gleichen Tabelle.

Tabelle 8.1.1 Berechnung der Stokes-Parameter

1 Stokes-Parameter	2 Berechnung aus den Kugelkoordinaten	3 Berechnung aus den Komponenten des elektrischen Feldes	4 Bedeutung
S_0	$S_0 \sim r$	$S_0 = \hat{E}_x^2 + \hat{E}_y^2$	proportional zur Strahlstärke; «Intensität»
S_1	$S_1 \sim r \cdot \cos(2\varepsilon) \cdot \cos(2\alpha)$	$S_1 = \hat{E}_x^2 - \hat{E}_y^2$	Einordnung der Polarisation zwischen horizontal und vertikal
S_2	$S_2 \sim r \cdot \cos(2\varepsilon) \cdot \sin(2\alpha)$	$S_2 = 2\hat{E}_x \cdot \hat{E}_y \cdot \cos(\Delta\varphi)$	Einordnung der Polarisation zwischen +45° und –45°
S_3	$S_3 \sim r \cdot \sin(2\varepsilon)$	$S_3 = 2\hat{E}_x \cdot \hat{E}_y \cdot \sin(\Delta\varphi)$	Einordnung der Polarisation zwischen rechts- und linkszirkular

In Tabelle 8.1.2 wurden die Stokes-Parameter für einige ausgewählte Polarisationszustände berechnet. Die Intensitätsangabe S_0 wurde dabei auf $S_0 = 1$ normiert. In der Reihenfolge $S_0 \ldots S_3$ werden die Werte untereinander als einspaltige Matrix, den **Stokes-Vektor**, angegeben. Das Ergebnis zeigt anschaulich die Bedeutung der Stokes-Parameter: Die extremen Werte ±1 werden erreicht für S_1 bei horizontaler bzw. vertikaler Polarisation, für S_2 bei den 45°-Polarisationen und für S_3 bei zirkularer Polarisation.

Tabelle 8.1.2 Stokes-Vektoren für ausgewählte Polarisationszustände

	lineare Polarisation				zirkulare Polarisation	
	horizontal	vertikal	+45°	–45°	rechts	links
α	0	90°	+45°	–45°	–	–
$\cos(2\alpha)$	1	–1	0	0	–	–
$\sin(2\alpha)$	0	0	1	–1	–	–
ε	0	0	0	0	+45°	–45°
$\cos(2\varepsilon)$	1	1	1	1	0	0
$\sin(2\varepsilon)$	0	0	0	0	1	–1
S_0 S_1 S_2 S_3	$\begin{bmatrix}1\\1\\0\\0\end{bmatrix}$	$\begin{bmatrix}1\\-1\\0\\0\end{bmatrix}$	$\begin{bmatrix}1\\0\\1\\0\end{bmatrix}$	$\begin{bmatrix}1\\0\\-1\\0\end{bmatrix}$	$\begin{bmatrix}1\\0\\0\\1\end{bmatrix}$	$\begin{bmatrix}1\\0\\0\\-1\end{bmatrix}$

Bei **unpolarisiertem Licht** ist $\hat{E}_x = \hat{E}_y$ und damit $S_0 \neq 0$ (normiert $S_0 = 1$), aber $S_1 = 0$ (Tabelle 8.1.1). Da die Phasendifferenz $\Delta\varphi$ beliebige Werte annimmt, gilt im statistischen Mittel $\sin(\Delta\varphi) = \cos(\Delta\varphi) = 0$. Damit sind auch $S_2 = S_3 = 0$. In der Praxis ist polarisiertes Licht meist **teilpolarisiert**, d.h., die beschriebenen Polarisationszustände können nur mehr oder weniger gut angenähert werden, und es bleibt ein unpolarisierter Rest. Dann ist die Gesamtintensität größer als die Summe der Intensitäten der Polarisationszustände, und damit $S_0 > \sqrt{S_1^2 + S_2^2 + S_3^2}$.

Beispiel

Man berechne den Stokes-Vektor für horizontal-rechts-elliptisch polarisiertes Licht, wobei für die Ellipsenachsen $a = 2b$ gelten soll. $r = S_0 = 1$.

Lösung

Es ist $\alpha = 0$; $\tan\varepsilon = +0{,}5$; $\sin(2\varepsilon) = 0{,}8$; $\cos(2\varepsilon) = 0{,}6$. Stokes-Vektor:

$$\begin{bmatrix} 1 \\ 0{,}6 \\ 0 \\ 0{,}8 \end{bmatrix}$$

8.2   Polarisationsverfahren

8.2.1   Übersicht

Polarisationsverfahren ermöglichen die Erzeugung von polarisiertem Licht und die Änderung von Polarisationszuständen. Aus unpolarisiertem Licht wird mit **Polarisatoren** linear polarisiertes Licht isoliert; durch **Verzögerungsplatten** kann u.a. eine Umwandlung in elliptisch oder zirkular polarisiertes Licht erfolgen. Ein **Analysator** unterscheidet sich vom Polarisator meist nur durch die Aufgabe; er dient der Untersuchung von Polarisations-

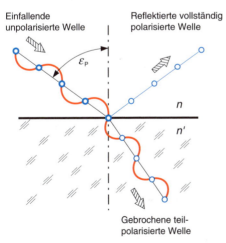

Einfallende unpolarisierte Welle

Reflektierte vollständig polarisierte Welle

ε_P

n

n'

Gebrochene teilpolarisierte Welle

Bild 8.2.1 Reflexion und Brechung beim Brewster-Winkel. Einfallsebene ist die Zeichenebene. Rot: Welle schwingt in der Einfallsebene, $\varrho_\| = 0$; Blau: Welle schwingt senkrecht zur Einfallsebene, $\varrho_\perp > 0$

zuständen. Diese Bauelemente werden in Abschnitt 8.3. vorgestellt.

Im Folgenden werden nur Polarisationsverfahren mit größerer technischer Bedeutung behandelt. **Polarisation durch Streuung** ist auch bei natürlichem Licht beobachtbar. So ist z.B. das Himmelslicht durch Streuung an Luftmolekülen und Aerosolen teilpolarisiert.

Die Fresnel'schen Gleichungen Gl. 1.2.13 und Gl. 1.2.14 sowie Bild 1.2.18 zeigen, dass eine **Polarisation durch Reflexion** möglich ist. Für alle Einfallswinkel $\varepsilon \neq 0$ sind die Komponenten $\varrho_\|$ und $\varrho_\perp$ ungleich; reflektiertes und gebrochenes Licht sind teilpolarisiert. Beim Einfallswinkel ε_P (**Brewster-Winkel**) stehen reflektierter und gebrochener Strahl senkrecht aufeinander (Abschnitt 1.2.6.2, Bild 8.2.1) und der Reflexionsgrad $\varrho_\|$ für die parallel zur Einfallsebene schwingende Komponente wird 0. Daher enthält das reflektierte Licht keinen in der Einfallsebene schwingenden Anteil und ist **vollständig** senkrecht zur Einfallsebene linear polarisiert. Das durchgehende Licht dagegen ist lediglich teilpolarisiert, da $\varrho_\perp$ beim Brewster-Winkel nur einige Prozent beträgt. Die in der Einfallsebene schwingende Komponente passiert die Grenzfläche ohne Verluste ($\varrho_\| = 0$). Unter dem Brewster-Winkel angeordnete Planscheiben (**Brewster-Fenster**) eignen sich somit zum verlustfreien Auskoppeln von Strahlung, z.B. bei Gaslasern (Bild 4.4.23 a).

8.2.2   Anisotrope Medien, Doppelbrechung

Größte Bedeutung für den Aufbau von Polarisatoren haben **anisotrope Medien**. Durch unsymmetrischen molekularen Aufbau sind die physikalischen und damit auch die optischen Eigenschaften richtungsabhängig. Dies gilt, abgesehen vom isotropen kubischen System wie z.B. NaCl oder CaF, für nahezu alle Kristalle. Es gibt jedoch auch in anisotropen Medien Symmetrievorzugsrichtungen, in denen sich die Welle wie in einem isotropen Medium ausbreitet. Diese Vorzugsrichtungen werden optische Achsen genannt. Kristalle des monoklinen, triklinen und rhombischen Systems haben 2 optische Achsen. Die im Folgenden näher untersuchten **optisch 1-achsigen Kris-**

talle gehören dem tetragonalen, hexagonalen oder rhomboedrischen System an. Ein wegen starker Anisotropie besonders wichtiger Vertreter dieser Kristallgruppe ist Kalkspat $CaCO_3$. Alle als gleichseitige Dreiecke mit C in der Mitte aufgebauten CO_3-Gruppen, liegen in parallelen Ebenen. Hier ist die Richtung senkrecht zu diesen Ebenen eine Symmetrievorzugsrichtung, also die optische Achse. Zwei Geraden spannen eine Ebene auf: Durch die optische Achse und die Richtung der Normalen zu einer Wellenfront wird ein **Hauptschnitt** des Kristalls festgelegt. Man beachte, dass mit der optischen Achse nur eine Richtung bezeichnet wird, nicht eine einzelne Gerade: Alle parallelen Geraden sind gleichwertig. Ebenso legt der Hauptschnitt nur die Orientierung einer Ebene fest: Alle parallelen Ebenen sind gleichwertig. Der Einfluss der Richtung auf die Wellenausbreitung im anisotropen Medium hat zweifache Bedeutung:

1. Eine Welle breitet sich im Kristall mit 2 orthogonalen Schwingungsrichtungen aus, d.h. in Form von senkrecht zueinander polarisierten Komponenten. Der «**ordentliche Strahl**» schwingt senkrecht zum Hauptschnitt, der «**außerordentliche Strahl**» schwingt im Hauptschnitt.

2. In Abhängigkeit von der Ausbreitungsrichtung gelten für beide Komponenten i.Allg. unterschiedliche Brechzahlen, bezeichnet mit n_o für den ordentlichen und n_{ao} (häufig auch n_e, e $\triangleq$ extraordinary) für den außerordentlichen Strahl. Die Brechzahl n_o ist in allen Richtungen gleich; n_{ao} ist richtungsabhängig. In Richtung der optischen Achse fehlt diese Aufspaltung; es ist $n_{ao} = n_o$. Senkrecht dazu wird $|n_{ao} - n_o|$ maximal.

Eine Brechzahldifferenz bedeutet unterschiedliche Ausbreitungsgeschwindigkeit für beide Komponenten; an Grenzflächen tritt **Doppelbrechung** auf. Sie wird als Materialeigenschaft durch die maximale Brechzahldifferenz angegeben. Wird $n_{ao} - n_o > 0$, so ist der Kristall **positiv doppelbrechend,** bei $n_{ao} - n_o < 0$ **negativ doppelbrechend**. Die geometrische Darstellung zeigt Bild 8.2.2 a) und b).

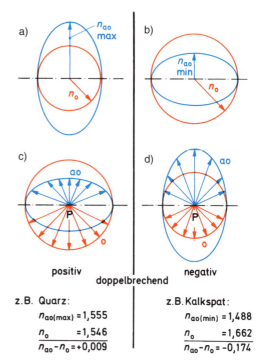

z.B. Quarz:

$$n_{ao(max)} = 1{,}555$$
$$\underline{n_o\qquad = 1{,}546}$$
$$n_{ao} - n_o = +0{,}009$$

z.B. Kalkspat:

$$n_{ao(min)} = 1{,}488$$
$$\underline{n_o\qquad = 1{,}662}$$
$$n_{ao} - n_o = -0{,}174$$

Bild 8.2.2 Darstellung optisch 1-achsiger Kristalle. Die optische Achse des Kristalls liegt jeweils horizontal: a), b) Brechzahlen als Funktion der Richtung; c), d) vom Punkt P ausgehende Wellenfronten zu einem bestimmten Zeitpunkt.

Trägt man für jede Richtung die Brechzahl als Abstand von einem Pol auf, so ergibt sich für n_o eine Kugelfläche, für n_{ao} ein Ellipsoid. Bei den hier betrachteten 1-achsigen Kristallen ist dies ein zur optischen Achse symmetrisches Rotationsellipsoid. Hiervon zu unterscheiden ist die Darstellung der Wellenflächen (Bild 8.2.2 c und d): Breitet sich von einem Punkt P im Kristall eine Welle nach allen Seiten aus, so ergibt eine «Momentaufnahme» für die Komponente «o» eine kugelförmige, für «ao» eine ellipsoidförmige Wellenfront. Die Abstände vom Punkt P sind proportional zur Ausbreitungsgeschwindigkeit und damit zu $1/n$. Für den gezeichneten ebenen Schnitt schwingt die Komponente «ao» in der Zeichenebene (Hauptschnitt), die Komponente «o» senkrecht dazu. Auch die Doppelbrechung ist, wie alle brechzahlabhängigen Größen, eine Funktion der Wellenlänge. Die Beispiele unter Bild 8.2.2 gelten für die e-Linie mit $\lambda = 546,1$ nm.

Gegenüber Planoptiken (Platten, Keile, Prismen) aus isotropem Material haben anisotrope Bauelemente als zusätzlichen Freiheitsgrad die Orientierung der optischen Kristallachse zu den brechenden Flächen. Durch zweckmäßige Wahl der Achsenrichtung ergeben sich spezielle Eigenschaften. Als Beispiel soll eine ebene Welle, z.B. ein unpolarisiertes Laserbündel, senkrecht durch eine anisotrope Planplatte laufen.

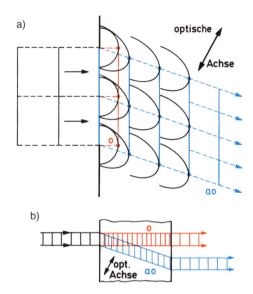

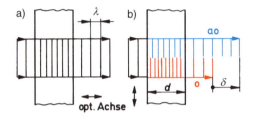

Bild 8.2.3 Anisotrope Planplatte:
a) Planflächen senkrecht zur optischen Achse,
b) Planflächen parallel zur optischen Achse;
δ = Gangunterschied. Zur besseren Übersicht wurden die Komponenten «o» und «ao» nur auf halber Wellenfront gezeichnet!

Bild 8.2.4 Anisotrope Planplatte schräg zur optischen Achse:
a) Eingangsfläche und Huygens-Konstruktion der Wellenfronten (zur Vereinfachung nur 1 Wellenfront für die Komponente «o»;
b) verkleinerte Gesamtdarstellung zu a): Strahldurchgang durch die Platte. Die Komponente «o» schwingt senkrecht, «ao» parallel zur Zeichenebene (Hauptschnitt).

In Bild 8.2.3 a) sei die Planplatte senkrecht zur optischen Achse geschnitten; Wellennormale und optische Achse fallen zusammen. Wegen $n_{ao} = n_o$ tritt der Strahl ohne Aufspaltung in polarisierte Komponenten durch die Platte (isotrope Ausbreitung). In Bild 8.2.3 b) ist eine negativ doppelbrechende Platte mit den Planflächen parallel zur optischen Achse dargestellt; die Welle tritt senkrecht zur Achse ein. In diesem Fall ist die Brechzahldifferenz maximal (Bild 8.2.2 b); die außerordentliche Komponente breitet sich schneller aus (Bild 8.2.2 d). Die Platte wirkt als **Verzögerungsplatte**: Nach dem Durchgang haben beide Komponenten gegeneinander den Gangunterschied $\delta = d \cdot |n_{ao} - n_o|$.

In Bild 8.2.4 ist die Planplatte schräg zur optischen Achse geschnitten; die Doppelbrechung wird deutlich erkennbar. Verfolgt man die Wellenausbreitung nach dem **Prinzip von Huygens** (Abschnitt 1.2.2), so sind

die Elementarwellen für die ordentliche Wellenkomponente kugelförmig (Bild 8.2.2 d). Als einhüllende Fläche zu allen Elementarwellen (Bild 1.2.4) ergibt sich eine ebene, unverschobene Wellenfront (Bild 8.2.4 a), rot); der ordentliche Strahl tritt ungebrochen durch die Platte (Bild 8.2.4 b rot). Im Gegensatz dazu breitet sich die außerordentliche Komponente von jedem Punkt einer Wellenfront als ellipsoidförmige Elementarwelle aus (Bild 8.2.2 d). Wieder sind die Wellenfronten die Tangentialflächen zu den Elementarwellen (Bild 8.2.4 a, blau). Die Verbindung der Berührungspunkte ergibt die neue Richtung: Das Bündel verläuft nicht mehr senkrecht zur Eintrittsfläche und ist nach dem Austritt aus der Platte parallel versetzt (Bild 8.2.4 b, blau). Damit entnimmt man aus Bild 8.2.4 die folgenden wesentlichen Ergebnisse:

☐ Auch beim außerordentlichen Strahl behalten die Wellenflächen ihre räumliche Orientierung bei.
Die Wellennormale steht nach wie vor senkrecht zur Eingangsfläche. Das Brechungsgesetz gilt in gewohnter Form. Für $\varepsilon = 0$ folgt demnach $\varepsilon' = 0$; für andere Einfallswinkel erhält man ε' mit der richtungsabhängigen Brechzahl n_{ao}.

☐ Die Ausbreitungsrichtung der **Wellenenergie**, kurz bezeichnet als **Strahlrichtung**, weicht bei anisotropen Stoffen von der Richtung der Wellennormalen ab (Ausnahme in Bild 8.2.3).
Damit tritt auch bei senkrechtem Strahleinfall eine Ablenkung ein. Dieser scheinbare Verstoß gegen das Brechungsgesetz führte zur Bezeichnung «außerordentlicher» Strahl.

Die mit anisotropen Medien mögliche Wellenaufspaltung in senkrecht zueinander polarisierte Komponenten wird für die Herstellung von **Polarisatoren** genutzt:

☐ Bei **Polarisation durch Doppelbrechung** wird eine der beiden Komponenten, die sich im Material mit unterschiedlichen Richtungen ausbreiten (Bild 8.2.4 b), durch weitere Ablenkung, z.B. durch Totalreflexion (Bild 8.3.1) ausgeblendet.

☐ Bei **Polarisation durch selektive Absorption (Dichroismus)** ist keine Richtungstrennung notwendig, sondern eine Platte gemäß Bild 8.2.3 b) aus anisotropem Material mit der zusätzlichen Eigenschaft, dass eine Komponente sehr viel stärker absorbiert wird als die andere (z.B. das Mineral Turmalin). Nach Durchgang durch eine ausreichende Plattendicke bleibt dann nur eine Komponente übrig. Dieses Verfahren ist die Grundlage moderner Flächenpolarisatoren (Abschnitt 8.3.1).

8.2.3 Optische Aktivität

Ein **optisch aktives Material** dreht die Polarisationsebene von einfallendem linear polarisiertem Licht. Der Drehwinkel $\Delta\varepsilon$ ist proportional zur Schichtdicke d. Quarz z.B. dreht die Polarisationsebene von Licht der Wellenlänge 546,1 nm um 25,54°/mm. Der Drehwinkel

nimmt mit zunehmender Wellenlänge ab, d.h., es tritt **Rotationsdispersion** auf.

Bei Lösungen optisch aktiver Substanzen ist der Drehwinkel proportional zur Konzentration C. Die für die Substanz typische Konstante α_0 heißt **spezifische Drehung**.

$$\Delta\varepsilon = \alpha_0 \cdot C \cdot d \qquad \text{(Gl. 8.2.1)}$$

Mit **Polarimetern** wird der Drehwinkel $\Delta\varepsilon$ präzise ermittelt, und daraus die Konzentration C berechnet. Als Einheiten verwendet man meist $[\alpha_0] = \text{Grad} \cdot \text{cm}^3/(\text{g} \cdot \text{dm})$, $[C] = \text{g/cm}^3$, $[d] = \text{dm}$. Für Rohrzucker ist bei der D-Linie $\alpha_0 = 66{,}5° \cdot \text{cm}^3/(\text{g} \cdot \text{dm})$.

Chemisch gleiche Substanzen können **rechtsdrehend** (Drehung im Uhrzeigersinn bei Blick gegen die Lichtrichtung, $\alpha_0 > 0$) oder **linksdrehend** ($\alpha_0 < 0$) sein. Dies hängt von ihrem räumlichen molekularen Aufbau ab, den man sich wendelförmig wie bei einem Links- oder Rechtsgewinde vorstellen kann. Entsprechend zeigen die beiden Molekülformen spiegelsymmetrischen Aufbau (optische Stereo-Isomere). Auch die äußere Form der beiden vollständig ausgebildeten Kristallarten, z.B. Rechts-Quarz und Links-Quarz, gibt diese Spiegelsymmetrie wieder. Geschmolzenes Quarzglas zeigt keine optische Aktivität, weil die Raumgitterstruktur des Kristalls zerstört wurde. Hingegen behält z.B. Zucker auch in Lösung sein Drehvermögen, da die optische Aktivität an das Molekül gebunden ist. «Racemische» Mischungen aus gleichen Anteilen rechts- und linksdrehender Isomere zeigen keine optische Aktivität.

Optische Aktivität kann bei isotropen ebenso wie bei anisotropen Medien auftreten; Quarz ist ein Beispiel für den letzteren Fall: Die optische Aktivität ist bei Lichtdurchgang in Richtung der optischen Achse beobachtbar; in dieser Richtung tritt keine Doppelbrechung auf (Bild 8.2.3 a). Umgekehrt tritt senkrecht zur optischen Achse (Bild 8.2.3 b) Doppelbrechung ohne optische Aktivität auf. Sehr hohes Drehvermögen zeigen die bei Displays verwendeten Flüssigkristalle (Abschnitt 4.4.6.3). Auch bei einem nicht optisch aktiven Medium kann eine äußere Einwirkung die Drehung der Polarisationsebene hervorrufen. Dies gilt z.B. für Glas in einem in Lichtrichtung wirkenden Magnetfeld (Faraday-Effekt).

8.3 Bauelemente der Polarisation

8.3.1 Polarisatoren

In der Technik werden überwiegend dichroitische Flächenpolarisatoren benutzt. Sie bestehen aus hochpolymeren Kunststofffolien, in die dichroitische Farbstoffe eingelagert werden. Streckt man die Folien mechanisch, so werden die Makromoleküle, an die sich die Farbstoffe anlagern, parallel zur Zugrichtung orientiert. Der Transmissionsgrad der Folien hängt nun von der Lage der Schwingungsebene relativ zur Orientierungsachse der Moleküle ab. Während in der Durchlassrichtung schwingendes Licht nur geringfügig abgeschwächt wird (Transmissionsgrad τ_{Durch}) wird die senkrecht dazu schwingende Komponente fast völlig absorbiert (Transmissionsgrad τ_{Sperr}); es gilt also $\tau_{Sperr} \ll \tau_{Durch}$. Damit ergibt sich für auftreffendes unpolarisiertes Licht der Transmissionsgrad

$$\tau = \frac{\tau_{Durch} + \tau_{Sperr}}{2} \approx \frac{\tau_{Durch}}{2} \qquad \text{(Gl. 8.3.1)}$$

Man erhält so aus unpolarisiertem Licht ca. 40...45% linear polarisiertes Licht mit dem **Polarisationsgrad** P (Gl. 1.2.29).

$$P = \frac{\tau_{Durch} - \tau_{Sperr}}{\tau_{Durch} + \tau_{Sperr}} \qquad \text{(Gl. 8.3.2)}$$

Der Quotient $\tau_{Durch}/\tau_{Sperr}$ wird als **polarisationsoptische Extinktion** bezeichnet. Da dieser Wert wellenlängenabhängig ist, müssen für unterschiedliche Spektralbereiche auch unterschiedliche dichroitische Farbstoffe eingesetzt werden.

Zwei gleiche, hintereinander angeordnete Polarisatoren, auch als «**Polarisator und Analysator**» bezeichnet, können zur einstellbaren Lichtschwächung benutzt werden. Sind die Durchlassrichtungen der beiden Komponenten parallel (Hellstellung), so haben sie für unpolarisiertes Licht den Transmissionsgrad

$$\tau_0 = \frac{\tau_{Durch} + \tau_{Sperr}}{2} \cdot \tau_{Durch} \approx \frac{\tau_{Durch}^2}{2} \qquad \text{(Gl. 8.3.3)}$$

In Dunkelstellung, Polarisator und Analysator gekreuzt, beträgt der Transmissionsgrad

$$\tau_{90} = \tau_{Durch} \cdot \tau_{Sperr} \qquad \text{(Gl. 8.3.4)}$$

Es gilt $\tau_{90} \ll \tau_0$; das **Löschungsvermögen** beträgt LV = τ_0/τ_{90}.

Sind die Durchlassrichtungen um den Winkel ε gegeneinander verdreht, so ergibt sich der Transmissionsgrad τ_ε.

$$\tau_\varepsilon = \tau_{90} + (\tau_0 - \tau_{90}) \cdot \cos^2 \varepsilon \approx \tau_0 \cdot \cos^2 \varepsilon \qquad \text{(Gl. 8.3.5)}$$

Die Schwächung **bereits linear polarisierten** Lichtes erfolgt durch Drehen eines einzelnen Polarisators entsprechend

$$\tau_\varepsilon = \tau_{Sperr} + (\tau_{Durch} - \tau_{Sperr}) \cdot \cos^2 \varepsilon \approx \tau_{Durch} \cdot \cos^2 \varepsilon \qquad \text{(Gl. 8.3.6)}$$

Beispiel
Es sollen die Eigenschaften von 2 handelsüblichen Polarisationsfolien beim Einsatz mit unpolarisiertem Licht verglichen werden.
Gegeben sind:
1. $\tau_{Durch} = 0{,}56$ 2. $\tau_{Durch} = 0{,}84$
   $\tau_{Sperr} = 2{,}7 \cdot 10^{-6}$ $\tau_{Sperr} = 6 \cdot 10^{-3}$
Lösung
Für den einzelnen Polarisator ergeben sich folgende Daten:
1. $\tau \approx 0{,}28$ 2. $\tau \approx 0{,}42$
   $P = 0{,}999999$ $P = 0{,}98582$
Zwei gleiche Polarisatoren jedes Typs ergeben folgende Wirkung:
1. $\tau_0 = 0{,}1568$ 2. $\tau_0 = 0{,}3528$
   $\tau_{90} = 1{,}5 \cdot 10^{-6}$ $\tau_{90} = 5 \cdot 10^{-3}$
   LV $\approx 105\,000$ LV $\approx 70{,}6$
Bei Polarisatoren mit höherem Transmissionsgrad muss man bei Dunkelstellung einen höheren Restlichtstrom in Kauf nehmen.

Kristallpolarisatoren haben gegenüber dichroitischen Flächenpolarisatoren den Vorteil sehr hohen Transmissionsgrades; bei entsprechendem Aufbau sind sie auch für Laserstrahlung höherer Strahldichte verwendbar. Sie sind aber teuer und werden deshalb nur mit kleinen Querschnitten hergestellt. Als Beispiel soll das sehr häufig verwendete **Glan-Thompson-Prisma** aus Kalkspat gewählt werden (Bild 8.3.1).

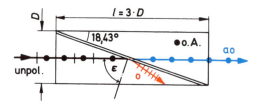

Bild 8.3.1 Glan-Thompson-Primsa: o.A. optische Achse, senkrecht zur Zeichenebene. Der Kittspalt ist übertrieben breit dargestellt

Der Schnittwinkel wird so festgelegt, dass der ordentliche Strahl total reflektiert, der außerordentliche aber durchgelassen wird. Dabei ist die Brechzahl des Kittmaterials zu berücksichtigen. Die optische Achse und damit der Hauptschnitt stehen senkrecht zur Zeichenebene. Die ordentliche Komponente schwingt also in der Zeichenebene, die außerordentliche senkrecht dazu (Abschnitt 8.2.2). Der ordentliche Strahl wird durch schwarze Beschichtung am Rand absorbiert oder mit einem Zusatzprisma nach außen geführt. In Bild 8.3.1 beträgt der Schnittwinkel 18,43°. Es sind aber auch andere Winkel und damit Längenverhältnisse l/D möglich.

Beispiel
Die Aufspaltung der beiden Strahlkomponenten an der Kittfläche eines Glan-Thompson-Prismas soll näher untersucht werden. Da der unpolarisierte Strahl senkrecht zur optischen Achse einfällt, hat der außerordentliche Strahl den minimalen Wert von n_{ao} (Bild 8.2.2 b). Für die e-Linie, $\lambda = 546,1$ nm, werden $n_{ao} = 1,488$ und $n_o = 1,662$. Kitt ist ein UV-härtender Kunststoff mit $n_K = 1,54$.
Lösung
Wegen $n_{ao} < n_K$ wird der außerordentliche

Strahl an der Grenzfläche Kalkspat/Kitt nicht total reflektiert. Für den ordentlichen Strahl erhält man mit Gl. 1.2.10 den Grenzwinkel der Totalreflexion $\varepsilon_g = 67,91°$. Da der Strahl mit $\varepsilon = 71,57°$ einfällt, ist $\varepsilon > \varepsilon_g$ und er wird total reflektiert. Die relativ große Winkeldifferenz zeigt, dass auch schräg einfallende Strahlen innerhalb eines getrennt zu berechnenden Winkels noch linear polarisiert werden.

8.3.2 Verzögerungsplatten

Basis der Verzögerungsplatten (**Phasenplatten**) sind doppelbrechende Werkstoffe (Abschnitt 8.2.2, Bild 8.2.3 b). Wird eine anisotrope Platte der Dicke d parallel zur optischen Achse geschnitten, so verlassen die beiden senkrecht zueinander polarisierten Komponenten die Platte ohne Richtungsdifferenz, aber mit dem **Gangunterschied** δ (Gl. 1.2.5.).

$$\delta = d \cdot |n_{ao} - n_o| \qquad \text{(Gl. 8.3.7)}$$

Die **Phasendifferenz** beträgt $\Delta\varphi = 2\pi \cdot \delta/\lambda$, also

$$\Delta\varphi = \frac{2\pi}{\lambda} \cdot d \cdot |n_{ao} - n_o| \qquad \text{(Gl. 8.3.8)}$$

Die Schwingungsrichtung der verzögerten Komponente wird als **langsame Achse**, die Richtung senkrecht dazu als **schnelle Achse** der Verzögerungsplatte bezeichnet.

Im Beispiel von Bild 8.2.3 b), einer negativ doppelbrechenden Platte, schwingt der ordentliche Strahl senkrecht zum Hauptschnitt. Die langsame Achse steht senkrecht zur Zeichenebene, während die schnelle Achse mit der optischen Achse zusammenfällt. Bei positiv doppelbrechenden Platten ist es umgekehrt. Wesentlich für die Wirkung der Verzögerungsplatte sind also die schnelle und die langsame Achse. Es ist dann gleichgültig, welcher dieser Richtungen der ordentliche bzw. der außerordentliche Strahl zugeordnet ist.

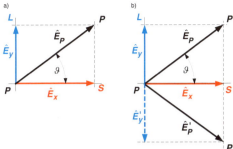

Bild 8.3.2 Wirkung von Verzögerungsplatten:
a) Zerlegung in Komponenten. P Polarisationsrichtung, S Schnelle Achse, L Langsame Achse,
$\hat{E}_p$, $\hat{E}_x$, $\hat{E}_y$ Wellenamplituden,
b) Wirkung einer Halbwellenplatte,
P Polarisationsrichtung des einfallenden,
P' des austretenden Lichts

Bild 8.3.2 a) zeigt allgemein die Wirkung einer Verzögerungsplatte. Die schnelle Achse S soll in x-Richtung, die langsame Achse L in y-Richtung liegen. Auf die Platte trifft linear polarisiertes Licht mit der Schwingungsrichtung P und der Amplitude $\hat{E}_p$. P bildet mit S den Winkel ϑ. Die Platte erfüllt dann 2 Aufgaben:

1. Das linear polarisierte Licht wird in 2 Komponenten mit den Amplituden $\hat{E}_x = \hat{E}_p \cdot \cos\vartheta$ und $\hat{E}_y = \hat{E}_p \cdot \sin\vartheta$ zerlegt. Das Amplitudenverhältnis $\hat{E}_y/\hat{E}_x$ kann also mit dem Winkel ϑ beliebig eingestellt werden.
2. Die beiden Komponenten erhalten einen durch Dicke und Brechzahldifferenz vorgegebenen Gangunterschied δ gemäß Gl. 8.3.7, der eine Phasendifferenz $\Delta\varphi$ nach Gl. 8.3.8 bewirkt.

Damit können alle Polarisationszustände erzeugt werden. Für die Einstellwinkel $\vartheta = 0$ und $\vartheta = 90°$ (Schwingungsrichtung parallel zur schnellen bzw. langsamen Achse) bleibt der lineare Polarisationszustand unverändert erhalten. Auf unpolarisiertes Licht haben Verzögerungsplatten keine sichtbare Wirkung, da den statistisch unregelmäßigen Phasenänderungen nur eine konstante Phasendifferenz hinzugefügt wird.

Praktische Bedeutung haben Verzögerungsplatten mit $\delta = \lambda$, $\delta = \lambda/2$ und $\delta = \lambda/4$. Eine **Vollwellenplatte**, auch λ-Platte genannt, ergibt nur für die zugehörige Wellenlänge,

z.B. $\lambda = 540$ nm (gelbgrün), einen Gangunterschied $\delta = \lambda$ und damit $\Delta\varphi = 2\pi$. Bringt man bei gekreuztem Polarisator P und Analysator A ($\tau_{90} = 0$, also dunkles Feld) die Platte z.B. mit $\vartheta = 45°$ zwischen P und A, so ändert sich für $\lambda = 540$ nm der Polarisationszustand nicht; diese Farbe wird ausgelöscht. Fällt aber weißes Licht auf die Anordnung, so ist für andere Wellenlängen $\delta \neq \lambda$. Für diese Anteile des Spektrums entstehen unterschiedliche elliptische Polarisationszustände. Aus dem Analysator tritt Strahlung mit der ungesättigten Komplementärfarbe (Purpur) zu Gelbgrün aus. Kleine zusätzliche Gangunterschiede, z.B. in der Spannungsoptik (Abschnitt 8.4.1), werden durch Farbänderung empfindlich angezeigt.

Eine **Halbwellenplatte**, auch $\lambda/2$-Platte genannt, gibt beiden Komponenten den Gangunterschied $\delta = \lambda/2$, oder allgemein bei dickeren Platten $\delta = (2\,m + 1) \cdot \lambda/2$, mit $m = 0; 1; 2...$. Damit wird die Phasendifferenz $\Delta\varphi = (2\,m+1) \cdot \pi$. Eine solche Phasendifferenz von 180° lässt sich einfach durch Umklappen einer Amplitude, hier $\hat{E}_y$, darstellen (Bild 8.3.2 b). Bei Austritt aus der Platte setzen sich $\hat{E}_x$ und $\hat{E}_y$ zu $\hat{E}_p$ mit der neuen Richtung P' zusammen. Das Licht bleibt linear polarisiert, aber die Schwingungsrichtung ist um 2ϑ gedreht. Halbwellenplatten sind damit ein bequemes Mittel zur **Drehung der Polarisationsebene**. P' entsteht aus P durch Spiegelung an einer der Achsen S oder L.

Wichtigste Verzögerungsplatte ist die **Viertelwellenplatte**, auch $\lambda/4$-Platte genannt, weil mit ihr elliptisch und zirkularpolarisiertes Licht hergestellt werden kann (Abschnitt 8.3.3). Die beiden Komponenten erhalten den Gangunterschied $\delta = \lambda/4$. Allgemein gilt für dickere Platten $\delta = (2\,m + 1) \cdot \lambda/4$, mit $m = 0; 1; 2...$ und $\Delta\varphi = (2\,m + 1) \cdot \pi/2$, z.B. die $3\lambda/4$-Platte mit $\Delta\varphi = 270°$. Da sich bei Verzögerungsplatten der Gangunterschied als Produkt aus Plattendicke und Brechzahldifferenz ergibt (Gl. 8.3.7), führt großes Δn, wie bei Kalkspat, zu unbequem geringen Dicken. Ausreichende Dicke d erhält man mit Materialien geringer Brechzahldifferenz und außerdem durch Verzögerungen «höherer Ordnung» ($m \neq 0$), also ungeradzahlige Vielfache von $\lambda/4$. Materialien für Verzögerungsplatten sind vor allem der bis zu geringen Dicken spaltbare Glimmer, Quarz, Gips und für sehr große Querschnitte gereckte Kunststofffolien.

Verzögerungsplatten mit veränderbarem Gangunterschied, z.B. Dickenänderung durch gegeneinander verschiebbare Keile, werden als **Kompensatoren** bezeichnet, weil man mit ihnen Phasendifferenzen messbar kompensieren und damit den Polarisationszustand analysieren kann.

Beispiel

Eine $\lambda/4$-Platte für $\lambda = 550$ nm soll aus Quarz hergestellt werden. Bei dieser Wellenlänge ist $n_{ao} - n_o = 0,00917$. Die Platte soll etwa 1 mm dick sein. Welche genaue Dicke d muss die Platte haben, und welche Ordnungszahl m ergibt sich?

Lösung

Setzt man zunächst $d = 1$ mm, so folgt aus Gl. 8.3.7 $\delta = 9170$ nm. Damit ist $\delta = 16,673 \cdot \lambda$. Für eine $\lambda/4$-Platte muss $\delta = 16,25 \cdot \lambda$ oder $17,25 \cdot \lambda$ sein. Erforderlich ist also $\delta = 16,25 \cdot \lambda = 8937,5$ nm und damit $d = \delta/(n_{ao} - n_o) = 0,9746$ mm. Man erhält $m = 32$. Die Platte ergibt also eine Verzögerung von $\delta = (2 \cdot 32 + 1) \cdot \lambda/4$ oder $16\,\lambda + \lambda/4$. Solche Platten sind empfindlich gegen Temperaturänderungen, Kippung und abweichende Wellenlängen.

8.3.3   Viertelwellenplatte

Nach Abschnitt 8.1.2 unterscheiden sich die Polarisationszustände durch das Amplitudenverhältnis $\hat{E}_y/\hat{E}_x$ und die Phasenverschiebung $\Delta\varphi$ der beiden Komponenten. Eine Viertelwellenplatte mit $\Delta\varphi = \pm\pi/2$ (und ungeradzahlige Vielfache) reicht aus, um aus einfallendem linear polarisiertem Licht alle Polarisationszustände zu erzeugen. Das Amplitudenverhältnis wird mit dem Winkel ϑ (Bild 8.3.2 a) eingestellt: Es ist $\hat{E}_y/\hat{E}_x = \tan\vartheta$. Der Winkel ϑ braucht nur im Bereich $-90° \leq \vartheta \leq +90°$ untersucht zu werden. Bei $\vartheta = 0°$ und $\vartheta = \pm90°$ wird das einfallende linear polarisierte Licht unverändert durchgelassen.

Bei $0° < \vartheta \leq 90°$ ist das Licht **rechts elliptisch** polarisiert, mit dem Spezialfall $\vartheta = 45°$: **rechts zirkulares Licht**.

Wird ϑ negativ, so sind von der Polarisationsrichtung P aus gesehen schnelle und langsame Achsen der Platte vertauscht, d.h., der Umlaufsinn kehrt sich um. Bei $-90° < \vartheta < 0°$ ist das Licht **links elliptisch** polarisiert, mit dem Spezialfall $\vartheta = -45°$: **links zirkulares Licht**.

Da sich die Richtungen der Achsen S und L zwar leicht bestimmen lassen, ihre Unterscheidung aber schwierig ist, interessiert man sich meist mehr für eine Änderung des Umlaufsinns als für den Umlaufsinn selbst.

Bei elliptisch polarisiertem Licht fallen – wegen $\Delta\varphi = \pm\pi/2$ der Viertelwellenplatte – die Ellipsenachsen mit den Plattenachsen S und L zusammen. Für den Azimutwinkel (Bild 8.1.3) ergibt sich aus Gl. 8.1.3 $\alpha = 0$; den Elliptizitätswinkel ε erhält man aus Gl. 8.1.4, hier also

$$\sin 2\varepsilon = \frac{2\tan\vartheta}{1 + \tan^2\vartheta} \qquad \text{(Gl. 8.3.9)}$$

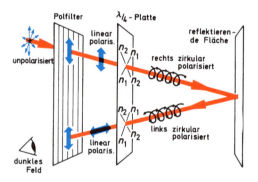

Bild 8.3.3 Zirkularpolarisator sperrt Reflexlicht: n_1, n_2 Brechzahlen für Schwingungen in den Achsenrichtungen der $\lambda/4$-Platte

Zirkularpolarisatoren werden in Form einer Doppelschicht, also Linearpolarisator mit unter $\vartheta = 45°$ orientierter $\lambda/4$-Platte, fertig geliefert. Durch die Orientierung ist der Umlaufsinn festgelegt. Natürlich muss das Licht von der Polarisatorseite einfallen. Bei Einfall von der $\lambda/4$-Seite aus entsteht nur linear polarisiertes Licht. Bild 8.3.3 zeigt die Ausschaltung störenden Reflexlichts mit einem Zirkularpolarisator: Trifft z.B. rechts zirkulares Licht auf eine nicht depolarisierende reflektierende Fläche, so ist das Licht nach der Reflexion links zirkular. Bei erneutem Durchgang durch die $\lambda/4$-Platte tritt ein zusätzlicher Gangunterschied von $\lambda/4$ auf, so dass damit die beiden senkrecht zueinander schwingenden Komponenten um $\lambda/2$ gegeneinander verschoben sind. Dann setzen sie sich zu linear polarisiertem Licht zusammen, das aber gerade durch den Polarisator gesperrt wird. Diese Sperrwirkung ist vor allem bei Diodenlasern interessant, da rückreflektiertes Licht zur Zerstörung des pn-Übergangs führen kann. Die Auslöschung ist bei Metallspiegeln besonders deutlich, während das von einer depolarisierend wirkenden, z.B. mattweißen Fläche ausgehende Reflexlicht nicht gesperrt werden kann.

8.3.4 Depolarisatoren

Linear oder elliptisch polarisiertes Licht kann bei Strahlungsmessungen zu Fehlern führen, wenn das Detektorausgangssignal durch die Polarisationsrichtung beeinflusst wird (z.B. bei einigen Typen von Sekundärelektronenvervielfachern). Ursache kann u.a. die polarisationsabhängige Reflexion (Abschnitt 8.2.1) an Detektorfenstern und Detektorflächen sein. Soweit nicht die Umwandlung in zirkularpolarisiertes Licht ausreicht, ist eine **Depolarisation** erforderlich. Sie kann nur mehr oder weniger gut angenähert werden, da ja aus linear polarisiertem Licht eine statistische Gleichverteilung von Polarisationsrichtungen und Phasenlagen erzeugt werden muss (Abschnitt 8.1.1). Ein recht gutes Ergebnis wird durch Vielfachstreuung in inhomogenen Schichten erzielt, z.B. bei Lichtdurchgang durch Trübglas. Reflexion an diffus streuenden Flächen gibt ebenfalls eine teilweise Depolarisation.

Wesentlicher Nachteil aller streuenden Depolarisatoren ist die erhebliche Verminderung der Strahlstärke, weil ja die Strahlungsleistung auf einen großen Raumwinkel verteilt wird. Diesen Nachteil vermeiden **Pseudodepolarisatoren**, die zum Teil nur wirksam sind, wenn die Strahlung nicht streng monochromatisch ist. Ein Beispiel hierfür ist der **Lyot-Depolarisator**: 2 Verzögerungsplatten aus Quarz oder Kalkspat mit einem Dickenverhältnis von 1 : 2

sind hintereinander angeordnet, wobei ihre schnellen Achsen einen Winkel von 45° einschließen. Großer Gangunterschied δ ergibt für die Wellenlängen innerhalb der geringen Bandbreite $\Delta\lambda$ der Strahlung sehr unterschiedliche Phasenverschiebungen und damit Azimutwinkel elliptisch polarisierten Lichts. Linear polarisiertes Licht mit Schwingungsrichtung in der schnellen oder langsamen Achse würde eine Platte unzerlegt und damit auch nicht depolarisiert durchlaufen. Die Anordnung der 2. Platte unter 45° verhindert dies.

8.4 Anwendungen der Polarisation

8.4.1 Spannungsoptik

Isotrope Stoffe können durch äußere Einwirkungen (elektrisches Feld, mechanische Spannung) anisotrop werden. Eine polarisationsoptische Untersuchung der entstehenden Doppelbrechung lässt Rückschlüsse auf die Einwirkungen zu. Mit den Methoden der **Spannungsoptik** werden Größe und Richtung mechanischer Spannungen in durchsichtigen Kunststoffmodellen komplizierter Bauteile bestimmt. Bild 8.4.1 a) zeigt die Messanordnung.

Die Kunststoffplatte wird zwischen gekreuzten Polarisator und Analysator gebracht, sodass bei unbelasteter und auch sonst spannungsfreier Platte das Feld dunkel bleibt. Bei Belastung wird das Feld teilweise aufgehellt, man beobachtet durch den Analysator helle und dunkle Linien. Für den Transmissionsgrad der Anordnung aus Polarisator, Modell und Analysator, und damit für die Helligkeit an einem bestimmten Modellpunkt, gilt:

$$\tau = \tau_{max} \cdot \sin^2(2\vartheta) \cdot \sin^2 \frac{C \cdot (\sigma_2 - \sigma_1) \cdot d \cdot \pi}{\lambda}$$

$$(\text{Gl. 8.4.1})$$

mit:

ϑ Winkel zwischen der Polarisations- und einer Hauptspannungsrichtung

C materialabhängige spannungsoptische Konstante

σ_1, σ_2 durch die Belastung hervorgerufene mechanische Hauptspannungen

d Plattendicke

a)

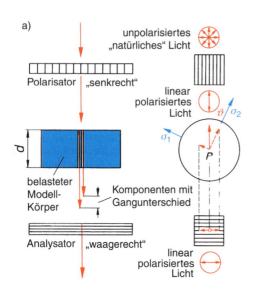

b)

Bild 8.4.1 Spannungsoptik:
a) Prinzip (σ_1, σ_2 Hauptspannungsrichtungen),
b) Isochromatenbild eines unsymmetrisch belasteten Stabes mit Ordnungszahlen der Isochromaten

Alle Modellpunkte, an denen wenigstens einer der beiden $\sin^2$-Faktoren 0 wird, erscheinen dunkel, sodass 2 sich überlagernde Systeme dunkler Linien entstehen:

1. Die **Isochromaten** verbinden alle Modellpunkte mit gleicher **Hauptspannungsdifferenz** $\sigma_2 - \sigma_1$, denn für $C \cdot (\sigma_2 - \sigma_1) \cdot d \cdot \pi \cdot \lambda^{-1} = m \cdot \pi$ mit der Ordnungszahl $m = 0, 1, 2\ldots$ wird der 2. $\sin^2$-Faktor in Gl. 8.4.1 gleich 0. Die Hauptspannungsdifferenz nimmt in diesem Fall folgende Werte an:

$$\sigma_2 - \sigma_1 = m \cdot \frac{\lambda}{C \cdot d} \qquad \text{(Gl. 8.4.2)}$$

Mit zunehmender Hauptspannungsdifferenz treten die Isochromaten in immer dichterer

Folge auf. Durch Abzählen der Isochromaten, ausgehend von der «Nullisochromate» ($m = 0$, spannungsfreier Zustand), kann man so auf die Spannungshöhe und ihre Verteilung schließen (Bild 8.4.1 b). Die Isochromaten sind die «Höhenlinien des Belastungsgebirges». Als Modellwerkstoff verwendet man Polyester- oder Epoxidharz mit großem C; die störenden Isoklinen unterdrückt man durch Einfügen von zwei $\lambda/4$-Platten vor und hinter dem Modell. Beleuchtet wird meist mit monochromatischem, unpolarisiertem Licht (z.B. Natriumdampflampe $\lambda = 589{,}3$ nm). Bei weißem Licht erscheinen die Isochromaten farbig. Das Licht wird zunächst linear polarisiert und vom mechanisch belasteten Modellkörper in zwei, in den Hauptspannungsrichtungen schwingende Komponenten zerlegt (Bild 8.4.1 a), für die unterschiedliche Brechzahlen n_1 und n_2 gelten.

$$n_2 - n_1 = C \cdot (\sigma_2 - \sigma_1) \qquad \text{(Gl. 8.4.3)}$$

Durch die «**Spannungsdoppelbrechung**» erhalten beide Komponenten folgenden Gangunterschied:

$$\delta = C \cdot (\sigma_2 - \sigma_1) \cdot d \qquad \text{(Gl. 8.4.4)}$$

Die Komponenten setzen sich zu **elliptisch polarisiertem Licht** zusammen. Seine in Analysatorrichtung schwingende Komponente wird durchgelassen. Sofern an dem betrachteten Modellpunkt nicht gerade die Bedingung für eine Isokline (Bild 8.4.2) oder Isochromate erfüllt ist, wird das Bild daher hell.

2. **Isoklinen** verbinden alle Modellpunkte, an denen die beiden **Hauptspannungsrichtungen** mit Polarisator- und Analysatorrichtung zusammenfallen, denn für $\delta = 0$ oder 90° wird in Gl. 8.4.1 $\sin^2(2\delta) = 0$. Das einfallende linear polarisierte Licht wird jetzt nicht wie in Bild 8.4.1 a) in 2 Komponenten zerlegt, also auch nicht vom Analysator durchgelassen. Dreht man Polarisator und Analysator gemeinsam in gekreuzter Stellung, so wandern die Isoklinen: Man kann ihre Lage für verschiedene Winkel (z.B. 0°; 15°; ... 75°) aufzeichnen und daraus das Netz der Hauptspannungslinien konstruieren. Diese zeigen den Verlauf der Span-

nungsrichtungen (Bild 8.4.2). Damit die Isochromaten nicht stören, nimmt man einen Werkstoff mit niedrigem C-Wert, z.B. PMMA (Plexiglas®).

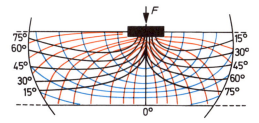

Bild 8.4.2 Isoklinen und Hauptspannungslinien: Ausschnitt aus einer auf Biegung beanspruchten Platte; schwarz: Isoklinen; rot und blau: Netze der senkrecht zueinander verlaufenden Hauptspannungslinien

8.4.2 Weitere Anwendungsbeispiele

Die folgenden meist nur kurz erläuterten Beispiele sollen die Breite des Anwendungsbereichs für polarisationsoptische Bauelemente und Verfahren zeigen.

Bei fotografischen Aufnahmen, z.B. von einer Versuchseinrichtung hinter einer Schutzscheibe, wird ein Polarisationsfilter zur **Unterdrückung störender Reflexe** benutzt: Da unpolarisiertes Licht durch die Reflexion an der Scheibe teilweise oder vollständig polarisiert wird (Abschnitt 8.2.1), kann man es durch ein drehbar vor dem Objektiv befestigtes Polfilter schwächen. Die richtige Azimutstellung zeigt ein Sucher, der sein Licht durch das Objektiv erhält. Optimale Reflexminderung ergibt sich, wenn das Beleuchtungslicht bereits polarisiert ist (z.B. polarisiertes Laserlicht oder Polfilter vor der Lampe). Diffus streuende Flächen bleiben sichtbar, weil an ihnen das Licht depolarisiert wird. Polarisierende Sonnenbrillen dämpfen Gegenlichtreflexe, z.B. von horizontalen Wasserflächen stärker, als unpolarisiertes Licht.

Bei der Projektion von Stereobildern können die Halbbilder durch orthogonale Polarisationsrichtungen getrennt und durch eine Polfilterbrille den beiden Augen zugeordnet werden (Abschnitt 6.4.4).

In großem Umfang wird die Änderung der optischen Aktivität (Abschnitt 8.2.3) bei **Flüssigkristallanzeigen** (LCD, Liquid Crystal Display, Abschnitt 4.4.6.3) benutzt. Verschiedene organische Verbindungen mit stabförmigem Molekülaufbau bilden in einem begrenzten Temperaturbereich eine Zwischenphase: Sie sind beweglich wie Flüssigkeiten, bilden aber anisotrope Kristallbereiche.

Während die optische Aktivität bei LC-Displays zur Lichtsteuerung benutzt wird, ist sie in der **Polarimetrie** ein Mittel der quantitativen Analyse, da sie Konzentrationsbestimmungen, z.B. von Zuckerlösungen, ermöglicht (Abschnitt 8.2.3).

Die **Polarisationsmikroskopie** gehört ebenfalls in den Bereich der Analysenmethoden. Durch mikroskopische Untersuchung auch sehr kleiner Partikel in polarisiertem Licht können optische Größen und Formparameter bei Mineralien und Gesteinen bestimmt und damit die Objekte identifiziert werden. Ebenso ist z.B. die Untersuchung der Spannungsdoppelbrechung (s. Abschnitt 8.4.1) an Gläsern und Kunststoffen möglich. Zur Minimalausstattung eines Polarisationsmikroskops gehören deshalb ein Polarisator beim Kondensor, also vor dem Objekt, ein Drehtisch mit Winkelteilung und ein Analysator im Beobachtungsstrahlengang. Die verwendeten Objektive müssen frei von Spannungsdoppelbrechung sein. Zusammen mit der Anwendung weiterer Hilfsmittel ergibt sich eine sehr umfassende Untersuchungsmethodik, [5.6.].

Die **Ellipsometrie** ist ein sehr leistungsfähiges Verfahren zur zerstörungsfreien Untersuchung von Oberflächen. Schräg einfallendes linear polarisiertes Licht wird bei der Reflexion an Metallflächen elliptisch polarisiert. Die Komponenten senkrecht und parallel zur Einfallsebene sind nach der Reflexion phasenverschoben und haben unterschiedliche Amplituden. Phasenverschiebung und Amplitude hängen empfindlich vom Oberflächenzustand ab, z.B. von der Adsorption dünner Schichten wie Oxidschichten oder Feuchtigkeitsfilmen. Mit **Ellipsometern** ist die Bestimmung von Schichtdicken unterhalb 1 nm und die Beobachtung von Dicken- oder Strukturänderungen durch Vermessen der Polarisationsellipse (Bild 8.1.3) möglich. Dabei fällt ein Parallelbündel aus monochromatischem, linear polarisiertem Licht auf die Probenfläche. Die bei der Reflexion entstehende Phasendifferenz wird kompensiert, so dass wieder linear polarisiertes Licht entsteht, das durch einen Analysator im Beobachtungsstrahlengang ausgelöscht werden kann. Aus den Einstelldaten werden Phasendifferenz und Amplitudenverhältnis bestimmt. Die Einstellfunktionen eines Ellipsometers können, z.B. zur Erfassung schneller zeitlicher Änderungen, weitgehend automatisiert werden.

Elektrooptische Verschlüsse und Modulatoren zur trägheitsarmen Beeinflussung von Licht, z.B. bei Scannern, erfordern Polarisatoren, die die durch das elektrische Feld bewirkte Phasenmodulation in eine Intensitätsmodulation umwandeln. Als Beispiel wird die häufig verwendete **Pockels-Zelle** gewählt (Bild 8.4.3).

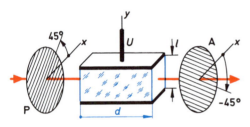

Bild 8.4.3 Prinzip der transversalen Pockels-Zelle: P, A Polarisator und Analysator gekreuzt, aber unter 45° zur Feldrichtung y; U Spannung; l Elektrodenabstand; d Lichtweg im Feld; blau: aktives Material

Bestimmte Substanzen wie Kaliumdihydrogenphosphat, KDP (KH_2PO_4), werden in einem elektrischen Feld doppelbrechend. Wirksam ist die elektrische Feldstärke $E = U/l$. In spannungslosem Zustand ist wegen gekreuzter Anordnung von Polarisator und Analysator der Lichtdurchgang gesperrt. Mit zunehmender Spannung wächst die Doppelbrechung, d.h.,

die Phasen der beiden in Feldrichtung und senkrecht zur Feldrichtung schwingenden Komponenten werden um $\Delta\varphi$ verschoben.

$$\Delta\varphi = K \cdot d \cdot \frac{U}{l} \qquad \text{(Gl. 8.4.5)}$$

mit:
K Materialkonstante
d Lichtweg im aktiven Bereich

Die Phasendifferenz ist also proportional zur Spannung (linearer elektrooptischer Effekt); es ergibt sich eine elektrisch veränderbare Verzögerungsplatte. Bei Erreichen der **Halbwellenspannung** $U_{\lambda/2}$ wird $\delta = \lambda/2$ und damit $\Delta\varphi = \pi$.

$$U_{\lambda/2} = \frac{\pi \cdot l}{K \cdot d} \qquad \text{(Gl. 8.4.6)}$$

Die Pockels-Zelle wirkt als Halbwellenplatte. Damit tritt das Licht wieder linear polarisiert, aber um 90° gedreht aus (Abschnitt 8.3.2), fällt also mit der Analysator-Durchlassrichtung zusammen. Bei $U = U_{\lambda/2}$ wird damit der maximale Transmissionsgrad τ_0 erreicht. Allgemein ergibt sich der Transmissionsgrad τ als Funktion der Spannung:

$$\tau = \tau_0 \cdot \sin^2\left(\frac{\pi}{2} \cdot \frac{U}{U_{\lambda/2}}\right) \qquad \text{(Gl. 8.4.7)}$$

Die notwendigen Spannungen sind von l und d abhängig; sie liegen in der Größenordnung von kV.

Neben der hier erläuterten transversalen Pockels-Zelle (Feldrichtung senkrecht zur Lichtrichtung) werden auch longitudinale Pockels-Zellen verwendet (Feldrichtung parallel zur Lichtrichtung, Elektroden ringförmig oder transparent).

9 Messung optischer Kenngrößen

Messverfahren zur Bestimmung optischer Größen sind in zahlreichen Varianten bekannt. Im Folgenden werden die Grundlagen einiger häufig benutzter Methoden angegeben. Angaben zu den Fehlergrenzen wurden aus Platzgründen weggelassen. Einzelheiten hierzu findet man z.B. in [10.1, 10.2 und 10.3]. Es sind die üblichen Verfahren der Fehlerrechnung bei experimentellen Untersuchungen anzuwenden.

9.1 Krümmungsradien

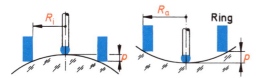

Bild 9.1.1 Ringsphärometer

Mit einem Ringsphärometer (Bild 9.1.1) können die Krümmungsradien von Spiegel- oder Linsenflächen durch mechanisches Antasten bestimmt werden. Auf die zu vermessende Fläche setzt man sehr genau geschliffene Ringe mit den bekannten Radien R_i (für Konvexflächen) und R_a (für Konkavflächen). Die Pfeilhöhe p wird mit einem Messtaster ermittelt; die Nulleinstellung erfolgt auf einer Planfläche. Mit dem Höhensatz berechnet man den Krümmungsradius r:

$$r = \frac{R^2}{2p} + \frac{p}{2} \qquad \text{(Gl. 9.1.1)}$$

Preiswerter als Ringsphärometer sind Kontaktsphärometer mit nur 3 spitzen Auflagepunkten.

Beim optischen Messverfahren Bild 9.1.2 a) wird die, auch bei Linsenflächen trotz Entspiegelung vorhandene, Reflexion an der ge-

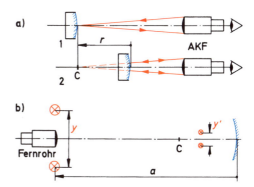

Bild 9.1.2 Messung der Krümmungsradien:
a) mit dem Autokollimationsfernrohr AKF,
b) aus dem Abbildungsmaßstab

krümmten Fläche genutzt. Die Kollimatormarke eines Autokollimationsfernrohrs wird durch eine Vorsatzlinse oder ein Mikroskopobjektiv reell abgebildet. Dann werden die folgenden 2 Stellungen gesucht, bei denen das Bild der Kollimatormarke mit der Marke selbst zusammenfällt:

1. Das Markenbild liegt in der Scheitelebene,
2. Das Markenbild liegt in der Ebene des Krümmungsmittelpunktes C.

Die Differenz der beiden Flächenlagen ist gleich dem gesuchten Radius r. Zur Radienbestimmung bei stark gekrümmten Flächen werden 2 leuchtende Strichmarken mit dem Abstand y (Bild 9.1.2 b) in so großer Objektweite a vor dem Flächenscheitel angebracht, dass y stark verkleinert reell oder virtuell als y' abgebildet wird. Auf einem dicht vor der Fläche angebrachten Glasmaßstab kann man mit einem Fernrohr y' messen, auch wenn die Bildstrecke nicht exakt mit der Maßstabsebene zusammenfällt. Man kann auch ein Fluchtfernrohr auf y' einstellen und die Strecke mit dem Planplattenvorsatz messen. Bei bekanntem a und $1/\beta' = y/y'$ ergibt sich aus Gl. 1.4.14 und Gl. 2.4.9:

$$r = \frac{2\,a \cdot y'}{y' - y} \qquad\qquad \text{(Gl. 9.1.2)}$$

> **Beispiel**
> Zwei Leuchtmarken sind im Abstand $y = 300$ mm mit $a = -800$ mm vor einem kleinen Konkavspiegel angebracht.
> Mit einem Fluchtfernrohr wird die Bildstrecke $y' = -4{,}18$ mm gemessen ($y' < 0$, da reelles Bild).
> *Lösung*
> Mit Gl. 9.1.2 folgt $r = -21{,}99$ mm

9.2 Brennweiten

Die Verfahren zur Messung der Brennweite benutzen die Abbildungsgleichungen Gl. 1.4.14 bzw. Gl. 1.4.17 oder die Brennweitendefinitionen Gl. 2.6.3 bzw. Gl. 6.4.7. Die Abbildungsfehler des zu prüfenden Systems stören die Brennweitenmessung teils erheblich. Bei einer unkorrigierten, weit geöffneten Linse kann man prinzipiell keinen exakten Messwert für f' erhalten. Wenn die ungenaue Bestimmung einer «**mittleren Brennweite**» für die gesamte Öffnung und den benutzten Wellenlängenbereich nicht ausreicht, muss man zunächst durch Abblenden, also Annäherung an das Paraxialgebiet, und monochromatisches Licht die wesentlichen Fehlerquellen beseitigen. Korrigierte Systeme müssen möglichst unter den Abbildungsbedingungen vermessen werden, für die sie korrigiert sind. Bei Messungen mit einem Kollimator z.B. muss die Frontseite eines Fotoobjektivs zum Kollimator zeigen, die Frontseite eines Mikroskopobjektivs dagegen vom Kollimator weg. Im Folgenden werden drei leicht ausführbare Brennweitenmessverfahren beschrieben.

Das Verfahren von ABBÉ (Bild 9.2.1) erfordert keine speziellen Hilfsmittel und eignet sich für Positivsysteme mittlerer Brennweite mit unbekanntem Abstand HH' der Hauptebenen.

Eine beleuchtete Marke (Raster oder Skala mit genau bekanntem Linienabstand y) wird durch das Prüfsystem in die Bildebene eines

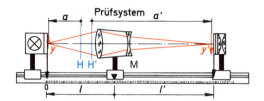

Bild 9.2.1 Bestimmung der Brennweite mit dem Verfahren von ABBÉ

Messokulars abgebildet, mit dem man die Bildstrecke y' bestimmt. Damit kann man zu einer Stellung l_1 des Prüfsystems relativ zu einem an beliebiger Stelle befindlichen Bezugspunkt M den Kehrwert des Abbildungsmaßstabes $1/\beta_1'$ berechnen: $1/\beta_1' = y/y_1'$. Für eine andere Stellung l_2 des Systems erhält man nach erneuter Scharfstellung durch Verschieben des Messokulars $1/\beta_2' = y/y_2'$. Nun errechnet man a_1 und a_2 aus Gl. 1.4.14:

$$a_1 = f' \cdot \left(\frac{1}{\beta_1'} - 1 \right) \qquad\qquad \text{(Gl. 9.2.1)}$$

Da die Hauptpunktlage unbekannt ist, können a_1 und a_2 nicht angegeben werden. Zu ermitteln ist aber die Differenz $a_2 - a_1 = l_2 - l_1 = \Delta l$; damit errechnet sich die Brennweite des Prüfsystems:

$$f' = \frac{\Delta l}{1/\beta_2' - 1/\beta_1'} \qquad\qquad \text{(Gl. 9.2.2)}$$

Es müssen also nur die Verschiebung des Prüfsystems Δl und die Bildstrecken y_1 und y_2 gemessen werden. Bestimmt man $1/\beta'$ für mehr als 2 Werte von l und stellt l als Funktion von $1/\beta'$ grafisch dar, so liegen die Messpunkte auf einer Geraden, als deren Steigung sich nach Gl. 9.2.2 f' ergibt. Die Lage der Hauptebenen ermittelt man aus dem Schnittpunkt mit der l-achse.

Die Brennweite beliebiger Systeme kann man sehr einfach und genau mit Hilfe eines **Kollimators** messen (Bild 9.2.2 a). Auf der Kollimatorstrichplatte sind Strichpaare mit genau bekanntem Abstand y angebracht. Der Istwert f_K' der Kollimatorbrennweite ist ebenfalls gegeben. Die Strichplatte wird durch das

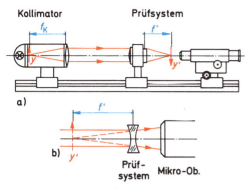

Bild 9.2.2 a) Bestimmung der Brennweite durch Vergleich mit der Brennweite eines Kollimators, b) Einstellung auf das virtuelle Bild eines Negativsystems

Kollimatorobjektiv nach ∞ und durch das Prüfsystem in seine Brennebene F′ abgebildet. Der Strichabstand y' dieses Luftbilds wird z.B. durch ein auf einem Mikrometerschlitten quer verschiebbares Mikroskop mit Fadenkreuz oder Doppelstrich gemessen. Dann ergibt sich die Brennweite des Prüfsystems analog der Ableitung in Beispiel 3 Abschnitt 2.5.3.2:

$$f' = -f'_K \cdot \frac{y'}{y} \qquad \text{(Gl. 9.2.3)}$$

Die exakte Bestimmung von f'_K und y sowie die Einjustierung der Strichplatte in die Kollimatorbrennebene müssen nur einmal ausgeführt werden. Dann wird der Fehler von f' wesentlich durch den Messfehler von y' bestimmt. Hier gehen Einstellfehler mit ein, denn das Strichplattenbild muss ja parallaxenfrei in die Fadenkreuzebene des Messmikroskops gebracht werden. Zur Verbesserung kann man mit **bildseitig telezentrischem Strahlengang** messen: Eine dicht vor dem Kollimatorobjektiv liegende Blende muss in der Brennebene F des Prüfsystems liegen. Zur Einstellung bringt man ein auf ∞ eingestelltes Fernrohr anstelle des Messmikroskops an und verschiebt das Prüfsystem so lange, bis der Blendenrand scharf erscheint. Nach dem Verfahren (Bild 9.2.2 a) wird auch die Brennweite von Negativlinsen bestimmt. Dazu muss nur das Messmikroskop auf das virtuelle Strich-

markenbild (Bild 9.2.2 b) eingestellt werden. Bei größeren Negativbrennweiten ist das virtuelle Bild mit normalen Mikroskopobjektiven nicht mehr erreichbar. In diesem Fall tritt anstelle des Mikroskops ein Ablesefernrohr (Fernrohrlupe) mit relativ langbrennweitigen Objektiven. Man kann aber auch ein in größerem Abstand fest angebrachtes Fluchtfernrohr auf das virtuelle Bild einstellen und die Bildstrecke y' mit Hilfe des Planplattenvorsatzes (Abschnitt 6.6.4) messen. Die Kollimatorbrennweite f'_K sollte nach Möglichkeit um den Faktor 5...10 größer als die Brennweite f' des Prüfsystems sein, damit sich Kollimatorfehler (Abweichung der Strichplattenlage von der Brennebene) nicht störend auswirken.

Lange Brennweiten lassen sich aus der Objektverschiebung ermitteln. Ein Fernrohr wird auf eine Zielmarke (z.B. Teststern) eingestellt, die in großem, hier mit a' bezeichnetem Abstand aufgestellt wird. Nun bringt man das Prüfsystem dicht vor das Fernrohrobjektiv und verschiebt die Zielmarke so lange, bis sie im Fernrohr wieder scharf erscheint. Ihr Abstand a vom Prüfsystem/Fernrohrobjektiv wird gemessen. Da das Fernrohr auf a' eingestellt ist, bildet das Prüfsystem also die Zielmarke virtuell von a nach a' ab. Dann kann die Brennweite f' des Prüfsystems aus Gl. 1.4.17 berechnet werden. Voraussetzung ist, dass die Beträge von a und a' groß sind gegen den Abstand des Systems vom Fernrohrobjektiv. Negativlinsen können in gleicher Weise gemessen werden.

9.3 Schnittweiten und Hauptpunktlagen

Die Bestimmung von Schnittweiten, insbesondere der Abstand der Brennpunkte von den Scheiteln (s_{1F} und s'_{kF}) und der Hauptpunktlagen, kann zum Teil mit den für die Brennweitenmessungen aufgebauten Einrichtungen erfolgen. Hat man die Brennweite f' nach dem Verfahren von Abbé bestimmt, so sind auch für verschiedene Systemeinstellungen die Abbildungsmaßstäbe bekannt, z.B. β'_1 und β'_2. Dann ergeben sich a und a' für jede Einstellung aus Gl. 1.4.14 und damit nach Bild 9.2.1 auch die Hauptpunktlagen. Abtragen der Brennweiten f' und $f = -f'$ von den Hauptpunkten aus ergibt die Lage der Brennpunkte.

Bei der Brennweitenbestimmung mit einem Kollimator erhält man dagegen die Brennpunkt-Schnittweiten s'_{kF} und, nach Umkehren des Systems, s_{1F} unmittelbar. Nach Bild 9.2.2 a) war das Messmikroskop zur y'-Messung ja auf die Brennebene F' eingestellt. Verschiebt man anschließend das Mikroskop messbar in Achsenrichtung, bis der letzte, mit einem wasserlöslichen Marker gekennzeichnete Linsenscheitel scharf erscheint, so ist $s'_{kF'}$ gleich der Mikroskopverschiebung. Hier liefert das Abtragen der Brennweite f' vom Brennpunkt aus auch die Lage des Hauptpunkts H' gegenüber dem Linsenscheitel S_k, denn es ist $s_k H' = s'_{kF'} - f'$.

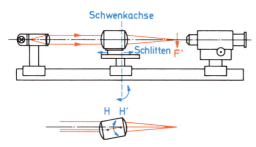

Bild 9.3.1 Bestimmung der Hauptpunktlage mit dem Verfahren von Moëssard

Die **unmittelbare Bestimmung der Hauptpunktlage** ist nach dem Verfahren von Moëssard möglich (Bild 9.3.1). Dabei wird die Lage der Knotenpunkte bestimmt, die jedoch bei beiderseits gleichen Medien mit den Hauptpunkten zusammenfallen. Das Prüfsystem ist auf einem Schlitten axial verschiebbar angeordnet. Der Schlitten selbst kann um eine senkrechte Achse geschwenkt werden. Das vom Prüfsystem entworfene Bild der Kollimatormarke wird durch ein Mikroskop mit Fadenkreuz beobachtet oder auf einer Mattscheibe aufgefangen. Wird der Schlitten um kleine Winkel geschwenkt, so verschiebt sich das Bild seitlich. Wenn man nun das Prüfsystem auf dem Schlitten in kleinen Schritten ver-

schiebt und jeweils die Schärfe nachstellt, so kann man eine Einstellung erreichen, bei der das Bild trotz der Schwenkbewegung des Schlittens bewegungslos liegen bleibt. Dies ist der Fall, wenn die Schwenkachse durch den Hauptpunkt H' geht. Da das vom Prüfsystem entworfene Bild in der Brennebene F' liegt, kann auch die Brennpunktlage markiert werden, und man kann somit die Brennweite f' als Abstand $H'F'$ bestimmen. Bei zu großen Schwenkwinkeln kann durch Abbildungsfehler eine Bildbewegung vorgetäuscht werden.

9.4 Pupillendurchmesser

DIN 58 388 enthält genaue Angaben über Pupillenmessungen bei Fernrohren. Falls die Durchmesser der Pupillen (EP, AP) reelle, zugängliche Bilder der ÖB sind, können sie direkt mit einer telezentrischen Messlupe («**Dynameter**») gemessen werden. Dazu wird ein feingeteilter Glasmaßstab in die Bildebene gebracht. Es kann jedoch auch ein Mikroskop mit Fadenkreuz auf einem Mikrometerschlitten verwendet werden. In diesem Fall können auch virtuelle Blendenbilder vermessen werden. Wird z.B. ein Fernrohr von der Objektivseite her diffus beleuchtet, so kann der Durchmesser der reell hinter dem Okular liegenden Austrittspupille leicht bestimmt werden. Die Eintrittspupille eines Systems bestimmt man aus dem Durchmesser eines eintretenden Parallelbündels. Dazu werden dicht vor dem Prüfsystem ein Glasmaßstab, 2 Schneiden oder eine verschiebbare Strichmarke angebracht. Das Parallelbündel kann auf verschiedene Weise verwirklicht werden. Bei Objektiven bringt man in der Brennebene F' eine enge Blende an (objektseitig telezentrischer Strahlengang), durch die man den Glasmaßstab beobachtet. Die Länge der noch sichtbaren Maßstabteilung entspricht dann dem Durchmesser der EP. Auch für Ferngläser einsetzbar ist das Verfahren nach DIN 58 388, bei dem das Parallelbündel durch eine enge Lochblende in der Brennebene eines Kollimators oder mit einem aufgeweiteten Laserbündel realisiert wird. Zur Kontrolle der Koinzidenz der

Messmarken mit den Pupillenrändern kann bei Fernrohren die Austrittspupille mit einem Mikroskop beobachtet werden.

Bei nicht kreisförmigen Pupillen, z.B. Bilder von Irisblenden, muss die Pupillenfläche bestimmt und daraus der Durchmesser des flächengleichen Kreises berechnet werden. Am einfachsten bringt man dazu eine enge mit großer Apertur beleuchtete Lochblende in der Brennebene F' an. Dann tritt auf der Objektseite des Systems ein Parallelbündel aus, dessen Querschnitt auf einer dicht vor dem System angebrachten Mattscheibe sichtbar gemacht oder mit einer Kamera registriert werden kann. Wenn die Lochblende in der Brennebene verschiebbar ist, kann man die bei verschiedenen Feldwinkeln auftretenden Pupillenflächen ermitteln und daraus die Vignettierung bestimmen.

9.5 Übertragungsfunktion optischer Systeme

Der Benutzer eines Objektivs interessiert sich weniger für die einzelnen Abbildungsfehler, sondern für die daraus resultierende gesamte Abbildungsleistung. Man könnte annehmen, dass diese durch das Auflösungsvermögen in Linien pro mm in einfacher Weise angegeben werden kann, was jedoch nicht der Fall ist. Einerseits hängt die Auflösung vom betrachteten Ort im Bildfeld ab, andererseits fehlt aber vor allem eine Kontrastangabe. Die Linien müssen nicht nur getrennt wiedergegeben werden, sondern auch einen ausreichenden Unterschied zwischen hell und dunkel aufweisen. Dies zeigt folgende Betrachtung: Als einfach zu untersuchendes Objekt wird ein Gitter aus gleich breiten hellen und dunklen Streifen (Bild 9.5.1) gewählt, weil sich dann die Leuchtdichte nur in einer Richtung periodisch ändert. Dann wird der Kontrast über die **Modulation** M definiert:

$$M = \frac{L_{max} - L_{min}}{L_{max} + L_{min}} \qquad \text{(Gl. 9.5.1)}$$

Anstelle der Leuchtdichte L kann eine beliebige fotometrische oder radiometrische Größe J stehen.

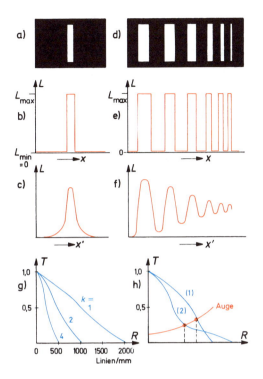

Bild 9.5.1 Zur Modulationsübertragungsfunktion: a), b) Spalt mit Leuchtdichteverteilung, c) Leuchtdichteverteilung im Spaltbild, d), e) Spaltgitter mit nach rechts zunehmender Ortsfrequenz, f) Leuchtdichteverteilung im Gitterbild; abnehmender Kontrast, g) MTF eines idealen Objektivs (nur Beugungseinfluss) für 3 Blendenzahlen k bei $\lambda = 500$ nm, h) 2 verschiedene reale Übertragungsfunktionen (blau) mit einer Mindestkontrastkurve (rot) für das Auge

Sind bei Durchlichtbeleuchtung die dunklen Streifen völlig lichtundurchlässig, so ist wegen $L_{min} = 0$ die Objektmodulation $M = 1$ (Maximalwert); eine gleichmäßig leuchtende Fläche ergibt $M = 0$. Die Feinheit des Gitters wird durch die **Ortsfrequenz** R in Linien/mm angegeben. Eine «Linie» umfasst dabei eine vollständige Strukturperiode, d.h. einen hellen und einen dunklen Streifen. Man spricht daher auch von «Linienpaaren».

Wird ein Objekt mit der Modulation M durch ein optisches System abgebildet, so weist das Bild die Modulation $M' < M$ auf, da der Kontrast durch Beugung, Abbildungsfehler und Streulicht vermindert wird. Die Qualität der Abbildung lässt sich daher durch den Quotienten M'/M, den «**Modulationsübertragungsfaktor T**» beschreiben.

$$T = \frac{M'}{M} \qquad \text{(Gl. 9.5.2)}$$

Die Kontrastminderung bedeutet eine Umverteilung des Lichts: Für helle Stellen bestimmte Strahlungsenergie gelangt auf dunkle Flächen. Dieser Effekt macht sich besonders stark bei hohen Ortsfrequenzen bemerkbar, d.h. bei kleinen, abwechselnd hellen und dunklen Objektdetails. Man muss daher die Kontrastminderung T als Funktion der Ortsfrequenz R messen. Diese Funktion $T(R)$ wird als **Modulationsübertragungsfunktion MTF** (Modulation Transfer Function) bezeichnet. Die Ortsfrequenz R wird meist auf die Bildebene bezogen; in der Objektebene ist die Ortsfrequenz $R/|\beta'|$.

Bild 9.5.1 a) zeigt einen schmalen Spalt, 9.5.1 b) seine Leuchtdichteverteilung. Die Abbildung dieses Spaltes ergibt in der Bildebene eine Beleuchtungsstärkeverteilung nach Bild 9.5.1 c). Es ist demnach Licht in die dem Spalt benachbarten dunklen Partien gelangt. Die Bilder 9.5.1 d), e) und f) zeigen entsprechend die Abbildung eines Rechteckgitters (Foucault-Gitter) mit kontinuierlich zunehmender Ortsfrequenz, die zu abnehmender Modulation M' führt. Damit ergibt sich selbst für ein von Abbildungsfehlern und Streulicht freies Objektiv allein durch Beugung eine MTF, wie sie Bild 9.5.1 g) nach Berechnungen in [7.2] zeigt. Zunehmende Blendenzahl k, also kleiner Blendendurchmesser, ergibt durch Vergrößerung des Beugungsscheibchens (Abschnitt 1.2.4) eine stärkere Kontrastabnahme. Reale MTF-Kurven, die die Auswirkung der Abbildungsfehler usw. berücksichtigen, liegen demnach unterhalb der nur durch die Beugung bestimmten Kurve. Ihre Form ist jedoch durch das Systemdesign beeinflussbar. Dies zeigt der Vergleich von 2 Objektiven gleicher Brennweite in Bild 9.5.1 h). Objektiv 1 hat eine gute Modulationsübertragung und damit gute Kontrastwiedergabe bei niedrigen Ortsfrequenzen, während Objektiv 2 bei steilem

Abfall der Anfangsmodulation eine Auflösung bis zu höheren Ortsfrequenzen zeigt. Alle Kurven sind auf $T = 1$ bei $R = 0$ normiert.

Die **Auflösungsgrenze** in Linien/mm kann man nur angeben, wenn man den vom Empfänger zur Auflösung benötigten Mindestkontrast berücksichtigt. In Bild 9.5.1 h) ist die Mindestkontrastanforderung des Auges beim Objektabstand 250 mm eingetragen. Eine vom Objektiv oberhalb des Schnittpunktes der MTF-Kurve mit der Mindestkontrastkurve erbrachte Auflösung ist also nutzlos. Sie kann vom Auge wegen zu geringen Kontrastes nicht mehr wahrgenommen werden. Damit löst Objektiv 1 effektiv höhere Ortsfrequenzen auf. Bei Digitalkameras wird als Auflösungsgrenze die Größenordnung des Pixelabstands gewählt.

Zur Messung der Modulationsübertragungsfunktion wurden verschiedene Verfahren entwickelt [10.8, 10.9, 10.10]. Bei der Spalt- und Kantenbildanalyse wird das Bild eines Gitters, eines Spalts, einer Kante oder einer Lochblende mit typischen Dimensionen von $1\ldots10\,\mu m$ mit einem schmalen Spalt oder einer Schneide abgetastet. Die so entstehenden Intensitätsfunktionen sind ähnlich den Bildern 9.5.1 c) und f). Durch Fourier-Transformation wird daraus die MTF errechnet. Alle scannenden Verfahren sind langsam und damit für die Fertigungskontrolle nicht brauchbar. Bild 9.5.2 zeigt das heute meist verwendete parallel arbeitende Messprinzip am Beispiel eines Messaufbaus für auf ∞ korrigierte Objektive, z.B. für Kameras.

Ein Spalt mit typisch 2 μm Breite wird vom Kollimator nach ∞ abgebildet. Der Prüfling

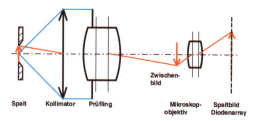

Bild 9.5.2 Prinzipskizze einer Anlage zur MTF-Bestimmung. Um Messungen im Bildfeld vorzunehmen, ist die Anlage schwenkbar.

entwirft ein Spaltbild, dessen Höhe jedoch meist für eine direkte Auswertung zu klein ist. Es wird daher mit einem Mikroskopobjektiv 10…50-mal größer auf ein Diodenarray abgebildet. Das Spaltbild am Ort des Arrays zeigt Bild 9.5.3.

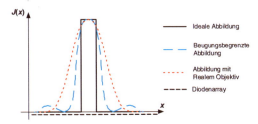

Bild 9.5.3 Spaltbild am Ort des Diodenarrays

Auch hier wird das Spaltbild mittels FFT (Fast Fourier Transformation) in die MTF umgerechnet. Im System von Bild 9.5.2 sind neben dem Prüfling noch Kollimator und Mikroskopobjektiv an der Abbildung beteiligt. Der Modulationsübertragungsfaktor T_{ges} für eine solche Übertragungskette ergibt sich multiplikativ aus den einzelnen Übertragungsfaktoren für die gleiche Ortsfrequenz:

$$T_{ges} = T_1 \cdot T_2 \cdot T_3 \cdot \dots \qquad \text{(Gl. 9.5.3)}$$

Damit erhält man auf einfache Weise die MTF der gesamten Kette. Um die Messung nicht zu verfälschen müssen Kollimator und Mikroskopobjektiv eine weit bessere Abbildungsqualität besitzen als der Prüfling. Die Kette kann auch Glieder ohne optische Wirkung enthalten, die trotzdem durch Übertragungsfehler den Kontrast des Endbildes beeinflussen. Das zeigt die Übertragungskette beim Fernsehen: Objektiv–Chip–Chipabtastung und Kompression–Bildübertragung–Signalumformung im Empfänger–Bildschirm.

Eine einzelne bei einem Objektiv gemessene MTF beschreibt die Leistungsfähigkeit des Systems noch nicht, da die MTF von der Wellenlänge, der Blendenzahl, dem Abstand des Messortes von der optischen Achse und dem Verlauf der Gitterstreifen in meridionaler oder sagittaler Richtung abhängt. Bei einem Fotoobjektiv wird mit Weißlicht gemessen, und es sind mindestens 15 Messungen notwendig, um die Qualität einigermaßen zu beschreiben.

Die Phasen von Objekt und Bild sind gegeneinander versetzt; die Phasenverschiebung ist abhängig von R. Diese Phasenübertragungsfunktion (PTF) bildet zusammen mit der MTF die komplexe **optische Übertragungsfunktion** (OTF).

experience in optics

Formelsammlung

1   Allgemeine Formeln

(1.)   Brechzahl n

$$n = \frac{c_0}{c} = \frac{c_{\text{Vakuum}}}{c_{\text{Medium}}} = \frac{\lambda_0}{\lambda} = \frac{\lambda_{\text{Vakuum}}}{\lambda_{\text{Medium}}}$$

(2.)   Lichtgeschwindigkeit $c = v \cdot \lambda$

Im Vakuum ist immer $n = 1$; im Medium hängt n von der Substanz und der Frequenz der Strahlung ab. Der Farbeindruck wird allein durch die Frequenz bestimmt. Werden entsprechend $\lambda = c/v$ Wellenlängen zur Charakterisierung der Farbe verwendet, so handelt es sich normalerweise um Wellenlängen im Vakuum. In der Technischen Chemie wird als Referenz nicht Vakuum, sondern Normluft mit $n = 1,000292$ verwendet.

(3.)   Abbé'sche Zahl $\nu_d = \dfrac{n_d - 1}{n_F - n_C}$

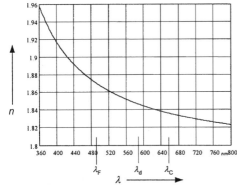

Messwellenlängen in Luft:
d = 587,6 nm;   F = 486,1 nm   C = 656,3 nm

(4.)   Brechungsgesetz: $n \sin \varepsilon = n' \sin \varepsilon'$

(5.)   Grenzwinkel der Totalreflexion ε_g
$n > n'$

$$\sin \varepsilon_g = \frac{n'}{n}$$

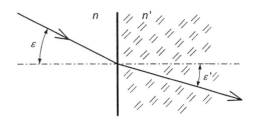

(6.)   Numerische Apertur eines Lichtleiters NA

$$NA = n \cdot \sin \sigma_{\max} = \sqrt{n_K^2 - n_M^2}$$

n Brechzahl vor dem Lichtleiter, meist 1
n_K Brechzahl des Kernmaterials
n_M Brechzahl des Mantelmaterials

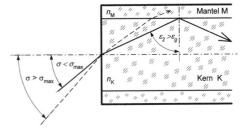

(7.)   Parallelversatz v eines Lichtstrahls, der eine Planplatte der Dicke d unter dem Einfallswinkel ε trifft.

$$v = d \, \frac{\sin(\varepsilon - \varepsilon')}{\cos \varepsilon'}$$

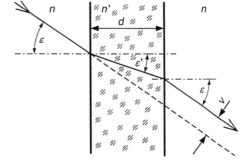

(8.) Gesamtablenkung δ eines Lichtstrahls, der ein Prisma mit dem Prismenwinkel α unter dem Einfallswinkel ε_1 trifft

$$\delta = \varepsilon_1 + \varepsilon_4 - \alpha \qquad \alpha = \varepsilon_2 + \varepsilon_3$$

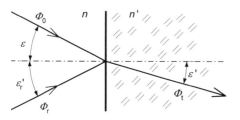

(9.) Symmetrischer Strahlengang beim Minimum der Ablenkung durch ein Prisma in Luft

$$n_P \cdot \sin\frac{\alpha}{2} = \sin\frac{\delta + \alpha}{2}$$

(10.) Reflexionsgesetz $\qquad \varepsilon'_r = -\varepsilon$

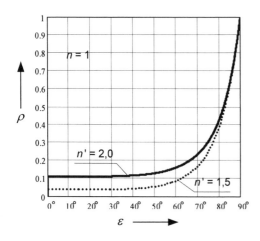

1.1 Reflexion an transparenten Medien

(1.1.1) Reflexionsgrad ϱ bezogen auf den gesamten Strahlungsfluss ohne Berücksichtigung der Polarisation.

$$\varrho = \frac{\Phi_r}{\Phi_0} = \frac{1}{2} \cdot \left[\frac{\sin^2(\varepsilon - \varepsilon')}{\sin^2(\varepsilon + \varepsilon')} + \frac{\tan^2(\varepsilon - \varepsilon')}{\tan^2(\varepsilon + \varepsilon')} \right]$$

(1.1.2) Näherung für kleine Winkel (Fehler bis 30° meist unter 4%)

$$\varrho = \frac{\Phi_r}{\Phi_0} = \left(\frac{n' - n}{n' + n} \right)^2$$

(1.1.3) Bei polarisierter Strahlung hängt der Reflexionsgrad von der Einfallsebene ab.

$$\rho_\perp = \frac{\Phi_{r\perp}}{\Phi_0} = \frac{\sin^2(\varepsilon - \varepsilon')}{\sin^2(\varepsilon + \varepsilon')}$$

$$\rho_\parallel = \frac{\Phi_{r\parallel}}{\Phi_0} = \frac{\tan^2(\varepsilon - \varepsilon')}{\tan^2(\varepsilon + \varepsilon')}$$

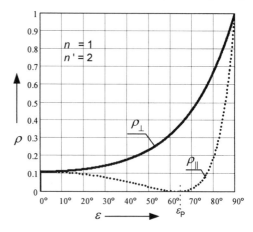

(1.1.4) Brewster-Winkel ε_P
Beim Brewster-Winkel ist das reflektierte Bündel vollständig polarisiert und steht senkrecht auf dem gebrochenen Bündel.

$$\tan \varepsilon_P = \frac{n'}{n}$$

1.2 Transmission bei k Flächen

Der Anteil des durch eine Reihe von Grenzflächen mit unterschiedlichen Brechzahlen tretenden Lichtstroms hängt von den Brechzahldifferenzen und dem Eintrittswinkel ab. Für k gleiche Übergänge und kleine Winkel gilt:

(1.2.1) Das Nutzlicht $\Phi_{k\,\mathrm{N}}$ ist der durchtretende Lichtstrom nach k Flächen **ohne** Berücksichtigung von Mehrfachreflexionen

$$\Phi_{k\mathrm{N}} = \Phi_0 (1 - \varrho)^k$$

(1.2.2) Das **Gesamtlicht** $\Phi_{k\,\mathrm{G}}$ ist der durchtretende Lichtstrom nach k Flächen **mit** Berücksichtigung von Mehrfachreflexionen

$$\Phi_{k\mathrm{G}} = \Phi_0 \cdot \frac{1 - \varrho}{1 + (k - 1)\varrho}$$

1.3 Verringerung des Reflexionsgrades durch Interferenzschichten

(1.3.1) Optimale Brechzahl der Aufdampfschicht n_S, wenn n_0 die Brechzahl vor der Schicht und n_S die Brechzahl nach der Schicht sind.

$$n_\mathrm{S} = \sqrt{n_0 \cdot n_\mathrm{G}}$$

(1.3.2) Optimale Schichtdicke der Aufdampfschicht d

$$d = \frac{\lambda_{\text{Vakuum}}}{4\,n_\mathrm{S}}$$

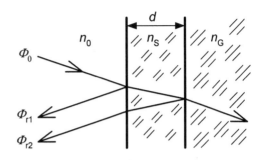

2 Abbildung im Gauß'schen Bereich

2.1 Brechende und reflektierende Einzelfläche

Bei reflektierenden Flächen setzt man $n' = -n$; bei Planflächen $r \to \infty$

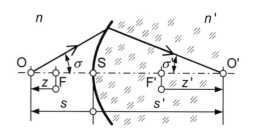

Abbé'sche Invariante der Brechung

(2.1.1) $$n\left(\frac{1}{r} - \frac{1}{s}\right) = n'\left(\frac{1}{r} - \frac{1}{s'}\right)$$

(2.1.2) $$s' = \frac{n'}{\dfrac{n'-n}{r} + \dfrac{n}{s}}$$

(2.1.3) $$s = \frac{n}{-\dfrac{n'-n}{r} + \dfrac{n'}{s'}}$$

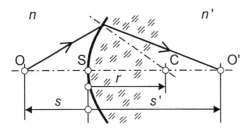

Brennweite

(2.1.4) $$f' = \frac{n' \cdot r}{n'-n} \qquad f = \frac{-n \cdot r}{n'-n}$$

(2.1.5) $$\frac{f'}{f} = -\frac{n'}{n}$$

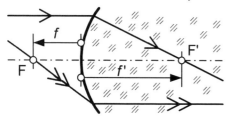

Brennpunktbezogene Abbildung

(2.1.6) $$s = z + f \qquad s' = z' + f'$$

(2.1.7) $$z \cdot z' = f \cdot f'$$

Abbildungsmaßstab β'

(2.1.8) $$\beta' = \frac{y'}{y} = \frac{s'-r}{s-r} = \frac{n \cdot s'}{n' \cdot s} = -\frac{f}{z} = -\frac{z'}{f'} \approx \alpha' \cdot \gamma'$$

(2.1.9) $$\frac{s}{n \cdot y} = \frac{s'}{n' \cdot y'}$$

Winkelverhältnis γ'

(2.1.10) $$\gamma' = \frac{\sigma'}{\sigma} = \frac{s}{s'} = \frac{n \cdot y}{n' \cdot y'} = \frac{n}{n' \cdot \beta'}$$

$$\gamma' = -\frac{f}{f' \cdot \beta'} = \frac{f}{z'} = \frac{z}{f'} \approx \frac{\beta'}{\alpha'}$$

(2.1.11) $$s\,\sigma = s'\,\sigma'$$

Satz von LAGRANGE

(2.1.12) $$y\,n\,\sigma = y'\,n'\,\sigma'$$

Tiefenabbildungsmaßstab α'

(2.1.13) $$\alpha' = \frac{\Delta z'}{\Delta z}$$

Für kleine Werte von Δz darf man an Stelle des Differenzenquotienten den Differential-quotienten setzen. Dann gilt:

(2.1.14) $$\alpha' \approx \frac{\mathrm{d}z'}{\mathrm{d}z} = \frac{n s'^2}{n' s^2} = -\frac{z'}{z} = \frac{\beta'}{\gamma'}$$

2.2   Folge brechender und reflektierender Einzelflächen

k Betrachtete Einzelfläche

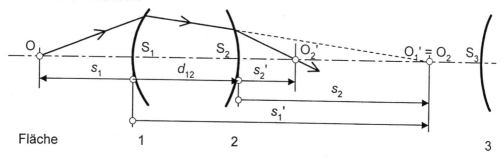

Fläche   1   2   3

Rekursionsformeln

$$
\begin{aligned}
n_2 &= n'_1 \\
n_3 &= n'_2 \\
&\cdots\cdots\cdots \\
n_{k+1} &= n'_k
\end{aligned}
\qquad (2.2.1)
$$

$$(2.2.1)$$

$$
\begin{aligned}
O_2 &= O'_1 \\
O_3 &= O'_2 \\
&\cdots\cdots\cdots \\
O_{k+1} &= O'_k
\end{aligned}
\qquad (2.2.2)
$$

$$(2.2.2)$$

$$(2.2.4) \qquad f' = s'_1 \, \frac{s'_2 \cdot s'_3 \cdots\cdots s'_k}{s_2 \cdot s_3 \cdots\cdots s_k} \quad \text{für } s_1 \to -\infty$$

$$
\begin{aligned}
s_2 &= s'_1 - d_{12} \\
s_3 &= s'_2 - d_{23} \\
&\cdots\cdots\cdots\cdots \\
s_{k+1} &= s'_k - d_{k,k+1}
\end{aligned}
$$

$$(2.2.3)$$

$$(2.2.5) \quad \beta' = \beta'_1 \cdot \beta'_2 \,\cdots\cdots\, \beta'_k = \frac{s'_1 \cdot s'_2 \cdots\cdots s'_k}{s_1 \cdot s_2 \cdots\cdots s_k} \cdot \frac{n_1}{n'_k}$$

$$(2.2.6) \quad \gamma' = \frac{s_1 \cdot s_2 \cdots\cdots s_k}{s'_1 \cdot s'_2 \cdots\cdots s'_k} \qquad (2.2.7) \quad \alpha' \approx \frac{\beta'}{\gamma'}$$

2.3   Optische Systeme

Optische Systeme bestehen aus einer beliebigen Folge von Einzelflächen, deren Daten im Einzelnen nicht bekannt sein müssen. Jedes derartige System kann unter Voraussetzung kleiner Winkel (Gauß'sche Optik) in seiner abbildenden Wirkung durch 2 Hauptebenen, 2 Knotenpunkte und 2 Brennpunkte ersetzt werden.

Die Abbildung von einer Hauptebene auf die andere erfolgt **immer im Maßstab 1 : 1**

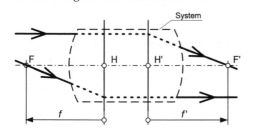

Optische Systeme mit Medien unterschiedlicher Brechzahl vor und nach dem System ($n' \neq n$)

Brechzahl vor dem System: $n_1 = n$
Brechzahl hinter dem System: $n'_k = n'$

Bildkonstruktion

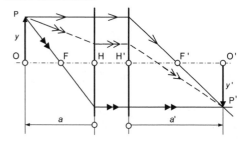

Zur grafischen Ermittlung des Bildes eines außeraxialen Objektpunkts P zeichnet man folgende, vom Objektpunkt ausgehende Strahlen:

1 *Parallelstrahl*
Von P achsparallel bis zum Schnitt mit der bildseitigen Hauptebene, dann durch F'.

2 *Brennstrahl*
Von P durch F bis zum Schnitt mit der objektseitigen Hauptebene, dann achsparallel weiter. Der Schnittpunkt der Strahlen 1 und 2 ist der gesuchte Bildpunkt P'

3 *Beliebiger Strahl*
Von P in beliebiger Richtung bis zum Schnitt mit der objektseitigen Hauptebene, dann achsparallel bis zur bildseitigen Hauptebene und weiter nach P'.

(2.3.1)
$$\frac{f'}{f} = -\frac{n'}{n}$$

(2.3.2)
$$z \cdot z' = f \cdot f'$$

(2.3.3)
$$y\, n\, \sigma = y'\, n'\, \sigma'$$

(2.3.4)
$$\frac{n'}{f'} = -\frac{n}{f} = \frac{n'}{a'} - \frac{n}{a}$$

(2.3.5)
$$\frac{f}{a} + \frac{f'}{a'} = 1$$

(2.3.6)
$$\beta' = \frac{y'}{y} = -\frac{f}{z} = -\frac{z'}{f'} = \frac{n \cdot a'}{n' \cdot a} = -\frac{f \cdot a'}{f' \cdot a}$$
$$\beta' \approx \alpha' \cdot \gamma'$$

(2.3.7)
$$\gamma' = \frac{\sigma'}{\sigma} = \frac{f}{z'} = \frac{z}{f'} = \frac{a}{a'} \approx \frac{\beta'}{\alpha'}$$

(2.3.8)
$$\alpha' = \frac{\Delta z'}{\Delta z} \approx -\frac{z'}{z} = -\frac{f \cdot a'^2}{f' \cdot a^2} = \frac{n \cdot a'^2}{n' \cdot a^2} = \frac{\beta'}{\gamma'}$$

Optische Systeme mit Medien gleicher Brechzahl vor und nach dem System ($n' = n$)

Befindet sich vor und nach dem System das gleiche Medium, so fallen Haupt- und Knotenpunkte zusammen, das System ist also durch vier Kenngrößen, die Lage der Hauptebenen und der Brennpunkte, eindeutig definiert.

Zur **Bildkonstruktion** kann zusätzlich zu Parallel- und Brennstrahl auch der Hauptpunktsstrahl herangezogen werden:

Hauptpunktsstrahl
Von P zum objektseitigen Hauptpunkt H, auf der optischen Achse weiter bis zum bildseitigen Hauptpunkt H' und parallel zu PH weiter nach P'.

Die Bildkonstruktionen für alle möglichen Konfigurationen finden sich in Abschnitt 10.

(2.3.9)
$$f = -f'$$

(2.3.10)
$$z\, z' = -f'^2$$

(2.3.11)
$$-\frac{1}{a} + \frac{1}{a'} = \frac{1}{f'}$$

(2.3.12)
$$f' = \frac{a'}{1-\beta'} = \frac{a\, a'}{a - a'} = \frac{a}{\frac{1}{\beta'} - 1}$$

(2.3.13)
$$D = \frac{n}{f'}$$

(2.3.14)
$$a' = \frac{a\, f'}{a + f'} = f'(1 - \beta')$$

(2.3.15)
$$a = \frac{a'\, f'}{f' - a'} = f'\left(\frac{1}{\beta'} - 1\right)$$

(2.3.16)
$$\beta' = \frac{y'}{y} = \frac{a'}{a} = \frac{f'}{z} = -\frac{z'}{f'}$$
$$\beta' = \frac{f'}{a + f'} = \frac{f' - a'}{f'} = \frac{1}{\gamma'}$$

(2.3.17)
$$\gamma' = \frac{\sigma'}{\sigma} = \frac{y}{y'} = \frac{a}{a'}$$
$$\gamma' = \frac{z}{f'} = -\frac{f'}{z} = \frac{a + f'}{f'} = \frac{1}{\beta'}$$

(2.3.18)
$$\alpha' = \frac{\Delta z'}{\Delta z} \approx -\frac{z'}{z} = \frac{f'^2}{z^2} = \frac{z'^2}{f'^2}$$
$$\alpha' = \frac{a'^2}{a^2} = \frac{f'^2}{(a + f')^2} = \beta'^2 = \frac{1}{\gamma'^2}$$

Abbildung weit entfernter Objekte
($|a| > 500\, |f|$)

(2.3.19)
$$a' = f'$$

(2.3.20)
$$y' = -f' \cdot \tan \omega$$

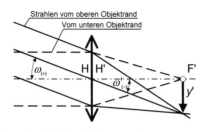

Abstand Objekt–Bild (optische Länge l)

(2.3.21)

$$l = -a + a' + HH' = f'\left(2 - \beta' - \frac{1}{\beta'}\right) + HH'$$

2.4   Optische Komponenten in Luft

Dicke Linsen in Luft ($n' = n = 1$)

Brechzahl der Linse: n_L
Linsendicke (positiv): $d = S_1 S_2$

Zusätzlich zu den Gesetzen für optische Systeme mit Medien gleicher Brechzahl vor und nach dem System gelten folgende Beziehungen:
(2.4.1)

$$f' = \frac{n_L \cdot r_1 \cdot r_2}{(n_L - 1) \cdot \left[n_L \cdot (r_2 - r_1) + d \cdot (n_L - 1)\right]}$$

(2.4.2) $$S_2 H' = \frac{-d \cdot r_2}{n_L \cdot (r_2 - r_1) + d \cdot (n_L - 1)}$$

(2.4.3) $$S_1 H = \frac{-d \cdot r_1}{n_L \cdot (r_2 - r_1) + d \cdot (n_L - 1)}$$

(2.4.4)

$$HH' = d \cdot \left(1 - \frac{r_2 - r_1}{n_L \cdot (r_2 - r_1) + d \cdot (n_L - 1)}\right)$$

Dicke Linsen mit einer Planseite

(2.4.5) $$d = r - \sqrt{r^2 - h^2}$$

Halber Durchmesser der Linse: h

Planseite bildseitig $r_2 \to \infty$

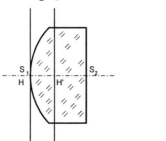

(2.4.6) $$f' = \frac{r_1}{n_L - 1}$$

(2.4.7) $$S_2 H' = -\frac{d}{n_L} \qquad S_1 H = 0$$

(2.4.8) $$HH' = d \cdot \frac{n_L - 1}{n_L}$$

Planseite objektseitig $r_1 \to \infty$

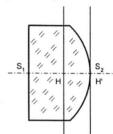

(2.4.9) $$f' = \frac{-r_2}{n_L - 1}$$

(2.4.10) $$S_2 H' = 0 \qquad S_1 H = \frac{d}{n_L}$$

(2.4.11) $$HH' = d \cdot \frac{n_L - 1}{n_L}$$

Näherungsgleichungen für $n_L = 1{,}5$ und übliche Bauformen finden sich in Anhang 9.

Dünne Linsen in Luft
Als dünn können Linsen dann gelten, wenn die Beziehung (2.4.12) erfüllt ist.

(2.4.12) $$d \ll \frac{n_L}{n_L - 1} \cdot |r_2 - r_1| \approx 3 \cdot |r_2 - r_1|$$

Zusätzlich zu den Gesetzen für dicke Linsen in Luft gelten folgende Beziehungen:

(2.4.13) $$\frac{1}{f'} = (n_L - 1) \cdot \left(\frac{1}{r_1} - \frac{1}{r_2}\right)$$

(2.4.14) $$f' = \frac{r_1 \cdot r_2}{(n_L - 1) \cdot (r_2 - r_1)}$$

(2.4.15) $$S_2 H' = \frac{-r_2}{n_L \cdot (r_2 - r_1)} \, d$$

(2.4.16) $$S_1 H = \frac{-r_1}{n_L \cdot (r_2 - r_1)} \cdot d$$

(2.4.17) $$HH' = d \cdot \frac{n_L - 1}{n_L}$$

Zwei optische Systeme in Luft

Zusätzlich zu den Gesetzen für optische Systeme in Luft gelten folgende Beziehungen:

Linsenabstand $e = H_1'H_2$

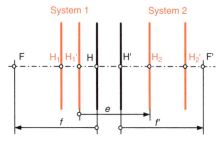

(2.4.18)
$$f' = \frac{f_1' \cdot f_2'}{f_1' + f_2' - e}$$

(2.4.19)
$$H_2'H' = \frac{-f_2' \cdot e}{f_1' + f_2' - e} = -e \cdot \frac{f'}{f_1'}$$

(2.4.20)
$$H_1H = \frac{f_1' \cdot e}{f_1' + f_2' - e} = e \cdot \frac{f'}{f_2'}$$

(2.4.21)
$$HH' = \frac{-e^2}{f_1' + f_2' - e} + H_1H_1' + H_2H_2'$$

Afokale Systeme

Afokal $\equiv f' \to \infty$

Bei einem zweigliedrigen System gilt die Beziehung

(2.4.22)
$$f_1' + f_2' = e$$

Verminderung der Baulänge

Die Baulänge $l = f'(2 - \beta' - 1/\beta')$ lässt sich durch Einsatz eines 2. Systems reduzieren (negativer Wert von HH')

Version 1 mit $f_2' > f_1'$

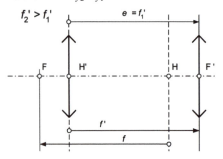

(2.4.23)
$$f_1' = e$$

(2.4.24)
$$f' = f_1' = e$$

(2.4.25)
$$H_2'H' = -f_1' \qquad H_1H = \frac{f_1'^2}{f_2'}$$

(2.4.26)
$$HH' = -\frac{f_1'^2}{f_2'}$$

Version 2 mit $f_2' > f_1'$

(2.4.27)
$$f_2' = e$$

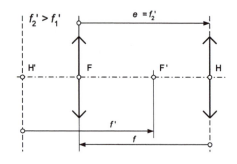

(2.4.28)
$$f' = f_2' = e$$

(2.4.29)
$$H_2'H' = -\frac{f_2'^2}{f_1'} \qquad H_1H = f_2'$$

(2.4.30)
$$HH' = -\frac{f_2'^2}{f_1'}$$

Systemkennwerte bei beliebiger Anzahl von Komponenten

(2.4.31)
$$e_{k,k+1} = H_k'H_{k+1}$$

e kann negative Werte annehmen!

(2.4.32)
$$a_{k+1} = a_k' - e_{k,k+1}$$

(2.4.33)
$$\beta' = \beta_1' \cdot \beta_2' \cdot \ldots \cdot \beta_k'$$

(2.4.34)
$$\beta' = \frac{a_1' \cdot a_2' \cdot \ldots \cdot a_k'}{a_1 \cdot a_2 \cdot \ldots \cdot a_k}$$

(2.4.35)
$$\gamma' = \frac{\sigma_k'}{\sigma_1} = \frac{1}{\beta'}$$

(2.4.36)
$$\alpha' = \frac{\Delta z'}{\Delta z} \approx \beta'^2$$

(2.4.37)
$$f' = f_1' \frac{a_2' \cdot a_3' \cdot \ldots \cdot a_k'}{a_2 \cdot a_3 \cdot \ldots \cdot a_k} \quad \text{für } a_1 \to -\infty$$

3 Bündelbegrenzung

Die ein optisches System durchlaufenden Bündel werden begrenzt durch
- Lichtquelle
- abbildendes System
- Empfänger

3.1 Öffnung

Der maximale Öffnungswinkel $2\sigma_{max}$ wird durch die **Öffnungsblende** ÖB begrenzt. Bitte beachten: In der Literatur wird sowohl σ_{max} als auch $2\sigma_{max}$ als «Öffnungswinkel» bezeichnet.

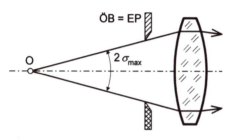

Bildet man die Öffnungsblende nach links durch das Vorderglied ab, erhält man die **Eintrittspupille** EP (Die ÖB ist das Bild der EP entworfen mit dem Vorderglied). Die Eintrittspupille erscheint vom axialen Objektpunkt O aus gesehen **unter dem maximalen Öffnungswinkel $2\sigma_{max}$**.

Durch Abbildung der ÖB mit dem Hinterglied erhält man die **Austrittspupille** AP. (Die AP ist das Bild der ÖB entworfen mit dem Hinterglied.)

Strahlenverlauf: O–EP–Bilder der EP–ÖB–Bilder der ÖB–AP. Man achte auf die Lage der Bilder (aufrecht/ kopfstehend)!

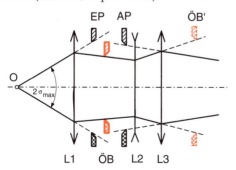

Kenngrößen der Öffnung

Bei endlicher Objektweite wird die **numerische Apertur** NA verwendet.
Öffnungswinkel $2\sigma_{max}$ (früher u)
Brechzahl vor der Optik n

$$(3.1.1) \qquad NA = n \cdot \sin\sigma_{max}$$

Bei weit entfernten Objekten werden **Blendenzahl** k und **relative Öffnung** $1/k$ verwendet

$$(3.1.2) \qquad k = \frac{f'}{2\,h} \qquad \frac{1}{k} = \frac{2\,h}{f'}$$

Durchmesser der Eintrittspupille $D_{EP} = 2h$

3.2 Feld

Der Feldwinkel $2\,\omega_{max}$ wird durch die **Feldblende** FB begrenzt.

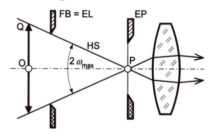

Bildet man die Feldblende nach links durch das Vorderglied ab, erhält man die **Eintrittsluke** EL (Die FB ist das Bild der EL entworfen mit dem Vorderglied). Die Eintrittsluke erscheint von der Mitte P der Eintrittspupille aus gesehen **unter dem maximalen Feldwinkel $2\,\omega_{max}$**.

Durch Abbildung der FB mit dem Hinterglied erhält man die **Austrittsluke** AL (Die AL ist das Bild der FB entworfen mit dem Hinterglied).

Der Strahlenverlauf hängt stark vom System ab. Im Bild: Q–EL = FB–P–Bilder der FB–Austrittsluke.

Der **Hauptstrahl HS** zielt vom außeraxialen Objektpunkt Q zur Mitte P der EP.

Kenngrößen des Feldes

Bei geringer Objektweite wird die **Feldzahl** verwendet.

(3.2.1) Feldzahl = Größe des Objekt- oder Bildfeldes in mm

Bei großer Objektweite werden **maximaler Feldwinkel** und **Objektfeldgröße** angegeben

(3.2.2) Maximaler Feldwinkel = Winkel, unter dem die EL (Objektfeldwinkel $2\omega_{max}$) oder die AL (Bildfeldwinkel $2\omega'_{max}$) gesehen wird.

(3.2.3) Objektfeldgröße = Objektfeld in 1 km Entfernung.

Feldlinse

Eine Feldlinse steht am Ort des Zwischenbilds. Da in diesem Fall $\alpha = 0$ und $\alpha' = 0$ sind, wird $\beta' = 1$. Die Feldlinse beeinflusst weder Größe noch Lage des Bildes, steigert aber die Maximalwerte von Objektfeld- und Bildfeldwinkel.

4 Abbildungsqualität

4.1 Beugung

Durch die Bündelbegrenzung entstehen beugende Öffnungen. Falls deren Abmessungen D in der Größenordnung der Wellenlänge sind, hat die Beugung einen wesentlichen Einfluss auf die Bildqualität. Nur im Fall $D \gg \lambda$ ist der Einfluss der Beugung zu vernachlässigen.

Beugung am Spalt

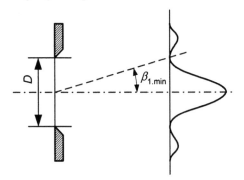

Bei gleichmäßig beleuchtetem Spalt gilt:

(4.1.1)
$$\sin \beta_{1.\min} = \frac{\lambda}{D}$$

Beugende Kreisblende
Bei gleichmäßig beleuchteter Blende gilt:

(4.1.2)
$$\sin \beta_{1.\min} = 1,22 \cdot \frac{\lambda}{D}$$

4.2 Abbildungsfehler

Zusätzlich zur prinzipiell nicht vermeidbaren Beugungsbegrenzung kommen geometrisch-optische Abbildungsfehler: Farbfehler, Öffnungsfehler, Astigmatismus, Koma, Bildfeldwölbung und Verzeichnung, die mit entsprechendem Aufwand weitgehend korrigiert werden können.

Farbfehler
Bedingung für die Korrektur 1. Ordnung des Farbfehlers bei Verwendung von 2 dünnen Linsen:

(4.2.1)
$$e = \frac{v_1 \cdot f_1' + v_2 \cdot f_2'}{v_1 + v_2}$$

Sonderfälle:

(4.2.2)
$$e = 0 \implies \frac{f_1'}{f_2'} = -\frac{v_2}{v_1}$$

(4.2.3)
$$v_1 = v_2 \implies e = \frac{f_1' + f_2'}{2}$$

4.3 Messung der Bildqualität

Intensität (Leuchtdichte, Lichtstärke, Strahlstärke ...) J
Ortsfrequenz (Anzahl der Linienpaare pro mm) R
Modulation M

(4.3.1)
$$M = \frac{J_{\max} - J_{\min}}{J_{\max} + J_{\min}}$$

Modulationsübertragungsfaktor T

(4.3.2)
$$T = \frac{M_{\text{Bild}}}{M_{\text{Objekt}}}$$

Modulationsübertragungsfunktion $T = T(R)$

5 Parameter von Licht- und Strahlungsquellen

5.1 Formelzeichen und Einheiten

Größen, die für die Ausstrahlung definiert sind (Quelle):   Index 1
Größen, die für die Einstrahlung definiert sind (bestrahlte Fläche):   Index 2

A_1	strahlende Fläche der Quelle	$[A_1] = m^2$
A_2	Größe der bestrahlten Fläche	$[A_2] = m^2$
Ω_1	Größe des Raumwinkels, unter dem die Quelle strahlt	$[\Omega_1] = sr$
Ω_2	Größe des Raumwinkels, unter dem der Empfänger bestrahlt wird	$[\Omega_2] = sr$
Ω_0	Raumwinkel 1 sr	$\Omega_0 = 1\ sr$
X	Eingangsgröße z.B. Lichtstrom, Beleuchtungsstärke	
Y	Ausgangsgröße z.B. Strom, Spannung, Widerstand	

$$\frac{dX}{d\lambda} = X_\lambda \qquad \text{spektrale Eingangsgröße}$$

$$\frac{dY}{d\lambda} = Y_\lambda \qquad \text{spektrale Ausgangsgröße}$$

$$K = \frac{\Phi_v}{\Phi_e} \qquad \text{fotometrisches Strahlungsäquivalent für Tagessehen} \qquad [K] = lm/W$$

$K_m = 683\ lm/W$ Maximalwert des fotometrischen Strahlungsäquivalents für Tagessehen bei 555 nm
$V(\lambda)$ spektraler Hellempfindlichkeitsgrad für Tagessehen. Zahlenwerte in DIN 5031–3.

$$V = \frac{K}{K_m} \qquad \text{visueller Nutzeffekt der Gesamtstrahlung}$$

5.2 Raumwinkel Ω

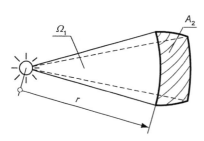

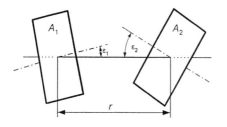

A_2 ist ein beliebiger Ausschnitt aus einer Kugel mit dem Radius r

(5.2.1) $$\Omega_1 = \frac{A_2}{r^2} \cdot \Omega_0$$

(5.2.2) $$d\Omega_1 = \frac{dA_2 \cdot \cos\varepsilon_2}{r^2} \cdot \Omega_0$$

Für ein rotationssymmetrisches System gilt:

(5.2.3) $$d\Omega_1 = 2\pi \cdot \sin\sigma \cdot d\sigma \cdot \Omega_0$$

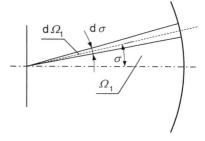

Für einen Kreiskegel mit dem Öffnungswinkel σ gilt:

(5.2.4) $$\Omega_1 = 2\pi \cdot (1 - \cos\sigma) \cdot \Omega_0 = 4\pi \cdot \sin^2\frac{\sigma}{2} \cdot \Omega_0$$

Für kleine Winkel (Bogenmaß!) gilt:

(5.2.5) $$\Omega_1 \approx \pi \cdot \sigma^2 \cdot \Omega_0$$

5.3 Radiometrische und fotometrische Größen und Einheiten

Ten Times Law
Viele in Radiometrie und Fotometrie verwendete Formeln beziehen sich auf eine Kugeloberfläche oder differentielle Flächenelemente. Diese Beziehungen dürfen bei Lambert-Strahlern mit maximal 1% Fehler auch auf endliche, ebene Flächen angewandt werden, wenn der Abstand zwischen Sender und Empfänger größer ist, als der 10-fache Wert der Sender- bzw. Empfängerdiagonale (der größere Wert ist entscheidend). Das TTL darf nicht bei extrem gerichteten Strahlern (Laser, kollimierte Bündel) eingesetzt werden.

Radiometrie und Fotometrie
Radiometrie: Energetische Bewertung der Strahlung in den Einheiten W, W/m^2, W s.

Fotometrie: Bewertung der Strahlung mit dem Auge als Lichtempfänger in den Einheiten lm, lm/m^2, lm s.

Basis der Fotometrie ist der spektrale Hellempfindlichkeitsgrad für Tagessehen $V(\lambda)$ oder für Nachtsehen $V'(\lambda)$.

Ausgangsleistung Φ
Strahlungsfluss Φ_e Lichtstrom Φ_v
$[\Phi_e] = W$ $[\Phi_v] = Lumen = lm$

$$(5.3.1) \qquad \Phi_v = K \cdot \Phi_e$$

Bei monochromatischer Strahlung gilt:

$$(5.3.2) \qquad \Phi_v = K_m \cdot V(\lambda) \cdot \Phi_e$$

Bei polychromer Strahlung und einer Diodenzeile als Empfänger:

$$(5.3.3) \qquad \Phi_v = K_m \cdot \left[V(\lambda_1) \cdot \Phi_{e1} + V(\lambda_2) \cdot \Phi_{e2} + \dots\dots + V(\lambda_k) \cdot \Phi_{ek} \right]$$

Bei einem Wellenkontinuum gilt:

$$(5.3.4) \qquad \Phi_v = K_m \cdot \int \frac{d\Phi_e}{d\lambda} \cdot V(\lambda) \cdot d\lambda$$

Ausgangsleistung je Raumwinkel I
Strahlstärke I_e Lichtstärke I_v
$[I_e] = W/sr$ $[I_v] = lm/sr = Candela = cd$

$$(5.3.5) \qquad I = \frac{d\Phi}{d\Omega_1} \qquad \Phi = \int I \cdot d\Omega_1$$

Bei räumlich konstantem I (Kugelstrahler) gilt:

$$(5.3.6) \qquad I = \frac{\Phi}{\Omega_1} = \frac{\Phi \cdot r^2}{A_2 \cdot \Omega_0} \qquad \Phi = I \cdot \Omega_1$$

Gesamter abgestrahlter Lichtstrom bei

$$(5.3.7) \qquad \Phi = I \cdot 4\pi \cdot \Omega_0$$

$$(5.3.8) \quad \text{Lambert-Strahler} \qquad \Phi = I_0 \cdot \pi \cdot \Omega_0$$

Abstrahlung in einen Kreiskegel mit dem Öffnungswinkel 2σ bei

(5.3.9) Kugelstrahler

$$\Phi = I_0 \cdot 2\pi \cdot (1 - \cos\sigma) \cdot \Omega_0$$

(5.3.10) Lambert-Strahler

$$\Phi = I_0 \cdot \pi \cdot \sin^2\sigma \cdot \Omega_0$$

Ausgangsleistung je Raumwinkel und strahlende Flächeneinheit L
Strahldichte L_e Leuchtdichte L_v
$[L_e] = W/(m^2\,sr)$ $[L_v] = cd/m^2$

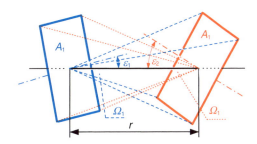

$$(5.3.11) \qquad L = \frac{dI}{dA_1 \cdot \cos\varepsilon_1} = \frac{d^2\Phi}{d\Omega_1 \cdot dA_1 \cdot \cos\varepsilon_1}$$

$$(5.3.12) \qquad L = \frac{dI}{dA_2 \cdot \cos\varepsilon_2} = \frac{d^2\Phi}{d\Omega_2 \cdot dA_2 \cdot \cos\varepsilon_2}$$

Bei räumlich konstantem Wert von dI/dA_1:

$$(5.3.13) \qquad L = \frac{I}{A_1 \cdot \cos\varepsilon_1} = \frac{\Phi}{\Omega_1 \cdot A_1 \cdot \cos\varepsilon_1}$$

$$(5.3.14) \qquad L = \frac{I}{A_2 \cdot \cos\varepsilon_2} = \frac{\Phi}{\Omega_2 \cdot A_2 \cdot \cos\varepsilon_2}$$

Nicht selbst leuchtende, matte Oberflächen (Lambert-Strahler) mit dem Reflexionsgrad ϱ. Bei Bestrahlung mit E gilt unabhängig vom Betrachtungswinkel:

(5.3.15)
$$L = \frac{\varrho \cdot E}{\pi \cdot \Omega_0}$$

Eingangsleistung je Flächeneinheit E

Bestrahlungsstärke E_e Bestrahlungsstärke E_v

$[E_e] = \text{W/m}^2$ $[E_v] = \text{lm/m}^2 = \text{Lux} = \text{lx}$

(5.3.16)
$$E = \frac{\mathrm{d}\Phi}{\mathrm{d}A_2}$$

Bei räumlich konstantem Wert von E und Gültigkeit des Ten Times Law:

(5.3.17)
$$E = \frac{\Phi}{A_2} = \frac{I}{r^2} \cdot \cos\varepsilon_2 \cdot \Omega_0$$

(5.3.18)
$$\frac{I}{I_0} = \left(\frac{r}{r_0}\right)^2$$

«Entfernungsgesetz der Fotometrie»

Weitere radiometrische und fotometrische Größen

(5.3.19)
$$M = \frac{\mathrm{d}\Phi}{\mathrm{d}A_1}$$

(5.3.20)
$$Q = \int \Phi \cdot \mathrm{d}t$$

(5.3.21)
$$H = \int E \cdot \mathrm{d}t$$

6 Eigenschaften optischer Systeme

6.1 Objektivtypen

Bildhöhe y' = Bildformatdiagonale/2
Einteilung nach dem Feldwinkel:

Weitwinkelobjektiv	$2\|\omega\| > 55°$
Normalobjektiv	$55° > 2\|\omega\| > 40°$
Tele-, Fernobjektiv	$2\|\omega\| < 40°$

6.2 Bildhelligkeit als Funktion der Objektweite

Φ_∞ Lichtstrom bei Objektweite ∞
Φ Lichtstrom bei endlicher Objektweite
E_∞ Beleuchtungsstärke bei Objektweite ∞
E Beleuchtungsstärke bei endlicher Objektweite

(6.2.1)
$$\frac{\Phi_\infty}{\Phi} = \frac{E_\infty}{E} = (1 - \beta')^2$$

6.3 Helligkeitsverteilung in der Bildebene

Die Helligkeitsverteilung in der Bildebene hängt von der räumlichen Strahlungscharakteristik $I(\omega)$ des Senders, dem Feldwinkel ω und der Lage der Bildebene A_2 relativ zur optischen Achse ab.

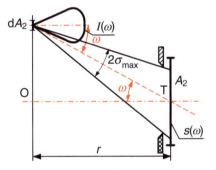

E_0 Beleuchtungsstärke in T, wenn dA_1 in O liegt und A_2 senkrecht $\overline{OT}$ steht
$I(\omega)_{\text{rel 1}}$ Relativwert der Abstrahlung des Senders als Funktion des Feldwinkels
$s(\omega)_{\text{rel 2}}$ Winkelabhängigkeit des Empfängers

(6.3.1)
$$E = E_0 \cdot I(\omega)_{\text{rel 1}} \cdot \cos^2 \omega \cdot s(\omega)_{\text{rel 2}}$$

Ist der Sender ein Lambert-Strahler mit $I(\omega)_{\text{rel 1}} = \cos \omega$ und hat der Empfänger ebenfalls Kosinuscharakteristik $s(\omega)_{\text{rel 2}} = \cos \omega$, so gilt:

(6.3.2)
$$E = E_0 \cdot \cos^4 \omega$$

(Natürlicher Helligkeitsabfall bei Objektiven)

6.4 Schärfentiefe

u' Unter Berücksichtigung der Empfängerauflösung zulässige Unschärfe des Bildes
a Eingestellte Objektweite (Vorzeichen negativ!)
a_h Größte unter Berücksichtigung der zulässigen Unschärfe u', z.B. Pixelabmessungen oder Korngröße, noch gut gezeichnete Objektweite
a_v Kleinste unter Berücksichtigung der zulässigen Unschärfe u' noch gut gezeichnete Objektweite

(6.4.1)
$$a_h = \frac{a \cdot f'^2}{f'^2 + k \cdot u' \cdot (f' + a)}$$

(6.4.2)
$$a_v = \frac{a \cdot f'^2}{f'^2 - k \cdot u' \cdot (f' + a)}$$

a_∞ Entfernungseinstellung, bei der Unendlich gerade noch scharf wird

(6.4.3)
$$a_\infty = -\frac{f'^2}{k \cdot u'} - f'$$

$a_{v\infty}$ Vordere Schärfenebene bei Einstellung auf a_∞

(6.4.4)
$$a_{v\infty} = \frac{a_\infty \cdot f^2}{f'^2 - k \cdot u' \cdot (f' + a_\infty)} \approx -\frac{f'^2}{2\,k \cdot u'}$$

7　Optische Instrumente

7.1　Vergrößerung

ω_{mit}　Sehwinkel mit optischem Gerät
ω_{ohne}　Sehwinkel ohne optisches Gerät
Γ'　Vergrößerung

(7.1.1)
$$\Gamma' = \frac{\tan \omega'}{\tan \omega} = \frac{\tan \omega_{\mathrm{mit}}}{\tan \omega_{\mathrm{ohne}}}$$

Lässt sich das Objekt in der Bezugssehweite $l_0 = -a_s = 250$ mm betrachten, so gilt:

(7.1.2)
$$\tan \omega_{\mathrm{ohne}} = \frac{y}{l_0} = \frac{-y}{a_s} = \frac{y}{250}$$

7.2　Lupe, Leseglas

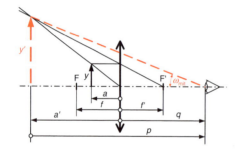

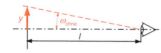

(7.2.1)
$$\Gamma' = l \cdot \left(\frac{1}{p} - \frac{q}{p \cdot f'} + \frac{1}{f'} \right)$$

Sonderfall 1:　Auge auf unendlich akkommodiert, $p \rightarrow \infty$

(7.2.2)
$$\Gamma' = \frac{l}{f'}$$

Sonderfall 2:　Standardvergrößerung Objekt in der Brennebene, Bild im unendlichen, $l = -a_s = 250$ mm

(7.2.3)
$$\Gamma'_{\mathrm{L}} = \frac{250}{f'}$$

Sonderfall 3:　Auge direkt an der Lupe, $q = 0$

(7.2.4)
$$\Gamma' = \frac{l}{p} + \frac{l}{f'}$$

Sonderfall 4:　Auge direkt an der Lupe, Akkommodation auf die Bildweite 250 mm; $l = -a_s = p = 250$ mm, $q = 0$, «Handelsvergrößerung» Γ'_{trade}.

(7.2.5)
$$\Gamma'_{\mathrm{trade}} = \frac{250}{f'} + 1$$

7.3　Mikroskop

Objektiv:　Ob
Okular:　Ok
Mikroskop:　M
Optische Tubuslänge:　$t = \overline{F'_{\mathrm{Ob}} F_{\mathrm{Ok}}}$

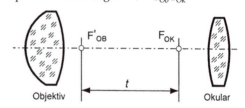

Standardvergrößerung: Bild im unendlichen

(7.3.1)
$$\beta'_{\mathrm{Ob}} = -\frac{t}{f'_{\mathrm{Ob}}}$$

(7.3.2)
$$\Gamma'_{\mathrm{Ok}} = \frac{250}{f'_{\mathrm{Ok}}}$$

(7.3.3)
$$\Gamma'_{\mathrm{M}} = \beta'_{\mathrm{Ob}} \cdot \Gamma'_{\mathrm{Ok}} = -\frac{250 \, t}{f'_{\mathrm{Ob}} \cdot f'_{\mathrm{Ok}}}$$

Auflösungsgrenze: Kleinstes noch trennbares Objektdetail Δy

(7.3.4)
$$\Delta y = 0{,}61 \cdot \frac{\lambda_0}{n \cdot \sin \sigma_{\max}} = 0{,}61 \cdot \frac{\lambda_0}{NA_{\mathrm{Ob}}}$$

7.4　Fernrohr

Standardvergrößerung: Objekt und Bild im unendlichen

(7.4.1)
$$\Gamma'_{F\infty} = -\frac{f'_{\mathrm{Ob}}}{f'_{\mathrm{Ok}}} \qquad |\Gamma'| = \frac{D_{\mathrm{EP}}}{D_{\mathrm{AP}}}$$

Baulänge

(7.4.2)
$$l = f'_{\mathrm{Ob}} + f'_{\mathrm{Ok}}$$

Dämmerungszahl

$$(7.4.3) \qquad Z_D = \sqrt{|\Gamma'_{F\infty}| \cdot \frac{D_{EP}}{mm}}$$

Auflösungsgrenze: Kleinster noch trennbarer Objektwinkel $\Delta\omega$ beim Durchmesser D_{EP} der Eintrittspupille

$$(7.4.4) \qquad \Delta\omega = 1{,}22 \cdot \frac{\lambda}{D_{EP}}$$

7.5 Fotoapparat, Camcorder

Maximaler Objektfeldwinkel 2ω bei einem Durchmesser der Bildfelddiagonalen d

$$(7.5.1) \qquad 2\omega_{max} = 2\arctan\frac{d}{2f'}$$

l Aufnahmeentfernung = Abstand Objekt – Bild (Optische Länge)
z Auszug = Objektivverschiebung relativ zur Unendlicheinstellung

$$(7.5.2) \qquad l = -a + HH' + f' + z'$$

$(7.5.3)$

$$z' = \frac{l - 2f' - HH'}{2} - \sqrt{\left(\frac{l - 2f' - HH'}{2}\right)^2 - f'^2}$$

$$(7.5.4) \qquad \beta' = \frac{a'}{a} = -\frac{z'}{f'}$$

E_0 axiale Beleuchtungsstärke in der Bildebene
E_∞ axiale Beleuchtungsstärke in der Bildebene bei Unendlicheinstellung

$$(7.5.5) \qquad E_0 = \frac{E_\infty}{\left(1 + |\beta'|\right)^2}$$

$E(\omega)$ außeraxiale Beleuchtungsstärke unter dem Bildfeldwinkel ω

$$(7.5.6) \qquad E(\omega) = E_0 \cdot \cos^4\omega$$

Wird ein System mit dem Durchmesser D_{EP} der Eintrittspupille und der Blendenzahl k gleichmäßig beleuchtet, so ist sein Auflösungsvermögen $2\Delta y'$ gleich dem Durchmesser des zentralen Beugungsscheibchens.

Objekt in der Objektweite a

$$(7.5.7) \qquad \Delta y' = 1{,}22\,\lambda \cdot \frac{a'}{D_{EP}} = 1{,}22\,\lambda \cdot k \cdot \frac{a'}{f'}$$

Objekt weit entfernt ($a \to -\infty$)

$$(7.5.8) \qquad \Delta y' = 1{,}22\,\lambda \cdot k$$

7.6 Spektralapparat

Gitterspektralapparat
m Beugungsordnung
N Anzahl der zur Beugung beitragenden Gitterspalte
β_{max} Winkel, unter dem das Beugungsmaximum m-ter Ordnung erscheint

$$(7.6.1) \qquad \sin\beta_{max} = m \cdot \frac{\lambda}{g}$$

Auflösung

$$(7.6.2) \qquad \frac{\lambda}{\Delta\lambda} = m \cdot N$$

Prismenspektralapparat
b Breite der Prismenbasis
$dn/d\lambda$ Dispersion des Prismenmaterials
δ Ablenkwinkel bei symmetrischem Strahlengang
α Prismenwinkel

$$(7.6.3) \qquad \Delta\delta = \frac{dn}{d\lambda} \cdot \frac{\sin\dfrac{\alpha}{2}}{\cos\left(\delta + \dfrac{\alpha}{2}\right)} \cdot \Delta\lambda$$

Auflösung

$$(7.6.4) \qquad \frac{\lambda}{d\lambda} = -b \cdot \frac{dn_P}{d\lambda}$$

8 Optoelektronik

8.1 Licht- und Strahlungsquellen

Spektrale Verteilung

(8.1.1)
$$J(\lambda)_{rel} = \frac{dJ/d\lambda}{(dJ/d\lambda)_{Bezug}}$$

Wirkungsgrad, Lichtausbeute

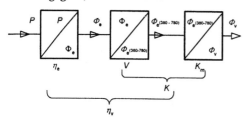

(8.1.2)
$$\text{Wirkungsgrad} = \frac{\text{Gewünschter Effekt}}{\text{Auslösende Ursache}}$$

η_e Strahlungsausbeute

(8.1.3)
$$\eta_e = \frac{\text{Abgegebener Strahlungsfluss}}{\text{Zugeführte Leistung}}$$

(8.1.4)
$$\eta_e = \frac{\Phi_e}{P} = \frac{\int_{\lambda_1}^{\lambda_2}(d\Phi_e/d\lambda)\cdot d\lambda}{P}$$

Wählt man $\lambda_1 = 0$ und $\lambda_2 \to \infty$, so wird $\eta_e = \eta_{e\,tot}$

K fotometrisches Strahlungsäquivalent der Gesamtstrahlung

(8.1.5)
$$K = \frac{\text{Mit dem Auge bewerteter Strahlungsfluss}}{\text{Gesamte ankommende Strahlungsleistung}}$$

(8.1.6)
$$K = \frac{\Phi_v}{\Phi_e} = \frac{\eta_v}{\eta_e} = K_m \cdot V$$

η_v Lichtausbeute

(8.1.7)
$$\eta_v = \frac{\text{Emittierter Lichtstrom}}{\text{Zugeführte Leistung}}$$

(8.1.8)
$$\eta_v = \frac{\Phi_v}{P} = K \cdot \eta_e = V \cdot K_m \cdot \eta_e$$

V visueller Nutzeffekt der Gesamtstrahlung

(8.1.9)
$$V = \frac{\Phi_v}{K_m \cdot \Phi_e} = \frac{K}{K_m}$$

Räumliche Licht- und Strahlstärkeverteilung

Kugelstrahler $\quad I = \text{konst}$
Lambert-Strahler $\quad I = I_0 \cdot \cos\varphi$
beliebig $\quad\quad\quad I = I(\varphi)$

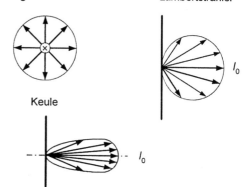

Polarisationsgrad

(8.1.10)
$$P = \frac{J_0 - J_{90}}{J_0 + J_{90}}$$

J_0 = Intensität in der Polarisationsebene
J_{90} = Intensität in der Ebene senkrecht dazu

8.2 Fotoempfänger

Empfindlichkeit

s absolute Empfindlichkeit

(8.2.1)
$$s = \frac{\text{Ausgangsgröße}}{\text{Eingangsgröße}} = \frac{Y}{X}$$

$s(\lambda)$ absolute spektrale Empfindlichkeit

(8.2.2)
$$s(\lambda) = \frac{dY(\lambda)}{dX(\lambda)}$$

s_{rel} relative Empfindlichkeit

(8.2.3)
$$s_{rel} = \frac{\text{Absolute Empfindlichkeit}}{\text{Bezugswert}} = \frac{s}{s_0}$$

Bezugswerte sind der Maximalwert (Index max. oder P), die Temperatur (Index z.B. 25°) oder der Winkel (Index z.B. 0)

$S(\lambda)_{\text{rel}}$ relative spektrale Empfindlichkeit

(8.2.4)
$$s(\lambda)_{\text{rel}} = \frac{s(\lambda)}{s(\lambda_0)}$$

$s(\alpha)_{\text{rel}}$ relative Winkelabhängigkeit

(8.2.5)
$$s(\alpha)_{\text{rel}} = \frac{s(\alpha)}{s(\alpha_0)}$$

Ist die Eingangsgröße $X = X(\lambda)$ wellenlängenabhängig, so berechnet sich die Ausgangsgröße Y zu

(8.2.6)
$$Y = s(\lambda_0) \cdot \int_{\lambda_1}^{\lambda_2} s(\lambda)_{\text{rel}} \cdot \frac{\mathrm{d}X(\lambda)}{\mathrm{d}\lambda} \cdot \mathrm{d}\lambda$$

Visuelle Bewertung

Bei der visuellen Bewertung der Strahlung wird $s(\lambda_0) = K_{\text{m}}$ und $s(\lambda)_{\text{rel}} = V(\lambda)$ gesetzt.

9 Näherungsformeln zur Berechnung von Linsendaten

Plankonvexlinse

   Voraussetzungen :
$$n_L = 1,5$$
$$r = |r_2|$$
$$f' = 2r$$
$$f = -2r$$
$$s'_\infty = s'_{F'} = 2r$$
$$s_\infty = s_F = -2r + \frac{2}{3}d$$
$$S_2H' = 0$$
$$S_1H = \frac{2}{3}d$$

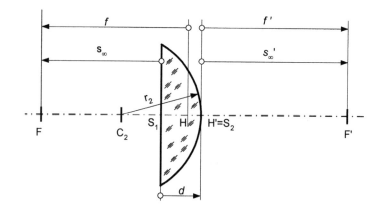

Plankonvexlinse

   Voraussetzungen :
$$n_L = 1,5$$
$$r = |r_1|$$
$$f' = 2r$$
$$f = -2r$$
$$s'_\infty = s'_{F'} = 2r - \frac{2}{3}d$$
$$s_\infty = s_F = -2r$$
$$S_2H' = \frac{2}{3}d$$
$$S_1H = 0$$

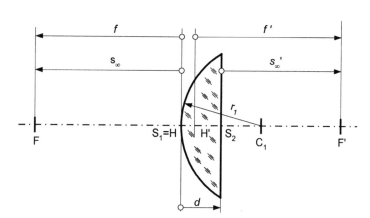

Bikonvexlinse

   Voraussetzungen :
$$n_L = 1,5$$
$$r = |r_1| = |r_2|$$
$$d \ll |6r|$$
$$f' = r$$
$$f = -r$$
$$s'_\infty = s'_{F'} = r - \frac{d}{3}$$
$$s_\infty = s_F = -r + \frac{d}{3}$$
$$S_2H' = -\frac{d}{3}$$
$$S_1H = \frac{d}{3}$$

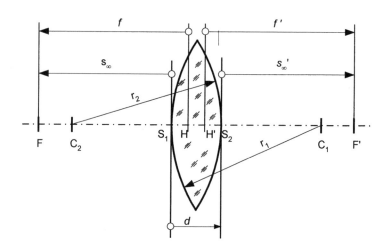

Plankonkavlinse

Voraussetzungen :

$n_L = 1{,}5$

$r = |r_2|$

$f' = -2r$

$f = 2r$

$s'_\infty = s'_{F'} = -2r$

$s_\infty = s_F = 2r + \dfrac{2}{3}d$

$S_2H' = 0$

$S_1H = \dfrac{2}{3}d$

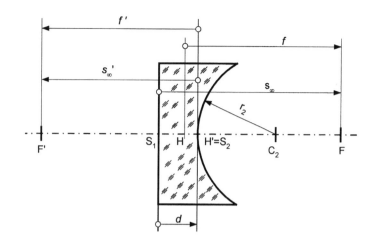

Plankonkavlinse

Voraussetzungen :

$n_L = 1{,}5$

$r = |r_1|$

$f' = -2r$

$f = 2r$

$s'_\infty = s'_{F'} = -2r - \dfrac{2}{3}d$

$s_\infty = s_F = 2r$

$S_2H' = -\dfrac{2}{3}d$

$S_1H = 0$

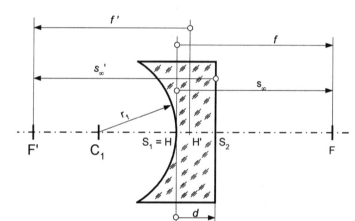

Bikonkavlinse

Voraussetzungen :

$n_L = 1{,}5$

$r = |r_1| = |r_2|$

$d \ll |6r|$

$f' = -r$

$f = r$

$s'_\infty = s_F = s'_{F'} = r - \dfrac{d}{3}$

$s_\infty = r + \dfrac{d}{3}$

$S_2H' = -\dfrac{d}{3}$

$S_1H = \dfrac{d}{3}$

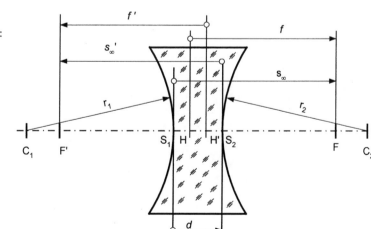

10 Bildkonstruktion

Die folgenden Beispiele zeigen alle Möglichkeiten der Bildkonstruktion bei optischen Systemen.

———————— Parallelstrahl   ———————— Hauptpunktstrahl
———————— Brennstrahl   —·—·—·— Beliebiger Strahl

Hohlspiegel, Sammelspiegel, Konkavspiegel

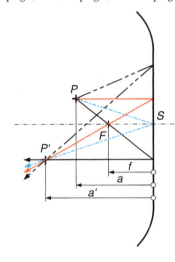

Wölbspiegel, Zerstreuungsspiegel, Konvexspiegel

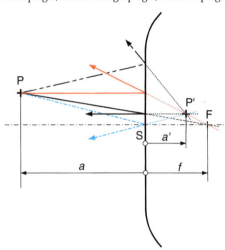

dünne Positivlinse, dünne Sammellinse

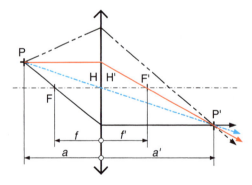

dünne Negativlinse, dünne Zerstreuungslinse

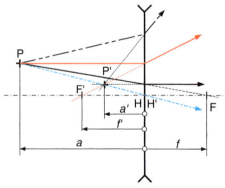

Positivsystem, sammelndes System mit HH' > 0

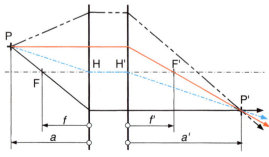

Negativsystem, zerstreuendes System, HH' > 0

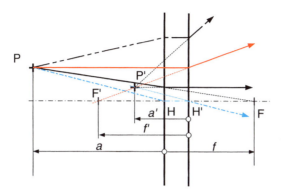

Positivsystem, sammelndes System mit HH' < 0

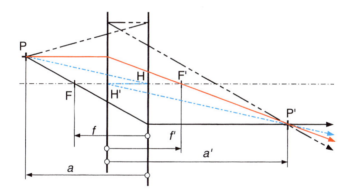

Negativsystem, zerstreuuendes System mit HH' < 0

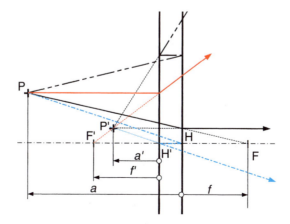

Abkürzungen aus der technischen Optik, Elektronik, Datentechnik

A

ABS	Antilock Brake System, Antiblockiersystem
AC	Alternating Current (Wechselstrom)
ACC	Adaptive Cruise Control
ADC	Analogue to Digital Converter
ADP	Ammonium-Dihydrogen-Phosphat (Kristall mit nichtlinearen optischen Eigenschaften)
AE	Auto Exposure
AF	Auto Focus
ATW	Auto Tracking Whitebalance
AFC	Automatic Frequency Control
AFM	Atomic Force Microscope (Kraftmikroskop)
AGC	Automatic Gain Control
ALU	Arithmetic Logic Unit
AM	Amplitude Modulation
ANSI	American National Standards Institute
AO	Acoustic Optical
AON	All Optical Network
APD	Avalanche Photo Diode
ASCII	American Standard Code for Information Interchange
ASIC	Application Specific Integrated Circuit
AT	Auto Tracking
ATE	Automatic Test Equipment
ATM	Asynchronous Transfer Mode (Protokoll)
ATW	Auto Tracking Whitebalance
AVC	Automatic Volume Control

B

BBO	Beta-Bariumborat (Kristall mit nicht linearen optischen Eigenschaften)
BCD	Binary Coded Decimal
BCDMOS	Bipolar CMOS/DMOS
BDM	Birefringence Dispersion Matching
BGA	Ball Grid Array
BiCMOS	Bipolar CMOS
BPI	Bits Per Inch
BPS	Bits Per Second
BTU	British Thermal Unit

C

CAD	Computer Aided Design
CAE	Computer Aided Engineering
CAM	Computer Aided Manufacturing
CAN	Controller-Area-Network (CAN-Bus, Lokales Netzwerk, Feldbus, CAN Open)
CCD	Charge Coupled Device (Bilderfassungs-Chip)

CCIR	International Radio Consultative Committee (Internationaler beratender Ausschuss für den Funkdienst)
CCW	Counter Clock Wise (gegen den Uhrzeigersinn)
CD	Compact Disc
CDMA	Code Division Multiple Access
CE	Conformite Europeene (European EMC standard)
CEM	Contract Electronic Manufacturer, Vertragshersteller
CFC	Kohlefaserverstärkter Kohlenstoff
CFD	Computational Fluid Dynamics (Simulation strömungstechnischer und thermodynamischer Problemstellungen)
CFK	Kohlefaserverstärkter Kunststoff
CID	Charge Injection Device (Zelle für Bilderfassung ähnlich CCD)
CIM	Computer Integrated Manufacturing
CIS	Copper Indium Diselenid (Material für Solarzellen)
CMOS	Complementary Metal Oxide Semiconductor
C-Mount	Spezieller Anschluss für Objektive
CMR	Common Mode Rejection (Gleichtaktunterdrückung)
CPCI	Compact Personal Computer Interface
CPLD	Complex Programmable Logic Device
CPU	Central Processing Unit (Zentraleinheit eines Rechners)
CRT	Cathode Ray Tube (Katodenstrahlröhre, Fernsehröhre)
CSA	Canadian Standards Association
CSP	Chip Scale Packaging (Methode der Chipmontage)
CVD	Chemical Vapour Deposition (Chemische Abscheidung aus der Gasphase)
CVL	Copper-Vapour Laser (Kupferdampflaser)
CW	Continuous Wave (Gleichlichtquelle)
CW	Clock Wise

D

DAC	Digital to Analogue Converter
dBm, dBμ	Leistung (Spannung) bezogen auf 1 mW bzw. 1 μW (1 mV bzw. 1 μV)
DC	Direct Current (Gleichstrom)
DCX	Dual Convex (Bikonvexlinse)
DEG	Degree (Grad)
DFB	Distributed FeedBack (Resonatorkonfiguration beim Laser)
D-FET	Depletion-mode Field Effect Transistor

DH	Doppel-Hetero-Struktur (Aufbau von Laserdioden)	ERF	Elektrorheologische Flüssigkeit
DIP	Dual In-line Package	ERP	Expertensystem für E-Commerce
DMA	Direct Memory Access (direkter Speicherzugriff)	ESP	Electronic Stability Program
		ESR	Equivalent Series Resistor
DMD	Digital Micro mirror Device (Array kleinster ansteuerbarer Spiegel)	ESR	Electron Spin Resonance
DMM	Digital Multimeter	**F**	
DMUX	Demultiplexer	F&E	Forschung und Entwicklung
DPI	Dots Per Inch	FBG	Fibre Bragg Grating (Beugungsgitter in Faser integriert)
DPSS	Diode Pumped Solid State Laser	FCC	Federal Communications Commission
DRAM	Dynamisches RAM	FED	Field Emission Display
DSLR	Digital Single Lens Reflex (digitale Spiegelreflexkamera)	FEM	Finite Element Method
		FEP	Fluor Ethylene Propylene
DSM	Deep Sub Micron (Mikrostrukturen unter 1 µm)	FET	Field Effect Transistor
		FFT	Fast Fourier Transformation
DSO	Digital Storage Oscilloscope	FGL	Form-Gedächtnis-Legierung
DSP	Digital Signal Processor/Processing	FIBE	Focused Ion-Beam Etching
DTB	Delayed Time Base (verzögerte Zeitbasis z.B. beim Oszilloskop)	FM	Frequency Modulation
		FO	Fibre Optic
DTL	Diode Transistor Logic	FP	Fabry Perot (Resonator aus planparallelen Flächen. FP-Laser, FP-Moden)
DUT	Device Under Test		
DUV	Deep Ultraviolett (FUV, fernes Ultraviolett, 200–280 nm)	FPA	Focal Plane Array
		FPD	Flat Panel Display
DVD	Digital Video Disc	FPGA	Field Programmable Gate Array (spezielles Gate-Array)
DVM	Digital Voltage Meter		
DWDM	Dense Wavelength Division Multiplexing (Methode, viele Kanäle auf einem Träger unterzubringen. Bandabstand typisch < 1 nm)	FPL(D)	Field Programmable Logic (Device)
		FQA	Fastener Quality Act (US Qualitätsanforderungen)
		FUV	Fernes Ultraviolett (200…280 nm)
		FW	Full Wave
E		FWHM	Full Width of Half Maximum (Halbwertsbreite bei 50% der Amplitude)
EC	European Community		
ECB	Electrically Controlled Birefringence		
EDA	Electronic Design Automation (rechnergestütztes Design elektronischer Schaltungen wie PSPICE)	**G**	
		GFK	Glasfaserverstärkter Kunststoff
		GPIB	General Purpose Interface Bus
EDFA	Erbium-Doped Fibre Amplifier, Erbiumdotierter Faserverstärker	GPRS	General Packet Radio Service (Mobilfunknorm bis 115 Mbit/s)
EEC	European Economic Community	GPS	Global Positioning System/Satelite (Bestimmung der Ortskoordinaten)
EEPROM	Electrically Erasable Programmable Read Only Memory		
EGA	Enhanced Graphic Adapter (Norm für Bilddarstellung)	GRIN	Gradienten Index (Material mit örtlich unterschiedlicher Brechzahl z.B. für Linsen)
EIA	Electronic Industries Association USA	GSM	Global System for Mobile Communications (Mobilfunknorm bis 2 Mbit/s)
EISA	Extended ISA (erweiterter Industriestandard-Bus)		
EL	Elektrolumineszenz (Anzeigentechnologie)	GTO	Gate Turn Off (spezieller Thyristor)
EMF	Elektromotorische Kraft	**H**	
EMI	Electro Magnetic Interference (elektromagnetische Störung)	HDI	High Density Interconnection (Leiterplatten mit hohem Integrationsgrad)
EMR	Electro Magnetic Radiation	HDL	Hardware Description Language
EMV	Elektromagnetische Verträglichkeit	HDTV	High Definition TeleVision (hochauflösendes Fernsehen)
EPROM	Erasable Programmable Read Only Memory	HLDL	Hochleistungs-Diodenlaser
		HP	Horse Power (PS)

HPLD	High Density PLD
HV	High Voltage
I	
I/O, IO	Input/Output (speziell bei Chips)
IAD	Ion Assisted Deposition (Beschichtungsverfahren)
IC	Integrated Circuit
ICE	In-Circuit Emulator
IEC	International Electro technical Commission
IEEE	Institute of Electrical and Electronic Engineers
IGBT	Insulated Gate Barrier/Bipolar Transistor
IGCT	Integrated Gate Commutated Thyristor
IGFET	Insulated Gate Field Effect Transistor
IR	Infrared
IRED	Infra Red Emitting Diode
ISA	Industry Standard Architecture (Industriestandard-Bus)
ISDN	Integrated Services Digital network
ISO	International Standardisation/Standards Organization
ITO	Indium Tin Oxide (transparente leitfähige Schicht)
J	
JFET	Junction Field Effect Transistor
JPEG	Joint Photographic Expert Group
K	
KD*P	Deuteriertes KDP
KDP	Kalium-Dihydrogen-Phosphat (Kristall mit nichtlinearen optischen Eigenschaften)
KMU	Kleine und mittelständische Unternehmen
KTA	(Kristall mit nichtlinearen optischen Eigenschaften)
KTP	$KTiOPO_4$ Potassium Titany Phosphat (Kaliumtitanylphosphat, Kristall mit nichtlinearen optischen Eigenschaften)
L	
LAAPD	Large Area Avalanche Photo Diode
LAN	Local Area Network (Lokales Netzwerk, Bus)
LASER	Light Amplification by Stimulated Emission of Radiation
LBO	Lithiumtriborat (Kristall mit nichtlinearen optischen Eigenschaften)
LCD	Liquid Crystal Display (Flüssigkristallanzeige)
LD	Laser Diode

LED	Light Emitting Diode (Leuchtdiode)
LEP	Light-Emitting Polymer
LGR	Localized Gain Region (spezielle Doppel-Hetero-Struktur)
LIDAR	Light Direction/Detection And Ranging
LIGA	Lithographie – Galvanoformung – Abformung (Verfahren der Mikrotechnik)
LSB	Least Significant Bit
LSD	Least Significant Digit
LSI	Large Scale Integration
LUT	Look-Up-Table (Tabellenspeicher für Bildverarbeitung)
LWL	Lichtwellenleiter
M	
MASER	Microwave Amplification by Stimulated Emission of Radiation, aber auch: Money Acquisition Scheme for Expensive Research
MBE	Molecular Beam Epitaxy (Technologie für den Aufbau von Halbleiterschichten speziell für A_3B_5-Halbleiter)
MCP	Micro Channel Plate, Multi Channel Plate
MCU	Micro Controller Unit
MD	Mini Disc
MELF	Metal Electrode Face bonded (Leiterplattentechnik)
MEMS	Micro Electromechanical Systems
MID	Moulded Interconnect Device (Integration mechanischer und elektrischer Funktionen in metallisiertem Spritzguss)
MIL	MIL-STD, Military Standard
MM	Multimode
MOCVD	Metal-Organic Chemical Vapour Deposition
MODEM	Modulator/Demodulator
MOE	Micro-Optical Elements
MOEMS	Micro Opto Mechanical Systems
MOS	Metal-Oxide Semiconductor
MOSFET	Metal Oxide Semiconductor Field Effect Transistor
MOVPE	Metal Organic Vapour Plasma Enhanced (Technologie für den Aufbau von Halbleiterschichten)
MPEG	Motion Picture Experts Group (Kompressionsverfahren für Daten, speziell Video)
MPI	Metallised Particle Interconnect (Verbindungstechnik für hochintegrierte Bauteile)
MPU	Microprocessor Unit
MQW	Multi Quantum Well
MRF	Magnetorheologische Flüssigkeit
MSB	Most Significant Bit

MSD	Most Significant Digit
MSI	Medium Scale Integration
MSM	Metal Semiconductor Metal (Aufbau optischer Sensoren)
MSW	Magnetostriktive Werkstoffe
MTBF	Mean Time Between Failures
MUX	Multiplexer
N	
NBS	National Bureau of Standards
NIST	National Institute of Standards and Technology (US-Behörde ähnlich PTB)
NOHD	Nominal Ocular Hazard Distance
NPL	National Physical Laboratory (UK-Behörde ähnlich PTB)
NRS	Non Rotationally Symmetric optical systems
NTSC	National Television System Committee
O	
OADM	Optical Add Drop Multiplexer
OEIC	Opto Electronic Integrated Circuit
OEM	Original Equipment Manufacturer (Hersteller des Originalgeräts, das meist in andere Geräte eingebaut wird)
OFCS	Optical Fibre Communications System
OLED	Organic Light-Emitting-Diode
OMM	Optical Micro Machines
OPA	Optical Parametric Amplifier
OPD	Optical Path Difference (Gangunterschied)
OPO	Optical Parametric Oscillator
OSI	Open System Interconnection
OTDM	Optical Time Domain Multiplex (siehe TDM)
OTDR	Optical Time-Domain Reflectometer
P	
PAL	Phase Alternation by Line (Fernsehnorm)
PAL	Programmable Array Logic
PBGA	Plastic Ball Grid Array
PCB	Printed-Circuit-Board (spezielle Leiterplatte, Electronic Design)
PCI	Personal Computer Internal Bus (Standard-Bussystem von PCs, speziell Compact-PCI)
PCM	Pulse Code Modulation
PCS	Plastic-Clad Silica
PCX	Plano Convex (Plankonvexlinse)
PDA	Photo Diode Array
PDA	Proposed Development Approach (vorgeschlagener Entwicklungsgang)
PDFA	Praseodymium Doped Fibre Amplifier
PDM	Produktdaten-Prozessmanagement-System

PEK	Piezo-Elektrische Keramik
PGA	Pin Grid Array (spezielles Gate-Array)
PIC	Photonic Integrated Circuit
PIMF	Pixel Interlaced Multiple Frame
PLD	Programmable Logic Device (Architektur, speziell CPLD)
PLL	Phase Locked Loop
PM	Phase Matching (Phasenanpassung)
PM	Phase Modulation
PMMA	Poly Methyl Meta Acrylat (Firmenname Plexiglas)
PMT	Photo Multiplier Tube
PO	Per Order (Bestellung)
PON	Passive Optical Network
POF	Plastic Optical Fiber (Kunststofffaser)
POFAC	Plastic Optical Fiber Application Center
PPLN	Periodically Poled Lithium Niobat
ppm	Parts Per Million (Faktor 10^{-6})
PPS	Produktionsplanungs- und Steuerungssystem
pps	Pulses Per Second
prf	Pulse Repetition Frequency
PROM	Programmable Read Only Memory
PSD	Position Sensitive Detector, Diode or Device (Sensor, welcher die Position eines Lichtstrahls detektiert)
PTB	Physikalisch Technische Bundesanstalt (Zuständig für Kalibrierung und Einheiten)
PTFE	Polytetrafluoroethylene
PVD	Physical Vapor Deposition
PZT	PieZo Transducer (Verschiebeeinheit mit kleinster Wegauflösung)
Q	
QA	Qualitätssicherung
QCL	Quantum Cascade Laser
QC	Quality Control (Qualitätskontrolle)
QD	Quantum Dot
QW	Quantum Well (Technologie für optische Halbleiter)
R	
RADAR	Radio Detection And Ranging
R&D	Research and Development, F&E
RAM	Random Access Memory
RF	Radio Frequency
RH	Relative Humidity (relative Feuchte)
RISC	Reduced Instruction Set Computing (Prozessor mit wenigen Befehlen)
ROM	Read Only Memory (Speichertyp)
RMS	Root Mean Square $\sqrt{\sum x^2}$ (quadratischer Mittelwert)
ROI	Return Of Invest

RTA	RbTiOAsO$_4$ (Rubidiumtitanylarsenat, Kristall mit nichtlinearen optischen Eigenschaften)		TIFF	Tagged Image File Format (Datenformat zur Bildspeicherung ohne Komprimierung)
RTOS	Echtzeitbetriebssystem		TIM	Thermal Infrared Microscopy
RX	Receiver/Receive		TIS	Total Integrated Scatter
			TN	Twisted Nematic (Flüssigkristall)
S			TRMS	True Root Mean Square («echter» Effektivwert = RMS)
SCH	Separate Confinement Heterostructure (spezielle DH-Struktur)		TTL	Ten Times Law
SBC	Single Board Computer (1-Platinen-Rechner)		TTL	Transistor – Transistor Logic
			TTP	Time Triggered Protocol (Protokoll für Datenkommunikation)
SCSI	Small Computer Standard/ System Interface		TX	Transmit/Transmitter
SECAM	System Electronique Couleur Avec Menoire (französische Fernsehnorm)		**U**	
SEM	Scanning Electron Microscope		USB	Universal Serial Bus
SHF	Super High Frequency		UART	Universal Asynchrony Receiver/ Transmitter
SIM	Subscriber Identity Module			
SL	Strained Layers (Lichtführung in Optohalbleitern durch mechanische Vorspannung)		UHF	Ultra High Frequency
			USV	Unterbrechungsfreie Stromversorgung
			UMTS	Universal Mobile Telecommunications System
SLM	Spatial Light Modulator			
SLR	Single Lens Reflex (Einängige Spiegelreflexkamera)		**V**	
SM	Single Mode		VCO	Voltage Controlled Oscillator
SMD	Surface Mounted Device (Bauelement für Oberflächenmontage)		VCSEL	Vertical-Cavity Surface Emitting Laser
			VDE	Verband Deutscher Elektrotechniker und Elektroniker
SMF	Standard Single Mode Fiber (typische Monomodefaser)		VFIR	Very Fast Infra Red (schnelles IR-Datenübertragungsprotokoll mit 16 MB/s)
SMP	Surface Mount Package			
SMS	Short Message Service		VGA	Video Graphics Adapter, Video Graphics Array
SMT	Surface Mount Technology (Technologie der Oberflächenmontage)			
			VHDL	Very High Speed Integrated Circuits Hardware Description Language
SNR	Signal to Noise Ratio			
SOA	Semiconductor Optical Amplifier		VHF	Very High Frequency
SOC	System On Chip		VLSI	Very Large Scale Integration
SPS	Speicher programmierbare Steuerung		VME	Versa Module Europe (VME-Bus, Rechner Bussystem)
SRAM	Statisches RAM			
SRS	Stimulated Raman Scattering		VRAM	(spezielles RAM)
SSI	Small Scale Integration		VUV	Vakuum Ultraviolett (100 nm < λ < 180 nm)
STP	Shielded Twisted Pair (spezielle abgeschirmte Leitung)			
			VXI	VME-Bus Extension for Instrumentation
T			**W**	
TDM	Time Division Multiplexing (Zeitmultiplex: Methode, vieleKanäle auf einem Träger unterzubringen)		WDM	Wavelength Division Multiplexing (Frequenz-Multiplex, Methode, viele Kanäle auf einem Träger unterzubringen)
TEA	Transversely Exited Atmospheric (Laseranregung)		**X**	
TEC	Thermal Electric Cooler		XUV	Ultraviolett unter 100 nm
TEM	Transverse Electromagnetic Mode (Lasermoden)		**Y**	
TFT	Thin Film Transistor (spezieller LCD-Aufbau)		YAG	Yttrium Aluminium Garnet
			YIG	Yttrium Iron Garnet

Auswahl einiger Normen

Vor jede Normen-Nummer gehört die Bezeichnung DIN N, DIN ISO oder EN ISO Sie wurde zur Vereinfachung weggelassen.

Normen zur technischen Optik greifen teilweise auf andere Gebiete über. Die zahlreichen Normen über Abmessungen konnten hier nicht aufgenommen werden. Durch die kurze Inhaltsangabe kann der umfangreiche Inhalt der häufig auf viele Einzelblätter aufgeteilten Normen nur angedeutet werden. Maßgeblich ist der jeweils neueste DIN-Katalog für technische Regeln des Beuth-Verlags.

A. Optik allgemein, Strahlung

1335	Geometriche Optik, Bezeichnungen
1349	Durchgang optischer Strahlung durch Materie
5030	Spektrale Strahlungsmessung
5031	Strahlungsphysik und Lichttechnik
5496	Temperaturstrahlung
58185	Optische Übertragungsfunktion
58186	Qualitätsbew. opt. Syst. (Falschlicht)
58187	Qualitätsbew. opt. Syst. (Verzeichng.)
67519	Aktinität im optischen Bereich

B. Farbmetrik, Farbmessung

5033	Farbmessung
6164	DIN-Farbenkarte
16536	Farbdichtemessung an Drucken
6163	Farben und Farbgrenzen für Signallichter
6174	Farbmetrische Bestimmung von Farbabständen
6169	Farbwiedergabe

C. Lampen, Leuchten, Beleuchtungstechnik, Optoelektronik

49800	Elektrische Lampen; Einteilung, Übersicht
49820	Lichtwurflampen
49895	Elektrische Glühlampen; Begriffe, Prüfungen
49804	Entladungslampen; Einteilung
5039	Licht, Lampen, Leuchten; Begriffe
5032	Lichtmessung
5036	Strahlungsphysikalische und lichttechnische Eigenschaften von Materialien
5037	Lichttechnische Bewertung von Scheinwerfern
67520	Reflexstoffe zur Verkehrssicherung
44020	Photoelektronische Bauelemente; Begriffe
44028	Messung photoelektrischer Bauelemente
44030	Lichtschranken und Lichttaster; Begriffe

D. Optische Geräte, Optikfertigung, Prüfverfahren

18718	Geodätische Instrumente; Begriffe
18723	Genauigkeitsuntersuchungen an geodätischen Instrumenten
18725	Geodätische Instrumente; Fernrohr-Strichfiguren
52305	Optische Prüfung von Sicherheitsglas
58172	Prüfung von optischen Systemen
58186	Qualitätsbewertung optischer Systeme
58383	Lupen
58385	Fernrohre; Arten, Benennungen
58386	Fernrohre; Optische Kenngrößen
14490	Fernrohre; Bestimmung der optischen Kenngrößen
58390	Umweltprüfung von optischen Geräten
58886	Mikroskope; Vergrößerungen, Maßstab
58887	Optische Anschlussmaße für Mikroskope
58925	Optisches Glas; Begriff, Einteilung
58926	Preßlinge für Optikeinzelteile
58927	Optisches Glas; Technische Lieferbedingungen
58928	Brillenrohglas

58960	Photometer für analytische Untersuchungen

E. Optische Bauelemente

10110	Maß- und Toleranzangaben für Optikeinzelteile
1836	Sichtscheiben für Augenschutzgeräte
58140	Faseroptik
58141	Prüfg. v. faseropt. Elementen
58158	Optik-Prismen
58160	Norm-Optikteile
58161	Prüfung von Optikeinzelteilen
58165	Zulässige Abweichungen für Optikeinzelteile
58166	Radien für Optikteile; Probegläser
58168	Optikteile, Systeme; Einteilung, Begriffe
58170	Zeichnungsangaben für Optiksysteme
58171	Norm-Optiksysteme
58190	Optische Strahlungsfilter; Einteilung, Begriffe
58191	Optische Strahlungsfilter; verschiedene Typen
58195	Dünne Schichten für die Optik; Begriffe
58196	Dünne Schichten für die Optik; Prüfung
58197	Mindestanforderungen für reflexionsmindernde Schichten und Spiegelschichten
58215	Laserschutzfilter und Laserschutzbrillen
1836	Sonnenschutzfilter
58219	Laser-Justierbrillen

58889	Objektive und Okulare für Mikroskope

F. Fotografie

4510	Bildgrößen und Kopiermasken
19040	Begriffe der Photographie
4521	Aufnahme- und Projektionsobjektive
4522	Aufnahmeobjektive
15741	Kino-Projektionsobjektive für 35 mm und 70 mm
15744	Kino-Projektionsobjektive für 16 mm
15844	Projektionsobjektive für Film 8 S
19010	Lichtelektrische Belichtungsmesser
19015	Zeitmessung an Zentralverschlüssen
19016	Schlitzverschlüsse
19017	Belichtungswert
16546	Filter für Farbauszüge in der Reprotechnik
19011	Blitzlichtquellen
19012	Blitzlampen
19020	Blitzleuchten
19030	Filter für Aufnahmeobjektive
4512	Photographische Sensitometrie
4531	Stereoskopie (Raumbildwesen)
6170	Anaglyphenverfahren der Stereoskopic
18716	Photogrammetrie: Begriffe
108	Diaprojektoren und Diapositive
19021	Bewertung von Stehbildwerfern
19045	Lehr- und Heimprojektion
15571	Bildwandausleuchtung bei Filmprojektion
15749	Lichtmessungen von Laufbildprojektoren

Literaturverzeichnis

Auch nicht mehr lieferbare Bücher älterer Auflagen wurden hier aufgeführt, weil sie viele Grundlagen ausführlich darstellen und die Entwicklung der Optik zeigen. Sie können meist in Bibliotheken oder über Fernausleihe eingesehen werden. Die Reihenfolge der Angaben ist keine Bewertung.

1 Optik allgemein

[1.1] BERGMANN, L., SCHAEFER, CL.: *Lehrbuch der Experimentalphysik.* Band III Optik. 9. Aufl. Berlin: Walter de Gruyter, 1993.

[1.2] BORN, M., WOLF, E.: *Principles of Optics.* 6. Aufl. Braunschweig: Pergamon Press, 1980.

[1.3] HAFERKORN, H.: *Optik.* 3. Aufl. Thun, Frankfurt: Verlag Harri Deutsch 1994.

[1.4] PEDROTTI, PEDROTTI, BAUSCH, SCHMIDT: *Optik – Eine Einführung.* Haar: Prentice Hall, 1996. 846 S.

[1.5] LIPSON, LIPSON, TANNHAUSER: *Optik.* Berlin: Springer-Verlag, 1997. Etwa 600 S.

[1.6] HECHT, E.: *Optik.* Oldenburg. München 2005.

[1.7] FLÜGGE, S. (Herausg.): *Handbuch der Physik,* Band 24: *Grundlagen der Optik,* Berlin: Springer-Verlag, 1956. 656 S.

[1.8] DRISCOLL, W. G., UND VAUGHAN, W. (Herausg.): *Handbook of Optics.* New York : McGraw-Hill Inc., 1978. Ca. 1200 S.

[1.9] KINGSLAKE, R.: *Applied Optics and Optical Engineering.* New York: Academic Press, 1965 bis 1987. 10 Bände.

[1.10] YOUNG, M.: *Optics and Lasers.* 4. Aufl. Berlin: Springer-Verlag,1992. 343_S.

[1.11] FLÜGGE, J.: *Studienbuch zur technischen Optik* (Herausg.: G. Hartwig). Göttingen: Vandenhoeck & Ruprecht, 1976. 314 S.

[1.12] SLEVOGT, H.: *Technische Optik.* Sammlung Göschen. Berlin: Verlag Walter de Gruyter, 1974. 308 S.

[1.13] HODAM, F.: *Formelsammlung und Tabellenbuch der technischen Optik.* Berlin: VEB Verlag Technik, 1974. 220 S.

[1.14] Taschenbuch Feingerätetechnik, Band 1. Berlin: VEB Verlag Technik 1968. 1050 S.

[1.15] FRANCON, M.: *Moderne Anwendungen der physikalischen Optik.* Berlin: Akademie-Verlag, 1971. 243 S.

[1.16] *Jahrbuch für Optik und Feinmechanik* (1996 im 43. Jahrgang). Berlin: Verlag Schiele & Schön.

[1.17] *Feinwerktechnik + Meßtechnik;* (früher: Feinwerktechnik). München: Carl Hanser Verlag.

[1.18] MÜTZE, K. (Herausg.): *Abc der Optik.* Hanau: Verlag Werner Dausien, 1961, 963 S.

[1.19] *Optik.* Fachorgan der Deutschen Gesellschaft für angewandte Optik. Stuttgart: Wissenschaftliche Verlagsgesellschaft mbH.

[1.20] FRIEDEN, B. R.: *Probability, Statistical Optics and Data Testing.* Berlin, Heidelberg, New York: Springer Verlag, 1983. 404 S.

[1.21] SCHILLING, H.: *Optik und Spektroskopie.* Thun, Frankfurt: Verlag Harri Deutsch, 1980. 376 S.

[1.22] Lexikon der optik. Spektruum Akademischer Verlag GmbH. Heidelberg, Berlin: 2003.

2 Rechnende Optik, Werkstoffe, Bauelemente

[2.1] FLÜGGE, J.: *Leitfaden der geometrischen Optik und des Optikrechnens.* Göttingen : Vandenhoeck & Ruprecht, 1956. 202 S.

[2.2] FLÜGGE, J.: *Praxis der geometrischen Optik.* Göttingen: Vandenhoeck & Ruprecht, 1962. 150 S.

[2.3] ZIMMER, H.-G.: *Geometrische Optik.* Berlin, Heidelberg, New York: Springer-Verlag 1967. 168 S.

[2.4] TIEDEKEN, R.: *Lehrbuch für den Optik-Konstrukteur.* Band I: Strahlengang in optischen Systemen. 2. Aufl. Berlin VEB Verlag Technik, 1963. 380 S.

[2.5] BEREK, M.: *Grundlagen der praktischen Optik.* Berlin: W. de Gruyter & Co., 1930/1970. 142 S.

[2.6] COX, A.: *A System of Optical Design.* London: The Focal Press, 1967. 665 S.

[2.7] GERRARD, A., UND BURCH, J. M.: *Introduction to Matrix Methods in Optics.* London: John Wiley & Sons, 1975. 355 S.

[2.8] GRAMATZKI, H. J.: *Probleme der konstruktiven Optik.* 2. Aufl. Berlin: Akademie-Verlag, 1957. 140 S.

[2.9] HAVLICEK, F. I.: *Einführung in das Korrigieren optischer Systeme.* Stuttgart: Wissenschaftliche Verlagsgesellschaft mbH, 1960. 91 S.

[2.10] STAVROUDIS, O. N.: *Modular Optical Design.* Berlin: Springer-Verlag, 1982. 199 S.

[2.11] FRIEDEN, B. R. (Herausg.): *The Computer in Optical Research.* Berlin: Springer-Verlag, 1980. 371 S.

[2.12] SCHRÖDER, G.: *Übungen zur Technischen Optik.* Würzburg: Vogel-Buchverlag, 1979. 176 S.

[2.13] SCHOTT GLASWERKE: *Optisches Glas,* Mainz: Katalog Nr. 3111.

[2.14] GLIEMEROTH, G., EICHHORN, U. UND HÖLZEL, E.: *Zur Beeinflussung der Eigenschaften silberhalogenhaltiger fototroper Gläser.* Glastechn. Ber. 54 (1981), Nr. 6, S. 162–174.

[2.15] KOSSEI, D.: *Glas-Kompositionen.* Leica-Fotografie 1/1978, S. 20–25.

[2.16] SCHRÖDER, H. UND NEUROTH, N.: *Optische Materialien für den ultravioletten und infraroten Spektralbereich.* Optik 26 (1967/68), S. 381–401.

[2.17] SCHREYER, G.: *Kunststoffe in der Optik.* Kunststoffe 51 (1961), H. 9, S. 569–576.

[2.18] BERGER, M. R.: *Eigenschaften optischer Materialien.* Darmstadt: Oriel GmbH, 1981.

[2.19] NAUMANN, H., UND SCHRÖDER, G.: *Bauelemente der Optik.* 6. Aufl. München, Wien: Carl Hanser Verlag, 1992. 638 S.

[2.20] ANDERS, H.: *Dünne Schichten für die Optik.* Stuttgart: Wissenschaftliche Verlagsgesellschaft mbH, 1965. 182 S.

[2.21] SONNEFELD, A.: *Die Hohlspiegel*. Berlin/Berliner Union Stuttgart: Verlag Technik 1957. 202 S.

[2.22] Weis, B.: Berechnung von Spiegelreflektoren. Optik 50 (1978), Nr. 5, 371–390.

[2.23] WEHLING, G.: *Einbau optischer Bauteile*. (Taschenbuch der Feinwerktechnik, KG 6.) Prien: C. F. Wintersche Verlagshandlung, 1965. 18 S.

[2.24] SCHADE, H.: *Arbeitsverfahren der Feinoptik*. Düsseldorf: Deutscher Ingenieur-Verlag GmbH, 1955. 141 S.

[2.25] HEYNACHER, E.: *Fertigung asphärischer Flächen durch formgebende Bearbeitung und durch Abgießen*. Optik 45 (1976), Nr. 3, S. 249–267.

[2.26] KINGSLAKE, R.: *Lens Design Fundumentals*. New York: Academic Press, 1978. 366 S.

[2.27] KINGSLAKE, R.: *Optical System Design*. New York: Academic Press, 1983. 323 S.

[2.28] VOLLRATH, W.: *Berechnung und Bildgütebewertung von Foto-Objektiven*. Feinwerktechnik & Meßtechnik 93 (1985), S. 245–250.

[2.29] DAUM/ZIEMANN: *POF – Optische Polymerfasern für die Datenkommunikation*. Berlin: Springer, 2001.

[2.30] Optische Software Download http://www.winlens.de

[2.31] Farbfilterkombination Download http://www.itos.de

[2.32] Photonik 4/2005

[2.33] http://www.fraunhofer.de

3 Strahlung, Lichtquellen, Empfänger, Auge, Filter

[3.1] BAUER, G.: *Strahlungsmessung im optischen Spektralbereich*. Braunschweig: Friedr. Vieweg & Sohn, 1962. 181 S.

[3.2] WYATT, C. L.: *Radiometrie Calibration: Theory and Methods*. New York: Academic Press, 1978. 200 S.

[3.3] REEB, O.: *Grundlagen der Photometrie*. Karlsruhe: Verlag G. Braun, 1962. 179 S.

[3.4] HEIBIG, E.: *Grundlagen der Lichtmesstechnik*. Leipzig: Akademische Verlagsgesellschaft Geest & Portig KG, 1972. 324 S.

[3.5] KEITZ, H. A. E.: *Lichtberechnungen und Lichtmessungen*. 2. Aufl. Eindhoven: Philips Technische Bibliothek, 1967. 385 S.

[3.6] LOOS, G.: Umrechnungsfaktoren zwischen strahlungsphysikalischen und lichttechnischen Größen bei Photodetektoren. Optik 57, Nr. 2 (1980), S. 223–228.

[3.7] KROCHMANN, J., UND RATTUNDE, R.: Über die Neudefinition der Candela. Optik 58, Nr. 1 (1981), S. 1–10.

[3.8] KRUSE, P. W., McGLAUCHLIN, L. D., UND McQUISTAN, R. B.: *Grundlagen der Infrarottechnik*. Stuttgart Verlage Berliner Union und W. Kohlhammer, 1971. 490 S.

[3.9] RIEHL, N. (Herausg.): *Einführung in die Lumineszenz*. München: Verlag Karl Thiemig KG, 1971. 350 S.

[3.10] ALBRECHT, H., u.a.: *Optische Strahlungsquellen*. Grafenau: Lexika-Verlag, 1977. 294 S.

[3.11] NEUMANN, G. M.: *Betriebsgesetze der Halogenglühlampe*. Lichttechnik 21 (1969) H. 6, S. 63A-65A.

[3.12] NEUMANN, G. M.: *Halogenglühlampen*. Techn. Wiss. Abhandl. Osram GmbH 11 (1973), S. 8–41; 42–54.

[3.13] WINSTEL, G., UND WEYRICH, C: *Optoelektronik I. Lumineszenz- und Laserdioden*. Berlin: Springer-Verlag, 1980. 315 S.

[3.14] GREIF, H.: *Lichtelektrische Empfänger*. Leipzig: AVG Geest & Portig KG, 1972. 240 S.

[3.15] SCHMIDT, W., UND FEUSTEL, O.: *Optoelektronik*. Würzburg: Vogel-Buchverlag, 1975. 308 S.

[3.16] FISCHBACH, J. U., u.a.: *Optoelektronik*. Grafenau: Lexika-Verlag, 1977.

[3.17] GOERCKE, P., UND MISCHEL, P.: *Optoelektronische Bauelemente für die Automatisierung*. 2. Aufl. Heidelberg: Dr. Alfred Hüthig Verlag, 1976. 150 S.

[3.18] BLEICHER, M.: *Halbleiter-Optoelektronik*. Heidelberg: Dr. Alfred Hüthig Verlag, 1976. 205 S.

[3.19] SCHRÖDER, G.: *Der optische Aufbau lichtelektroni-scher Geräte*. Teil 1: Feinwerktechnik 75 (1971), H. 12, S. 468–476. Teil 2: Feinwerktechnik + Micronic 76 (1972), H. 2, S. 50–57.

[3.20] SCHOBER, H.: *Das Sehen*. (2 Bände). 4. Aufl. Leipzig: VEB Fachbuchverlag, 1970.

[3.21] RÖHLER, R.: *Visuelle Informationsverarbeitung*. Optik 48 (1977), Nr. 2, S. 139–162.

[3.22] SCHOTT GLASWERKE: Katalog Farb- und Filterglas. Mainz.

[3.23] HENTSCHEL, H.: *Licht und Beleuchtung*, Hüthig, ISBN 978-3-7785-2817-4

[3.24] SCHIERZ, C.: *Sehen und Bildschirm*, ETH-Zentrum, Claussiusstr. 25; 8092 Zürich

[3.25] http://www.edocs.tu-berlin.de/diss/2005/kotowicz_adam.pdf

[3.26] http://www.schott.de

[3.27] Photonik 1/2005

[3.28] http://www.dmddiscovery.com

[3.29] STAHL, K., MIOSGA, G.: *Infrarottechnik*. Heidelberg: Hüthig Verlag, 1986

[3.30] DECUSATIS, C.: *Handbook of Applied Photometry*. New York: Spinger-Verlag 1997.

4 Faseroptik, Gradientenoptik

[4.1] TIEDEKEN, R.: *Fibre Optics and its Applications*. New York: The Focal Press, London, 1972. 238 S.

[4.2] JACOBSEN, A., UND RIMKUS, W.: *Faseroptik – Eigenschaften und Anwendungen*. Feinwerktechnik 71 (1967), S. 111–116.

[4.3] JAHN, R.: *Grundlagen der Faseroptik*. Feinwerktechnik 74 (1970), S. 524–530.

[4.4] JAHN, R.: *Selbstfokussierende Lichtleitfasern*. Feinwerktechnik + Micronic 77 (1973), S. 56–64.

[4.5] UNGER, H.-G.: *Optische Nachrichtentechnik*. Berlin: Elitera-Verlag, 1976. 136 S.

[4.6] TIMMERMANN, C.-CH.: *Lichtwellenleiter*. Braunschweig: Friedr. Vieweg & Sohn, 1981. 175 S.

[4.7] ROSENBERGER, D.: *Optische Informationsverarbeitung mit Glasfaser*. Expert-Verlag, Grafenau 1982, 250 S.

[4.8] TIMMERMANN, C.-CH.: *Lichtwellenleiterkomponenten und -Systeme*. Braunschweig: Friedr. Vieweg & Sohn, 1984. 231 S.

[4.9] KERSTEN, R. TH.: *Optische Nachrichtentechnik*. Berlin, Heidelberg, New York: Springer Verlag 1983. 462 S.

5 Polarisation, Spannungsoptik

[5.1] FÖPPL, L., UND MÖNCH, E.: *Praktische Spannungsoptik.* 3. Aufl. Berlin, Heidelberg, New York: Springer-Verlag, 1972, 300 S.

[5.2] KUSKE, A.: *Einführung in die Spannungsoptik. Wiss.* Stuttgart: Verlagsgesellschaft, 1959.

[5.3] WOLF, H.: *Spannungsoptik.* 2. Aufl. Berlin: Bd. 1, Springer-Verlag, 1976.

[5.4] SCHRÖDER, G., UND SPRIEGEL, W.: *Polarisationsoptische Untersuchung von Kunststoff-Bauteilen in der Elektroindustrie.* CEIG-Berichte 3 (1957), S. 47–52.

[5.5] SHURCLIFF, W. A.: *Polarized Light.* Cambridge: Harvard Univ. Press, (Mass.) 1962.

[5.6] *Patzelt, W. J.: Polarisationsmikroskopie.*Wetzlar: E. Leitz Wetzlar GmbH, 1974.

6 Optische Instrumente

[6.1] FLÜGGE, S. (Herausg.): *Handbuch der Physik,* Band 29: Optische Instrumente. Berlin: Springer-Verlag, 1967. 861 S.

[6.2] BOUTRY, G. A., UND AUERBACH, R.: *Instrumental Optics.* London: Hilger & Watts, 1961. 544 S.

[6.3] HEIBIG, E.: *Grundsätzliches zur Ausleuchtung von optischen Systemen.* Feingerätetechnik 21 (1972), H. 2, S. 57–60.

[6.4] TIEDEKEN, R.: *Beleuchtungsoptik für Vergrößerungsgeräte kritisch betrachtet.* Photo-Technik und -Wirtschaft, Nr. 3 (1960).

[6.5] PUNSCH, S., UND FALLER, W.: *Technische Optik-Stehbildprojektoren.* (Taschenbuch der Feinwerktechnik, AG 4.2.) Prien: C. F. Wintersche Verlagshandlung, 1965. 30 S.

[6.6] KÖNIG, A., UND KÖHLER, H.: *Die Fernrohre und Entfernungsmesser.* 3. Aufl. Berlin, Göttingen, Heidelberg: Springer-Verlag, 1959. 475 S.

[6.7] GÜNTHER, N.: *Fernoptische Beobachtungs- und Meßinstrumente.* Stuttgart: Wissenschaftliche Verlagsgesellschaft mbH, 1959, 99 S.

[6.8] EHRINGHAUS, A., UND TRAPP, L.: *Das Mikroskop.* 5. Aufl. Stuttgart: B. G. Teubner Verlagsgesellschaft, 1958. 144 S.

[6.9] MICHEL, K.: *Die Grundzüge der Theorie des Mikroskops.* 2. Aufl. Stuttgart: Wissenschaftliche Verlagsgesellschaft, 1964. 355 S.

[6.10] MICHEL, K.: *Die Mikrophotographie* (Die wissenschaftliche und angewandte Photographie, 10. Band). Wien: Springer-Verlag, 1957. 740 S.

[6.11] FRANCON, M.: *Einführung in die neueren Methoden der Lichtmikroskopie.* KarlsruheVerlag G. Braun, 1967. 332 S.

[6.12] DETERMANN, H., UND LEPUSCH, F.: *Das Mikroskop und seine Anwendung.* Wetzlar: Ernst Leitz Wetzlar GmbH, 1977. 108 S.

[6.13] PATZELT, W. J.: *Polarisationsmikroskopie.* Wetzlar: Ernst Leitz Wetzlar GmbH, 1977. 115 S.

[6.14] BEYER, H.: *Theorie und Praxis der Interferenzmikroskopie.* Leipzig: Geest & Portig KG, 1974. 338 S.

[6.15] BEYER, H.; RIESENBERG, H.: *Handbuch der Mikroskopie.* 3. Aufl. Berlin: VEB Verlag Technik, 1988. 488 S.

7 Fotografie, Kinematografie, Opt. Informationsverarbeitung

[7.1] FLÜGGE, J.: *Das photographische Objektiv* (Die wissenschaftliche und angewandte Photographie, 1. Band). Wien: Springer-Verlag, 1955. 373 S.

[7.2] FRANKE, G.: *Photographische Optik.* Frankfurt/M.: Akademische Verlagsgesellschaft, 1964. 224 S.

[7.3] SCHRÖDER, G.: *Technische Fotografie.* Würzburg: Vogel-Buchverlag, 1981. 278 S.

[7.4] KRUG, W., UND WEIDE, H.-G.: *Wissenschaftliche Photographie in der Anwendung.* Leipzig: Akademische Verlagsgesellschaft Geest & Portig KG, 1972.174 S.

[7.5] SOLF, K. D.: *Fotografie.* Frankfurt/M.: Fischer Taschenbuch-Verlag GmbH, 1973. 383 S.

[7.6] FRIESER, H.: *Photographische Informationsaufzeichnung.* München: R. Oldenbourg-Verlag 1975. 592 S.

[7.7] VIETH, G.: *Meßverfahren der Photographie.* München: R. Ol-denbourg Verlag, 1974. 505 S.

[7.8] VIERLING, O.: *Die Stereoskopie in der Photographie und Kinematographie.* Stuttgart: Wissenschaftliche Verlagsgesellschaft mbH, 1965. 249 S.

[7.9] KUHN, G.: *Stereofotografie und Raumbildprojektion.* Gilching: vfr-Verlag, 1992. 130 S.

[7.10] RIECK, J.: *Technik der Wissenschaftlichen Kinematographie.* München: Johann Ambrosius Barth, 1968. 125 S.

[7.11] SAXE, R.-F.: *High-Speed Photography.* London: The Focal Press, 1966. 137 S.

[7.12] ATORF, H. H.: *Verschlüsse für photographische und optische Geräte.* Feinwerktechnik 72 (1968), S. 163–168, 323–328, 475–483.

[7.13] HEYNACHER, E., UND KÖBER, F.: *Auflösungsvermögen und Kontrastwiedergabe.* Zeiss-Informationen 12 (1964), H. 51, S. 29–32.

[7.14[SCHAEFER, K. D.: *Die Gütekennzeichnung photographischer Objektive,* Leitz-Mitt. Wiss. u. Techn. V (1969): Nr. 1, S. 3–12.

[7.15] LINFOOT, E. H.: *Qualitätsbewertung optischer Bilder.* Braunschweig: Verlag Vieweg & Sohn, 1960. 57 S.

[7.16] RÖHLER, R.: *Informationstheorie in der Optik.* Stuttgart: Wissenschaftliche Verlagsgesellschaft mbH, 1967. 283 S.

[7.17] PÖPPL, S. J., UND PLATZER, H. (Herausg.): *Erzeugung und Analyse von Bildern und Strukturen.* DGaO-DAGM Tagung Essen 1980. Berlin: Informatik-Fachberichte Band 29. Springer-Verlag 1980. 215 S.

[7.18] GONZALEZ, R. C, UND WINTZ; P.: *Digital Image Processing.* Addison-Wesley Publ. Comp., Reading Ma. 1977. 431 S.

[7.19] *Diehl, Werner: Fotografieren in Technik,* Wissenschaft und Wirtschaft. Düsseldorf: Knapp-Verlag, 1981,199 S.

8 Interferenz- und Spektralgeräte, Farbmessung

[8.1] LEONHARDT, K.: *Optische Interferenzen.* Stuttgart: Wiss. Ver-lagsges. mbH, 1981. 267 S.

[8.2] HOCK, F.: *Photoelektrisches Laser-Interferometer.* Laser 3/1969, S. 39–43.

[8.3] KINDER, W.: *Ein Meterkomparator für interferometrische Längenbestimmung in Vakuum-Wellenlängen.* Zeiss-Werkzeitschrift 10 (1962), H. 43, S. 3–11.

[8.4] RICHTER, M.: *Einführung in die Farbmetrik*. 2. Auflage Berlin:Verlag Walter de Gruyter, 1981. 278 S.

[8.5] LANG, H.: *Farbmetrik und Farbfernsehen*. München: R. Oldenbourg-Verlag, 1978. 468 S.

[8.6] JUDD, D. B., UND WYSZECKI, G.: *Color in Business, Science and Industry*. 3. Aufl.: New York: John Wiley & Sons, 1975.

[8.7] SCHRÖDER, G.: *Farbbewertung und Farbmessung. Teil I: Grundlagen der Farbmetrik*. Feinwerktechnik 72 (1968), H. 7, S. 329–342. Teil II: *Farbmeßverfahren, Geräte und Anwendungen*. Feinwerktechnik 72 (1968), H. 12, S. 583–597.

[8.8] SCHULTZE, W.: *Farbenlehre und Farbenmessung*. 3. Aufl. Berlin, Heidelberg, New York.: Springer-Verlag 1975, 83 S.

[8.9] KORNERUP, A., UND WANSCHER, J. H.: *Taschenlexikon der Farben*. GöttingenMusterschmidt-Verlag Zürich, 1963. 242 S.

[8.10] MCADAM, D. L.: *Color Measurement: Theme and Variations*. New York: Springer-Verlag, 1981.

[8.11] Fachzeitschrift «Die Farbe», Göttingen (Herausg.: M. Richter).

9 Laser, Holografie, Speckle

[9.1] BAUER, H.: *Lasertechnik*. Würzburg: Vogel-Buchverlag, 1991. 192 S.

[9.2] DÄNDLIKER, R.: *Laser-Kurzlehrgang*. 3. Aufl. Stuttgart: AT Verlag Aarau, 1981. 54 S.

[9.3] WESTERMANN, F.: *Laser*. Stuttgart: VerlagB. G. Teubner, 1976. 190 S.

[9.4] WEBER, H., UND HERZIGER, G.: *Laser*. Weinheim: Physik-Verlag 1972. 252 S.

[9.5] SCHÄFER, F. P. (Herausg.): *Dye Lasers*.2. Aufl. Berlin: Springer-Verlag, 1977, 299 S.

[9.6] ROSENBERGER, D.: *Technische Anwendungen des Lasers*. Berlin: Springer-Verlag, 1975. 355 S.

[9.7] BIMBERG, D., u.a.: *Laser in Industrie und Technik*. Grafenau: Lexika-Verlag, 1977. 193 S.

[9.8] SCHRÖDER, G.: *Einführung in die Holographie*. Funkschau 41 (1969), S. 857–860.

[9.9] GROH, G.: *Holographie*. Stuttgart: Verlag Berliner Union u. W. Kohlhammer, 1973. 220 S.

[9.10] LENK, H.: *Holographie*. 2. Aufl. Leipzig: VEB Georg Thieme, 1971. 196 S.

[9.11] MILER, M.: *Optische Holographie*. 2. Aufl. München: Verlag Karl Thie-mig, 1978.

[9.12] FRANCON, M.: *Holographie*. Berlin, Heidelberg, New York: Springer-Verlag 1972. 154 S.

[9.13] MENZEL, E., MIRANDE, W., UND WEINGÄRTNER, I.: *Fourier-Optik und Holographie*. Wien: Springer-Verlag 1973. 358 S.

[9.14] KIEMLE,H.,UNDRÖSS, D.: *Einführung in die Technik der Holographie*. Frankfurt/M.: Akademische Verlagsgesellschaft, 1969. 334 S.

[9.15] WERNICKE, G., UND OSTEN, W.: *Holografische Interferometrie*. Weinheim: Physik-Verlag, 1982. 272 S.

[9.16] ABRAMSON, N.: *The Making and Evaluation of Holograms*. London, New York: Academic Press, 1981. 326 S.

[9.17] VEST, CH. M.: *Holographie Interferometry*. New York: John Wiley & Sons, 1979. 465 S.

[9.18] ERF, R. K.: *Holographie Nondestructive Testing*. London: Academic Press, 1974. 442 S.

[9.19] SMITH, H. M. (Herausg.): *Holographie Recording Materials*. Berlin: Springer-Verlag, 1977. 252 S.

[9.20] BIEDERMANN, K.: *Information storage materials for holography and optical data processing*. Optica Acta 22 (1975), 103–124.

[9.21] ERF, R. K. (Herausg.): *Speckle Metrology*. New York, London: Academic Press, 1978. 331 S.

[9.22] BEECK, M. A., KREITLOW, H., UND FAGAN, W. F.: *Einsatz eines Reflexions-Bild-Derotators zur holografischen Schwingungsanalyse an rotierenden Objekten, messen + prüfen/automatik*, Dez. 1980, S. 889–891.

[9.23] TREIBER, H.: *Lasertechnik*. Stuttgart: Frech-Verlag, 1982. 179 S.

[9.24] BRUNNER, W., UND JUNGE, K.: *Lasertechnik*. Heidelberg: Dr. Alfred Hüthig Verlag, 1982. 494 S.

[9.25] KALIARD, T.: *Exploring Laser Light*. 3. Aufl. Optosonic Press. USA, 1985. 295 S.

[9.26] OSTROVSKY, YU. I., BUTUSOV, M. M., UND OSTROVSKAYA, G. V.: *Interferometry by Holography* Berlin, Heidelberg, New York: Springer Verlag, 1980. 330 S.

10 Meßtechnik

[10.1] MALACARA, D. (Herausg.): *Optical Shop Testing*. New York: John Wiley & Sons, 1978. 523 S.

[10.2] PICHT, J.: *Meß- und Prüfmethoden der optischen Fertigung*. 2. Aufl. Berlin: Akademie-Verlag, 1955. 192 S.

[10.3] FLÜGGE, J.: *Einführung in die Messung der optischen Grundgrößen*. Karlsruhe: Verlag G. Braun, 1954. 220 S.

[10.4] RÄNTSCH, K.: *Die Optik in der Feinmesstechnik*. München: Carl Hanser Verlag, 1949. 317 S.

[10.5] RÄNTSCH, K.: *Genauigkeit von Messung und Meßgerät*. München: Carl Hanser Verlag, 1950. 83 S.

[10.6] HODAM, F.: *Optik in der Längenmesstechnik*. Berlin: VEB Verlag Technik 1962. 291 S.

[10.7] HANSEN, F.: *Justierung*. Berlin: VEB Verlag Technik 1964. 164 S.

[10.8] MURATA, K.: *Ein Apparat zur Messung von Übertragungsfunktionen optischer Systeme*. Optik 17 (1960), S. 152–159.

[10.9] ROSENBRUCH, K.-J., UND ROSENHAUER, K.: *Messung der optischen Übertragungsfunktionen nach Amplitude und Phase mit einem halbautomatischen Analysator*. Optik 21 (1964), S. 652–659.

[10.10]BIGELMAIER, A., SCHAEFER, K. D., UND WASMUND, H.: *Ein Gerät zur Messung der Übertragungsfunktionen und Spaltbilder von Photoobjektiven*. Optik 26 (1967/68), S. 465–475.

[10.11]Unterlagen der Fa. Dr. Johannes Heidenhain, Traunreut.

[10.12]DONGES, A., NOLL, R.: *Lasermesstechnik*. Heidelberg: Hüthig Verlag 1993

Stichwortverzeichnis